Einführung in die Mathematische Modellierung

Neville D. Fowkes / John J. Mahony

Einführung in die Mathematische Modellierung

Aus dem Englischen von Ulrich Mitreuter

Spektrum Akademischer Verlag Heidelberg · Berlin · Oxford

Originaltitel: An Introduction to Mathematical Modelling
Aus dem Englischen von Ulrich Mitreuter

Die Deutsche Bibliothek – CIP-Einheitsaufnahme

Fowkes, Neville D.:
Einführung in die mathematische Modellierung / Neville D. Fowkes ; John J. Mahony.
Aus dem Engl. von Ulrich Mitreuter. – Heidelberg ; Berlin ; Oxford : Spektrum, Akad.
Verl., 1996
Einheitssacht.: An introduction to mathematical modelling <dt.>
ISBN 3-86025-387-5
NE: Mahony, John J.:

Einbandgestaltung: Kurt Bitsch, Birkenau
Satzherstellung mit LATEX: Ulrich Mitreuter
Druck und Verarbeitung: Franz Spiegel Buch GmbH, Ulm

Am 30. Juni 1992 starb John Mahony.
Die Zusammenarbeit mit ihm an diesem seinem letzten Beitrag
zur Mathematik war ein Geschenk für mich.

John bat mich, dieses Werk seinem Vater, Patrick Mahony, zu widmen,
dessen geistige Unabhängigkeit und Sinn für soziale Gerechtigkeit
ihn während seines gesamten Lebens beeinflußt haben.

Ich möchte dieses Buch meinen Eltern, die mir die Möglichkeit gaben
und mich ermutigten, meinen Interessen nachzugehen, widmen.
Auch möchte ich an die Menschen erinnern, die mir durch ihr
Beispiel zeigten, wie man über Mathematik nachdenkt.
John war einer von ihnen.

Vorwort

Die Verwendung mathematischer Modelle nimmt, nicht zuletzt dank der Erfolge der mathematischen Modellierung in der Physik und in der Biologie in den letzten Jahren sowie der Verfügbarkeit billiger und leistungsfähiger Computer, stetig zu und hat inzwischen fast alle wissenschaftlichen Disziplinen beeinflußt. Man kann davon ausgehen, daß sich dieser Trend fortsetzen und in absehbarer Zukunft noch verstärken wird. Besonders bemerkenswert ist die erst in jüngster Zeit einsetzende Verwendung von Modellen bei der Problemlösung in der Industrie. Man hatte erkannt, daß der Einsatz mathematischer Modelle in Verbindung mit Computern für das Verständnis industrieller Prozesse deutlich billiger ist als andere Verfahren (zum Beispiel Experimente). Wir hoffen, daß dieses Buch nützliches Material enthält, an dem sich Studenten im Gebrauch der Werkzeuge der mathematischen Modellierung üben können, sowohl ganz allgemein als auch speziell auf dem Gebiet der Industriemathematik. Dabei würden wir uns wünschen, daß unser Buch den Studenten die Herausforderungen und die Faszination der mathematischen Modellierung als Beruf nahebringt.

Die Einstellungen und Hilfsmittel, die zur Modellierung gebraucht werden, unterscheiden sich von denen der reinen Mathematik, sie sind allerdings auch nicht mit denen der traditionellen angewandten Mathematik identisch. Wir glauben, daß diese Einstellungen und Hilfsmittel bei Studenten frühzeitig entwickelt werden sollten und daß dies nur durch den Einsatz realistischer Modelle geschehen kann. Die Studenten müssen die Fähigkeit entwickeln, mit kurz formuliertem, nichtmathematischem Material umzugehen und lernen, Modelle zu formulieren, im Kontext nützliche Lösungen zu finden und diese zu interpretieren. Man weiß um die Notwendigkeit dieses frühen Trainings. Durch das begrenzte mathematische Wissen und das häufige Fehlen des Verständnisses der Zusammenhänge ist es nicht einfach, eine Vorlesung für solche Studenten zu gestalten. Wir versuchen dies, indem wir das zu modellierende Material sorgfältig auswählen und zur technischen Unterstützung ein Algebra-Computerprogramm verwenden.

Das Buch verlangt vom Leser an mathematischem Rüstzeug etwa den Stoff einer zweijährigen Analysisvorlesung (elementare Differentialgleichungen, Vektorrechnung etc.) in Verbindung mit der linearen Algebra sowie ein geringes nichtmathematisches Wissen. Letzteres wird in den entsprechenden Kapiteln kurz angesprochen.

Die ausgewählten Modelle sind von industriellem und (weniger ausgeprägt) wissenschaftlichem Interesse und wurden von uns in den letzten Jahren untersucht. Wir präsentieren spezielle Situationen (häufig wurden sie uns so von unseren Kunden geschildert) und diskutieren alternative Zugänge, die möglich sind. Dann folgt eine detaillierte Analyse des relevanten Modells und die Darstellung des Nutzens der erhaltenen Ergebnisse. Spezielle Techniken führen wir ein, wenn sie benötigt werden, und ihre Vor- und Nachteile werden im Zusammenhang diskutiert. Da Fehler ein Teil des Lernprozesses sind, werden wir sie ebenfalls darstellen; in diesem Sinne ist es ein Lehrbuch.

Zusätzlich dazu wurden wir bei der Auswahl des Materials von den folgenden Vorstellungen geleitet:

- Es sollen effiziente, praktische und häufig verwendete mathematische Techniken dargestellt werden.

- Die signifikanten Ideen sollen durch die Darstellung in verschiedenen Zusammenhängen beleuchtet werden. Dies macht Einschränkungen im Inhalt notwendig, deshalb haben wir den Bereich der diskreten Optimierung auf großen Skalen und statistische Probleme nicht aufgenommen, obwohl sie in der Industrie häufig eine Rolle spielen. Aus diesem Grund wurden auch rechenaufwendige Modelle ausgeschlossen.

- Besonderen Wert wird auf Material gelegt, welches für die stetige Modellierung wesentlich ist. In dieser Auswahl unterscheidet es sich von den herkömmlichen Büchern über unser Thema.

- Wir wollen die Aufmerksamkeit des Studenten auf die Eigenschaften von unterschiedlichen Systemen lenken, die dafür verantwortlich sind, daß sich diese Systeme ähnlich verhalten, denn das Erkennen gerade dieser Eigenschaften ist für die Modellierung wichtig. Deshalb sind Dynamik, Diffusion und Wellenfortpflanzung grundlegend, und diese Ähnlichkeitseigenschaft ist dafür verantwortlich, daß die Modellierung auf so vielen Gebieten erfolgreich ist.

Eine der häufigsten Schwierigkeiten, die dem Studenten begegnen, ist die Auseinandersetzung mit komplizierten und langwierigen Rechnungen. Dieses Problem kennen sicher alle Mathematiker; mit etwas Erfahrung lernt man es jedoch, sich nicht in technischen Details zu verlieren. Deshalb sind symbolmanipulierende Computerprogramme sowohl für Lernende als auch für Profis ein Gottesgeschenk. Nach einem Knopfdruck werden die Fourierkoeffizienten bis in beliebige Ordnung berechnet, Differentialgleichungen gelöst, Graphen gezeichnet etc. Dies gestattet es, sich voll auf die Eignung des Lösungsalgorithmus oder der Rechnung im Kontext des Modells zu konzentrieren. Wir betonen an dieser Stelle, daß diese Programme nicht nur ein bequemes Mittel zur Durchführung von Berechnungen sind – die Methodologie der Mathematik verändert sich mit ihrem Gebrauch. Abgesehen davon, daß solche Programme für Anwendungen der Mathematik heute wesentlich sind, erlaubt der Einsatz von Maple (einem dieser Algebraprogramme) eine realistische Arbeit mit den Modellen; die Studenten können so reale Modellrechnungen verfolgen. Maple gestattet die Darstellung von Techniken, die in der Praxis häufig verwendet werden (im Gegensatz zu den durch Vorlesungsumfang begrenzten) und die Untersuchung realistischer Modelle. So können die Studenten mit Rechnungen im Originalumfang vertraut gemacht werden und sind nicht auf die stark vereinfachten Rechnungen aus der Zeit, als es noch keine Algebra-Computerprogramme gab, angewiesen. Es ist von Vorteil, wenn der Leser etwas Erfahrung mit Maple hat; notwendig ist es nicht, da wir die nötigen Kommandos in den ersten Kapiteln langsam einführen, die weiteren Kommandos nur, wenn sie benötigt werden. Wir haben es als nützlich empfunden, eine Vorlesung mit der Vorstellung und den Möglichkeiten von Maple zu füllen und die Studenten dann auf eines der guten Bücher zu verweisen, die es auf dem Markt dazu gibt (z.B. Borgert und Schwarze (1995) oder Kofler 1994)). Die Verwendung von anderen Algebraprogrammen ist natürlich im Zusammenhang mit dem Text des Buches möglich*.

Um alle diese Probleme in den Griff zu bekommen, haben wir eine unübliche Form der Übungsaufgaben gewählt. Der Kontext der Aufgabe wird erläutert und es folgt dann eine Reihe von Anleitungen, die die selbständigen Untersuchungen der Studenten unterstützen soll. Die Hinweise sollen es ermöglichen, einen vernünftigen Ansatz zu wählen; der Leser sollte die Ergebnisse im Zusammenhang diskutieren und ermutigt werden, zu experimentieren und die Aufgabe zu erweitern. Am Anfang stehen unsere Studenten dieser Form der Aufgaben etwas erschrocken gegenüber (sie sind länger als gewöhnlich und besitzen häufiger ein offenes Ende), wir haben allerdings die Erfahrung gemacht, daß sich das Vertrauen recht schnell einstellt. Die Aufgaben sind ein wesentlicher Bestandteil des Buches. Sie vertiefen entweder das im Text Gesagte oder stellen analoge Situationen vor, die sich im Kontext unterscheiden. Damit sollen die Zusammenhänge betont werden; wir hoffen, daß sich so die Fähigkeit herausbildet, mit Situationen, die außerhalb des eigenen Erfahrungsbereiches liegen, umgehen zu können und sich ein nützlicher Wissensfundus bildet.

Um den von uns gewählten praktischen Ansatz zu unterstützen, haben wir einen informellen Stil gewählt. Wie man weiß, schreiben Mathematiker anders, als sie denken. Sie schreiben wie Rechtsanwälte – niemand kann jedoch so denken, wie ein Rechtsanwalt schreibt! Wir schreiben so, wie wir denken und hoffen, daß die Verwendung intuitiver Modelle auch für den Studenten von Wert ist. Nicht zuletzt ist es unser Wunsch, daß der Leser auf diese Weise lernt, seine eigene Intuition beim Analysieren von Situationen und Problemen zu entwickeln.

Unser Buch ist die erweiterte Fassung einer Vorlesung über mathematische Modellierung, die von uns und Malcolm Hood vor Studenten des 2. Studienjahres der Universität von Westaustralien gehalten wurde. Der Einfluß von Malcolm wird

*Das Computerprogramm Maple ist in allen guten Buchhandlungen erhältlich; es existiert auch eine für *alle* nutzbare Studentenversion, die unter 200,- DM kostet, fast das gesamte Leistungsspektrum von Maple bietet und für die Belange dieses Buches ausreichend ist. Die Verwendung von Mathematica ist ebenfalls nicht problematisch, da die Konvertierung der Syntax keine Probleme bereiten sollte. Eine Einführung in Maple findet man in Borgert, J., Schwarze, H., *Maple in der Physik*, Addison-Wesley Deutschland, Bonn, 1995, oder Kofler, M., *Maple V Release 3*, Addison-Wesley Deutschland, Bonn, 1994. (Anm. d. Übers.)

in einer Zahl von Übungsaufgaben deutlich. Die Vorlesung entwickelte sich von einer Standardveranstaltung über angewandte Mathematik zu einer Vorlesung, die auf wissenschaftlichen Untersuchungen beruht, mit denen wir in den letzten Jahren beschäftigt waren, sowie auf Problemen der Industrie, mit denen wir uns seit kurzem auseinandersetzen. Unser Interesse an industriellen Aufgaben wurde in erster Linie durch die Arbeit der Oxford Industrial Mathematics Group und die jährlichen Australischen Industriemathematiker-Treffen, die bis zu diesem Jahr von der CSIRO veranstaltet wurden, geweckt.

Ein großer Teil des Buches wurde im letzten Lebensjahr von John fertiggestellt, während er mit dem Krebs kämpfte; eine sehr schwierige Zeit für ihn und seine Familie. Trotz seiner begrenzten Kräfte setzte er sich stark für den Fortgang der Arbeit ein, da sie ihm sehr wichtig war. Dieses Beispiel an Mut und Ausdauer ist mindest ebenso wertvoll wie der Inhalt dieses Buches. Ohne die Hilfe von Jocelyn (Johns Frau) hätte dieses Buch nicht geschrieben werden können; dafür danken wir ihr.

Viele unserer Kollegen boten uns Hilfe an, machten willkommene Vorschläge, verbesserten Fehler usw. Besonderen Dank schulden wir Bill Pritchard und Glyn Davies sowie Jenny Hopwood für die kritische Durchsicht des Inhalts. Peter Chapman gab wertvolle Hinweise zu einigen Kapiteln und Grant Keady unterstützte uns beim Umgang mit Maple. Ich möchte auch meinen Freunden Roman Bogoyev und Con Savas für ihre Hilfe und ihre Mühen danken.

Die Zusammenarbeit mit John im letzten Jahr seines Lebens war schwierig und die Zusammenstellung des Materials nach seinem Tod äußerst problematisch. Ohne die Hilfe lieber Freunde (vor allem Paula) wäre es nicht gelungen. Vielen Dank!

Nev Fowkes
John Mahony

Inhalt

1 Einleitung

1.1 Mathematik und Modellierung

Daß man Mathematik zur Überprüfung von Hypothesen und zur Erzeugung von Vorhersagen über die reale Welt einsetzt, hat eine lange und bedeutende Tradition in der Geschichte der Physik; dies geht so weit, daß die Mathematik heute die grundlegende Sprache der Physik und ihrer Anwendungen in den Ingenieurwissenschaften ist. Es verwundert nicht, daß der Erfolg von Newton und seinen Zeitgenossen in Verbindung mit dem philosophischen Klima dieser Zeit diesen davon überzeugte, daß seine Beschreibungen die einer objektiven Realität seien. Heutzutage wissen Wissenschaftler jedoch, daß jede Beschreibung ein mehr oder weniger umfassendes und akkurates *Modell* ist, das gewisse Aspekte des beobachteten Verhaltens nachahmt und uns die Möglichkeit der Vorhersage gibt. Die Arbeiten von Volterra (1926), die er während des Ersten Weltkrieges durchführte, machen dies besonders deutlich. Er führte Modelle ein, um die Veränderung der Populationsstärke von Haien im Mittelmeer *qualitativ* zu erklären, da wirkliche *quantitative* Daten nicht zu erlangen waren. Trotzdem waren seine Einsichten äußerst wertvoll und haben die Anerkennung der Modelle gefördert; sie waren der Ausgangspunkt der sehr erfolgreichen ökologischen Modelle unserer Zeit. Seit diesem Beginn der Verwendung sowohl qualitativer als auch quantitativer mathematischer Modelle findet man sie in einer immer größer werdenden Zahl wissenschaftlicher Disziplinen, und es werden immer mehr mathematische und technische Ideen einbezogen. Der potentielle Nutzen solcher Modelle erhöhte sich durch die Leistungssteigerung der Rechentechnik und die stark fallenden Preise für Computer. Aller Wahrscheinlichkeit nach wird dieser Trend anhalten, denn er entspricht der Erkenntnis, daß die mathematische Modellierung ein effizienter und billiger Weg ist, Systeme zu verstehen, zu analysieren und zu konstruieren.

Die Mathematik wurde zu einem solch mächtigen Werkzeug, da sie es durch wundervolle Abstraktionen erlaubt, sich auf das Wesentliche von sonst hoffnungslos komplexen Aussagen zu konzentrieren. Abstrakte Beschreibungen sind für den Modellierer von unschätzbarer Bedeutung, da sie komplizierte mathematische Situationen zu behandeln erlauben. Die Entwicklung zu immer größerer Abstraktion hat allerdings den entscheidenden Nachteil, daß die Studenten den von der Gesellschaft gestellten mathematischen Aufgaben unerfahren gegenüberstehen. Die Diskrepanz zwischen den Anforderungen, die die Mathematik an sich stellt und wo es auf Wirksamkeit, Schönheit und Universalität ankommt, und denen, die das Modellieren stellt, ist nicht zu übersehen. Wir wollen auf einige dieser Unterschiede in der Herangehensweise kurz eingehen.

Das Modell

Modellieren ist Kunst und Wissenschaft zugleich. Die wichtigste Entscheidung des Modellierers ist die Wahl des Modells. Von den zahlreichen Möglichkeiten der Modellierung, die eine spezielle Situation erlaubt, illustrieren doch nur wenige die zugrundeliegenden Prozesse; die nützlichen Modelle sind jedoch nicht unbedingt die mathematisch interessantesten. Obwohl also die mathematische Erfahrung für das Modellieren absolut notwendig ist, hängt die Qualität (d.h. Nützlichkeit) eines Modells nur selten vom mathematischen Wert der Analyse ab. Der Prozeß der Modellierung ist mit dem mathematischen Ergebnis noch nicht abgeschlossen, denn aufgrund der Ungenauigkeiten des Modells ist die Interpretation der Ergebnisse ein wichtiger Teil der Studie, meist schließen sich an sie weitere Untersuchungen an. Oft sind die qualitativen Einsichten, die ein Modell erlaubt, wertvoller als alle quantitativen Ergebnisse. Howard Emmons schreibt in einer bemerkenswerten Zusammenfassung von Arbeiten zur Branduntersuchung, daß „die Herausforderung in der Modellierung von Feuer nicht das am vollständigsten beschreibende Modell, sondern das einfachste Modell, welches die wichtigsten Eigenschaften des interessierenden Phänomens beschreibt, ist“ – ein nützlicher Hinweis für jeden, der sich mit Modellen beschäftigt. Kennt man die Grenzen der zur Verfügung stehenden mathematischen Techniken, so liegt die Vermutung nahe, daß diese technischen Probleme der Mathematik die Grenzen des Modellierens bilden. Die Erklärung greift jedoch tiefer, wie wir den Pionierarbeiten von Richardson über die Struktur des Wetters entnehmen können. Er stellte fest, daß die vernünftig erscheinende Einbeziehung der Kompressibilität in meteorologische Modelle zu unsinnigen Vorhersagen führt – es treten dann Wetterfronten auf, die sich mit Schallgeschwindigkeit bewegen. Vernachlässigt man jedoch die Kompressibilität vollständig, so erhält man vernünftige Ergebnisse. Ein weniger exaktes Modell ist also besser! Dies ist kein Einzelfall; eine der wichtigsten Aufgaben beim Modellieren ist die Konzentration auf im Kontext relevante Aspekte und die Vernachlässigung anderer Eigenschaften der realen Welt, deren Einbeziehung oft zu eigenartigen Ergebnissen führt. Die für rein mathematische Untersuchungen benötigte Genauigkeit ist also für das Modellieren nicht unbedingt angebracht.

Die Mathematik

Dem Studenten erscheint die Mathematik anfangs oft als ein Werkzeug mit unbegrenzter Wirksamkeit. Der Grund für diesen falschen Eindruck rührt daher, daß in Vorlesungen für Anfänger das Augenmerk ausschließlich auf einfache (meist lineare) Systeme gelenkt wird, für die häufig vollständige Lösungen zur Verfügung stehen. Die reale Welt ist jedoch komplex und nichtlinear. Für solche Systeme existieren keine allgemein brauchbaren Lösungstechniken, und die numerische Behandlung erlaubt kaum Einsicht in die zugrundeliegenden Prozesse; eine herausfordernde Situation, in der keine Rezepte helfen! Man benötigt hier ad hoc Ansätze (die aus dem intuitiven Verständnis der Prozesse geboren werden). Obwohl diese Ansätze natürlich in der Anwendung meist nicht so universell sind, wie man vielleicht hofft, lassen sie sich, wenn auch in modifizierter Form, zur Lösung anderer Probleme heranziehen. Auf diese Weise entsteht ein großer Fundus an Wissen, der jedoch in Anfängervorlesungen kaum eine Rolle spielt. Selbst bei Problemen, die sich reinen und angewandten Mathematikern stellen, greifen diese aufgrund der verschiedenen Ziele zu unterschiedlichen Techniken. Eine konvergente Reihe, die gut für den Nachweis der Existenz und Eindeutigkeit der Lösungen eines wohldefinierten mathematischen Problems verwendet werden kann, konvergiert selten schnell genug, um von praktischem Interesse zu sein. So vermeiden es Vertreter der reinen Mathematik oft, eine Lösung explizit zu konstruieren, um damit die Existenz nachzuweisen, sondern verwenden nichtkonstruktive Fixpunkttheorem-Techniken die zwar hoch theoretisch, dafür jedoch für die praktische Lösung wertlos sind. Noch überraschender wird es für den Anfänger sein, daß die Lösungstechnik, die zur Beantwortung einer speziellen Frage eines wohldefinierten mathematischen Modells führen soll, von eben der gestellten Frage abhängt. Man sollte also einer isoliert vom Kontext stehenden Mathematik nicht trauen.

Ökonomische Realität

Es gibt noch andere Schwierigkeiten in der realen Welt, die die Arbeit des Modellierens beeinflussen. Eine unnötig genaue Lösung, die viel Zeit und Geld kostet, ist wertlos, genauso ein Modell, das teure oder unerreichbare Daten benötigt. Aus diesem Grunde wird man sich für ein Ergebnis entscheiden, welches außerhalb des interessierenden Parameterbereiches vielleicht wertlos ist (obwohl man auf ein allgemeineres Ergebnis gehofft hatte). In der Tat können häufig einfache (experimentell bestimmbare) Parameter eingeführt werden, die Komplikationen vermeiden, die nicht im Interesse der Untersuchung stehen (der Reibungskoeffizient der Mechanik ist ein solcher Fall).

Das wichtigste Ziel vieler Untersuchungen ist die Kontrolle eines laufenden Prozesses. Unter diesen Umständen müssen die Rechnungen so einfach sein, daß sie in Echtzeit ablaufen können; dies ist meist eine der Haupteinschränkungen.

In speziellen Situationen müssen nicht alle der genannten Faktoren wichtig sein, es ist jedoch selten, daß nicht mehrere von ihnen eine Rolle spielen. Deshalb muß jeder Mathematiker, der sich mit der Modellierung beschäftigen will, lernen, mit ihnen umzugehen.

1.1.1 Hilfsmittel zum Modellieren

Über unseren Freund und Kollegen George Carrier wurde einmal im Scherz gesagt: „George kann nur Randwertprobleme lösen, es gibt jedoch kein Problem, welches er nicht zu einem Randwertproblem machen kann.“ Zu dieser Zeit hatte George wichtige Beiträge zur Mathematik geliefert, indem er Techniken verwendete, die man als Randwerttechniken bezeichnet. Heute gibt es meines Wissens kein Gebiet der angewandten Mathematik, das George nicht beherrscht, und für seine Fähigkeiten beim Modellieren von Problemen ist er berühmt; trotzdem steckt in diesem Scherz Wahrheit. Ein guter Modellierer erkennt die Anwendbarkeit von bestimmten Techniken und Ideen disziplinübergreifend. Diese Fähigkeit kann man entwickeln; wir beide (und viele andere) haben von George viel gelernt.

Selten steht der Modellierer einem Problem gegenüber, für welches er Experte ist und welches sich durch Standardansätze lösen läßt. So ist es in Situationen, die sich aus industriellen Anwendungen ergeben, häufig der Fall, daß Ingenieure äußerst kreativ Methoden entwickelt haben, um das Problem in den Griff zu bekommen, die aber nicht zu dem gewünschten Erfolg führten. Dann ist es von Vorteil, nicht mit dem konventionellen Wissen zu sehr belastet zu sein. Allerdings fängt der Modellierer natürlich nicht ganz von vorn an. Abgesehen von mathematischem Wissen (etwa darüber, welche Techniken meist vernünftige Ergebnisse liefern) bringt er Erfahrungen aus der Behandlung anderer Kontexte mit. Allgemeine Prinzipien (sowohl mathematischer als auch physikalischer Art) lassen sich in vielen Prozessen entdecken. So besitzen alle Diffusionsvorgänge Eigenschaften, die auch der Urtyp dieser Vorgänge besitzt: die Wärmeleitungsgleichung. Oft ist es von Nutzen, sich zuerst mit einem analogen Wärmeleitungsproblem zu beschäftigen, bevor man sich dem tatsächlichen Diffusionsvorgang zuwendet. Deshalb ist für die Ausbildung des Modellierers das Training des Erkennens solcher Muster und Prinzipien grundlegend. Wir wollen in diesem Buch versuchen, die Aufmerksamkeit des Lesers auf diese gemeinsamen Grundzüge zu lenken, indem wir ihre Anwendung in verschiedenen Disziplinen untersuchen.

1.1.2 Computereinsatz

Die Rolle des Computers bei der Modellierung bedarf einiger Anmerkungen. Die Fähigkeit des Rechners, lange Rechnungen zu bewältigen, macht ihn zu einem idealen Werkzeug für die Behandlung von Daten, die nur wenig Interpretation erfordern. Sein Wert als wissenschaftliches Werkzeug für die Modellierung wird jedoch meist überschätzt. Das Ziel des Modellierers und des Wissenschaftlers ist das *Verständnis* der Prozesse, so daß man in der Lage ist, überzeugende Vorhersagen zu treffen. In der Industrie möchte man den Wirkungsbereich eines Prozesses erweitern oder verstehen, warum unerwartete Schwierigkeiten auftreten. Das numerische Ergebnis einer Rechnung hilft in diesen Fällen nicht viel (auch wenn die Rechnung auf vernünftigen Annahmen beruht), vielmehr benötigt man Kenntnisse über die (meistens zahlreichen) Eigenschaften eines Problems, deren Wechselwirkung zu eben diesem Ergebnis führt. Gerade deshalb ist eine Analyse notwendig und man versteht, warum weniger als 1% des wissenschaftlichen *Verständnisses* durch die Arbeit eines Computers geleistet wird. Hat man den Prozeß erst einmal verstanden, kommt der Computer voll zum Einsatz. Es gibt noch andere Gründe dafür, nicht unbeschränkt auf numerische Techniken zurückzugreifen; diese hängen mit der bereits erwähnten Notwendigkeit zusammen, die unwichtigen Details eines Modells herauszufiltern. Häufig genug führen harmlose Fehler im Modell zu völlig wertlosen Ergebnissen. Deshalb ist es notwendig, die Gleichungen, die das Modell beschreiben, so lange zu bearbeiten, bis ein für Computerrechnungen vernünftiges Niveau erreicht ist. Dafür ist das durch die Analyse erlangte Verständnis jedoch von ausschlaggebender Bedeutung. In diesem Sinne sind Computeralgebra-Programme ein großer Vorteil für den Modellierer, gestatten sie doch die Herleitung analytischer Ergebnisse, die mit Bleistift und Papier nicht zu erlangen sind. Natürlich besteht die Wirklichkeit jeder mathematischen Modellierung zum Schluß in Zahlenmanipulationen, die Arbeit des Modellierers ist jedoch mit der Vorbereitung dieser eigentlich abgeschlossen.

1.2 Organisation des Buchinhalts

Unabhängig vom wirklichen Verständis der Physik eines Prozesses (jenseits der beschreibenden Gleichungen) ist es dem Modellierer möglich, mittels Untersuchung der Skalierungseigenschaften zu Ergebnissen zu kommen. Wir wollen dies im zweiten Kapitel des ersten Teils an einem Beispiel demonstrieren, welches sicher nicht aus dem Erfahrungsbereich von Studenten stammt – das Problem der Bestimmung der Bedingungen, unter denen eine Fahnenstange ein Erdbeben übersteht. Mit Hilfe von Skalierungsargumenten werden eine Reihe von Approximationen untersucht, Lösungen gesucht und Ergebnisse mit Maple gezeichnet. Dazu werden die mathematischen, experimentellen und die Folgerungen für das Modellieren untersucht. Die in diesem Kapitel entwickelten Ideen sind für das gesamte Buch wichtig.

In Kapitel 3 des ersten Teils untersuchen wir die imaginäre Situation, daß ein Möbelhersteller Tische entwerfen will, die nicht wackeln. Die mit diesem Problem verbundene Mathematik ist elementar; dies erlaubt, sich auf die Aufgabe der Modellierung zu konzentrieren, die recht subtil und von allgemeinem Interesse ist.

In Kapitel 4 behandeln wir ein mit dem Anlegen der riesigen Öltanker verbundenes Optimierungsproblem. Hier werden die für die Untersuchung komplexer Modellsituationen so nützlichen Variationsansätze eingeführt. Diese begegnen uns in Kapitel 5 und in späteren Kapiteln wieder.

Der zweite Teil des Buches ist Diffusionsproblemen gewidmet. In Kapitel 6 werden die mathematischen und physikalischen Grundlagen eingeführt, in den beiden folgenden Kapiteln beschäftigen wir uns mit den klassischen fundamentalen Lösungen und der Technik der Fourierreihen im Zusammenhang mit Erwärmungsprozessen von Oberflächen. In diesen Kapiteln werden auch die im weiteren nützlichen Methoden der Integration über Randflächen eingeführt. Die nächsten drei Kapitel sind speziellen Anwendungen gewidmet. In Kapitel 9 beschäftigen wir uns mit inversen Problemen, die beim Kochen auftreten, in Kapitel 10 mit Aspekten des Treibhausproblems. Gerade das letzte Beispiel zeigt, wie man mit sehr komplexen Prozessen umgehen kann. Im letzten Kapitel dieses Teils präsentieren wir eine ziemlich vollständige Fallstudie, die den Versuch unternimmt, die Durchführbarkeit eines kontinuierlichen Stahlgußprozesses abzuschätzen. Wir wollen damit zeigen, wie sich eine solche Studie entwickelt.

Der dritte Teil behandelt Schwingungen und Wellenfortpflanzung. Es werden die mit Resonanzen verbundenen Effekte untersucht und in Kapitel 12 einige Mechanismen, die die Schwingungsamplitude begrenzen sollen, dargestellt. Im dreizehnten Kapitel stellen wir ein spezielles Problem einer Gruppe von Industriemathematikern (die Übertragung der Antriebskraft in einem Auto) vor. In diesem Zusammenhang geht es um Multiskalierung und Mittelung; im abschließenden Kapitel um Signalgeschwindigkeit und Schockwellen am Beispiel des Verkehrsflusses.

Die drei Teile des Buches können in beliebiger Reihenfolge und unabhängig voneinander betrachtet werden und aus jedem Teil können Kapitel zu einer breiten Einführung in die verschiedenen Gebiete der Modellierung zusammengestellt werden. Für eine einführende Vorlesung an der Universität von Westaustralien verwendeten wir die Kapitel 2 und 3 des ersten Teil, die Kapitel 6, 7 und 10 des zweiten Teils sowie das Kapitel 14 des dritten Teils. Das Tischproblem des dritten Kapitels wird meist zuerst behandelt, da es eine gute Illustration der für ein effektives Modellieren notwendigen Herangehensweisen in einem einfachen mathematischen Rahmen liefert.

Die Zahl der Übungsaufgaben ist recht umfangreich, man findet Hinweise zur Lösung sowohl im Text als auch am Schluß des Buches. Die meisten Aufgaben setzen den Gebrauch von Maple voraus. Die ersten Beispiele der Aufgaben eines Kapitels sind im allgemeinen einfach (meist sollen im Text erhaltene Ergebnisse reproduziert werden), sie sollen dem Studenten die Möglichkeit geben, sich mit wichtigen Aspekten der Mathematik oder Physik vertraut zu machen. Die folgenden Aufgaben sind umfangreicher, da sie die Anwendung der im Text entwickelten mathematischen oder physikalischen Ideen auf andere Situationen fördern sollen. Die mit zwei Sternen gekennzeichneten Aufgaben sind schwieriger oder benötigen mehr Zeit. Die mit zwei Sternen gekennzeichneten Abschnitte im Text liefern zusätzliches Material und können ohne Verlust an Allgemeinheit weggelassen werden.

Für eine Vertiefung der Kenntnisse über die mathematische Modellierung im industriellen Kontext empfehlen wir Taylor (1986), der eine Reihe von faszinierenden Problemen in der Industrie beschreibt, die der Oxforder Gruppe der Industriemathematiker in den letzten zwanzig Jahren begegnet sind.

Literatur

Taylor, A. B., 1986, *Mathematical Models in Applied Mechanics*, Clarendon Press, Oxford

Volterra, V., 1926, *Variazione e fluttauzini del numero d'individui in specie animali conviventi*, Mem. Accad. Nazionale Lincei (Serie 6) **2**, S. 31-113

Teil I

Mechanische Systeme

2 Skalen, Approximationen und Lösungen

Dynamische Ähnlichkeit
Dimensionslose Gruppen
Methoden der Störungsrechnung

Eine fundamentale Forderung an mathematische Modelle ist die Vereinfachung der mathematischen Beschreibung einer physikalischen Situation, ohne dabei allzuviel Genauigkeit zu verlieren. Dazu ist es aber notwendig, die numerische Signifikanz innerer oder äußerer physikalischer Effekte abschätzen zu können. Besitzt man keine detaillierten Kenntnisse über den Kontext des Modells, dann ist es für einen Mathematiker am einfachsten, die relative Größe der verschiedenen Terme, die in der Modellbeschreibung auftreten, zu untersuchen. Die zu diesen Abschätzungen führenden Methoden nennt man Skalierung, den Prozeß häufig Skalierungsanalyse. Obwohl die Mathematik hierzu einfach ist, sind die Argumente dennoch scharfsinnig.

Hat man die benötigten Abschätzungen durchgeführt, empfiehlt es sich (zumindest am Anfang der Untersuchung), die relativ kleinen Terme wegzulassen. Man sollte allerdings immer überprüfen, inwieweit diese Approximationen gültig sind.

Der in diesem Kapitel beschriebene Prozeß der Skalierung und Approximation ist für das Modellieren wesentlich und wird uns überall in diesem Buch begegnen. Die Skalierung erfordert kein Verständnis des Kontextes eines speziellen Problems, obwohl es natürlich von Nutzen sein kann. Im Verlauf des Buches wird die Beschreibung der Skalierungstechniken, die hier noch recht ausführlich gehalten ist, immer knapper werden. Mit wachsender Erfahrung wird es dann auch möglich, die Abschätzungen durchzuführen, ohne die Gleichungen, die das System beschreiben, explizit zu formulieren.

2.1 Skalierung und Dimensionsanalyse

Bei der Beschäftigung mit Gleichungen, die einem Modell eines Prozesses in der realen Welt entsprechen, sind zwei Dinge von Bedeutung:

1. Da die Gleichungen einen realen Prozeß beschreiben, können nur Additionen und Gleichsetzungen von Größen auftreten, die die gleichen Dimensionen besitzen und in den gleichen Einheiten ausgedrückt werden. Außerdem müssen die erhaltenen physikalischen Ergebnisse von der Wahl der Maßeinheiten, die in einem speziellen mathematischen Formalismus gewählt wurden, unabhängig sein.

2. Die in den Gleichungen auftretenden Terme sind an sich weder groß noch klein; nur das Verhältnis vergleichbarer Terme spielt eine Rolle.

Wir wollen beide Tatsachen erläutern. Die eckigen Klammern bedeuten im weiteren immer die Dimension einer Größe. Ist l eine Länge, so bezeichnet $[l]$ die Dimension von l, eben eine Länge $[L]$. Die Dimension einer Geschwindigkeit ist damit $[L]/[T]$, das heißt, Länge geteilt durch Zeit. Diese Idee der Dimensionen wird im folgenden genügen, alles weitere werden wir zu gegebener Zeit einführen. Im Moment reicht es zu wissen, daß die Dimensionen *aller* mechanischen Größen durch Kombinationen der fundamentalen Dimensionen $[L]$, $[T]$ und der Masse $[M]$ ausgedrückt werden können. Am Ende dieses Kapitels werden wir die Grundlagen der Dimensionsanalyse, wie sie bei Problemen in Physik und Technik oft verwendet wird, etwas ausführlicher erläutern.

Es ergibt keinen Sinn, von der Größe einer speziellen physikalischen dimensionsbehafteten Größe (z.B. der Größe einer Person mit der Dimension $[L]$) zu sprechen, ohne auf die verwendeten Maßeinheiten einzugehen, die bei der Beschreibung des Sachverhaltes auftreten, denn die in der Beschreibung erscheinende tatsächliche Zahl kann groß oder klein sein. So ist die die Größe eines Menschen beschreibende Zahl groß, wenn wir sie in Millimetern angeben, und sehr klein, wenn wir die Größe in Kilometern messen. Deshalb ist es für den Vergleich der Größe verschiedener Menschen notwendig, sich auf eine passende Maßeinheit festzulegen, in großen Teilen der Welt ist dies das Meter. Obwohl der Wert solcher Standards für die Messung nicht überschätzt werden kann, wird es sich zeigen, daß im Rahmen der Modellierung die Arbeit mit dem *Verhältnis* vergleichbarer Terme in Einheiten, die dem *Kontext des Problems angepaßt* sind, von großem Nutzen ist. Diese Verhältnisse sind natürlich *dimensionslos* oder *einheitenlos*, sie sind einfach reelle Zahlen. Neben dem Vorteil, nicht mehr auf die Einheiten der verschiedenen Terme achten zu müssen, gibt diese Herangehensweise die Möglichkeit, die im Verhältnis besonders wichtigen Terme gut zu erkennen, so daß die notwendigen Approximationen leichtfallen. Wir werden im weiteren sehen, daß die Vorteile noch *deutlicher* zutage treten.

2.1.1 Die Fahnenstange

Als Beispiel betrachten wir nun das Problem der *Fahnenstange*. Es ergibt sich aus der Forderung der Stabilität einer hohen Fahnenstange bei Erdbeben. Die Frage lautet demnach: Wie dick muß eine hohe Fahnenstange sein, um der Zerstörung durch ein Erdbeben zu entgehen? Man betrachte dazu die folgende partielle Differentialgleichung

$$\rho\frac{\partial^2 u}{\partial t^2} + Ek^2\frac{\partial^4 u}{\partial x^4} = 0, \quad \text{für } 0 < x < l. \tag{2.1}$$

Wir suchen eine Lösung u dieser Gleichung, die die folgenden Bedingungen erfüllt:

- sie ist periodisch in der Variable t mit der Periode $T = 2\pi/\omega$,
- sie erfüllt die Randbedingungen

$$u(0,t) = a\sin\omega t, \qquad \frac{\partial u}{\partial x}(0,t) = 0, \tag{2.2}$$

$$\frac{\partial^2 u}{\partial x^2}(l,t) = 0, \qquad \frac{\partial^3 u}{\partial x^3}(l,t) = 0. \tag{2.3}$$

Die Gleichungen beschreiben die Amplitude $u(x,t)$ der lateralen Schwingungen eines Stabes der Länge l, dessen eines Ende $l = 0$ (der Erdboden) einer periodischen Bewegung mit der Frequenz ω (Periode T) und der Amplitude a ausgesetzt und dessen anderes Ende frei beweglich ist, siehe Abb. 2.1. Für eine Herleitung der Gleichung siehe Segel (1977). Die Verbindung mit dem Problem der Fahnenstange ist offensichtlich. Man beachte jedoch, daß diese Gleichung mit gewissen Modifikationen auch die Schwingungen sehr großer Strukturen, wie zum Beispiel Wolkenkratzern, mittelgroßer Strukturen wie zum Beispiel Angelruten, oder sehr kleiner stabähnlicher Strukturen, in der Biologie beschreibt.

Der Youngsche Modul E (mit der Dimension $[M][L]^{-1}[T]^{-2}$) und die Dichte ρ ($[M][L]^{-3}$) sind Materialeigenschaften des Stabes und k ($[L]$) ist eine Eigenschaft der Querschnittsform, auch Trägheitsradius genannt. Das Verständnis dieser Worte ist nicht notwendig, da die Untersuchung des Problems das Verständnis der der Gleichung zugrundeliegenden Physik nicht erfordert. Neben einem allgemeinen Verständnis des Problems benötigen wir nur die Angabe der Dimensionen der oben gegebenen Größen und einige typische Werte.

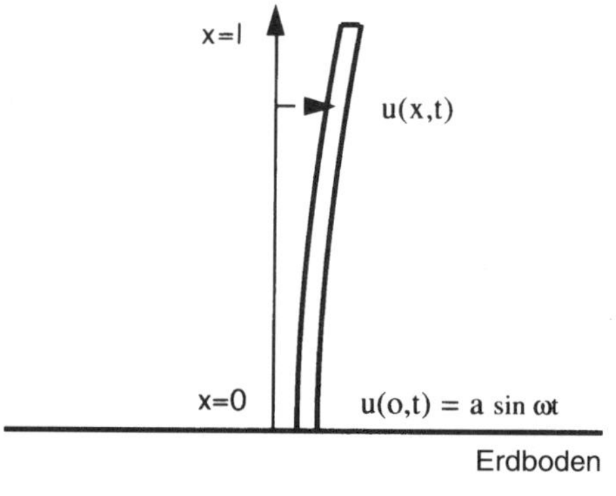

Abb. 2.1 Die Fahnenstange

Eingangsgrößen. Wir nehmen an, die Fahnenstange besteht aus einem Stahlstab mit zylindrischem Querschnitt mit einem Durchmesser von 15 cm und sie sei 10 Meter hoch. Dies ist eine hohe Fahnenstange! (Wir werden den Höhenbereich von 10 bis etwa 20 Meter im weiteren untersuchen.) Für eine zylindrische Struktur gilt $k = \alpha d$, wobei d der Durchmesser der Stange und für eine relativ dünne Stange $\alpha \approx 1/(2\sqrt{2})$ ist. Dies ergibt $k \approx 5{,}3$ cm für unsere Stahlstange. Aus Tabellen für den Youngschen Modul für Stahl erhält man $E_s = 2{,}0 \cdot 10^7$ kg/(m s^2); die Dichte von Stahl ist $\rho_s = 7{,}8 \cdot 10^3$ kg/m^3. Die Amplituden der Schwingungen, die Erdbeben erzeugen, liegen zwischen Mikrometern und Zentimetern, die Perioden reichen von Bruchteilen von Sekunden bis zu 20 oder 30 Sekunden. Wir werden 2 Sekunden als repräsentativen Wert verwenden, die entsprechende Kreisfrequenz liegt dann bei $\omega = \pi$ rad/s.

Obwohl das SI-Einheitensystem weltweite Akzeptanz im Bereich der Wissenschaft und des Ingenieurwesens besitzt, werden doch, vor allem in den USA, im täglichen Leben andere Maßeinheiten benutzt. In manchen technischen Disziplinen findet man aus historischen Gründen ebenfalls häufig andere Einheiten. Deshalb ist es wichtig, die Maßsysteme ineinander umrechnen zu können, damit man die Eingangsdaten in der passenden Form besitzt. Die Umrechnung ist jedoch einfach und langweilig. Man berechnet E und ρ in den Einheiten Fuß (ft) und Pfund (lbs) durch die Beziehungen

- 1 m = 3,281 ft und
- 1 kg = 2,205 lb.

Der Youngsche Modul berechnet sich damit in den neuen Einheiten zu

$$\frac{(2{,}0 \cdot 10^7\,\mathrm{kg/(m\ s^2)}) \cdot (2{,}205\,\mathrm{lb/kg})}{(3{,}281\,\mathrm{ft/m})} = 1{,}34 \cdot 10^7\,\mathrm{lb/(ft\ s^2)} \tag{2.4}$$

Verwendet man UNIX, so kann die Umrechnung mit Hilfe des Systemkommandos *units* ausgeführt werden, ohne daß die Umrechnungsfaktoren bekannt sein müssen; man kann nur hoffen, daß dies bald auf allen Computern möglich sein wird.

Welche Parameterwerte sollen nun in das obige mathematische System eingesetzt werden? Beide sind möglich, vorausgesetzt, daß man ausschließlich das eine oder das andere Einheitensystem verwendet. Natürlich muß auch die Lösung in diesen Einheiten angegeben werden. Verwendet man unterschiedliche Einheitensysteme, so unterscheiden sich die Gleichungen (in den Koeffizienten vor den verschiedenen Termen) und sie besitzen Lösungen, die auf den ersten Blick verschieden sind. Vergleicht man diese Ergebnisse jedoch (und verwendet die Umrechnungsfaktoren für die Parameter und Variablen), so erkennt man, daß sie einander äquivalent sind. Natürlich ist dies kein Zufall, sondern eine Konsequenz aus Fakt 1. Aus physikalischen Gründen *muß* die tatsächliche Auslenkung der Fahnenstange vom gewählten Einheitensystem unabhängig sein – wäre dies nicht der Fall, so würde die partielle Differentialgleichung mit den beschriebenen Randbedingungen kein mögliches Modell der realen Welt beschreiben. Konvertiert man also vollständig (die Parameter und Variablen) von einem System in das andere, so werden alle Terme der Gleichung mit dem gleichen Umrechnungsfaktor multipliziert, dieser kann damit aus der Gleichung herausgekürzt werden. Im Falle der Fahnenstange besitzen alle Terme von (2.1) die Einheit kg/(m^2 s^2) im SI-System, der Umrechnungsfaktor ins lb, ft, s-System beträgt 2,205/3,281^2 und kürzt sich aus allen Termen heraus.

Diese mathematische Invarianz unter dem Wechsel der Einheiten für Gleichungen, die Prozesse der realen Welt beschreiben, läßt vermuten, daß es eine mathematische Beschreibung dieser Prozesse gibt, die nicht von speziellen Einheiten abhängt. Dies ist wirklich so. Die Wahl von unüblichen Einheiten, die Skalen genannt werden und *spezifisch für das gestellte Problem sind*, ist ein Weg, zur einheitenlosen Beschreibung zu gelangen.

2.1.2 Die Skalierung des Problems der Fahnenstange

Im Falle der Fahnenstange existiert eine natürliche Längenskale; die Länge der Fahnenstange. Deshalb empfiehlt es sich, den Ort entlang der Stange durch die Variable ξ zu beschreiben, die wie folgt definiert wird:

$$x = l\xi. \tag{2.5}$$

Für den Bereich $0 < \xi < l$ ist die Auslenkung der Stange nun definiert. Man beachte, daß ξ das Verhältnis zweier Größen ist, die die Dimension einer Länge $[L]$ besitzen, damit ist ξ unabhängig von der Wahl der Längeneinheit, also *dimensionslos*. Durch die Frequenz ω ist ebenso eine natürliche Zeitskale gegeben. Wir definieren eine neue *dimensionslose* Zeitvariable τ:

$$t = \tau/\omega. \tag{2.6}$$

Die natürliche Längenskale für die Auslenkung ist a, die Amplitude der Kraft, wir verwenden also

$$u = av. \tag{2.7}$$

Wir wollen untersuchen, was geschieht, wenn wir das Problem in den neuen *dimensionslosen* Variablen formulieren. Die Kettenregel ergibt

$$\frac{\partial u(x,t)}{\partial t} = \frac{\partial av(\xi,\tau)}{\partial t} = a\frac{\partial v(\xi,\tau)}{\partial \tau}\frac{\partial \tau}{\partial t} = a\omega\frac{\partial v(\xi,\tau)}{\partial \tau} \tag{2.8}$$

und

$$\frac{\partial u(x,t)}{\partial x} = \frac{\partial av(\xi,\tau)}{\partial \xi}\frac{\partial \xi}{\partial x} = \frac{a}{l}\frac{\partial v(\xi,\tau)}{\partial \xi} \tag{2.9}$$

usw., wir erhalten für die Differentialgleichung (2.1)

$$(\rho a\omega^2)\{\frac{\partial^2 v(\xi,\tau)}{\partial \tau^2}\} + \left(\frac{Ek^2 a}{l^4}\right)\{\frac{\partial^4 v(\xi,\tau)}{\partial \xi^4}\} = 0. \tag{2.10}$$

Die Terme in den geschweiften Klammern sind Kombinationen dimensionsloser Variablen und damit ebenfalls dimensionslos. Die Koeffizienten in den runden

Klammern müssen die gleiche Dimension, nämlich $[M][L]^{-2}[T]^{-2}$ besitzen, wie man sich leicht überzeugt. Dividiert man die Gleichung durch $\rho a \omega^2$, dann erhält man die vollständig dimensionslose oder invariante Form

$$\frac{\partial^2 v}{\partial \tau^2} + J \frac{\partial^4 v}{\partial \xi^4} = 0 \tag{2.11}$$

mit

$$J = \frac{Ek^2}{\rho \omega^2 l^4}. \tag{2.12}$$

J ist ebenfalls eine dimensionslose Kombination der Parameter unseres Problems, man nennt sie oft *dimensionslose Gruppe* oder *dimensionsloser Parameter*. Die Nebenbedingungen lauten nun

- v sei periodisch mit der Periode 2π,
- die Randbedingungen sind:

$$v(0,\tau) = \sin \tau, \qquad \frac{\partial v}{\partial \xi}(0,\tau) = 0 \tag{2.13}$$

$$\frac{\partial^2 v}{\partial \xi^2}(1,\tau) = 0, \qquad \frac{\partial^3 v}{\partial \xi^3}(1,\tau) = 0 \tag{2.14}$$

Dieses transformierte System besitzt nur einen dimensionslosen Parameter J. Der Wert von J bestimmt die invariante Form des mathematischen Modells und damit die Bewegung *aller* solcher Stäbe bei dieser Form der Krafteinwirkung. Dieses mathematische Problem definiert die skalierte Auslenkung v einzig und allein durch J, ξ und τ, falls eine eindeutige Lösung existiert. Man erhält also eine Lösung V des skalierten Problems der Form

$$v = V(\xi, \tau, J). \tag{2.15}$$

Transformieren wir zurück in die unskalierten Variablen, erhalten wir einen Ausdruck für die (unskalierte) Auslenkung $u(x,t)$ der Form

$$u(x,t) = aV(x/l, \omega t, J). \tag{2.16}$$

Die invariante Formulierung (2.11), (2.13), (2.14) besitzt eine Vielzahl von Vorteilen:

- **Für die analytischen Berechnungen.** Man kommt mit weniger Symbolen aus. Dadurch erkennt man leichter die Struktur und die Organisation der Rechnung; das Verständnis der Lösungen wird erleichtert. Zusätzlich wird die Abschätzung der Fehler, die durch Vernachlässigung spezieller Terme auftreten, möglich, da die Koeffizienten reelle Zahlen sind (und nicht dimensionsbehaftete Parameter), so daß Aussagen über die Größe sinnvoll sind.

- **Für die numerische Berechnung.** Verwendet man zur Lösung des Problems einen numerischen Ansatz, so wird die Anzahl der Rechnungen enorm reduziert, da nur die Variation *eines* Parameters J und nicht der ursprünglichen größeren Parametermenge $(\rho, E, k, l, a, \omega)$ untersucht werden muß. Die Zahl der Rechenschritte wächst etwa mit n^r, wobei n die Zahl der Parameterwerte der r Parameter ist; wie man sieht, ist die Vereinfachung durch den Übergang zu dimensionslosen Größen *wesentlich* für numerische Rechnungen und Tabellierungen.

  Nebenbemerkung: Man findet in mathematischen Tabellenwerken meist nur Funktionen von einer Variablen für einige Werte eines Parameters (z.B. $f(x, a)$). Die Tabellierung von Funktionen mehrerer Veränderlicher oder mehrerer Parameter wäre extrem platzaufwendig und würde die Dimensionen von Nachschlagewerken sprengen.

- **Für die experimentelle Arbeit.** Die invariante Form ergibt eine vernünftige Grundlage für das experimentelle Design. Das Verhalten eines viel handlicheren 2 Meter langen Holzstabes ist dynamisch gleichwertig dem einer 10 Meter langen Stahlstange mit 15 cm Durchmesser, falls sie den gleichen Wert J besitzen. Man erhält $E_{\text{Holz}} \approx E_{\text{s}}/20$, $\rho_{\text{Holz}} \approx \rho_{\text{s}}/13$. Für die gleiche Schwingungsfrequenz ω kann gleiches J also erreicht werden, falls $k^2_{\text{exp}} = (20/13)5^{-4}k^2_{\text{Stab}}$, das heißt $k_{\text{exp}} = 0{,}05k_{\text{Stab}}$ gilt. Korrigiert man noch die verschiedenen Querschnitte (der experimentelle Holzstab ist massiv, während der Stahlstab hohl ist), so erhält man als Ergebnis, daß ein 2 Meter langer Stab aus Holz mit einem Durchmesser von 1 cm das Verhalten unserer Fahnenstange *simulieren* kann. Wir verwenden hier den Begriff Simulation, da wir den gleichen Wert für ω im Verlauf des Experimentes verwenden; der Holzstab verhält sich also genauso wie der Stahlstab, wenn er den gleichen Schwingungen ausgesetzt wird. Es ist jedoch gar nicht nötig, ω beizubehalten. Man kann daher experimentell (in gewissen Grenzen) *jeden* Stab verwenden und die Frequenz ω so abstimmen, daß J gleich ist. Mittels der Gleichung (2.12) kann daraus dann das Verhalten unserer Fahnenstange berechnet werden.

  Nebenbemerkung: Auf gleiche Weise können diese Experimente zur Untersuchung winziger „Stäbe“, wie zum Beispiel der Haarzellen im menschlichen Ohr (25 μm lang und 6 μm Durchmesser), verwendet werden.

In der obigen Analyse wählten wir für die Position x entlang des Stabes und für die Auslenkung u verschiedene Längenskalen l und a. Was würde passieren, wenn wir sowohl für x als auch für u die gleiche Längenskale l benutzen würden, so daß die durch $u = lw$ definierte Variable w auftreten würde? Da a und l die Dimension einer Länge besitzen, tritt bei dieser alternativen Skalierung keine dimensionale Inkonsistenz auf, und in der Tat sind beide Formulierungen von einem *rein mathematischen* Standpunkt aus gesehen äquivalent in dem Sinne, daß beide Ansätze exakt die gleichen Ergebnisse liefern. Die Lösung für w lautet explizit $w = \frac{a}{l}V(\xi, \tau, J)$. Praktisch gesehen unterscheiden sich beide Formulierungen jedoch sehr. In den Randbedingungen tritt in der zweiten Formulierung ein zweiter

Parameter (a/l) auf, so daß dadurch das Problem deutlich komplexer wird. (Für unser spezielles Problem kann man mit Hilfe von Linearitätsargumenten die zweite Darstellung vereinfachen, was für nichtlineare Probleme normalerweise jedoch nicht möglich ist.) Auch im Sinne einer Approximation sind die beiden Formulierungen verschieden. Während sie mathematisch korrekt sind, ist doch die erste für Näherungen nützlich, da der Parameter a die Größe der Auslenkung genau darstellt, so daß die Größenverhältnisse der Terme der Gleichung bei dieser Skalierung korrekt sind. Man sollte also die Skalen ***sorgfältig auswählen.***

Obwohl wir in der Modellierung unseres Problems noch am Anfang stehen, können wir doch schon einige Aussagen treffen. Das heißt, selbst, wenn ein Problem analytisch unlösbar ist, kann ein Programm für numerische Rechnungen die uns interessierenden Lösungen für J bestimmen oder man kann ein entsprechendes Experiment durchführen. Natürlich wird das Verständnis für die allgemeine Situation größer sein, wenn mit der analytischen Rechnung fortgefahren werden kann. Bevor wir jedoch dazu kommen, wollen wir noch einige Beobachtungen und Spekulationen anstellen. Solche Beobachtungen können für die weitere Arbeit von großem Nutzen sein. Man beachte, daß die relativ kurzen, dicken und steifen Fahnenstangen, von denen man erwartet, daß sie bei Erdbeben besonders sicher sind, einem großen Wert von J entsprechen (siehe (2.12)). Natürlich bestimmt der Wert von J, was in unserem Kontext unter klein zu verstehen ist. Die dünnen langen Fahnenstangen mit kleinem J müßten bei Erdbeben natürlich einsturzgefährdet sein. Wie man sieht, wird der Wert von J für ansteigende Stangenlänge l sehr schnell kleiner (mit $1/l^4$). Deshalb ist die graphische Darstellung von J über l, wobei die anderen Parameter festgehalten werden, von großem Nutzen. Die Maple-Kommandos:

```
T:=2/(2*Pi);                                          %Pi ≡ π
J:=E*k^2*T^2/(rho*l^4);                               %rho ≡ ρ
e:=2*10^7;
rho:=7.8*10^3;
k:=15/(2*sqrt(2)):
plot(J,l=0..30, title='J als Funktion von l');
evalf(subs(l=10,J));
evalf(subs(l=15,J));
evalf(subs(l=20,J));
```

erzeugen Abb. 2.2 und ergeben $J = 0{,}73$, $0{,}14$ und $0{,}04$ für $l = 10$ m, 15 m und 20 m.

Der Wert von J überstreicht einen Bereich von 10^4 für Werte von l zwischen 2 und 20 m! Deshalb liegt die Vermutung nahe, daß sich das Verhalten der Fahnenstange in diesem Stangenlängenbereich stark ändert. Ebenfalls interessant ist:

- für feste Werte von (ρ, E, ω) bleibt J konstant, wenn k/l^2 konstant gehalten wird. Das dynamische Verhalten für Stangen mit verschiedener Länge ist also gleich, wenn der Durchmesser proportional mit dem Quadrat der Länge wächst. Die Materialkosten wachsen also schnell mit zunehmender Höhe der Fahnenstange.

- J variiert mit $1/\omega^2$, und da die kleinen Werte von J die unangenehmen sind, sind die Folgen von hochfrequenten Erdbeben am schlimmsten.

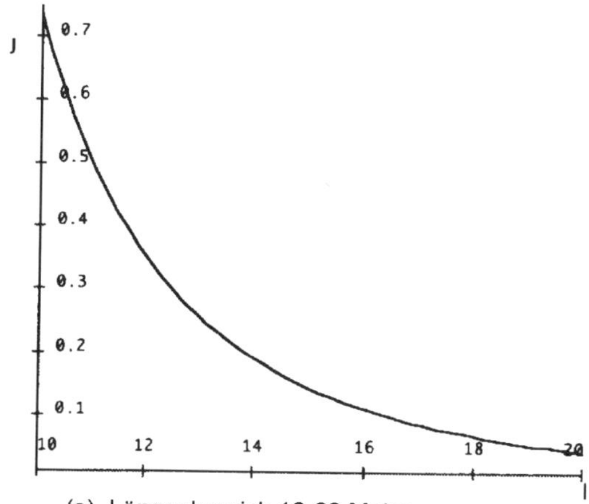

(a) Längenbereich 10-20 Meter

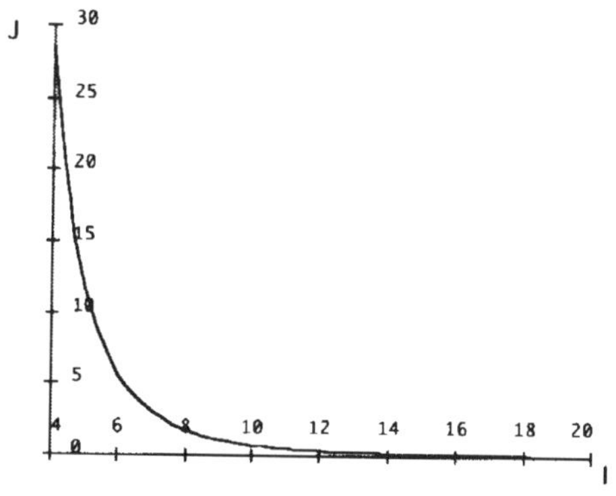

(b) Längenbereich 4-20 Meter

Abb. 2.2 J über l.

Natürlich sind die obigen Ausführungen ein wenig vage, da wir über das Verhalten der Lösung in diesem Bereich nicht alles wissen, sie geben jedoch ein ungefähres Bild und sollten im Kopf behalten werden.

2.2 Approximationen

Nehmen wir an, daß die oben gewählten Skalierungen repräsentativ sind, so liegt die Vermutung nahe, daß sowohl die skalierte Funktion $v(\xi, \tau)$ als auch die Ableitungen nach den skalierten Variablen ξ und τ (d.h. $\partial v/\partial \xi$ und $\partial v/\partial \tau$) von gleicher Ordnung sind. Ist dies der Fall, so sind für die relative Größe der Terme in Gleichung (2.11) die numerischen Koeffizienten (1 und J) verantwortlich. Liegt nun der Parameterbereich so, daß das dimensionslose J große oder kleine Werte annimmt, dann sind deutliche Vereinfachungen möglich.

2.2.1 Die Lösung für große J

Für große J (steife Stange) kann die partielle Differentialgleichung (2.11) in der Form

$$\frac{\partial^4 v}{\partial \xi^4} = -\frac{1}{J}\frac{\partial^2 v}{\partial \tau^2} \tag{2.17}$$

geschrieben werden. Vernachlässigt man Terme proportional zu $1/J$, dann erhalten wir die einfachere Gleichung

$$\frac{\partial^4 v_0}{\partial \xi^4} = 0.$$

Wir erwarten, daß v_0 eine gute Näherung für v ist. Wir integrieren die Gleichung einmal und erhalten

$$\frac{\partial^3 v_0}{\partial \xi^3} = C(\tau),$$

wobei $C(\tau)$ eine beliebige Funktion von τ ist. Die Randbedingungen (2.14) für $\xi = 1$ ergeben

$$C(\tau) = 0.$$

Eine zweite Integration liefert

$$\frac{\partial^2 v_0}{\partial \xi^2}(\xi, \tau) = 0$$

nach Anwendung der Randbedingungen bei $\xi = 1$. Die allgemeine Lösung dieser partiellen Differentialgleichung lautet

$$v_0 = A(\tau) + B(\tau)\xi,$$

wobei $A(\tau)$ und $B(\tau)$ bis jetzt unbestimmte Funktionen sind. Aus den Randbedingungen (2.13) bei $\xi = 0$ folgt dann

$$v_0 = \sin\tau.$$

Wir sind nun im Besitz einer genäherten Lösung, deren relative Genauigkeit von der Ordnung $1/J$ ist. Kann ein solcher Fehler akzeptiert werden, so braucht man nicht weiter fortzufahren. Trotzdem sollte man auch unter diesen Umständen versuchen, eine bessere Approximation zu erhalten, um wenigstens die Genauigkeit der ersten Näherung überprüfen zu können. Eine genauere Lösung erhält man durch Iteration der Gleichung (2.17) Die Idee ist einfach: Ist v_0 eine gute Näherung für v, dann sollte $(-1/J)\partial^2 v_0/\partial\tau^2$ eine gute Näherung für die rechte Seite von (2.17) sein.

$$\frac{\partial^4 v_1}{\partial\xi^4} = -\frac{1}{J}\frac{\partial^2 v_0}{\partial\tau^2} = \frac{1}{J}\sin\tau \tag{2.18}$$

mit den gleichen Randbedingungen

$$v_1(0,\tau) = \sin\tau, \qquad \frac{\partial v_1(0,\tau)}{\partial\xi} = \frac{\partial^2 v_1(1,\tau)}{\partial\xi^2} = \frac{\partial^3 v_1(1,\tau)}{\partial\xi^3} = 0. \tag{2.19}$$

v_1 sollte eine bessere Näherung für v sein als v_0. Diesen Vorgang kann man nun sukzessive wiederholen, indem die Näherungen für v in die rechte Seite von (2.17) eingesetzt werden:

$$\frac{\partial^4 v_n}{\partial\xi^4} = -\frac{1}{J}\frac{\partial^2 v_{n-1}}{\partial\tau^2}, \quad \text{für } n = 1, 2, \ldots, \tag{2.20}$$

mit den Randbedingungen

$$v_n(0,\tau) = \sin\tau, \qquad \frac{\partial v_n(0,\tau)}{\partial\xi} = \frac{\partial^2 v_n(1,\tau)}{\partial\xi^2} = \frac{\partial^3 v_n(1,\tau)}{\partial\xi^3} = 0. \tag{2.21}$$

Integriert man (2.18) für v_1, dann erhält man nach Einsetzen der Randbedingungen

$$v_1 = \{1 + (1/J)[\xi^4/24 - \xi^3/6 + \xi^2/4]\}\sin\tau. \tag{2.22}$$

Betrachtet man die nächste Näherung, so sieht man, daß sie zusätzliche Terme der Ordnung $1/J^2$ enthält. Das heißt, v_1 sollte bis zur Ordnung $1/J$ exakt sein und die Größe des Fehlers sollte von der Ordnung $1/J^2$ sein. Ist $1/J$ klein, so sollte der Näherungsprozeß vernünftig sein, da der Fehler nach n Iterationen von (2.20) von der Ordnung $(1/J)^{n+1}$ ist. Natürlich wird die Rechnung schnell langweilig, wenn man sie mit der Hand ausführt, doch genau für diese algebraischen Umformungen wurde Maple geschaffen.

Kommentar: Die diesem Ansatz zugrundeliegende Annahme lautet, daß relativ kleine Terme einer Gleichung die Lösung nur wenig beeinflussen. Dies ist oft, aber nicht immer, der Fall. Berechnet man die Terme höherer Ordnung, so kann man sich wenigstens davon überzeugen, daß der Ansatz konsistent ist; die Tatsache, daß für große Ordnungen der Rechnung keine großen Terme auftreten, sichert jedoch nicht, daß das Ergebnis korrekt ist. Es gibt Fälle, bei denen die oben beschriebene Prozedur keine exakten Lösungen liefert, mit etwas Erfahrung erkennt man jedoch, ob eine größere Sorgfalt nötig ist. Im allgemeinen liefert der Erfolg von Wissenschaft und Technologie in der Geschichte der Menschheit die Begründung für diese Art der Näherungsrechnung; Modellieren verlangt häufig die Anwendung von Approximationen, die nicht streng begründet werden können.

Wir wollen nun die Ergebnisse für unser Verhalten der Fahnenstange interpretieren. Es gilt $v(\xi,\tau) = v(0,\tau) + O(1/J)$, so daß die Stange für großes J eine horizontale Auslenkung erfährt, die gleich dem des Erdbodens ist. Bis zur Ordnung $(1/J)$ kommt es also nicht zur Verbiegung der Stange, so besteht nicht die Gefahr des Abbrechens oberhalb des Erdbodens. Damit kann es nur im Fundament der Stange im Erdboden zu Zerstörungen kommen. Damit ist für die Untersuchung des Verhaltens der Stange über dem Erdboden allein der Fall für mittlere bis kleine J wichtig, wie wir bereits früher ausgeführt haben.

2.2.2 Die Lösung für kleine J?

Die andere extreme Annahme, daß J sehr klein ist, führt zu einem Widerspruch, denn die für $J = 0$ erhaltene Differentialgleichung

$$\frac{\partial^2 v}{\partial \tau^2} = 0$$

führt zu einer linearen Funktion in τ. Dies stimmt jedoch nicht mit der Forderung überein, daß die Lösung periodisch in der Zeit sein soll, die sinusförmigen Randbedingungen (2.13) bei $\xi = 0$ lassen sich ebenfalls nicht erfüllen. Gehen wir davon aus, daß eine solche periodische Lösung existiert, muß etwas an der Herleitung der obigen Näherungsgleichung falsch sein. Wir werden zu diesem Problem im nächsten Abschnitt zurückkehren, wenn wir die exakte Lösung bestimmt haben.

Nebenbemerkung: Man kann sich an dieser Stelle fragen, warum überhaupt Näherungslösungen berechnet werden, wenn die exakte Lösung bekannt ist? Ist die exakte Lösung leicht ***berechenbar*** und ***verständlich***, dann muß man wirklich nicht auf Näherungen zurückgreifen. Um das Verständnis einer mathematischen Prozedur oder eines physikalischen Prozesses zu vertiefen, ist es vorteilhaft, sich zuerst einfache Probleme anzuschauen, die exakt lösbar sind. Im Moment wollen wir die Vor- und Nachteile häufig verwendeter Verfahren und Methoden untersuchen, so daß das exakt lösbare Problem der Fahnenstange ein gutes Spielzeug ist. Für andere Probleme (z.B. nichtlineare Prozesse) sind Näherungslösungen *sehr* wichtig, da exakte Methoden häufig nicht ans Ziel führen.

2.3 Die exakte Lösung

Für großes J fanden wir eine Lösung, die die Form einer Funktion von ξ mal $\sin \tau$ besitzt. Deshalb suchen wir nun eine Lösung der Form

$$v(\xi, \tau)) = \chi(\xi) \sin \tau \qquad (2.23)$$

als allgemeine Lösung (d.h. beliebiges J) unseres Problems – ein Versuch. Die sinusförmigen Randbedingungen (2.13) sprechen ebenfalls für eine solche Form.

Kommentar: Dieser Ansatz erscheint ad hoc, es ist jedoch bei der Beschäftigung mit realen Problemen (d.h. mit Nichtstandard-Gleichungen) günstig, die Form der Lösung zu raten und dann durch Einsetzen in die Gleichung die Richtigkeit zu überprüfen. Am Ende des Buches wird der Leser mit dieser Herangehensweise recht vertraut sein.

Das Einsetzen des sinusförmigen Ansatzes in (2.11) ergibt nach Kürzen des Faktors $\sin \tau$

$$J\chi''''(\xi) - \chi(\xi) = 0, \qquad (2.24)$$

die Randbedingungen lauten

$$\chi(0) = 1, \quad \chi'(0) = \chi''(1) = \chi'''(1) = 0. \tag{2.25}$$

Die Maple-Befehle:

```
deq:=J*(D@@4)(X)(xi)=X(xi);                          %X(xi) ≡ χ(ξ)
bcs:=X(0)=1,D(X)(0)=0,(D@@2)(X)(1)=0,(D@@3)(X)(1)=0;
Xsoln:=dsolve({deq,bcs},X(xi));
amp:=rhs(");                                         %amp ≡ χ(ξ)
```

ergeben die Lösung für $\chi(\xi)$. Da $\sin\tau$ zwischen 1 und -1 variiert, liegt $v(\xi,\tau)$ zwischen $\chi(\xi)$ und $-\chi(\xi)$ für variierendes τ; man kann $|\chi(\xi)|$ als die Amplitude der Schwingung des Stabes als Funktion von ξ betrachten. Meist wird die Betragsbildung vernachlässigt und man interpretiert $\chi(\xi)$ direkt als Amplitude der Bewegung entlang des Stabes. Obwohl Maple die algebraischen Umformungen sehr zuverlässig ausführt, sollte man doch nicht blind damit arbeiten; es können doch Fehler auftreten, und es ist wichtig, das Ergebnis zu *verstehen*. Deshalb empfiehlt es sich zu überprüfen, ob `amp` die richtige Form besitzt und die Gleichung `deq` mit den Randbedingungen `bcs` erfüllt. Die Theorie der Differentialgleichungen sagt uns, daß die Lösungen die Form $e^{\lambda\tau}$ besitzen sollten mit $J\lambda^4 = 1$, d.h. $\lambda = \pm 1/J^{1/4}$, $\lambda = \pm i/J^{1/4}$. Wir müssen also überprüfen, ob unsere Lösung Linearkombinationen von $e^{\xi/J^{1/4}}$, $e^{-\xi/J^{1/4}}$, $\sin(\xi/J^{1/4})$ und $\cos(\xi/J^{1/4})$ enthält.
Kommentar: Wir möchten an dieser Stelle darauf hinweisen, daß die Arbeit mit algebraischen Programmen auf dieser Stufe ihrer Entwicklung frustrierend sein kann. Es können unerwartete Schwierigkeiten, zum Beispiel bei der Überprüfung, ob die erhaltene Lösung die Differentialgleichung erfüllt, auftreten. Man sollte deshalb mit dem Programm experimentieren und erst dann bei Problemen Hilfe bei Kommilitonen suchen.

Haben wir unser Ergebnis überprüft, dann können wir seine Eigenschaften analysieren. Um mit der Lösung vertraut zu werden, wollen wir $\chi(\xi)$ für verschiedene interessante Stablängen ausdrucken. Dies geschieht mit den Befehlen:

```
plot({subs(l=10,amp),subs(l=15,amp),subs(l=20,amp)},xi=0..1);
```

für die Stablängen $l = 10$ m, 15 m und 20 m. Dabei wird $J(l)$ mit den oben festgelegten Parametern eingesetzt, das Ergebnis findet man in Abb. 2.3.

Obwohl l ein vernünftiger Parameter für das Verständnis des Ergebnisses ist, ist er doch für die Präsentation nicht sonderlich gut geeignet. Der wirklich relevante Parameter ist das dimensionslose J. Für die von uns verwendeten Werte ist $J = 0{,}73$ bei $l = 10$ m, deshalb sollte die Kurve für $l = 10$ m mit dem entsprechenden Wert von J bezeichnet werden. Die dort dargestellte relative Amplitude entspricht jeder möglichen Kombination von $(\omega, l, k, \ldots)$, die $J = 0{,}73$ ergeben. Damit enthält diese Kurve deutlich *mehr* Information. Sie ergibt, daß für große bis mittlere Werte von J die maximale Auslenkung des Stabes am freien Ende auftritt, wobei die relative Auslenkung, bezogen auf die von uns gewählten Parameter, 19% (verglichen mit der Amplitude der Bewegung des Erdbodens) beträgt (man verwende `xamp1:=evalf(subs(xi=1,l=10,amp));`). Man beachte, daß die

Kurve $\chi(\xi, J)$ für $l = 20$ m die $\chi = 0$-Achse bei $\xi \approx 0{,}47$ schneidet. Dies impliziert, daß dieser Punkt ein Knoten der Bewegung ist, d.h., er bleibt im Raum fest, während sich der Rest des Stabes bewegt. Da die Lösung oszillierende Funktionen von $\xi/J^{1/4}$ enthält, können Amplitudenoszillationen auftreten, für die für kleine J gilt $1/J^{1/4} > \pi$, so daß für kleiner werdendes J mehr und mehr Knoten erscheinen. Man kann Maple dazu verwenden, diese und andere Fragen, die mit solchen Beobachtungen zusammenhängen, zu beantworten. Der Leser sollte mit Hilfe von Maple den Ort und die Größe der maximalen Amplitude als Funktion von J bestimmen. Wir werden in Aufgabe 2.1 einige dieser Fragen besprechen. Um nun die Wahrscheinlichkeit zu berechnen, mit der die Fahnenstange zerbricht, benötigt man die Festigkeits- und Brucheigenschaften des Materials der Stange – in den meisten Fällen wird die Stange abreißen, wenn die Biegungskräfte einen kritischen Wert übersteigen; die Krümmung der Stange ist ein gutes Maß für die Biegespannung.

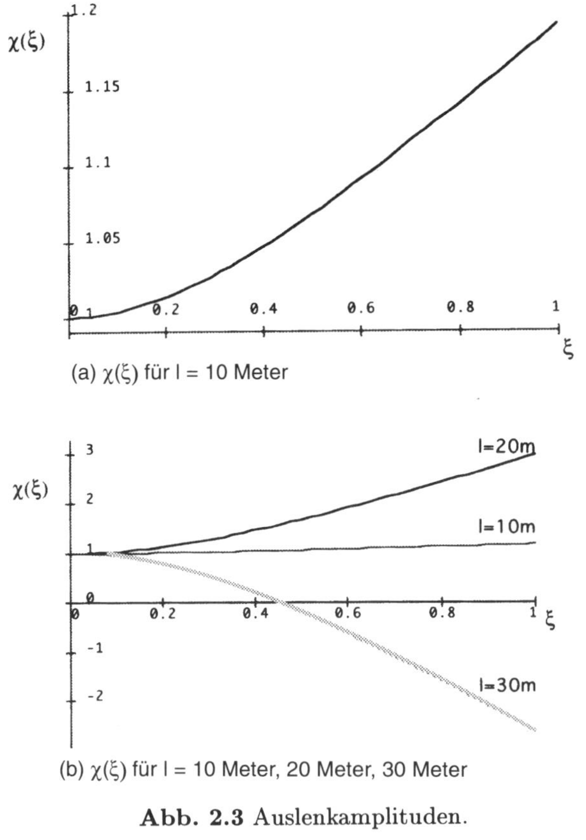

Abb. 2.3 Auslenkamplituden.

2.3.1 Die Lösung für kleine J

Da wir nun über die exakte Lösung verfügen, können wir die früher aufgetretenen Probleme für einen kleinen Wert von J genauer untersuchen. Wir gingen von der Annahme aus: für genügend kleines J gilt

$$\left| J \left(\frac{\partial^4 v}{\partial \xi^4} \right) \right| \ll \left| \frac{\partial^2 v}{\partial \tau^2} \right|.$$

Dann könnte man (2.11) durch

$$\frac{\partial^2 v}{\partial \tau^2} \approx 0$$

ersetzen. Die exakte Lösung für $v(\xi, \tau)$ besteht nun aus einer Linearkombination von Exponential- und oszillierenden Funktionen von $\xi / J^{1/4}$. Für kleine Werte von J oszillieren diese Funktionen stark in ξ, so daß ihre Ableitungen nach ξ sehr groß werden, z.B.

$$\frac{\partial^4 \sin(\xi / J^{1/4})}{\partial \xi^4} = \frac{\sin(\xi / J^{1/4})}{J}.$$

Wie man sieht, ist der scheinbar kleine Term $J \partial^4 v / \partial \xi^4$ doch nicht klein, sondern von erster Ordnung und kann damit natürlich nicht durch Vergleich mit dem Term $\partial^2 v / \partial \tau^2$, der ebenfalls von erster Ordnung ist, vernachlässigt werden. Die oben vorgeschlagene Approximation funktioniert also nicht. Wir würden die Ursache dieses Versagens natürlich gern besser verstehen, um zukünftig ähnliche Schwierigkeiten in anderen Situationen zu vermeiden. Eine korrekte, jedoch nicht sehr aussagekräftige Beobachtung ist es, daß die Lösungen der partiellen Differentialgleichung für sehr kleine J nicht in der Nähe der Lösungen für $J = 0$ liegen, d.h., der Limes ist *unstetig* oder *singulär*. (Die Lösung für $J = 0$ war linear in der Zeit!) Eine andere Beobachtung sagt uns, daß die inkorrekte Größenabschätzung der Terme der Differentialgleichung darauf zurückzuführen ist, daß wir angenommen haben, die Längenskale für die Variation von $u(x, t)$ ist die Länge l des Stabes, währenddessen für kleine J die tatsächliche Längenskale für die Variation der kleinere Wert $J^{1/4} l$ ist. Physikalisch bedeutet dies, daß Oszillationen mit Wellenlängen der Ordnung $(J^{1/4} l) < l$ durch die Bewegung des Erdbodens erzeugt werden.
Kommentar: Störungstheoretische Methoden. Man nennt die für große J beschriebene Technik zur Lösungsnäherung oft *reguläre Störungsrechnung* – in unserem Falle haben wir um $J = \infty$ gestört, und der Limes war stetig. Den Fall für kleines J nennt man *singuläre Störungsrechnung*, man hat für diese Fälle eigene Techniken entwickelt, um sie verstehen und behandeln zu können. Wir werden einige dieser Techniken im Kapitel über Schwingungen behandeln. In Carrier und Pearson (1968) findet man einen exzellenten (und elementaren) Zugang zu diesen und den Methoden der regulären Störungsrechnung. Insgesamt bezeichnet man diese Methoden als *asymptotische* Techniken; es hat sich herausgestellt, daß diese und nicht die meist in den Analysis-Vorlesungen behandelten Methoden mit konvergenten Reihen nützlicher für das Verstehen realer Phänomene sind. So stellen alle Theorien der Physik asymptotische Approximationen der realen Welt dar. Es ist

schade, daß sich die reine Mathematik im allgemeinen von diesem so wichtigen Sachverhalt abgewandt hat.

2.4 Dimensionsanalyse

Jede Aussage über die Größe einer physikalischen Quantität impliziert eine allgemein akzeptierte Methode des Vergleichs von gleichen Größen mit der Feststellung, daß eine Größe ein gewisses Vielfaches der anderen Größe ist, welche als *Einheit* dient. Die abgeleiteten physikalischen Einheiten sind so definiert, daß die grundlegenden Gesetze eine einfache Form besitzen. Da alle Gleichungen der Physik aus diesen Grundgesetzen oder entsprechenden Definitionen abgeleitet werden, wird die dimensionsmäßige Übereinstimmung jeder Gleichung, die Physik beschreibt, durch ihre Struktur gefordert. Eine Dimensionsbeziehung für die abgeleitete Größe zeigt die Relation der abgeleiteten Einheit zu den Grundeinheiten, durch welche sie ausgedrückt wird. Man fordert daher die Konsistenz der Dimensionen für jede Gleichung der Physik. Aus historischen Gründen werden die Einheiten von Masse, Länge und Zeit, bezeichnet mit $[M], [L]$ und $[T]$, als fundamental angesehen. Geschwindigkeit ist als die Veränderung des Abstandes, dividiert durch die Zeit, definiert und besitzt die Einheit m/s und damit die Dimension $[L][T]^{-1}$. Die Beschleunigung besitzt danach die Dimension $[L][T]^{-2}$. Aus dem zweiten Newtonschen Axiom, nach dem die Kraft das Produkt aus Masse und Beschleunigung ist, folgt die Dimension der Kraft zu $[M][L][T]^{-2}$. Dieser Liste der fundamentalen Einheiten hat man noch die Ladung $[Q]$ und die Temperatur $[\Theta]$ hinzugefügt. Aus mathematischen Gründen mißt man Winkel in Radiant und definiert sie über die Bogenlänge mit Hilfe der Beziehung $a = r\theta$ (r ist der Radius). Die Übereinstimmung der Dimensionen verlangt $[\theta] = 1$, der Winkel ist also *dimensionslos*. Alle zur Zeit in der Physik bekannten Größen werden durch diese fundamentalen Einheiten ausgedrückt. Damit kann die Dimension jeder physikalischen Größe in der Form

$$[M]^{\alpha}[L]^{\beta}[T]^{\gamma}[\Theta]^{\delta}[Q]^{\epsilon}$$

geschrieben werden. Dabei sind die Indizes ganze Zahlen. Die Tatsache, daß alle Größen aus dieser kleinen Menge aufgebaut werden können, spricht für die detaillierte Struktur der neu eingeführten physikalischen Größen, und die Tatsache, daß nur ganze Zahlen auftreten, ist auf die Sorgfalt zurückzuführen, mit der die Physiker neue Größen definieren. Hätte man die absolute Temperatur als das Quadrat des obigen Ausdruckes definiert, so würden gebrochenzahlige Exponenten in den Dimensionen mancher Größen auftreten.

Die Forderung nach Konsistenz in den Dimensionen erlaubt es, Aussagen über die mathematische Form der Ergebnisse eines Modells zu treffen; dies ist der Ansatzpunkt der *Dimensionsanalyse.* Ist also

$$y = aF(x_1, x_2, \ldots, \alpha_1, \alpha_2, \ldots)$$

ein Ausdruck für die Größe y als Funktion der Größen x_i und der Parameter α_i, und gilt $[y] = [a]$, dann muß es möglich sein, F in Form von dimensionslosen Kombinationen β_i mit $[\beta_i] = 1$ der (x_i, α_i) zu schreiben. Die Auslenkung des Stabes unseres obigen Modells z.B. hängt nur von den Parametern $(E, l, k, a, \rho, \omega, x, t)$ ab. Damit können wir schreiben

$$u(x,t) = aF(E, l, k, a, \rho, \omega, x, t),$$

während F nur dimensionslose Kombinationen seiner Argumente enthält. Die Dimensionsanalyse ergibt so die einzig möglichen Kombinationen. Man untersucht alle Kombinationen

$$E^m l^q k^n a^p \rho^s \omega^r x^y t^z$$

und schreibt die Dimensionen solcher Kombinationen in der Form

$$([M][L]^{-1}[T]^{-2})^m [L]^q [L]^n [L]^p ([M][L]^{-3})^s [T]^{-r} [L]^y [T]^z.$$

Fordert man Dimensionslosigkeit, so kann man die erlaubten Kombinationen

$$(m, q, n, p, s, r, y, z)$$

bestimmen. Dies ist eine mögliche, jedoch *sehr* langweilige Prozedur.

Einige einfache Überlegungen gestatten es normalerweise, die Form der Lösung schneller zu bestimmen. Da ρ und E die einzigen Größen sind, die $[M]$ enthalten, können sie nur in der Kombination E/ρ auftreten. Diese nun hat die Dimension $[T]^{-2}[L]^2$, so daß durch eine Kombination der anderen Parameter mit der Dimension $[T]^2[L]^{-2}$ (z.B. $1/(l^2\omega^2)$) eine einheitenlose Größe entsteht (in diesem Fall $E/(\rho l^2 \omega^2)$). Nun sieht man, daß die Variablen (x, t) offensichtlich mit $(x/l, \omega t)$ skaliert werden. Aufgrund der Linearität muß ebenso a als multiplikativer Faktor im Ausdruck für u auftreten. Man gelangt so zu dem Ergebnis

$$u = aF(E/(\rho\omega^2 l^2), k/l, x/l, \omega t).$$

Natürlich besteht die Gefahr, daß eine oder mehrere mögliche Kombinationen vergessen werden, deshalb ist sorgfältig darauf zu achten, daß wirklich alle Möglichkeiten berücksichtigt werden. Man beachte, daß die Beschreibung von F nicht eindeutig ist. Einige dieser Beschreibungen sind nützlicher als andere. Hat man z.B. das Glück, die Kombination J gefunden zu haben, von der wir wissen, daß sie der definierende Parameter des Problems ist, dann wird die weitere Arbeit (z.B. Experimente) *wesentlich* vereinfacht.

Die Vorteile der *Skalierungsanalyse* gegenüber der *Dimensionsanalyse* sind offensichtlich:

- Der Skalierungsansatz ermöglicht das Auffinden der passendsten dimensionslosen Parameter.

- Der Skalierungsansatz gestattet, da er mit der definierenden Gleichung arbeitet, die relative Wichtigkeit der einzelnen Prozesse abzuschätzen, so daß man das Problem häufig weiter vereinfachen kann.

Natürlich sollte man, *wenn es überhaupt möglich ist*, den Skalierungsansatz wählen. Dies ist jedoch manchmal, wenn das Verständnis der involvierten Prozesse zu gering ist, nicht möglich.

2.5 Zusammenfassung

Wir haben gesehen, daß es die *Skalierung* ermöglicht, die speziellen Kombinationen der Parameter des Problems, die dessen Verhalten determinieren, zu finden. Diese dimensionslosen Parameter, häufig als *dimensionslose Gruppen* bezeichnet, sind die Grundlage der weiteren experimentellen oder mathematischen Arbeit. Sind einige dieser Gruppen klein oder groß (und dies ist oft der Fall), dann können mit Hilfe von *Iterations- oder Störungsrechnungen* häufig nützliche Näherungslösungen berechnet werden.

2.6 Aufgaben

Aufgabe 2.1 *Lose Enden*

Man verwende Maple, um die Amplitude als Funktion des Ortes, die in Abb. 2.3 dargestellt ist, zu rekonstruieren. Zur Untersuchung verschiedener Aspekte dieses Problems ist Maple sehr gut geeignet. Man experimentiere in dieser Hinsicht und analysiere verschiedene Teilprobleme, die interessant erscheinen. Hier einige Vorschläge:

(a) Man wähle einen speziellen Wert von J und zeichne die skalierte Auslenkung $v(\xi, \tau)$ als Funktion von ξ für verschiedene Werte von τ, wobei eine volle Periode der Bewegung der Stange untersucht werden sollte ($0 \leq \tau \leq 2\pi$). Man erhält so „Schnappschüsse“ der Bewegung des Stabes. Man beobachte die den Stab entlanglaufenden Wellen. Man experimentiere mit verschiedenen Werten von J.

(b) Man zeichne die Amplitude der Bewegung des freien Endes des Stabes als Funktion von J über den interessierenden Bereich und interpretiere das Ergebnis. Liegt das Maxiumum der Auslenkung am freien Ende der Stange?

(c) Man kann die Genauigkeit der Lösung für große J untersuchen, indem man die Näherungslösung v_1 mit der exakten Lösung v vergleicht. Dabei stellt die Amplitude des freien Endes der Stange eine gute Vergleichsmöglichkeit dar. Man zeichne $\{\chi(1), v_1(1, \tau)/\sin\tau\}$ als Funktion von J und bestimme den Bereich, in dem die Lösung für großes J gut ist.

(d) ** Die longitudinale Krümmung der sich bewegenden Stange ist ein kritischer Parameter bezüglich der Gefahr des Abbrechens des Stabes. An welcher Stelle des Stabes wird das Maximum der Krümmung (als Funktion von J) erreicht?

Aufgabe 2.2 *Störungen*

Die im Fall für großes J beschriebene Iterationsprozedur zur Bestimmung einer Näherungslösung ist in dem Sinne uneffizient, daß bei jedem Iterationsschritt alle früheren Näherungsterme wieder mitberechnet werden. Lösen wir z.B. die Gleichung (2.18) für v_1, so erhalten wir den $\sin\tau$-Term (siehe (2.22)), der jedoch einfach v_0 ist. Dies ist ein ernstes Problem, wenn viele Iterationsschritte ausgeführt werden sollen. Die auftretende algebraische Komplexität stellt dann selbst für ein algebraisches Programm eine Schwierigkeit dar. Man kann diese Vermehrung des Aufwandes jedoch durch eine einfache Reorganisation der Iterationsprozedur vermeiden; man nennt dieses Verfahren dann *Störungsrechnung.* Die Iteration erzeugt nämlich eine Lösung in Form einer Entwicklung

$$v(\xi,\tau) \simeq V_0 + \frac{1}{J}V_1 + \left(\frac{1}{J}\right)^2 V_2 + \cdots = \sum_{i=0}^{m} \frac{1}{J^i}V_i,$$

d.h eine Reihenentwicklung nach dem kleinen Parameter $(1/J)$.

(a) Man setze die obige Entwicklung in die Gleichung (2.11) für v und seine Randbedingungen ein und zeige durch Berechnung der Koeffizienten von $(1/J^n)$ zu null, daß $V_0 = \sin\tau$ gilt. Man zeige weiter, daß V_n die Gleichung

$$\frac{\partial^4 V_n}{\partial \xi^4} = -\frac{\partial^2 v_{n-1}}{\partial \tau^2},$$

mit den Randbedingungen

$$V_n(0,\tau) = 0, \quad \frac{\partial V_n(0,\tau)}{\partial \xi} = \frac{\partial^2 V_n(1,\tau)}{\partial \xi^2} = \frac{\partial^3 V_n(1,\tau)}{\partial \xi^3} = 0,$$

für $n = 1, 2, \ldots$ erfüllt. Man vergleiche diese Gleichungen mit denen, die aus der Iterationsprozedur folgen.

(b) Man berechne V_1 von Hand. *Hinweis:* Man suche nach einer Lösung der Form $v_1 = \mathcal{V}_1(\xi)\sin\tau$.

(c) Man berechne V_1 mit Maple (und vergleiche mit dem obigen Ergebnis). Man berechne V_2 mit Maple.

(d) Man lasse Maple $\sum_{i=0}^{m}(\frac{1}{J})^i V_i$ für $m = 0, 1, 2$ und $J = 10$ zeichnen und vergleiche die Ergebnisse.

Aufgabe 2.3 *Das Pendel*

Wir wollen das Verhalten der Periode τ des in Abb. 2.4 dargestellten Pendels für verschiedene Pendellängen und verschiedene Massen m untersuchen. Die Gleichung, die die Bewegung eines Pendels der Masse m, welches aus der Ruheposition mit der Auslenkung α startet, beschreibt ($\alpha < \pi/2$, so daß der Faden gespannt bleibt), lautet

$$ml\ddot{\theta}(t) + mg\sin\theta(t) = 0$$

mit den Anfangsbedingungen

$$\theta(0) = \alpha, \quad \dot{\theta}(0) = 0.$$

Dabei ist $\theta(t)$ die Winkelauslenkung aus der Gleichgewichtslage. Die Zeit, die das Pendel benötigt, um das erste Mal die Gleichgewichtslage $\theta = 0$ zu erreichen, ist $\tau/4$. Damit bestimmt der kleinste Wert von τ, für den

$$\theta(\tau/4) = 0$$

gilt, τ.

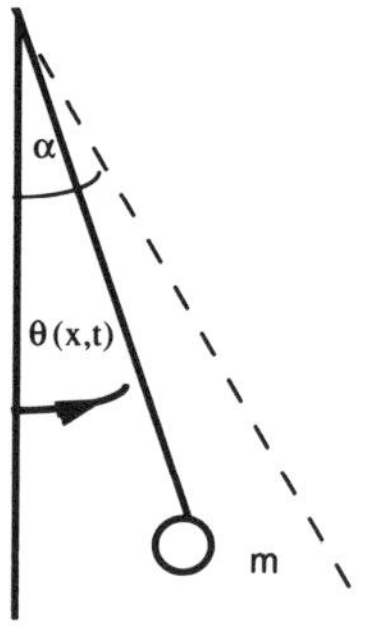

Abb. 2.4 Das Pendel

(a) Man skaliere die obigen Gleichungen passend (man muß eine geeignete Zeitskale finden) und reduziere sie auf die einfachste dimensionslose Form

$$\alpha\ddot{\Theta}(t') + \sin\alpha\Theta(t') = 0$$

mit den Anfangsbedingungen

$$\Theta(0) = 1, \quad \dot{\Theta}(0) = 0.$$

Dabei sind Θ und t' die neuen skalierten Variablen. Man überzeuge sich davon, daß die gewählte Zeitskale die erforderliche Dimension besitzt und stelle durch einfaches Einsetzen typischer Werte für die Fadenlänge usw. fest, ob sie der Erfahrung entspricht. Was sagt uns die Skalierung über die Abhängigkeit der Bewegungsperiode von der Fadenlänge und der Pendelmasse? Man beachte, daß die Bestimmung der Abhängigkeit von τ von der Amplitude der Bewegung die weitere Untersuchung der skalierten Gleichungen erfordert.

Aufgabe 2.4 *Das einfache Pendel*

Die Standardapproximation des einfachen Pendels erhält man durch das Ersetzen von $\sin\alpha\Theta$ durch $\alpha\Theta$ (den ersten Term der Taylorentwicklung des Sinus), diese Approximation arbeitet sehr gut für kleine α. Die Gleichung reduziert sich damit auf die bekannte harmonische Gleichung

$$\ddot{\Theta} + \Theta = 0.$$

(a) Man berechne eine Lösung dieser Gleichung, die die obigen Anfangsbedingungen erfüllt und bestimme daraus eine Näherung für τ.

Aufgabe 2.5 *Das nichtlineare Pendel*

Die einfache lineare Pendelnäherung oben sagt aus, daß für kleine Winkel $\tau(\alpha) \approx \tau(0)$ gilt, die Periode ist unabhängig von der Amplitude. Dieses Ergebnis ist richtig, jedoch können unter Einwirkung resonanter Kräfte kleine Unterschiede zwischen $\tau(\alpha)$ und $\tau(0)$ wichtig sein, wie wir in Kapitel 12 sehen werden. Deshalb benötigen wir für diese Fälle eine bessere Approximation für $\tau(\alpha)$.

(a) Bezeichne Θ_0 die Lösung aus Aufgabe 2.4. Man zeige, daß eine bessere Beschreibung durch die Gleichung

$$\ddot{\Theta} + \Theta = \alpha^2 \Theta_0^3/6$$

gegeben ist.

(b) Man berechne mit Maple (verwende `dsolve`) die Lösung dieser Gleichung mit den entsprechenden Anfangsbedingungen und zeichne die Lösung für $\alpha = 0{,}1; 0{,}2$. Man untersuche die Abhängigkeit der Periode von der Amplitude der Bewegung für kleine α.

(c) * Wer sehr vertraut mit Maple ist, sollte versuchen, die Beziehung $\tau(\alpha)$ für kleine α graphisch darzustellen.

(d) ** Abenteuerlustige Studenten sollten den Fall für nicht so kleine α untersuchen.

Aufgabe 2.6 *Fallschirmspringer*

Fallschirmspringer bilden am Himmel Formationen, die in einer Ebene liegen, obwohl sie zu unterschiedlichen Zeiten aus dem Flugzeug springen. Deshalb müssen sie in der Lage sein, ihre Fallgeschwindigkeit (in einem gewissen Bereich) zu verändern. Um die dazu nötige Strategie zu bestimmen, untersuchen wir die Modellgleichungen

$$m\dot{v} = mg - kCSv^2, \quad v(0) = 0.$$

Dies beschreibt die vertikale Fallgeschwindigkeit eines individuellen Fallschirms der Masse m unter dem Einfluß der Gravitation, der einem Luftwiderstand ausgesetzt ist, welcher proportional zur effektiven Fallschirmfläche S (bezüglich der Vertikalen) und zum Quadrat seiner Geschwindigkeit $v(t)$ ist; $C \approx 0{,}5$ ist ein dimensionsloser Formwiderstandskoeffizient, der relativ unabhängig von der Gestalt des Fallschirms ist und $k = \rho/2{,}0$ mit ρ der Dichte von Luft (siehe Landau und Lifschitz (1991)).

(a) In cgs-Einheiten (d.h. cm, g und s) ist $k \approx 0{,}6 \cdot 10^{-3}$. Welche Einheit muß k besitzen, damit die obige Gleichung eine vernünftige Dimension bekommt?

(b) Fallschirme mit festem S fallen zuerst mit steigender Geschwindigkeit über eine Zeitskale τ und bewegen sich dann mit konstanter Geschwindigkeit (man nennt sie Endgeschwindigkeit) U. Damit liegt nahe, U und τ so zu wählen, daß alle drei Terme der obigen definierenden Gleichung im Gleichgewicht sind. Man zeige, daß dies zu dem Ergebnis

$$U = \sqrt{\frac{mg}{kCS}}, \quad \tau = \frac{U}{g}$$

führt, wobei die dimensionslose Beschreibung des Problems durch

$$\dot{V} = 1 - V^2, \quad V(0) = 0$$

gegeben ist.

(c) Man zeige, daß die oben gegebenen Dimensionen von U und τ richtig sind und bestimme Werte für diese Skalen für typische Fallschirme auf der Grundlage der obigen Daten und eigenen Werten für m und S. Ausgehend von diesen Skalierungen zeige man, wie ein Fallschirmspringer seine Fallgeschwindigkeit so beeinflussen kann, daß er mit anderen Fallschirmen Formationen bilden könnte.

(d) Man überprüfe, ob die Gleichung Lösungen erzeugt, die mit den Beobachtungen übereinstimmen, indem die skalierten Gleichungen gelöst und gezeichnet werden. Man berechne, wie lange ein Fallschirmspringer benötigt, um seine Endgeschwindigkeit zu erreichen und bestimme den dabei zurückgelegten Weg.

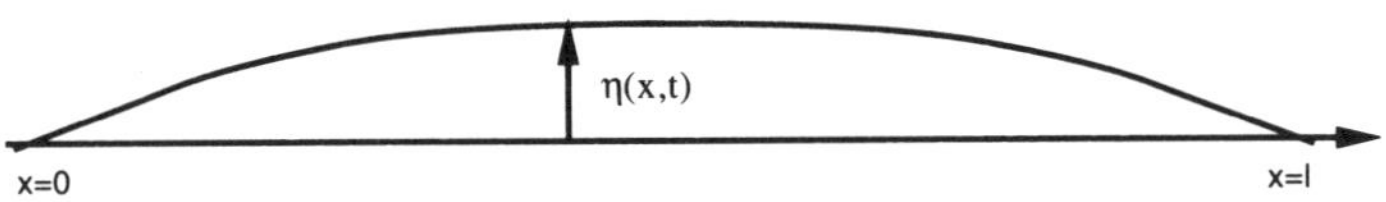

Abb. 2.5 Die gedämpfte schwingende Saite.

Aufgabe 2.7 *Die gedämpfte schwingende Saite*

Ein Modell für die seitliche Auslenkung $\eta(x,t)$ einer schwingenden Saite der Länge l, Masse pro Einheitslänge M, Zugspannung T und einer anfänglichen Auslenkung $Ax(l-x)$ (siehe Abb. 2.5) wird durch die partielle Differentialgleichung

$$m\eta_{tt} + \mu\eta_t = T\eta_{xx}, \quad 0 < x < l, \ t > 0$$

und die Anfangsbedingungen

$$\eta(0,t) = 0 = \eta(l,t), \quad \eta_t(x,0) = 0,; \quad \eta(x,0) = Ax(l-x)$$

beschrieben. Dabei ist $\mu\eta_t$ der Dämpfungsterm. Man nehme an, die Längen η, l werden in Metern gemessen, m in kg/m und t in s.

(a) Welche Einheiten sollten A, T und μ aus Konsistenzgründen besitzen?

(b) Für den Fall, daß die Differentialgleichung durch $\mu = 0$ genähert werden kann, wie lautet die Zeitskale der Bewegung?

(c) Man bestimme durch Skalierung der gesamten Gleichung den dimensionslosen Parameter, der die Größe des Dämpfungsterms relativ zu den anderen Termen mißt. Unter welchen Umständen kann man annehmen, daß die Approximation $\mu = 0$ richtige Ergebnisse liefert (so daß die Dämpfung vernachlässigt werden kann)?

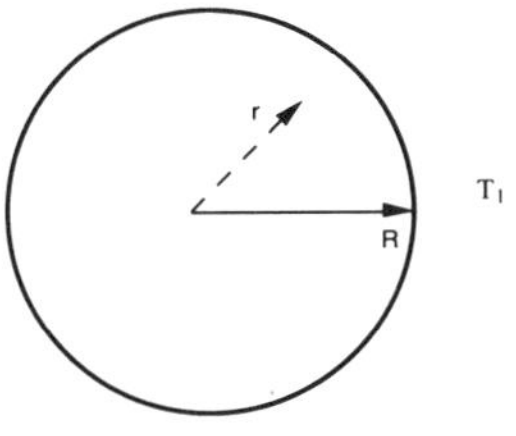

Abb. 2.6 Abkühlung eines Meteoriten.

Aufgabe 2.8 *Abkühlung eines Meteoriten*

Der Wärmeverlust einer Kugel mit dem Radius R, die die Temperatur T_0 besitzt und sich in einem Wärmebad der Temperatur $T_1 < T_0$ befindet, kann durch die Wärmeleitungsgleichung

$$T_t(r,t) = \kappa(T_{tt}(r,t) + \frac{2}{r}T_r(r,t)), \quad 0 < r < R, \quad t > 0$$

beschrieben werden, dabei ist r der Abstand vom Kugelmittelpunkt (siehe Abb. 2.6). Die Anfangsbedingungen lauten

$$T(r,0) = T_0, \quad 0 < r < R,$$

die Randbedingungen sind

$$kT_r(R,t) = -\beta(T(R,t) - T_1), \quad t > 0.$$

Diese Randbedingungen sagen einfach aus, daß der Wärmeverlust pro Einheitsfläche auf dem Rand proportional zur Temperaturdifferenz zwischen der Oberfläche des Körpers und der Umgebung ist. Die Parameter κ und k (Wärmediffusion und Wärmeleitfähigkeit) charakterisieren den Wärmetransport in der Kugel und β (der Wärmeübertragungskoeffizient) den Wärmeverlust auf der Oberfläche. Wir wollen die Abhängigkeit der Abkühlungszeit $t_c(R, \kappa, k, \beta)$ von diesen Parametern untersuchen.

Der Radius R scheint eine passende Längenskale des Problems zu sein. Wir wollen T_1 als Marke für die Temperaturmessung ansehen und die Temperatur so skalieren, daß sie für t gegen unendlich von 1 nach 0 geht. Das heißt, wir wählen

$$T - T_1 = (T_0 - T_1)T'.$$

(a) Man verwende diese Skalierung, um eine Zeitskale t_0 zu bestimmen, die die Wärmeleitungsgleichung auf ihre einfachste dimensionslose Form reduziert

$$T'_{t'} = T'_{r'r'} + (2/r')T'_{r'}$$

und zeige, daß die Bedingung für den Wärmeverlust in dimensionsloser Form

$$T'_{r'}(1, t') = -\gamma T'(1, t')$$

lautet. Dabei ist $\gamma = R\beta/k$. Man überprüfe die dimensionsmäßige Übereinstimmung

(b) Man verwende die Ergebnisse der obigen Skalierungen zur Formulierung eines funktionellen Zusammenhangs zwischen der Abkühlzeit t_c und den entsprechenden dimensionellen und dimensionslosen Parametern, die hierbei auftreten.

(c) Man interpretiere das Ergebnis für die Abkühlzeit für verschieden große Kugeln mit verschiedenen thermischen Eigenschaften unter verschiedenen Abkühlungsbedingungen.

(d) Man nehme an, die obige Zeitskale ergebe einen Näherungswert für die Abkühlungszeit und schätze ab (Sekunden, Tage, Jahre?), wie lange es dauert, bis sich ein Meteorit aus Eisen (Diffusionskonstante $\kappa = 1\text{cm}^2/\text{s}$) mit einem Radius von 100 Metern nach dem Fall auf die Erde auf Erdtemperatur abgekühlt hat.

Kommentar: Man sollte die oben abgeschätzte Abkühlzeit nicht allzu ernst nehmen, da diese in der Tat durch den *langsamsten* Wärmetransportprozeß bestimmt wird. Deshalb kann der Wert von γ eine wichtige Rolle spielen, und die Abkühlzeit verändert sich wesentlich, wenn sich der Meteor beim Fall auf die Erde im Erdboden eingräbt.

Aufgabe 2.9 *Die Saite unter Krafteinwirkung*

Die kleinen Schwingungsamplituden einer elastischen Saite der Länge l mit festen Enden, der Masse pro Einheitslänge ρ und der Zugspannung T, die einer Kraft pro Einheitslänge $p \sin \omega t$ ausgesetzt ist, bestimmen sich aus der Gleichung

$$\rho \eta_{tt} - T \eta_{xx} = p \sin \omega t$$

mit

$$\eta(0) = 0, \quad \eta(l) = 0,$$

wobei $\eta(x, t)$ die seitliche Auslenkung bedeuten soll, siehe Abb. 2.7.

(a) Man verwende die von den erzwungenen Schwingungen generierte Zeitskale zum Skalieren der Gleichungen und reduziere durch Wahl einer Skale η_0 die Gleichung für die Saite auf die dimensionslose Form

$$\mu \eta'_{t't'} - \eta'_{x'x'} = \sin t',$$

wobei die gestrichenen Größen die skalierten Größen sind. Man bestimme $\mu(\rho, l, T, \omega)$.

(b) Was sagen die Ergebnisse der Skalierung über die Größe der durch die äußere Kraft erzwungenen Schwingungen aus? Man gebe einen dimensionsbehafteten Ausdruck für den Zusammenhang zwischen der maximalen Amplitude der Schwingungen der Saite und den Parametern des Problems an.

(c) Man gebe für den Fall kleiner Frequenzen der äußeren Kraft (im Vergleich womit?) eine Näherung für kleines μ an und zeige, daß die Integration der entstehenden Gleichung gleich

$$\eta' = -\frac{x'(x'-1)}{2} \sin t'$$

ergibt und wir damit einen exakten Ausdruck für die maximale Auslenkung der Saite für kleines μ erhalten.

(d) * Um mit diesem Ergebnis zufrieden sein zu können, dürfte die nächste Iteration nur kleine Veränderungen ergeben. Man verwende Maple zur Berechnung einer Lösung der Ordnung μ und bestimme so explizit den funktionellen Zusammenhang zwischen der Amplitude der Schwingung und der Parameter des Problems für kleine Frequenzen der äußeren Kraft.

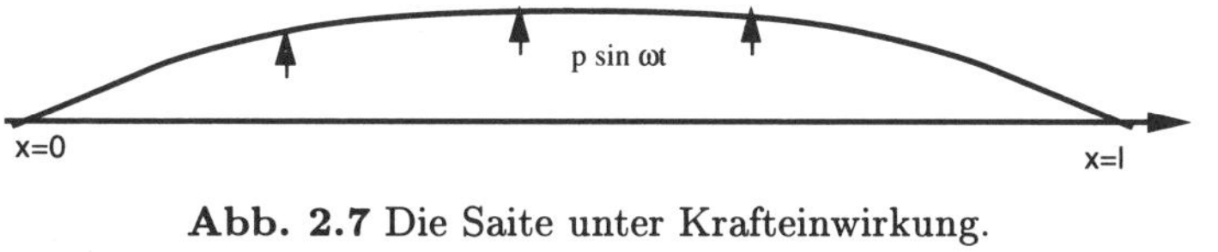

Abb. 2.7 Die Saite unter Krafteinwirkung.

Aufgabe 2.10 *Schwingungen einer Platte*

** Die seitlichen Schwingungen einer quadratischen Platte der Seitenlänge l, die an ihren Rändern fest eingespannt ist und einem oszillierenden Druck (d.h. einer Kraft pro Einheitsfläche) $p(x,y)\sin\omega t$ ausgesetzt ist (siehe Abb. 2.8), wird durch die partielle Differentialgleichung

$$mw_{tt} + D[w_{xxxx} + 2w_{xxyy} + w_{yyyy}] = p(x,y)\sin\omega t$$

beschrieben. Die Randbedingungen lauten

$$w = 0 = \mathbf{n}\cdot\boldsymbol{\nabla} w$$

am Rand, dabei ist $\mathbf{n}$ der Einheitsvektor senkrecht zum Rand. m ist die Masse pro Einheitsfläche der Platte, $w(x,y,t)$ die seitliche Auslenkung und D eine physikalische Größe, die den Widerstand gegenüber Verbiegung (in Abhängigkeit von der Dicke und den elastischen Eigenschaften) beschreibt. Die Lage eines Punktes vor der Verbiegung $(x,y,0)$ auf der Oberfläche der Platte wird zu einer späteren Zeit t näherungsweise durch $(x,y,w(x,y,t))$ beschrieben.

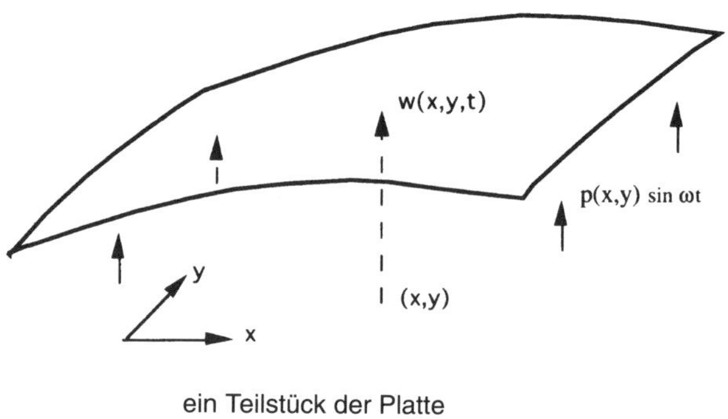

Abb. 2.8 Schwingungen einer Platte.

(a) Welche Dimension besitzt D?

(b) Der Druck sei gleich P und die Größenordung der Antwort der Platte auf den Druck sei durch das Gleichgewicht des Druckterms und des Widerstandterms der Platte gegeben. Wie groß ist die Auslenkung ungefähr?

(c) Welcher dimensionslose Parameter zeigt die Bedeutung des transversalen Beschleunigungsterms mw_{tt}? Unter welchen Umständen ist die Annahme gerechtfertigt, daß die Größenordnung der transversalen Auslenkung im wesentlichen durch den Widerstandsterm der Platte bestimmt wird?

Aufgabe 2.11 *Für Gitarrenenthusiasten*

Kommentar: Die hier betrachtete Situation ist bereits so kompliziert, daß die Aufstellung der definierenden Gleichung und damit der Skalierungsanalyse nicht mehr ohne weiteres möglich ist. Damit ist man auf Dimensionsanalyse (in Verbindung mit Experimenten) angewiesen, um das Problem untersuchen zu können.

** Das Ziel ist die Anwendung der Dimensionsanalyse, der Ergebnisse gewisser Experimente sowie einiger grundlegender Kenntnisse des physikalischen Hintergrundes, um zu verstehen, wie die Schwingungen einer Gitarrensaite durch verschiedene physikalische Faktoren beeinflußt werden. Gitarrensaiten bestehen aus recht verschiedenen Materialien, häufig wird Nylon oder mit Stahl umsponnenes Nylon in verschiedener Dicke verwendet. Die verschiedenen Töne werden durch Veränderung der effektiven Länge l der schwingenden Saite (Drücken der Saite mit einem Finger auf die Bünde des Gitarrenhalses) erzeugt. Die Harmonie der Töne entsteht durch sorgfältige Justierung der Frequenz Ω der Saiten durch die Veränderung der Zugspannung.

Das einfachste Modell einer schwingenden Saite (siehe Aufgabe 2.7) ergibt für die Schwingungsfrequenz

$$\Omega = \frac{c}{l}\sqrt{\frac{T}{m}} \tag{2.26}$$

mit der dimensionslosen Konstante c. Obwohl dieses Modell in erster Ordnung richtig ist, erzeugen doch Saiten mit gleicher Zugspannung, Länge und Masse pro Einheitslänge leicht verschiedene Töne, damit kann diese einfache Theorie nicht exakt sein. Die folgenden physikalischen Charakteristika einer Saite können bei der Bestimmung von Ω eine Rolle spielen:

- Elastische Eigenschaften, die gewöhnlich durch den Youngschen Modul E ($[M][T]^{-2}[L]^{-1}$) und die dimensionslose Poissonsche Zahl σ (dem Verhältnis zwischen relativer seitlicher Verkürzung und relativer Ausdehnung bei gleichförmiger Dehnung der Saite) beschrieben werden.
- Die Masse pro Einheitslänge der Saite m ($[M][L]^{-1}$) und ihr Durchmesser d ($[L]$).

(a) Man stelle eine Liste mit anderen physikalischen Größen auf, die für das Problem wichtig sein könnten.

(b) Man nehme an, nur die oben aufgeführten Größen seien physikalisch relevant, so daß gilt:

$$\Omega = fn(T, m, l, d, E, \sigma).$$

Man zeige mittels Dimensionsanalyse, daß dann die modifizierte Form von (2.26) wie folgt lautet:

$$\Omega = \frac{1}{l}\sqrt{\frac{T}{m}}gn\left(\sigma, \frac{El^2}{T}, \frac{d}{l}\right).$$

(c) Beobachtungen ergaben die folgenden Relationen:

- Ωl ist für eine bestimmte Saite bei festem T konstant.
- $\Omega\sqrt{T}$ ist für eine bestimmte Saite bei festem l konstant.
- $\Omega\sqrt{m}$ ist für verschiedene Saiten bei festem l und T nicht konstant.

Dies legt nahe, daß der Wert der obigen Funktion gn von der Variation eines der dimensionsbehafteten Parameter abhängt. Von welchem? Welche weiteren Informationen sind notwendig, um zwingende Schlüsse ziehen zu können?

Aufgabe 2.12 *Die Angelrute*

**** Normalerweise verjüngen sich Fahnenstangen nach oben hin, ebenso Angelruten. Die partielle Differentialgleichung

$$\rho A(x)\frac{\partial^2 u}{\partial t^2} + E\frac{\partial^2}{\partial x^2}[A(x)k^2(x)\frac{\partial^2 u}{\partial x^2}] = 0$$

liefert ein Modell für eine nach oben spitz zulaufende Stange (siehe Segel (1977)). Dabei ist $A(x)$ die Querschnittsfläche am Ort x entlang der Stange und $k(x) = \alpha d(x)$ der lokale Trägheitsradius, $d(x)$ der Durchmesser der Stange. Man verwende diese Gleichung in Verbindung mit den Randbedingungen für das uniforme Problem zur Bestimmung des Einflusses der Verjüngung auf die Schwingungen des Stabes. Man geht dabei von den Lösungen des uniformen Problems aus, also ist eine Lösung der Gestalt $\chi(\xi)\sin(\tau)$ zu erwarten. Jetzt muß allerdings $\chi(\xi)$ eine lineare Differentialgleichung mit nichtkonstanten Koeffizienten erfüllen, so daß nur in sehr speziellen Fällen eine Lösung angegeben werden kann. Dies ist jedoch nicht allzu problematisch, bedeutet es doch nur, daß nun numerische Methoden angewendet werden müssen. Die Erfahrung besagt, daß die Amplitude des schmalen Teils der Stange durch die Verjüngung zunimmt (das Wippen der Spitze der Angelrute), man sollte also bei der Lösungssuche auf diese Eigenschaft achten. Man berechne die Bewegung des freien Endes der Stange für eine gleichmäßige Verjüngung und realistische Materialparameter und vergleiche dies mit den obigen Ergebnissen.
Kommentar: Obwohl Maple in der Lage ist, die Auslenkung des freien Endes des Stabes für bestimmte Parameterwerte numerisch zu berechnen, sollte man doch in diesem Fall ein Programm zur numerischen Lösung gewöhnlicher Differentialgleichungen verwenden.

Literatur

Carrier, G. F., Pearson, C. E., *Ordinary Differential Equations*, Blaisdell, 1968.

Landau, L. D., Lifschitz, E. M., *Lehrbuch der theoretischen Physik. VI Hydrodynamik*, Akademie-Verlag, Berlin, 1991.

Segel, L. A., Handelman, G. H., *Mathematics Applied to Continuum Mechanics*, Macmillan, New York, 1977, S. 207, S. 518.

3 Eine Tischgeschichte

Modellierungen

3.1 Die Situation

Nicht selten steht ein Tisch nur auf drei seiner vier Beine und wackelt, selbst wenn auf die Tischplatte nur eine sehr kleine Kraft ausgeübt wird. Man sieht dieses Phänomen häufig bei sehr robusten Tischen in öffentlichen Einrichtungen, besonders, wenn die Tische auf sehr harten Fußböden stehen. Ein Hersteller möchte nun eine Werbekampagne mit dem Inhalt, daß seine Tische diese störende Eigenschaft nicht besitzen, starten und beauftragt einen Modellierer damit, Anforderungen an die Bauweise des Tisches zu erforschen, damit das Ziel des Nichtwackelns wirklich erreicht wird.

Abb. 3.1 Der Tisch.

Natürlich ist das eine erfundene Geschichte; kein Hersteller hat die Autoren mit einem solchen Auftrag beehrt. Das Problem besitzt aber den Vorteil, daß mit ihm eine Reihe wichtiger mathematischer Modellierungsmethoden bei sehr einfacher und elementarer Mathematik verbunden sind. Deshalb wenden wir uns ihm zu, um diese Methoden einführen zu können. Einige der Details, die auftreten würden, wenn es sich um ein reales Problem handeln würde, werden wir vernachlässigen; wir hoffen, dem Leser wird klar werden, wie die Vervollständigung der Lösung aussehen würde.

3.1.1 Einführende Bemerkungen

Um zu einer Strategie für die Lösung des Problems zu gelangen, wollen wir zuerst einige Fragen stellen:

A Warum wackeln Tische?

B Welche strukturellen Aspekte des Tisches sind für das Wackeln verantwortlich?

C Wie nähert man sich dem Problem, wenn man Konstruktionskriterien entwickeln will, die ein Wackeln verhindern?

Wir wollen nun der Reihe nach die Fragen angehen.

A Handelt es sich um einen perfekt hergestellten Tisch auf einem ideal ebenen Fußboden, dann berühren alle vier Beine den Boden und der Tisch wird nicht wackeln. Das Wackeln ist also mit Herstellungsmängeln und/oder Unebenheiten des Bodens verbunden. Da drei Punkte eine Ebene definieren, ist es klar, daß bei einem ebenen Fußboden jede Differenz in der Beinlänge sofort dazu führt, daß ein Bein den Boden nicht mehr berührt und jede kleine Kraft auf den Tisch zum Wackeln führt. Andere Unzulänglichkeiten führen zu ähnlichen Effekten und da Herstellungsmängel unvermeidlich und Fußböden immer uneben sind, ist es überraschend, daß die meisten Tische *nicht wackeln*, sogar auf unebenen Böden. Die einzige Erklärung ist, daß sich Tische unter ihrem Eigengewicht deformieren und so die Herstellungsmängel ausgleichen. Natürlich wird der Fußboden auch die Tendenz haben, Unebenheiten zu kompensieren, wir werden dies jedoch vernachlässigen. Unterstützt wird die obige Beobachtung durch die Tatsache, daß gerade robuste Tische auf stabilen Fußböden zum Wackeln neigen. Man sieht an diesen aus der täglichen Erfahrung stammenden Beobachtungen, daß die Lösung des Problems des Tischherstellers in der Deformation des Tisches unter seinem eigenen Gewicht zu suchen ist. Vielleicht ist dies überraschend, denn im ersten Moment würde man Tische als starre Körper mit einer unveränderlichen Gestalt ansehen; in den meisten Einführungsvorlesungen der Physik wird die Starrheit auch meist axiomatisch festgelegt. Dies ist in den meisten Fällen gerechtfertigt, in unserem Beispiel natürlich nicht. Man sieht auch, daß hier *sehr kleine* Deformationen entscheidend sind.

B Welche anderen Herstellungsmängel können, abgesehen von unterschiedlicher Beinlänge, zum Wackeln führen? Die Beine können nicht eben abgeschnitten sein oder die Tischplatte nicht senkrecht treffen. Die Tischplatte kann uneben sein, ebenso der Fußboden. So kann man eine lange Liste aufstellen. An dieser Stelle ist es günstig, wenn der Modellierer über (hoffentlich statistisch signifikante) Informationen über die Herstellungstoleranzen der Möbelhersteller und die Unebenheiten von Fußböden verfügt. Man sollte auch realistische Möglichkeiten der Verbesserung der Herstellung und Qualitätskontrolle von Tischen in Betracht ziehen. Mit Hilfe dieser Kenntnisse sollte es dem Modellierer möglich sein, die zur Lösung des Problems nötige Exaktheit bei der Herstellung eines bestimmten Tischmodells anzugeben. In unserem Fall sind die geometrischen Abweichungen häufig recht klein und es könnte schwierig sein, relevante Informationen zu erlangen und die teure Informationssuche zu rechtfertigen. Der Hersteller verfügt sicher nur über wenige Daten und würde sicher jede Modellierung, die nicht einfach und relativ billig zu implementieren ist, zurückweisen. Zur Vereinfachung der Darstellung unserer Geschichte wollen wir deshalb annehmen, daß auf der Grundlage der verfügbaren Informationen die Ungleichheit der Länge der Beine der einzige signifikante Herstellungsmangel ist. Wir werden zu diesem Punkt noch zurückkehren.

C Um zu passenden Konstruktionskriterien zu kommen, müssen wir unser Modell analysieren; wir wollen vorher jedoch die relevanten physikalischen Variablen des uns interessierenden Systems (des Tisches) bestimmen und nach den Größen fragen, die wir aus dem Modell extrahieren wollen. Wir haben oben festgestellt, daß die Mängel in der Herstellung im wesentlichen für das Wackeln verantwortlich sind, damit liefert der Unterschied in der Beinlänge ein gutes Maß für die Qualität der Tischherstellung. Es ist jedoch nicht klar, wie die Tendenz zum Wackeln quantifiziert werden soll. Die folgende Beobachtung kann uns an dieser Stelle helfen. Berührt eines der Beine den Fußboden nicht, so kann es das Gewicht des Tisches nicht auf den Boden übertragen. Ist außerdem der Anteil am Gewicht des Tisches, den ein Bein überträgt, klein, so reicht bereits eine kleine (passend angreifende) Kraft, um den Tisch zum Wackeln zu bringen. Die durch ein Bein auf den Fußboden übertragene Kraft ist also ein Maß für die Fähigkeit des Tisches zu wackeln. Ist eine dieser Übertragungen bei ebenem Fußboden gleich null, dann wird der Tisch leicht wackeln, und ist die Übertragung nur wenig von null verschieden, so reicht bereits eine kleine Unebenheit des Fußbodens, damit es zum Wackeln kommt. Damit ist klar, daß unser Ziel die Modellierung der Kraftübertragung auf den Fußboden in Abhängigkeit von der Tischbeinlänge ist.

Die Annahme liegt nun nahe, daß der Tisch dann wackeln wird, wenn der Herstellungsfehler so groß ist, daß er durch Verbiegung des Tisches nicht mehr ausgeglichen werden kann. Das Gewicht des Tisches führt zu einer Deformation der Tischbeine und der Tischplatte, und das nächste Ziel der Modellierung wäre es, die Auswirkungen der Verbiegung von Tischplatte und Beinen unter einer Kraft, die dem Gewicht des Tisches entspricht, zu untersuchen. Die in Kapitel 2 eingeführte Skalierungsanalyse eignet sich hierzu hervorragend und ein erfahrener Modellierer würde so verfahren. Im Gegensatz zum Problem der Fahnenstange treten hier jedoch *viele* kleine relevante Parameter und dimensionslose Gruppen auf, so daß nicht klar ist, wie die entsprechenden Gleichungen zu formulieren sind. Deshalb ist es für das weitere Verständnis günstig, den einfachsten möglichen

Fall zu untersuchen, obwohl er in unserem Kontext eigentlich nicht relevant ist. Wir werden also zuerst eine Situation untersuchen, in der die Deformation der Tischplatte im Vergleich zu der der Beine nicht von Bedeutung ist. Zur weiteren Vereinfachung wollen wir annehmen, daß das Gewicht des Tisches ausschließlich durch seine Tischplatte gegeben ist, die Beine seien damit ohne Gewicht. Wir hoffen so, daß sich die Rechnungen vereinfachen und wir die zur Analyse des Systems nötigen Einsichten erlangen können. Wir sollten aber nicht vergessen, daß es nötig sein kann, zu einem realistischeren Modell zurückzukehren, deshalb soll im weiteren ein mathematisches Werkzeug verwendet werden, welches Erweiterungen in diesem Sinn zuläßt.

Damit sind wir am Ende unserer einführenden Betrachtungen. Wie man sieht, ist bereits vor dem Aufschreiben der ersten Formel viel getan. Verschiedene Modellierer werden nun das Problem verschieden angehen (und vielleicht verschiedene Ausgangsmodelle verwenden), unser Ansatz ist jedoch recht typisch. Modellieren ist ebenso eine Kunst wie eine Wissenschaft. Es gibt viele mögliche Modelle, von denen aber nur wenige nützlich sind, deshalb sind eben solche einführenden Überlegungen wichtig.

3.2 Hintergrundwissen

Das folgende Hintergrundwissen ist für die weitere Modellierung notwendig, wobei das Niveau des für das Modell und die diesem Kapitel beigefügten Aufgaben benötigten Materials nicht hoch ist.

Statik

1. Die Bewegung eines starren Körpers kann durch die Komponenten seiner Translations- und Rotationsgeschwindigkeit beschrieben und analysiert werden.

2. Verschwindet die Vektorsumme der an einem Körper angreifenden Kräfte, dann bleibt seine Translationsgeschwindigkeit unverändert.

3. Das Vektormoment oder **Drehmoment M** einer Kraft **F** um einen Punkt P ist durch
$$\mathbf{M} = \vec{QP} \times \mathbf{F} \tag{3.1}$$
definiert, dabei ist Q ein Punkt auf der Wirkungslinie der Kraft.

4. Die Rotations- oder Winkelgeschwindigkeit eines Körpers um einen Punkt P verändert sich nicht, wenn die Summe der Drehmomente der einwirkenden Kräfte um P verschwindet. Verschwindet die an einem Körper angreifende Gesamtkraft, dann verschwindet das Gesamtmoment um *jeden* Punkt, wenn es für einen *speziellen* Punkt verschwindet.

5. Daraus folgt, daß ein Körper nur dann in Ruhe verbleibt, wenn die Gesamtkraft und das Gesamtmoment (berechnet um *jeden* Punkt) verschwinden:
$$\sum_i \mathbf{F}_i = 0, \quad \sum_i \mathbf{M}_i = 0. \tag{3.2}$$
Damit benötigt man zur Beschreibung eines statischen Gleichgewichtes sechs unabhängige skalare Gleichungen für die Vektorkomponenten.

6. Jeder Körper erfährt eine vertikal nach unten gerichtete Kraft, sein Gewicht. Für symmetrische Körper greift dieses am Symmetriezentrum des Körpers an. In anderen Fällen ist eine Berechnung des Massenzentrums notwendig, um den „effektiven"Angriffspunkt zu bestimmen.

7. Die Kraft, die ein Körper auf einen anderen ausübt, ist entgegengesetzt gleich der Kraft des zweiten Körpers auf den ersten.

8. Die Kraft, die durch Berührung mit einem zweiten Körper auf einen ersten Körper wirkt, besitzt zwei Komponenten:

   - Die **Normalkomponente** $\mathbf{N} = N\hat{\mathbf{n}}$. Diese Komponente wirkt senkrecht auf der Tangentialebene der Berührung der beiden Körper und mit dem Betrag und der Richtung, die notwendig ist, um ein Eindringen in den anderen Körper zu verhindern. Entfernen sich die Körper nach dem Kontakt voneinander (d.h. treten keine adhäsiven Kräfte auf, die die Oberflächen miteinander verbinden wollen), dann wird keine Normalkomponente der Kraft ausgeübt. Damit gilt
   $$N \geq 0 \tag{3.3}$$
   - Die **Reibungskraft** $\mathbf{F} = F\hat{\tau}$. Diese Tangentialkomponente mit dem Betrag F beschreibt die Gleitbewegung der beiden Körper relativ zueinander und wirkt in der Richtung $\hat{\tau}$ entgegengesetzt zur relativen Bewegung der Körper ohne Reibung. Ohne Gleiten ist der Betrag gerade so groß, daß ein Gleiten verhindert wird. Übersteigt jedoch der Betrag der Reibungskraft F einen Wert μN, wobei μ eine Eigenschaft der sich berührenden Oberflächen ist und Haftreibungskoeffizient genannt wird, dann kommt es zum Gleiten, und die beiden Körper bewegen sich relativ zueinander. Statisches Gleichgewicht ist also nur für
   $$F \leq \mu N \tag{3.4}$$
   möglich.

Hookesches Gesetz

Die Veränderung δl der Länge l eines Körpers mit dem Querschnitt A unter einer Zugkraft F ist
$$\frac{F}{A} = E\frac{\delta l}{l}. \tag{3.5}$$

Dabei ist E das Youngsche Modul, eine Materialeigenschaft. Man achte auf eine Vorzeichenkonvention; Kräfte, die einen Körper vergrößern wollen, sind positiv. Meist führt man die Steifheit k des Körpers ein und erhält

$$F = k\delta l, \quad \text{und damit} \quad k = EA/l. \tag{3.6}$$

Weitere Details findet man in Fowles (1970).

3.3 Das einfachste Modell

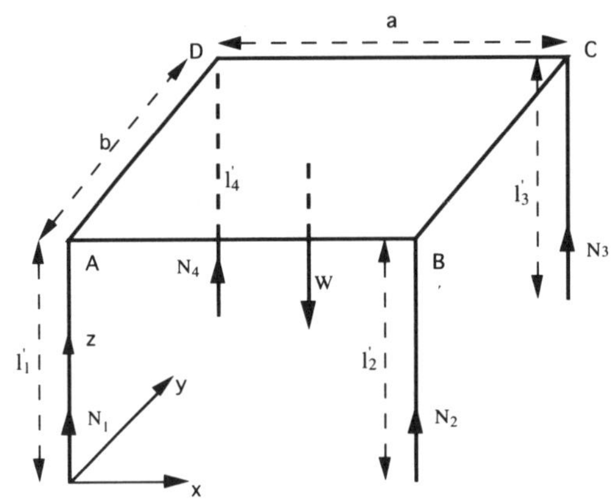

Abb. 3.2 Der Modelltisch.

Wir sind nun in der Lage, ein einfaches Tischmodell zu untersuchen. Wir betrachten einen Tisch mit dem Gewicht W mit einer starren rechteckigen Tischplatte der Größe (a, b) mit gewichtslosen Beinen an den Ecken. Diesem Tisch fehlt zur Vollkommenheit nur, daß die Länge der Beine l_i', $i = 1, 2, 3, 4$ nicht notwendig gleich ist. Der Tisch steht auf einem ebenen Fußboden, siehe Abb. 3.2. Man beachte, daß l_i' die *komprimierte* Länge des i-ten Beines ist *bei ruhendem* Tisch. Unser Ziel ist die Bestimmung der Übertragung des Gewichts auf den Boden. Damit lauten die vier Informationen, die wir in mathematische Aussagen umwandeln müssen, um zu einem Modell zu gelangen:

A Der Tisch ruht.

B Die Beine werden durch die auf sie wirkende Kraft deformiert.

C Die Beinoberteile sind mit der rechteckigen ebenen Tischplatte verbunden.

D Der Tisch steht auf einem horizontalen Fußboden.

Im weiteren muß man noch mit der Möglichkeit rechnen, daß eines der Beine den Boden nicht berührt. Da diese Situation nicht gewollt ist, wollen wir zuerst annehmen, daß alle vier Beine den Boden berühren. Der andere Fall wird behandelt, wenn die Analyse etwas Klarheit geschaffen hat.

A Der ruhende Tisch

Obwohl wir die Komplexität des Problems so weit wie möglich reduziert haben, ist die Situation doch kompliziert. Das Ganze ist nur dann im statischen Gleichgewicht, wenn die sechs Gleichungen für Gesamtkraft und Gesamtmoment erfüllt sind (siehe (3.2)). Das Gewicht des Tisches ist jedoch die systembestimmende Größe und es wirkt vertikal, so wie die Beine im *wesentlichen* in die vertikale Richtung zeigen (die Längenänderung der Beine ist im Vergleich zu ihrer mittleren Länge winzig). Deshalb liegt die Vermutung nahe, daß die Annahme von ausschließlich vertikalen Kräften zu einem Ergebnis führen sollte. Unter diesen Umständen ist eine Verschiebung nur in vertikaler Richtung möglich, so daß die einzige Gleichung für das Gleichgewicht die für die vertikale Richtung ist. Da außerdem vertikale Kräfte nur Rotation um horizontale Achsen bewirken können, ist die Annahme ausreichend, daß um zwei unabhängige horizontale Richtungen das Gesamtmoment verschwindet.

Ist nun N_i die Last des i-ten Beines (siehe Abb. 3.2) und gilt das oben Gesagte, dann lautet die Bedingung dafür, daß keine Translation auftritt:

$$\sum_1^4 N_i - W = 0. \tag{3.7}$$

Zur Sicherung, daß keine Rotationen stattfinden, müssen die Momente für zwei *beliebige* unabhängige horizontale Richtungen verschwinden. Obwohl jede Wahl dieser Richtungen zu den gleichen Gleichungssystemen führt, kann eine geschickte Wahl die Rechnung doch vereinfachen. Wählt man zum Beispiel die Momente um die Diagonalen der rechteckigen Tischplatte, so werden die an den Diagonalen wirkenden Kräfte nicht in den Gleichungen für die Momente auftauchen und die resultierende Gleichung wird einfacher sein. Wählen wir also die Diagonalen AC und BD auf der Tischplatte, so erhalten wir

$$N_2 = N_4 \quad \text{und} \quad N_1 = N_3, \tag{3.8}$$

da die Kraftpaare an Stellen angreifen, deren rechtwinkliger Abstand von den Diagonalen gleich ist.

Die obigen drei Gleichungen für das Gleichgewicht ((3.7), (3.8)) garantieren, daß sich der Tisch nicht bewegt. Wir schreiben mit Hilfe der Momentengleichungen die Gleichgewichtsbedingung um:

$$N_1 + N_2 = W/2. \tag{3.9}$$

Dies sagt einfach, daß die sich diagonal gegenüberliegenden Beine die gleiche Last tragen, die Verteilung der Last für benachbarte Beine ist jedoch noch unbestimmt. Die Diagonalsymmetrie ist eine interessante Eigenschaft unseres Modells.

Kommentar: Statische Unbestimmtheit. Man beachte, daß die Forderung nach statischem Gleichgewicht nur zu drei Gleichungen ((3.7), (3.8)) für die vier unbekannten Lasten N_i führt. Dies bedeutet, daß *elementare statische Gleichgewichtsbetrachtungen die Lasten nicht eindeutig bestimmen.* Deshalb benötigen wir zusätzliche Informationen, um die eindeutige Lösung bestimmen zu können. Obwohl solche Unbestimmtheitsprobleme bei Vorlesungen über Statik meist nicht behandelt werden, treten sie doch häufig auf und besitzen interessante Eigenschaften, die heute Forschungsgegenstand der Wissenschaft sind. In unserem Fall werden wir sehen, daß Deformationen dieses offensichtliche Paradox lösen; dies ist jedoch nicht immer der Fall. Verwendet man die oft in Lehrbüchern angegebenen Symmetrieargumente, so erhält man $N_i = W/4$. Für einen wackelnden Tisch ist dies jedoch falsch!

Kommentar: Näherungen. Betrachten wir nur die vertikalen Kräfte, dann können wir die Ordnung des Problems reduzieren (von sechs auf drei Gleichungen). Können wir dies rechtfertigen? Wir erwarten, daß die einfacheren Gleichungen eine erste Näherung des vollständigen Problems (d.h. aller Gleichgewichtsbedingungen) darstellen. Obwohl man mit Hilfe der Näherungstechniken aus Kapitel 2 diese Annahme rechtfertigen könnte, wird man dies nur tun, wenn unerwartete Schwierigkeiten auftreten. *Eine unbekümmerte, notfalls jedoch wachsame Herangehensweise ist bei der Beschäftigung mit Problemen der realen Welt anzuraten!*

B Deformation der Beine

Die Belastung der Beine durch das Gewicht des ruhenden Tisches führt zu einer Stauchung der Beine, die proportional zur Belastung ist; dies ist die Aussage des Hookeschen Gesetzes (3.6). Ist l_i die Länge des i-ten Beines vor der Stauchung, dann gilt

$$l_i' = l_i - N_i/k, \tag{3.10}$$

wobei k die Steifheit der Beine ist. Sie soll der Einfachheit halber für alle Beine gleich sein. Man erinnere sich, daß l_i' die Länge der Beine des Tisches ist, der bereits auf dem Fußboden steht.

C, D Die Tischplatte ist eben

Sei $(Oxyz)$ ein rechtwinkliges kartesisches Koordinatensystem, dessen Ursprung sich am Fuß des ersten Beines befindet, dessen x-Achse in Richtung des zweiten Beines zeigt und dessen z-Achse nach oben gerichtet ist (siehe Abb. 3.2). Die vier Ecken A, B, C, D der Tischplatte werden durch $(0, 0, l_1')$, $(a, 0, l_2')$, (a, b, l_3') und $(0, b, l_4')$ beschrieben und sollen in einer Ebene liegen. Dies bedeutet, daß vier Konstanten $\alpha, \beta, \gamma, \delta$ existieren, die nicht alle gleich null sind, und die durch sie beschriebene Ebene

$$\alpha x + \beta y + \gamma z + \delta = 0$$

geht durch jede Tischecke. Einsetzen der obigen Koordinaten der Ecken führt zu vier homogenen Gleichungen für die Konstanten α, β, γ und δ. Die Koeffizientenmatrix des Problems lautet:

$$\begin{pmatrix} 0 & 0 & l'_1 & 1 \\ a & 0 & l'_2 & 1 \\ a & b & l'_3 & 1 \\ 0 & b & l'_4 & 1 \end{pmatrix}, \tag{3.11}$$

und wir gelangen nach dem Gaußschen Verfahren zu der Konsistenzbedingung

$$l'_1 + l'_3 = l'_2 + l'_4. \tag{3.12}$$

Es zeigt sich wieder die Diagonalsymmetrie. Einfach gesagt, die Gesamtlänge der beiden diagonalen Beinpaare muß für einen auf dem Boden stehenden Tisch übereinstimmen; im nachhinein ein offensichtliches Ergebnis. Man sollte einige Tische skizzieren, um sich von der Richtigkeit zu überzeugen.

Es gibt einfachere Wege mittels Vektorrechnung oder geometrischer Methoden, zu diesen Ergebnissen zu kommen, der von uns eingeschlagene Weg besitzt jedoch den Vorteil, auch auf gebogene Tischplatten und schiefe Tischbeine anwendbar zu sein, wie wir später sehen werden.

3.3.1 Die Lösung

Die Eliminierung der l' mit Hilfe der Gleichungen (3.8) und (3.10) und das Ersetzen von N_3 und N_4 durch N_1 und N_2 in der Konsistenzbedingung (3.12) führt zu der Gleichung

$$N_1 - N_2 = k\Delta/2, \tag{3.13}$$

wobei der Parameter Δ die Form

$$\Delta = (l_1 + l_3) - (l_2 + l_4) \tag{3.14}$$

besitzt. Aus den Gleichungen (3.13) und (3.9) können die Lasten N_1 und N_2 bestimmt werden, und die vollständige Lösung lautet damit:

$$N_1 = N_3 = W/4 + k\Delta/4 \tag{3.15}$$

$$N_2 = N_4 = W/4 - k\Delta/4, \tag{3.16}$$

dabei haben wir die Symmetrie der Gleichungen (3.8) verwendet. Man beachte, daß die einzige geometrische Eigenschaft, die hier eine Rolle spielt, der Parameter Δ ist, die Differenz der *Summe der ungestauchten Längen der sich diagonal gegenüberliegenden Beinpaare*! Wählt man ein Bein des Paares mit der größeren Beinlängensumme als die Nummer eins, dann ist Δ nicht negativ.

Bodenkontakt?

Wir haben die obige Lösung unter der Bedingung hergeleitet, daß alle vier Beine den Boden berühren; damit gilt sie nur, wenn alle Normalkräfte nicht-negativ sind, d.h., wenn

$$\textbf{die Stabilitätsbedingung} \quad W \geq k\Delta \tag{3.17}$$

erfüllt ist, siehe (3.15), (3.16). Bewegt sich der Parameter Δ in diesem Bereich, so sind alle physikalischen Nebenbedingungen erfüllt und wir sind im Besitz der gesuchten Lösung. Was geschieht jedoch für

$$W < k\Delta?$$

Oft ist die Lösung eines Problems auch außerhalb des Parameterbereiches, für den die Argumente gültig sind, verwendbar; in unserem Fall ist dies jedoch nicht der Fall, da negative Normalkräfte physikalisch unsinnig sind.

Eine kurze Analyse der physikalischen Situation gibt uns die Antwort für den Bereich $W < k\Delta$. Im Grenzfall $W = k\Delta$ erhalten wir $N_2 = N_4 = 0$ und $N_1 = N_3 = W/2$, d.h., die gesamte Last tragen die beiden Beine mit der größeren Gesamtlänge. In diesem Fall beträgt die Stauchung des längeren Paares so viel, daß die Beine des kürzeren Paares *gerade* den Boden berühren. Für größere Werte von Δ reicht die Stauchung jedoch nicht aus, so daß die kürzeren Beine den Fußboden nicht berühren, damit ist die von ihnen getragene Last gleich null. Damit wird die Gesamtlast von den anderen beiden Beinen getragen. Wir erhalten also

$$N_2 = N_4 = 0, \quad N_1 = N_3 = W/2, \quad \text{für} \quad W \leq k\Delta,$$

und der Tisch wird wackeln.

Kommentar: Eine vollständige mathematische Formulierung. Dem Leser wird nicht entgangen sein, daß wir bei der Lösungssuche den strengen mathematischen Rahmen verließen und physikalische Argumente zu Hilfe nahmen, um die richtige Lösung zu erraten. Dies tritt bei Untersuchungen der realen Welt immer wieder auf; physikalische Einsichten unterstützen die Lösungssuche erheblich. *Jedes zur Verfügung stehende Mittel sollte bei der Behandlung eines Problems verwendet werden.* Wir hätten auch eine strenge mathematische Formulierung angeben können. Den Gleichungen (3.7), (3.8) und (3.10) sowie einer leichten Modifikation von (3.12) (Einbau der Bedingung, daß nicht alle Beine den Boden berühren müssen) muß deshalb die Bedingung für den Oberflächenkontakt $N_i \geq 0$ hinzugefügt werden (siehe (3.3)). Damit erhalten wir als vollständige Beschreibung des Systems:

Man finde N_i, l'_i mit $N_i \geq 0, l'_i \geq 0$, so daß

$$\begin{aligned} \sum_1^4 N_i - W &= 0, \\ N_1 &= N_3 \quad \text{und} \quad N_2 = N_4, \\ l'_i &= l_i - N_i/k, \\ l'_1 &+ l'_3 \geq l'_2 + l'_4 \end{aligned}$$

ist. Da sowohl die Gleichung als auch die Ungleichungen linear sind, kann *theoretisch* eine Lösungsmenge bestimmt werden. Praktisch (ohne physikalische Einsicht) ist es jedoch nicht sehr einfach, unsere obige Lösung so zu finden. Vielleicht möchte der Leser hier die Fähigkeiten von Maple testen. Standardprogramme erzeugen *numerische* Lösungen für *spezielle* Parameterwerte; solche speziellen Lösungen interessieren uns hier jedoch nicht. Damit wir für andere Modelle gerüstet sind, müssen wir die Lösung *verstehen*; die Stabilitätsbedingung $W \geq k\Delta$ ist zu verstehen, während numerische Lösungen für einen Wertebereich von W, k und den l_i in diesem Sinne ohne Nutzen sind. Man *könnte* aus den numerischen Werten das algebraische Ergebnis extrahieren, indem man moderne Software zum Zeichnen mehrdimensionaler Daten und zur Untersuchung verschiedener Projektionen verwendet; die Botschaft ist jedoch klar: ***Ist das Verständnis der Situation das Ziel, dann sollten, wenn überhaupt möglich, analytische Ergebnisse erzielt werden.***

3.3.2 Interpretation der Lösung

Da wir nun im Besitz der Lösung sind, ist es an der Zeit, sie zu verstehen, Schlußfolgerungen zu ziehen und zu versuchen, das Ergebnis auf reale Tische auszudehnen. Die entscheidende Aussage ist die Stabilitätsbedingung $W \geq k\Delta$, die uns eine direkte quantitative Beschreibung unseres Ergebnisses in den einführenden Bemerkungen gibt (der Tisch wird nicht wackeln, wenn die Deformation ausreichend ist, die Herstellungsmängel des Tisches auszugleichen). Wir wissen nun, daß die entscheidende Größe (in bezug auf das Wackeln) die spezielle Kombination der relevanten Tischparameter, der *dimensionslose Stabilitätsparameter*

$$r = k\Delta/W \tag{3.18}$$

ist. Ist das **Stabilitätskriterium**

$$r < 1 \tag{3.19}$$

erfüllt, dann ist der Tisch flexibel genug, nicht zu wackeln. Für $r > 1$ kann man entweder k verkleinern (zum Beispiel durch schmalere Tischbeine) oder W vergrößern. Interessant ist die Tatsache, daß die Stabilität nur von der *Differenz* der Gesamtlänge der Diagonalpaare der Tischbeine abhängt, man hätte erwarten können, daß die absolute Länge l_1 eine Rolle spielt. Hier sieht man, warum der wackelnde Tisch dem gesunden Menschenverstand paradox erscheint. So lange man das Problem mit dem Alltagsverstand betrachtet, ist es die Verformung des Tisches relativ zu seiner Größe und Gestalt, die eine Rolle spielt. Dies wird durch einen kleinen Parameter der Form $\epsilon = \Delta/l_1$ beschrieben, den relativen Deformationsparameter. In Wahrheit spielt bei der ungleichen Verteilung der Last auf die Tischbeine jedoch der Stabilitätsparameter die beherrschende Rolle; und dieser ist unabhängig von ϵ.

Kommentar: Modellapproximationen. Daß ϵ klein ist, bedeutet, daß die bei der Verwendung der Gleichgewichtsbedingungen (3.7), (3.8) gemachten Näherungen gerechtfertigt sind. Bei der Forderung bei der Ableitung der geometrischen Bedingung (3.12), die Tischplatte sei eben, ist es *wesentlich, nicht* zu verlangen, daß die Normale der Tischplatte in die vertikale Richtung zeigt. Tut man dieses, so verschwindet die für das Problem (des Wackelns) so wesentliche Asymmetrie. Die tatsächliche Richtung der Normalen haben wir nicht bestimmt, sie kann jedoch nach Berechnung der $(\alpha, \beta, \gamma, \delta)$ aus der Ebenengleichung berechnet werden. Dies zeigt sehr schön ein wichtiges Merkmal der Näherungsmethoden. Man sollte annehmen, daß die Verwendung eines Näherungstyps in allen Gleichungen eines Systems konsistent (und sogar wesentlich) ist; in unserem Fall das Ersetzen aller fast vertikaler Richtungen durch strenge Vertikalen. Diese Vermutung ist jedoch irreführend und kann zu falschen Ergebnissen führen.

Wir wollen nun einige Ratschläge für den Hersteller von Tischen zusammenstellen. Die Beine sollten sich bei Belastung um einen Betrag der Ordnung W/k verkürzen. Berührt ein Bein den Boden nicht, so tragen zwei Beine die gesamte Last und die Verkürzung um $W/2k$ ist ein besserer Wert. Man nehme an, der Herstellungsprozeß führe zu mittleren Unterschieden in der Beinlänge von etwa δ. Ist die Stauchung $W/2k$ groß im Vergleich zu δ, dann kann man sicher sein, daß der Tisch nicht wackeln wird, im anderen Falle sollten Beine verwendet werden, die weniger steif sind. Oft führt ein einfaches nützliches Modell zu einer Erklärung der obigen Art, welche im Nachhinein offensichtlich ist. *Man sollte immer nach solchen einfachen Erklärungen suchen*, da sie ein tieferes Eindringen in die Situation erlauben und unnötige Rechnungen ersparen. In unserem Fall erkennen wir, wie wir mit anderen Herstellungsmängeln umzugehen haben. Weiß man, wie die Verbiegung der Tischplatte unter dem Gewicht des Tisches zu berechnen ist, dann kann die effektive Deformation des Tisches berechnet werden und man kann entscheiden, welche der beiden Deformationsmechanismen (Beinverkürzung oder Tischplattenverbiegung) man für einen speziellen Tisch nutzen kann. Anschließend kann man aus dem mathematisch exakten Modell dann die Parameter berechnen. Wir kommen darauf noch zurück.

Kommentar: Skalierung. In leicht abgeänderter Form entsprechen diese Argumente den Skalierungsmechanismen des Fahnenstangenproblems des 2. Kapitels. In letzterem war der Ausgangspunkt jedoch mehr formal und mathematisch, während wir in diesem Kapitel physikalische Argumente verwendet haben. In beiden Fällen war das Ziel der Vergleich der relativen Größe verschiedener Effekte. Ohne weitergehende Analyse können natürlich nur grobe Abschätzungen gegeben werden; manchmal benötigt man jedoch keine genaueren Werte. Ist man auf genaue Zahlen angewiesen, so muß man das Problem weiter analysieren, wie wir es für die Fahnenstange getan haben.

Im Lichte dieser Überlegungen kann man hoffen, daß Skalierungstechniken und die mit ihnen verbundene Analyse zu einem verallgemeinerten Stabilitätsparameter führen, der die für den Hersteller nötigen Grundinformationen enthält. Bevor wir uns diesem Problem zuwenden, wollen wir kurz darüber nachdenken, wie ein Hersteller solche Rechnungen nutzen kann.

Die Herstellergarantie

Offensichtlich ist das Nichteinhalten seiner Garantie (daß der Tisch nicht wackelt) das Problem des Herstellers, wir benötigen also die statistische Wahrscheinlichkeit des Wackelns in Abhängigkeit des Herstellungsprozesses und der Fußböden, auf denen der Tisch stehen soll. Wir wollen die Wackelwahrscheinlichkeit auf einem ideal ebenen Fußboden berechnen.

Wir nehmen an, die Beinlänge sei um einen Mittelwert l_0 normalverteilt mit einer Standardabweichung σ, so daß die Wahrscheinlichkeitsdichte durch

$$p(l,\sigma) = \frac{1}{\sigma\sqrt{2\pi}} \exp\left\{-\frac{1}{2}\left(\frac{l_*}{\sigma}\right)^2\right\} \tag{3.20}$$

mit $l_* = l - l_0$ gegeben ist. Das folgende Theorem über Normalverteilungen liefert die von uns benötigten Angaben.

Theorem 3.1 *Sei $X_i (i = 1, \ldots, n)$ eine Folge von unabhängigen normalverteilten Zufallsgrößen mit den Parametern (m_i, σ_i), dann ist die gewichtete Summe*

$$L = \sum_{i=1}^{n} a_i X_i$$

normalverteilt und Mittelwert und Varianz lauten

$$\begin{aligned} E[L] &= \sum_{i=1}^{n} a_i m_i, \\ \sigma^2[L] &= \sum_{i=1}^{n} a_i^2 \sigma_i^2. \end{aligned}$$

Der Erwartungswert für Δ ist damit null und seine Standardabweichung gleich 2σ. Der Tisch wackelt für $k\Delta < W$. Damit kann der Hersteller eine Fehlerrate unter 5% für $2k\sigma < 1{,}38W$ erwarten. Aus dieser Information kann er nun die Kosten für das Garantieversprechen bei gewissen Anforderungen an die Ebenheit des Bodens berechnen.

3.4 Zusammenfassung

Ein auf den ersten Blick einfaches Problem gab Anlaß zu Formulierungsschwierigkeiten und Modellierungsraffinessen. Es war anfangs aufgrund der Vorgaben des Herstellers und der Schwierigkeiten bei der Datenbeschaffung nicht klar, wie ein vernünftiges Modell auszusehen habe. In diesem Falle wäre eine exakte Computersimulation des Tisches *mehr* als wertlos. Durch die Untersuchung eines einfachen Modells haben wir die Grundanforderungen des Problems erkennen können. Wir haben den relevanten dimensionslosen Stabilitätsparameter r (siehe (3.18)) für unser hochidealisiertes Modell bestimmen können. Damit kann mit Hilfe von Experimenten ein *effektives* k für Tische bestimmt werden, und mit diesem Ergebnis können Aussagen zu den erlaubten Herstellungstoleranzen bei bestimmtem Tischgewicht getroffen werden. Genauere Modelle würden sicherlich noch weitere nützliche Information hervorbringen.

Obwohl nun zu sehen ist, wie unser Modell gedanklich auf reale Tische ausgedehnt werden könnte, treten dabei doch technische Schwierigkeiten bei der Aufstellung der definierenden Gleichungen auf. Eine Untersuchung der Auswirkungen, die eine nicht rechtwinklige Befestigung der Beine an der Tischplatte hat, zeigt, daß dieser Effekt von Bedeutung sein kann. Das bedeutet jedoch, daß wir dann alle sechs Kraft- und Momentengleichungen verwenden müssen. Des weiteren können Reibungskräfte an den Beinen nicht mehr vernachlässigt werden, so daß wir im ganzen zwölf Kraftkomponenten bestimmen müssen (zwei zusätzliche Reibungskomponenten pro Bein). Sind zusätzlich die Beine nicht starr an der Tischplatte befestigt, dann muß noch der Einheitsvektor in Richtung jedes Beines bestimmt werden und es kommen noch Biegemomente für jedes Bein in Betracht, was zur Einführung von **zwanzig weiteren** Variablen führt! *Offensichtlich ist dies nicht mehr beherrschbar!* Und das, bevor wir den wichtigsten Effekt berücksichtigt haben; die Verbiegung der Tischplatte. Dabei ist ein auf einem Fußboden stehender Tisch ein sehr einfaches Problem, verglichen mit anderen Situationen, denen Ingenieure meist gegenüberstehen. Deshalb hat man effizientere Methoden zur Behandlung solcher Probleme entwickelt. Diese Methoden sind leichter zu implementieren und auch robuster als die Newtonsche Mechanik. (Mit robust meinen wir die Tatsache, daß die Lösungen von weniger wichtigen Randerscheinungen nicht empfindlich abhängen.) Es gibt viele verschiedene Formulierungen, die sehr nützlich sind; sie beruhen aber alle auf dem gleichen Prinzip, der Minimierung der Energie des Systems bei gleichzeitiger Erfüllung aller geometrischen Bedingungen. Wir werden bei der Behandlung von realistischeren Tischmodellen auf diese Methoden zurückkommen.

3.5 Aufgaben

Die ersten Aufgaben sollen sich mit der Modellierung verschiedener Defekte und der vorbeugenden Messung bei wackelnden Tischen beschäftigen. Die Herausforderung besteht darin, jeweils ein Modell zu konstruieren, welches einfach zu analysieren und zu verstehen ist. Die Interpretation der Ergebnisse ist hier ungemein wichtig.

Aufgabe 3.1 *Tischbelastung*

Eine häufige Messung im Zusammenhang mit wackelnden Tischen ist die Belastung eines der Beine des Tisches (z.B. #4) mit einem Gewicht. Man betrachte einen idealisierten Tisch, wie er im Text behandelt wurde (massenlose Tischbeine sind exakt rechtwinklig an einer exakt ebenen rechtwinkligen Tischplatte befestigt usw.), der wackeln soll. Auf das Bein #4 wirke vertikal nach unten eine Kraft P.

(a) Unter der Annahme, daß alle Beine den Boden berühren, zeige man, daß die Beine die folgenden Lasten tragen:

$$\begin{aligned} N_1 &= (W + P + k\Delta)/4 = N_3 \\ N_2 &= (W - P - k\Delta)/4, \\ N_4 &= (W + 3P - k\Delta)/4. \end{aligned}$$

(b) Man zeige, daß die Wirkung einer solchen Kraft die Neigung verstärkt, daß ein Bein nicht mehr den Boden berührt, die Tendenz zum Wackeln jedoch

mindert.
Hinweis: Welches Bein wird den Boden am ehesten nicht berühren? Unter welchen Umständen bringt eine äußere Kraft den Tisch dazu, sich von Bein #2 auf #4 zu stellen?

(c) Ist die Anwendung einer äußeren Kraft, die einer Verlängerung der Gesamtlänge eines Diagonalbeinpaares entspricht, effektiv bei der Verhinderung des Wackelns? Man quantifiziere das Ergebnis.

Aufgabe 3.2 *Unterlagen*

Oft behilft man sich mit dem Unterlegen von Klötzchen oder Scheiben, um das Wackeln von Tischen zu verhindern. Wir untersuchen zuerst die Unterlage von starren, d.h. unelastischen Klötzchen mit bekannter Dicke $t_i' \ll l$. Die Beine berühren so nicht länger den Fußboden, so daß die Veränderungen gegenüber unseren Rechnungen im Text *gering* sind. Es ist hier vernünftig, das Koordinatensystem auf den Fußboden zu legen und nicht an den Fußbeinen zu orientieren.

(a) Man modifiziere das obige Ergebnis und bestimme die nun von jedem Bein getragene Last.
Hinweis: Die Rechnung verläuft, abgesehen von einer kleinen Änderung in der Definition von Δ, wie im Text.

(b) Was erfahren wir aus dem Ergebnis über den Nutzen eines Klötzchens unter einem Bein? Muß es unbedingt das kürzeste sein?

Aufgabe 3.3 *Beinschuhe*

** Eine häufig bei sehr stabilen Tischen (z.B. aus Stahlrohren gefertigten) genutzte Form der Verhinderung des Wackelns besteht im Überstreifen von elastischen Stopfen über die Beinenden. Diese Beinschuhe schützen dann den Fußboden und vermindern die Wackelgefahr. Die Frage ist nun: Wie dick müssen sie sein, damit sie ihren Zweck erfüllen? Man konstruiere ein passendes Modell für diese Situation. Man führe Berechnungen durch, die auf der Erfahrung und tabellierten Werten für das Youngsche Modul beruhen.

Aufgabe 3.4 *Reale Beine*

In der Realität kann der Beitrag der Beine zum Gewicht des Tisches nicht vernachlässigt werden. Jedes Bein wiege w und die Tischplatte W. Welchen Einfluß haben die Beingewichte nun auf das Verhalten des Tisches?

Wir müssen dazu die Lasten N_i' bestimmen, die jedes Bein auf den Boden überträgt und alle Modifikationen in der Geometrie, die eine Rolle spielen, einbeziehen. Man folge dieser Liste bei der Durchführung der nötigen Rechnungen:

(a) Man zeige, daß bei gleicher Definition der N_i' wie oben die Gleichungen für den Gleichgewichtszustand die gleichen wie für den im Text untersuchten Fall der gewichtslosen Beine sind.

(b) Die auf das i-te Bein wirkenden Kräfte sind N_i', $-N_i$ und $-w$. Man setze N_i' mittels der Gleichgewichtsbedingungen zu N_i in Beziehung.

(c) *Wir untersuchen nun die Längenänderung eines einzelnen Beines durch die Kräfte des Bodens, des Tisches und des Beingewichtes. Die Kraft, die auf das Bein unterhalb des Ortes z (gemessen vom unteren Ende des ungestauchten Beines aus) wirkt und durch den Teil des Beines oberhalb von z verursacht wird, werde mit $-F(z)$ bezeichnet (so daß $F(z)$ positiv ist). Man zeige durch Betrachtung der Kraft, die unterhalb von z wirkt, daß

$$F(z) = [N' - w\frac{l}{z}l]$$

gilt, wobei N' die Kraft des Fußbodens und l die Länge des ungestauchten Beines ist.

(d) Ist nun $\mathrm{d}u$ die Längenänderung eines Beinelementes mit der ungestauchten Länge $\mathrm{d}z$ am Ort z, dann gilt nach dem Hookeschen Gesetz (siehe (3.6)):

$$\frac{\mathrm{d}u}{\mathrm{d}z} = -\frac{F(z)}{EA} \equiv -\frac{F(z)}{kl}.$$

Man berechne damit die totale Längenänderung des Beines.

(e) Man zeige, daß die *Stabilitätsbedingung* die gleiche bleibt, wenn die gewichtslosen Beine durch reale Beine ersetzt werden mit der Änderung $W \to W+w$. Ein interessantes Ergebnis! Man versuche, dies einfach zu erklären.

Aufgabe 3.5 *Symmetrieargumente*

In elementaren Lehrbüchern der Physik werden häufig Symmetrieargumente verwendet, das Problem zu erklären, wieso die Gleichgewichtsbedingungen allein die Lösung des Tischproblems nicht eindeutig festlegen.

(a) Man untersuche in Abhängigkeit von der relevanten dimensionslosen Gruppe die Umstände, unter denen die symmetrische Lösung $N_i = W/4$ eine gültige Näherung der exakten Lösung unseres einfachen Problems ist. Warum versagen die Symmetrieargumente für das Tischproblem in den meisten Fällen?

(b) Man diskutiere die verschiedenen Szenarien für sehr kleine Werte von Δ und sehr große Werte von k und ihre Anwendungen.
Hinweis: Man beachte

$$\lim_{k\to\infty}(\lim_{\Delta\to\infty} r) \neq \lim_{\Delta\to\infty}(\lim_{k\to\infty} r).$$

Die Vertauschung der Reihenfolge beim Grenzübergang erfordert Sorgfalt!

Aufgabe 3.6 *Das Leiterproblem*

**Die Erfahrung lehrt uns, daß es bei rutschigem Fußboden unmöglich ist, eine Leiter an eine Wand zu stellen. Es müssen also Reibungskräfte bei der Bestimmung der Bedingungen, unter denen die Leiter stabil stehen bleibt, eine Rolle spielen. Wir wollen diese Bedingungen sowie die Belastung der Leiter im Gleichgewicht untersuchen. Dies ist ein Problem von *allgemeiner* Bedeutung; wir werden den Leser bei der Lösungssuche unterstützen.

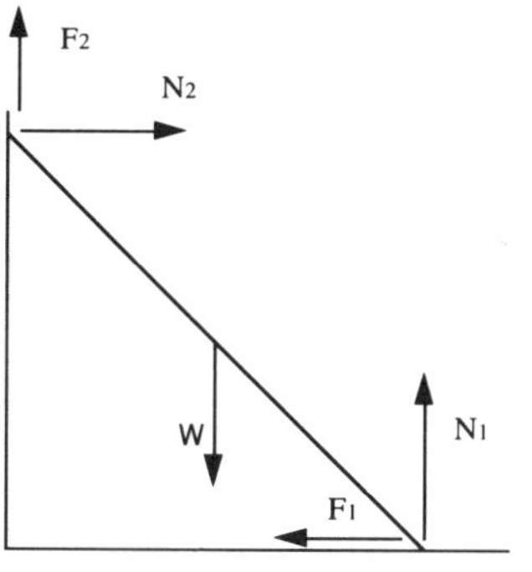

Abb. 3.3 Die Leiter.

Zuerst wollen wir die geometrische Komplexität reduzieren; der Neigungswinkel betrage deshalb $\pi/4$ zur Wand und der Schwerpunkt der Leiter befinde sich in ihrer Mitte.

(a) Man zeige, daß die Gleichgewichtsbedingungen die Form

$$N_2 = F_1, \quad F_2 + N_1 = W, \quad N_2 + F_1 + F_2 = N_1$$

besitzen (siehe Abb. 3.3).

(b) Da nur drei Gleichungen für vier Unbekannte vorliegen, ist eine einparametrige Lösungsschar zu erwarten. Sei also $F_1 = t$. Man bestimme die Lösung des Problems als Funktion von t.

(c) Eine weitere physikalische Forderung lautet (siehe (3.4)):

$$-\mu N_i \leq F_i \leq \mu N_i, \quad i = 1, 2.$$

Dabei ist μ der Haftreibungskoeffizient von Wand und Fußboden (der Einfachheit halber). Dies bestimmt das *klassische* Problem mathematisch vollständig. Wir benötigen nur noch Lösungen, die diese Bedingungen erfüllen.

(d) Obwohl die Gleichungen das System vollständig beschreiben, muß doch bei der Lösungssuche physikalisch argumentiert werden – nur so lassen sich die Ergebnisse deutlich vereinfachen und man sieht meist vorher schon den Weg, auf dem die Lösung gefunden werden kann. In unserem Problem sagen die Erfahrung, die Physik und die obigen Gleichungen:

- Die gesuchte Lösung liegt im Bereich $t \geq 0$. Warum?
- Die Leiter wird für kleine μ-Werte wegrutschen und für große μ-Werte fest an ihrem Platz stehen. Deshalb werden nur für große μ Lösungen existieren. Gibt es Lösungen für $\mu = 0$?

(e) Man beachte, daß W eine vernünftige Skale für die verschiedenen Kräfte in unserem Problem abgibt. Man skaliere deshalb die Gleichungen und zeige, daß S verschwindet. Man beachte außerdem, daß die Länge der Leiter in den Gleichgewichtsbedingungen nicht vorkommt. Welche theoretischen und experimentellen Folgen hat dies?

(f) Aus den obigen Beobachtungen ergeben sich nun folgende Fragen:

(i) Gibt es einen Bereich in der (t, μ)-Ebene mit $t \geq 0$, für den alle Ungleichungen erfüllt sind? Man erinnere sich, daß t die vollständige Lösung (N_1, N_2, F_1, F_2) bestimmt.
Hinweis: Man lasse Maple die verschiedenen Ungleichungen in der (t, μ)-Ebene zeichnen und bestimme so den erlaubten Parameterbereich. Man vergesse nicht, die kritischen Kurven, die das Rutschen der Leiter an Wand und Fußboden beschreiben, im Plot von Maple zu kennzeichnen.

(ii) Man bestimme einen minimalen Wert von μ namens μ_{min} für das statische Gleichgewicht. Man kommentiere die physikalische Bedeutung dieses Ergebnisses.

(iii) Existiert eine eindeutige Lösung für $\mu > \mu_{min}$? Man wähle einen Wert für $\mu > \mu_{min}$ und vergewissere sich, daß die so gefundene Lösung alle Forderungen des Problems erfüllt.

(iv) ** Die Tatsache, daß für $\mu > \mu_{min}$ viele Lösungen existieren, sollte weiter untersucht werden. Man könnte annehmen, die Leiter falle um, weil der Leiter-Wand-Kontakt oder der Leiter-Boden-Kontakt nicht gut genug ist. Man untersuche diese Fälle und interpretiere das Ergebnis.

(g) ** Man beachte den Zusammenhang zwischen der $\mu = \mu_{min}$-Lösung und den kritischen Rutschkurven in der (μ, t)-Ebene und untersuche, was die Stabilität im allgemeinen Fall (mit verschiedenem μ_{Wand} und μ_{Boden} sowie beliebigem Neigungswinkel $0 \leq \theta \leq \pi/2$) bestimmt. Man berechne die kritische Rutschbedingung.

Kommen wir noch einmal auf die Nichteindeutigkeit zurück: Wir würden erwarten, daß die statischen Gleichgewichtsbedingungen die Kräfte an der Leiter *eindeutig* bestimmen, was haben wir bei der Lösungsherleitung also falsch gemacht?

Man könnte annehmen (und dies ist richtig), daß wie im Fall des Tisches elastische Effekte eine Rolle spielen. Die Frage nach der Eindeutigkeit ist im Falle der Leiter jedoch deutlich schwieriger zu beantworten, und es stellt sich heraus, daß diese Frage für die gesamte Wissenschaft von Bedeutung ist. Es ist an dieser Stelle nötig, die energetische Formulierung des Problems zu kennen. In Kapitel 4 werden wir diese Form der Problemformulierung kennenlernen und im 5. Kapitel bei der nochmaligen Behandlung des Tischproblems zu unserer Frage zurückkehren.

Aufgabe 3.7 *Klettern auf einer Leiter?*

Ein Mann klettert auf eine Leiter, die im Winkel von $\pi/4$ gegen eine Wand gelehnt ist. Wir wollen annehmen, daß die Masse der Leiter im Vergleich zu der des Kletterers klein ist und wir diese vernachläsigen können. Die Haftreibungskoeffizienten seien an Wand und Boden gleich und kleiner eins. Wir wollen zeigen, daß es nicht möglich ist, die Spitze der Leiter zu erreichen.

Man vereinfacht die Rechnung, wenn man alle Kräfte mit dem Gewicht des Mannes skaliert und die Länge der Leiter als Längenskale verwendet.

(a) Man zeichne ein Diagramm mit den verschiedenen Kraftkomponenten, die auf die Leiter wirken. Man analysiere sorgfältig, daß die Reibungskräfte so wirken, daß sie eine Bewegung in die Richtung verhindern, in die nach unserer Erfahrung die Leiter rutsche würde.

(b) Man gebe für den Gleichgewichtszustand entprechende Kraft- und Momentengleichungen an.

(c) Man zeige, daß die Kräfte nicht eindeutig bestimmt sind und berechne alle Kräfte als Funktion der vertikalen Reibungskraft an der Wand.

(d) Man zeige, daß es für den Mann unmöglich ist, das obere Ende der Leiter zu erreichen, ohne daß die Leiter wegrutscht.

Es gibt noch viele interessante Aspekte des Leiterproblems, die jedoch außerhalb des Rahmens dieses Buches liegen. So liegt es nahe, daß die Bewegung des Kletterers Wellen entlang der Leiter erzeugt, die die Stabilität beeinflussen können.

Literatur

Fowles, G. R., *Analytical Mechanics*, Holt Rinehart and Winston Inc., New York, 1970.

4 Ankern

Variationsrechnung
Energieprinzipien und -methoden
Optimierung

Im vorigen Kapitel haben wir gesehen, daß es beim Aufstellen der Gleichungen für das statische Gleichgewicht zu Schwierigkeiten kommen kann, wenn bedeutende Unregelmäßigkeiten auftreten. In diesem Kapitel werden wir zeigen, daß eine alternative Methode, die mit der Energie zusammenhängt, das Problem erfolgreich lösen kann. Wir werden diese Methode jedoch in einem anderen Kontext betrachten. Keine Angst, wir kehren später zum Tischproblem zurück.

4.1 Die Situation

Die hier zu betrachtenden Probleme ergeben sich bei der Erdölförderung von Ölvorkommen, die nicht auf dem Festland liegen. Bis vor kurzem lagen alle entdeckten Ölfelder in Gebieten mit geringer Wassertiefe, so daß die Bohrinseln auf dem Meeresboden aufsitzen konnten. Der Wert des Erdöls und die technische Entwicklung haben jedoch dazu geführt, daß inzwischen auch an Stellen Öl gefördert wird, an denen die Beine der Bohrinseln den Meeresboden nicht mehr berühren. Das Öl wird vom Bohrloch über eine flexible Rohrleitung zu einem riesig großen Schiff, dem sogenannten Mutterschiff transportiert. Das Mutterschiff dient als Tank, an dem die herkömmlichen Öltanker gefüllt werden. Das Mutterschiff muß nun so verankert sein, daß es sich nicht zu weit vom Bohrloch entfernen kann (und die Rohrleitung zerreißt). Ebbe und Flut, Strömungen und Wind können nun derartige Bewegungen verursachen. Deshalb ist es in einiger Entfernung vom Bohrloch mit langen Ketten an einer Stelle des Meeresbodens verankert. Damit bei Bewegungen des Schiffes eine genügend starke Rückholkraft vorhanden ist, muß die Kette auch bei ruhendem Schiff eine gewisse Kraft auf dieses ausüben. Die erste Frage, die wir uns stellen wollen, ist die nach der erforderlichen Kraft bei minimalen Kosten.

4.1.1 Einführende Bemerkungen

Die Kette muß stark genug sein, um den Zugkräften ohne Bruch widerstehen zu können. Die Stärke einer Kette ist nun an jeder Stelle proportional zu ihrem

Querschnitt an diesem Ort. Dickere Ketten sind natürlich stabiler und schwerer und kosten deshalb mehr. Für die hier interessierenden Ketten ist der Preis einer Kette direkt proportional zu ihrem Gewicht.

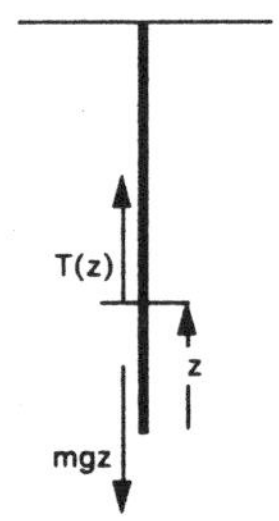

Abb. 4.1 Die senkrecht hängende Kette.

Ein einfaches Beispiel illustriert das Problem. Man betrachte die Abbildung einer überall gleich dicken, vertikal hängenden Kette in Abb. 4.1. Das statische Gleichgewicht erfordert, daß die Zugkraft der Kette an jeder Stelle ausreicht, das Gewicht der Kette unterhalb dieses Punktes zu tragen; d.h., $T(z) = mgz$, wobei m die Masse pro Einheitslänge und z die Länge der Kette unterhalb des Punktes ist, an dem wir die Zugkraft $T(z)$ messen. Die Zugkraft ist demnach am oberen Ende der Kette größer als weiter unten. Damit kann durch Verjüngung der Kette in Richtung des unteren Endes Gewicht gespart werden. Man beachte außerdem, daß, da jedes zusätzliche Gewicht von allen darüberliegenden Teilen der Kette getragen wird, die Verwendung von zu viel Material eine multiplikative Verschlechterung bedeutet; es sollten also größere Gewichtsersparnisse möglich sein. Die erste Frage ist nun:

Wie verteilt man das Gewicht entlang der Kette (mit einer gewissen Sicherheitsreserve) so, daß der Materialverbrauch minimiert wird, während sie über genügend Rückholkraft verfügt?

Es hat sich gezeigt, daß sich durch den Einsatz geeigneter Ketten bei der Verankerung gegenüber der Verwendung gleichförmig dicker Ketten viele hundertausend Dollar sparen lassen.

Man kann für die vertikal hängende Kette leicht zeigen, daß der Querschnitt exponentiell mit dem Abstand vom Aufhängungspunkt abnehmen sollte, damit die Kosten minimiert werden (siehe Aufgabe 4.1). Das Verankerungsproblem ist jedoch schwieriger zu lösen, da die Veränderung der Zugkraft entlang der Kette von der Gestalt der Kurve, die die Kette im Wasser besitzt, abhängt, welche ihrerseits von der Gewichtsverteilung entlang der Kette und ihrem Befestigungsort bestimmt wird. Die Berechnung der Gestalt der Kurve der Kette im Wasser und die optimale Veränderung ihres Querschnittes sind also eng miteinander verbunden. Zur Lösung von Problemen dieser Art bedient man sich der Methoden der Variationsrechnung, die wir in Abschnitt 4.3 kurz beschreiben wollen.

Die erwähnte Optimierungsbedingung verdeckt jedoch die wichtigsten Probleme. Die Verankerung muß die Gesetze der Physik erfüllen. Bewegt sich ein mit mehreren Ketten verankertes Schiff, so gilt für jede Ankerkette:

- Sie wird gedehnt und somit verändert sich ihre Länge.
- Die Form, welche die Kette unter Wasser besitzt, verändert sich und damit die auf das Schiff wirkenden Kräfte.
- Durch die Bewegung nimmt die Kette kinetische Energie auf und damit verändert sich die auf das Schiff wirkende Kraft ebenfalls.

Alle diese Effekte spielen eine Rolle, so daß die Bewegung unter dem Angriff einer externen Kraft, z.B. einem Wellenfeld, extrem kompliziert ist. Obwohl die Möglichkeit besteht, die Newtonschen Gleichungen auf dieses Problem anzuwenden und definierende Gleichungen aufzustellen, ist doch die alternative Methode mittels Variationsprinzipien bei derart komplizierten Problemen meistens effektiver, sowohl bei der Aufstellung der Gleichungen als auch bei Näherungsrechnungen. Im Abschnitt 4.4 werden wir kurz die wesentlichen Ergebnisse der Variationsrechnung andeuten und ihre Anwendung auf ankernde Schiffe besprechen. Zuvor gehen wir aber auf die Grundlagen der Lagrangeschen Multiplikatoren und der Mechanik starrer Körper ein.

4.2 Hintergrundwissen

Lagrangesche Multiplikatoren. Manchmal möchte man die stationären Werte einer Funktion f von n Variablen x_i, die nicht unabhängig voneinander sind, bestimmen. Es gebe also $m < n$ Zwangsbedingungen $G_j = 0$, wobei die G Funktionen der x_i sind. Ein Lösungsversuch ist die Eliminierung von m der Variablen x_i durch Lösung der Zwangsbedingungen und Einsetzen dieser in f; man erhält so ein Stationaritätsproblem ohne Zwangsbedingungen. Dies ist oft jedoch nicht möglich, da sich die Rechnungen als unausführbar erweisen. Nach Lagrange gibt es jedoch einen sehr eleganten Weg, diese Schwierigkeiten zu vermeiden. Man führt dazu eine Menge von m Parametern λ_j ein und sucht die stationären Lösungen von

$$K(x_i, \lambda_j) = f(x_i) - \sum_{j=1}^{m} \lambda_j G_j(x_i)$$

als Funktion der x_i, wobei diese als *unabhängig* angenommen werden. Die Zwangsbedingungen werden dann hinzugefügt. Man kann sich leicht davon überzeugen, daß die Forderungen für die Stationarität von f entsprechend der Zwangsbedingungen erfüllt sind. Man erhält n Gleichungen, indem man jede der partiellen Ableitungen von K nach den x_i gleich null setzt. Mit den m Zwangsbedingungen hat man so $n + m$ Gleichungen für die $n + m$ Unbekannten x_i, λ_j.

Wir wollen uns anschauen, wie diese Methode funktioniert. Die Forderung nach Stationarität von f lautet

$$0 = \mathrm{d}f = \sum_{i=1}^{i=n} \frac{\partial f}{\partial x_i} \mathrm{d}x_i$$

für alle erlaubten Variationen der x_i. Die erlaubten Variationen $\mathrm{d}x_i$ sind nun durch die Bedingungen

$$0 = \mathrm{d}G = \sum_{i=1}^{i=n} \frac{\partial G_j}{\partial x_i} \mathrm{d}x_i$$

gegeben für $j = 0, \ldots, m$. Vergleicht man diese Bedingungen für Stationarität mit denen von K, dann sieht man, daß sie äquivalent sind. Einzelheiten findet man in dem vorzüglichen Buch von Strang (1986). Die Methode funktioniert auch, wenn die Zwangsbedingungen als Ungleichungen formuliert sind.

Dynamik starrer Körper. Ein Verständnis der Ableitung der folgenden Ergebnisse der Dynamik starrer Körper ist für unsere weitere Arbeit nicht nötig. Man findet sie in jedem Standardwerk über Mechanik, z.B. Goldstein (1991) oder Fowles (1970).

Die Newtonschen Gesetze lassen sich von einem Teilchen leicht auf Systeme mit mehreren Teilchen ausdehnen, wobei es zu deutlichen Vereinfachungen kommt, wenn Bewegungen der Teilchen relativ zueinander nicht erlaubt sind (starrer Körper). Wir erhalten so:

Die Dynamik starrer Körper kann durch Translationen des Schwerpunktes und eine Rotation um diesen Punkt beschrieben werden:

1. Translationen des Schwerpunktes. Sei $\bar{\mathbf{x}}$ der Ortsvektor des Schwerpunktes und die an den Körper angreifenden Kräfte werden mit $\mathbf{F}_i$ bezeichnet, m sei seine Masse. Dann gilt:

$$m\ddot{\bar{\mathbf{x}}} = \sum_i \mathbf{F}_i. \tag{4.1}$$

2. Rotationen des Körpers. $\boldsymbol{\Omega}$ sei die Winkelgeschwindigkeit und I die Matrix der Trägheitsmomente (mit den Elementen $I_{ij} = \int x_i x_j \mathrm{d}m$), dann gilt:

$$I\dot{\boldsymbol{\Omega}} + \boldsymbol{\Omega} \times [I\boldsymbol{\Omega}] = \mathbf{M} \tag{4.2}$$

mit $\mathbf{M}$ dem **Drehmoment**:

$$\mathbf{M} = \sum_i \mathbf{x}_i \times \mathbf{F}_i.$$

Dabei ist $\mathbf{x}_i$ der Angriffspunkt der Kraft $\mathbf{F}_i$ relativ zum Schwerpunkt. Man kann die Komplexität dieser Gleichungen deutlich reduzieren, wenn man spezielle körperfeste „symmetrische“ Hauptachsen verwendet, denn dabei reduziert sich I auf Diagonalform. Die Diagonalelemente $I_{ii} \equiv I_i$ nennt man Hauptträgheitsmomente des Körpers. Für ebene Bewegung erhalten wir dann die einfache Bewegungsgleichung

$$I_i \dot{\Omega}_i = M_i.$$

Man findet die I_i der für uns interessanten einfachen Körper in allen Mechaniklehrbüchern.

Die kinetische Energie des starren Körpers berechnet sich als Summe der:

1. kinetischen Energie eines Teilchens der Masse m, welches eine Translationsbewegung mit der Geschwindigkeit des Schwerpunktes $\bar{\mathbf{v}}$ des Körpers ausführt:
$$\mathcal{E}_t = \frac{m}{2} \bar{\mathbf{v}}^2. \tag{4.3}$$
2. der Rotationsenergie eines ähnlichen Körpers, der sich am Schwerpunkt befindet. Diese lautet nun:
$$\mathcal{E}_r = \sum_{i=1}^{3} I_i \Omega_i^2 / 2, \tag{4.4}$$
wobei die Ω_i die Komponenten der Winkelgeschwindigkeit relativ zu den Hauptachsen mit den Trägheitsmomenten I_i sind.

4.3 Variationsrechnung

4.3.1 Das Archetypproblem

Wir wollen mit der Betrachtung des Archetypproblems beginnen. Man finde eine Funktion $y(x)$, die auf dem Intervall $a \leq x \leq b$ definiert ist und die folgenden Bedingungen erfüllt:

1. $y(a) = A$, $y(b) = B$, wobei A und B gegebene Konstanten sind,
2. das Integral J, definiert durch
$$J(y) = \int_a^b F(x, y(x), y'(x)) \mathrm{d}x,$$
nehme den kleinsten (allgemeiner einen extremalen) Wert an für alle *möglichen* Funktionen $y(x)$.

F ist eine spezifische Funktion von drei Variablen, die für eine gegebene Funktion $y(x)$ in eine Funktion von x konvertiert wird, indem wir für die zweite Variable $y(x)$ und für die dritte $y'(x)$ einsetzen. Der Wert des Integrals J hängt somit von der Funktion $y(x)$ ab und ist damit die Funktion einer Funktion oder ein *Funktional*. Für einen reinen Mathematiker bedeutet *erlaubte* Funktion meist eine bestimmte Klasse von Funktionen (z.B. alle zweimal stetig differenzierbaren Funktionen), für den Modellierer wird *erlaubt* durch den Kontext des Modells meist so bestimmt, daß es sich mathematisch nicht exakt ausdrücken läßt. Gewöhnlich ist eine *erlaubte* Funktion einfach eine Funktion, für die das Integral J definiert ist. *Dieser Standpunkt ist jedoch kritisch.* Häufig verliert man durch die Beschränkung auf „vernünftige" Funktionen physikalisch relevante Lösungen.

Wie findet man nun eine solche Funktion? Sei $Y(x)$ eine Funktion, von der wir glauben, sie minimiert J. Dann ist es nicht möglich, den Wert von J zu verkleinern, indem man zu einer benachbarten Funktion $Y(x) + \epsilon\eta(x)$ übergeht, wobei ϵ ein kleiner Parameter sei und $\eta(x)$ eine beliebige Funktion, so daß $Y + \epsilon\eta$ in der erlaubten Funktionenklasse liegt. Aus den Randbedingungen folgt

$$\eta(a) = \eta(b) = 0.$$

Erlaubt die Funktion F eine Taylorentwicklung in den Variablen y und y' bis zur zweiten Ordnung, dann gilt

$$J(Y + \epsilon\eta) = J(Y) + \delta J + O(\epsilon^2)$$

mit

$$\delta J = \epsilon \int_a^b [F_y(x, Y, Y')\eta + F_{y'}(x, Y, Y')\eta']\mathrm{d}x. \tag{4.5}$$

Kommentar: Bei der Berechnung des obigen Integrals ist Sorgfalt geboten. Man muß die Argumente x, y, y' von F zuerst als *unabhängige* Variablen behandeln und die entsprechenden partiellen Ableitungen berechnen. Erst dann setze man die Werte $y = Y(x)$, $y' = Y'(x)$ in das Ergebnis ein und integriere über x. Sei z.B.

$$F = y^2 + y'^2 + yx^2,$$

und $Y(x) = \sin x$ unser Kandidat für die Minimierung, dann gilt

$$F_y(x, Y, Y') = 2\sin x + x^2, \quad F_{y'}(x, Y, Y') = 2\cos x.$$

Diese Ausdrücke müssen dann in δJ eingesetzt werden.

Kehren wir zur Formel (4.5) für die Variation von J bezüglich der Variation $\epsilon\eta$ zurück. Eine partielle Integration des $F_{y'}$-Terms ergibt

$$\int_a^b F_{y'}\eta'\mathrm{d}x = [F_{y'}\eta']_a^b - \int_a^b \eta(x)\frac{\mathrm{d}}{\mathrm{d}x}F_{y'}\,\mathrm{d}x. \tag{4.6}$$

Kommentar: Man beachte, daß hier die *totale* Ableitung $\mathrm{d}/\mathrm{d}x$ von $F_{y'}(x, Y(x), Y'(x))$ benötigt wird. Zuerst muß die Substitution $y(x) = Y(x)$ und $y'(x) = Y'(x)$ durchgeführt und dann nach x abgeleitet werden.

Die Beiträge von den Endpunkten auf der rechten Seite verschwinden, da η verschwindet. Wir erhalten so für (4.5)

$$\delta J = \epsilon \int_a^b \eta(x)\left[F_y - \frac{\mathrm{d}}{\mathrm{d}x}F_{y'}\right]\mathrm{d}x.$$

Minimiert nun $Y(x)$ wirklich das Integral J, dann muß die erste Variation δJ für *alle* erlaubten $\eta(x)$ verschwinden. Für jede Funktion $Y(x)$ ist der Ausdruck

$$L(x) = F_y - \frac{\mathrm{d}}{\mathrm{d}x} F_{y'}$$

eine bekannte Funktion von x. δJ verschwindet nur für $L(x) \equiv 0$. Es ist nicht ganz offensichtlich, daß dies der einzige Weg ist, damit $\delta J = 0$ gilt. Da jedoch δJ für alle $\eta(x)$ verschwinden muß, liegt die Vermutung nahe, daß dies nur für $L(x) \equiv 0$ möglich ist. Dieses Ergebnis läßt sich leicht darstellen und beweisen:

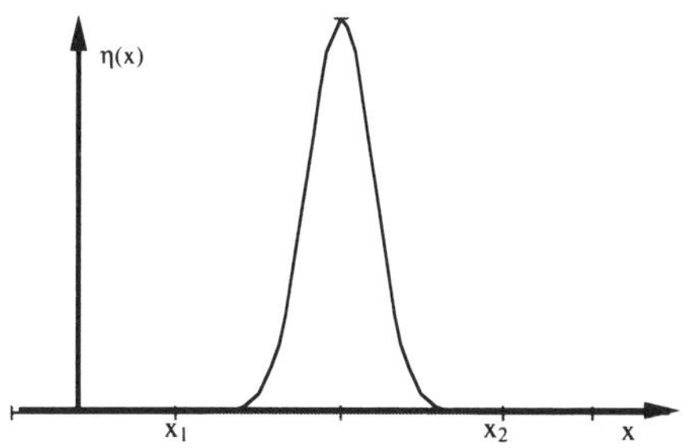

Abb. 4.2 Die Euler-Lagrange-Bedingung.

Sei L von null verschieden und besitze auf einem beliebigen Teilintervall (x_1, x_2) ein festes Vorzeichen und sei *klein*. Wir wählen $\eta(x)$ so (siehe Abb. 4.2), daß es

- genügend glatt ist,
- ein Vorzeichen und in unserem Intervall ein zu L entgegengesetztes Vorzeichen besitzt sowie
- außerhalb des Intervalls gleich null ist,

dann ist δJ für dieses η negativ, und es gilt $J(Y(x) + \epsilon\eta(x)) < J(Y(x))$ in erster Ordnung; damit minimiert Y das Integral J nicht! Ein solches η ist z.B. durch den folgenden Ausdruck gegeben:

$$\eta(x) = \begin{cases} k(x - x_1)^2(x - x_2)^2 & \text{für } x_1 < x < x_2 \\ 0 & \text{für } x < x_1,\ x > x_2. \end{cases} \tag{4.7}$$

Deshalb kann nur dann $Y(x)$ die gesuchte Funktion sein, wenn $L(x) \equiv 0$ im Intervall (a, b) gilt. Diese *notwendige* Bedingung, die häufig *Euler-Lagrange-Bedingung* genannt wird, dafür, daß eine Funktion Y eine minimierende Funktion ist, lautet also

$$F_y(x, Y(x), Y'(x)) - \frac{\mathrm{d}}{\mathrm{d}x}[F_{y'}(x, Y(x), Y'(x))] = 0. \tag{4.8}$$

Führt man die Differentiation nach x aus, erhält man eine gewöhnliche Differentialgleichung zweiter Ordnung für $Y(x)$. Diese in Verbindung mit den zwei Randbedingungen für Y bei a und b bildet den Ausgangspunkt für die Berechnung von Y. Wir wollen an dieser Stelle betonen, daß im Gegensatz zu Anfangswertproblemen Randwertprobleme mit gewöhnlichen Differentialgleichungen oft keine Lösung besitzen; wenn doch, dann meist mehr als eine – man kann also spezielle Probleme und interessante Fragen bei der Behandlung von Variationsproblemen erwarten. Es kann geschehen, daß die Lösungen nicht die für die Ableitung der Euler-Lagrange-Gleichungen geforderte Glattheit besitzen. Trotzdem stellen gerade die Euler-Lagrange-Gleichungen ein sehr wirkungsvolles Werkzeug bei der Lösungssuche dar.

Ähnliche Argumente gelten natürlich auch für die Ableitung der Bedingungen für ein Maximum von J, so daß man allgemein den Begriff Extremum verwenden sollte.

Einige bemerkenswert oft auftretende Situationen sind:

- Hängt die Funktion F nicht explizit von y ab, dann ergibt die Integration der Euler-Lagrange-Bedingung (4.8)

$$F_{y'} = \text{konst.} \tag{4.9}$$

- Eine nicht so offensichtliche, jedoch *sehr* nützliche Feststellung ist, daß es möglich ist, zu einer expliziten integrierten Form zu gelangen, wenn F nicht *explizit* von x abhängt. In diesen Fällen kann die Euler-Lagrange-Gleichung so umformuliert werden, daß sie die Funktion $X(y)$ enthält in jedem Teilintervall, in dem $Y(x)$ invertierbar ist. Damit läßt sich das Integral J in jedem dieser Teilintervalle als

$$\int F(y, y')\mathrm{d}x = \int F(y, 1/x'(y))x'(y)\mathrm{d}y$$

schreiben. Dabei bezeichne x' die Ableitung $\mathrm{d}x(y)/\mathrm{d}y$. Der Integrand ist offensichtlich unabhängig von x, so daß wir die Euler-Lagrange-Gleichung für die minimierende Funktion $X(y)$ integrieren können:

$$\{F(y, 1/X')X'\}_{x'} = \text{konst.}$$

Nach der Rücktransformation zu den Originalvariablen (Kettenregel!) erhalten wir

$$\text{konst} = -F_{y'}(y, 1/X')/X' + F = -Y'F_{y'}(Y, Y') + F(Y, Y'). \tag{4.10}$$

Beispiel 4.3.1 *Das Problem der Teilchenbahn*

Als einfaches Beispiel der Anwendung der obigen Ideen wollen wir das erste Problem, welches durch Variationsrechnung gelöst wurde, betrachten. Es lautet: „Man finde den Weg zwischen zwei Punkten A und B, so daß ein sich auf dieser Bahn bewegendes Teilchen den Weg in der kürzesten Zeit zurücklegt, wobei Reibung und Luftwiderstand vernachlässigt werden.“ Man nennt diesen Weg die *Brachistochrone*.

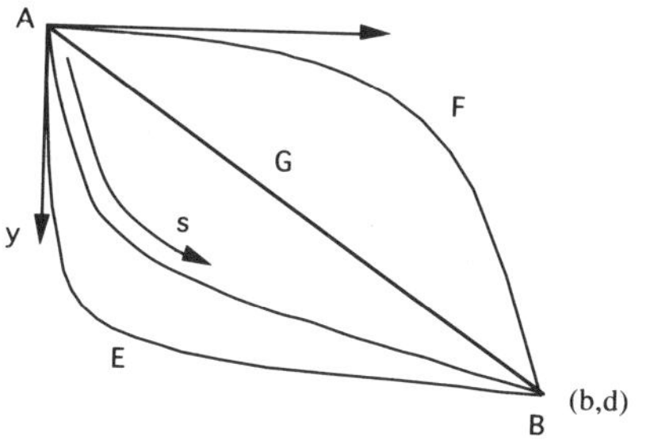

Abb. 4.3 Das Problem der schnellsten Bahn: mögliche Bahnen.

Zuerst wollen wir untersuchen, ob das Problem eine „vernünftige“ Lösung haben kann. (Es ist nämlich oft der Fall, daß vernünftig aussehende Variationsprobleme keine oder Lösungen mit unerwarteten Eigenschaften besitzen.) Der Punkt A liege im Ursprung und y messe den Abstand nach unten. Sei weiter (b, d) der Ort des Zielpunktes B. Man findet in Abb. 4.3 einige alternative Wege dargestellt. Die Geschwindigkeit des Teilchens ist nun $\sqrt{2gy}$ mit g als Beschleunigung durch die Erdanziehung; wir würden für anfänglich steilere Bahnen (z.B. AEB) also eine höhere Durchschnittsgeschwindigkeit erwarten. Solche Bahnen sind jedoch lang und werden sicher die Reisezeit nicht minimieren. Pfade wie AFB sind lang und das Teilchen ist auf ihnen im Mittel langsam, so daß sie sicher nicht in Frage kommen. Der Weg AGB ist der kürzeste Weg, jedoch auch recht langsam. Wir können also erwarten, daß der minimierende Weg zwischen AEB und AGB liegt und eine vernünftige Funktion von x ist. Natürlich könnte man explizite Rechnungen für verschiedene Wege durchführen und so seine Erfahrung vertiefen (z.B. durch die Untersuchung von parabelförmigen Wegen). Mit Maple ist dies einfach; für unser einfaches Problem jedoch zu umständlich. Wir wollen deshalb mit der exakten Analyse fortfahren.

Sei s die von A aus entlang des Weges gemessene Bogenlänge. Dann ist die Zeit, die das Teilchen benötigt, um B zu erreichen, durch

$$\int_A^B \frac{\mathrm{d}s}{\sqrt{2gy}}$$

gegeben. Mit $\mathrm{d}s^2 = \mathrm{d}x^2 + \mathrm{d}y^2$ und der Vernachlässigung eines für die Bahnbestimmung irrelevanten Faktors kommt es nun darauf an, die Funktion $y(x)$ zu finden, die das Integral

$$\int_0^b \sqrt{\frac{1+y'^2}{y}}\mathrm{d}x$$

minimiert. Der Integrand enthält x nicht explizit, so daß die Euler-Lagrange-Gleichungen integriert werden können. Wir erhalten $F - y'F_{y'} = C$ (siehe (4.10)). Damit gilt

$$\frac{1}{\sqrt{y(1+y'^2)}} = C$$

oder $y(1+y'^2) = c$ (c ist eine beliebige Integrationskonstante). Die Lösung für y' lautet

$$y' = \sqrt{\frac{c-y}{y}}.$$

Wir müssen eine nichtlineare Differentialgleichung erster Ordnung lösen, die die Randbedingungen $y(0) = 0$, $y(b) = d$ erfüllt. Dabei erkennt man:

- y' ist reell und endlich für $0 < y < c$ und $y' \to 0$ für $y \to c$.
- In der Nähe von $y = 0$ ist $y' \approx \sqrt{c/y}$. Dies integriert ergibt eine Lösung der Form $c_2 x^{2/3}$ in der Nähe von $(x, y) = (0, 0)$. Die Singularität der Gleichung bei $y = 0$ ist also physikalisch akzeptabel und *interessant*; der optimale Weg verläßt den Ursprung senkrecht. (Skifahrer wird dies nicht überraschen.)
- Zur Befriedigung der Randbedingungen gibt es genügend beliebige Konstanten.

Nach dieser Analyse ist klar, daß eine eindeutige, vernünftige Lösung zu dieser Gleichung existiert. Übrig bleibt an dieser Stelle nur noch die Verwendung von Maple oder einem Numerikprogramm (an dieser Stelle gar nicht notwendig) *und* die Interpretation der Lösung (siehe Aufgabe 4.2).

4.3.2 Verallgemeinerungen

Die für das Archetypproblem entwickelte Methode kann für die Anwendung auf andere Probleme erweitert werden. Die Vielfalt, die bei der Betrachtung natürlicher Prozesse auftreten kann, erfordert, daß die Euler-Lagrange-Bedingungen aus grundlegenden Prinzipien abgeleitet und dem Kontext angepaßt werden, anstatt allgemeine Resultate zu verwenden. Trotzdem ist es von Vorteil, wenn man gewisse Herangehensweisen kennt, deshalb wollen wir einen kurzen Überblick geben. Die Aufgaben am Ende dieses Kapitels und im weiteren Verlauf des Buches werden dazu beitragen, die hier vorgestellten Ideen zu vertiefen. Man findet ausführliche Diskussionen zu diesem Thema in Courant und Hilbert (1993) oder Achieser (1962).

- * **Freie Randbedingungen.** Im Problem der Brachistochrone waren beide Enden des Weges festgelegt. Dies liefert genau die benötigte Anzahl von Randbedingungen für die Euler-Lagrange-Gleichung, einer Differentialgleichung zweiter Ordnung. Man würde nun erwarten, daß die Theorie für alle vernünftigen Bedingungen an y, die die nötige Anzahl (zwei) an Randbedingungen ergeben, zutrifft. Für den Fall, daß zu wenig, oder noch schlimmer, daß zu viele Bedingungen existieren, muß natürlich mit Problemen gerechnet werden. So ist z.B. eine vernünftige Frage: Welchen Weg legt ein Teilchen von A zu einer vertikalen Barriere, die von A den Abstand b besitzt, in minimaler Zeit zurück? (Siehe Abb. 4.4.) In diesem Fall ist $y(b)$ nicht bestimmt und muß im Lösungsprozeß berechnet werden. Bei einer anderen wichtigen Klasse von Problemen (z.B. Phasenänderungsproblemen) ist das x-Intervall nicht bestimmt und muß ebenfalls als Teil des Lösungsprozesses berechnet werden.

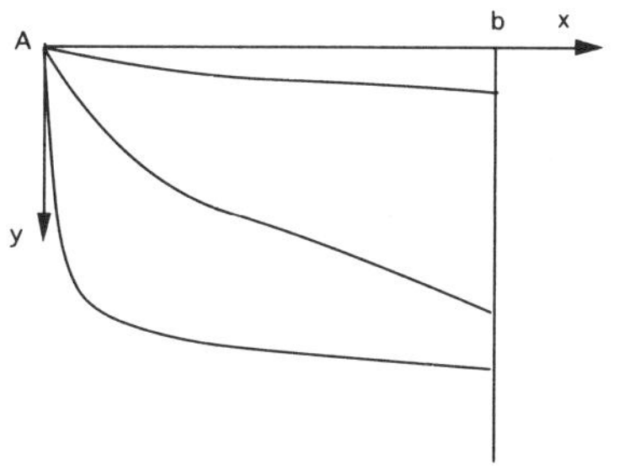

Abb. 4.4 Der kürzeste Weg zur Wand: mögliche Wege.

Zur Darstellung der Herangehensweise an solche Probleme nehmen wir an, $y(a) = A$ sei fest, die Physik fordert jedoch für den Endpunkt $x = b$ der Bahn lediglich $f(x, y(x)) = 0$, wobei der tatsächliche Wert von $x = b$ in der Rechnung bestimmt wird. Meist ist dies der interessanteste Teil der Lösung. Unser Kandidat Y für die Lösung erfülle nun die Bedingung mit $b = B$, d.h. $f(B, Y(B)) = 0$. Unsere Variationsfunktion $\epsilon\eta$ muß wie immer $\eta(a) = 0$ erfüllen. Das andere Ende des Bereiches wird im allgemeinen nicht B sein, sondern für die uns interessierenden kleinen Variationen nahe bei B liegen. Der Bereich für die Variation sei deshalb (a, x_1). Wir können nun mittels einer Taylorentwicklung den Effekt der Variation auf die Veränderung der Randposition berechnen:

$$f(x_1, y(x_1)) = f(B) + f_x(B)(x_1 - B) + f_y(B) \cdot \epsilon\eta(B) + O(\epsilon^2).$$

Dabei ist $f(B) = f(B, Y(B))$, $f_x(B) = f_x(B, Y(B))$ usw. Nach der Vernachlässigung von Termen, die in ϵ quadratisch sind und dem Einsetzen der Randbedingung $f(B) = 0$ erhalten wir:

$$f_x(B)(x_1 - B) + f_y(B) \cdot \epsilon\eta(B) = 0. \tag{4.11}$$

Dies ergibt eine Zwangsbedingung an $(x_1 - B, \eta(B))$, die erfüllt werden muß, wenn unsere Randbedingungen gelten sollen. Die Variation des Funktionals kann dann in der Form

$$\delta J = \epsilon \int_a^B [F_y \eta + F_{y'} \eta'] \mathrm{d}x + \int_B^{x_1} F \mathrm{d}x$$

geschrieben werden. Der zusätzliche Term (vergleiche (4.5)) erscheint aufgrund der Variationsmöglichkeit des Randpunktes. In erster Ordnung in ϵ können wir ihn durch $F(B)(x_1 - B)$ nähern (die Notation ist wie oben). Durch eine partielle Integration können wir wie im Archetypproblem den ersten Term in ein Integral über den Variationsbereich und einen Ausdruck, der nur von den Randpunkten abhängt, aufspalten. Wir erhalten damit

$$\delta J = \epsilon \int_a^B L(x)\eta(x) \mathrm{d}x + \{[F_{y'} \epsilon \eta]_a^B + F(B)(x_1 - B)\}.$$

L ist der oben abgeleitete Euler-Lagrange-Ausdruck (4.3.1). Damit die erste Variation verschwindet, müssen beide Komponenten unabhängig voneinander verschwinden. Wir erhalten so wieder die Euler-Lagrange-Bedingung (4.8), damit jedoch der Beitrag vom Endpunkt B verschwindet (der von $x = a$ verschwindet wie zuvor), müssen wir zusätzlich fordern:

$$F_{y'}(B) \cdot \epsilon \eta(B) + F(B)(x_1 - B) = 0. \tag{4.12}$$

Wir besitzen nun zwei lineare Gleichungen (4.11) und (4.12), die erfüllt werden müssen, damit die erste Variation verschwindet. Im allgemeinen werden zwei solche homogenen Bedingungen nur durch die triviale Nulllösung erfüllt. Gilt jedoch

$$f_x(B) F_{y'}(B) - f_y(B) F(B) = 0,$$

dann tragen die Randbedingungen zur Variation nicht bei. Man nennt diese Randbedingungen *natürlich* für das spezielle Variationsproblem, sie sind die gesuchte zusätzliche Forderung an das System. Natürlich heißen sie deswegen, da sie bei Abwesenheit von expliziten Randbedingungen die Forderungen sind, die unser Funktional minimieren. In Aufgabe 4.3 werden wir Anwendungen dieser Idee besprechen.

- **Zusätzliche Zwangsbedingungen.** Manchmal werden an die gesuchte Funktion zusätzliche Bedingungen gestellt; es seien z.B. nur positive Funktionen mit einer gegebenen Fläche $\int_a^b y(x) \mathrm{d}x = \Gamma$ erlaubt. Man kann auch diese Probleme durch die Verwendung des oben diskutierten Ansatzes für freie Randbedingungen lösen, eleganter und effektiver ist jedoch die in Abschnitt 4.2 besprochene Methode der **Lagrangeschen Multiplikatoren**. Diese ist sehr allgemein anwendbar. Im vorliegenden Fall führt man einfach einen Parameter λ (den Lagrageschen Multiplikator) ein und sucht nach stationären Lösungen des modifizierten Funktionals

$$\int_a^b [F + \lambda y] \mathrm{d}x - \lambda \Gamma.$$

Die Kombination $(y(x, \lambda), \lambda)$ minimiert offensichtlich das Funktional und erfüllt die geforderte Bedingung an die Fläche; damit ist sie die gesuchte Lösung. Die Vereinfachung ist, wie wir später sehen werden, bedeutend.

Weitere Möglichkeiten sind Gleichungen oder Ungleichungen, die die Lösung erfüllen muß. Ein Hersteller von Rutschen ist mit der Lösung für die Brachistochrone sicher nicht zufrieden, da der vertikale Anfang den Rutscher aus der Bahn werfen kann. Er könnte also die schnellste Bahn suchen, die nicht zu steil ist, d.h. $y'(x) < \alpha$ für gewisse α stellt eine Zwangsbedingung dar. Man kann in diesen Fällen die Methode der Lagrangeschen Multiplikatoren ebenfalls anwenden und man erhält Lösungen durch Zusammenfügen der Lösungen der Euler-Lagrange-Gleichung und der Zwangsbedingung. Oft führt die Intuition bei diesen individuell zu behandelnden Problemen zu geeigneten Lösungen. Man findet in den Aufgaben am Ende des Kapitels einige einfache Beispiele, die die Einsicht vertiefen sollen.

- **Viele Funktionen.** Für den Fall mehrerer Funktionen können die Methoden der Variationsrechnung leicht erweitert werden, falls diese Funktionen unabhängig voneinander variiert werden können. Haben wir es z.B. mit den beiden unabhängig variierbaren Funktionen $y(x)$ und $z(x)$ im Integranden zu tun, dann verläuft die Rechnung faktisch wie oben, nur daß wir für die Stationarität zwei Terme erhalten, die verschwinden müssen. Man gelangt so entsprechend dem Integrand $F[x, y(x), y'(x) z(x) z'(x)]$ zu den zwei Euler-Lagrange-Gleichungen

$$\frac{\mathrm{d}}{\mathrm{d}x}[F_{y'}] - F_y = 0 \tag{4.13}$$

und

$$\frac{\mathrm{d}}{\mathrm{d}x}[F_{z'}] - F_z = 0. \tag{4.14}$$

- **Probleme höherer Ordnung.** Enthält die Funktion F Ableitungen höherer Ordnung von y nach x ($F = F(x, y, y', y'')$), dann wird eine zweite partielle Integration nötig, um die Anteile des Variationsbereiches und der Randpunkte zu trennen; man gelangt so zu den Euler-Lagrange-Gleichungen

$$F_y - \frac{\mathrm{d}}{\mathrm{d}x}[F_{y'}] + \frac{\mathrm{d}^2}{\mathrm{d}x^2}[F_{y''}] = 0.$$

Im Normalfall sind natürlich zusätzliche Randbedingungen von Bedeutung.

- **Mehrfachintegrale.** Wir stellen hier die Ergebnisse für den dreidimensionalen Raum dar, Erweiterungen für höhere Dimensionen sollten offensichtlich sein. Man betrachte das Funktional

$$J(\varphi) = \int_D F(x_i, \varphi(x_i), \frac{\partial \varphi(x_i)}{\partial x_i}) \mathrm{d}V_{\mathbf{X}}.$$

Dabei sind $\mathrm{d}V_{\mathbf{X}}$ ein Volumenelement des dreidimensionalen Raumes und D das Integrationsgebiet. Bei der Variation ist nur zu beachten, daß die

Entsprechung zur partiellen Integration das Gaußsche Divergenztheorem ist. Man erhält so leicht die entsprechenden Euler-Lagrange-Gleichungen

$$F_\varphi - \sum_{i=1}^{3} \frac{\partial}{\partial x_i}[F_{\varphi_i}] = 0.$$

Hier bedeutet F_{φ_i} die partielle Ableitung von F nach $\partial\varphi/\partial x_i$. Dies muß im Inneren des Integrationsgebietes gelten, dazu kommen noch entsprechende Randbedigungen.

4.4 Variationsprinzipien in der Dynamik

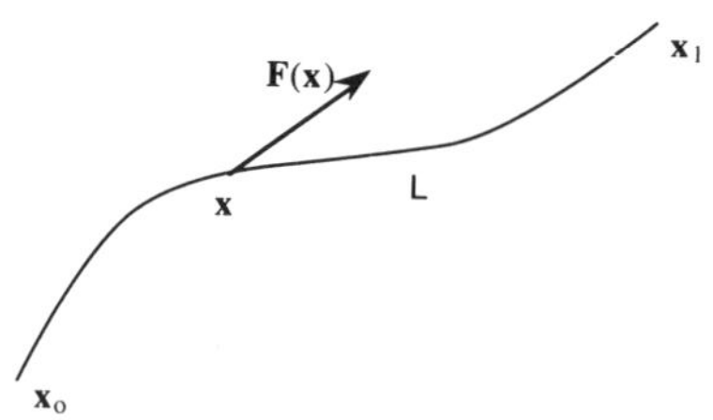

Abb. 4.5 Die Energiegleichung. Arbeit.

Die Bewegung eines einzelnen Teilchens der Masse m unter dem Einfluß einer Kraft $\mathbf{F}(\mathbf{x})$ wird durch die Newtonsche Gleichung

$$\mathbf{F} = m\ddot{\mathbf{x}}$$

beschrieben. Multipliziert man sie mit $\dot{\mathbf{x}}$ und integriert über die Bahn des Teilchens (siehe Abb. 4.5), vom Anfangspunkt $\mathbf{x}_0$ bis zum Endpunkt $\mathbf{x}_1$, so erhalten wir die Energiegleichung

$$\frac{m}{2}(\dot{\mathbf{x}}_1^2 - \dot{\mathbf{x}}_0^2) = \int_L \mathbf{F}(\mathbf{x}) \cdot \mathrm{d}\mathbf{x}.$$

Die linke Seite definiert die Veränderung der **kinetischen Energie** T, die rechte Seite die von **F geleistete Arbeit**. Wie man sieht, drückt sich die an einem Teilchen geleistete Arbeit durch die Änderung (Vergrößerung) der kinetischen Energie aus. Im allgemeinen hängt die geleistete Arbeit vom Weg L ab, für eine große und wichtige Klasse von Kraftfeldern ist dieser Wert jedoch unabhängig von L und hängt nur vom Ort der beiden Endpunkte ab. Man nennt solche Kräfte *konservativ*, für sie existiert ein skalares *Potential* V mit $\mathbf{F} = -\nabla V$. Ein Beispiel dafür ist die Gravitationskraft. In diesem Fall ist $V = mgz$ mit der Höhe z über einem Referenzniveau. Wie man aus der Energiegleichung sieht, bewirken rechtwinklig an L angreifende Kräfte keine Veränderung der kinetischen Energie. Sind also die an einem Körper angreifenden Kräfte entweder konservativ oder wirken sie rechtwinklig zur Bewegung, dann bleibt die Gesamtenergie (kinetische plus potentielle Energie) erhalten und man kann diese Feststellung zur Lösung der Newtonschen Gleichungen für alle Punkte der Bahn verwenden. Die Vielfalt an Ideen, die daraus resultiert, ist bemerkenswert; Potentiale spielen in Physik, Chemie und Biologie eine wesentliche Rolle.

Es ist möglich, die besagten Ideen auf Systeme von Teilchen und kontinuierliche Systeme (z.B. elastische Körper und Flüssigkeiten) auszudehnen.

- Die kinetische Energie T des Systems $\mathcal{S}$ erhält man einfach als Summe (oder Integral) über die individuellen kinetischen Energien der Komponenten des Systems:
$$T = \int_{\mathcal{S}} \frac{1}{2} \mathbf{v}^2 \mathrm{d}m.$$
- Kräfte, die am Wirkungspunkt rechtwinklig zur Bahn eines Körpers angreifen, verrichten keine Arbeit.
- Kräfte, die im System wirken (z.B. elastische Kräfte), können als konservativ angenommen werden, falls jede auf das System wirkende äußere Kraft (zumindest theoretisch) in Form einer kinetischen Energie angegeben werden kann.

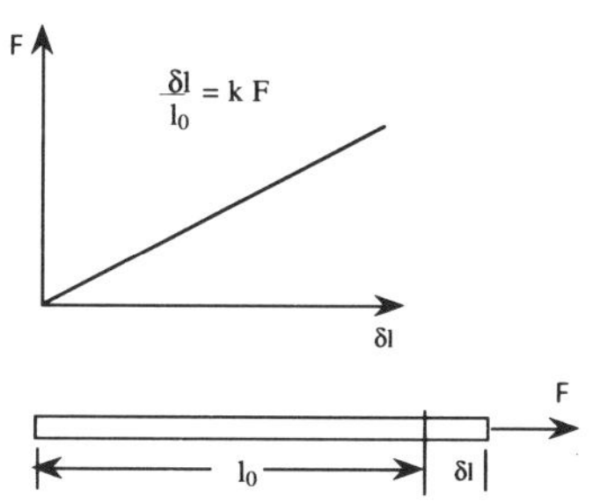

Abb. 4.6 Dehnung eines Stabes: Das Hookesche Gesetz.

Zur Berechnung der potentiellen Energie eines Systems müssen wir **interne potentielle Energien** berechnen. Wir wollen als Beispiel die interne elastische Energie eines Stabes, der durch eine äußere Kraft entweder gestaucht oder gedehnt wird, bestimmen; man denke dabei an die Beine des Tisches in Kapitel 3.

Elastische Energie

Das Hookesche Gesetz
$$F = k\delta l \quad \text{mit} \quad k = EA/l \tag{4.15}$$

liefert uns die nötigen experimentellen Informationen über die Längenänderung δl durch die Wirkung einer äußeren Last F, wobei l die ungestauchte Länge des Stabes ist, A sein Querschnitt und E das Youngsche Modul des Stabmaterials (siehe (3.6) in Abschnitt 3.2). Der Einfachheit halber wollen wir den Fall einer Dehnung durch die Kraft $F > 0$ beschreiben (siehe Abb. 4.6).

Als erstes bemerken wir, daß das Hookesche Gesetz eindeutig ist, d.h., es existiert eine *eindeutige* Zuordnung von Längenänderung und Kraft. Daraus folgt, daß der so beschriebene Prozeß konservativ ist. Wären es die inneren Kräfte nicht, dann würde ein Teil der durch die nichtkonservativen Kräfte verrichtete Arbeit in nichtmechanische Formen der Energie umgewandelt werden (typischerweise in Wärme), so daß nach einer zyklischen Anwendung der Kraft von einem ungestauchten Anfangspunkt der Stab nicht wieder in diese Ausgangslage zurückkehrt. Bezeichnet also $(F_i, \delta l_i)$ den Anfangszustand A (siehe Abb. 4.7), und wirkt die Kraft anfangs dehnend auf den Stab (Zustand B), dann wird der Endzustand nach einer Kraftreduzierung bis auf den Anfangswert F_i (Punkt C) für eine nichtkonservative Kraft der neue Zustand $(F_i, \delta l_f)$ sein, für konservative Kräfte gelangen wir jedoch zum Zustand $(F_i, \delta l_i)$ zurück. Nichtkonservative Kräfte formen eine sogenannte *Hysterese*, und der Energieverlust in einem Zyklus ist gleich dem schraffierten Bereich in der Abbildung, wie man aus der Definition der Arbeit sehen kann. Normalerweise zeigen harte Materialien (z.B. Metalle) für kleine Längenänderungen ein Verhalten nach dem Hookeschen Gesetz, während weiche Stoffe (z.B. Gummi) deutliche Hysteresen besitzen.

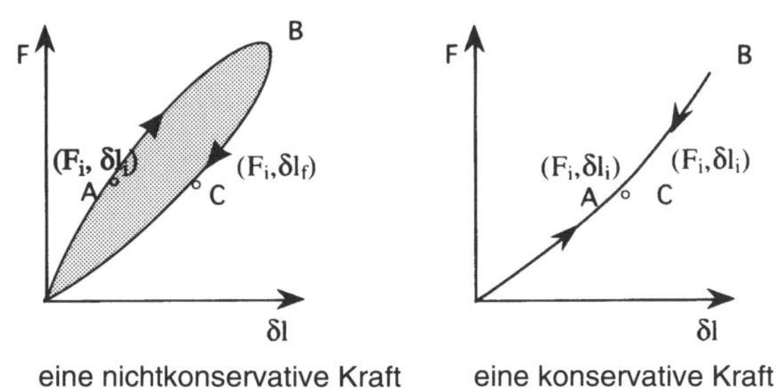

Abb. 4.7 Zyklische Anwendung einer Kraft auf einen Stab: konservative und nichtkonservative Kräfte.

Die in einem einer Last F ausgesetzten Stab gespeicherte elastische Energie (entsprechend einer Dehnung F/k) berechnet sich wie folgt: Ist die Last auf den ursprünglich ungedehnten Stab gleich αF mit $0 \leq \alpha \leq 1$, dann ist die Dehnung gleich $\alpha F/k$. Nun werde die Last infinitesimal auf $(\alpha + \mathrm{d}\alpha)F$ erhöht. Die bei dieser Veränderung vom Stab geleistete Arbeit ist gleich dem Produkt aus der Kraft αF und dem Weg $\mathrm{d}\alpha F/k$, den der Angriffspunkt zurückgelegt hat. Gehen wir davon aus, daß sich durch den beschriebenen Prozeß die kinetische Energie nicht ändert, dann wird die gesamte Arbeit als elastische Energie im Körper gespeichert. Wir erhalten so für die mit der Dehnung verbundene elastische Energie:

$$\mathcal{E}_e = \int_0^1 [F\alpha][F/k]\mathrm{d}\alpha = F^2/(2k). \tag{4.16}$$

Mit dem Hookeschen Gesetzes können wir das als Funktion der Längenänderung δl schreiben:

$$\mathcal{E}_e = k(\delta l)^2/2. \tag{4.17}$$

Man beachte, daß wir keinerlei Kenntnisse über den Speicherungsmechanismus der Energie besitzen müssen, um die Rechnung durchführen zu können – wir benötigen lediglich eine experimentell gewonnene Kraft-Auslenkungs-Beziehung. Dies bedeutet, daß wir makroskopische Vorgänge (z.B. die Schwingungen der Fahnenstange in Kapitel 2) verstehen können, ohne die mikroskopischen Details der Energiespeicherung im Material zu kennen. Unser Ergebnis hängt nur vom Hookeschen Gesetz ab und kann damit unter allen Umständen verwendet werden, bei denen ein linearer Zusammenhang zwischen Kraft und Längenänderung existiert. Man kann es damit auf Dehnungen und Stauchungen anwenden, auf Federn und auch auf komplexe Situationen. Mit einigen Erweiterungen kann man die Ergebnisse auch auf nichtlineare Kraft-Auslenkungs-Beziehungen anwenden.

4.4.1 Das Hamiltonsche Prinzip

Ein zur Newtonschen Mechanik alternativer Zugang zu dynamischen Systemen basiert auf dem **Hamiltonschen Prinzip**. Es sagt für ein konservatives System:

Theorem 4.1 *Ein konservatives System wählt aus allen möglichen Wegen von einem Anfangszustand zur Zeit t_i zu einem Endzustand zur Zeit t_f den Weg, für welchen das Linienintegral*

$$J = \int_{t_i}^{t_f} L dt \tag{4.18}$$

mit

$$L = T - V \tag{4.19}$$

ein Extremum ist.

Man nennt L die **Lagrangefunktion** des Systems.

Natürlich kann die Variationstechnik des letzten Abschnittes auf dieses Problem angewendet werden. Existieren also n Ortsfunktionen q_i und ihre zeitlichen Ableitungen q_i' entsprechend der kinetischen und potentiellen Komponenten und können sie unabhängig voneinander variiert werden, dann ergeben die Euler-Lagrange-Gleichungen (4.8):

$$\frac{\mathrm{d}}{\mathrm{d}t}\left[\frac{\partial L}{\partial q_i'}\right] - \frac{\partial L}{\partial q_i} = 0 \tag{4.20}$$

für $i = 1, 2, \ldots, n$. Man nennt diese Gleichungen *Lagrange-Gleichungen*. Es war Lagrange, der als erster die Verwendung dieser Gleichungen zur Lösung komplizierter dynamischer Systeme untersuchte.

Für ein einzelnes Teilchen ist die Äquivalenz zwischen dem Hamiltonschen und dem Newtonschen Zugang natürlich offensichtlich – die Lagrangegleichungen reduzieren sich einfach auf die Newtonschen Bewegungsgleichungen. Macht man entsprechende Annahmen über die Natur der Wechselwirkungen, dann läßt sich die Äquivalenz auch für Teilchensysteme zeigen. Das Prinzip als solches kann jedoch auch auf Probleme angewendet werden, deren Kontext jenseits dieser einfachen Vergleiche liegt. Dazu ist es ausreichend, kinetische und potentielle Energie T und V für das System zu bestimmen. Gilt das Prinzip unter solchen Bedingungen auch wirklich? Es zeigt sich, daß die Vorhersagen des Variationskalküls für viele Situationen überprüft werden konnten und daß bisher keine Unterschiede zwischen Vorhersage und Experiment gefunden werden konnten, deren Ursachen im Variationprinzip von Hamilton zu suchen sind. Wie es scheint, besitzen die Variationsprinzipien sogar einen fundamentaleren Charakter als die Newtonschen Gesetze. Wir verweisen den interessierten Leser auf die detaillierte Diskussion und die deduktive Ableitung der Variationsformel bei Goldstein (1991).

Kommentar: Es stellt sich natürlich die Frage, warum man zwei Formulierungen verwendet, wenn beide identische Ergebnisse liefern? Die Antwort ist, daß beide Ansätze vom ***praktischen*** Standpunkt aus gesehen ***sehr*** verschieden sind. Keine Formulierung ist besser als die andere, manchmal ist es passend, die eine zu verwenden und unter anderen Umständen erweist sich die andere Formulierung als günstig. Für mathematische Modellierer sind ***beide*** Ansätze von gleicher Bedeutung. Ein Ziel dieses Kapitels ist der Vergleich; an dieser Stelle sei darum auf einen wesentlichen Unterschied hingewiesen. Der Variationsansatz arbeitet mit Skalaren (T, V), der Newtonsche Ansatz mit Vektoren $(\mathbf{F}, \ddot{\mathbf{x}})$. Normalerweise arbeitet es sich mit Skalaren einfacher. So zahlt man einen hohen Preis, wenn man die Newtonsche Formulierung mit einem Nicht-Standard-Koordinatensystem verwendet. Die Berechnung der Beschleunigung eines Teilchens in Polarkoordinaten ist alles andere als einfach. Beim Variationsansatz verwendet man dagegen häufig ***verallgemeinerte*** Koordinaten, die dem Problem angepaßt sind. Man benötigt nur die meist einfach zu berechnenden Energien in eben diesen Koordinaten. Der Vorteil, beim Variationsprinzip nicht mit Kräften arbeiten zu müssen, geht natürlich verloren, wenn man an Kräften interessiert ist. So interessiert man sich häufig dafür, ob ein mechanisches System funktioniert, und man muß dann in dieser Situation mit Kräften arbeiten.

Eine allgemeine Erfahrung der Autoren ist, daß der Newtonsche Ansatz bei einfacheren mechanischen Problemen vorzuziehen ist, da er intuitiv und analytisch leichter faßbar ist und so das Verständnis des Problems erleichtert. Bei komplexen Situationen und Rechnungen sollte man jedoch auf das Variationsprinzip zurückgreifen. In diesem Sinne ist das Tischproblem in Kapitel 3 ganz typisch. Der Leser sollte im folgenden vielleicht daran denken.

Beispiel 4.4.1 *Die schwere Feder*

Wir wollen die Anwendung des Variationsprinzips am Problem einer schweren Feder illustrieren. Die Feder soll mit einer Masse belastet sein und in der Vertikalen schwingen (siehe Abb. 4.8). Sei l die natürliche Länge der unbelasteten Feder und x

die Koordinate der Position eines Federpunktes der unbelasteten Feder, gemessen vom Aufhängungspunkt. In diesem Zustand sei σ die Dichte pro Einheitslänge der Feder.

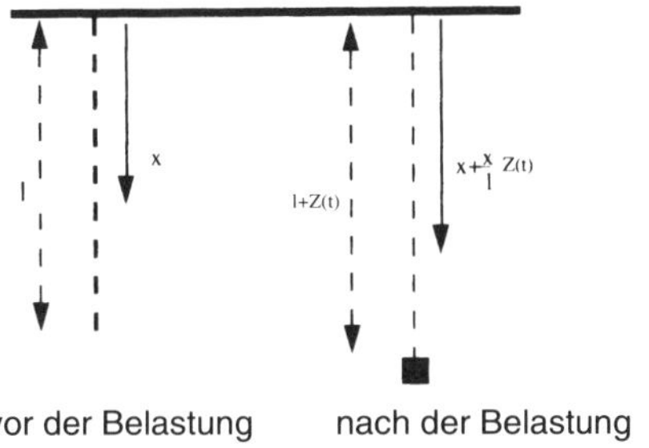

Abb. 4.8 Die schwere Feder.

Wird die Masse an die Feder gehängt und bewegt sich das System, dann erreiche das untere Ende der Feder den Ort $l + Z(t)$ zur Zeit t. Nehmen wir eine gleichförmige Dehnung entlang der Feder an, dann befindet sich der Federpunkt, der ursprünglich bei x saß, nun bei $x + (x/l)Z(t)$. Das im unbelasteten Zustand zwischen x und $x + \mathrm{d}x$ liegende Federelement (der Masse $\sigma \mathrm{d}x$) bewegt sich zur Zeit t also mit der Geschwindigkeit $(x/l)Z'(t)$. Sei M die Masse der Last am Ende der Feder. Dann ergibt sich für die kinetische Energie des Systems Feder und Masse:

$$T = \frac{1}{2}\left[MZ'^2 + \int_0^l \sigma(x/l)^2 Z'^2 \mathrm{d}x\right] = \frac{1}{2}Z'^2[M + m/3],$$

dabei ist $m = \sigma l$ die Masse der Feder. Verwenden wir den Aufhängungspunkt als Bezug für die potentielle Energie des Systems in einem gleichförmigen Gravitationsfeld, dann erhalten wir

$$-\int_0^l \sigma g(x + Z(x/l))\mathrm{d}x - Mg(l + Z) = -mg[l - Z(t)]/2 - Mg(l + Z).$$

Hier ist g die Gravitationsbeschleunigung. Die elastische Energie der Feder erhalten wir aus (4.17),

$$\mathcal{E}_e = kZ^2/2,$$

wobei k die Steifheit der Feder ist. Die Lagrangefunktion des Systems lautet damit

$$L = \{[M + m/3]Z'^2/2 + g[(M + m/2)(Z + l)] - kZ^2/2\}.$$

Die entsprechenden Euler-Lagrange-Gleichungen für das Extremum (siehe (4.20)) sind

$$[M + m/3]Z'' - [M + m/2]g + kZ = 0.$$

Wir erhalten so eine Differentialgleichung zweiter Ordnung mit konstanten Koeffizienten für $Z(t)$, in der man schnell die Gleichung für den erzwungenen harmonischen Oszillator erkennt. Die Lösung entspricht einer sinusförmigen Schwingung um den Punkt $Z = [M + m/2]g/k$ mit der Periode $2\pi\sqrt{k/[M + m/3]}$. Die Abhängigkeit der Frequenz von dem dimensionslosen Massenverhältnis m/M ist das Interessanteste an diesem Problem. Natürlich läßt sich dieses Beispiel auf den Fall mehrerer verbundener Federn ausdehnen, und mit einem algebraischen Computerprogramm lassen sich leicht die Eigenfrequenzen berechnen.

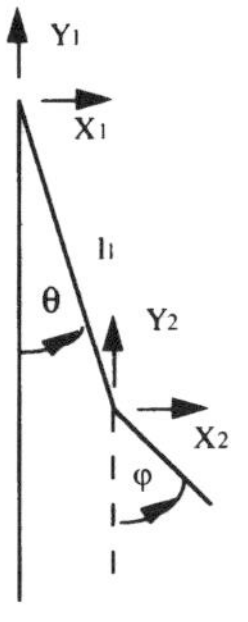

Abb. 4.9 Ein Doppelpendel.

Die oben beschriebene Ableitung der definierenden Gleichungen ist deutlich einfacher als der Newtonsche Ansatz, der für gekoppelte Pendel faktisch unbrauchbar wird. Dazu kommt, daß die Newtonsche Beschreibungsweise sehr problemsspezifisch ist (d.h., jedes Problem muß an sich betrachtet werden), so daß jeweils eine Eingebung benötigt wird, um zu den definierenden Gleichungen zu gelangen. Im Vergleich dazu ist beim Variationsansatz deutlich weniger Kreativität von Nöten, und man kann Ausdrücke für kinetische und potentielle Energien von Untersystemen verwenden, so daß man diese Ausdrücke eigentlich nur in L zusammenzufassen braucht. Im nächsten Beispiel werden wir dies vorführen.

Wir sollten vielleicht an dieser Stelle darauf hinweisen, daß das Ergebnis für die Feder manchmal etwas fraglich ist, da die Annahme eines linearen Zusammenhangs zwischen der Auslenkung und x sowie die Proportionalität zu $Z(t)$ nicht immer gelten muß. In der Tat kann es zur Erzeugung von Wellen in der Feder kommen, die zu interessanten Effekten führen.

Beispiel 4.4.2 *Ein Doppelpendel*

Wir wollen an einem zweiten Beispiel die Vorteile des Euler-Lagrange-Formalismus illustrieren. Wir betrachten dazu ein Doppelpendel aus zwei Stäben, die nicht gleichförmig sein müssen, welche so aufgehängt sind, daß sie unabhängig voneinander in einer Ebene schwingen können. Die Lage der Stäbe werde durch die Winkel θ und φ beschrieben, siehe Abb. 4.9.

Für die hier betrachteten ebenen Bewegungen ist die Komponente der Winkelgeschwindigkeit, die senkrecht zur Drehebene liegt, die einzige von null verschiedene Komponente. Wir verwenden $(M_1 k_1^2, M_2 k_2^2)$ als die entsprechenden Trägheitsmomente der beiden Stäbe bezüglich ihres Schwerpunktes. Die Parameter k_i sind die Schwerpunktsradien und besitzen die Dimension einer Länge. l_1 und l_2 seien die Längen des oberen und des unteren Stabes. Der Schwerpunkt besitze den Abstand $\alpha_j l_j$ vom oberen Ende. Die Geschwindigkeit des Schwerpunktes des oberen Stabes ist gleich $\alpha_1 l_1 \theta'$ rechtwinklig zur Achse des Stabes, und die Geschwindigkeit des Schwerpunktes des unteren Stabes ist gleich der Vektorsumme der Geschwindigkeit des oberen Endes $l_1\theta'$ rechtwinklig zum ersten Stab und $\alpha_2 l_2 \varphi'$ rechtwinklig zum zweiten Stab. Die kinetische Energie der Translationsbewegung des Systems ist damit

$$\mathcal{E}_t = \frac{1}{2}[M_1(\alpha_1 l_1 \theta')^2 + M_2\{(l_1\theta' + \alpha_2 l_2 \varphi' \cos(\varphi - \theta))^2 + (\alpha_2 l_2 \varphi' \sin(\varphi - \theta))^2\}].$$

Die kinetische Energie der Rotation ist gleich

$$\mathcal{E}_r = \frac{1}{2}[M_1 k_1^2 \theta'^2 + M_2 k_2^2 \varphi'^2].$$

Die potentielle Energie besitzt die Form

$$V = -g[M_1 \alpha_1 l_1 \cos\theta + M_2\{l_1 \cos\theta + \alpha_2 l_2 \cos\varphi\}].$$

Damit können nun die Euler-Lagrange-Gleichungen des Systems leicht berechnet werden. Es empfiehlt sich jedoch hier aufgrund der algebraischen Komplexität, zur weiteren Analyse ein Computerprogramm zu verwenden, vor allem, da weitere Berechnungen nötig sein werden. Die physikalisch interessanten Fragen lauten:

1. Wie groß sind die Eigenfrequenzen des Systems bei kleinen Amplituden als Funktion der Systemparameter?
2. Wie verändern sich die Frequenzen der Bewegung bei Veränderung der Schwingungsamplituden?
3. Welche Arten des evolutionären Verhaltens sind möglich?
4. Reichen die angreifenden Kräfte aus, das System zu zerstören?

Die Verwendung von Maple zur Beantwortung dieser Fragen ist recht langweilig und die Antworten sind im Moment nicht sehr interessant, so daß wir die Maple-Befehle hier nicht angeben wollen; trotzdem sei eine kurze Liste der Schritte angegeben, mit denen man ein vernünftiges Maple-Output erzeugen kann.

- Man identifiziere die dimensionslosen Gruppen; eine vernünftige Skale für die Lagrangefunktion ist $(M_1 g l_1)$, man sollte also mit der skalierten dimensionslosen Lagrangefunktion $L/(M_1 g l_1)$ arbeiten.
- Man erzeuge die beiden Euler-Lagrange-Gleichungen (`diff` ist mit Vorsicht zu verwenden).

- Zur Beantwortung von Frage (1) verwende man `subs` zum Ersetzen von $\sin(\varphi-\theta)$ durch $(\varphi-\theta)$ usw. Es ergeben sich zwei lineare Gleichungen zweiter Ordnung mit konstanten Koeffizienten in (φ, θ). Ist das System konservativ, dann sollten nur rein oszillierende Lösungen vorkommen, damit besitzen die charakteristischen Gleichungen Eigenwerte der Form $\pm i\omega_1, \pm i\omega_2$, wobei die ω_i die Eigenfrequenzen sind. Man kann sie mit Maple berechnen und auch die relativen Amplituden der Schwingungen bestimmen.

- Man verwende `dsolve` zur Bestimmung der Lösungen für kleine Amplituden für verschiedene Anfangsbedingungen und `plot` zur Darstellung der Lösungen. Obwohl die Ergebnisse nicht sehr informativ sind, benötigen wir sie doch, um zu wissen, wonach wir suchen müssen.

- Zur Beantwortung von (2) und (3) kann wieder `dsolve` verwendet werden, obwohl eine analytische Lösung unwahrscheinlich ist, so daß wir auf `numeric` zurückgreifen müssen. Da sich Maple für numerische Rechnungen nicht sonderlich gut eignet, ist es besser, die Euler-Lagrange-Gleichungen im Fortran- oder Pascalformat auszugeben und Standard-Numerikroutinen (z.B. die NAG-Routinen) zur Ausgabe von Lösungsgraphen zu verwenden. Sicherlich wird es bald Verbindungen zwischen algebraischen und numerischen Programmen geben. Man beachte, daß diese Manipulationen jedoch nicht zu einem *wirklichen* Verständnis führen – wieder müssen wir wissen, wonach wir suchen.

- Zur Bestimmung der Fliehkräfte müssen wir auf die Newtonschen Gesetze zurückgreifen.

Wichtig an dieser Stelle ist, daß die algebraische Komplexität bei der Verwendung algebraischer Programme kein Problem mehr ist. In der Vergangenheit wurden bei Vorlesungen über Dynamik alle möglichen Vereinfachungen getroffen, damit die Übungsaufgaben für die Studenten zu möglichst einfachen Gleichungen führen; in der Praxis gelangt man jedoch meist zu Problemen, die deutlich komplexer sind als das Doppelpendel. Das Hauptaugenmerk sollte auf dem Verständnis ruhen. Welche Möglichkeiten hat das System? So kann man sich fragen, ob es geschehen kann, daß sich die gesamte Energie in einer der Komponenten des Pendels konzentriert, so daß unsere Beschreibung versagt? Wir werden im Kapitel über Schwingungen auf diese Probleme zu sprechen kommen.

Wird das Problem nun komplizierter, wenn wir die Newtonschen Gesetze zur Beschreibung verwenden? Unsere beiden Unbekannten sind die Kräfte an den beiden Drehpunkten $(X_1(t), Y_1(t))$ und $(X_2(t), Y_2(t))$ und die Auslenkungen $\theta(t), \varphi(t)$ – insgesamt sechs Unbekannte. Für jedes der beiden Teile des Pendels haben wir zwei unabhängige nichttriviale Gleichungen, die die Translationsbewegungen der Schwerpunkte der beiden Teile beschreiben (siehe (4.1); und eine nichttriviale Gleichung, die die Drehung des Stabes beschreibt – insgesamt sechs Gleichungen für die sechs Unbekannten. Damit haben wir im Prinzip genügend Gleichungen für die Unbekannten. Zur Bestimmung der Gleichungen müssen wir zusätzlich folgendes tun:

- Wir müssen die Beschleunigungen der Schwerpunkte als Funktion der Koordinaten berechnen, während wir bisher nur Geschwindigkeiten benötigten.
- Wir müssen mehr Gleichungen (sechs anstelle von zwei) aufschreiben und aus ihnen die Kräfte eliminieren. Alle Gleichungen sind Differentialgleichungen zweiter Ordnung. Die nötige Arbeit hängt davon ab, wie geschickt wir die Gleichungssysteme, in Abhängigkeit der Eigenschaften des Systems, formulieren. Natürlich wird es mit steigender Komplexität des Systems immer schwieriger, eine geschickte Formulierung zu finden.

Ist unser Ziel die Bestimmung der Kräfte an den Aufhängungspunkten, dann sind natürlich die Vorteile des Euler-Lagrange-Ansatzes illusorisch. Man sollte wieder versuchen, die Rechnungen mit Hilfe eines algebraischen Programms auszuführen, da sonst die Chancen, zu richtigen Gleichungen (und damit zu richtigen Ergebnissen) zu kommen, gering sind. Mit folgenden Maple-Befehlen lassen sich die Beschleunigungen des Schwerpunktes des unteren Körpers berechnen:

```
Y2:=l1*cos(theta(t))+a2*l2*cos(phi(t));
X2:=l1*sin(theta(t))+a2*l2*sin(phi(t));
AY2:=diff(Y2,t,t);
AX2:=diff(X2,t,t);
```

aus denen die Aufhängekräfte bestimmt werden können.

Unabhängig von der Wahl des Ansatzes sind die Bausteine, aus denen man die Gleichungen zusammensetzt, wichtiger als die tatsächlich Form der einzelnen Ausdrücke – Gleichungen sind unlesbar!

4.4.2 Statische stetige Zustände

Befindet sich ein System in Ruhe, dann ist seine kinetische Energie gleich null. Damit reduziert sich das Hamiltonsche Prinzip (siehe (4.18)) auf die Forderung, daß die potentielle Energie ein Extremum sein muß. Für die Analyse statischer Probleme kann dies eine sehr wichtige Beobachtung sein; als Beispiel sei das Ankern genannt.

Ein Kabel soll vom Mutterschiff bis zum Seeboden herunterhängen. Man kann das Kabel als elastisches System behandeln, welches sich unter angreifenden Kräften dehnen kann. Damit kann im Kabel elastische potentielle Energie gespeichert werden. Jede Dehnung wird dazu führen, daß das Kabel mehr durchhängt und damit die potentielle Gravitationsenergie abnimmt. Zwischen den entgegengesetzten Tendenzen wird es im Gleichgewicht zu einer Balance kommen. Nun sagt das Hamiltonsche Prinzip aus, daß dieses Gleichgewicht die gesamte potentielle Energie des Systems minimieren muß. Natürlich ist es sinnvoll, die Situation erst für das gleichförmige Kabel zu untersuchen; dies werden wir nun tun. Man sollte erwarten, daß die Dehnung des Kabels relativ gering ist, so daß ihre Vernachlässigung zu guten Ergebnissen führt. In den Standardlehrbüchern wird so verfahren und die Ergebnisse sind gut. Wir werden diese Annahme jedoch nicht verwenden und die relativen Beiträge von Gravitations- und elastischer Kraft berechnen.

Wir werden an diesem Beispiel einige Eigenschaften aufzeigen, die Energiemodelle häufig besitzen, und entsprechende Näherungsmethoden diskutieren.

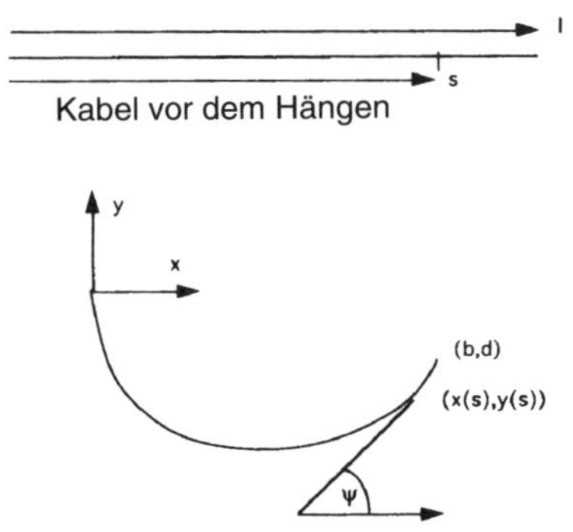

Abb. 4.10 Das hängende Kabel.

4.4.3 Das hängende Kabel

Sei m die Masse pro Einheitslänge und l die Länge des Kabels in unbelastetem Zustand. Die typischen Längen liegen bei dieser Ankerproblematik meist bei einigen Kilometern. Wir werden die Analyse jedoch nicht auf die Situation des Ankerns beschränken; sie besitzt für alle hängenden Kabel Gültigkeit. Wir werden mit Längen arbeiten, die mit l skaliert sind, sowie mit der skalierten Bogenlänge s entlang des Kabels im *unbelasteten* Zustand, die die Position entlang der Kurve $\mathcal{C}$, die das Kabel einnimmt, beschreibt (siehe Abb. 4.10). Durch diese Wahl kennen wir den Definitionsbereich $0 \leq s \leq 1$. (Für die Bogenlänge entlang des *gedehnten* Kabels kennen wir ihn a priori nicht.) Sei nun $x(s)$ die skalierte, vom linken Aufhängungspunkt aus gemessene horizontale Koordinate und $y(s)$ die ebenfalls von dort aus gemessene vertikale Koordinate. Dann ist $(x(s), y(s)), 0 \leq s \leq 1$ eine Parametrisierung von $\mathcal{C}$. Die skalierte Länge eines Kabelelements zwischen s und $s + \mathrm{d}s$ ist dann $\sqrt{x'^2 + y'^2} \cdot \mathrm{d}s$ in der hängenden Position. Dabei ist $x' = \mathrm{d}x/\mathrm{d}s$ usw. Wir erhalten so die lokale Längenänderung des Kabels pro Einheitslänge zu $[\sqrt{x'^2 + y'^2} - 1]$. Damit ist die im $\mathrm{d}s$ entsprechenden gedehnten Kabelelement gespeicherte elastische Energie (mit der realen Länge $l\mathrm{d}s$):

$$\frac{EA}{2}[\sqrt{x'^2 + y'^2} - 1]^2 \cdot (l\mathrm{d}s),$$

siehe die Gleichungen (4.15),(4.17). E ist der Youngsche Modul des Materials und A der anfängliche Querschnitt des Kabels. Aufgrund unserer Parametrisierung des Problems ist die Masse des Kabelelements in der hängenden Position immer noch $(ml \cdot \mathrm{d}s)$. Unser Element befindet sich an der Stelle $(x(s), y(s))$ in der hängenden

Position; damit ist das Gravitationspotential gleich $(ml\mathrm{d}s)gly(s))$. Wir erhalten auf diese Weise für die potentielle Energie des Kabels:

$$V = \int_0^1 \left\{ \frac{EA}{2}[\sqrt{x'^2 + y'^2} - 1]^2 + mgly(s) \right\} l\mathrm{d}s.$$

Wählen wir unsere Potential- oder Energieskale zu mgl, so daß $\mathcal{V} = V/mgl$, dann gilt

$$\mathcal{V} = \int_0^1 (\mathcal{E}_e + \mathcal{E}_g)\mathrm{d}s, \tag{4.21}$$

mit

$$\mathcal{E}_e(s) = \frac{1}{2}[\sqrt{x'^2 + y'^2} - 1]^2, \quad \text{und} \quad \mathcal{E}_g(s) = \epsilon y. \tag{4.22}$$

Die beiden letzten Ausdrücke beschreiben die gespeicherte lokale skalierte elastische und Gravitationsenergie pro skalierter Einheitslänge im hängenden Kabel mit

$$\epsilon = \frac{mgl}{EA} = \frac{\rho gl}{E}.$$

Hier ist ρ die Dichte des Materials. Damit sich das Kabel in einem Gleichgewichtszustand befindet, muß das Integral bezüglich aller möglichen Funktionen, die die vorgegebenen Werte bei $s = 0$ und $s = 1$ erfüllen, minimal sein.

Abgesehen von der Geometrie ist es gerade der dimensionslose Parameter ϵ, der unser Problem bestimmt. An ihm können wir das Verhältnis der relativen Wichtigkeit von gravitativen und elastischen Effekten abschätzen. Für Stahl beträgt der Wert von $\rho g/E$ etwa $1{,}5 \cdot 10^{-7}$ pro Meter, so daß wir für Kabel von einigen Kilometern Länge für ϵ einen Wert von etwa 10^{-4} erhalten – sehr klein! In der Tat sind die meisten im Ingenieurbereich verwendeten Kabel und Ketten nur wenig dehnbar und damit ist für sie ϵ klein. Einfach gesagt bedeutet dies, daß die durch eine ***beliebige*** Auslenkung des Kabels in diesem gespeicherte elastische Energie ***deutlich größer*** ist als die gespeicherte Gravitationsenergie. Damit liegt es nahe, den gravitativen Anteil von $\mathcal{V}$ zu vernachläsigen; d.h $\epsilon = 0$. So ergibt sich die Aufgabe, die Kurve $\mathcal{C}$ zu finden, die das Integral

$$\int_0^1 [\sqrt{x'^2 + y'^2} - 1]^2\mathrm{d}s$$

minimiert. Wir kennen die Antwort auf dieses Problem. Das Ergebnis ist offensichtlich null und wird für $x'^2 + y'^1 \equiv 1$ erreicht, d.h. für den Fall, daß das Kabel nirgends gestreckt wird (man erinnere sich, daß dieser Ausdruck das Quadrat der Längenzunahme pro ursprüngliche Einheitslänge des Kabels beschreibt). Falls den Leser dieses Ergebnis stören sollte, dann hat er damit recht. Es existiert nämlich eine unendliche Menge von Kurven, die der Situation entsprechen, daß das Kabel nirgends gedehnt wird. Die Wirklichkeit weiß jedoch, was sie tut und wählt eine dieser Lösungen aus. Es muß also etwas an unserer Formulierung falsch sein. Da das Hamiltonsche Prinzip gut überprüft ist, können wir davon ausgehen, daß das ursprüngliche Variationsproblem richtig gelöst ist. So müssen wir folgern, daß der augenscheinlich kleine gravitative Anteil doch berücksichtigt werden muß. Die Situation ist sogar noch schlimmer – um eine *robuste* Formulierung zu erhalten, darf *nur* der gravitative Anteil im zu minimierenden Funktional mitgenommen werden. Dieses Paradox tritt bei Variationsproblemen oft auf, deshalb ist Vorsicht geboten. Im vorliegenden Fall können wir die exakte Lösung berechnen (ein Luxus, der normalerweise nicht gegeben ist), und wir wollen mit ihrer Hilfe analysieren, was wir falsch gemacht haben.

Die Euler-Lagrange-Gleichungen (4.14) für das Funktional (4.21) lauten

$$\begin{aligned} \frac{\mathrm{d}}{\mathrm{d}s}[x'(1-\frac{1}{\sqrt{x'^2+y'^2}})] &= 0 \\ \frac{\mathrm{d}}{\mathrm{d}s}[y'(1-\frac{1}{\sqrt{x'^2+y'^2}})]-\epsilon &= 0. \end{aligned}$$

Durch Integration der ersten Gleichung erhalten wir

$$x'[1-1/\sqrt{x'^2+y'^2}]=C$$

mit einer beliebigen Integrationskonstante C. Damit bekommen wir für die zweite Gleichung

$$C\frac{\mathrm{d}}{\mathrm{d}s}[y'/x']=\epsilon.$$

Integriert ergibt dies

$$Cy'/x'=D+\epsilon s$$

mit einer weiteren Integrationskonstante D.

Verwenden wir diese Gleichung zur Eliminierung von y' aus der ersten Gleichung, dann erhalten wir

$$x'=C+1/\left[1+\left(\frac{\epsilon s+D}{C}\right)^2\right]^{1/2}.$$

Eine Integration von $s=0$ (mit $x(0)=0$) ergibt dann $x(s)$. Damit läßt sich die Gleichung für y' von $s=0$ (mit $y=0$) integrieren, und man erhält $y(s)$. Die beiden Konstanten C und D bestimmt man so, daß $(x(1),y(1))=(b,d)$ ist (Endpunkt des Kabels). Man kann für die beiden Gleichungen für (C,D) numerische Lösungen finden, diese sind graphisch dargestellt. Der Maple-Code für den symmetrischen Fall $x(1)=0{,}5$, $y(1)=0$ und $\epsilon=0{,}1$ lautet:

```
xp:=C+1/sqrt(1+((e*s+D)/C)^2);
x:=\int(xp,s=0..S);
yp:=(D+e*s)*xp/C;
y:=\int(yp,s=0..S);
x1_=subs(S=1,x);y1:=subs(S=1,y);
sol1:=fsolve(subs(e=.1,x1=.5,y1=0),C,D);
sil1[1];sol1[2];
plot(subs(C=sol1[2],D=sol1[2],e=.1,[x,y,S=0..1]));
```

und in Abb. 4.11 ist die Lösungskurve dargestellt. Eigentlich sind wir an ganz kleinen ϵ interessiert, da wir jedoch wissen, daß $\epsilon = 0$ problematisch ist, ist es vernünftig, mit einem mittleren Wert für ϵ zu beginnen und dann den Wert zu verkleinern (und nach Schwierigkeiten Ausschau zu halten).

Nebenbemerkung: Es ist oft nützlich, sich schwierigen Situationen von hinten zu nähern.

In Tabelle 4.1 findet man die Ergebnisse für C und D und typische Werte für die im Kabel gespeicherte elastische und potentielle Energie $(\mathcal{E}_e, \mathcal{E}_g)$ (siehe (4.22)) für verschiedene ϵ.

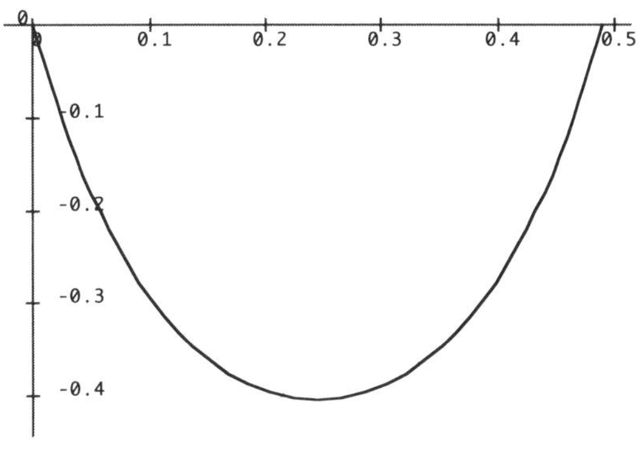

Abb. 4.11 Die Lösung des hängenden Kabels.

Tab.4.1 Tabelle der Werte für die Lösung des hängenden Kabels.

ϵ	C	D	$\mathcal{E}_e$	$\mathcal{E}_g$
0,1	$0{,}11 \cdot 10^{-1}$	$-0{,}5 \cdot 10^{-1}$	$0{,}6 \cdot 10^{-4}$	$0{,}4 \cdot 10^{-1}$
0,01	$0{,}11 \cdot 10^{-2}$	$-0{,}5 \cdot 10^{-2}$	$0{,}6 \cdot 10^{-6}$	$0{,}4 \cdot 10^{-2}$
0,001	$0{,}11 \cdot 10^{-3}$	$-0{,}5 \cdot 10^{-3}$	$0{,}6 \cdot 10^{-8}$	$0{,}4 \cdot 10^{-3}$
0,0001	$0{,}11 \cdot 10^{-4}$	$-0{,}5 \cdot 10^{-4}$	$0{,}6 \cdot 10^{-10}$	$0{,}4 \cdot 10^{-4}$

Man sollte beachten:

- Für $\epsilon \to 0$ streben (C, D) keinem Grenzwert zu. Beide Werte werden nur immer kleiner mit ϵ. Wir haben deshalb den Verdacht, daß unsere numerische Prozedur nicht optimal ist. (Es ist auch zu befürchten, daß für sehr kleine ϵ die Rundungsfehler so groß werden, daß wir keine vernünftigen Ergebnisse mehr bekommen.)

- $\mathcal{E}_e \ll \mathcal{E}_g$ und das Verhältnis wird mit kleiner werdendem ϵ ebenfalls immer kleiner. Unten hatten wir Skalierungsargumente angegeben, nach denen das Verhältnis umgedreht sein müßte. Wir hatten damals die Schlußfolgerung gezogen, $\epsilon = 0$ ist eine vernünftige Näherung – wir sehen nun, daß diese Näherung genau den falschen Term beibehält.

Man erinnere sich, daß die Werte von ϵ, die uns interessierten, bei etwa 10^{-4} liegen. Damit ist unser Rechenschema für diesen Parameterbereich suspekt. Der Grund für die Schwierigkeiten für kleines ϵ liegt nicht darin, daß es keine Lösung gibt (in der Tat existiert eine eindeutige Lösung für alle $\epsilon > 0$), sondern daß $\epsilon = 0$ eine Singularität des Systems ist und numerische Rechnungen für kleine ϵ damit problematisch werden. Die gleichen Schwierigkeiten treten auf, wenn man versucht, ein System von inhomogenen linearen Gleichungen numerisch zu invertieren, dessen Determinante der Koeffizientenmatrix fast null ist. Man sagt, die numerische Prozedur ist *schlecht definiert.* In der Praxis muß man sich solchen Problemen individuell nähern; versteht man jedoch das Wesen der Schwierigkeit, dann findet man meist ein robustes Lösungsverfahren.

Kommentar: Unter unseren Umständen haben wir Glück, daß wir die Lösung für $\epsilon = 0$ kennen und die Schwierigkeiten vorhergesehen haben. Normalerweise besitzt man dieses Wissen jedoch nicht. Hätten wir z.B den ϵ-Term vernachlässigt und dann numerisch eine Lösung gesucht, dann hätten wir versucht, eine eindeutige Lösung zu berechnen, die gar nicht existiert. Der Computer erzeugt entweder Unsinn oder, schlimmer noch, findet eine Lösung! (Da es die Berechnung des „exakten“ Funktionals ist, ist das Ergebnis eindeutig, aber wertlos.)

Kommentar: Vom prinzipiellen mathematischen Standpunkt aus ist das obige Ergebnis beunruhigend. Die Variationsprobleme für kleines ϵ und $\epsilon = 0$ sind fast identisch, in einem Fall erhalten wir eine (schwer berechenbare) eindeutige Lösung, während im anderen Fall *keine eindeutige* Lösung existiert. An der Form des Funktionals ist jedoch nicht zu erkennen, daß solche Schwierigkeiten auftreten können. Deshalb müssen wir die offensichtliche Frage stellen: Wie erkennen wir, ob ein Variationsproblem richtig formuliert ist. Leider gibt es dafür keine festen Regeln. Wir haben es hier mit einem ernsten Problem der Variationsmethode zu tun; oft ist es schwer zu erkennen (aus der Form des Funktionals), ob die Formulierung richtig ist, und man erkennt am obigen Beispiel, daß kleine Terme einen großen Unterschied machen können. Bei gewöhnlichen Differentialgleichungen sind die Schwierigkeiten ohne weiteres an der Form erkennbar. Natürlich sollte uns diese Tatsache nicht von der Verwendung der Variationsmethode abhalten, und mit etwas Erfahrung (die aus dem physikalischen Kontext und nicht aus der Mathematik kommt) kann man diese Schwierigkeiten meist vorhersehen. Die Nützlichkeit der Variationsrechnung, besonders für numerische Anwendungen, schließt es aus, auf sie zu verzichten. Gerade deshalb sind *singuläre* Variationsprobleme ein wichtiger Forschungsschwerpunkt der Mathematik.

Wir wollen die obige Diskussion zusammenfassen: Die vorgeschlagene Näherung ($\epsilon = 0$) versagt, da die Abschätzung der relativen Größe der Energieterme nicht korrekt war; und die exakte Gleichung führt zu numerischen Problemen.

A Wie gelangt man, für unser spezielles Problem und ganz allgemein, zu vernünftigen Termabschätzungen?

B Wie stellt man ein *robustes* numerisches Programm auf?

A Im obigen Ansatz haben wir uns strikt auf die Energien bezogen und Kräfte im Kabel nicht betrachtet. Obwohl alle Informationen über die gesuchte Lösung (inklusive der Termabschätzung) in der Variationsformulierung enthalten sein müssen, sind sie es nicht in *geeigneter* Form. Die relevanten Informationen über das Verhalten des Kabels bei Dehnungen liefert das Hookesche Gesetz, in der Variationsformulierung ist diese Information durch die Eliminierung der Kräfte jedoch versteckt. (In diesem Sinne ist der Newtonsche Ansatz klarer.) Die nötigen Abschätzungen erhalten wir, wenn wir uns erinnern, daß die Gesamtmasse des Kabels gleich mgl ist. Der Kabelaufhängungspunkt muß dieses Gewicht tragen, damit ist die Zugspannung im Kabel von eben dieser Größenordnung. Die dazu proportionale Dehnung ergibt sich aus dem Hookeschen Gesetz zu mgl/EA, d.h. ϵ. Die im Kabel gespeicherte elastische Energie ist damit von der Ordnung $EA\epsilon^2$ — und damit deutlich kleiner, als durch die Skalierungsargumente in (4.21) vorhergesagt! Die skalierte elastische Energie im Funktional ist von der Ordnung ϵ^2, während die Gravitationsenergie nur von der Ordnung ϵ ist. Damit ergeben die Ergebnisse in Tabelle 4.1 Sinn; wir würden aufgrund unserer aktuellen Überlegungen erwarten, daß für Lösungen in der Nähe der exakten Lösung die elastische Komponente im Funktional deutlich kleiner ist als die gravitative. Das Paradox läßt sich damit in Energietermen so auflösen: Der Energiebedarf für eine Dehnung des Kabels ist so groß, daß alle Kandidaten für eine Näherungslösung keine Kabeldehnungen enthalten; damit ist der gravitative Term für die Auswahl der Lösung allein verantwortlich. Für Funktionale, die Terme verschiedener Größe enthalten, lautet damit die zu lernende Lektion: Es kann geschehen, daß die großen Terme identisch verschwinden. *Beim Modellieren gibt es jedoch keine festen Regeln – nur nützliche Hinweise.* Wäre dies nicht so, dann würde Modellieren keine Herausforderung darstellen.

B Durch die Verwendung einer korrekten Skalierung können wir den numerischen Prozeß verbessern. Durch die falsche Skalierung waren die C und D nach Lösung des exakten Variationsproblems sehr klein. Dies ist jedoch nicht die eigentliche Ursache des Problems; da die gravitative und die elastische Energie von unterschiedlicher Größenordnung sind, ist damit zu rechnen, daß numerische Probleme immer auftreten, wenn wir beide Energieformen berücksichtigen. Damit ist nun klar, was wir tun müssen, um zu einem robusten numerischen Prozeß zu kommen:

- Man vergewissere sich, daß die Länge des Kabels für Kurven $\mathcal{C}$ von Interesse gleich l ist.
- Man wähle aus diesen Kabeln mit konstanter Länge dasjenige aus, welches das Gravitationspotential minimiert. Die physikalische Erfahrung sagt uns, daß eine eindeutige Lösung existiert.
- Man berechne die daraus folgende Dehnung des Kabels und damit die mit dieser Lösung verbundene gespeicherte elastische Energie und *beweise*, daß sie im Vergleich zur Gravitationsenergie klein ist.

Die eben beschriebene Vorgehensweise verändert tatsächlich das Wesen der mathematischen Prozedur völlig; aus einem gewöhnlichen Optimierungsproblem wird ein Optimierungsproblem mit *Zwangsbedingungen.* Dies wollen wir nun im Detail besprechen.

Die Standardberechnung für das hängende Kabel

Wir könnten damit fortfahren, $y(s)$ als die unbekannte Funktion zu betrachten, wobei wir x aus der Integration $x' = \sqrt{1 - y'^2}$ erhalten; dies würde sichern, daß es im Kabel zu keiner Dehnung kommt. Ein alternativer Zugang verwendet Lagrangesche Multiplikatoren; es zeigt sich, daß er für *Optimierungsprobleme mit Zwangsbedingungen deutlich* vorteilhafter ist. Sei weiterhin x unsere unabhängige Variable und beschreibe $Y(x)$ die Kurve $\mathcal{C}$. Diese Reorganisation der mathematischen Mittel ist typisch; häufig erscheint ein unlösbares Problem von einem anderen, jedoch äquivalenten Standpunkt aus gesehen trivial. Wenn wir sagen, daß die einfache, hier beschriebene Lagrangesche Methode in diesem Kontext ein wahrer Durchbruch war, so ist das nicht übertrieben. Besonders für Optimierungsprobleme ist diese Technik hervorragend geeignet. Wir verwenden die Kabellänge wieder als Längeskale, ebenso mgl als Skale für das Potential. Damit ist die skalierte potentielle Energie des Systems die gleiche wie zuvor (siehe (4.21), jedoch ohne den elastischen Anteil:

$$\mathcal{V} = \int_0^1 \epsilon y(s) \mathrm{d}s.$$

Vernachlässigen wir einen irrelevanten numerischen Faktor und gehen von s zu x über, dann gelangen wir zu der Aufgabe, die Bedingungen zu finden, die das Funktional

$$J(Y) = \int_0^b Y(x) \sqrt{1 + [Y'(x)]^2} \mathrm{d}x \tag{4.23}$$

minimiert. Zur vollständigen Formulierung benötigen wir noch zwei zusätzliche Aussagen. Wir müssen sichern, daß die Länge des Kabels gleich eins ist:

$$S(Y) = \int_0^b \sqrt{1 + [Y'(x)]^2} \mathrm{d}x = 1. \tag{4.24}$$

Zweitens müssen wir natürlich die Aufhängungspunkte des Kabels festlegen:

$$Y(0) = 0, \quad Y(b) = d.$$

Wir haben es nun mit einem Variationsproblem zu tun mit der zusätzlichen Zwangsbedingung, daß die Länge der Kurve fest ist.

Die Methode der Lagrangeschen Multiplikatoren besagt, daß die Funktion $Y(x)$, die den Ausdruck $K = J - \lambda(S - 1)$ bezüglich $Y(x)$ *und* λ minimiert, unsere Forderungen erfüllt. $\partial K / \partial \lambda = 0$ ist die Bedingung an die Kabellänge und für $S = 1$ sind die stationären Lösungen für K und J gleich. Wir haben so die Möglichkeit, das Problem der Eliminierung von Funktionen, die die Integralbedingung nicht erfüllen, zu umgehen. Das vorliegenden Problem ist ein gewöhnliches Optimierungsproblem *ohne Zwangsbedingungen.*

Wir suchen also nach dem Minimum von

$$\int_0^b [Y - \lambda]\sqrt{1 + Y'^2}\mathrm{d}x.$$

Da der Integrand nicht explizit von x abhängt, können wir die spezielle integrierte Form der Euler-Lagrange-Gleichungen (4.10) anwenden. Wir fordern damit:

$$[Y - \lambda]\sqrt{1 + Y'^2} - [Y - \lambda]Y'^2/\sqrt{1 + Y'^2} = C$$

für eine Konstante C. Daraus erhalten wir

$$Y'^2 = [(Y - \lambda)^2 - C^2]/C^2$$

oder

$$\int^Y \frac{\mathrm{d}y}{\sqrt{(y - \lambda)^2 - C^2}} = \pm(D + x/C)$$

mit einer weiteren Integrationskonstante D. Unser Ergebnis ist

$$Y = \lambda + C\cosh(D + x/C).$$

Die drei unbekannten Konstanten (C, D, λ) müssen so gewählt werden, daß die Punkte $(0, 0)$ und (b, d) auf der Kurve liegen und daß die Gesamtlänge gleich

$$\int_0^b \sqrt{1 + Y'^2}\mathrm{d}x = 1$$

ist. Für bestimmte Werte der Parameter ist meist eine numerische Lösung nötig. Die symmetrische Lösung zu der Randbedingung $Y(\frac{1}{2}) = 0$ kann allerdings leicht bestimmt werden und lautet

$$Y = \lambda \left[1 - \cosh\left(\frac{x - 1/4}{\lambda}\right) / \cosh\left(\frac{1}{4\lambda}\right)\right],$$

wobei wir den Wert von λ numerisch bestimmen müssen, so daß die Länge der Kurve gleich eins ist. Dazu und zum Vergleich mit der früheren Lösung mit Dehnung kann Maple verwendet werden. Man erkennt, daß für nicht zu kleine Werte von ϵ die Ergebnisse recht gut übereinstimmen. Für kleine Werte von ϵ machen numerische Fehler die Lösung für das gedehnte Kabel unbrauchbar; unser jetziger Ansatz dagegen ist genau und robust.

Wichtiger Kommentar: Die interessante Tatsache ist die, daß das *exakte* Modell *inkorrekte* Ergebnisse erzeugt, wenn ϵ klein ist, während die auf der Undehnbarkeit des Kabels beruhende *Näherung richtige* Ergebnisse liefert. *Näherungen können also besser sein als die exakten Modelle!* Damit muß man sich natürlich fragen, was ein *gutes* Modell eigentlich ist. *Häufig sind die exakten Modelle in der Praxis nutzlos.* So ist das Ziel vieler meteorologischer Modelle die *Entfernung* realer Effekte der *exakten* Gleichungen der Hydrodynamik, damit man die Wetterveränderungen, die uns interessieren, sehen und berechnen kann.

Unser oben abgeleitetes Ergebnis ergibt die Form des hängenden Kabels; man ist jedoch meist auch an den Kräften interessiert, die auf die Aufhängung wirken, da sie in Zusammenhang mit den Zugkräften im Kabel an dessen Enden stehen. Sei ψ der Winkel des Kabels mit der positiven x-Achse, d.h $Y' = \tan\psi$ (siehe Abb. 4.10). Die Zugspannung an den beiden Kabelenden muß das Gewicht des Kabels auffangen; dabei muß die horizontale Komponente der Kraft verschwinden.

$$T(b)\sin\psi(b) + T(0)\sin\psi(0) = mgl, \quad T(b)\cos\psi(b) + T(0)\cos\psi(0) = 0.$$

Dies sind die beiden Gleichungen, die die Zugkräfte an den Enden bestimmen, wenn $\psi(b)$ und $\psi(0)$ gegeben sind. Im symmetrischen Fall erhalten wir $T(0) = mgl/(2\sin\psi(0))$.

Wir müssen an dieser Stelle nur noch überprüfen, daß sich die Länge des Kabels nicht ändert. Eine einfache Möglichkeit ist die Berechnung der Dehnung, die aus den oben berechneten Zugkräften folgt. Man erhält aus den obigen Rechnungen für die lokale Zugspannung $T(s)$ im Kabel einen exakten Ausdruck und kann damit mit Hilfe von Maple die lokale Dehnung berechnen. Obwohl diese Information sicher von einigem Interesse ist, ist sie doch den Aufwand nicht wert. Es reicht zu sagen, daß die maximale Zugkraft an den Aufhängungspunkten erreicht wird und im symmetrischen Fall durch $mgl/(2\sin\psi(0))$ gegeben ist. Nach dem Hookeschen Gesetz ist die Längenänderung damit weniger als $mgl/(2EA\sin\psi(0)) = \epsilon/2\sin\psi(0)$, d.h. etwa von der Ordnung 10^{-4} für unser Kabel. Obwohl diese Abschätzung nicht *mit Sicherheit* aussagt, daß unser Ergebnis richtig ist, stimmt sie doch sehr optimistisch. In zweifelhafteren Fällen sollte man natürlich eine genauere Rechnung durchführen.

4.5 Eine billigere Verankerung

Wie man sich erinnert, wurde das Mutterschiff durch eine Reihe von Ketten gehalten, die mit dem Meeresboden verbunden waren. Unsere Aufgabe war es, die Ketten so zu gestalten, daß sie stark genug sind, die Lasten zu tragen, die notwendig sind, das Schiff bei gegebener Meerestiefe sicher zu verankern, bei gleichzeitigen minimalen Kosten für die Ketten. Unter Gestaltung der Ketten verstehen wir Länge, Aufhängungspunkt und die Gewichtsverteilung entlang der Kette. Aus dem vorigen Kapitel wissen wir, daß elastische Effekte vernachlässigt werden können.

4.5.1 Ein Modell

Wir kennen die Wassertiefe, jedoch nicht die Kabellänge, damit empfiehlt es sich, die Kettenkurve durch die Höhe über dem Meeresboden zu parametrisieren (siehe Abb. 4.12). Da wir nicht erwarten, daß die Kette irgendwo horizontal verläuft, ist diese Parametrisierung eindeutig. Ein weiterer nützlicher Parameter ist der Winkel ψ zwischen der x-Achse und der Tangente an die Kette. Die Bogenlänge S wird vom Befestigungspunkt auf dem Meeresboden aus gemessen.

Die Form des Modells

Wir müssen nun einige Entscheidungen über die Form des Modells treffen:

- Wir könnten das Verhalten in jedem Kettenglied untersuchen und uns Gedanken machen, wie sich ein solches System von Kettengliedern verhält, um daraus das Verhalten der gesamten Kette zu bestimmen. Da die Anzahl der Kettenglieder jedoch sehr hoch ist und sich die Bedingungen für jedes Glied etwas unterscheiden, ist es sinnvoll, die Kette als kontinuierliches System zu modellieren. Dies reduziert die Komplexität enorm und gestattet die Anwendung aller mathematischer Hilfsmittel für stetige Systeme, die für diskrete Modelle nicht existieren. Wir betrachten die Kette also als ein Kabel mit veränderlichem Querschnitt $A(s)$. Diese Querschnittsfläche soll sich mit s entlang dem Kabel ändern. Die Kettenglieder in der Nähe des Schiffes werfen aufgrund der hohen Zugkräfte besondere Probleme auf, die wir in einem Untermodell behandeln wollen.

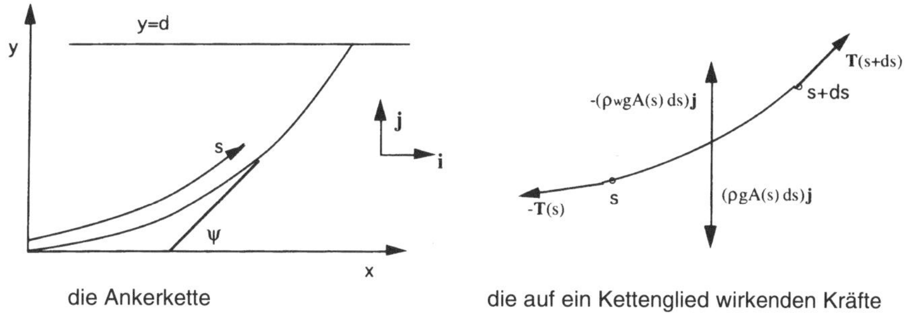

Abb. 4.12 Die Ankerkette.

- Wir haben es bei diesem Modell mit einer variablen Zugspannung $T(s)$ entlang des Kabels zu tun. Die Kraft pro Einheitsfläche ist damit $T(s)/A(s)$, überschreitet dieser Wert eine (experimentell bestimmte) Grenze für Stahl, dann wird das Kabel unter der Last reißen. Damit existiert ein Grenzwert für das obige Verhältnis, welcher aus Sicherheitsgründen nicht überschritten werden darf. Dazu kommen Variationen in den Materialeigenschaften, Fertigungstoleranzen und die Ungenauigkeit der für das Design verwendeten Analysis. Deshalb ist es bei Ingenieuren üblich, einen Sicherheitsfaktor einzubauen, der es unwahrscheinlich macht, daß die Konstruktion unter beliebigen, vorhersehbaren Umständen versagt. Oft wird dieser Sicherheitsfaktor durch eine von der Regierung erlassenen Vorschrift bestimmt, in unserem Fall wird er jedoch meist so gewählt, daß Versicherungsschutz für die gesamte Anlage gewährt wird. Ein Versagen der Verankerung und damit ein Abreißen der Ölleitung vom Bohrloch ist natürlich mit der Verschmutzung des Ozeans mit Öl verbunden. Da eine solche Havarie sehr teure Folgen hat, versucht sich der Ölförderer dagegen zu versichern. Wir gehen davon aus, daß eine obere Grenze α für das Verhältnis T/A gesetzt wird. Da das Gesamtgewicht minimiert werden soll, darf natürlich an *keiner* Stelle der Kette ein Gewichtsüberschuß vorliegen, wir fordern damit, daß die kritische Zugspannungsbedingung

$$T(s)/A(s) = \alpha \tag{4.25}$$

an allen Stellen des Kabels gilt.

- Die Kette muß eine horizontale Kraft auf das Schiff ausüben, damit es an seiner Stelle gehalten wird. An dieser Stelle nehmen wir an, die Größe dieser Kraft sei gleich H. Wir fordern also

$$T \cos \psi = H \quad \text{bei} \quad y = d. \tag{4.26}$$

Unter Verwendung der Bedingung (4.25) erhalten wir äquivalent dazu die Fläche-Winkel-Bedingung

$$A_d \cos \psi_d = H/\alpha \tag{4.27}$$

für den Befestigungspunkt der Kette am Schiff mit $A_d = A(d)$, $\psi_d = \psi(d)$.

Strategie

Am Befestigungspunkt der Kette am Mutterschiff gibt es viele mögliche Werte für die Querschnittsfläche der Kette, die sowohl die Kraft- als auch die Haltebedingung erfüllen. Die Fläche-Winkel-Bedingung (4.27) verbindet beide Forderungen. Für *jedes* ψ_d im Bereich $0 \leq \psi_d \leq \pi/2$ gibt es ein A_d, welches diese Forderung erfüllt. A_d liegt nun im Bereich $H/\alpha \leq A_d \leq \infty$, wobei große Querschnittsflächen fast vertikalen Winkeln zwischen Schiff und Kabel am Befestigungspunkt entsprechen (siehe Abb. 4.13). Vermutlich gibt es physikalisch vernünftige Lösungen, die im gesamten Wertebereich von A_d gültig sind.

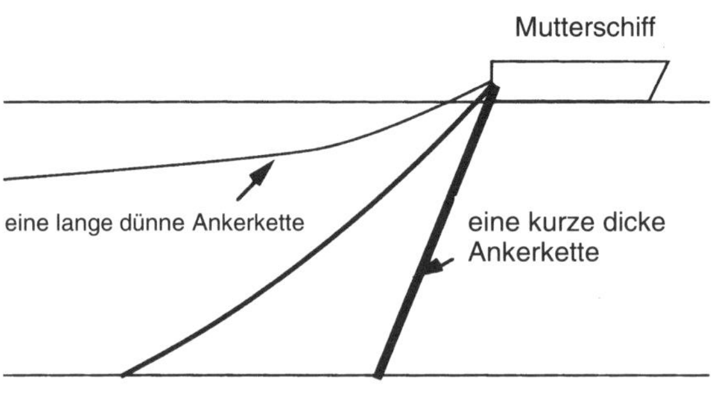

Abb. 4.13 Alternative Verankerungen.

Unsere Strategie ist damit die Bestimmung der optimalen Lösungen zu einem festen Wert von A_d. Man kann die Masse der Kette für alle diese Lösungen vergleichen und die beste auswählen. Zuerst sollten wir aber überprüfen, ob eine optimale Lösung intuitiv zu existieren scheint. Für $\psi_d \to \pi/2$, $A_d \to \infty$, d.h. kurze (fast senkrechte) Ketten sind sicher nicht optimal. Für $\psi_d \to 0$, $A_d \to H/\alpha$, die Länge der Kette wird jedoch so groß, daß diese langen dünnen Ketten auch nicht optimal sein werden (siehe Abb. 4.13). Damit scheint die Erwartung vernünftig zu sein, daß eine optimale Konstruktion mit A_d irgendwo zwischen diesen Extremen existiert.

4.5.2 Das Modell

Es stellt sich heraus, daß bei Verwendung der Newtonschen Mechanik zur Beschreibung des Modells die Mathematik einfacher ist als bei Formulierung als Variationsproblem. Dies liegt vor allem daran, daß die Zugspannung im Kabel eng mit der Bestimmung der Gestalt der Kette verbunden ist. Natürlich weiß man dies nicht im voraus und man kann eine Entscheidung erst nach der Untersuchung verschiedener Formulierungen treffen. Aufgrund der Balance der Kräfte in den einzelnen Kettengliedern wird sich die Kette in einem Gleichgewichtszustand befinden.

Man betrachte das Längenelement $\mathrm{d}s$ des Kabels zwischen s und $s + \mathrm{d}s$. Sei $\psi(s)$ der Winkel zwischen der Tangente am Kabel und der positiven x-Achse (siehe Abb. 4.12). $\mathbf{i}$ und $\mathbf{j}$ sind die Einheitsvektoren in x- und y- Richtung. Die auf dieses Kabelelement wirkenden äußeren Kräfte (siehe Abb. 4.12) sind $\mathbf{T}(s+\mathrm{d}s)$ und $-\mathbf{T}(s)$. Dabei ist $\mathbf{T}(s)$ die Vektorzugspannung im Kabel; $(-\rho g A(s)\mathrm{d}s)\mathbf{j}$ ist die Gewichtskraft mit ρ der Dichte des Materials der Kette und der Auftriebskraft $\rho_w g A(s)\mathrm{d}s\mathbf{j}$ im Wasser (ρ_w ist die Dichte von Wasser). Gleichgewicht bedeutet damit

$$[\mathbf{T}(s + \mathrm{d}s) - \mathbf{T}(s)] + gA(s)(\rho_w - \rho)\mathrm{d}s\mathbf{j} = 0.$$

Eine Taylorentwicklung ergibt

$$\mathbf{T}(s + \mathrm{d}s) = \mathbf{T}(s) + \frac{\mathrm{d}\mathbf{T}(s)}{\mathrm{d}s}\mathrm{d}s + O(\mathrm{d}s^2).$$

Im Limit $\mathrm{d}s \to 0$ erhalten wir die Gleichung für das Gleichgewicht

$$\frac{\mathrm{d}\mathbf{T}(s)}{\mathrm{d}s} = gA(s)(\rho - \rho_w)\mathbf{j}.$$

Mit der Zerlegung $\mathbf{T} = T\cos\psi\mathbf{i} + \sin\psi\mathbf{j}$ erhalten wir für die $\mathbf{i}$- und $\mathbf{j}$-Komponenten die Gleichungen

$$\frac{\mathrm{d}}{\mathrm{d}s}[T(s)\cos\psi(s)] = 0$$

und

$$\frac{\mathrm{d}}{\mathrm{d}s}[T(s)\sin\psi(s)] = (\rho - \rho_w)gA(s).$$

Wir besitzen damit zwei Differentialgleichungen erster Ordnung und eine algebraische Gleichung in $(T(s), \psi(s), A(s))$, siehe (4.25); damit sind zwei Randbedingungen zu erwarten. Natürlich muß das Kabel die nötigen Rückhaltekräfte aufbringen, um das Mutterschiff zu halten (siehe (4.26); dazu kommt die Bedingung, daß es am Meeresboden befestigt ist. Das Problem ist damit vollständig bestimmt. Die folgenden Rechnungen sind unkompliziert, dabei etwas langweilig. Maple hilft uns hier nicht.

Nach Integration der ersten Gleichung erhalten wir

$$T(s)\cos\psi(s) = H \tag{4.28}$$

bei Verwendung der Zwangsbedingung (4.26) für die horizontale Kraftkomponente. Aus der vertikalen Gleichgewichtsbedingung kann damit $T(s)$ eliminiert werden:

$$\frac{\mathrm{d}}{\mathrm{d}s}[H\tan\psi(s)] = H\sec^2\psi(s)\frac{\mathrm{d}\psi(s)}{\mathrm{d}s} = (\rho - \rho_w)gA(s). \tag{4.29}$$

Die Sicherheitsbedingung oben (4.25) und die horizontale Gleichgewichtsbedingung (4.28) ergeben so

$$A(s) = H\sec\psi(s)/\alpha, \tag{4.30}$$

damit können wir $A(s)$ zugunsten von $\psi(s)$ aus (4.29) entfernen:

$$\sec\psi\frac{\mathrm{d}\psi}{\mathrm{d}s} = (\rho - \rho_w)g/\alpha. \tag{4.31}$$

Wir besitzen nun eine Differentialgleichung einer einzigen Variable $\psi(s)$.

Die Randbedingungen gelten für $y = 0, d$, wir gehen deshalb besser von s zu y über. Für die monotonen Lösungen $y(s)$, die uns hier interessieren, gibt es zu jedem y genau ein s; damit ist die Transformation eineindeutig. Eine einfache Rechnung ergibt

$$\frac{\mathrm{d}}{\mathrm{d}s} = \frac{\mathrm{d}y}{\mathrm{d}s}\frac{\mathrm{d}}{\mathrm{d}y} = \sin\psi\frac{\mathrm{d}}{\mathrm{d}y}.$$

Daraus folgt

$$\tan\psi\frac{\mathrm{d}\psi}{\mathrm{d}y} = (\rho - \rho_w)g/\alpha.$$

Integration ergibt

$$\cos\psi(y) = \cos\psi(0)e^{-Jy/d}$$

mit

$$J = (\rho - \rho_w)gd/\alpha. \tag{4.32}$$

Dabei muß $\cos\psi(0)$ noch bestimmt werden.

$$\cos\psi(d) = \cos\psi(0)e^{-J}, \tag{4.33}$$

wenn wir $\cos\psi(0)$ so wählen, daß ψ_d mit dem angenommenen A_d konsistent ist (siehe (4.27)), d.h., wenn wir wählen:

$$\cos\psi(0) = \frac{H}{\alpha A_d}e^J,$$

dann ist die zu A_d gehörende Lösung vollständig bestimmt. Der geforderte Querschnitt des Kabels ist damit (siehe (4.25), (4.28))

$$A(y) = A_d \frac{\cos\psi(d)}{\cos\psi(y)} = A_d e^{-J(1-\frac{y}{d})}.$$

Daraus folgen dann alle anderen Eigenschaften der Kette.

Wir sind nun in der Lage, Ketten mit verschiedenem Querschnitt A_d am Aufhängungspunkt zu vergleichen. Die zu A_d gehörende Masse der gesamten Kette ist (nach (4.31)):

$$\begin{aligned} M &= \rho \int A \frac{\mathrm{d}s}{\mathrm{d}\psi} \mathrm{d}\psi \\ &= \frac{\rho A_d \alpha \cos\psi_d}{g(\rho - \rho_w)} \int_{\psi(0)}^{\psi_d} \sec^2\psi \mathrm{d}\psi \\ &= \frac{\rho A_d \alpha \cos\psi_d}{g(\rho - \rho_w)} (\tan\psi_d - \tan\psi(0)). \end{aligned} \tag{4.34}$$

Mit Hilfe der Flächen-Winkel-Beziehung (4.27) und (4.33) erhalten wir

$$M = \frac{\rho}{\rho - \rho_w} \frac{H}{g} [\sqrt{\mathcal{A}^2 e^{2J} - 1} - \sqrt{\mathcal{A}^2 - 1}],$$

wobei der dimensionslose Parameter $\mathcal{A} = \alpha A_d / H$ als der dimensionslose Querschnitt der Kette am Aufhängungspunkt betrachtet werden kann.

Der Parameter J wird durch die Materialeigenschaften der Kette und die Wassertiefe bestimmt und kann damit für ein konkretes Design als fest angenommen werden. Die Bestimmung der billigsten Kette reduziert sich damit auf die Wahl vom $\mathcal{A}$, die M minimiert. Mittels Maple kann man zeigen, daß M für $\mathcal{A} = e^{2J} + 1$ ein Minimum M_{opt} annimmt, die optimale Masse liegt dabei bei

$$M_{\text{opt}} = \mathcal{M}[e^J - e^{-J}] \tag{4.35}$$

mit

$$\mathcal{M} = \frac{\rho}{\rho - \rho_w} \frac{H}{g}. \tag{4.36}$$

Der für dieses Minimum gültige Wert von $\mathcal{A}$ bestimmt die Querschnittsfläche des Kabels am Schiff und damit den Querschnitt als Funktion von y. Damit ist es ein leichtes, die Kettenlänge und den Abstand des Bohrloches vom Mutterschiff zu bestimmen. Wir erhalten explizit:

$$s(y) = \int_0^y \frac{\mathrm{d}y}{\sin\psi(y)} = \int_0^y \frac{\mathrm{d}y}{\sqrt{1 - \cos^2\psi(d) e^{-2J(1-y/d)}}},$$

wobei $s(d)$ die gesuchte Kettenlänge ist. Der Ausdruck

$$\int_0^d \frac{\mathrm{d}y}{\tan\psi(y)} = \int_0^d \frac{\mathrm{d}y}{\sqrt{\sec^2\psi(d) e^{-2J(1-y/d)} - 1}}$$

bestimmt den Ort der Verankerung der Ankerkette am Meeresboden.

Vergleiche. Damit wir Vergleiche anstellen können, benötigen wir die Ergebnisse für die gleichförmig dicke Kette. Die Rechnung dazu verläuft völlig analog (siehe Aufgabe 4.13). Wählen wir den Querschnitt der Kette so, daß die kritische Zugspannungsbedingung (4.25) am Befestigungspunkt am Schiff erfüllt ist, wo die angreifenden Kräfte am größten sind, erhalten wir

$$M_{\text{uni}} = \mathcal{M}[1/(1-J) - (1-J)]. \tag{4.37}$$

Wie erwartet, besitzen beide Ausdrücke für die Masse der Kette (4.35) und (4.37) die gleiche Skale $\mathcal{M}$, der dimensionslose Faktor ist jedoch verschieden. Der Skalenfaktor (4.36) bedeutet eigentlich nur, daß die notwendige Masse proportional zur Rückhaltekraft H ist. Die Abhängigkeit vom dimensionslosen Parameter J ist der interessante Teil des Ergebnisses.

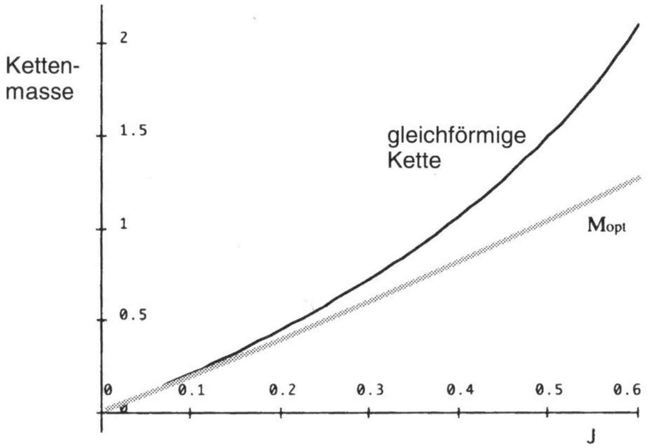

Abb. 4.14 Vergleich zwischen optimaler und gleichförmiger Kette.

Für die gleichförmige Kette ist die Masse natürlich größer, und der Massengewinn vergrößert sich für $J \to 1$ (siehe Abb. 4.14). Der Wert von J (siehe (4.32)) ist proportional zur Wassertiefe und wird in erster Linie durch die Dichte ρ des Kettenmaterials sowie durch den angenommenen Sicherheitsfaktor bestimmt. Für Stahl zum Beispiel kommt es zum Reißen des Kabels, wenn die konstant wirkende Belastung der Kette den elastischen Grenzwert erreicht; unter diesen Umständen verformt sich der Stahl plastisch, d.h., er wird irreversibel gedehnt. Gehen wir von diesem Szenario aus und vernachlässigen einen Sicherheitsfaktor, dann ergibt sich J zu etwa $2{,}5 \cdot 10^{-4}$ pro Meter Wassertiefe. Bei einer Wassertiefe von etwa 200 Metern ist der Massengewinn recht klein, allerdings sollten noch zusätzliche Faktoren bedacht werden:

- Jedes Kettenglied überträgt eine Kraft T auf das nächste Glied; die maximale Zugspannung im Glied ist jedoch größer. Zur Berechnung dieses Wertes muß man das Verhalten der Kräfte in jedem Glied detailliert berechnen. Man findet diese Rechnungen in der Literatur.

- Jedes Glied besteht aus gewalztem Stahl und ist damit schwächer als ein idealer Ring. Die Konstruktion muß vom ungünstigsten Fall ausgehen, da die Kette nur so stabil ist wie ihr schwächstes Glied.

- Im Laufe der Zeit läßt die Stabilität der Kette aufgrund der Korrosion des Metalls nach; dies muß berücksichtigt werden.

- Aufgrund der Dynamik des Schiffes muß die Kette eine größere Last bewältigen als unsere statische Rechnung angibt.

- Durch die Bewegung des Schiffes kann es zu ruckartigen Belastungen der Kette kommen, die eine stärkere Wirkung haben als konstante Belastungen, so daß die mittlere Belastung weiter gesenkt werden muß.

Diese zusätzlichen Effekte müssen nicht unbedingt additiv sein und einige von ihnen lassen sich nur durch Experimente quantitativ bestimmen. Eine Versicherungsfirma wird sicherlich zusätzliche Sicherungen verlangen, um mögliche Fehlerquellen auszuschließen, so daß der Sicherheitsfaktor groß sein wird. Nehmen wir einen Faktor von 10 an, um all diese Probleme zu bewältigen (dies ist bei diesen Umständen kein unüblicher Wert), dann beträgt der Materialgewinn einer Kette mit variablem Durchmesser bei 200 Metern Wassertiefe gegenüber der uniformen Kette etwa 35 %. Da für $J = 1$ die gleichförmige Kette eine unendliche Masse besitzt, wächst der Materialgewinn deutlich mit J. In der Praxis können durch Ketten mit variabler Dicke bei der Verankerung Materialien im Werte von einigen hunderttausend Dollar pro Schiff eingespart werden.

Nebenbemerkung: Inzwischen werden einige Untersuchungen durchgeführt, die die oben beschriebenen Mechanismen des Reißens der Kette genauer untersuchen; ein interessanter und herausfordernder Vorgang in Theorie und Praxis.

4.6 ** Die Dynamik des verankerten Schiffes

Wir wollen keine vollständige Beschreibung der Dynamik eines verankerten Schiffes liefern. Unser Ziel ist es zu zeigen, wie man ein komplexes Problem aus einfacheren Teilproblemen zusammensetzen kann. Wir betrachten einfach die Translationsbewegung des Schiffes in eine Richtung unter einer gegebenen Kraft, die bei Verankerung mit zwei Kabeln genau auf der dadurch gegebenen Linie liegt (siehe Abb. 4.15).

Da die Kabel von fester Länge sind, wird bei einer Bewegung des Schiffes eine Kette durchhängen und damit weniger Kraft auf das Schiff übertragen, während die andere gestrafft sein wird und so eine größere Kraft überträgt. Damit haben wir es mit der Situation zu tun, daß beide Kabel zusätzliche Kräfte auf das Schiff übertragen. Man kann diesen gestörten Zustand auch als Vergrößerung der potentiellen Energie der Ketten interpretieren; damit vergrößert sich die Energie des gesamten Systems, es befindet sich nicht mehr im Gleichgewichtszustand und verändert seinen Zustand gemäß dem Hamiltonschen Prinzip.

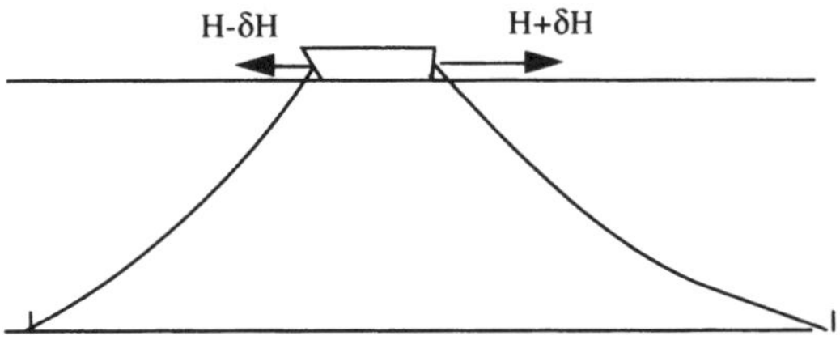

Abb. 4.15 Schiffsdynamik.

Da das Kabel die Kraft nur über den Befestigungspunkt auf das Schiff überträgt, würde die Kenntnis der Beziehung zwischen der Bewegung dieses Punktes und der vom Kabel ausgeübten Kraft uns erlauben, die Bewegungsgleichung des Schiffes unter dem Einfluß der Kräfte aller Kabel und der übrigen Kräfte aufzuschreiben und zu lösen. Damit wir dies tun können, müssen wir folgende physikalischen Sachverhalte mathematisch formulieren:

1. Die Bewegung des Kabels wird durch die Newtonsche oder Hamiltonsche Mechanik beschrieben.
2. Die Länge l der Kette ist konstant.
3. Der Befestigungspunkt der Kette am Schiff bewegt sich horizontal auf bestimmte Weise.
4. Die horizontale Komponente H der Zugspannung der Kette wirkt auf das Schiff.

Punkt 1. Die Bewegung des Befestigungspunktes verändert die potentielle Energie der Kette und erhöht ihre kinetische Energie; es ist zu erwarten, daß sich die relative Wichtigkeit dieser Prozesse in der Lagrangefunktion des Kabels widerspiegelt (siehe (4.18)):

$$\int_0^l \rho A[(y_t^2 + x_t^2)/2 - gy]\mathrm{d}s,$$

wobei $x(s,t), y(s,t)$ den Ort der Punkte beschreibt (wie zuvor durch die Bogenlänge s), die die Kurve C zum Zeitpunkt t bilden. Da das Schiff zurückgehalten wird, würden wir erwarten, daß die Skala a der Bewegung des Befestigungspunktes klein ist im Vergleich zu l. Die Zeitskale der Bewegung sei τ, dann ist ρAga eine Schätzung der Veränderung der potentiellen Energie und $\rho A(a/\tau)^2$ die Veränderung der kinetischen Energie der Kette (pro Einheitslänge) durch die Bewegung.

Damit ist das Verhältnis der beiden Terme $a/[g\tau^2]$ eine Abschätzung der relativen Wichtigkeit der kinetischen Energie des Kabels bezüglich der gravitativen Effekte. Die beobachteten Beschleunigungen des Schiffes sind nun sehr klein, verglichen mit der Fallbeschleunigung g, die kinetische Energie dürfte damit zur Lagrangefunktion nur wenig beitragen. Man kann zeigen, daß die statischen Lösungen für das Kabel (entsprechend einem Minimum der potentiellen Energie) zu einer *quasistatischen* Näherung des dynamischen Problems (in der Zeit) zusammengezogen werden können. (Da $L(t) \approx -V(t)$ ***für alle*** t gilt, wird die Hamiltonfunktion $\int_0^t L(t)\mathrm{d}t$ näherungsweise für *alle* Zeitintervalle von den Lösungen für minimales $V(t)$ dominiert.) Argumente dieses Typs können zu falschen Ergebnissen führen (wie wir beim Problem der Dehnung des Kabels in Abschnitt 4.4 sahen), im Normalfall sind sie jedoch erfolgreich und man sollte bei ihrer Anwendung optimistisch sein.

Durch die oben vorgeschlagenen *quasistatischen* Näherungen werden die Rechnungen deutlich vereinfacht. Sind wir im Besitz eines Ausdrucks für die horizontale Komponente der Kraft als Funktion des Abstandes zwischen dem Ankerplatz im Gleichgewicht und dem Aufhängungspunkt, die die Kette dort ausübt, dann könnten wir diesen Ausdruck einfach in die Bewegungsgleichung des Schiffes einsetzen und seine Bewegung bestimmen.

Leider können wir die Ergebnisse des vorigen Abschnitts nicht einfach übernehmen, und es erweist sich als einfacher (und instruktiver), direkt mit den Gleichungen für das Gleichgewicht zu arbeiten. Wir wollen deshalb mit der Analyse der Punkte fortfahren. Unser Ziel ist die Untersuchung von Veränderungen, die durch relativ kleine Verschiebungen des Aufhängungspunktes der Ankerkette des Schiffes vom Punkt (h_0, d_0) nach $(h_0 + \eta, d_0)$ hervorgerufen werden. Wir werden deshalb die im Kapitel 2 erarbeitete *Störungsrechnung* anwenden. Die Variablen mit dem unteren Index 0 beziehen sich auf die Gleichgewichtsposition vor der Störung.

Punkt 2. Wie zuvor haben wir (siehe (4.29))

$$\sec^2\psi(s)\frac{\mathrm{d}\psi(s)}{\mathrm{d}s} = \frac{(\rho - \rho_w)gA_0(s)}{H}.$$

In diesem Fall ist die Querschnittsfläche $A_0(s)$ das *vorgegebene* Optimum, welches zu (H_0, h_0, d_0) des vorigen Abschnitts gehört. Dieser Wert von $A_0(s)$ wird natürlich nicht das Optimum für die gestörte Situation sein, und damit ist die Substitution $A_0 = H_0 \sec\psi(s)/\alpha$ in die Optimierungsgleichung (siehe (4.30)) nicht exakt. Sie ist jedoch richtig in der hier betrachteten Ordnung, und wir gelangen dadurch zu der einfacheren und äquivalenten Form

$$\sec\psi(s)\frac{\mathrm{d}\psi(s)}{\mathrm{d}s} = \beta\frac{H_0}{H} \tag{4.38}$$

mit

$$\beta = \frac{(\rho - \rho_w)g}{\alpha}.$$

Integration der Gleichung ergibt dann

$$\int_{\psi(0)}^{\psi(l)} \sec\psi \mathrm{d}\psi - \beta l \frac{H_0}{H} = 0.$$

Dies ist der mathematische Ausdruck dafür, daß die Kette eine feste Länge l besitzt. Diese Gleichung gilt sowohl für den Gleichgewichtszustand mit $(\psi(0), \psi(l)) = (U_0, V_0)$ für $H = H_0$ als auch für den neuen Zustand mit $(\psi(0), \psi(l)) = (U_0 + \delta U, V_0 + \delta V)$ und $H = H_0 + \delta H$. Subtrahieren wir die entsprechenden Gleichungen der beiden Zustände voneinander und führen eine Taylorentwicklung durch, dann erhalten wir die Bedingung für konstante Kabellänge in erster Ordnung:

$$\sec V_0 \delta V - \sec U_0 \delta U = -\beta \frac{\delta H}{H_0}.$$

Man beachte, daß die Werte von U_0 und V_0 aus der Berechnung des anfänglichen Gleichgewichtszustandes bekannt sind. Damit ist die obige Gleichung eine lineare algebraische Gleichung mit konstanten Koeffizienten, die die Veränderung der Befestigungswinkel an beiden Kabelenden zu den Änderungen von H in Beziehung setzt, die bei konstanter Kabellänge möglich sind.

Punkt 3. Aus der geometrischen Beziehung

$$\frac{\mathrm{d}y}{\mathrm{d}s} \equiv \frac{\mathrm{d}y}{\mathrm{d}\psi}\frac{\mathrm{d}\psi}{\mathrm{d}s} = \sin\psi$$

für y folgt (mit (4.38))

$$\tan\psi \frac{\mathrm{d}\psi}{\mathrm{d}y} = \frac{H_0}{H}\beta.$$

Integration über den Wertebereich von y liefert

$$\int_{\psi(0)}^{\psi(l)} \tan\psi \mathrm{d}\psi = \beta d_0 \frac{H_0}{H},$$

und wir erhalten näherungsweise

$$\tan V_0 \delta V - \tan U_0 \delta U = -\beta d_0 \frac{\delta H}{H_0}.$$

Die Gleichung für x ergibt analog dazu

$$\delta V + \delta U = -\beta h_0 \left(\frac{\delta H}{H_0} - \eta \right).$$

Wir gelangen so zu dem folgenden linearen algebraischen Gleichungssystem für die Verankerungsbedingungen:

$$\begin{pmatrix} \sec V_0 & -\sec U_0 & \beta l \\ \tan V_0 & -\tan U_0 & \beta d_0 \\ 1 & 1 & \beta h_0 \end{pmatrix} \begin{pmatrix} \delta V_0 \\ \delta U_0 \\ \delta H/H_0 \end{pmatrix} = \begin{pmatrix} 0 \\ 0 \\ \beta\eta \end{pmatrix}.$$

Man kann dieses System invertieren und damit die Veränderungen bestimmen, die eine Lageänderung des Schiffes um η bezüglich der Gleichgewichtslage hervorruft. So ist die relative Änderung der horizontalen Kraft, die das Kabel auf das Schiff ausübt, durch $\delta H/H_0 = -K_0\eta$ gegeben, wobei wir K_0, das nur von der Gleichgewichtssituation abhängt, explizit aus den obigen Gleichungen bestimmen können. Die Bewegung des Schiffes induziert also eine Rückhaltekraft des Kabels, die proportional zur Auslenkung des Schiffes ist.

Wir sind nun in der Lage, die Bewegungsgleichung des Schiffes abzuleiten. Die vollständigen Details hängen von der Modellierung der Bewegung des Wassers um das Schiff ab. Man kann diesen Effekt durch Addition einer Masse berücksichtigen. Es kann außerdem notwendig sein, Mitführungseffekte des Wassers (durch seine Viskosität) sowie Bewegungen durch Wellenerzeugung zu berücksichtigen; diese Effekte dämpfen die Bewegung (man verwendet im Normalfall einen Term der Form $D\dot{\eta}$ zur Beschreibung). Die Bewegungsgleichung lautet damit:

$$M\ddot{\eta} + D\dot{\eta} + 2K_0H_0\eta = F(t).$$

Die Größe $F(t)$ beschreibt die störende Kraft, die auf das Schiff wirkt. Der Faktor 2 im Term für die Ketten rührt von der Anzahl der Ketten her, da beide Ketten zur Rückhaltekraft $K_0H_0\eta$ beitragen. Ist die störende Kraft konstant gleich F_0, dann wird das Schiff um den Betrag $F_0/(2K_0H_0)$ verschoben. Wirkt eine solche Kraft nicht mehr, so wird die Bewegungsgleichung des Schiffes zur Gleichung des gedämpften harmonischen Oszillators, dessen Zeitskale von der Ordnung $\sqrt{M/(2H_0K_0)}$ ist. Vom dynamischen Standpunkt her gesehen sind größere H_0 besser, d.h. massiveren (und damit teureren) Ketten wäre der Vorzug zu geben (siehe (4.35)). Offensichtlich ist hier das Abwägen von Kapitalinvestition gegenüber den Ausgaben für die Versicherung notwendig. Solche Fragen sind an sich interessant, liegen jedoch außerhalb der mathematischen Modellierung und sind nur für die Entscheidungsträger wichtig.

Unser Beispiel sollte zeigen, wie man sich mit kleinen Schritten der Lösung eines großen Problems nähern kann. Die oben abgeleitete einfache Gleichung enthält die Effekte der Bewegung des Schiffes in ausreichender Genauigkeit und stellt einen schönen Ausgangspunkt für weitere Untersuchungen dar. Ist man im Besitz einer ersten Abschätzung des Verhaltens des Schiffes, dann lassen sich mit Hilfe der Energiebetrachtungen zusätzliche Modifikationen einbauen und die so erhaltene Gleichung störungstheoretisch behandeln. Man gelangt so zu Aussagen von gewünschter Genauigkeit.

4.7 Zusammenfassung

Der Newtonsche und der Variationsansatz sind zwei parallele und komplementäre Zugänge zur Behandlung dynamischer Probleme, die überall in der Physik auftreten. Wir werden beiden Ansätzen in den folgenden Kapiteln wiederbegegnen. Der Newtonsche Zugang führte in den hier behandelten einfachen Situationen zu mehr Verständnis für das Problem, der Variationsansatz erschien jedoch nützlicher bei der Behandlung komplexerer Modelle.

Das Problem der Optimierung ist ein eigenständiges, wichtiges Gebiet in der Ökonomie und den Ingenieurwissenschaften.

Wir haben in diesem Kapitel unsere Erfahrungen mit Näherungsrechnungen vertieft.

4.8 Aufgaben

Aufgabe 4.1 *Die vertikal hängende Kette*

Ein Hersteller möchte die minimale Masse einer Kette der Länge l_0 wissen, die eine große Last sicher trägt. Das Material der Kette besitze die Dichte ρ; der Querschnitt der Kette kann variabel sein. Das Ziel besteht in der Bestimmung eben dieser Variation der Kettendicke, die die Masse minimiert. Die Kette soll senkrecht hängen, die Situation sei wie in Abb. 4.16 beschrieben. Die maximale Belastung, die die Kette tragen kann, ohne sich plastisch zu deformieren, ist bekannt und sei α, d.h. $T(y)/A(y) \leq \alpha$. Weiter nehmen wir an, die Kette dehne sich nur unwesentlich. Man bestimme die Bedingungen für statisches Gleichgewicht für eine Länge der Kette zwischen y und l_0 und berechne daraus $A(y)$ für eine minimale Kettenmasse. Man kommentiere die wichtig erscheinenden Eigenschaften der Lösung.

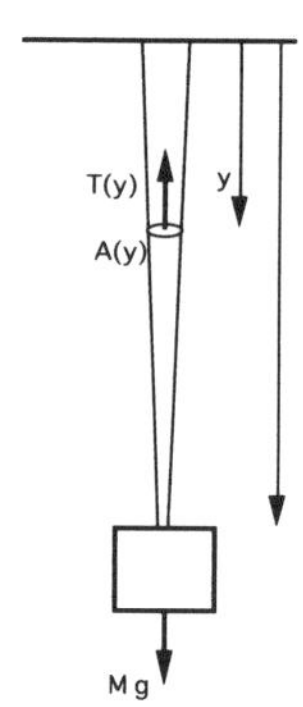

Abb. 4.16 Die senkrecht hängende Kette.

Aufgabe 4.2 *Das Problem der Brachistochrone*

Man vervollständige mittels Maple die Analyse des Brachistochronenproblems aus Abschnitt 4.3.1 und zeichne Lösungen für einen Bereich von b/d-Werten. Man untersuche gründlich die Gestalt des Weges und die Abhängigkeit von der Reisezeit zum Punkt (b, d). Man beachte besonders das *asymptotische* Verhalten für festes d und großes b.

Kommentar: Man sollte bedenken, daß algebraische Programme bei der Konfrontation mit mehreren möglichen Lösungen Probleme haben (z.B. beim Auftreten von Wurzeln oder mehrdeutigen Funktionen), deshalb sollte mit Sorgfalt vorgegangen werden und natürlich sollte man überprüfen, ob wirklich die relevante Lösung gewählt wurde.

Aufgabe 4.3 *Erweiterungen der Brachistochrone*

Die folgenden Aufgaben sind eng mit dem Problem der Brachistochrone (Abschnitt 4.3.1) verbunden.

(a) Man betrachte zuerst die in Abb. 4.4 dargestellte Situation, wobei sich ein Ende A des gesuchten minimalen Weges an einem festen Punkt $(0,0)$ befinden soll, das andere Ende B jedoch *irgendwo* auf der senkrechten Linie $x = b$ (bei $y = l$ etwa) liegt. Man bestimme sowohl den Weg als auch l.

(i) Zuerst sollte man sich davon überzeugen, ob das Problem eine vernünftige Lösung besitzen kann. Man wähle dazu explizit einige Wege und zeige, daß sowohl flachen (mit kleinem l) als auch steilen Wegen lange Reisezeiten entsprechen, so daß zu erwarten ist, daß das Minimum dazwischen liegt.

(ii) * Das Problem ist vom Typ der Situationen mit freien Randbedingungen. Man beginne beim grundlegenden Ansatz (d.h. bei (4.5)) und zeige, daß die Euler-Lagrange-Gleichung für die optimale Lösung die gleiche ist, die dazugehörigen Randbedingungen für eine Variation erster Ordnung jedoch wie folgt lauten:

$$y(0) = 0, \quad y'(l) = 0.$$

Sind diese Randbedingungen physikalisch sinnvoll? Warum?

(iii) * Man berechne mit Maple die Lösung dieser Gleichungen und stelle sie graphisch dar.
Nebenbemerkung: Eine alternative (und nicht so effiziente) Möglichkeit, zu einer Lösung zu gelangen, ist die Untersuchung der Brachistochronenlösung für festes b und variables d. Der gesuchten Lösung entspricht natürlich die kürzeste Reisezeit.

(b) ** Man betrachte nun die Situation, daß die Endpunkte A und B fest sind, die erlaubten Wege dürfen jedoch nicht zu steil verlaufen (d.h. $|y'(x)| < \alpha$). Dieses Problem taucht bei der Konstruktion einer aufregenden, jedoch sicheren Rutschbahn auf.
Skifahrer würden als Lösung folgendes vorschlagen: „Man beschleunige anfangs so stark wie möglich und gleite dann aus." Man konstruiere auf der Basis dieses intuitiven Vorschlages (mit Maple) eine Lösung und zeige, daß sie in der Tat zum Weg mit der minimalen Reisezeit führt (zumindest in einigen Fällen).
Hinweis: Man betrachte die Fälle $d/b \leq a$ und $d/b > a$ separat.

Kommentar: Typisch ist hier, daß die Euler-Lagrange-Gleichungen häufig zu Lösungen führen, die mit den geforderten Randbedingungen oder Zwangsbedingungen nicht vereinbar sind. In diesen Fällen erhält man die optimale Lösung durch Aneinanderfügen von Lösungskurven der Euler-Lagrange-Gleichungen und Kurven der Zwangsbedingungen. Oft hilft an solchen Stellen das Verständnis der zugrundeliegenden Physik weiter.

Aufgabe 4.4 *Kürzester Abstand*

Die kürzeste Verbindung zwischen zwei Punkten ist natürlich eine gerade Linie und man kann dies auch ohne Variationsrechnung zeigen. Die Herleitung mit Hilfe des Variationsprinzips ist jedoch recht instruktiv.

(a) Man zeige direkt anhand der Integraldarstellung der Länge einer beliebigen Kurve, daß die gerade Linie durch die Punkte $(0,0)$ und (a,b) in der Ebene die Kurvenlänge minimiert.

(b) Man löse die entsprechende Euler-Lagrange-Gleichung und bestimme daraus die Länge der kürzesten Bahn.

(c) Man frage sich: Welche Kurve $Y(x)$ durch die Punkte $(0,0)$ und (a,b) mit der zusätzlichen Forderung, daß der Anstieg der Kurve bei $x = 0$ null ist ($Y'(a) = 0$), besitzt die kleinste Länge? Man stelle für dieses Problem die Euler-Lagrange-Gleichung auf und zeige, daß, außer unter sehr speziellen Umständen, keine Lösung dieser Gleichung existiert, die die geforderte Randbedingung erfüllt. Man kann die auftretenden Schwierigkeiten bereits an der definierenden Gleichung erkennen; Die Euler-Lagrange-Gleichung ist von zweiter Ordnung, während drei Randbedingungen erfüllt sein müssen. Obwohl dies eine interessante Beobachtung ist, liefert sie doch keinen Hinweis darauf, wie die Schwierigkeit überwunden werden kann.

  (i) Man untersuche deshalb direkt die Geometrie des Problems. Man kann zeigen, daß, obwohl die Länge von akzeptablen Kurven dem Wert der Geraden $\sqrt{a^2+b^2}$ beliebig nahe kommt, sie diesen Grenzwert nie erreicht. Man betrachte dazu die geknickte Kurve, die aus den Geradenstücken $(0,0)$ bis $(a-\epsilon,b)$ und $(a-\epsilon,b)$ bis (a,b) besteht.

  (ii) Selbst wenn man darauf besteht, daß die Lösungskurve glatt sein muß (d.h., sie besitzt stetige Ableitungen zweiter Ordnung), kann man Lösungen finden, die dem Wert $\sqrt{a^2+b^2}$ beliebig nahe kommen. Geometrisch ist das klar. Für den analytischen Beweis betrachte man akzeptable Funktionen der Form $(b/a)x + g(a-x,\epsilon)$ und wähle für g eine Funktion, die außerhalb eines Bereiches ϵ um a klein ist und im wesentlichen nur einen Beitrag von der Ordnung ϵ zur Kurvenlänge liefert.
  Hinweis: Man betrachte Exponentialfunktionen g der Gestalt $e^{(a-x)/\epsilon}$.

Kommentar: Entspricht die gesuchte Kurve einem Draht, der von A nach B gespannt wird, und muß dieser bei B horizontal in ein Gehäuse laufen, dann spielen Biegekräfte eine Rolle, da es in der Nähe von $x = a$ zu einem

Knick kommt. Diese Bindekräfte sind es, die dann die physikalische Lösung bestimmen. Dazu müssen wir eine modifizierte Formulierung finden, die die zusätzliche Zwangsbedingung integriert. (In diesem Fall erscheinen starke Biegekräfte inakzeptabel, so daß wir fordern könnten, die Kurve besitze eine maximale Krümmung.) Es ist in der Tat oft der Fall, daß mathematische Schwierigkeiten auftreten, wenn Variationsprobleme formuliert werden, die keinen realen Situationen in der Wirklichkeit entsprechen und zu inadäquaten Modellen führen.

Aufgabe 4.5 *Das Doppelpendel*

** Wir wollen mit Hilfe von Maple die Euler-Lagrange-Gleichungen des in Abschnitt 4.4.1 behandelten Doppelpendels bestimmen. In einer solchen komplizierten algebraischen Situation ist es vorteilhaft, zuerst ein einfacheres Problem zu lösen, dessen Lösung wir kennen, und so den Code für Maple zu überprüfen. Das einfache Pendel ist genau der richtige Einstieg.

(a) Man bestimme die Lagrangefunktion für ein Pendel mit einem Stab. Man berechne mit Maple die Euler-Lagrange-Gleichungen für diese Situation, bestimme die natürliche Schwingungsfrequenz des Pendels und lasse einige Lösungen zeichnen.

(b) *** Man erweitere die obigen Rechnungen auf den Fall des Doppelpendels.

Aufgabe 4.6 *Schwingungen einer elastischen Saite*

Eine elastische Saite (mit der ungespannten Länge l_0 und der Masse pro Einheitslänge m) sei zwischen zwei Punkten gespannt, deren Abstand $l > l_0$ beträgt. Die Zugspannung in der Saite sei in dieser Konfiguration gleich T_0. Durch eine seitliche Auslenkung aus dem Gleichgewicht und anschließendem Loslassen werde die Saite in Schwingungen versetzt. Sei $u(x,t)$, $0 \leq x \leq l$ die seitliche Auslenkung der Saite zur Zeit t (siehe Abb. 4.17). Wir werden mit Hilfe des Hamiltonschen Prinzips die Gleichungen bestimmen, die die Schwingungen der Saite beschreiben.

(a) Man zeige, daß die totale Längenänderung der Saite durch (i) die anfängliche Spannung und (ii) die zusätzliche seitliche Auslenkung $u(x,t)$ zur Zeit t durch

$$\int_0^l \sqrt{1+u_x^2}\,\mathrm{d}x - l_0$$

gegeben ist.

(b) Mit Hilfe des Hookeschen Gesetzes (4.15) und dem Ausdruck für die in der Saite gespeicherte elastische Energie (4.17) zeige man, daß für relativ kleine Auslenkungen $u(x,t)$, verglichen mit $(l - l_0)$, die Erhöhung der elastischen Energie in der Saite zur Zeit t im Vergleich zum Gleichgewichtszustand durch den Näherungsausdruck (Taylorentwicklung)

$$\frac{1}{2}T_0 \int_0^l u_x^2\,\mathrm{d}x$$

bestimmt ist.

(c) Man zeige, daß

$$J = \int_0^t \int_0^l \left[\frac{1}{2} m u_t^2 - \frac{1}{2} T_0 u_x^2\right] \mathrm{d}x \mathrm{d}t$$

das Hamiltonsche Integral für die Saite ist.

(d) Man verwende die Euler-Lagrange-Gleichung für solche zweidimensionalen Probleme (siehe (4.3.2)) um zu zeigen, daß die Bewegung durch die *Schwingungsgleichung*

$$m u_{tt} - T_0 u_{xx} = 0$$

gegeben ist.

(e) Man bestimme durch Skalierung die Zeitskale der Bewegung.

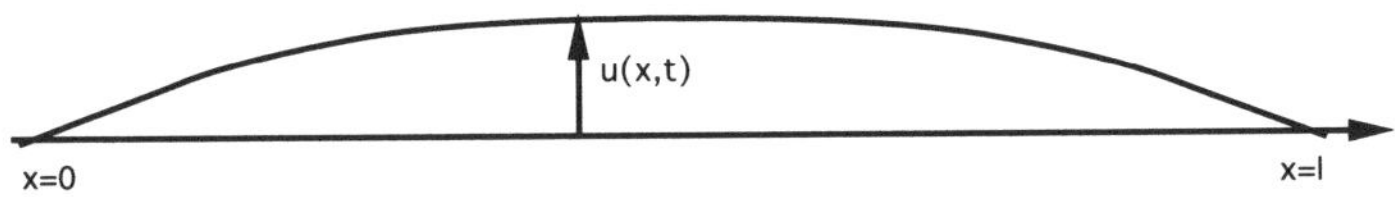

Abb. 4.17 Schwingungen einer Saite.

Aufgabe 4.7 *Wieder die Fahnenstange*

** Die in einer Stange der Länge l durch Verbiegung gespeicherte elastische Energie ist durch

$$\frac{1}{2} \int_0^l E I u_{xx}^2 \mathrm{d}x$$

gegeben. Dabei sind $u(x,t)$ die seitliche Auslenkung des Stabes, E das Youngsche Modul und I das zweite Flächenmoment seines Querschnittes (siehe Aufgabe 4.8).

(a) Man gebe die Lagrangefunktion des Stabes an.

(b) Für die in Kapitel 2 unter dem Einfluß von Erdbebenwellen behandelte Fahnenstange lauten die entsprechenden Anfangs- und Randbedingungen:

$$\begin{aligned} u(0,t) &= a \sin \omega t, & \frac{\partial u}{\partial x}(0,t) &= 0 \\ \frac{\partial^2 u}{\partial x^2}(l,t) &= 0, & \frac{\partial^3 u}{\partial x^3}(l,t) &= 0 \\ u(x,0) &= 0, & \frac{\partial u}{\partial t}(x,0) &= 0. \end{aligned}$$

Man gehe von den Grundlagen des Hamiltonschen Prinzips aus und zeige, daß die erste Variation der Hamiltonfunktion der Stange verschwindet, wenn die Euler-Lagrange-Gleichung die Gestalt

$$\rho \frac{\partial^2 u}{\partial t^2} + EI \frac{\partial^4 u}{\partial x^4} = 0 \tag{4.39}$$

besitzt. Man verwende dabei die obigen Rand- und Anfangswerte.

(c) ** Man bestimme die *natürlichen* Randbedingungen des Problems. *Natürliche* Randbedingungen eines Variationsproblems sind solche, die sicherstellen, daß die erste Variation verschwindet, ohne daß Zwangsbedingungen auferlegt werden.

Aufgabe 4.8 *Träger mit maximaler Tragkraft*

Stahlträger in Baukonstruktionen sollen longitudinalen Lasten oder rechtwinklig angreifenden Biegekräften widerstehen. Man interessiert sich daher für Träger mit minimalem Gewicht, die bestimmte Biegekräfte oder Lasten aushalten; dabei lassen sich bedeutende Einsparungen erzielen, wenn der Querschnitt des Trägers zweckmäßig gewählt wird. Wir wollen deshalb den optimalen Querschnitt für alle Träger bestimmen.

Die Gleichung für die transversale Auslenkung u eines Trägers unter Einwirkung einer Kraft f pro Einheitslänge (inklusive des Gewichtes des Trägers) lautet

$$EI \frac{\mathrm{d}^4 u}{\mathrm{d}x^4} = f.$$

Für entsprechende Randbedingungen ist damit die Verbiegung des Trägers eindeutig festgelegt. E ist das Youngsche Modul des Materials und

$$I = \int_{\mathcal{A}} z^2 \mathrm{d}A.$$

Man nennt I das zweite Flächenmoment des Querschnittes des Trägers um die y-Achse, wobei y vom Mittelpunkt des Trägerquerschnittes aus gemessen wird (siehe Abb. 4.18); $\mathrm{d}A = \mathrm{d}z Y(z)$ ist das Querschnittsflächenelement zu z. $Y(z)$ beschreibt die Gestalt des Querschnittes. Für unser Problem ist die Feststellung ausreichend, daß die minimale Verbiegung des Trägers bei bestimmtem Querschnitt $\int_{\mathcal{A}} \mathrm{d}A$ und fester Länge durch maximales I realisiert wird. Zur Berechnung des gesuchten Querschnittes müssen wir ein Variationsproblem mit Zwangsbedingungen lösen:

Man finde eine Funktion $Y(z)$, für die das Integral

$$I = \int_{\mathcal{A}} z^2 Y(z) \mathrm{d}z$$

minimal ist, wobei der Wert von $\int_{\mathcal{A}} Y(z) \mathrm{d}z$ fest sei.

(a) Man schreibe eine entsprechende Euler-Lagrange-Gleichung unter Verwendung von Lagrangeschen Multiplikatoren auf und zeige, daß dies zu einem anderen Ergebnis führt. Dies läßt vermuten, daß die Lösung nichtstetige Eigenschaften besitzt. (In solchen Fällen versagen die Euler-Lagrange-Gleichungen.) Wir müssen also nach einer Lösung suchen, die „außergewöhnliches" Verhalten zeigt.

(b) Man zeige, daß I wächst, wenn wir die Fläche soweit wie möglich von der y-Achse entfernen. Warum werden von Konstrukteuren Augenstäbe und Hohlstrukturen (etwa bei Fahnenstangen) verwendet? Man beachte, daß biologische Strukturen, die starken Biegekräften ausgesetzt sind, oft hohl sind (z.B. Bambus).

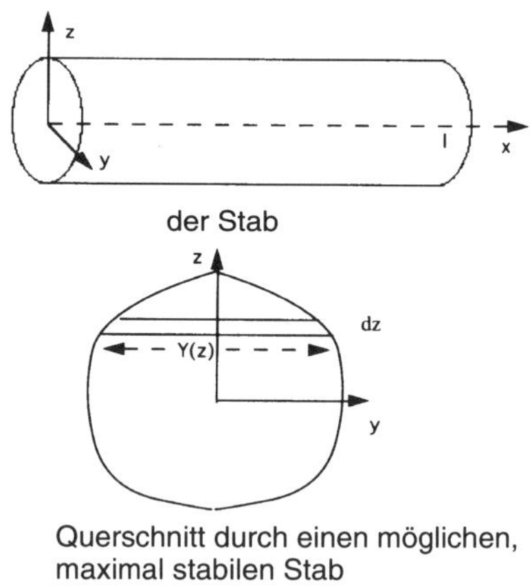

Abb. 4.18 Der Augenstab.

Aufgabe 4.9 *Flächenmaximierung*

Man zeige, den Argumenten folgend, daß die ebene Figur mit maximaler Fläche, die von einer Kurve mit fester Länge l_0 umschlossen wird, der Kreis ist.

(a) Man zeige, daß die größte Fläche durch eine Kurve eingeschlossen wird, die symmetrisch bezüglich einer Linie, die zwei Punkte mit dem Abstand $l_0/2$ verbindet, ist.

(b) Ist diese symmetrische Figur nicht konvex, dann zeige man (durch eine einfache Konstruktion), daß sich diese Fläche vergrößern läßt, ohne die Kurvenlänge zu verändern. Unter diesen Umständen ist es möglich, eine eindeutige Funktion $y(x)$ zu definieren, die den Rand auf einer Seite der Symmetrielinie beschreibt.

(c) Man zeige mittels der Euler-Lagrange-Gleichungen oder anders, daß die gesuchte Figur ein Kreis ist.

Kommentar: Für die Lösung von Variationsproblemen sind geometrische Argumente häufig sehr nützlich.

Aufgabe 4.10 *Der kürzeste Weg auf einer Oberfläche*

Wir wollen die Wege mit der kürzesten Länge zwischen zwei Punkten auf der Oberfläche des Ellipsoids

$$\frac{x^2}{a^2} + \frac{y^2}{b^2} + \frac{z^2}{c^2} = 1$$

bestimmen.

(a) Man zeige, daß die durch

$$x = a\cos\theta, \quad y = b\sin\theta\cos\phi, \quad z = c\sin\theta\sin\phi$$

definierten Parameter θ und ϕ den Ort von Punkten auf der Oberfläche des Ellipsoids beschreiben.

(b) Der Weg auf der Oberfläche mit der kleinsten Länge sei $\phi = \Phi(\theta)$. Man leite eine gewöhnliche Differentialgleichung für $\Phi(\theta)$ ab. Man berechne mit Maple die Bogenlänge entlang dieses Weges und überprüfe die Lösung für spezielle Fälle.

Aufgabe 4.11 *Orientierungslauf*

Wir wollen ein Verfahren entwickeln, das uns den kürzesten Weg für einen Läufer liefert, der vom Punkt A zum Punkt B will und dessen Umgebung (und damit seine Geschwindigkeit ($v(x, y)$) sich mit dem Ort ändert. Wie man sofort sieht, ist dieses Problem von großer Bedeutung (nicht nur für Orientierungsläufer).

Kommentar: Dies ist ein für Modellierer typisches Problem mit „offenen Enden". Wir benötigen eine ***robuste*** und schnelle Rechenmethode zur Bestimmung von nützlichen Näherungen für den besten Weg bei vernünftigen Werten von v. (Es ist allerdings immer möglich, jeden Rechenalgorithmus durch sorgfältige Auswahl von fürchterlichen Beispielen zum Versagen zu bringen; wir wollen uns mit solchen Kuriositäten hier nicht beschäftigen.)

(a) Der Punkt A liege im Ursprung und der Endpunkt B bei (c, d). Man zeige, daß das zu minimierende Funktional die Gestalt

$$\mathcal{T} = \int_0^c \frac{\sqrt{1 + y'^2}}{v(x, y)} \mathrm{d}x$$

besitzt. Dabei ist $\mathcal{T}$ die Wegzeit für den Weg $y(x)$.

(b) Man bestimme die Euler-Lagrange-Gleichungen und die Randbedingungen für das Problem.

Die Gleichung ist hochgradig nichtlinear. Deshalb werden wir wahrscheinlich den Computer einsetzen müssen.

(c) Obwohl man dazu neigt, die weitere Rechnung dem Computer zu überlassen, sollte man vorher trotzdem sorgfältig überlegen, welche Gestalt die Lösung besitzen kann und einige Spezialfälle betrachten, die sich analytisch behandeln lassen. Dies ermöglicht auch die Kontrolle der späteren Computerrechnungen. Man widme sich einigen dieser Spezialfälle:

Vorschläge: Man versuche $v(x, y) =$ konst., $v(x, y) =$ konst. stückweise und $v(x, y) = Y(y) \cdot X(x)$. Man frage sich:

- Existiert eine eindeutige Lösung?
- Gibt es häufig auftretende Situationen, die speziell behandelt werden müssen?
  Hinweis: Man verwende neben der Mathematik seine physikalische Intuition und erinnere sich, daß man zur Bestimmung der minimierenden Funktion oft Lösungsstücke der Euler-Lagrange-Gleichung zusammenfügen muß.

(d) * Es ist möglich, eine numerische Lösung durch Lösen der Euler-Lagrange-Differentialgleichung oder durch direkte Verwendung der Variationsformulierung finden. *Normalerweise ist die Verwendung der Variationsformulierung für numerische Rechnungen und der Differentialgleichung für analytische Arbeit günstiger.*

Eine einfache und sehr effektive numerische Technik ist die Bestimmung einer speziellen Lösung einer kleinen Klasse von erlaubten Funktionen, die das Funktional minimiert. Die quadratische Form

$$Y(x) = \frac{d}{c}x + \gamma x(x - c)$$

verläuft in unserem Fall durch Anfangs- und Endpunkt für jedes γ. Wir können deshalb diesen Ausdruck direkt in das definierende Funktional einsetzen und den Wert von γ bestimmen, der es minimiert. *Vorausgesetzt, daß die quadratische Form die richtige allgemeine Form* für die erlaubten $v(x, y)$ ist, können wir erwarten, daß wir zu einer guten Näherung für den minimalen Weg gelangen. Man kann die Näherung verbessern, indem man Polynome höherer Ordnung verwendet. Man experimentiere mit Maple (verwende `int, fsolve`) und überprüfe die Ergebnisse mit der früher berechneten exakten Lösung. *Diese Prozedur ist in Verbindung mit einem algebraischen Computerprogramm äußerst nützlich,* da die Verbesserung der Näherung durch Vergrößerung der Klasse der erlaubten Funktionen trivial ist.

(e) * Die Laufgeschwindigkeit in hügeligem Gelände läßt sich mit diesem Modell nicht gut behandeln. Warum? Wie muß man das Modell modifizieren, damit man auch solche Situationen behandeln kann?

Aufgabe 4.12 *Elastische Kabel*

In Abschnitt 4.4 behandelten wir hängende Kabel, die sich unter dem Einfluß der Gravitationskräfte nur wenig dehnen. Die Untersuchung leicht dehnbarer, elastischer Kabel ist ebenfalls interessant. Man verändere den Maple-Code aus dem Text und analysiere solche Situationen. Man bestimme z.B. die Wirkung der Vergrößerung des Abstandes der Kabelaufhängepunkte auf Größen der Ordnung ϵ.

Hinweis: Man sollte erwarten, daß sich der Charakter der Lösung verändert, wenn der Abstand die ungedehnte Länge des Kabels überschreitet.

Aufgabe 4.13 *Die gleichförmige Ankerkette*

Man bestimme die preisgünstigste Ankerkette mit gleichförmigem Querschnitt. Die Rechnungen ähneln denen in Abschnitt 4.5 für die optimale Ankerkette mit variablem Querschnitt sehr.

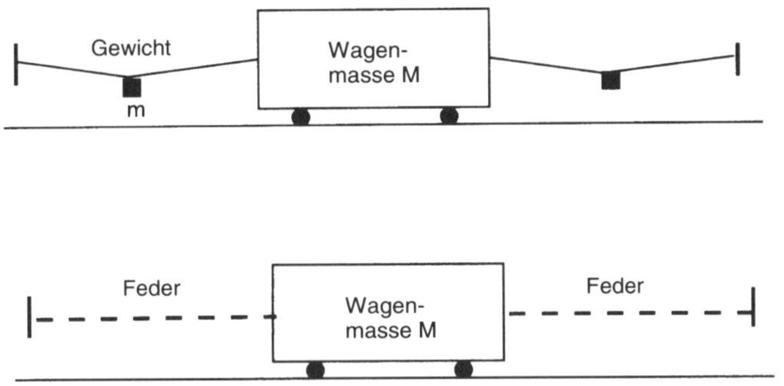

Abb. 4.19 Verankerungsprobleme.

Aufgabe 4.14 *Verankerungsprobleme*

Man bekommt oft ein Gefühl für ein Problem, wenn man sich mit einfacheren analogen Problemen beschäftigt. Die Analyse der Bewegung des verankerten Mutterschiffes in Abschnitt 4.5 ist genügend komplex, um die Behandlung eines analogen Problems vernünftig erscheinen zu lassen. In Abb. 4.19 sind zwei solche analogen Probleme dargestellt (vielleicht findet der Leser noch andere):

- Im ersten Fall wird ein Wagen, der äußeren Kräften ausgesetzt ist, mit zwei horizontalen gedehnten elastischen Federn stabilisiert, die ihn am Ort halten sollen.
- Im zweiten Fall wird der Wagen durch mit Gewichten belastete Stricke gehalten.

Die uns interessierenden Fragen sind nun:

1. Unter der Wirkung einer konstanten Kraft wird der Wagen ständig aus seiner Gleichgewichtslage entfernt. Um wieviel?

2. Wie lange wird es dauern, bis der Wagen nach dem Verschwinden der konstanten Kraft wieder in seine Gleichgewichtslage zurückgekehrt ist? Wir suchen speziell die Abhängigkeit der Zeitskala von den entsprechenden Parametern der Feder und den Massen des Systems. Man beachte, daß der Wagen nicht im Gleichgewichtspunkt stehen bleibt, sondern um die Gleichgewichtslage oszillieren wird. Dabei werden dissipative Mechanismen langsam die Energie, die die externe Kraft dem Wagen übertragen hat, aus dem System entfernen.

(a) Man bestimme die Bewegungsgleichung des Wagens (bei Vernachlässigung der Reibung der Räder) entweder durch Newtonsche oder Variationsmethoden für beide obigen Systeme und untersuche die oben gestellten Fragen. Man diskutiere die Ergebnisse (z.B. die Zeitskalen) und vergleiche mit den im Text angegebenen Lösungen.

(b) * Durch die Vermeidung der Schwierigkeiten durch variable Massenverteilung entlang der Ketten und der Veränderung der Form der Kurven, die die Ankerketten im Wasser beschreiben, führen die obigen Beispiele zu einer vereinfachten Analysis, ohne daß sich die grundlegenden Eigenschaften des Problems ändern. Man sollte nur geringe Schwierigkeiten erwarten, die auf ein Ersetzen der Massen/Seil-Verteilung im zweiten Beispiel durch symmetrische gleichförmige Ketten zurückzuführen sind. Man verwende die Ergebnisse im Text für das hängende Kabel, analysiere die Situation und führe entsprechende Vergleiche durch. Die obigen einfachen Beispiele stellen nicht nur eine Einführung in die Probleme der Verankerung dar, sie sind auch ein idealer Rahmen für die Darstellung der Lösungen des realen Problems. Das Ziel der Analyse des zweiten Beispiels sollte die (wenn mögliche) Bestimmung eines Ausdrucks für die *effektiven* (n, M)-Werte als Funktion der Verankerungsparameter sein; im Text sind wir diesen Weg ein Stück weit gegangen.

Literatur

Achiezer, N. I., *The Calculus of Variation*, Blaisdell Publishing Company, New York, 1962.

Courant, R., Hilbert, D., *Methoden der Mathematischen Physik*, Springer-Verlag, Heidelberg, 1993.

Fowles, G. R., *Analytical Mechanics*, Holt Rinehart and Winston, New York, 1970.

Goldstein, H., *Klassische Mechanik*, Aula-Verlag, Wiesbaden, 1991.

Strang, G., *Introduction to Applied Mathematics*, Wellesle, Cambridge Press, Mass. 1986, S. 720.

5 Noch einmal die Tischgeschichte

Energietechniken
Skalierung
Angewandte lineare Algebra
Numerische Rechnungen

5.1 Einführung

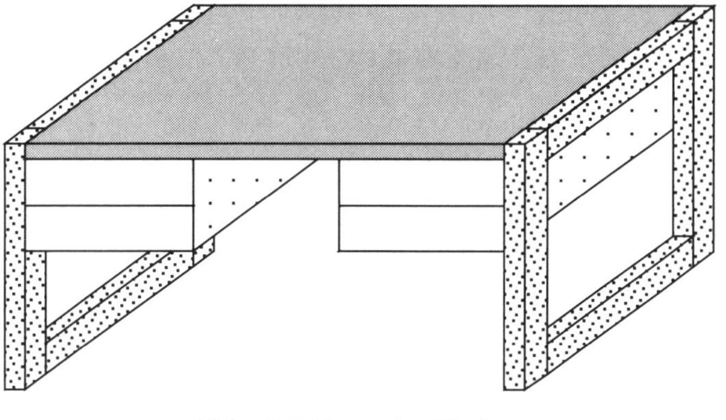

Abb. 5.1 Ein realer Tisch.

Zurück zu unserer Tischgeschichte. In der bisherigen Analyse war uns klar geworden, daß wir zur Behandlung der Komplexitäten, die im Zusammenhang mit Herstellungsungenauigkeiten auftreten, einen alternativen Zugang benötigen. In Abschnitt 5.2 wird sich zeigen, daß die im letzten Kapitel entwickelten Energieminimierungsmethoden angewandt werden können.

Die Annahme einer starren Tischplatte war eine der unbefriedigendsten Annahmen unserer bisherigen Modelle. Um zu sehen, wie man eine sich verbiegende Tischplatte behandelt, werden wir uns zunächst in Abschnitt 5.3 dem ähnlichen (jedoch einfacheren) Problem eines auf drei Pfosten ruhenden Stabes zuwenden, bevor wir in Abschnitt 5.4 dann das Tischproblem analysieren.

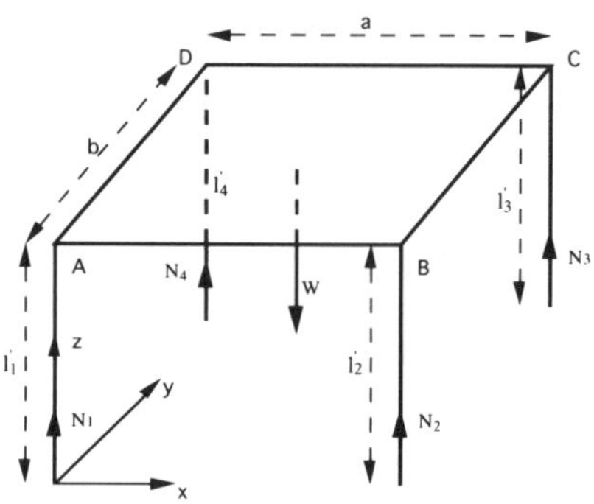

Abb. 5.2 Ein einfaches Tischmodell.

5.2 Energiemethoden

Die im Tisch gespeicherte Energie setzt sich aus der elastischen und der gravitativen potentiellen Energie der Tischbeine und der Tischplatte zusammen sowie der elastischen Energie, die in den Verbindungen gespeichert ist. Den Zustand, den der Tisch einnimmt, wird durch ein Minimum der Gesamtenergie beschrieben, wenn alle Zwangsbedingungen der Geometrie und der Belastung des Tisches erfüllt sind. Damit wir sehen, wie dieser Zugang funktioniert, wollen wir unser einfaches Tischproblem noch einmal analysieren (siehe Abb. 5.2).

Die einzige in der *starren* Tischplatte gespeicherte Energie ist die Gravitationsenergie, die durch das Produkt des Gewichtes und der Höhe l'_{cm} des Schwerpunktes über dem Erdboden gegeben ist. Die gewichtslosen Beine des Modells speichern nur elastische Energie, und zwar $N_i/(2k)$ (siehe (4.16)), dabei ist nach der Notation von Kapitel 3 N_i die Last auf das i-te Bein mit der Länge l'_i, welches bis zum Boden reicht (siehe Abb. 5.2). Die zu minimierende Energiefunktion $\mathcal{E}(N_i)$ als Funktion von N_i besitzt die Form

$$\mathcal{E} = \sum_1^4 N_i^2/(2k) + W l'_{cm}(N_i).$$

Berühren alle vier Beine den Boden, dann gilt

$$l'_{cm}(N_i) = \frac{1}{4}\sum_1^4 l'_i. \tag{5.1}$$

Die Länge des ungestauchten Beines berechnet sich nach dem Hookeschen Gesetz aus den N_i und l'_i zu

$$l'_i = l_i - N_i/k. \tag{5.2}$$

Die Zwangsbedingungen für unser Problem lauten:

- Die Kräfte müssen nichtnegativ sein, d.h.

$$N_i \geq 0 \quad \text{für} \quad i = 1, \ldots, 4.$$

- Die Tischplatte muß eben sein; das bedeutet (siehe (3.12))

$$G = (l_1' + l_3') - (l_2' + l_4') \geq 0 \tag{5.3}$$

  und damit als Funktion der N_i:

$$G = [(l_1 + l_3) - (l_2 + l_4)] - [(N_1 + N_3) - (N_2 + N_4)]/k \geq 0. \tag{5.4}$$

Man nennt dies ein *quadratisches Programmierproblem*, welches sich mit jedem Standardpaket für numerische Rechnungen lösen läßt, wenn man spezielle Werte für die Parameter in die Gleichungen einsetzt. Wie wir gesehen haben, sind die numerischen Ergebnisse für unser Modell in gewissem Sinn uninterpretierbar, so daß es an dieser Stelle wesentlich ist, mit der Analyse fortzufahren, um vielleicht zu analytischen Aussagen zu gelangen.

Es sind die Ungleichungen, die die analytische Rechnung so komplizieren, da wir nicht wissen, welche von ihnen *aktiv* die Lösung determinieren. Wählen wir den früher beschrittenen Weg und gehen davon aus, daß alle vier Beine den Boden berühren, dann sind die Ungleichungen nicht länger signifikant und wir gelangen zu dem einfacheren Problem der Minimierung von $\mathcal{E}(N_i)$, wobei nur die Zwangsbedingung $G(N_i) = 0$ verbleibt. Man löst dieses Problem am effektivsten mittels Lagrangescher Multiplikatoren (siehe Abschnitt 4.2). Wir führen also einen Parameter λ ein und suchen Werte für die Lasten N_i, die den Ausdruck $\mathcal{E}(N_i) - \lambda G(N_i)$ minimieren. Man gelangt so zu dem folgenden System von linearen Gleichungen:

$$N_i/k - W/(4k) \pm \lambda = 0,$$

für $i = 1, 2, 3, 4$. Dabei gilt das Pluszeichen für $i = 1, 3$ und das Minuszeichen für $i = 2, 4$. Damit gilt

$$N_i = W/4 \mp k\Delta,$$

und die Substitution dieser Lösung in die Zwangsbedingung $G = 0$ liefert

$$\lambda = -\Delta/4, \quad \text{damit} \quad N_i = W/4 \mp k\lambda \tag{5.5}$$

mit

$$\Delta = (l_1 + l_3) - (l_2 + l_4).$$

Damit gelangen wir zu dem gleichen Ergebnis wie über den Newtonschen Ansatz (siehe (3.15), (3.16)). Der große Vorteil der Energiemethode ist die einfache Verallgemeinerung auf kompliziertere Situationen; man benötigt dazu nur die Kenntnis der mit den verschiedenen Komponenten verbundenen inneren Energie. Wir wollen dies an einem etwas komplizierteren Beispiel demonstrieren; und zwar dem Tisch mit sechs Beinen und einer starren Tischplatte. Der nächste Abschnitt ist für das Verständnis des Buches nicht notwendig und kann daher übersprungen werden.

* Der sechsbeinige Tisch

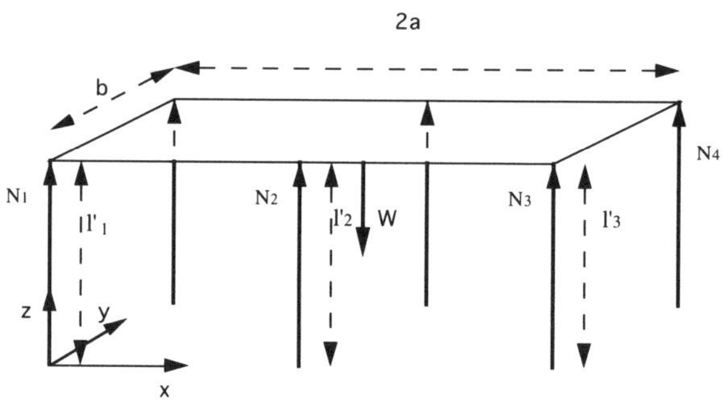

Abb. 5.3 Der Tisch mit sechs Beinen.

Die Geometrie des Tisches ist in Abb. 5.3 dargestellt; die rechteckige Tischplatte mit den Seitenlängen $(2a, b)$ ist starr, die Tischbeine sitzen an den Ecken und an den Seitenmitten der Seiten mit der Länge $2a$. Zuerst betrachten wir wieder den Fall, daß alle Beine den Boden berühren. Wir bezeichnen die Beine mit einer ganzen Zahl i, wobei Bein 1 am Punkt $(0,0)$ sitzt und wir entgegen dem Uhrzeiger die anderen Beine zählen, beginnend mit dem Bein bei $(a, 0)$. Die elastische Energie beträgt offensichtlich

$$\mathcal{E}_e = \sum_{i=1}^{6} N_i^2/(2k),$$

während wir für die vom Boden aus gemessene potentielle Energie den Ausdruck

$$V = \frac{W}{6}\sum_{i=1}^{6} l'_i \equiv \frac{W}{4}(l'_1 + l'_3 + l'_4 + l'_6) \tag{5.6}$$

erhalten, dabei ist wie vorher $l'_i = l_i - N_i/k$ die Länge der Beine für den stehenden Tisch.

Die Zwangsbedingungen resultieren wieder aus der Forderung, daß die Tischplatte eben ist, d.h., daß die oberen Beinenden aller sechs Beine in einer Ebene liegen; diese Punkte müssen also eine Ebenengleichung erfüllen. Die Koeffizientenmatrix lautet in diesem Fall

$$\begin{pmatrix} 0 & 0 & l'_1 & 1 \\ a & 0 & l'_2 & 1 \\ 2a & 0 & l'_3 & 1 \\ 2a & b & l'_4 & 1 \\ a & b & l'_5 & 1 \\ 0 & b & l'_6 & 1 \end{pmatrix}.$$

Man sieht dies am besten, wenn man sich erinnert, wie die (4×4)-Matrix für den vierbeinigen Tisch zustandekam (siehe (3.11)). Damit die sechs homogenen Gleichungen nichttriviale Lösungen für die vier Unbekannten (die Koeffizienten der Ebenengleichung) besitzen, sollten drei Bedingungen linear abhängig sein. Man erhält diese Konsistenzgleichungen durch eine Gaußsche Reduktion der Spalten, die die l'_i nicht enthalten. Der Vorgang ist nicht eindeutig, eine Möglichkeit sind die folgenden drei Gleichungen:

$$\begin{aligned} G_1 &\equiv l_1 + l'_5 - l'_2 - l'_6 = 0, \\ G_2 &\equiv l'_1 + l'_4 - l'_3 - l'_6 = 0, \\ G_3 &\equiv l'_1 + l'_3 - 2l'_2 = 0. \end{aligned} \tag{5.7}$$

Wir haben es offensichtlich mit einer Verallgemeinerung der Zwangsbedingungen (3.12) des vierbeinigen Tisches zu tun.

Ersetzt man die l'_i durch die N_i und die l_i mittels des Hookeschen Gesetzes (5.2), dann reduziert sich das Problem auf die Bestimmung der sechs unbekannten Kräfte N_i und der drei unbekannten Lagrangeschen Multiplikatoren λ_i so, daß

$$H = \mathcal{E} + V - \sum_{i=1}^{3} \lambda_i G_i$$

minimal wird bei Variation nach den N_i und λ_i. Die neun Gleichungen in N_i, λ_i sind ausreichend, die neun Unbekannten zu bestimmen. Es wäre für die weitere Analyse und die Interpretation sehr wichtig, eine analytische Lösung in einer nützlichen Form zu besitzen, denn wir wissen, daß eine solche existiert. Offensichtlich ist dies eine Aufgabe für ein algebraisches Computerprogramm und nicht für einen Menschen. Die entsprechende Mathematik ist Matrixalgebra und unser Problem stellt eine schöne Anwendung der linearen Algebra und von Maple bei der Suche nach einer Lösung in *nützlicher Form* dar. Die Lösung lautet (siehe den Anhang zu diesem Kapitel):

$$N_i/W = 1/6 + (k/W)M \sum_{j=1}^{3} [\mathbf{l} \cdot \mathbf{e}_j]\mathbf{e}_j(i). \tag{5.8}$$

Die $\mathbf{e}_i, i = 1, 2, 3$ sind dabei eine passende Basis für des Problem und M ist eine (6×6)-Matrix; beide Größen sind im Anhang definiert (siehe (5.37),(5.36)). Die Komponenten l_j bilden den Vektor $\mathbf{l}$ und $\mathbf{e}_j(i)$ ist die i-te Komponente des j-ten Einheitsvektors. Für $N_i > 0$ berühren alle Beine den Fußboden, damit lassen sich mit diesem Ergebnis Bedingungen dafür angeben, daß der Tisch sicher steht.

Die Einzelheiten der obigen Lösung sind für uns im Moment nicht wichtig, interessant ist jedoch der Vergleich mit den Ergebnissen für den vierbeinigen Tisch (siehe (5.5)). Wie man sieht, existiert kein einfacher *Stabilitätsparameter*, der das Problem definiert – vor allem, weil verschiedene Wackelmöglichkeiten existieren. Mathematisch gesehen ist das Ergebnis sehr schön, da es die Komponenten von $\mathbf{l}$ isoliert, die ein Wackeln verursachen können (siehe den Anhang). Der Hersteller von Tischen würde das Ergebnis vermutlich weder interessant noch nützlich finden. Nehmen wir an, die Beinlängen werden durch eine Zufallsverteilung beschrieben und die Beine sind in einer zufälligen Reihenfolge an der Tischplatte befestigt, dann läßt sich mit (5.8) die Wackelwahrscheinlichkeit als Funktion von k/W und der Standardabweichung σ der Beinlänge berechnen. Man erhält so den gesuchten *Stabilitätsparameter*:

$$r = K\Delta^*/W \quad \text{mit} \quad \Delta^* = \Delta^*(\sigma)$$

für den sechsbeinigen Tisch. Dazu muß man einfach über alle Möglichkeiten mitteln (siehe Abschnitt 3.3.2). Die daraus folgenden Informationen sind nun für einen Hersteller von großer Bedeutung.

Kommentar: Unser Ziel in diesem Abschnitt war die Anwendung der Energietechniken auf eine Situation mit realer Komplexität. Man beachte erstens, daß das Hinzufügen zweier zusätzlicher Beine keine Schwierigkeiten bereitet. Andere zusätzliche Eigenschaften ließen sich genauso integrieren. Flexible Verbindungen der Beine mit der Tischplatte z.B. können so ganz einfach behandelt werden (während dies beim Newtonschen Ansatz große Probleme bereitet). Die in der Verbindung gespeicherte Energie (für kleine Auslenkungen natürlich) hängt quadratisch vom Winkel zwischen Bein und Tischplatte ab (siehe dazu die Analyse des Hookeschen Gesetzes in Abschnitt 4.4); damit ist der Ausdruck für $\mathcal{E}_e$ der gleiche wie vorher, jedoch erstreckt sich die Summation über einen größeren Indexbereich und die l_i' sind entweder Winkel oder Auslenkungen. Damit erhält man ein größeres System von linearen Gleichungen und Maple ist in diesem Fall effektiv und *wesentlich* zur Berechnung der Lösung in *nützlicher* Form. Der im Anhang angegebene Programmcode muß zur Behandlung dieses Falles nur wenig modifiziert werden.

Eine Eigenschaft läßt sich allerdings nicht so leicht integrieren: die biegsame Tischplatte. Wir werden uns deshalb nun diesem Problem zuwenden.

5.3 Der unterstützte Stab

Unter dem Einfluß der Kräfte, die die Beine und das eigene Gewicht bewirken, verformt sich die Tischplatte. Da sich die Länge der Beine ebenfalls ändert, ist unsere Aufgabe, die Gestalt der Tischplatte und die Längenänderung der Beine zu bestimmen, die die Energie des Systems minimieren. Wie wir im Kapitel 4 gesehen haben, ist die Bestimmung einer minimierenden *Gestalt*, d.h. einer vollständigen Funktion, keine einfache Aufgabe. Deshalb lassen sich unsere obigen Überlegungen nicht so ohne weiteres verallgemeinern. Das dazu gehörige eindimensionale Problem ist die Bestimmung der Durchbiegung eines unterstützten Stabes (siehe Abb. 5.4). Wir wollen mit der Untersuchung dieses Problems beginnen.

Ein Stab liege auf drei vertikalen Stützen mit fast der gleichen Länge. Wir wollen die Lasten N_1, N_2 und N_3, die auf den Stützen ruhen, berechnen. Auf das System wirken insgesamt drei unbekannte Kräfte, während wir nur zwei Gleichgewichtsbedingungen haben (keine vertikale Translationsbewegung und keine horizontalen Rotationen). Damit sind durch statische Betrachtungen wie bei der starren Tischplatte die Lasten nicht komplett zu bestimmen. Alle vier Elemente der Konstruktion verändern sich unter den Kontaktkräften und der wirkenden Erdanziehung. Die Erfahrung sagt nun, daß sich eine Lösung für das gesamte System finden läßt, aus der sich die gesuchten Lasten berechnen lassen. Der Stab besitze ein Gewicht W und die Länge L. Die Masse der Stützen soll vernachlässigbar sein und sie sollen sich an den Orten x_1, x_2 und x_3 von links aus befinden. Wir wollen zuerst die Gestalt des Stabes unter beliebigen Belastungen der Stützen berechnen.

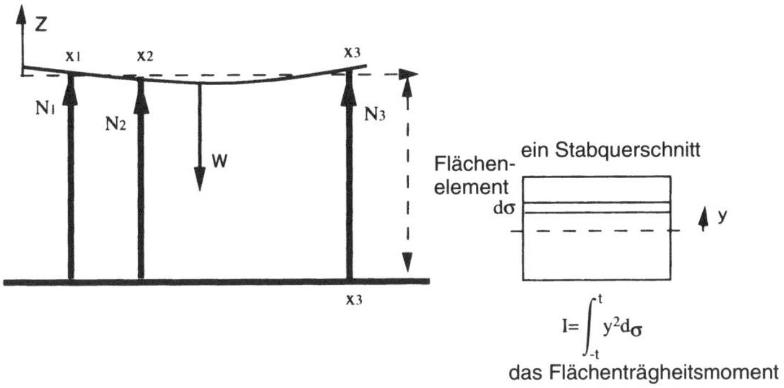

Abb. 5.4 Der unterstützte Stab.

5.3.1 Der Stab

Die vertikale Auslenkung $Z(x)$ unter dem Einfluß einer vertikal wirkenden Last pro Einheitslänge $P(x)$ beträgt für kleine Auslenkungen (siehe Segel (1970)):

$$E_b I_b \mathbf{D}^4 Z = P(x). \tag{5.9}$$

Dabei ist $\mathbf{D}$ die Ableitung nach x, E_b ist das Youngsche Modul des Materials und I_b das zweite Flächenmoment des Querschnittes des Stabes bezüglich des Mittelpunktes der Querschnittsfläche (siehe Abb. 5.4)

$$I_b = \int_A y^2 \mathrm{d}A.$$

Damit hängt I_b stark (etwa kubisch) von der Stabdicke ab.

Wir werden x vom linken Ende des Stabes aus messen; für spätere Zwecke ist es vernünftig, die Stabauslenkung $Z(x)$ bezüglich einer Höhe l_0 über dem Erdboden zu messen. Dabei ist l_0 die Länge der ungestauchten Stützen (siehe Abb. 5.4). (Damit ist $Z(x)$ für die meisten x negativ.) Wir nehmen an, die Enden des Stabes sind „frei“, d.h. nicht unterstützt. Dann gelten die folgenden Randbedingungen:

$$Z''(0) = Z''(L) = 0 \quad \text{und} \quad Z'''(0) = Z'''(L) = 0.$$

Der Stab ruft eine Kraft $-W/L$ aufgrund seines Eigengewichtes hervor, dazu kommen natürlich die Kräfte der Stützen. Ist nun N_i die Gesamtkraft, die die i-te Stütze (mit der Dicke $2\epsilon \ll L$) auf den Stab überträgt, dann erhalten wir für die Kraft pro Einheitslänge der i-ten Stütze

$$N_i f_i(x - x_i, \epsilon),$$

die Funktionen f_i erfüllen dabei

$$f_i(x - x_i, \epsilon) = 0 \quad \text{für} \quad |x - x_i| > \epsilon$$

und

$$\int_{x_i-\epsilon}^{x_i+\epsilon} f_i(x - x_i, \epsilon)\mathrm{d}x = 1.$$

Die Gleichung für die Verbiegung des Stabes lautet so

$$E_b I_b \mathbf{D}^4 Z = -W/L + \sum_{i=1}^{3} N_i f_i(x - x_i, \epsilon) \quad \text{für} \quad 0 < x < L. \tag{5.10}$$

Man sollte erwarten, daß die Auslenkung des Stabes nicht von der Gestalt der Funktionen f_i außerhalb der Kontaktzonen mit den Trägern abhängt; wir werden sehen, daß dies der Fall ist. Man führt deshalb eine nützliche und übliche Notation ein, die die Einführung solcher Gestaltfunktionen völlig vermeidet. Man schreibt für die obige Gleichung nun

$$EI\mathbf{D}^4 Z = -W/L + \sum_{i=1}^{3} N_i \delta(x - x_i) \quad \text{für} \quad 0 < x < L. \tag{5.11}$$

Der Ausdruck $\delta(x)$ ist die **Diracsche Deltafunktion**, die formal folgendermaßen definiert wird:

$$\delta(x) = 0 \quad \text{für} \quad x \neq 0$$

und

$$\int_{-\epsilon}^{\epsilon} \delta(x)\mathrm{d}x = 1.$$

Sie ist bei $x = 0$ nicht definiert; es wird auch keine Definition benötigt. Die Notation ist sinnvoll, wenn die Summen definiert sind, und mit etwas Sorgfalt sind sie es fast immer. Diese *verallgemeinerten* Funktionen erweisen sich als sehr nützlich. Wir werden hier nur zeigen, daß wir zu richtigen Ergebnissen gelangen und die Schreibweise von Nutzen ist; im Teil II werden wir verallgemeinerte Funktionen etwas detaillierter besprechen (siehe Abschnitt 7.7).

Skalierung des Problems

Offensichtlich sind die Lasten auf den Stützen vom Gewicht des Stabes abhängig, und dies setzt eine natürliche Skale W für die Kräfte N_i. Wir führen also skalierte Variablen R_i ein, die durch

$$R_i = N_i/W$$

definiert werden. Die Länge der Stützen sind eine natürliche Längenskale für die x-Koordinate, damit ist

$$\xi = x/L \quad \text{mit} \quad \xi_i = x_i/L$$

eine gute Längenskale. Die Skale für die vertikale Auslenkung ist nicht so offensichtlich, deshalb wählen wir sie zu

$$Y = Z/c$$

mit einer unbekannten c, die die Längeneinheiten bestimmt. Die Differentialgleichung lautet nun in diesen Variablen nach einer trivialen Umstellung

$$D^4 Y = \frac{WL^3}{E_b I_b c}\left[-1 + \sum_{i=1}^{3} R_i f_i(\xi - \xi_i)\right] \quad \text{für } 0 < \xi < 1. \tag{5.12}$$

D bedeutet nun Differentiation nach ξ. Die Wahl

$$c = \frac{WL^3}{E_i I_b} \tag{5.13}$$

reduziert die Gleichung auf die einfachste dimensionslose Form

$$D^4 Y = \left[-1 + \sum_{i=1}^{3} R_i f_i(\xi - \xi_i, \bar{\epsilon})\right) \quad \text{für} \quad 0 < \xi < 1 \tag{5.14}$$

mit $\bar{\epsilon} = \epsilon/L$.

Wir erwarten, daß diese Wahl die entsprechende Skale für die Verbiegung bestimmt und wir so eine grobe Abschätzung für die tatsächliche Auslenkung bekommen.

Die Bedingungen für die Stabenden lauten für die skalierten Variablen:

$$Y''(0) = Y'''(0) = Y''(1) = Y'''(1) = 0, \tag{5.15}$$

dabei bedeuten die Striche die Ableitung nach ξ.

Der Lösungsprozeß

Integriert man (5.14) über ξ von 0 bis ξ und setzt den Wert von $Y'''(0)$ ein, dann erhält man

$$Y'''(\xi) = -\xi + \int_0^{\xi} \sum_{i=1}^{3} R_i f_i(\xi' - \xi_i, \bar{\epsilon}) \mathrm{d}\xi'. \tag{5.16}$$

Für die Bereiche außerhalb der Kontaktzonen der Stützen gilt:

$$\int_0^{\xi} \sum_{i=1}^{3} R_i f_i \mathrm{d}\xi' = \begin{cases} 0 & \text{für } 0 < \xi < \xi_1 - \bar{\epsilon} \\ R_1 & \text{für } \xi_1 + \bar{\epsilon} < \xi < \xi_2 - \bar{\epsilon} \\ R_1 + R_2 & \text{für } \xi_2 + \bar{\epsilon} < \xi < \xi_3 - \bar{\epsilon} \\ R_1 + R_2 + R_3 & \text{für } \xi_3 + \bar{\epsilon} < \xi < 1 \end{cases}$$

In den Kontaktbereichen der Stützen $\xi_i - \bar{\epsilon} < \xi < \xi_i + \bar{\epsilon}$ müssen wir die Integrale über die f_i extra bestimmen. Interessiert man sich jedoch für die Kontaktregion nicht explizit, dann ist es nicht notwendig, diese Integrale zu berechnen, da der Ausdruck für die Gebiete außerhalb der Kontaktzonen nur von den *über die Zonen integrierten* Integralen abhängt, die nach Definition jedoch gleich eins sind. Dies bestätigt das intuitive Ergebnis, daß die Verbiegung des Stabes unabhängig von der Gestalt der Funktionen f_i ist und daß dadurch die Verwendung der Diracschen Deltafunktion gerechtfertigt ist. Um das unschöne Zerbrechen des ξ-Bereiches in Zukunft zu vermeiden, wollen wir eine weitere verallgemeinerte Funktion, die **Heavisidesche Stufenfunktion** $H(x)$ einführen. Ihre Definition lautet

$$H(x) \equiv \begin{cases} 0 & \text{für } x < 0 \\ 1 & \text{für } x > 0. \end{cases} \tag{5.17}$$

Damit lassen sich die Integralausdrücke vermeiden, und wir können die Gleichung (5.16) wie folgt umschreiben:

$$Y'''(\xi) = -\xi + \sum_{i=1}^{3} R_i H(\xi - \xi_i).$$

Wir möchten nochmals darauf hinweisen, daß diese Schreibweise korrekt ist, wenn man sich nicht detailliert für die Kontaktzonen der Stützten interessiert.

Nebenbemerkung: Das Verhalten des Systems als ganzes wird natürlich durch die Kontaktregionen beeinflußt, wenn die Stützen und der Stab miteinander verbunden werden. Man benötigt für diese Fälle eine detailliertere Analyse, da die Verbindungen auf den Stab Momente übertragen können. Wir werden uns mit dieser Frage nicht beschäftigen, deshalb sind wir von vornherein davon ausgegangen, daß der Stab frei auf den Stützen liegt.

Setzt man $\xi = 1$ in die Gleichung für Y''' ein, dann erkennt man, daß für

$$0 = -1 + \sum_{i=1}^{3} R_i \tag{5.18}$$

die Randbedingung $Y'''(1) = 0$ erfüllt wird. Es handelt sich hierbei einfach um die Newtonsche Aussage, daß die Summe der vertikalen Kräfte, die am Stab angreifen, verschwinden muß, damit der Stab in Ruhe verbleibt.

Eine zweite Integration der Stabgleichung ergibt

$$Y''(\xi) = -\xi^2/2 + \sum_{i=1}^{3} R_i H(\xi - \xi_i)(\xi - \xi_i).$$

Die Erfüllung der Randbedingung $Y''(1) = 0$ bedeutet

$$0 = -1/2 + \sum_{i=1}^{3} R_i(1 - \xi_i). \tag{5.19}$$

Wir erhalten als Ergebnis, daß das Gesamtdrehmoment, welches am $\xi = 1$-Ende des Stabes angreift, im Gleichgewicht verschwinden muß. Diese aus der Newtonschen Mechanik ebenfalls bekannte Tatsache überzeugt uns abermals von der Richtigkeit unserer Rechnung. Da wir alle Randbedingungen eingebaut haben, treten bei der weiteren Untersuchung beliebige Integrationskonstanten A und B auf. Der Ausdruck für Y lautet am Ende dann

$$Y = A + B\xi - \xi^4/24 + \sum_{i=1}^{3} R_i H(\xi - \xi_i)(\xi - \xi_i)^3/6. \tag{5.20}$$

Wie man sieht, besteht die Lösung aus einer speziellen Lösung und einer komplementären Funktion. Der Term der speziellen Lösung $-\xi^4/24$ beschreibt die Auslenkung durch das (auf eins normierte) Gewicht des Stabes, die anderen Terme die Wirkung der Stützen. Alle Effekte sind additiv, da die Stabgleichung linear ist. Die komplementäre Funktion (die die homogene Gleichung und die Randbedingungen erfüllt), ist linear in ξ. Die physikalische Interpretation dieses Lösungsteils sind vertikale Translationsbewegungen und horizontale Drehungen des Stabes als Ganzes. (Natürlich beeinflussen solche Stabverformungen starrer Körper die Spannungen im Stab nicht.) Da sowohl die vertikale Position des Schwerpunktes als auch die Orientierung des Stabes erst festgelegt werden können, wenn der Stab sich den Stützen „angepaßt" hat, erscheint dies vernünftig. Obwohl man diese Identifizierung der einzelnen Terme mit physikalischen Sachverhalten nicht vornehmen muß (man kann ja einfach der Mathematik vertrauen), kann es doch nützlich sein; besonders in komplexen Situationen. Im Falle der biegsamen Tischplatte werden wir dies deutlich sehen.

Damit sind wir mit der Analyse des Problems am Ende. Wir müssen allerdings noch sicherstellen, daß die Auslenkungen des Stabes mit denen der Stützen zusammenfallen.

5.3.2 Anpassung von Stab und Stützen

Die fünf Unbekannten R_i, A, B im allgemeinen Ausdruck (5.20) müssen so gewählt werden, daß die drei Stützen den durchgebogenen Stab berühren und die beiden Gleichgewichtsbedingungen (5.18), (5.19) erfüllt sind.

Die Länge der ungestauchten Stützen sei l_i, gestaucht betrage sie l'_i. Verwenden wir für die Stützen den gleichen Koordinatenursprung (l_0 über dem Boden) und die gleiche Längenskale $c = WL^3/E_bI_b$ (siehe (5.13)) wie für den Stab, dann erhalten wir für die skalierte Lageänderung der oberen Enden der Stützen

$$\ell'_i = (l'_i - l_0)/c.$$

Stab und Stützen passen zusammen, wenn gilt

$$\ell'_i = Y(\xi_i) \quad \text{für } i = 1, 2, 3.$$

Die vollständigen Anpaßbedingungen lauten damit

$$\begin{pmatrix} 0 & 0 & 0 & 1 & \xi_1 \\ \lambda_{12} & 0 & 0 & 1 & \xi_2 \\ \lambda_{13} & \lambda_{23} & 0 & 1 & \xi_3 \\ 1 & 1 & 1 & 0 & 0 \\ (1-\xi_1) & (1-\xi_2) & (1-\xi_3) & 0 & 0 \end{pmatrix} \begin{pmatrix} R_1 \\ R_2 \\ R_3 \\ A \\ B \end{pmatrix} = \begin{pmatrix} \ell_1' + \mu_1 \\ \ell_2' + \mu_2 \\ \ell_3' + \mu_3 \\ 1 \\ 1/2 \end{pmatrix}.$$

Die Koeffizienten λ_{ij} und μ_i sind wie folgt definiert:

$$\lambda_{ij} = (\xi_j - \xi_i)^3/6 \quad \text{und} \quad \mu_i = \xi_i^4/24.$$

Die l_i' hängen durch das Hookesche Gesetz mit den N_i über die Beziehung

$$l_i' = l_i - N_i/k$$

zusammen, die skalierte Version lautet

$$\ell_i' = \ell_i - (W/ck)R_i$$

mit $\ell_i = (l_i - l_0)/c$.

Verwenden wir dieses Ergebnis, bringen die R_i auf die linke Seite der Gleichungen und setzen c ein, so gelangen wir zu der folgenden *expliziten* Form der Gleichungen für R_i, A, B:

$$\begin{pmatrix} \gamma & 0 & 0 & 1 & \xi_1 \\ \lambda_{12} & \gamma & 0 & 1 & \xi_2 \\ \lambda_{13} & \lambda_{23} & \gamma & 1 & \xi_3 \\ 1 & 1 & 1 & 0 & 0 \\ (1-\xi_1) & (1-\xi_2) & (1-\xi_3) & 0 & 0 \end{pmatrix} \begin{pmatrix} R_1 \\ R_2 \\ R_3 \\ A \\ B \end{pmatrix} = \begin{pmatrix} \ell_1' + \mu_1 \\ \ell_2' + \mu_2 \\ \ell_3' + \mu_3 \\ 1 \\ 1/2 \end{pmatrix}$$

mit

$$\gamma = E_b I_b/(kL^3). \tag{5.21}$$

An diesem Punkt der Rechnung wird deutlich, daß wir am besten mit numerischen Kalkulationen fortfahren, da die algebraische Komplexität der Lösungen diese unverständlich machen würde.

Uns interessierte bei diesem Problem besonders, ob der Beitrag des Stabes oder der der Stützen wichtiger ist, wenn Stützen verschiedener Höhe Lasten tragen sollen. Diese Situation wird durch die dimensionslose Zahl γ bestimmt, sie liefert ein Maß für die relative Bedeutung der beiden Effekte. γ ist eine grobe Abschätzung für das Verhältnis der Kontraktion der Stützen zur Verbiegung des Stabes. Ist γ klein, dann sind die Stützen relativ starr und der Stab wird sich (wenn er kann) verbiegen, bis er sie berührt. Ist γ jedoch groß, dann werden sich die Stützen mehr verformen als der Stab. Für mittleres γ werden beide Effekte bei der Verteilung der Lasten eine Rolle spielen.

Kommentar: Wir hätten durch Skalierung für spezielle Fälle die obige Analyse vermeiden können. Wie wir bereits früher für die definierende Gleichung festgestellt haben, ist die Skale der Verformung der Stützen unter einer Last W gleich

W/k; die Stabgleichung ergab eine Skale der Ordnung $WL^3/(E_b I_b)$. Dies ergibt genau das Verhältnis γ für die relative Größe der Verformungen. Ist γ groß oder klein, so können wir uns die Hälfte der Rechnungen oben ersparen und eine Anpassung wird irrelevant. Da wir für unser Problem eine exakte Lösung finden konnten, ist dies nicht so schlimm; normalerweise ist jedoch ein alles umfassendes Modell unpraktisch, weil die Skalierungsargumente dann *wesentlich* für die Konstruktion eines funktionierenden Modells werden.

5.4 Der Tisch

Zur Erweiterung der obigen Analyse auf den Fall einer Tischplatte benötigen wir eine Gleichung, die uns kleine Verformungen einer Platte beschreibt. Man findet diese Gleichung in jedem Standardwerk über Elastizitätstheorie, z.B. Landau und Lifschitz (1983) oder Timoshenko und Goodier (1970).

Nebenbemerkung: Wir hatten bereits früher darauf hingewiesen, daß die detaillierte Kenntnis der Ableitung einer die physikalische Situation beschreibenden Gleichung nicht notwendig ist. Trotzdem sollte man in der Lage sein, die einzelnen Terme physikalisch interpretieren zu können und wissen, welche Näherungen bei der Ableitung der Gleichung verwendet wurden.

Die Deformierung $Z(x,y)$ einer uniformen (d.h. überall gleich dicken) rechteckigen Platte mit einem Gewicht W und den Seitenlängen a und b, die an jeder Ecke von einer Stütze getragen wird, wobei letztere eine Kraft N_i auf die Platte überträgt (siehe Abb. 5.2), wird durch die „Plattengleichung“ beschrieben:

$$\mathcal{D}\nabla^4 Z(x,y) = -W/(a \cdot b) + \sum N \quad \text{für } 0 < x < a,\ 0 < y < b \tag{5.22}$$

mit

$$\sum N = N_1\delta(x)\delta(y) + N_2\delta(x-a)\delta(y) + N_3\delta(x-a)\delta(y-b) + N_4\delta(x)\delta(y-b),$$

$$\nabla^4 Z = Z_{xxxx} + 2Z_{xxyy} + Z_{yyyy}$$

und

$$\mathcal{D} = \frac{E_t t^3}{12(1-\sigma^2)}. \tag{5.23}$$

Den Parameter $\mathcal{D}$ nennt man die ***Biegesteifigkeit*** der Platte mit einer Dicke t, dem Youngschen Modul E_t und einem Poissonschen Verhältnis σ (für die meisten Materialien etwa 0,3). Die obige Gleichung gilt für kleine Verformungen, verglichen mit der Dicke der Platte (dies gilt sicherlich für die meisten Tische). Die Ähnlichkeit mit der Gleichung (5.11) für den unterstützten Stab ist offensichtlich. Wie man sieht, ist die Biegesteifigkeit stark von der Dicke der Tischplatte abhängig. Die (homogenen) Randbedingungen für die „freien Ecken“ der Platte lauten

$$Z_{xx} + \sigma Z_{yy} = 0 \quad \text{und} \quad Z_{xxx} + (2-\sigma)Z_{xyy} = 0 \quad \text{für } x = 0, a. \tag{5.24}$$

Für $y = 0, b$ gelten die entsprechenden homogenen Randbedingungen. All dies sieht kompliziert aus, wir müssen jedoch zur Berechnung der Verformung die

Gleichung nicht lösen, deshalb wollen wir dies zuerst tun. Durch Skalierung der Gleichungen erkennt man, daß die Skale der Verformung durch

$$\mathcal{Z}_t = \frac{Wa^4}{a \cdot b\mathcal{D}} = \frac{12W(1-\sigma^2)a^2}{(a/b)E_t t^3} \tag{5.25}$$

gegeben ist.

Bereits früher hatten wir für die Skale der Längenänderung der Beine den Ausdruck

$$\mathcal{Z}_l = W/k = Wl_0/(E_l A_l) \approx Wl_0/(E_l r^2)$$

erhalten, dabei ist l_0 die mittlere Länge der Beine, A_l die Querschnittsfläche, r ein typischer Beindurchmesser und E_l der Youngsche Modul für das Material.

Das Verhältnis der Verformungen der Tischplatte und der Beine ist damit

$$\mathcal{F} = (\frac{\mathcal{Z}_t}{\mathcal{Z}_l}) = \left[\left(\frac{(1-\sigma^2)}{4/b}\right)\left(\frac{a}{l_0}\right)\right]\left[\frac{E_l}{E_t}\right]\left[12\left(\frac{r}{t}\right)^2\left(\frac{a}{t}\right)\right]. \tag{5.26}$$

Dabei haben wir die einzelnen dimensionslosen Kombinationen in Klammern geschrieben. So sieht man die Relevanz der einzelnen Parameter deutlich. Der erste Term in den eckigen Klammern ist für die meisten Tische etwa gleich eins; der zweite Faktor meist auch, er kann jedoch durch Verwendung verschiedener Materialien für Tischplatte und Beine klein gehalten werden; der letzte Faktor ist normalerweise groß, da die Tischplatten häufig recht dünn sind. Man muß nun die entsprechenden Daten untersuchen und daraus eine Konstruktionsvorschrift für einen wackelsicheren Tisch bilden. Es stellt sich jedoch heraus, daß sich die Tischplatte häufig mehr verbiegt als die Tischbeine gestaucht werden. Wir werden von diesem Fall ausgehen und mit unserer Analyse fortfahren. Dabei wird uns die Untersuchung des unterstützten Stabes helfen; wir werden zuerst untersuchen, wie sich die Tischplatte unter beliebiger Lastenverteilung auf die Beine verhält und dann sichern, daß Platte und Beine zusammenpassen.

5.4.1 Lösungen für die Platte

Im Gegensatz zum Problem des unterstützten Stabes sind wir hier nicht in der Lage, eine einfache Lösung anzugeben, deshalb müssen wir auf Näherungen zurückgreifen. Dies ist nicht sonderlich problematisch, da Standardcomputerprogramme zur Berechnung von Lösungen zur Verfügung stehen – auch für PCs! Allerdings sollte man darauf achten, die Rechnung sorgfältig aufzubauen.

Organisation der numerischen Rechnungen

Dauert eine numerische Berechnung einige Stunden und muß sie nur einmal durchgeführt werden, so ist das meist kein Problem. Dauert sie jedoch nur Minuten und muß ständig wiederholt werden, dann treten häufig Probleme auf. Für unser Tischproblem ist dies äußerst relevant! Zwei Eigenschaften unseres Problems einer biegsamen Tischplatte machen es nichttrivial:

- Wir benötigen genaue Ergebnisse. Die Angaben der Verformungen der Tischplatte müssen auf Bruchteile von Millimetern genau sein (die Längenänderungen der Beine liegen in diesem Bereich) für Tische, die vielleicht 2 oder 3 Meter lang sind. Dazu kommt, daß die herkömmlichen Programme für die Bestimmung der Verformung (im Gegensatz zur Berechnung der Kräfte) nicht sonderlich gut geeignet sind.

- Damit wir das Tischproblem lösen können, benötigen wir die Lösung der Plattengleichung für *beliebige* Lasten (wie im Fall des unterstützten Stabes). Damit sind natürlich spezielle numerische Lösungen *nutzlos*! Natürlich ist es möglich, einen iterativen Mechanismus zu konstruieren, der die gewünschte Lösung sucht. Gibt man die l_i' vor, berechnet die entsprechenden N_i, bestimmt daraus die Verformungen der Tischplatte numerisch, paßt die l_i' daran an usw., dann nähert man sich der Lösung bei wiederholtem Durchlaufen des Zyklus, wenn die Unterschiede zwischen zwei aufeinanderfolgenden Schritten immer kleiner werden. Ein solcher Zugang ist rechenintensiv (wenn er überhaupt funktioniert). Die folgende Linearisierung reduziert das Problem auf *nur* zwei Berechnungen der Plattengleichung und löst damit das Problem *im wesentlichen.* Selbst wenn der Computer viel zu tun hat, um die erforderliche Genauigkeit zu liefern, führt er die Rechnung doch *nur einmal* durch.

Kommentar: Ein Modellierer betrachtet eine analytische *oder numerische Prozedur* als Lösung eines Problems, wenn es sowohl *im Kontext interpretierbar* als auch *nützlich* und *schnell zu berechnen* ist. Damit ist ein (exakt) konvergenter Ausdruck für eine Lösung *nur dann* eine Lösung für ihn, wenn er schnell konvergiert; ein Integral (ohne singuläres Verhalten), welches numerisch berechnet werden muß, ist normalerweise eine akzeptable Lösung ebenso wie jede Prozedur, die mit einem Standardcomputerprogramm durchgeführt werden kann.

Wir wollen zu unserem Problem zurückkehren und die quadratische Platte (mit einer Seitenlänge a) analysieren. Mit den Skalen $\mathcal{Z}_t$ (siehe (5.25)), a und W erhalten wir

$$Z = \mathcal{Z}_t Y(\xi,\eta) \quad \text{mit} \quad x = a\xi,\ y = a\eta,\ N_i = WR_i.$$

Dann besitzt die Plattengleichung (5.20) die Gestalt

$$\nabla^4 Y(\xi,\eta) = -1 + \sum R \quad \text{für} \quad 0 < \xi < 1,\ 0 < \eta < 1 \tag{5.27}$$

und

$$\sum R = R_1\delta(\xi)\delta(\eta) + R_2\delta(\xi-1)\delta(\eta) + R_3\delta(\xi-1)\delta(\eta-1) + R_4\delta(\xi)\delta(\eta-1). \tag{5.28}$$

Die *homogenen* Randbedingungen sind

$$Y_{\xi\xi} + \sigma Y_{\eta\eta} = 0 \quad \text{und} \quad Y_{\xi\xi\xi} + (2-\sigma)Y_{\xi\eta\eta} = 0 \ \text{für} \ \xi = 0,1, \tag{5.29}$$

$$Y_{\eta\eta} + \sigma Y_{\xi\xi} = 0 \quad \text{und} \quad Y_{\eta\eta\eta} + (2-\sigma)Y_{\eta\xi\xi} = 0 \ \text{für} \ \eta = 0,1. \tag{5.30}$$

Da sowohl die Plattengleichung als auch die Randbedingungen linear sind, können wir durch Überlagerung Lösungen gewinnen. Ist $Y^{(1)} = Y(\xi, \eta, R_i^{(1)}, W^{(1)})$ eine Lösung der Plattengleichung für ein Gewicht $W^{(1)}$ *und* Beinlasten $R_i^{(1)}$ für „freie Ecken“ (so daß die Randbedingungen erfüllt sind), und $Y^{(2)} = Y(\xi, \eta, R_i^{(2)}, W^{(2)})$ eine zweite Lösung für andere Kräfte, dann stellt $cY^{(1)} + dY^{(2)}$ eine Lösung für die Kräfte $cR_i^{(1)} + dR_i^{(2)}, cW^{(1)} + dW^{(2)})$ dar. Aufgrund dieser Tatsache können wir allgemeine Lösungen für das Problem der biegsamen Tischplatte aus speziellen Lösungen konstruieren. Obwohl es verschiedene solche Basislösungen gibt, wollen wir nicht vergessen, daß wir die Ergebnisse numerisch erzeugen müssen, so daß wir physikalisch sinnvolle, leicht zu berechnende Basislösungen suchen sollten. Deshalb wählen wir die in Abb. 5.5 dargestellten Lösungen als unsere weitere Basis.

- Die erste (symmetrische) Lösung bezeichnen wir mit $Y^a(\xi, \eta)$, sie entspricht der Situation, daß die Tischplatte mit einem Einheitsgewicht an allen vier Ecken unterstützt wird (d.h. $Y = 0$ für alle vier Ecken). Die Auslenkungen und Kräfte an den vier Ecken sind von speziellem Interesse für uns. Aus der Physik dieses Zustandes geht klar hervor, daß die von den Stützen (entgegen dem Uhrzeiger numeriert) ausgeübten Kräfte durch $(1/4, 1/4, 1/4, 1/4)$ gegeben sind, die Auslenkung beträgt wie gesagt $(0, 0, 0, 0)$.
- Die zweite Lösung $Y^b(\xi, \eta)$ entspricht der Situation, daß die Tischplatte auf drei der vier Beine (#1,#2,#4) liegt und das vierte Bein (#3) frei ist. Die freie Ecke wird sich um den Betrag y^b (den wir numerisch berechnen müssen) nach unten biegen, damit erhalten wir für die Verformung $(0, 0, -y^b, 0)$. Die Gleichgewichtsbedingungen (keine Kräfte oder Drehmomente) fordern für die Kraftverteilung $(0, 1/2, 0, 1/2)$.

Fügen wir die symmetrische und die vier Lösungen für vier freie Ecken zusammen (die wir durch zyklische Vertauschung der Variablen aus der zweiten Lösung erhalten), dann sollten wir eine Lösung für die geforderten (R_1, R_2, R_3, R_4) konstruieren können. Gehen wir jedoch davon aus, daß die Gleichgewichtsbedingungen für unseren quadratischen Tisch $R_2 = R_4$, $R_1 = R_3$ und $R_2 = 1/2 - R_1$ ergeben, dann müssen wir nur noch dafür sorgen, daß die entsprechende Kombination das richtige Plattengewicht und die korrekte Kraft auf Bein #1 ergibt. Dann sind die Forderungen an die Kraftverteilung für die anderen Beine automatisch erfüllt. Wir gehen deshalb davon aus, daß die beiden Basislösungen oben genügen, und wir erhalten die gesuchte Kombination (siehe Abb. 5.5):

$$Y_p(\xi, \eta) = 4R_1 Y^a(\xi, \eta) + (1 - 4R_1) Y^b(\xi, \eta).$$

Zur Anpassung benötigen wir dann die entsprechenden Deformationen an den Tischecken. Diese sind durch $(0, 0, -y^b(1 - 4R_1), 0)$ gegeben (siehe Abb. 5.5).

Die Lösung Y_p ist eine *spezielle* Lösung des Plattenproblems, welche die Randbedingungen für freie Ecken erfüllt und den vorgegebenen Kraftverhältnissen an den Beinen entspricht. Jetzt müssen wir die *komplementäre Funktion* finden, um in den Besitz der *allgemeinen* Lösung zu gelangen. Dazu müssen wir das entsprechende homogene Problem lösen. Für den Fall des unterstützten Stabes war die komplementäre Funktion eine lineare Funktion in ξ (siehe (5.20)) und entsprach den Translationen und Rotationen des Stabes als starrer Körper. In unserem aktuellen Beispiel verändern starre Rotationen und Translationen die Zugspannungsverteilung in der Tischplatte nicht, deshalb können wir wieder eine lineare Funktion als Ausdruck dieser Lageänderungen erwarten. Dies sollte die gesuchte Lösung der homogenen Gleichung sein. Wie man durch Einsetzen leicht überprüfen kann, erfüllt eine solche Lösung die homogene Plattengleichung und die geforderten freien Randbedingungen. Damit erhalten wir als endgültige Lösung des Problems einer biegsamen Platte:

$$Y(\xi,\eta) = 4R_1 Y^a(\xi,\eta) + (1-4R_1)Y^b(\xi,\eta) + A\xi + B\eta + C. \tag{5.31}$$

Für die Anpassung an die Beindeformation benötigen wir die Verformung an den vier Tischecken. Sie ist durch

$$(C, A+C, A+B+C-y^b(1-4R_1), B+C) \tag{5.32}$$

gegeben. Damit sind wir am Ende unserer Analyse der Tischplatte.

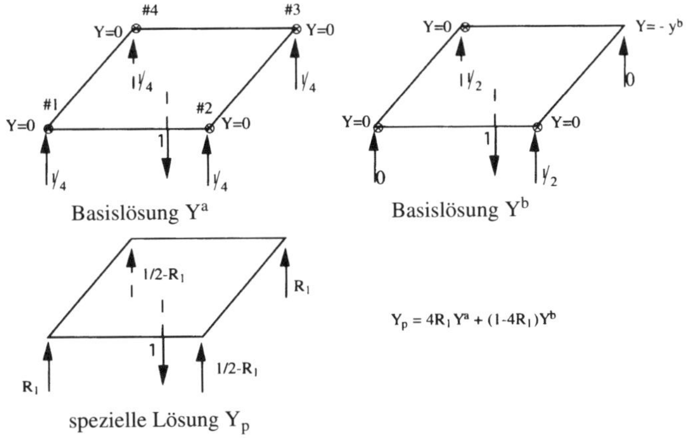

Abb. 5.5 Die Erzeugung einer speziellen Lösung der Plattengleichung.

5.4.2 Anpassung

Wir müssen nun die vier Unbekannten R_1, A, B, C in dem allgemeinen Ausdruck (5.32) so bestimmen, daß die Verformung der Tischplatte mit der der Tischbeine zusammenfällt. Dazu müssen wir einen gemeinsamen Höhennullpunkt (l_0 über dem Erdboden) und eine Längenskale ($\mathcal{Z}_t$) festlegen. Dann lauten die Bedingungen für eine erfolgreiche Anpassung (mittels (5.32)):

$$\begin{pmatrix} 0 & 0 & 0 & 1 \\ 0 & 1 & 0 & 1 \\ 4y^b & 1 & 1 & 1 \\ 0 & 0 & 1 & 1 \end{pmatrix} \begin{pmatrix} R_1 \\ A \\ B \\ C \end{pmatrix} = \begin{pmatrix} \ell'_1 \\ \ell'_2 \\ \ell'_3 + y^b \\ \ell'_4 \end{pmatrix}$$

mit

$$\ell'_i = (l'_i - l_0)/k\mathcal{Z}_t.$$

Da die ℓ'_i wie beim unterstützten Stab von den R_i und den ungestauchten Längen ℓ_i abhängen, gelangen wir mit dem Hookeschen Gesetz zu dem folgenden expliziten Gleichungssystem:

$$\begin{pmatrix} 1/\mathcal{F} & 0 & 0 & 1 \\ 1/\mathcal{F} & 1 & 0 & 1 \\ 1/\mathcal{F} + 4y^b & 1 & 1 & 1 \\ 1/\mathcal{F} & 0 & 1 & 1 \end{pmatrix} \begin{pmatrix} R_1 \\ A \\ B \\ C \end{pmatrix} = \begin{pmatrix} \ell_1 \\ \ell_2 \\ \ell_3 + y^b \\ \ell_4 \end{pmatrix},$$

mit

$$\mathcal{F} \equiv \mathcal{Z}_t/\mathcal{Z}_l = \frac{12k(1-\sigma^2)a^2}{E_t t^3}$$

der dimensionslosen Gruppe, auf die wir bereits früher beim Skalieren der Gleichungen gestoßen waren (siehe (5.26)).

Für $0 \leq R_1 \leq 1/2$ werden die Beine den Boden berühren, damit können wir das Stabilitätsverhalten des Tisches als Funktion von $\mathcal{F}$ mit Hilfe von Maple darstellen. Der einzige nicht explizit bekannte Faktor im Ausdruck für R_1 ist die Verbiegung y^b, die wir numerisch berechnen müssen. Man beachte, daß dies die einzige Information ist, die wir dem numerischen Programm entnehmen und in unsere Lösung einsetzen müssen.

Kommentar: In den meisten Fällen wird das numerische Rechenprogramm eine **Finite-Elemente-Methode** zur Bestimmung der Verformung verwenden. Wir werden später in einem anderen Zusammenhang darauf zurückkommen. Diese äußerst leistungsfähige Methode wurde ursprünglich für komplexe Probleme der Elastizitätstheorie entwickelt (unser Tischproblem gehört auch dazu), inzwischen wird sie jedoch in der gesamten angewandten Mathematik genutzt. Sie ist eine geradlinige Anwendung des Variationsprinzips. Die in einer Platte gespeicherte elastische Energie läßt sich zu

$$\mathcal{E}_e = \frac{\mathcal{D}}{2}\int\int\left[\left(\frac{\partial^2 Z}{\partial x^2} + \frac{\partial^2 Z}{\partial y^2}\right)^2 + 2(1-\sigma)\left\{\left(\frac{\partial^2 Z}{\partial x \partial y}\right)^2 - \frac{\partial^2 Z}{\partial x^2}\frac{\partial^2 Z}{\partial y^2}\right\}\right] \mathrm{d}x\mathrm{d}y$$

bestimmen; ein fürchterlicher Ausdruck! Die wirkliche Auslenkung $Z(x, y)$ ist die Funktion, die die Gesamtenergie den Zwangsbedingungen entsprechend minimiert. Würde man nun aus allen erlaubten Funktionen die minimierende auswählen, dann hätten wir eine exakte Lösung in der Hand. Dies ist jedoch meist nicht möglich. Beschränkt man sich auf einen bestimmten Kreis von Funktionen (z.B.

Polynome vierter Ordnung) und nimmt hier die minimierende Funktion, sollte man zu einer vernünftigen Näherung gelangen. Gerade diese Art von Prozedur verwendet die Methode der finiten Elemente, wobei sich die Näherungsfunktionen von Fall zu Fall unterscheiden. Wir werden dies im Laufe dieses Buches in einem einfacheren Kontext ausführlicher diskutieren.

Hinweise für den Hersteller

Wir sind nun in der Lage, dem Hersteller von Tischen vernünftige Ratschläge geben zu können.

1. Ist $\mathcal{F} \ll 1$, dann ist die Analyse des Kapitels 3 zutreffend. Wie dort bereits ausgeführt, sollte die Querschnittsfläche der Beine genügend klein gehalten werden, damit die Längenunterschiede durch Herstellungsungenauigkeiten ausgeglichen werden können. Die im Abschnitt 3.2 vorgestellte Wahrscheinlichkeitsanalyse bietet zusätzliche Informationen.

2. Gilt dagegen $\mathcal{F} \gg 1$, (und dies ist der Normalfall), dann sollte die Dicke der Platte so gewählt werden, daß gilt $\mathcal{Z}_t \approx \delta l$. Das bedeutet, die Tischplatte sollte so dünn sein, daß sie Unregelmäßigkeiten der Beinlängen ausgleichen kann.

3. Für $\mathcal{F} \approx 1$ beeinflussen sowohl die Tischplatte als auch die Beine das Verhalten des Tisches und wir können die oben abgeleitete Lösung verwenden. Wir könnten wieder eine Wahrscheinlichkeitsanalyse hinzufügen und daraus praktische Hinweise für den Hersteller ableiten.

Kommentar: Zur Ableitung der Lösung für die Stabgleichung und Diskussion der Plattengleichung haben wir einen Newtonschen Zugang gewählt. Die mit diesen Lösungen verbundenen elastischen und gravitativen Energien lassen sich leicht angeben und damit auch die den Verformungen entsprechenden Terme (z.B. Stauchung eines Beines, flexible Befestigungen, Tischplatteneffekte usw.) in einer allgemeinen Energieformulierung des Problems. Sind viele Einflüsse von Bedeutung und lohnt sich der Aufwand, dann sollte man so vorgehen. Für unser Problem eines wackelnden Tisches ist dies sicher nicht der Fall, vielleicht jedoch für spezielle Anwendungen (z.B. große Strukturen, die sehr genau ausgerichtet werden müssen).

5.5 Zusammenfassung

Dies war ein langes (und hoffentlich lehrreiches) Stück Arbeit, das es uns ermöglichte, sowohl Methoden der Modellierung als auch mathematische Techniken einzuführen – der Anwendungsfall ist eher amüsant als wichtig. Wir wollen noch einmal die Struktur des Modells hervorheben. Anfänglich hatten wir ein einfaches Modell, welches uns jedoch erlaubte, die wichtigsten Eigenschaften zu erkennen und uns den Rahmen für die weitere Arbeit vorgab (Erkennen des Stabilitätsparameters usw.). Dann wurden die Modelle komplizierter, da der zu untersuchende physikalische Kontext komplexer wurde (gekoppelte Plattendeformation und

Stauchung der Beine). Meist vereinfachte sich das Modell, nachdem wir den bestimmenden Parameter gefunden hatten und es zeigt sich (obwohl wir unsere Analyse nicht so weit fortsetzten), daß ein allgemeiner Stabilitätsparameter identifiziert werden kann. Dies ist eine sehr allgemeine Eigenschaft. Ob die Natur eine physikalisch einfache Welt hervorgebracht hat oder ob der Mensch dies nur in die Welt hineininterpretiert, ist eine Überzeugungsfrage.

Zum Abschluß schlagen wir vor, wackelnde Tische auf ihre Konstruktion hin zu untersuchen, um festzustellen, warum dies geschieht. An der Universität von Western Australia gibt es einige Tische, die extrem zum Wackeln neigen, deshalb auch die Idee der Entwicklung dieser Übung für Studenten. Sie besitzen Beine aus Stahl sowie hölzerne Streben, die eine Tischplatte aus Holz tragen. Man muß daher die Deformation der Streben unter der Last der Beine sowie der von der Tischplatte in den Kontaktzonen übertragenen Kräfte bestimmen. Die Streben sollen die Steifigkeit der Tischplatte verstärken, wie dies oft bei Tischen der Fall ist. Der Hinweis an den Hersteller wäre nun, die Steifigkeit der Tischplatte zu verringern. Für eine exakte Lösung müßte man das System Stab/Platte untersuchen, welches Tischplatte und Streben bilden. Der Zugang über die Newtonsche Mechanik scheint problematisch für eine solche komplexe Situation; Energiemethoden bereiten hierbei im allgemeinen keine Probleme; für solche Fälle gibt es auch passende Software.

5.6 Aufgaben

Aufgabe 5.1 *Eine flexible Leiter*

* Die drei Gleichgewichtsgleichungen reichen im Fall einer Leiter, die an einer Wand lehnt, nicht aus, die vier Oberflächenkräfte (Reibungs- und Normalkräfte) zu bestimmen (siehe Aufgabe 3.6). Inzwischen haben wir gelernt, daß eine derartige statische Unbestimmtheit durch die Einführung von elastischen Eigenschaften aufgehoben werden kann. Wir wollen nun untersuchen, welche Art der Verformung die Lösung determiniert und anschließend die Lösung suchen. Dazu müssen wir die Skalen der elastischen Energie, die aufgrund der Stauchung der Leiter gespeichert wird, und die der seitlichen Verformung der Leiter bestimmen.

(a) Mit der Beziehung

$$E\frac{\mathrm{d}u}{\mathrm{d}x} = T/A,$$

die aus dem Hookeschen Gesetz folgt und die longitudinale Auslenkung $u(x)$ (dabei ist x der Ort entlang der Leiter) mit der longitudinalen Kraft T, der Querschnittsfläche A der Leiter und anderen physikalischen Parametern verbindet, bestimme man die typische longitudinale Auslenkung eine Leiter der Länge l unter einer Kraft T und berechne die dadurch gespeicherte elastische Energie.

Hinweis: Die durch die Stauchung gespeicherte Energie ist gleich dem Produkt aus der Kraft und der Gesamtauslenkung.

(b) Insoweit die elastische Deformierungsenergie betrachtet wird, können wir die Leiter als aus zwei Stäben bestehend betrachten, die durch die Leiterstufen miteinander verbunden sind. Dabei ist die seitliche Auslenkung der beiden Stäbe gleich, die anderen Deformationen werden durch die Stufen jedoch nicht beeinflußt. (Die Stufen sind lediglich für die Verbindung der beiden Stäbe da.) Aus der Gleichung für die Biegung eines Stabes,

$$EI\frac{\mathrm{d}^4 w}{\mathrm{d}x^4} = N/l,$$

die die seitliche Auslenkung $w(x)$ mit der *seitlichen* Kraft pro Einheitslänge N und anderen physikalischen Parametern verbindet, bestimme man grob die seitliche Auslenkung und die mit der Biegung verbundene elastische Energie. Letztere ist durch das Produkt der Kraft mit der maximalen Auslenkung recht genau bestimmt.

(c) Man zeige mit Hilfe des obigen Ergebnisses, daß das Verhältnis von durch Stauchung gespeicherter elastischer Energie zu der durch die Verbiegung gespeicherten Energie von der Ordnung A/l^2 ist. Daraus läßt sich schlußfolgern, daß der Stauchungseffekt in den meisten Fällen vernachlässigt werden kann, es sei denn, man benötigt sehr genaue Aussagen.

(d) ** Ein Mann klettere die Leiter nach oben. Man berechne die transversale Auslenkung der Leiter als Funktion des Weges des Mannes auf der Leiter sowie der unbestimmten senkrechten Reibungskraft an der Wand. Die in der Leiter gespeicherte elastische Energie ist genau die Hälfte der Summe (über alle angreifenden Kräfte) des Produktes aus der Auslenkung am Angriffspunkt der Kraft und der Kraft selber. Man bestimme die Werte für die Kräfte, die an der Leiter angreifen, und diskutiere die physikalischen Folgen.

5.7 Anhang: Die Lösung für den sechsbeinigen Tisch

Da sich die Lösung so besser anwenden läßt, wollen wir sie in Matrixform aufschreiben. So lassen sich auch Verallgemeinerungen besser durchführen. Wir führen dazu die Vektoren $\mathbf{N}^{\mathrm{T}}, \mathbf{l}', \mathbf{l}$ sowie einen Vektor als Lagrangeschen Multiplikator ein:

$$\boldsymbol{\lambda}^{\mathrm{T}} = (\lambda_1, \lambda_2, \lambda_3).$$

Zur Spezifizierung des Gravitationspotentials verwenden wir den Vektor

$$\mathbf{U}^{\mathrm{T}} = (1, 0, 1, 1, 0, 1),$$

damit lautet der Ausdruck für das Gravitationspotential $(W/4)\mathbf{U}^{\mathrm{T}}\mathbf{l}'$ (siehe (5.6)). Die geometrischen Zwangsbedingungen (die Tischplatte ist eben) beschreiben wir mit Hilfe einer (3×6)-Matrix G, so daß gilt

$$G\mathbf{l}' = \mathbf{0}.$$

Unser Ziel ist es, die stationären Werte von

$$\mathbf{N}\mathbf{N}^{\mathrm{T}}/(2k) + (1/4)W\mathbf{U}^{\mathrm{T}}(\mathbf{1} - \mathbf{N}/k) - \boldsymbol{\lambda}^{\mathrm{T}}G(\mathbf{1} - \mathbf{N}/k)$$

bezüglich der Zwangsbedingungen

$$G(\mathbf{1} - \mathbf{N}/k) = 0 \tag{5.33}$$

zu finden. Die Bedingungen für einen stationären Wert sind

$$\mathbf{N} - (W/4)\mathbf{U} + G^{\mathrm{T}}\boldsymbol{\lambda} = \mathbf{0}. \tag{5.34}$$

Damit lautet das zu lösende Gleichungssystem für $\mathbf{N}$ und $\boldsymbol{\lambda}$

$$\begin{pmatrix} \mathbf{I} & G^{\mathrm{T}} \\ G & 0 \end{pmatrix} \begin{pmatrix} \mathbf{N} \\ \boldsymbol{\lambda} \end{pmatrix} = \begin{pmatrix} W\mathbf{U} \\ kG\mathbf{I} \end{pmatrix}.$$

Dabei ist $\mathbf{I}$ die Einheitsmatrix sechster Ordnung. Wir können (5.34) formal dazu verwenden, $\mathbf{N}$ aus (5.33) zu eliminieren. Die Lösung für $\boldsymbol{\lambda}$ lautet damit

$$\boldsymbol{\lambda} = (GG^{\mathrm{T}})^{-1}G[(W/4)\mathbf{U} - k\mathbf{1}].$$

Setzt man dies wieder in (5.34) für $\mathbf{N}$ ein, dann ergibt das

$$\mathbf{N} = (W/4)(\mathbf{I} - M)\mathbf{U} + kM\mathbf{1} \tag{5.35}$$

mit

$$M = G^{\mathrm{T}}(GG^{\mathrm{T}})^{-1}G.$$

Durch Berechnung von M sind wir im Besitz der vollständigen Lösung.

Die obigen Umformungen sind jedoch rein formal. Die tatsächliche Ausführung der Rechnungen auf dem Papier (Bildung der inversen Matrix mit dem Gaußschen Eliminationsverfahren) ist sehr umfangreich; deshalb greifen wir an dieser Stelle auf ein algebraisches Computerprogramm zurück. Setzen wir G ein, so liefert der Maple-Code

```
multiply(G,transpose(G));
inverse(");
multiply(",G);
M:=multiply(transpose(G),");
```

den Ausdruck:

$$12M = \begin{pmatrix} 5 & -4 & -1 & 3 & 0 & -3 \\ -4 & 8 & -4 & 0 & 0 & 0 \\ -1 & -4 & 5 & -3 & 0 & 3 \\ 3 & 0 & -3 & 5 & -4 & -1 \\ 0 & 0 & 0 & -4 & 8 & -4 \\ -3 & 0 & 3 & -1 & -4 & 5 \end{pmatrix}. \tag{5.36}$$

Dieses Ergebnis läßt sich so nicht einfach verstehen und interpretieren, deshalb wollen wir mit der Analyse fortfahren. Vielleicht läßt sich die Komplexität etwas reduzieren, wenn wir uns anschauen, wie M auf einen beliebigen Vektor wirkt. Dies ist lineare Algebra; alle Informationen enthalten die Eigenwerte und Eigenvektoren von M, die sich durch den Befehl `eigenvectors (M);` bestimmen lassen. Es zeigt sich, daß zwei Eigenwerte (0 und 1) existieren, die beide die Multiplizität drei besitzen.

Der Eigenwert $\mu = 0$: Daß $\mu = 0$ ein dreifach entarteter Eigenwert ist, beruht auf der Tatsache, daß M aus der Matrix GG^{T} aufgebaut ist, denn diese besitzt den Rang 3. Daß die Multiplizität nicht größer als drei ist, liegt daran, daß die Zwangsbedingungen linear unabhängig sind; dies ist eine Konsequenz aus der geometrischen Tatsache, daß sechs beliebige Punkte, die in einer Ebene liegen sollen, drei linear unabhängige Bedingungen erfüllen. Durch den Befehl `Gram Schmidt` wird eine orthogonale Basis im Nullraum der Matrix konstruiert. Eine solche Basis ist z.B.

$$(1,1,1,0,0,0)^{\mathrm{T}}, \quad (0,0,0,1,1,1)^{\mathrm{T}}, \quad (1,0,-1,-1,0,1)^{\mathrm{T}}.$$

Für jeden Vektor $\mathbf{l}$, der in dem durch diese Basis erzeugten Unterraum liegt, wird das Gewicht der Tischplatte gleichmäßig von allen sechs Beinen getragen (siehe (5.35)), da M einen solchen Vektor vernichtet. Da z.B. $(1,1,1,0,0,0)$ ein solcher Vektor ist, finden wir, daß für einen Tisch mit drei gleichlangen Beinen an einer Seite alle Beine gleiche Lasten tragen, unabhängig von der Längendifferenz der anderen drei Beine, vorausgesetzt, sie berühren alle den Fußboden.

Der Eigenwert $\mu = 1$: Mit dem obigen Ergebnis sieht man, daß die Längendifferenzen, die zum Wackeln des Tisches führen, im Unterraum zum Eigenwert $\mu = 1$ liegen. Mit dem gleichen Orthogonalisierungsverfahren erhalten wir die orthonormale Basis $\mathbf{e}_i, i = 1,2,3$:

$$\begin{aligned}
\mathbf{e}_1 &= \frac{1}{6}(-3,0,3,-1,-4,1)^{\mathrm{T}} \\
\mathbf{e}_2 &= \frac{1}{2}(0,1,-1,1,-1,0)^{\mathrm{T}} \\
\mathbf{e}_3 &= \frac{1}{2\sqrt{15}}(4,-5,1,3,-3,0)^{\mathrm{T}}.
\end{aligned} \tag{5.37}$$

Mit Maple läßt sich die Lastverteilung auf die Beine in dieser Basis zu:

$$N_i = W/6 + km \sum_{j=1}^{3} [\mathbf{l} \cdot \mathbf{e}_j] \mathbf{e}_j(i)$$

berechnen, wobei $\mathbf{e}_j(i)$ die i-te Komponente des j-ten Basisvektors beschreibt. Die Überprüfung, daß die Normalkräfte nichtnegativ sind, liefert uns gleichzeitig die minimalen Lasten. Da diese Rechnung simpel ist, haben wir an dieser Stelle das Ziel unserer Analyse erreicht.

Literatur

Landau, L. D., Lifshitz, E. M., *Lehrbuch der Theoretischen Physik, Band VII Elastizitätstheorie*, Akademie-Verlag, Berlin, 1983

Segel L. A., *Mathematics Applied to Continuum Mechanics*, Macmillan Publishing Co., Inc., 1977.

Timoshenko, S. P., Goodier, J. N., *Theory of Elasticity*, Mc-Graw-Hill Book Co., Inc., New York, 1970.

Teil II

Diffusion

6 Einführung

Grundlagen der Wärmeleitung
Elementare Lösungstechniken
Eindeutigkeitstheoreme

6.1 Motivation

- Wie kann die Leistungsfähigkeit eines Kochers erhöht werden?
- Die Strahlung der Sonne fällt auf die Erdoberfläche, wird teilweise absorbiert und der Rest wird in den Weltraum reflektiert. Die vom Menschen erzeugten Abgase von Verbrennungen beeinflussen das Absorptionsvermögen. Wie groß ist der zu erwartende Temperaturanstieg?
- Stahlbleche können durch Gießen von geschmolzenem Stahl auf gekühlte rotierende Trommeln hergestellt werden. Ist dies eine ökonomische Alternative zu den bisher verwendeten Verfahren?
- Wärmestrahlung eines Feuers fällt auf ein brennbares Material. Wird dieses spontan in Flammen aufgehen?

Mit diesen und ähnlichen Problemen wollen wir uns im zweiten Teil des Buches beschäftigen.

Unerfahrene Köche verwandeln oft ein Steak beim Braten in etwas, was außen verkohlt und innen noch gefroren ist. Ein Chefkoch, der Steaks von roh bis gut durch braten soll, weiß jedoch, wieviel Wärme er den Steaks zuführen muß, damit der gewünschte Zustand erreicht wird. Die Steuerung von Heizprozessen zur Erzeugung einer wohldefinierten räumlichen und zeitlichen Wärmeverteilung in einem Körper wird in vielen Industriebereichen genutzt, auch in der Metallverarbeitung. Ein Beispiel ist die Temperierung und das Walzen von Stahl. Eine wünschenswerte Mischung von Eigenschaften, meist Zähigkeit und Härte, läßt sich nur realisieren, wenn Erhitzung und Kühlung gesteuert werden. Die meisten Erfahrungen beruhen auf Wissen, welches sich unsere Vorfahren nach dem „Versuchen und Scheitern“-Verfahren angeeignet und uns überliefert haben. Der Wunsch nach größerer Effizienz von industriellen Prozessen und der Vermeidung von Energieverschwendung führt heutzutage jedoch zu gezielten Optimierungsversuchen zur Wärmesteuerung.

Wirkt Wärme auf die Oberfläche eines Körpers ein, dann erwärmt ein Teil davon das Oberflächenmaterial, ein Teil fließt ins Innere und wärmt dieses und der Rest geht durch eine Mischung aus Strahlung, Leitung und Diffusion nach außen verloren. Jede chemische Reaktion, die an der Oberfläche (z.B. Verbrennungen) oder im Inneren (z.B. Kristallisation) stattfindet, verändert die Wärmebilanz. Zur optimalen Erwärmung benötigen wir daher das Verständnis, wie die verschiedenen Wärmekomponenten durch physikalische Mechanismen bestimmt sind.

Die Untersuchungen zum Treibhauseffekt sind ein anderes wichtiges Anwendungsgebiet. Die Temperaturveränderungen der Atmosphäre in den letzten 50 Jahren sind so groß, und die Zeitspanne für diese Veränderungen so kurz, daß wir sie nicht vernachlässigen können. Obwohl die Meinungen geteilt sind, betrachtet doch die Mehrheit der Forscher auf diesem Gebiet die Gefahr als real. Bedenkt man die Wichtigkeit dieses Problems und die Tatsache, daß ein Modell nur dann effektiv ist, wenn es die politisch Verantwortlichen überzeugen kann (die andererseits durch Verharmlosungen beeinflußt sein können), dann sieht man, welche Herausforderung der Treibhauseffekt darstellt.

Die physikalische Situation ist im allgemeinen schon gut begriffen worden und stellt sich etwa folgendermaßen dar: Sonnenstrahlung in Form von hochfrequenter Lichtstrahlung wird von der Erde eingefangen und zum Teil von der Atmosphäre absorbiert, was zu einer Erhöhung der Erdtemperatur führt. Die Erde gibt Wärme in Form von niederfrequenter Wärmestrahlung an den Weltraum ab. Für ausreichend hohe Erdtemperatur kann ein Gleichgewicht zwischen diesen beiden entgegengesetzten Wärmetransportprozessen erreicht werden, welches sich selbst erhält, solange die Transportmechanismen nicht verändert werden – dies war der Fall bis zum großflächigen Einsatz fossiler Brennstoffe. Die zusätzliche Absorption infraroter Strahlung durch Kohlendioxid und andere Gase, die dabei emittiert werden, verändern diese Balance und führen dazu, daß eine größere Wärmemenge der Sonnenstrahlung auf der Erde zurückgehalten wird. Zwei Fragen sind dabei offensichtlich interessant:

- Wird das Niveau des jetzigen oder zukünftigen Abgasausstoßes beibehalten, welche Temperaturverhältnisse werden dann auf der Erde herrschen, wenn ein neuer Gleichgewichtszustand erreicht ist?
- Wie lange wird es dauern, bis dieser Zustand erreicht wird?

Obwohl das oben vorgestellte qualitative Bild vernünftig ist, fällt es doch nicht leicht, die beschriebenen Prozesse zu quantifizieren und die Fragen zu beantworten. Die Schwierigkeiten besitzen sowohl statistische als auch die Beobachtung betreffende Ursachen – die Interpretation der gemessenen Daten wird durch die große Streuung der thermischen Parameter sowohl räumlich als auch zeitlich kompliziert; vor allem, da man sich mit globalen Änderungen über einen Zeitraum beschäftigt, der sehr groß im Vergleich zu den beobachteten Fluktuationen ist. Selbst bei erfolgreicher Datensammlung gibt es noch wichtige ungelöste Fragen zu den zugrundeliegenden Mechanismen, ohne deren Beantwortung keine vernünftigen Vorhersagen getroffen werden können. Gerade in diesem Bereich spielt der Modellierer eine wichtige Rolle. Ein wichtige Frage z.B. lautet: „Welcher Prozeß bestimmt die Reaktionszeit des Systems?“ Ist es die Zeit, die die Wärme benötigt, sich in der Atmosphäre zu verteilen oder die Zeit, in der die Wärme die Ozeane oder die gesamte Erde durchdrungen hat oder ist die Situation noch komplizierter? In der Realität ist die Situation wirklich kompliziert! Der immense Wärmetransport durch die Meere und die Luft sowie die Reflexion der Sonnenstrahlung an den Wolken und die Reemission infraroter Strahlung durch die Erde führt zu einer komplexen und schwer vorhersagbaren Situation. Selbst moderne Rechentechnik versagt vor der Komplexität eines Modelles, welches alle diese Effekte direkt enthält – wäre eine Berechnung möglich, so müßten die Ergebnisse doch angezweifelt werden. Die besten Modelle zum Treibhauseffekt, die wir zur Zeit besitzen, beziehen die schwierigen Effekte „im Mittel“ ein, wobei sich die Modelle durch die Mittelungsprozeduren unterscheiden und zu verschiedenen Ergebnissen gelangen. Dazu kommt, daß sie die Realität nicht adäquat beschreiben. Eine weitere (störende) Eigenschaft ist, daß alle Modelle zu erschreckenden Vorhersagen führen und deshalb die große Mehrheit der Wissenschaftler glaubt, daß sofort etwas getan werden muß. Wir werden in unserem Buch einige einfache Modelle betrachten, die einiges über die Bedeutung der verschiedenen Wärmetransportprozesse aussagen sollen.

Viele der Wärmetransportprozesse, die in den obigen Beispielen beschrieben wurden, werden zur Zeit ernsthaft untersucht, und es besteht auch weiterhin großer Bedarf an Forschung dieser Art. Zusätzlich dazu besitzen die Gleichungen, die die Diffusion chemischer Komponenten beschreiben, eine ähnliche Struktur; damit besitzt das Material dieses Kapitels auch Bedeutung jenseits des von uns betrachteten Kontextes. So erfolgt die Ausbreitung von Schadstoffen in der Umgebung, von Sauerstoff in Metallen (Rost) oder die Bewegung von Elementen in Metallen nach Gleichungen dieses Typs, letzterer Vorgang ist z.B. bei der Abschätzung der Lebensdauer und der Bestimmung der Havariegefahr für Kühlsysteme von Kernreaktoren von Bedeutung. Wir werden einige dieser Anwendungen in den Übungen beschreiben.

Im nächsten Abschnitt wollen wir uns mit der experimentellen Basis für die Untersuchung von Wärmetransport sowie mit einigen mathematischen Grundlagen beschäftigen. In Abschnitt 6.3 werden wir die fundamentale Gleichung für alle Wärmeflußprozesse, die **Wärmeleitungsgleichung**, ableiten. Dazu kommt die Diskussion des Verhaltens von diffusen Systemen mittels Skalierungsargumenten und speziellen Lösungen. Darauf folgen der Vollständigkeit halber einige mathematische Bemerkungen zur Wärmeleitungsgleichung, die für uns jedoch nicht wesentlich sind. In den beiden nächsten Kapiteln werden wir die mathematischen Techniken entwickeln, die für den Modellierer in diesem Zusammenhang von Bedeutung sind. Wir gehen dabei von der Berechnung der Temperaturverteilung in einem Körper aus, dessen Oberfläche erwärmt wird. Der Modellierung spezieller Situationen sind daran im Anschluß drei Kapitel gewidmet.

6.2 Hintergrundwissen

6.2.1 Die experimentelle Basis für die Untersuchungen des Wärmetransports

Folgende Beobachtungen und Konzepte bilden die Grundlage des Verständnisses von Wärmetransportprozessen:

1. **Temperatur** T: Dimension $[\Theta]$, Einheiten °C oder K

   Die Temperatur eines Körpers ist ein Maß dafür, wie heiß der Körper ist in dem Sinne, daß bei Kontakt zweier Körper mit verschiedener Temperatur die Wärme vom Körper mit der höheren Temperatur zu dem mit der geringeren Temperatur fließt. Bei gleicher Temperatur tritt kein Wärmefluß auf. Die Einheit der Temperatur im täglichen Leben ist das Grad Celsius, in wissenschaftlichen Untersuchungen wird dagegen meist die absolute Temperatur in Kelvin verwendet. Der Unterschied liegt nur in der Wahl des Nullpunktes, man erhält die Kelvin-Temperatur aus der Temperatur in Grad Celsius durch Addition von 273,16.

2. **Wärmemenge** H: Dimension $[H] = [M][L]^2[T]^{-2}$, Einheiten J oder Ws

   Wärme ist eine Form von Energie, die meist getrennt von den anderen Energieformen untersucht wird. Sie besitzt deshalb einfach die Dimension einer Energie. Oft verwendet man aus historischen Gründen als Einheit die Kalorie. Die Umrechnung erfolgt durch 1 cal = 4,182 J.

   Im Normalfall werden wir es mit Veränderungen der Wärmemenge und nicht mit absoluten Werten bezüglich eines Nullpunktes zu tun haben. Die Wärmemenge δH, die man benötigt, die Temperatur T eines Körpers um δT zu erhöhen, lautet

   $$\delta H = mc\delta T. \qquad (6.1)$$

   Dabei ist m die Masse des Körpers und c eine Materialkonstante des Stoffes, die meist als **spezifische Wärmekapazität** bezeichnet wird. Sie ist (leicht) temperaturabhängig, deshalb ist es besser, (6.1) durch den folgenden Integralausdruck zu ersetzen:

   $$\mathcal{H}(T) - \mathcal{H}(T_0) = \int_{T_0}^{T} mc(T')\mathrm{d}T'. \qquad (6.2)$$

   Man nennt $\mathcal{H}$ die **Enthalpie** oder Wärmemengenfunktion. In den meisten Anwendungsfällen variiert die spezifische Wärme so schwach mit der Temperatur oder ist der Temperaturbereich so klein, daß diese Abhängigkeit vernachlässigt werden kann. Wird nicht explizit das Gegenteil behauptet, dann betrachten wir die spezifische Wärme in diesem Buch als temperaturunabhängig.

3. **Wärmefluß q**: Vektor, Dimension $[H][L]^{-2}[T]^{-1}$, Einheit $\mathrm{W/m^2}$.

   Variiert die Temperatur in einem Körper mit dem Ort, dann kommt es zu einem Fluß von Wärmeenergie vom wärmeren zum kälteren Gebiet. Der Wärmefluß beschreibt die Richtung des Energietransportes und die Rate des Flusses durch eine Einheitsfläche rechtwinklig zum Fluß. Damit erhalten wir für die Flußrate durch ein Oberflächenelement $\delta S\mathbf{n}$

$$\delta q = \mathbf{q} \cdot \mathbf{n}\delta S. \tag{6.3}$$

   Dabei beziehen wir uns auf die *äußere Flächennormale* (siehe Abb. 6.1).

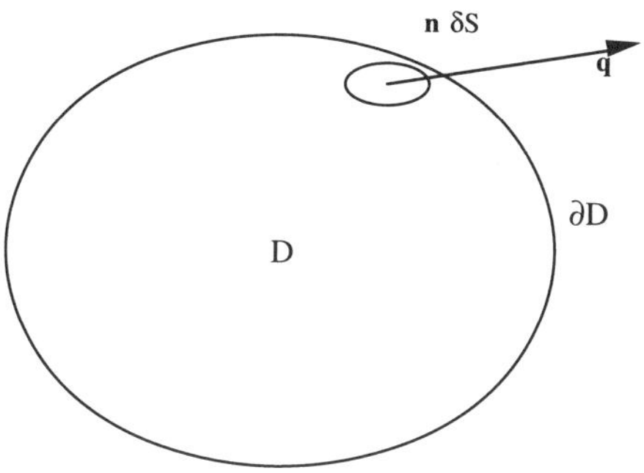

Abb. 6.1 Der Fluß durch ein Oberflächenelement.

4. **Wärmeleitfähigkeit** k: Dimension $[H][T]^{-1}[L]^{-1}[\Theta]^{-1}$, Einheit W/(m °C).

   Man weiß aus vielen Experimenten, daß der Wärmefluß $\mathbf{q}$ für viele Materialien durch

$$\mathbf{q} = -k\boldsymbol{\nabla}T \tag{6.4}$$

   gegeben ist. Damit fließt die Wärme entgegengesetzt dem Temperaturgradienten und die Rate des Flusses ist proportional zu diesem Gradienten. Den Materialparameter k nennt man *Wärmeleitfähigkeit.* Er ist temperaturabhängig, allerdings meist so schwach, daß diese Variation vernachlässigt werden kann. Wir werden die Wärmeleitfähigkeit deshalb immer als konstant betrachten.

   In Flüssigkeiten wird Wärme auch durch Diffusion transportiert, deshalb beschreibt die oben definierte Wärmeleitfähigkeit den Wärmetransfer nur richtig, wenn sich die Flüssigkeit nicht bewegt. Normalerweise kommt es jedoch in der Flüssigkeit zu Bewegungen, entweder durch Rühren oder durch die natürliche Konvektion (Wärmeströmung) durch den Auftrieb, die beim

Erwärmen immer auftritt. Der Wärmetransport wird durch solche Prozesse deutlich verstärkt, so daß zur Bestimmung der resultierenden Wärmeverteilung gekoppelte Modelle, die sowohl Hydrodynamik als auch Wärmeflußbeschreibungen enthalten, verwendet werden. Unter gewissen Umständen können einfache empirische Beziehungen zum Newtonschen Gesetz (siehe unten, Punkt 8) zur Beschreibung verwendet werden.

5. **Diffusionskonstante** κ: Dimension $[L]^2[T]^{-1}$, Einheit m^2/s.

   Man definiert diese Größe wie folgt:

   $$\kappa = \frac{k}{\rho c}. \tag{6.5}$$

   Dabei ist ρ die Dichte des Materials. Wie wir später sehen werden, beschreibt diese Kombination von Parametern gerade die thermische Reaktionszeit des Materials und ist deshalb sehr wichtig.

6. **Latente Wärme** L und **Reaktionswärme** $\mathcal{L}$: Dimension $[H][M]^{-1}$, Einheit J/kg.

   Es kann vorkommen, daß sich die Temperatur eines Körpers nicht ändert, wenn man ihm Wärme zuführt. Dies liegt daran, daß der entstehende Wärmefluß zu einer Veränderung der chemischen oder physikalischen Struktur führt; ein Beispiel ist der Übergang von der Flüssigkeit zum Festkörper. Meist geschieht ein solcher Übergang bei einer spezifischen Temperatur und die absorbierte Energie ist proportional zur Masse δm des des Materials, die der Strukturänderung unterliegt:

   $$\delta H = L\delta m. \tag{6.6}$$

   Man nennt L die **latente Wärme**, die zu diesem Phasenübergang gehört. Im allgemeinen führt jede chemische oder physikalische Strukturänderung in einem Körper entweder zu Absorption oder Emission von Wärme:

   $$\delta H = \mathcal{R}\delta m. \tag{6.7}$$

   Man nennt $\mathcal{R}$ die **Reaktionswärme** des Prozesses.

7. **Das Stefansche Strahlungsgesetz**

   Die pro Einheitsfläche und Einheitszeit abgestrahlte Wärme R einer Oberfläche wird durch das Stefan-Boltzmann-Gesetz bestimmt:

   $$R = \epsilon\sigma T^4, \tag{6.8}$$

   mit der Stefan-Boltzmann-Konstante $\sigma = 5{,}669 \cdot 10^{-8}$ $W/(m^2K^4)$. Dabei wird T in Kelvin gemessen und die Konstante ϵ ist die **Emissionskonstante**, sie beschreibt die Eigenschaften der Oberfläche. Sie liegt zwischen 0 und 1, für den „idealen schwarzen Körper“ gilt $\epsilon = 1$. Für reale Flächen muß ϵ experimentell bestimmt werden.

Tab. 6.1 Thermische Eigenschaften einiger Materialien. (1 kJ = 1000 J)

Substanz	Dichte ρ kg/m^3	spezifische Wärme c kJ/(kg °C)	Leitfähigkeit k W/(m °C)
Aluminium	2707	0,896	204
Eisen	7897	0,452	73
Stahl	7833	0,465	54
Kupfer	8954	0,383	386
Ziegel	1600	0,84	0,69
Beton	2000	0,88	1,37
Granit	2600	0,88	2,5
Erde (Mittel)	2540	0,85	0,96
Holz (Eiche)	540	2,4	0,166
Wasser	999,8	4,225	0,566
Luft	1,177	1,006	0,026

8. **Das Newtonsche Abkühlungsgesetz**

Diese semi-empirische Beziehung wird oft für die Berechnung von Korrekturen z.B. in der Kalorimetrie verwendet. Man geht davon aus, daß der Wärmeverlust einer Oberfläche eines Körpers in erster Linie von der Temperaturdifferenz $T_b - T_0$ zwischen der Oberfläche T_b und der Umgebung T_0 abhängt. Unter diesen Umständen ist das lineare Newtonsche „Gesetz" für die Abkühlung

$$\text{Wärmeverlust/Fläche} = \beta(T_b - T_0) \tag{6.9}$$

eine gute Näherung, wenn man T_0 entsprechend mißt. Der *Wärmetransportkoeffizient* β mit der Einheit W/(m^2°C) hängt von den Wärmetransportprozessen in der Umgebung ab und wird normalerweise im Labor unter vergleichbaren Umständen gemessen. Die Verwendbarkeit dieser Näherung hängt davon ab, ob die Labor- und die realen Bedingungen über den interessierenden Temperaturbereich ähnlich genug sind. Die Approximation ist recht gut, wenn die Temperaturdifferenz zwischen Oberfläche und Umgebung klein ist im Vergleich zur absoluten Temperatur der Oberfläche. Ein anderer Fall, für den das Newtonsche Gesetz anwendbar ist, ist die Verwendung von speziell konstruierten Wärmetauschern, in denen eine Flüssigkeit in engen Kontakt mit der Oberfläche gebracht wird, die die Wärme absorbieren kann, bevor sie vorbeigeflossen ist. Die Näherung funktioniert nicht bei Wärmeleitung zu anderen Materialien und nur begrenzt, wenn natürliche Konvektion (Wärmeströmung) den Transportprozeß dominiert.

Eine detaillierte Beschreibung dieser Begriffe findet man in dem Buch von Carslaw und Jaeger (1959), dem Klassiker auf diesem Gebiet. Eine exzellente Darstellung der modernen Forschung im Bereich der Wärmeleitung ist Hill und DeWynne (1987).

6.2.2 Mathematische Grundlagen

Theorem 6.1 (Gaußsches Divergenztheorem) *Ist* $\mathbf{F}(\mathbf{x})$ *eine Vektorfunktion des Ortsvektors* $\mathbf{x}$*, definiert über einem Bereich* D *mit dem Rand* ∂D*, dann gilt*

$$\int_D \boldsymbol{\nabla} \cdot \mathbf{F} \mathrm{d}V = \int_{\partial D} \mathbf{F} \cdot \mathbf{n} \mathrm{d}S. \tag{6.10}$$

Dabei ist $\mathrm{d}V$ *ein Volumenelement in* D *und* $\mathrm{d}S\mathbf{n}$ *ist ein Oberflächenelement von* ∂D *(siehe Abb. 6.1).*

Dieses Theorem ist grundlegend für die Vektorrechnung und ermöglicht die Bestimmung von mathematischen Ausdrücken für die Erhaltungssätze. Es gilt unter *allen* Umständen, unter denen die Terme der Gleichung sinnvoll definiert werden können, sogar, wenn die Ausdrücke in (6.10) nicht im Sinne „normaler Funktionen“ definiert sind. Intuitive Zugänge zum Beweis des Gaußschen Satzes findet man in jedem Buch über Differential- und Integralrechnung, z.B. Kreysig (1983).

6.3 Die Wärmeleitungsgleichung

Wir untersuchen die Ausbreitung von Wärme in einem Körper, dem eine gewisse Wärmemenge von *außen* zugeführt wird. Dabei ist eine Zufuhr von *außen* beispielsweise Wärme, die ein durch den Körper fließender Strom oder eine chemische Reaktion erzeugt, sowie die Absorption von Strahlung.

Der Satz von der Erhaltung der Energie fordert nun, daß die Veränderung der Energiemenge in einem Volumenelement gleich der Wärme ist, die durch den Rand des Bereiches einströmt, plus die Wärmemenge, die extern absorbiert wird. Wir wollen dieses physikalische Prinzip in eine exakte mathematische Aussage fassen. Die Rate der Wärmezufuhr pro Einheitsvolumen von außen sei q. Wir betrachten das Wärmegleichgewicht für einen beliebigen Bereich D im Körper (siehe Abb. 6.1). Die Wärmemenge in D ist durch

$$\int_D \rho c T \mathrm{d}V$$

gegeben, c ist die spezifische Wärme und ρ die Dichte des Materials. Damit erhalten wir für die Änderung der Wärmemenge in diesem Bereich

$$\frac{\partial}{\partial t} \int_D \rho c T \mathrm{d}V.$$

Diese Veränderung wird erstens durch Wärmezufuhr von außen verursacht:

$$\int_D q \mathrm{d}V,$$

und zweitens durch Wärmeleitung *in* den Bereich D durch die Oberfläche ∂D (siehe (6.3), (6.4))

$$\int_{\partial D} k \boldsymbol{\nabla} T \cdot \mathbf{n} \mathrm{d}S.$$

Hier ist wie früher $\mathbf{n}$ die äußere Normalenrichtung des Oberflächenelements von ∂D. Energieerhaltung fordert nun

$$\frac{\partial}{\partial t}\int_D \rho c T \mathrm{d}V = \int_D q \mathrm{d}V + \int_{\partial D} k \boldsymbol{\nabla} T \cdot \mathbf{n} \mathrm{d}S.$$

Mit Hilfe des Gaußschen Satzes können wir das Oberflächenintegral in ein Volumenintegral umwandeln und die Zeitableitung unter das Integralzeichen ziehen. Dies ergibt

$$\int_D [\rho c T_t - q - k\nabla^2 T]\mathrm{d}V = 0.$$

Dieses Ergebnis gilt für *beliebige* Bereiche D im Körper (vorausgesetzt, er ist klein), damit muß der Integrand identisch verschwinden (wenn er eine stetige Funktion des Ortes ist). Teilen wir durch ρc, dann gelangen wir zur folgenden partiellen Differentialgleichung für das Temperaturfeld:

$$T_t = \kappa \nabla^2 T + Q. \tag{6.11}$$

Der thermische Diffusionskoeffizient ist durch $\kappa = k/(\rho c)$ gegeben und

$$Q = q/(\rho c) \tag{6.12}$$

ist die Wärmezufuhr von außen pro Einheitsvolumen, skaliert mit der *thermischen Masse* ρc pro Einheitsvolumen des Materials. Die eindimensionale Version dieser Gleichung lautet

$$\frac{\partial T}{\partial t} = \kappa \frac{\partial^2 T}{\partial x^2} + Q. \tag{6.13}$$

Sind nun die thermischen Eigenschaften des Materials temperaturabhängig, dann empfiehlt es sich, mit der Enthalpie $\mathcal{H}$ zu arbeiten (siehe (6.2)), und man gelangt mit kleinen Veränderungen zu der allgemeineren Gleichung

$$\mathcal{H}_t = \boldsymbol{\nabla} \cdot [\kappa \boldsymbol{\nabla} \mathcal{H}] + q. \tag{6.14}$$

Man nennt (6.11) die **Wärmeleitungs-** oder **Diffusionsgleichung**. Man trifft sie auch auf vielen Gebieten, die nichts mit Wärmetransport zu tun haben.

Die Wärmeleitungsgleichung beschreibt den Transport von Wärme *innerhalb* des Körpers. Damit unser Problem physikalisch wohldefiniert ist, müssen wir entsprechende genaue Angaben über den thermischen Anfangszustand des Körpers und der Umgebung machen.

6.3.1 Einige elementare Beobachtungen

Eine der am häufigsten auftretenden Fragen lautet: Bringt man einen Körper in eine neue Umgebung, welche zusätzlichen Flüsse werden dann durch die neuen Umstände erzeugt und wie lange dauert es, bis sich ein Gleichgewichtszustand eingestellt hat? Obwohl wir zur Beantwortung dieser Frage eigentlich die Wärmeleitungsgleichung für bestimmte Randbedingungen lösen müßten, ergeben Skalierungsargumente doch bereits Abschätzungen für die Größe der zu erwartenden Effekte.

Man betrachte die folgende Situation. Ein Stab besitzt anfänglich die Temperatur T_0. Nun werden die beiden Enden des Stabes auf die Temperaturen T_0 und T_1 gebracht und auf diesen Werten gehalten (siehe Abb. 6.2). Welcher Temperaturverlauf ist zu erwarten? Wie bei allen realen Problemen lohnt es sich, etwas über die Situation nachzudenken, bevor man mit der Rechnung fortfährt. Die Wärme wird vom heißen Stabende in das Stabinnere fließen und die Temperatur dort erhöhen. Dadurch kommt es zu einer Wärmeabgabe des Stabes und zu einer Erwärmung der kälteren Umgebung. Anfänglich wird der Wärmefluß vom heißen Ende her dominieren, nach einer gewissen Zeit jedoch kommt es durch die Erwärmung des Stabes dazu, daß die Wärmeabgabe überwiegt. Man kann erwarten, daß beide Prozesse in ein Gleichgewicht kommen und so einen stabilen Zustand erzeugen. Die diese Situation beschreibenden Gleichungen lauten:

$$T_t - \kappa T_{xx} = 0 \tag{6.15}$$

$$\text{mit} \quad T(0,t) = T_0, \quad T(L,t) = T_1, \quad T(x,0) = T_0. \tag{6.16}$$

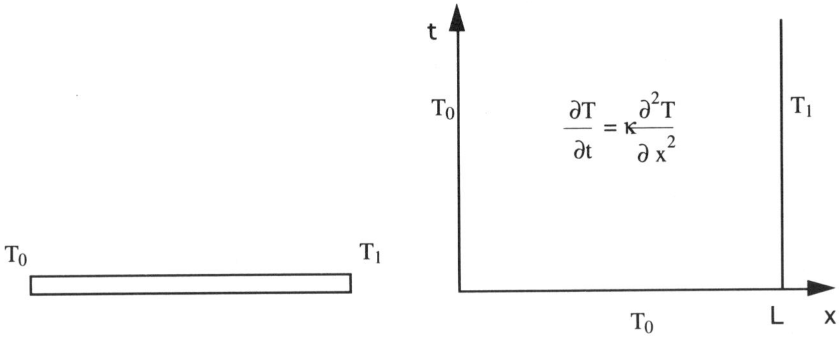

Abb. 6.2 Wärmefluß in einem Stab.

Wir skalieren nun das Problem wie folgt:

$$\begin{aligned} T(x,t) &= T_0 + (T_1 - T_0)\theta(x',t') \\ \text{mit } x &= Lx', \quad t = \tau t' \\ \text{und } \tau &= \frac{L^2}{\kappa}. \end{aligned}$$

Wir gelangen so zu der dimensionslosen Formel

$$\theta_{t'} - \theta_{x'x'} = 0 \tag{6.17}$$

mit

$$\theta(0,t') = 0, \quad \theta(1,t') = 1, \quad \theta(x',0) = 0. \tag{6.18}$$

Da in dieser das Problem definierenden Gleichung keine dimensionslosen Gruppen erscheinen, liefert *ein einziges* Experiment an einem passenden Stab oder eine einzige numerische Berechnung die Lösung. Man beachte weiter, daß die Zeitskale L^2/κ mit der Stablänge stark anwächst, die hier wichtige Kombination von Materialparametern ist der Diffusionskoeffizient $\kappa = k/(\rho c)$. Um ein Gefühl für die Situation zu bekommen, wollen wir überprüfen, ob die Zeitskale der Wärmeleitung mit unseren Erfahrungen übereinstimmt. Man verwende die in Tabelle 6.1 angegebenen Materialparameter und schätze ab, ob die Zeitskale für die Erhitzung einer Bratpfanne richtig ist.

Wir wollen mit der Berechnung fortfahren. Die Gleichgewichtslösung für die Gleichung (6.17) mit den Randbedingungen (6.18) lautet $\Theta(x') = x'$. Die Interpretation dieses Ausdrucks ist offensichtlich: Nach einer Zeit von etwa $\tau = L^2/k$ haben wir es mit einem linearen Temperaturprofil der Form (in den unskalierten Variablen)

$$T_s(x,t) = T_0 + (T_1 - T_0)\frac{x}{L} \tag{6.19}$$

zu tun, diesem entspricht ein gleichförmiger Wärmefluß $-k(T_1 - T_0)/L$ im Stab. Zur expliziten Bestimmung der Zeitspanne, die benötigt wird, um diesen Gleichgewichtszustand zu erreichen, müssen die *transienten* Gleichungen

$$\begin{aligned} \theta'_{t'} - \theta'_{x'x'} &= 0 & (6.20)\\ \theta'(0,t') = 0, \quad \theta'(1,t') &= 0, \quad \theta'(x',0) = -x' & (6.21) \end{aligned}$$

gelöst werden, wobei wir $\theta(x',t') = \Theta(x') + \theta'(x',t')$ oben eingesetzt haben. Wir werden diese Gleichung im nächsten Abschnitt genauer untersuchen.

6.3.2 Einfache Lösungen der Wärmeleitungsgleichung

Möchte man das Verhalten eines physikalischen/mathematischen Systems, welches durch Feldgleichungen und Randbedingungen definiert wird, verstehen, dann ist es meist günstig, die Randbedingungen vorerst zu ignorieren und nach speziellen Lösungen der Feldgleichungen zu suchen. Oft gelingt dies durch Einsetzen einer geratenen Lösungsform in die Gleichung. Manchmal gelangt man so auch zu einer effektiven Lösungsvorschrift für das gesamte Problem.

Separation der Variablen

Zur Lösung von partiellen Differentialgleichungen verwendet man häufig eine elementare Technik, die sich *Separation der Variablen* nennt. Man sucht dabei einfach nach Lösungen einer bestimmten *separierten* Form. Im Fall von linearen partiellen Differentialgleichungen gelangt man so zu einer mächtigen Lösungsmethode mit breitem Anwendungsgebiet, man nennt sie nach ihrem Erfinder *Fouriermethode.*

Wir suchen eine Lösung der *separierten* Form $\theta'(x',t') = \mathcal{X}(x')\mathcal{T}(t')$ der homogenen Wärmeleitungsgleichung (6.20), d.h. eine Funktion von x' multipliziert mit einer Funktion von t'. Man beachte, daß solche Lösungen eine sehr spezielle Form besitzen, denn die meisten Funktionen von x' und t' können nicht in dieser

Form geschrieben werden. Dies gilt z.B. für $\sin(x't')$. Setzen wir diesen Ansatz in (6.20) ein, so erhalten wir

$$\mathcal{X}(x')\mathcal{T}_{t'}(t') - \mathcal{X}_{x'x'}(x')\mathcal{T}(t') = 0.$$

Dividiert man diese Gleichung durch $\mathcal{X}(x')\mathcal{T}(t')$ und ordnet die Faktoren um, dann erhält man die *separierte* Gleichung der Form

$$\frac{\mathcal{T}_{t'}(t')}{\mathcal{T}(t')} = \frac{\mathcal{X}_{x'x'}(x')}{\mathcal{X}(x')}.$$

Die linke Seite ist eine Funktion ausschließlich von t', während die rechte Seite nur von x' abhängt. Man sieht leicht, daß dies nur möglich ist, wenn beide Seiten gleich einer Konstante (μ) sind. Damit müssen die Komponenten einer separierten Lösung der obigen Form die gekoppelten gewöhnlichen Differentialgleichungen

$$\begin{aligned} \mathcal{X}_{x'x'}(x') - \mu\mathcal{X}(x') &= 0 \\ \mathcal{T}_{t'}(t') - \mu\mathcal{T}(t') &= 0 \end{aligned} \qquad (6.22)$$

erfüllen. Jeder Wert der *Separationskonstante* μ (reell oder komplex) erzeugt Lösungen, die in unserem Kontext nützlich sind oder nicht. Wir wollen einige spezielle Fälle angeben:

- Für $\mu = 0$ erhalten wir die lineare Gleichgewichtslösung $\theta'(x', t') = Ax' + B$.
- Für negative μ (gleich $-\lambda^2$) ist die Gleichung für $\mathcal{X}$ die harmonische Gleichung und die Gleichung für $\mathcal{T}$ besitzt die Exponentialfunktion als Lösung. Damit erhalten wir

  $$e^{-\lambda^2 t'} \begin{cases} \sin \lambda x' \\ \cos \lambda x' \end{cases}$$

  Die Lösungen besitzen Wellengestalt in die x'-Richtung, dabei fallen die Amplituden der Wellen mit der Zeit exponentiell ab, wobei Wellen mit kleinen Wellenlängen eher abklingen als die mit großen Wellenlängen (die Wellenlänge ist $\ell = \frac{2\pi}{\lambda}$).

Da die Wellengleichung eine lineare Gleichung ist, sind Linearkombinationen der obigen Lösungen ebenfalls Lösungen. Für beliebige $\lambda_1, \lambda_2, A_1, A_2$ ist

$$A_1 \sin(\lambda_1 x')e^{-\lambda_1^2 t'} + A_2 \sin(\lambda_2 x')e^{-\lambda_2^2 t'}$$

zum Beispiel eine Lösung. Wie man sieht, kann dieser Ausdruck nicht in separierter Form geschrieben werden, damit haben wir durch das Superpositionsprinzip unsere Lösungsklasse spürbar erweitert. Für irgendeine Zeit t' besteht diese Lösung aus zwei überlagerten Wellen mit den Wellenlängen $2\pi/\lambda_1$ und $2\pi/\lambda_2$, da jedoch die Welle mit der kleineren Wellenlänge (größerem λ) schneller abklingt, verändert sich die Gestalt der Lösung mit der Zeit. Gilt z.B. $\lambda_1 \gg \lambda_2$, haben wir es also mit kleinen Oszillationen $\lambda = \lambda_1$ zu tun, die eine langsame Welle überlagern, dann werden erstere nach einer Zeit $t' \sim 1/\lambda_1^2$ verschwinden und es wird eine einzelne langsame Welle übrigbleiben, die ihrerseits nach einer Zeit $t' \sim 1/\lambda_2^2$ verschwinden wird.

Zur Illustration dieser Methode der Untersuchung einer spezifischen Situation wollen wir zur Berechnung der Antwortzeit unseres Stabes zurückkehren. Die relevanten skalierten Gleichungen sind (6.20), (6.21). Die wellenartigen Lösungen oben passen auf das Problem und nach der Wahl

$$\lambda = n\pi,$$

mit einer ganzen Zahl n lassen sich die geforderten Null-Randbedingungen bei $x' = 0, 1$ erfüllen. Wir sind so im Besitz einer Vielzahl von Lösungen, die verschiedenen Werten von n entsprechen (man nennt diese Zahl die Wellen- oder Modenzahl) und beliebige Faktoren A_n besitzen, die die Wärmeleitungsgleichung und die Randbedingungen erfüllen. Damit ist das Problem fast gelöst! Wir müssen allerdings noch die Anfangsbedingung $\theta'(x', 0) = -x'$ erfüllen (siehe (6.21)). Dafür stehen uns unendlich viele *Moden* zur Verfügung (für jedes n eine). Finden wir also Konstanten A_n, die die Gleichung

$$\sum A_n \sin n\pi x' = -x' \tag{6.23}$$

erfüllen, dann lautet unsere Lösung

$$\theta'(x', t') = \sum A_n \sin n\pi x' e^{-(n\pi)^2 t'}. \tag{6.24}$$

Die Anfangsbedingung läßt sich durch viele verschiedene Mengen A_n annähernd erfüllen, die von Fourier gewählten Werte besitzen jedoch den Vorteil, daß sie nicht nur eine gute Näherung, sondern *exakt* sind. In Kapitel 8 werden wir uns der Fourierschen Methode detailliert widmen; in den Übungen werden wir ebenfalls darauf zurückkommen.

Wir möchten an dieser Stelle bereits darauf hinweisen, daß die Separation der Variablen zu einer interessanten und außergewöhnlichen Fragestellung führt: Man möchte die *Lösungen* $(\mathcal{X}(x'), \mu)$ der homogenen Differentialgleichung (6.22) mit der Separationskonstante μ bestimmen, die die Bedingung $\mathcal{X} = 0$ an den *beiden Punkten* $x = 0$ und $x = 1$ erfüllen. Man nennt die Klasse der Probleme dieser Art *Sturm-Liouville-Probleme.* Sie sind für die Fouriersche Methode (aber auch in anderen Bereichen) von großer Bedeutung; wir kommen im Laufe des Buches noch darauf zurück.

Kommentar: Die Physik des Wärmeflusses. Obwohl die Details für die verschiedenen Modelle variieren (und man deshalb sorgfältig vorgehen sollte), wäre doch zu erwarten, daß sich unsere Überlegungen auf dreidimensionale Wärmeleitungsprobleme übertragen lassen.

- Die Wärmeleitungsprozesse führen zu einem Auseinanderlaufen der Temperatur- und Flußprofile im Laufe der Zeit.

- Ist L die mit der signifikanten Temperaturveränderung verbundene Längenskale, dann sollte die Zeit für das Glätten der Profile von der Ordnung L^2/κ sein.

- Für eine Wärmezufuhr q sollte über diesen Zeitraum eine Temperaturänderung der Ordnung $qL^2/(\rho c\kappa) \equiv qL^2/k$ auftreten. Man sieht dies durch vollständige Skalierung der Wärmeleitungsgleichung (6.13).

In den Übungen findet man Material zu diesen wichtigen Problemen.

6.4 Mathematische Fragestellungen

- Kennt man die anfängliche Temperatur eines Körpers sowie die Randbedingungen und den Wärmestrom von außen, dann sollte es aus physikalischen Gründen möglich sein, die Temperaturverteilung für spätere Zeiten zu bestimmen. Deshalb kann man hoffen, daß sich in solchen Fällen die Existenz einer eindeutigen Lösung mathematisch beweisen läßt.

- Da die Wärme von warmen zu kalten Bereichen des Körpers fließt, ist es vernünftig anzunehmen, daß bei Abwesenheit von internen Wärmequellen oder Senken die warmen Bereiche abkühlen und die Temperatur in den kalten Bereichen ansteigt. Deshalb dürften bei fehlender Wärmezufuhr spontan keine warmen oder kalten Stellen entstehen.

Die obigen Erwartungen liefern die Motivation für die Theoreme in diesem Abschnitt. Bevor wir uns jedoch den Beweisen zuwenden, wollen wir noch einige Kommentare anfügen, die sich mit der Bedeutung solcher Theoreme für den Modellierer beschäftigen.

- Wir wollen an dieser Stelle betonen, daß es physikalische Intuition und einfache Beobachtung sind, die uns die Motivation für diese Theoreme geben und nicht die mathematischen Theoreme, die zu physikalischen Einsichten führen. Obwohl dies nicht immer so ist und beide Ansichten Hand in Hand gehen, kommt die Einsicht *normalerweise* durch die Physik.

- Die Wärmeleitungsgleichung ist in dem Sinne ein Spezialfall, daß sich Eindeutigkeits- und Existenztheoreme beweisen lassen – in den meisten Fällen lassen sich solche Theoreme nicht beweisen; selbst wenn man sicher ist, daß sie gültig sein müßten. Da solche Theoreme normalerweise nicht existieren oder, wenn sie existieren, in der Praxis ohne Nutzen sind, gehen viele Modellierer davon aus, daß Theoreme dieser Art für sie nicht relevant sind. Die Ergebnisse dieser Theoreme sind jedoch äußerst wichtig, wenn dies auch nicht so offensichtlich ist. Ist man sich aufgrund eines Existenzbeweises sicher, daß eine eindeutige Lösung existiert, dann kann man sie häufig durch nicht unbedingt logische Argumente erraten. (Man benötigt häufig einen intuitiven ad-hoc-Zugang zu dem Problem, um zu einer Lösung für eine Nicht-Standard-Gleichung eines realen Problems zu gelangen.) Hat man sich davon überzeugt, daß die geratene Lösung die Bedingungen des Problems erfüllt, dann kann man sicher sein, daß es *die* Lösung ist und nicht etwa eine irrelevante mathematische Kuriosität.

- Die von uns gewählten Zugänge zu den Theoremen in diesem Abschnitt lassen sich auch auf andere Probleme anwenden und sind nicht nur auf die Wärmeleitungsgleichung beschränkt.

Die nun folgenden Theoreme liefern eine logische Begründung für die Behandlung spezieller Modelle in den nächsten Kapiteln. Erscheint dem Leser die eine oder andere Lösung eines speziellen Diffusionsproblems zweifelhaft (oder ist er Purist), dann sollte er die folgenden Existenz- und Eindeutigkeitstheoreme für diese Fälle erweitern; die meisten Modellierer ignorieren diesen Schritt.

6.4.1 Eindeutigkeitstheoreme für die Lösungen der Wärmeleitungsgleichung

Theorem 6.2 *Es existiert höchstens eine Lösung $T(\mathbf{x},t)$ der Wärmeleitungsgleichung (6.11) in einem festen Bereich D, die die folgenden Bedingungen erfüllt:*

1. *die Anfangsbedingungen*

$$T(\mathbf{x},0) = f(\mathbf{x}), \quad \mathbf{x} \in D$$

mit einer gegebenen Funktion f,

2. *eine der drei Randbedingungen*

$$\begin{aligned} T(\mathbf{x},t) &= g(\mathbf{x},t), \quad \mathbf{x} \in \partial D,\ t > 0, \\ \textit{oder} \quad \mathbf{n} \cdot \boldsymbol{\nabla} T &= h(\mathbf{x},t), \quad \mathbf{x} \in \partial D,\ t > 0, \\ \textit{oder} \quad \mathbf{n} \cdot \boldsymbol{\nabla} T - \beta T &= l(\mathbf{x},t), \quad \mathbf{x} \in \partial D,\ t > 0, \end{aligned}$$

mit gegebenen Funktionen f, g, l.

Beweis: Wir nehmen an, es gäbe zwei voneinander verschiedene Lösungen T_1 und T_2, die die Bedingungen des Theorems erfüllen, und betrachten die Differenz $u = T_1 - T_2$. Wir wollen nun zeigen, daß die definierenden Gleichungen $u \equiv 0$ fordern. Da alle Gleichungen in unserem Fall linear sind, können wir wie folgt vorgehen: Wir nehmen die Differenz der beiden Feldgleichungen

$$\begin{aligned} T_{1t} &= \kappa \nabla^2 T_1 + Q, \\ T_{2t} &= \kappa \nabla^2 T_2 + Q, \end{aligned}$$

dann sehen wir, daß u die homogene Wärmeleitungsgleichung

$$u_t = \kappa \nabla^2 u \tag{6.25}$$

erfüllen muß. Durch Differenzbildung der Randbedingungen sehen wir, daß u die Anfangsbedingung

$$u(\mathbf{x},0) = 0$$

und eine der homogenen Randbedingungen

$$\begin{aligned} u &= 0, \\ \mathbf{n} \cdot \boldsymbol{\nabla} u &= 0 \quad \text{oder} \\ \mathbf{n} \cdot \boldsymbol{\nabla} u &= \beta u \end{aligned}$$

erfüllen muß.

Betrachten wir das positiv definite Funktional

$$\mathcal{E}(t) = \frac{1}{2} \int_D u^2 \mathrm{d}V.$$

Da u^2 immer positiv ist, gilt $\mathcal{E}(t) \geq 0$ für alle u und die Gleichheit gilt *nur* für $u(\mathbf{x}, t) \equiv 0$. Am Anfang gilt $\mathcal{E}(0) = 0$, da $u(0) = 0$. Können wir zeigen, daß $\mathrm{d}\mathcal{E}/\mathrm{d}t \leq 0$ durch die definierenden Gleichungen für u impliziert wird, dann ist $\mathcal{E} \equiv 0$ die einzige Möglichkeit und die Eindeutigkeit der Lösung ist gezeigt. Aus den folgenden Rechnungen folgt nun $\mathrm{d}\mathcal{E}/\mathrm{d}t \leq 0$:

$$\begin{aligned} \frac{\mathrm{d}\mathcal{E}}{\mathrm{d}t} &= \int_D u u_t \mathrm{d}V \\ &= \kappa \int_D u \nabla^2 u \mathrm{d}V \quad \text{(mit (6.25))} \\ &= \kappa \int_D (\boldsymbol{\nabla} \cdot [u \boldsymbol{\nabla} u] - [\boldsymbol{\nabla} u]^2) \mathrm{d}V. \end{aligned}$$

Mit Hilfe des Gaußschen Divergenztheorems mit $\mathbf{F} = u \boldsymbol{\nabla} u$ können wir das erste Integral in ein Oberflächenintegral umwandeln:

$$\frac{\mathrm{d}\mathcal{E}}{\mathrm{d}t} = \kappa \left(\int_{\partial D} u \mathbf{n} \cdot \boldsymbol{\nabla} u \mathrm{d}S - \int_d [\boldsymbol{\nabla} u]^2 \mathrm{d}V \right).$$

Das Oberflächenintegral verschwindet identisch für die ersten beiden Randbedingungen und ist gleich dem nichtpositiven Ausdruck

$$-\beta \int_{\partial D} u^2 \mathrm{d}S$$

für die dritte Randbedingung. Damit gilt in allen drei Fällen $\mathrm{d}\mathcal{E}/\mathrm{d}t \leq 0$ und die Eindeutigkeit ist bewiesen.

Wie man sieht, gilt das Theorem auch für die alternativen Randbedingungen auf Teilen des Randes, vorausgesetzt, eine der drei Bedingungen gilt für alle Punkte des Randes.

Reine Mathematiker würden die Aussage und den Beweis des Theorems durch Forderung von gewissen Stetigkeitsbedingungen vervollständigen. Deshalb sollte jeder, der mit unserem Beweis nicht zufrieden ist, diesen genau untersuchen und herausfinden, welche Forderungen dem hinzuzufügen sind und seine eigene Version des Theorems mit Beweis aufstellen. Das Theorem kann auch für den Fall, daß wir es mit einem Bereich zu tun haben, der nicht konstant in der Zeit ist, bewiesen werden. Man kann zeigen, daß das Theorem unter allgemeineren Bedingungen gültig ist, als es die Stetigkeitsforderungen bedingen, die nötig sind, unseren Beweis streng gültig zu machen. Dazu wird allerdings die Theorie der Distributionen benötigt, was jedoch das mathematische Niveau unseres Buches übersteigt. Für uns ist wichtig, daß wir das Eindeutigkeitstheorem anwenden können, wenn die Anfangsbedingungen bekannt sind und die Wärmezufuhr von außen sowie die Randbedingungen physikalisch sinnvoll beschrieben werden können.

Das Funktional $\mathcal{E}$ wird von den Mathematikern als Energiefunktional bezeichnet und die Beweistechnik für die Eindeutigkeit als *Energietechnik*. In vielen anderen physikalischen Situationen, in denen ähnliche partielle Differentialgleichungen vorkommen, ist die physikalische Energie sehr eng mit dem positiv definiten Funktional verbunden. Eine solche Interpretation ist in unserem Fall nicht möglich; der Energieinhalt für die Wärmeleitungsgleichung umfaßt das räumliche Integral über die Temperatur (und nicht ihr Quadrat). Das Suchen nach Energieintegralen oder positiv definiten Funktionalen für ein Problem ist mit dem Beweis der Eindeutigkeit eng verbunden. Häufig ist der Beweis der Existenz einer Lösung einer bestimmten Gleichung schwieriger; diese Beweise greifen auf die Konstrukion konvergenter Lösungsdarstellungen oder auf das *Fixpunkttheorem* zurück. Der Iterationsmechanismus von Picard für gewöhnliche Differentialgleichungen ist der Prototyp für den erstgenannten Zugang; ein gutes Beispiel für den zweiten Ansatz ist der Beweis des *Mittelwertsatzes.*

6.4.2 Das Maximumprinzip

Theorem 6.3 *Ist $T(\mathbf{x},t)$ eine Lösung der homogenen Wärmeleitungsgleichung*

$$T_t = \kappa \nabla^2 T, \quad \mathbf{x} \in D,\ 0 < t \le \tau,$$

für eine beliebige Zahl τ, dann nimmt die Lösung T im $(\mathbf{x},t)$-Bereich ihr Maximum entweder bei $t = 0$ oder auf dem Rand ∂D an. (Die Vereinigung beider Gebiete wollen wir Γ nennen, siehe Abb. 6.3.)

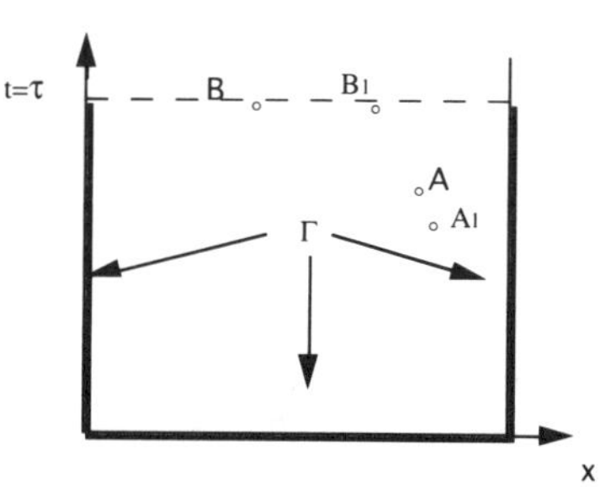

Abb: 6.3 Das Maximumprinzip.

Dieses Theorem ist eine Konsequenz der Tatsache, daß der Wärmefluß immer von wärmeren zu kälteren Bereichen gerichtet ist; sowohl innerhalb von Körpern, als auch beim Kontakt von zwei Stoffen.

Fast ist es möglich, einen Beweis dieses Theorems zu finden, der sich an den folgenden trivialen Anschauungen orientiert. Wir nehmen an, es gäbe ein Maximum an einem inneren Punkt A in Abb. 6.3. Dann gilt

$$T_t = 0, \quad \boldsymbol{\nabla} T = \mathbf{0}, \quad \nabla^2 T \leq 0.$$

Würden wir die Bedingung $\nabla^2 T \leq 0$ durch $\nabla^2 T < 0$ ersetzen, wäre dies im Widerspruch zur Wärmeleitungsgleichung. Es kann jedoch vorkommen, daß am Punkt A $\nabla^2 T = 0$ ist; dies führt zu keinem Widerspruch. Ein Maximum von T könnte ebenfalls am Rand $t = \tau$ auftreten (z.B. der Punkt B in Abb. 6.3). Dann gilt allerdings $T_t \geq 0$ und $\nabla^2 T = 0$, damit ist die Situation wieder *fast* im Widerspruch. Im Falle der Gleichung

$$T_t - \kappa \nabla^2 T = q, \quad q < 0 \tag{6.26}$$

gibt es jedoch keinen Ausgleich – die Wärmeabfuhr sorgt dafür, daß im Inneren kein Maximum existieren kann, unabhängig davon, wie klein q ist. Es kann damit kein Maximum im Inneren geben, wenn dem Körper als ganzem Wärme entzogen wird. Wird Wärme zugeführt ($q > 0$), dann können natürlich lokale heiße Stellen entstehen (jede isolierte Quelle wird so einen Punkt erzeugen); damit ist $q = 0$ ein Scheidepunkt. Dazu kommt, daß $q = 0$ der wichtigste Punkt ist – so ist das Leben. Der exakte Beweis des Theorems greift auf ein sehr elegantes, jedoch mathematisch-technisches Argument zurück. **Beweis:** Nehmen wir an, T habe sein Maximum außerhalb von Γ im Punkt $(\mathbf{x}_0, t_0)$; entweder im Inneren des Bereiches (Punkt A) oder auf dem Rand $t = \tau$ (Punkt B); der Maximalwert sei T_0. Ist dies der Fall, dann läßt sich eine Funktion v konstruieren, die T beliebig nahe kommt und ihr Maximum ebenfalls außerhalb von Γ annimmt; dazu kommt, daß v die Gleichung (6.26) erfüllt. Damit haben wir es mit einem Widerspruch zu tun. Die Funktion v lautet

$$v = T - \epsilon(t - t_0)$$

für beliebig kleine positive ϵ. Es gilt:

- v erfüllt (6.26) mit $q = -\epsilon$.
- Es gilt $v(\mathbf{x}_0, t_0) = T_0$. Wird ϵ so gewählt, daß $\epsilon t < (T_0 - T_1)$ gilt, wobei T_1 die kleinste obere Schranke von T auf Γ ist, dann überzeugt man sich leicht davon, daß das Maximum von v nicht in Γ, sondern etwa bei A_1 oder B_1 liegt (siehe Abb. 6.3).

Damit ist der Beweis vollständig.

Es läßt sich ebenfalls einfach zeigen, daß das Minimum der Lösung auf Γ angenommen wird, da $-T$ die homogene Wärmeleitungsgleichung auch erfüllt. Dieses Ergebnis erlaubt einen alternativen Beweis des Eindeutigkeitstheorems für den Fall, daß die Temperatur auf dem gesamten Rand vorgegeben ist. Seine besondere Wichtigkeit liegt jedoch darin, daß es sich mit einer modifizierten Funktion zu einer Gleichgewichtsgleichung erweitern läßt. Damit kommt man im Falle der Elektrostatik zu dem Schluß, daß es keine stabile Anordnung von elektrischen Ladungen geben kann, die durch ein $1/r^2$-Gesetz miteinander wechselwirken. Zusammen mit der Bestätigung der Anwendbarkeit des $1/r^2$-Gesetzes durch Rutherford-Streuung bedeutet dies, daß sich klassisch keine Modelle der atomaren Struktur konstruieren lassen, was damit direkt zur Quantenmechanik führt.

6.5 Zusammenfassung

Wir haben in diesem Kapitel die Gleichungen, die den Wärmetransport in ruhenden Medien beschreiben, diskutiert und einige theoretische Aussagen über die Lösungen der Gleichungen getroffen. Mittels Skalierungen haben wir die Zeit- und Temperaturskalen bestimmt, die normalerweise in diesem Fall auftreten. Ist z.B. L die Längenskale, über der signifikante Temperaturänderungen auftreten, dann bestimmt die Zeitskale L^2/κ den Zeitraum, in dem diese Fluktuationen durch Wärmeleitung geglättet werden. Wir diskutierten kurz die Methode der Separation der Variablen und bestimmten so einfache exakte Lösungen der Wärmeleitungsgleichung, die den diffusiven Ausgleich beschreiben.

6.6 Aufgaben

Aufgabe 6.1 *Linearität*

Wir wollen in dieser Aufgabe davon ausgehen, daß wir nur sehr wenig über die Physik der Wärmeflüsse wissen. Wir gehen davon aus, daß ein linearer, isotroper (d.h. richtungsunabhängiger) Prozeß die Temperaturverteilung in einem Material bestimmt. Wir erwarten mit anderen Worten eine Gleichung der Form

$$\mathcal{L}(T(\mathbf{x},t)) = 0,$$

die die Temperaturverteilung $T(\mathbf{x})$ ergibt, wobei $\mathcal{L}$ ein linearer Operator sei.

(a) * Man beschreibe Experimente für Gleichgewichts- und Nichtgleichgewichtszustände, die zur Überprüfung der Linearität an einem Stab oder einer Platte eines bestimmten Materials ausgeführt werden können. Bei welchen Materialien ist anisotropes und/oder nichtlineares Verhalten zu erwarten?

(b) * Nehmen wir an, die Experimente zeigen, daß die Annahme der Linearität und Isotropie gerechtfertigt ist. Man verwende die Linearität, Alltagserfahrung und allgemeingültige Argumente zur Bestimmung der Gleichgewichtstemperatur im Mittelpunkt einer quadratischen Platte, deren eine Ecke auf der Temperatur T_1 gehalten wird, während die Temperatur der restlichen drei Ecken T_0 beträgt.

Hinweis: Besitzen alle vier Ecken die Temperatur T_0, welche Temperatur herrscht dann in der Mitte? Ist die Temperatur an zwei gegenüberliegenden

Ecken gleich T_1 und die der beiden anderen Ecken gleich T_0, wie groß ist die Temperatur in der Mitte?

Man beachte, daß für die Bestimmung der Gleichgewichtstemperatur im Mittelpunkt der Platte eine detaillierte Kenntnis der Physik der Temperaturströmungen nicht notwendig ist; Symmetrie- und Linearitätsargumente sind völlig ausreichend. Sie reichen jedoch nicht aus, die Temperatur an jedem ***beliebigen*** Punkt der Platte zu bestimmen und sagen uns nichts über das Wesen des Temperaturflusses (außer, daß dieser ein linearer Prozeß ist).

(c) Kann man die Temperatur des Mittelpunktes der Platte nur durch Linearitäts- und Symmetrieargumente ableiten, wenn eine Ecke die Temperatur T_0 und die anderen die Temperatur T_1 besitzen? Man mache mit Hilfe der Wärmeleitungsgleichung eine Aussage über das Verhalten der Temperatur im Mittelpunkt der Platte.

Aufgabe 6.2 *Erwärmung eines Stabes*

* Ein Stab mit dem Querschnitt A und der Länge L befinde sich anfänglich auf der Temperatur T_0. Ihm wird nun eine gleichförmige und konstante Wärmemenge q_0 pro Einheitslänge (des Stabes) zugeführt. Beide Enden des Stabes werden auf T_0 gehalten. Man beschreibe, wie die thermischen und geometrischen Parameter die Temperaturveränderung $T(L/2, t)$ im Mittelpunkt des Stabes beeinflussen.

(a) Man sollte sich zuerst überlegen, was passieren könnte. Man beschreibe ganz kurz das Temperaturprofil, welches man erwartet. Man skaliere die definierenden Gleichungen und bestimme so die Temperaturänderungen und Zeitskalen für unser System. Man zeige, daß die skalierte Wärmeleitungsgleichung die Form

$$U_{t'} = U_{x'x'} + 1$$

besitzt.

Hinweis: Man beachte die Dimension von q_0.

(b) Man gebe mit Hilfe der Ergebnisse der Skalierungen eine (dimensionelle) Aussage über die Abhängigkeit von $T(L/2, t)$ von den Systemparametern und beschreibe eine minimale Anzahl von Experimenten, mit denen man die geforderten Temperaturschwankungen des Mittelpunktes in Abhängigkeit von der Zeitskale für verschiedene Stabgrößen und verschiedene (jedoch gleichförmige) Wärmezufuhr bestimmen kann.

(c) Man berechne die Temperaturverteilung für das Gleichgewicht für die skalierten Gleichungen und gebe einen expliziten Ausdruck für die maximale Temperatur im Mittelpunkt des Stabes an. Man interpretiere das Ergebnis.

(d) Unter Gleichgewichtsbedingungen muß die Wärmezufuhr durch den Wärmeverlust, der durch den Abfluß nach den Rändern auftritt, ausbalanciert werden. Man prüfe nach, ob die Lösung diese Balance-Eigenschaft besitzt.

Aufgabe 6.3 *Erwärmung eines Stabes 2*

Werden die Stabenden aus Aufgabe 6.2 nicht auf der Temperatur T_0 gehalten, sondern in Kontakt mit einer gut gerührten Flüssigkeit mit der Temperatur T_0 gebracht, dann sollte das Maximum der Temperatur im Stab von Q_0 und der relativen Effektivität der Wärmeleitungsprozesse im Stab sowie des Wärmetransportes der Flüssigkeit abhängen, ausgedrückt durch eine entsprechende dimensionslose Gruppe. Unter diesen Umständen beschreibt das Newtonsche Abkühlungsgesetz (6.9)

$$-k\frac{\partial T(L,t)}{\partial x} = \beta(T(L,t) - T_0)$$

den Wärmeverlust am Stabende $x = L$, dabei hängt der Wärmetransferparameter β von den Eigenschaften der Flüssigkeit und der Rührgeschwindigkeit ab.

(a) Man skaliere die Gleichungen und zeige, daß die Kombination $\mu = \beta L/k$ die entsprechende oben erwähnte dimensionslose Gruppe ist.

(b) Man löse die Gleichgewichtsgleichungen und bestimme explizit die maximale Temperatur im Stab. Man untersuche und kommentiere die Abhängigkeit der maximalen Stabtemperatur von μ. Man diskutiere speziell die Grenzwerte der Lösungen für große und kleine μ.

Aufgabe 6.4 *Probleme mit Phosphaten*

Nach schweren Regenfällen läuft das Wasser vom flachen Land in große Seen mit der konstanten Tiefe h zurück und bringt dabei große Mengen lösliche Phosphate in die oberste Wasserschicht ein. Die Phosphate diffundieren dann in die unteren Bereiche des Sees. Wir nehmen an, die Phosphatkonzentration c sei nur von der Tiefe z abhängig (wir messen z von der Seeoberfläche aus) sowie von der Zeit t; die Diffusionsgeschwindigkeit durch ein horizontales Flächenstück sei proportional zu $\partial c/\partial Z$. Man zeige, daß c die Diffusionsgleichung erfüllt. Man erkläre, warum die Randbedingungen $\partial c/\partial z = 0$ bei $z = 0$ und $z = h$ vernünftig sind. Man bestimme die Gleichgewichtslösung und interpretiere das Ergebnis.

Hinweis: Man betrachte entweder die Erhaltung der Phosphatmenge in einer Schicht zwischen z und $z + \mathrm{d}z$ oder verwende den allgemeinen Zugang, den wir in Abschnitt 6.3 vorgestellt haben, um die dreidimensionale Diffusionsgleichung für das Phosphat aufzustellen, und reduziere anschließend auf den eindimensionalen Fall.

Aufgabe 6.5 *Effektivität von Isoliermaterial*

Eine Klimaanlage kann eine Wärmemenge P aus einem Raum entfernen und arbeite bei einer Außentemperatur T_a. Nach dem Einschalten der Klimaanlage wird die Temperatur im Raum solange reduziert, bis ein Gleichgewicht zwischen der Kühlung und der Wärmezufuhr durch die Wände erreicht ist. Man bestimme die Gleichgewichtstemperatur T_r, die die Klimaanlage halten kann, wobei die Oberfläche S, die das Zimmer zur Umgebung besitzt, unten spezifiziert wird und kommentiere das Ergebnis. Man nehme dabei an, daß $T = T_a, T_r$ eine gute Näherung für die Randbedingungen der äußeren und inneren Wände des Zimmers darstellt.

(a) Die Oberfläche bestehe aus einer einzelnen Schicht der Dicke d und der Wärmeleitfähigkeit k.

(b) Die Oberfläche bestehe aus einer äußeren Metallverkleidung der Dicke d_m und der Wärmeleitfähigkeit k_m sowie einer isolierenden Schicht der Dicke d_i und der Wärmeleitfähigkeit k_i. Ist das Verhältnis k_m/k_i groß im Vergleich zum Verhältnis der Dicken, welche Schicht bestimmt die Temperaturdifferenz, die die Klimaanlage erzeugen kann? Was geschieht, wenn mehrere Schichten verwendet werden?

(c) * Die Oberfläche bestehe aus Wänden und Fenstern und damit aus zwei verschiedenen Strukturen; einer Schicht Glas (die ein mittelmäßiger Isolator ist) und einem guten Isolator hinter einer Verkleidung. Man erweitere die obige Rechnung auf diesen Fall durch Einführen relevanter Parameter, die das Problem definieren. Welche dimensionslose Gruppe bestimmt den Einfluß der Glasflächen auf die Raumisolation? Man verwende Tabelle 6.1 und eigene Erfahrungen zu einer quantitativen Abschätzung.

Eingeschlossene Luftschichten besitzen eine geringe Wärmeleitfähigkeit, wenn sie dünn genug sind, um Wärmeströmungen zu verhindern. Man erkläre die Verwendung von Doppelglasscheiben.

Aufgabe 6.6 *Buschbrände*

Das folgende (rein algebraische) Modell ist die Grundlage für vorbeugende Maßnahmen bei Buschbränden. Mit diesen Modellen lassen sich die Geschwindigkeiten des Feuers für verschiedene Brennstoffe, Feuchtigkeiten und atmosphärische Bedingungen bei unterschiedlichen Windbedingungen und für wechselnde geographische Verhältnisse vorhersagen. Mit diesen Informationen kann die Feuerwehr dann entscheiden, an welchen Stellen versucht werden kann, daß Feuer unter Kontrolle zu bekommen. Waldarbeiter sammeln Daten über die Masse an (trockenem) Brennstoff w pro Einheitsfläche und dem Feuchtigkeitsgehalt m (gemessen als Bruchteil von w), Informationen über Windgeschwindigkeiten, Topographie usw.

Bevor ein Brennstoff in Flammen aufgeht, muß die Feuchtigkeit verdunsten und die Temperatur bis zu einem Entzündungspunkt T_i ansteigen. Die sich nähernde Feuersbrunst liefert die dazu nötige Wärme, damit ist die Ausbreitungsgeschwindigkeit des Feuers gerade so groß, daß der Brennstoff soviel Wärme aufgenommen hat, daß er gerade anfängt zu brennen, wenn das Feuer ihn erreicht.

(a) Sei Q $(\mathrm{J/m^2})$ die gesamte Wärme des Feuers, die der Brennstoff pro Einheitsfläche Waldboden absorbiert, bis ihn die Flammen erreicht haben (siehe Abb. 6.4). Man zeige, daß

$$Q = w[c_f(T_i - T_0) + mc_w(T_{bp} - T_0)]$$

ein vernünftiger Ansatz für die obige Größe Q ist; dabei ist T_0 die anfängliche Temperatur des Brennstoffes, T_i seine Entzündungstemperatur und T_{bp} der Siedepunkt von Wasser, die c sind die entsprechenden spezifischen Wärmen.

Einfache, aber aufwendige geometrische Rechnungen zeigen, daß der gesamte Wärmezufluß durch die Flammenfront pro Einheitsfläche Waldboden durch

$$Q = \gamma \frac{EL}{2V}(1 + \cos\alpha)$$

gegeben ist. Hier ist V die Geschwindigkeit der Feuerfront, E die Strahlungsdichte der Flammen (d.h. der Wärmeausstoß pro Zeiteinheit pro Einheitsfläche der Flammenoberfläche), L ist die Flammenlänge (siehe Abb. 6.4) und α der Neigungswinkel der Flammenfront bezüglich des Erdbodens in Ausbreitungsrichtung. Die Konstante γ beschreibt die verschiedenen Quellen für Wärmeverluste. Die Strahlungsdichte wird als konstant angenommen.

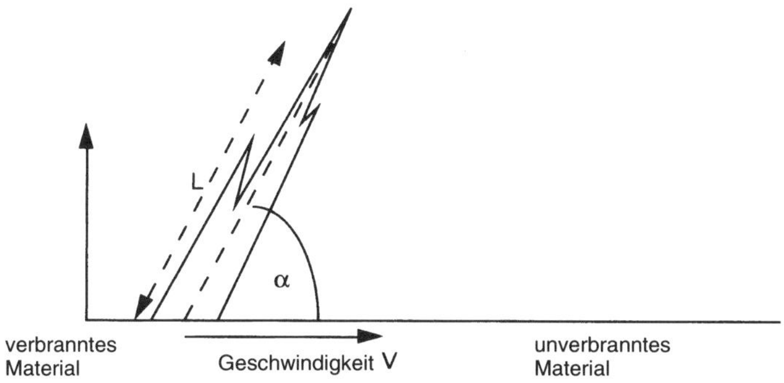

Abb. 6.4 Buschfeuer.

Die Flammenlänge hängt von der Menge des Brennstoffes Vw ab, und Experimente ergeben (zusammen mit dimensionellen Argumenten) den Ausdruck

$$L = \nu(Vw)^{2/3}.$$

Dabei ist ν eine dimensionsbehaftete Konstante.

(b) Man kombiniere die obigen Ergebnisse zu einem Ausdruck für die Ausbreitungsgeschwindigkeit V als Funktion der Parameter des Brennstoffes und dem Neigungswinkel der Flammen.

   (i) Erhöht sich nach diesem Modell die Geschwindigkeit des Feuers bei Zunahme der Brennstoffmenge? Stimmt dies mit der Erfahrung überein?

   (ii) Warum bewegen sich Feuer in Windrichtung schneller?

   (iii) Sollte sich die Feuersbrunst schneller bergauf oder bergab ausbreiten?

   (iv) Ist zu erwarten, daß sich Feuer bei wechselnden Bodenbedingungen schneller ausbreiten? Und bei wechselnden Windverhältnissen?

Aufgabe 6.7 *Flammenausbreitung*

** Häufig sieht man, daß sich eine Feuerfront mit konstanter Geschwindigkeit durch ein Medium bewegt. Warum ist dies so und wovon hängt die Flammengeschwindigkeit ab?

Üblicherweise verwendet man die folgenden Parameter zur Beschreibung einer chemischen Reaktion: die Konzentration der Ausgangsstoffe, die Zündtemperatur T_i, die Reaktionswärme $\mathcal{R}$ und die Zeitspanne τ, bis die Reaktion vollständig abgelaufen ist. Bei Temperaturen unterhalb der Zündtemperatur ist die Reaktionsgeschwindigkeit vernachlässigbar, während oberhalb der Zündtemperatur die Reaktion mit maximaler Geschwindigkeit abläuft; letztere ist von der Konzentration der Ausgangsstoffe abhängig. Die Wärme, die von der chemischen Reaktion in der Flammenfront ausgeht, erhöht die Temperatur des Brennstoffes bis zur Zündtemperatur; danach setzt die Reaktion ein und läuft bis zum vollständigen Verbrennen ab. Der Mechanismus des Wärmetransportes von den Flammen zum Brennstoff variiert mit den Umständen; wir wollen von einem Diffusionsmechanismus ausgehen. Wir sind damit im Besitz eines sehr einfachen Modells zur Beschreibung der Flammenbewegung. Abschmelzprozesse werden durch das gleiche Modell beschrieben.

Eine eindimensionale, sich gleichmäßig bewegende Flamme ist nur möglich, wenn die Wärmeabgabe pro Einheitsfläche der Flammenoberfläche q konstant und das Temperaturprofil relativ zur Bewegung stabil ist.

(a) Wir wollen zuerst überprüfen, ob die eindimensionale Wärmeleitungsgleichung eine stationäre Lösung relativ zu einem sich mit der Geschwindigkeit U bewegenden Koordinatensystem besitzt. Man zeige, daß eine Koordinatentransformation $(x, t) \to (\xi, t)$ mit $\xi = (x - Ut)$ die homogene Wärmeleitungsgleichung in die Form

$$\frac{\partial T(\xi, t)}{\partial t} - U\frac{\partial U(\xi, t)}{\partial \xi} = \kappa\frac{\partial^2 T(\xi, t)}{\partial \xi^2}$$

bringt. Wozu reduziert sich diese Gleichung für ein Temperaturprofil, welches relativ zu diesem bewegten Bezugssytem stabil ist?

(b) Man bestimme die Lösung der Gleichgewichtsgleichung für das Gebiet vor der Flamme, $\xi > 0$, und daraus den Wärmefluß, der im Ursprung der Flamme benötigt wird, damit dort ein Wärmeüberschuß bezüglich $T_i - T_\infty$ bei $x = \infty$ herrscht.

(c) Man modelliert eine Flammenfront meist wie oben mit der Annahme, daß sie sich von einem Gebiet mit konstanter Temperatur (dem „verbrannten" Gebiet) wegbewegt. Die Reaktionszone ist deshalb ein infinitesimal dicker Bereich („Feuerwand") und Wärmeleitungsprozesse in die „verbrannte" Zone werden ausgeschlossen. Man bestimme für dieses Modell die Ausbreitungsgeschwindigkeit für einen Wärmeausstoß q der Flammen.

Für eine eindeutige Beschreibung der Ausbreitungsgeschwindigkeit benötigen wir das Verständnis der chemischen Prozesse, das uns einen Zusammenhang zwischen der Wärmeerzeugung q und der chemischen Zusammensetzung liefert. Meist ist unser Wissen darüber jedoch so gering, daß wir auf empirisch bestimmte Aussagen zurückgreifen müssen.

(d) Die Behandlung der Reaktionszone als Feuerwand setzt voraus, daß diese dünn im Vergleich zum Diffusionsbereich ist. Unter welchen Umständen kann man erwarten, daß die Approximation einer Feuerwand sinnvoll ist?

Aufgabe 6.8 *Das Trocknen von Wiesen*

Wird der Oberfläche eines unendlichen Halbkörpers Wärme zugeführt, dann dringt sie im Laufe der Zeit in immer größere Tiefen vor und es kommt dazu, daß sowohl die Körpertemperatur als auch die Eindringtiefe mit der Zeit anwächst. Kommt es jedoch zu Absorption von Wärme (z.B. durch chemische Reaktionen oder Zustandsänderungen), dann sollte die Eindringtiefe endlich sein und es tritt eine Balance zwischen der Wärmezufuhr und der Absorption von Wärme auf. Wir wollen die Eindringtiefe im Gleichgewichtszustand bestimmen, da diese Größe in vielen Situationen von Bedeutung ist. Ein Beispiel ist die Erwärmung von feuchten Wiesenflächen. Auch die Vorhersage von Feuchtigkeitsniveaus für Brennstoffe von Buschfeuer geht von diesen Trocknungsmodellen aus. Ein weiteres Beispiel ist die Oxidation von Metallen.

Ein unendlicher Halbkörper mit der spezifischen Wärme c, der Dichte ρ, der Wärmeleitfähigkeit k besitzt die weitere Eigenschaft, daß er ab einer gewissen Temperatur (die wir gleich null setzen können) die Wärmemenge αT pro Einheitsvolumen als Ergebnis einer Zustandsänderung absorbiert. Der Körper besitze anfänglich die Temperatur null und es werde ihm die Wärmemenge q pro Einheitsfläche zugeführt.

(a) Man schreibe die partielle Differentialgleichung, die Randbedingungen und die Anfangsbedingungen des Problems auf.

(b) Man bestimme daraus die Temperaturskale, die Skale der Eindringtiefe und die Zeitskale, über der die Temperatur ansteigt.

(c) Man gebe die skalierten Gleichungen an.

(d) Man finde eine stationäre Lösung dieser Gleichungen.

(e) Man gebe die mathematischen Bedingungen an, die eine Korrekturfunktion $U(x', t')$ erfüllen muß, damit die Summe der Gleichgewichtslösung und U die obigen Bedingungen erfüllt. Man versuche nicht, die Gleichung für U zu lösen. Wir werden im nächsten Kapitel Lösungsmethoden dafür entwickeln. Unter praktischen Umständen ist dieses modellierte Verdunstungsverhalten wichtig für Landwirte, die abschätzen müssen, wie lange das Abtrocknen eines Feldes etwa dauern wird.

Aufgabe 6.9 *Separierte Lösungen der Wärmeleitungsgleichung*

Man lasse Maple die zeitlichen Veränderungen eines Temperaturprofils zeichnen, dessen anfängliche Gestalt zwei oder mehr Wellenmoden aus Abschnitt 6.3.2 enthält (man wähle die Moden selbst), und suche nach signifikanten Beobachtungen.

Aufgabe 6.10 *Separierte Wellenlösungen*

Für passende Skalen $(l, \sqrt{m/Tl})$ beschreibt die Wellenlösung

$$\eta_t t + \gamma \eta_t - \eta_{xx} = 0, \quad 0 < x < 1, \quad \eta(0) = \eta(1) = 0$$

die gedämpften, kleinen seitlichen Auslenkungen einer elastischen Saite (siehe Aufgabe 2.7 in Kapitel 2).

(a) (i) Man bestimme separierte Lösungen der ungedämpften Wellengleichung, $\gamma = 0$, die in x-Richtung oszillieren, und zeige durch eine Wahl der Separationskonstanten, die die Randbedingungen erfüllt, daß stehende Wellen der Form $\sin n\pi x \cos \omega t$ erzeugt werden können. Man berechne die Frequenz ω der Schwingung für die verschiedenen Moden (die durch n spezifiziert werden). Wie könnte eine solche Mode erzeugt werden? Stimmt das Ergebnis mit den Erfahrungen über das Verhalten eines Saiteninstrumentes überein? Man erkläre dies.

(ii) Man untersuche das Verhalten von stark angeregten Schwingungen. Wie verändert sich die Gestalt der Schwingung mit der Zeit? Man zeichne mit Maple die räumliche Änderung der Gestalt.

(b) (i) Man erzeuge durch Separation der Variablen Lösungen für die gedämpfte Wellengleichung, $\gamma \neq 0$, mit den obigen Randbedingungen. Man untersuche speziell Moden, deren Form bei $t = 0$ durch $\sin n\pi x$ gegeben ist, und vergleiche mit dem ungedämpften Fall oben. Wie beeinflußt eine relativ kleine Dämpfung die Gestalt einer reinen Schwingung und einer Kombination von Moden?

(ii) Man zeichne mit Maple die räumliche Gestalt der Schwingungsmoden.

(c) * Die Separation der Variablen funktioniert nicht immer. Man versuche sich an der Gleichung

$$Y_{tt} + \alpha Y_{xt} - Y_{xx} = 0.$$

Die Untersuchung dieser Fälle ist deutlich schwieriger. Meist kann man jedoch eine einfache Lösung erraten. Man suche nach einer Lösung der Form $e^{at}X(x)$.

Literatur

Carslaw, H. S., Jaeger, J. C., *Conduction of Heat in Solids*, Oxford at the Clarendon Press, 1959.

Hill, J. M., DeWynne, J. N., *Heat Conduction*, Blackwell Scientific Publications, Oxford, 1987.

Kreysig, E., *Engineering Mathematics*, John Wiley & Sons, New York, 1983.

7 Oberflächenerwärmung

Ähnlichkeitslösungen
Fundamentale Lösungen
Die Methode der Spiegelbilder
Randintegralmethoden
Verallgemeinerte Funktionen

7.1 Einführung

Da die Wärmeleitungsgleichung eine lineare Gleichung ist, kann man Lösungen überlagern (Superposition) und ist damit in der Lage, aus einem Satz einfacher Lösungen solche für komplexe Probleme aufzubauen. Die Temperaturverteilung in einem Körper entsteht damit durch den additiven Einfluß verschiedener externer und Randprozesse, die auf den Wärmefluß wirken. Tatsächlich gibt es spezielle Lösungen der Wärmeleitungsgleichung, die fundamental genug sind, um die Lösungen einer großen Reihe von Wärmeleitungsproblemen mit Hilfe dieser *fundamentalen Lösungen* formulieren zu können. Selbst wenn dies nicht möglich ist, spielen solche Lösungen bei der Bestimmung des Ergebnisses eine wesentliche Rolle. Die *fundamentalen Lösungen* entsprechen der Temperaturverteilung, die durch einen externen Wärme-„Puls" (d.h. eine plötzliche konzentrierte Wärmezufuhr) erzeugt werden. Eine solche fundamentale Lösung für die eindimensionale Wärmeleitung entspricht der instantanen (d.h. plötzlichen, ohne Zeitverzögerung auftretenden) ebenen Wärmequelle. Diese Lösung werden wir in Abschnitt 7.3 berechnen, im darauffolgenden Abschnitt wenden wir uns der Konstruktion anderer Lösungen mit Hilfe dieser speziellen Lösung zu, die für bestimmte Klassen von eindimensionalen Problemen wesentlich sind.

Die Hauptanwendung dieser Ergebnisse für das Modellieren ist die Oberflächenerwärmung von Körpern. Unter Umständen kann es zu mathematischen Komplikationen kommen, da die zwischen Körper und Umgebung ausgetauschte Wärmemenge a priori nicht bekannt ist und im Lösungsprozeß bestimmt werden muß; man benötigt daher indirekte Lösungsmethoden. Obwohl so die in Abschnitt 7.4 berechneten fundamentalen Lösungen nicht direkt zur Lösung des Problems verwendet werden können, kann man doch mit ihrer Hilfe effektive Techniken zur Lösungsgenerierung entwickeln. Man nennt diese Methode die **Randintegralmethode**, sie ist ein *sehr* effektives Werkzeug bei der Behandlung linearer partieller

Differentialgleichungen, die beim Modellieren auftreten. Der wichtigste Vorteil dieser Methode ist, daß sie den Rechenaufwand deutlich reduziert; man kann so viele Probleme, die an sich heute noch zu groß für den Rechner sind, umformulieren und beherrschbar machen.

Zur Beschreibung der Quellen, die die fundamentalen Lösungen erzeugen, müssen wir unsere Vorstellungen von Funktionen erweitern und *verallgemeinerte Funktionen* einführen. Dieser wichtige und faszinierende Gesichtspunkt wird in Abschnitt 7.7 kurz erläutert; wir benötigen ihn jedoch im Verlauf des Buches nicht weiter, so daß er nicht unbedingt gelesen werden muß. In den Übungsaufgaben werden eine Reihe von interessanten Anwendungen der in diesem Kapitel vorgestellten Ideen und Techniken (radioaktiver Regen, Feuer, Konstruktion von Isolatoren usw.) vorgestellt. Beginnen wir jedoch mit einigen mathematischen Vorbetrachtungen.

7.2 Mathematischer Hintergrund

1. **Bezeichnungen von Größenordnungen.** Die mathematische Bezeichung der Größenordnung von Termen ist außergewöhnlich wichtig. Deshalb existiert eine Konvention, die die Terme nach ihrer Größe in einem bestimmten mathematischen Limes ordnet. Wir beschreiben den Sachverhalt hier für einen kleinen Parameter t. Man erhält die entsprechenden Ergebnisse für den großen Parameter T durch Anwendung der Argumente für t für den kleinen Parameter $1/T$.

   (a) $O(t)$. Man sagt, eine Funktion $f(t)$ ist $O(t)$, d.h. von großer Ordnung in t, wenn eine Konstante C existiert, für die für genügend kleines t gilt: $|f(t)| < C$. Es ist dabei nicht notwendig, daß das Verhältnis für $t \to 0$ existiert. Die Notation sagt lediglich aus, daß f für kleine t etwa so groß wie t selbst ist. Die Funktion $t \sin(1/t)$ ist z.B. von der Ordnung t.

   (b) $o(t)$. Man sagt, eine Funktion $f(t)$ ist $o(t)$, d.h. von kleiner Ordnung in t, wenn $\lim f/t$ gleich null ist für $t \to 0$. Die Notation sagt aus, daß die Funktion für genügend kleines t kleiner als t ist. Damit ist $t \sin t$ gleich $o(t)$ oder $O(t^2)$.

   Natürlich zählt beim Modellieren die *numerische* Größe von Termen und nicht die Größe in einem Limes; man sollte dies bei Näherungen im Auge behalten. Man kann mit Maple die Grenzwerte für große oder kleine Parameter oder Variablen sowie die Entwicklung von Funktionen in Reihen bestimmen (mit den Befehlen `series` und `asympt`); die Ergebnisse sind jedoch nur begrenzt richtig.

2. **Die Fehlerfunktion.** Eine häufig bei Wärmeleitungsproblemen auftretende Funktion ist die Fehlerfunktion $\mathrm{erf}(x)$, die wie folgt definiert wird:

$$\mathrm{erf}(x) = \frac{2}{\sqrt{\pi}} \int_0^x e^{-u^2} du. \tag{7.1}$$

Der Faktor vor dem Integral wurde so gewählt, daß erf(∞) gleich eins ist. Den meisten Lesern ist diese Funktion sicherlich aus der Statistik bekannt. Es gilt

$$\mathrm{erf}(x) = -\mathrm{erf}(-x).$$

Eine eng damit verbundene Funktion ist erfc(x):

$$\mathrm{erfc}(x) = 1 - \mathrm{erf}(x) = \frac{2}{\sqrt{\pi}} \int_x^\infty e^{-u^2} du. \tag{7.2}$$

Man nennt sie die komplementäre Fehlerfunktion; beide Funktionen sind in Maple implementiert.

3. **Beta- und Gammafunktionen.** Die Gammafunktion $\Gamma(x)$

$$\Gamma(x) = \int_0^\infty t^{x-1} e^{-t} \mathrm{d}t \tag{7.3}$$

ist eine Verallgemeinerung der Fakultät $n! = n(n-1)(n-2)\cdots 1 \equiv \Gamma(n+1)$ für reelle und komplexe Zahlen. Wichtige Eigenschaften sind

$$\Gamma(x+1) = x\Gamma(x) \tag{7.4}$$

$$\Gamma(1/2) = \sqrt{\pi} \quad \text{und} \quad \Gamma(1) = 1. \tag{7.5}$$

Die Betafunktion $B(x, w)$ ist durch den Ausdruck

$$B(x, w) = \int_0^1 t^{x-1}(1-t)^{w-1} \mathrm{d}t \tag{7.6}$$

definiert. Der Zusammenhang mit der Gammafunktion lautet

$$B(x, w) = B(w, x) = \frac{\Gamma(x)\Gamma(w)}{\Gamma(x+w)}.$$

Beide (in Maple implementierte) Funktionen treten bei Wärmeleitungsproblemen häufig auf.

7.3 Die fundamentale Lösung für das Problem der ebenen Quellen

Die Idee ist ganz einfach! Können wir die Temperaturverteilung, die eine plötzliche Wärmezufuhr an einem Punkt in Raum und Zeit hervorruft, bestimmen, dann können wir daraus die Temperaturverteilung für *jede* Form der Wärmezufuhr berechnen, indem wir einfach die Beiträge aller Raum-Zeit-Punkte addieren. Dazu benötigen wir jedoch eine Wärmequelle, die zeitlich ohne Verzögerung (instantan) und räumlich infinitesimal klein ist, da jede endlich große Quelle zur Konstruktion einer anderen Wärmequelle als sie selbst nicht verwendet werden kann – man kann deshalb ausgedehnte Quellen nicht mit Hilfe von Bausteinen konstruieren, die selber ausgedehnt sind. Damit treten jedoch sowohl mathematische (mit normalen Funktionen lassen sich solche Quellen nicht beschreiben) als auch physikalische Probleme auf (man erzeugt unvermeidlich unendliche Temperaturen). Wir wollen diese Schwierigkeiten für einen Moment vergessen und annehmen, daß alle Größen sinnvoll definiert sind.

Wir wollen uns speziell mit dem Fall der ebenen eindimensionalen Quelle beschäftigen. Hier wird eine endliche Wärmemenge pro Einheitsfläche *plötzlich* auf eine *ebene Oberfläche* übertragen, die in einem unendlichen leitenden Medium ruht (siehe Abb. 7.1).

Da in diesem Problem keine Längen- oder Zeitskalen auftreten, ist die Wärmequelle durch

- den Ort ($x = 0$),
- die Zeit ($t = 0$) und
- die Stärke der Quelle $\mathcal{Q}$ pro Einheitsfläche

eindeutig bestimmt.

Ist nun $T(x,t)$ die Temperaturveränderung, die durch die Quelle verursacht wird, dann lauten die Gleichungen, die die Temperaturverteilung nach der Wärmezufuhr bestimmen, wie folgt:

$$T_t = \kappa T_{xx}, \quad -\infty < x < +\infty, \quad t > 0, \tag{7.7}$$

$$T(x,0) = 0 \quad \text{für} \quad x \neq 0, \tag{7.8}$$

$$\lim_{x \to \pm\infty} T(x,t) = 0, \tag{7.9}$$

dabei ist

$$\int_{-\infty}^{\infty} T(x,t)\mathrm{d}x = \mathcal{Q}' \quad \text{mit} \quad \mathcal{Q}' = \mathcal{Q}/\rho c \tag{7.10}$$

die Wärmezufuhr pro Einheitsfläche, skaliert mit der thermischen Masse ρc pro Einheitsvolumen. Die Anfangswerte (7.8) bedeuten, daß die gesamte Wärme zur Zeit $t = 0$ am Punkt $x = 0$ auf die Oberfläche gebracht wird. Die letzte Gleichung (7.10) bestimmt die Größe der eingebrachten Wärmemenge; damit ist unsere oben beschriebene Quelle eindeutig durch diese Gleichungen festgelegt.

Kommentar: Man beachte, daß wir keinerlei Aussage darüber getroffen haben, was bei $x = 0, t = 0$ geschieht.

Der gesamte Wärmeinhalt bleibt nach der letzten Gleichung im Material konstant, da weder Wärmeerzeugungs- noch -vernichungsprozesse auftreten.

Da $x, t, \kappa, \mathcal{Q}'$ die einzigen vorkommenden Parameter sind, muß die Lösung die Form

$$T = T(x, t, \kappa, \mathcal{Q}') \tag{7.11}$$

besitzen. Damit können wir mittels einer Dimensionsanalyse Formen der Lösung bestimmen. Wir wollen an dieser Stelle darauf hinweisen, daß bei Verwendung einer *endlichen* Quelle zusätzliche Parameter auftreten, die die Lage und Form der Quelle in der Raumzeit beschreiben, wie man an einem Beispiel sehen wird.

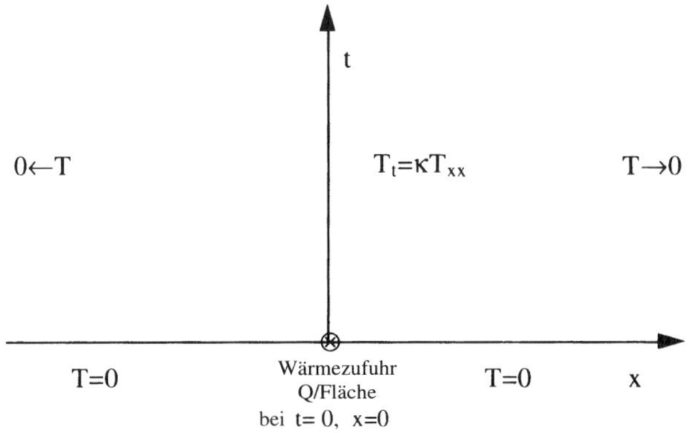

Abb. 7.1 Das Problem der instantanen ebene Quelle.

7.3.1 Dimensionsanalyse

Von den in der Klammer stehenden Parametern enthält nur Q' die Dimension einer Temperatur, so daß die dimensionslosen Gruppen Q' nicht enthalten können. Damit verbleiben Kombinationen der drei Parameter (x, t, κ). Aus dem letzten Kapitel wissen wir nun, daß $x/\sqrt{\kappa t}$ dimensionslos ist. Abgesehen von äquivalenten Kombinationen ist dies die einzige Möglichkeit für die drei Parameter und Variablen. Für den Fall einer endlich ausgedehnten Quelle wären noch andere Kombinationen möglich. Aus der Gleichung für den Wärmeinhalt (7.10) folgt weiter, daß die Dimension von Q' gleich $[\Theta][L]$ ist. Damit lautet der Skalierungsterm für die Temperatur Q'/x oder $Q'/\sqrt{\kappa t}$ und wir erhalten eine Lösung in Form von

$$T = \frac{Q'}{\sqrt{\kappa t}} U(\xi) \quad \text{mit} \quad \xi = x/\sqrt{\kappa t}. \tag{7.12}$$

Dies impliziert, daß durch die Variablentransformation

$$(T, x, t) \to (U, \xi, t)$$

die ursprüngliche partielle Differentialgleichung für T als Funktion von (x, t) in eine gewöhnliche Differentialgleichung für U als Funktion von ξ transformiert wird – eine *wesentliche Vereinfachung*! Besitzt die transformierte Gleichung mit den entsprechenden Randbedingungen eine Lösung, dann spricht dies für unsere Annahme, daß es eine einfache Lösung mit der obigen Struktur gibt. Besitzt sie jedoch keine Lösung, dann bedeutet dies nur, daß es keine Lösung mit dieser einfachen Struktur gibt. In jedem Fall lohnt sich die Durchführung dieser Transformation.

Man nennt $\xi = x/\sqrt{\kappa t}$ eine ***Ähnlichkeitsvariable*** und die entsprechende Lösung eine ***Ähnlichkeitslösung*** aufgrund der Ähnlichkeit der Lösung für verschiedene Zeiten. Kennen wir z.B. die Temperaturverteilung zur Zeit t_0, dann liefert uns (7.12) das Temperaturprofil für jede spätere Zeit. Man betrachte als Beispiel Abb. 7.2. T_0 sei die Temperatur zur Zeit t_0 am Ort x_0 (so daß $\xi_0 = x_0/\sqrt{\kappa t_0}$ gilt); dann besitzt der Ort $2x_0$ zur Zeit $4t_0$ das gleiche $\xi = \xi_0$. Daraus folgt mit (7.12) $T(2x_0, 4t_0) = T_0/2$. Abgesehen von der mathematischen Vereinfachung (PDG $\rightarrow$ GDG) und der obigen Informationskomprimierung besitzt unser Ergebnis auch experimentelle Folgen. Will man das vollständige Temperaturprofil $T(x,t)$ bestimmen, so genügt es, die Temperatur an einer Stelle für alle Zeiten zu messen; man erhält so den gesamten Bereich, den ξ überdeckt. (Letztere Messung ist einfacher als die Messung von T zu einer gegebenen Zeit für alle x.)

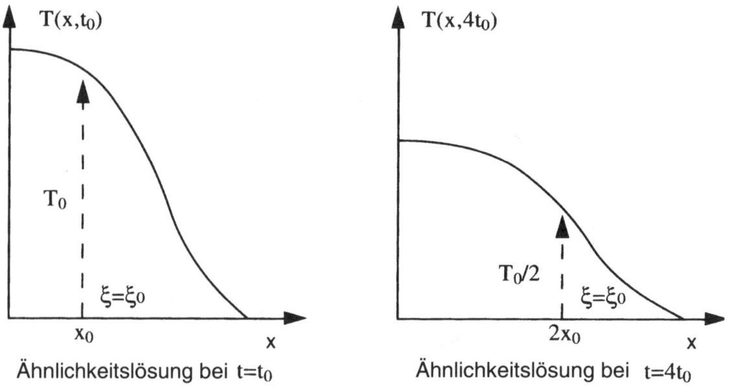

Abb. 7.2: Profile von Ähnlichkeitslösungen.

7.3.2 Invariante Transformationen

Bevor wir uns der Bestimmung der Ähnlichkeitslösung zuwenden, wollen wir einen anderen Zugang zu Lösungen mit dieser Eigenschaft diskutieren. Er ist rein mathematischer Natur und äquivalent zu unserer Dimensionsanalyse, jedoch im allgemeinen wirkungsvoller. Man sucht diejenige Variablentransformation, die die mathematische Form der partiellen Differentialgleichung und entsprechender Randbedingungen unverändert läßt. Findet man eine solche Transformation, dann läßt sich daraus einiges über die Struktur der Lösung lernen; in unserem Fall läßt sich die Ähnlichkeitsvariable bestimmen. Man nennt diese Methode Lie-Gruppen-Theorie, sie findet in vielen Bereichen der Wissenschaften Anwendung. Besonders erfolgreich läßt sie sich zur Beschreibung der Physik der Phasenübergänge (Flüssigkeiten zu Festkörpern usw.) verwenden. Die in der Lie-Gruppen-Theorie untersuchten Transformationen sind recht allgemein und man kann mit Hilfe der

Theorie den Prozeß der Bestimmung der Transformation vereinfachen. Als Beispiel wollen wir den Effekt einer bestimmten Klasse von *Streckungstransformationen*

$$T^*(x^*, t^*) = \gamma T(x,t), \quad x^* = \alpha x, \quad t^* = \beta t$$

bei Anwendung auf die Wärmeleitungsgleichung (7.7)-(7.10) untersuchen. Die Gleichungen lauten in den neuen gestauchten Variablen

$$T^*_{t^*} = \kappa(\frac{\alpha^2}{\beta})T^*_{x^*x^*},$$

$$T^*(x^*, 0) = 0 \quad \text{für} \quad x^* \neq 0,$$

$$\lim_{x^* \to \pm\infty} T^*(x^*, t^*) = 0,$$

$$\int_{-\infty}^{\infty} T^*(x^*, t^*)\mathrm{d}x^* = \alpha\gamma Q'.$$

Für $\alpha = \beta = 1$ erhalten wir wieder unsere ursprünglichen Gleichungen. Gibt es noch andere Möglichkeiten? Für $\alpha^2 = \beta$ besitzt die neue Wärmeleitungsgleichung die gleiche mathematische Form (d.h., sie ist invariant) und die Integralbedingung ist invariant für $\alpha\gamma = 1$. Definieren wir also $\alpha = \sqrt{\beta}$ und $\gamma = 1/\sqrt{\beta}$, dann bleiben die definierenden Gleichungen unverändert unter der Transformation. Wir erhalten so für die erlaubten Streckungstransformationen

$$T^* = \frac{1}{\sqrt{\beta}}T, \quad x^* = \sqrt{\beta}\sqrt{x}, \quad t^* = \beta t$$

für beliebiges β. Daraus folgt nach einigen algebraischen Umformungen

$$\beta = (\frac{x^*}{x})^2 = \frac{t^*}{t} = (\frac{T^*}{T})^{-2}.$$

So erhält man für die Form der Lösung $T(x,t) = 1/\sqrt{t}F(x/\sqrt{t})$. Man sieht sofort die Übereinstimmung mit dem Ergebnis unserer Dimensionsanalyse (7.12).

Kommentar: Wie sich zeigt, deckt die allgemeinere Theorie der Lie-Gruppen (die nach allgemeineren invarianten Transformationen als die Stauchungen sucht) noch weitere 5 invariante Transformationen der Wärmeleitungsgleichung auf, die jedoch mit den Zusatzbedingungen (7.8)-(7.10) nicht verträglich sind. Damit sind sie in unserem Kontext nicht von Bedeutung. Maple besitzt ein Lie-Gruppen-Paket mit allerdings beschränkten Möglichkeiten; der interessierte Leser möge sich daran ausprobieren.

7.3.3 Die Ähnlichkeitslösung

Wir kehren nun zur Lösung der Ähnlichkeitsgleichung zurück. Die Argumente der Dimensionsanalyse führten zu der Substitution $(T, x, t) \to (U, \xi)$ mit

$$T(x,t) = \frac{Q'}{\sqrt{\kappa t}}U(\xi), \quad \xi = x/\sqrt{\kappa t}. \tag{7.13}$$

Sind unsere Argumente stichhaltig, dann sollten wir nach der Transformation der Variablen und etwaiger Vereinfachungen Gleichungen besitzen, die *nur* von U und ξ abhängen; es sollten alle x und t verschwinden. Man besitzt damit eine gute Möglichkeit, die Richtigkeit der Rechnung und der Skalierung zu überprüfen. Verwenden wir die Operatorschreibweise, dann erhalten wir

$$T_t(x,t) = \left[\frac{\partial}{\partial t} + \frac{\partial \xi(x,t)}{\partial x}\frac{\partial}{\partial \xi}\right]\left[\frac{Q'}{\sqrt{\kappa t}}U(\xi)\right].$$

Nach Durchführung der Differentiationen und der Eliminierung von (x, t) zugunsten von (ξ, t) ergibt sich

$$T_t(x,t) = -\frac{Q'}{2t\sqrt{\kappa t}}[U(\xi) + \xi U'(\xi)].$$

Durch eine analoge Rechnung erhalten wir

$$T_{xx}(x,t) = \frac{Q'}{(\kappa t)^{3/2}}U''(\xi).$$

Man beachte, daß sowohl T_t als auch T_{xx} den Faktor $1/t^{3/2}$ enthalten; damit verschwindet t nach dem Einsetzen der beiden Ausdrücke in die Wärmeleitungsgleichung (7.7)

$$U'' + \xi U'/2 + U/2 = 0. \tag{7.14}$$

Die Integralbedingung wird zu

$$\int_{-\infty}^{\infty} U(\xi)\mathrm{d}\xi = 1.$$

Man beachte, daß für $t \to 0$ oder $x \to \pm\infty$ hier $\xi \to \pm\infty$ gilt. Damit reduzieren sich die drei Aussagen (7.8)-(7.10) auf die beiden Bedingungen

$$U(\pm\infty) = 0.$$

Alternativ dazu kann man aufgrund der Symmetrie des physikalischen Systems oder der Differentialgleichung im Bereich $\xi > 0$ mit den Randbedingungen

$$U(\infty) = 0, \quad U'(0) = 0 \tag{7.15}$$

und der Integralbedingung

$$\int_0^{\infty} U\mathrm{d}\xi = \frac{1}{2} \tag{7.16}$$

arbeiten.

Damit verbleibt noch die Aufgabe, die Differentialgleichung zweiter Ordnung (7.14) zusammen mit den drei Bedingungen (7.15), (7.16) zu lösen. Unsere Erwartungen und Hoffnungen, die wir in die Verfügbarkeit der Lösung für die ebene Quelle gesetzt haben, hängt *wesentlich* von der Existenz einer eindeutigen Lösung von (7.14) ab. Wir müssen daher eine sehr praktische Frage mit Hilfe theoretischer

Überlegungen beantworten. Eine numerische Berechnung einer Lösung mit dem richtigen Verhalten reicht dazu nicht aus, da das Problem in den mathematischen Subtilitäten und ihren Konsequenzen liegt. Deshalb sollte man vor der Verwendung von Maple oder einer Lösungssammlung für Differentialgleichungen (siehe z.B. Kamke (1948)) über das Problem noch einmal nachdenken.

Die Gleichung ist linear, von *zweiter* Ordnung, nichtsingulär und muß *drei* zusätzliche Bedingungen erfüllen – es sieht nicht gut aus. Würde es sich bei den Bedingungen um Anfangswerte handeln, dann wäre die Situation hoffnungslos (dies sagt die allgemeine Theorie in aller Strenge), wir haben es jedoch mit Nicht-Standard-Bedingungen zu tun (2-Punkt-Randbedingungen, unendlicher Variablenbereich und eine Integralbedingung), so daß die Theorie keine allgemeine Aussage trifft und eine Lösung möglich ist. Alle Punkte des endlichen Bereiches sind *gewöhnliche* (oder reguläre) Punkte der Differentialgleichung, damit besitzt sie zwei vernünftige unabhängige Lösungen im endlichen Bereich; nur eine davon besitzt im Ursprung den Anstieg null. Wir hoffen, daß dies die von uns gesuchte symmetrische Lösung ist. Unser Problem besitzt also eine eindeutige Lösung, wenn diese im Ursprung den Anstieg null besitzt und integrabel ist, d.h., sie muß im Unendlichen rasch genug abnehmen, damit das Integral endlich ist. Man beachte, daß die beliebige Konstante der Lösung immer so gewählt werden kann, daß die Integralbedingung (7.16) erfüllt wird.

Die Antwort von Maple auf das Kommando

```
dsolve(diff(y(x),x,x)+x*diff(y(x),x)/2+y(x)/2,y(x));
```

lautet (abgesehen von leichten Modifikationen, die davon abhängen, wie Maple beliebige Konstanten darstellt und mathematische Standard-Zahlen ausgibt):

$$C_1 e^{-x^2/4} - iC_2[\sqrt{\pi}/2]\mathrm{erf}(ix/2)e^{-x^2/4}.$$

Das ist etwas überraschend, da wir für unsere reelle Gleichung eine reelle Lösung erwartet hatten! Die erste Lösung ist reell, zur Interpretation des zweiten Terms benötigen wir jedoch Kenntnisse aus der komplexen Analysis. Man beachte jedoch, daß die erste Lösung integrabel ist und im Ursprung den Anstieg null besitzt; damit sind wir im Besitz der gesuchten eindeutigen Lösung.

Nebenbemerkung: Die Identifikation der zweiten reellen Lösung wäre ebenfalls interessant, da wir damit unsere theoretischen Überlegungen überprüfen könnten. Dazu verwenden wir die erste Lösung und erzeugen mit der Methode der *Reduzierung der Ordnung* eine andere reelle Lösung. Man erinnere sich, daß wir nach einer Lösung der Form $Y(x)e^{-x^2/4}$ suchen. Mittels Maple ergibt sich so eine gewöhnliche Differentialgleichung erster Ordnung in Y', deren Lösung zu der zweiten gesuchten reellen Lösung führt:

$$e^{-\xi^2/4} \int_0^{\xi} e^{y^2/4} \mathrm{d}y. \tag{7.17}$$

Man sieht an der Taylorentwicklung dieses Ausdrucks deutlich, daß sein Anstieg im Ursprung verschieden von null ist. Er verhält sich für große Werte von x wie

$2/x+O(x^{-2})$ und verschwindet damit im Unendlichen – jedoch nicht stark genug, daß er integrabel wäre. Der Maple-Befehl `asympt` ergibt zwar das asymptotische Verhalten, in unserem Fall funktioniert es jedoch nicht richtig. In Aufgabe 7.2 zeigen wir, wie man asymptotisches Verhalten mittels partieller Integration untersuchen kann.

Kehren wir nun zu unserem ursprünglichen Problem zurück. Die Lösung

$$U = Ce^{-\xi^2/4}$$

erfüllt die definierende Gleichung und die Randbedingungen, die Konstante C wählen wir so, daß die Integralbedingung erfüllt wird. Maple ergibt in diesem Fall $C = 1/2\sqrt{\pi}$. Damit lautet unser Ergebnis (siehe Abb. 7.3)

$$U(\xi) = \frac{e^{-\xi^2/4}}{2\sqrt{\pi}}. \tag{7.18}$$

Transformieren wir in die physikalischen Variablen zurück (siehe (7.13)), dann erhalten wir

$$T(x,t) = \frac{Q'}{2\sqrt{\pi\kappa t}} e^{-x^2/(4\kappa t)}. \tag{7.19}$$

Dies ist die fundamentale Lösung für die instantane ebene Wärmequelle.

Die Lösung ist regulär, außer für $t = 0$, wie es scheint. Für $x \neq 0$ dominiert bei $t \to 0$ der exponentiell kleine Term im Zähler über den algebraisch kleinen Term im Nenner, und es gilt $\lim_{t\to 0} T(x,t) = 0$, wie von den Anfangsbedingungen gefordert wurde. Für $x = 0$ jedoch ist

$$T(0,t) = \frac{Q'}{2\sqrt{\pi\kappa t}}, \tag{7.20}$$

und der Grenzwert ist für $t \to 0$ unendlich – unangenehm, jedoch sicherlich nicht überraschend, wenn wir an den Charakter unserer Quelle denken.

Damit wir unsere Lösung besser verstehen können, wollen wir uns ihr Verhalten bei kleinen Zeiten anschauen. Für $t = \epsilon$ (ϵ klein) findet man in Abb. 7.4 das Temperaturprofil $T(x,\epsilon)$. Am Punkte $x = 0$ ist die Temperatur groß (von der Ordnung $1/\sqrt{\epsilon}$) und die Breite des Profils ist klein (von der Ordnung $\sqrt{\epsilon}$). Dadurch bleibt die Fläche unter dem T-Profil (und damit der Wärmeinhalt) konstant für $\epsilon \to 0$, wie es die Integralbedingung fordert. Man kann die Ähnlichkeitslösung $T(x,t)$ für $t > \epsilon$ als Temperaturverteilung eines „anfänglichen“ Temperaturprofils $T(x,\epsilon)$ bei $t = \epsilon$ interpretieren – dies ist physikalisch sinnvoll, außer im Limes $\epsilon \to 0$. Deshalb ist unsere Lösung, abgesehen von der isolierten Singularität bei $(x,t) = (0,0)$, die nur dann wichtig wird, wenn wir über die instantane Quelle sprechen, physikalisch und mathematisch sinnvoll, und es ist die *einzige* Lösung, die die gewünschten Eigenschaften besitzt. Anstelle von Enttäuschung und Unzufriedenheit mit diesen *schwachen* Lösungen haben es die Mathematiker gelernt, mit ihnen zu leben, da sie die mathematischen Ergebnisse stark vereinfachen. Wir werden im Abschnitt 7.7 auf diesen Punkt noch einmal zu sprechen kommen.

Interpretation

Die Definition der Ähnlichkeitsvariable (7.13) zusammen mit der Ähnlichkeitslösung (7.18), die in Abb. 7.3 dargestellt ist, schließt das Verhalten der Lösung ein. Das Verhältnis

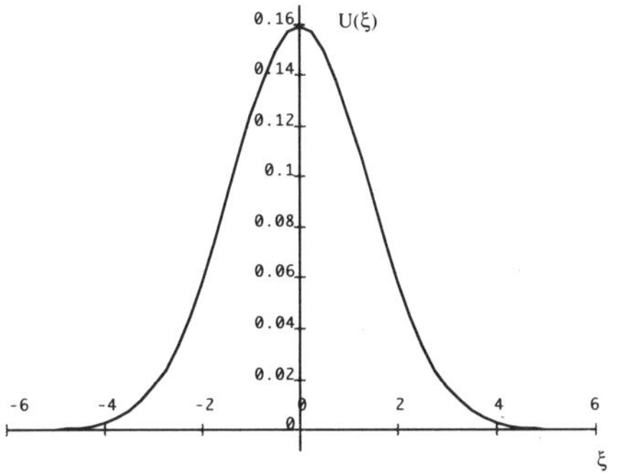

Abb. 7.3 Die Ähnlichkeitslösung.

$$r = \frac{T(x,t)}{T(0,t)} = \frac{U(\xi)}{U(0)} = e^{-\xi^2/4}$$

liefert uns ein Maß für die Veränderung der Gestalt des Temperaturprofils in Raum und Zeit. Maple errechnet $r = 0{,}11; 0{,}019$ für $\xi = 3; 4$, wobei diese Zahl für wachsendes ξ rasch abnimmt; für $\xi = 8$ erhalten wir $r = 10^{-7}$! Für $\xi = 4$ ist das Temperaturprofil praktisch auf null abgesunken; in physikalischen Variablen heißt das für $x = 4\sqrt{\kappa t}$, wobei wir uns dies als die Breite des Profils zur Zeit t vorstellen können. Das anfänglich hohe, scharfe Temperaturprofil verflacht zusehends, wobei das Maximum mit $1/\sqrt{t}$ abfällt und die Breite mit $\sqrt{\kappa t}$ abnimmt. Mit anderen Worten, das Zerlaufen des Profils geschieht anfänglich sehr schnell und geht mit der Zeit deutlich voran. Obwohl alle Punkte von der Quelle beeinflußt werden, auch wenn sie von dieser sehr weit entfernt sind, so nimmt die Zeitspanne, die zur Messung eines Effektes nötig ist, mit dem Abstand stark zu (etwa mit x^2/κ) und die Größe des Effektes nimmt mit stark wachsendem x ab. Will man in anderen Situationen verstehen, wie ein Prozeß abläuft, so ist das intuitive Verständnis des Verhaltens dieser Lösung wesentlich. Bringt man z.B. Körper mit unterschiedlicher Temperatur miteinander in Kontakt, dann kann man erwarten, daß der Wärmeaustausch anfänglich sehr schnell geht, worauf eine sehr langsame Annäherung an das thermische Gleichgewicht folgt. Auch sollte eine Oberfläche deutlich *empfindlicher* auf eine momentane Bestrahlung reagieren als auf eine, die zu einem früheren Zeitpunkt die Oberfläche getroffen hat. Wir werden solche Spekulationen später durch analytische Rechnungen bestätigen; natürlich sind solche intuitiven Beobachtungen für das Modellieren von großem Wert.

Nebenbemerkung: Relativität. Es ist eine interessante Tatsache, daß unser Ergebnis mit der Relativitätstheorie nicht in Übereinstimmung gebracht werden kann, da es eine von null verschiedene Temperatur an Stellen, die vom Ursprung einen endlichen Abstand besitzen, *unmittelbar* nach der Wärmezufuhr vorhersagt (siehe (7.19)). Dazu müßte sich eine gewisse Wärmemenge mit einer Geschwindigkeit ausbreiten, die größer als die Lichtgeschwindigkeit ist; dies ist nach der Speziellen Relativitätstheorie jedoch nicht möglich. Man hat es hier mit einer allgemeinen Eigenschaft der Wärmeleitungsgleichung zu tun, die nicht auf unsere Lösung beschränkt ist. Die Schwierigkeit resultiert aus der Ableitung (6.4) der empirischen Relation von Wärmefluß zu Temperaturgradient, der auf einer Extrapolation von Gleichgewichtszuständen zu Nichtgleichgewichtssituationen beruht. Man kann durch physikalische Argumente zeigen, daß dies nicht korrekt ist. So wird der Wärmetransport in Metallen im wesentlichen durch die Elektronen realisiert, und diese können offensichtlich nicht schneller als das Licht bewegt werden. Man kann dieses Problem jedoch an sich ignorieren, da die von der Wärmeleitungsgleichung vorhergesagte Energiemenge, die mit Überlichtgeschwindigkeit transportiert wird, so verschwindend klein ist, daß sie nicht beobachtet werden kann; selbst wenn sie existieren würde. Da die Wärmeleitungsgleichung ansonst unter dynamischen Bedingungen mit allen Beobachtungen übereinstimmt, kann man sie als richtig betrachten.

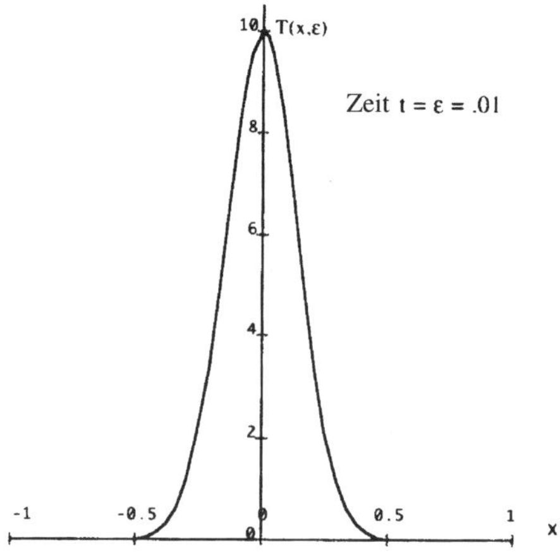

Abb. 7.4 Die fundamentale Lösung für die ebene Wärmequelle: Verhalten für kleine Zeiten.

Kommentar: Ähnlichkeitslösungen. Die von uns oben vorgestellte Technik der Ähnlichkeitslösungen wird in vielen Bereichen der Wissenschaft angewendet und ist ein wichtiges Werkzeug. Im 14. Kapitel werden wir ihr bei der Untersuchung des Verkehrsflusses wiederbegegnen. Die grundlegende Idee ist einfach: Betrachtet man eine Situation, in der alle von außen gegebenen Skalen entfernt wurden, dann können nur noch solche Skalen existieren, die die zugrundeliegende Physik erzeugt (wie wir bei der Wärmeleitungsgleichung gesehen haben). Damit wird die Existenz von Ähnlichkeitsvariablen impliziert, die sich durch Dimensionsanalyse oder Untersuchung von invarianten Transformationen finden lassen. Deshalb untersucht man unendliche oder halb-unendliche Raum-Zeit-Gebiete (jedes endliche Gebiet besitzt eine entsprechende Längenskale), und verwendet eine physikalische Beschreibung, die externe Skalen ausschließt. Man beachte, daß *diese Ideen nicht von der Linearität abhängen.* Die Ähnlichkeitstechnik ist eine der wenigen exakten Techniken, die sich auf nichtlineare Probleme anwenden läßt – darin liegt ist ihre eigentliche Bedeutung.

7.4 Lösungskonstruktionen

Obwohl die obige Ähnlichkeitslösung an sich bereits interessant ist, leitet sich ihre Wichtigkeit aus der Funktion als Baustein einer Anzahl von Lösungen der eindimensionalen Wärmeleitungsgleichung ab. Einige davon wollen wir nun untersuchen. Zur Bequemlichkeit bezeichnen wir die Temperaturverteilung nach der Zuführung einer Wärmemengeneinheit pro Einheitsfläche im unendlichen Raum mit $G(x,t)$. Dann folgt

$$G(x,t) = \begin{cases} 0 & \text{für} \quad t < 0 \\ \mu \frac{e^{-x^2/(4\kappa t)}}{\sqrt{t}} & \text{für} \quad t > 0 \end{cases} \tag{7.21}$$

mit

$$\mu = \frac{1}{2\rho c\sqrt{\pi\kappa}} \equiv \frac{1}{2\sqrt{\pi\rho c k}}. \tag{7.22}$$

Probleme mit unendlichem Raumgebiet

- Da die Wärmeleitungsgleichung invariant unter der Verschiebung des Zeitursprungs ist, wird der Temperaturanstieg bei $x = 0$ nach der Wirkung einer Wärmemenge $q'(t')\mathrm{d}t'$ pro Flächeneinheit im Zeitintervall von t' bis $t' + \mathrm{d}t'$ bei $x = 0$ durch den Ausdruck

$$\mathrm{d}T(0,t) = [q(t')\mathrm{d}t']G(t, t - t')$$

gegeben. Mit Gleichung (7.21) folgt explizit

$$\mathrm{d}T(0,t) = \begin{cases} 0 & \text{für} \quad t < t' \\ \mu \frac{q(t')\mathrm{d}t'}{\sqrt{t-t'}} & \text{für} \quad t > t'. \end{cases}$$

Dabei ist $q(t')$ so etwas wie die Wärmezufuhr pro Einheitsfläche zur Zeit t'. Aufgrund der Linearität können wir die Beiträge der sukzessiven Wärmezufuhr mit der Rate $q(t)$ für $t > 0$ addieren und erhalten im Limes (die Summe wird zum Integral)

$$T(0,t) = \mu \int_0^t \frac{q(t')}{\sqrt{t - t'}}\mathrm{d}t'. \tag{7.23}$$

Wir haben damit die Temperatur bei $x = 0$ für eine beliebige Wärmezufuhr $q(t)$ bei $x = 0$ berechnet.

Die Berechnung der Temperatur an jedem anderen Ort x erfolgt durch Einsetzung des zusätzlichen Faktors

$$e^{-x^2/[4\kappa(t-t')]}$$

in den Integranden (siehe (7.21)). Damit sind wir im Besitz der Lösung für alle Probleme, bei denen die Wärmezufuhrgeschwindigkeit pro Einheitsfläche auf die Oberfläche eines leitenden Körpers vorgegeben ist. Um die Physik besser zu verstehen, wollen wir ein einfaches Beispiel exakt rechnen. Dies wird auch zu einigen mathematischen Einsichten führen.

Beispiel 7.4.1 *Man betrachte eine Situation, bei der Wärme mit einer konstanten Geschwindigkeit q pro Einheitsfläche der Ebene $x = 0$ einer unendlichen Region für ein Zeitintervall Δ zugeführt wird; danach wird die Wärmezufuhr unterbrochen.*

Nach den obigen Formeln ist die Temperatur auf der $(x = 0)$-Fläche gleich

$$T_s(t) = \begin{cases} \mu q \int_0^t \frac{dt'}{\sqrt{t-t'}} & = 2\mu q\sqrt{t} \quad \text{für} \quad t < \Delta, \\ \mu q \int_0^\Delta \frac{dt'}{\sqrt{t-t'}} & = 2\mu q(\sqrt{t} - \sqrt{t-\Delta} \quad \text{für} \quad t > \Delta). \end{cases}$$

Der Anstieg der Temperatur auf der $(x = 0)$-Fläche verhält sich damit während der Wärmezufuhr wie $\sqrt{t}$, d.h., es geht sehr schnell! Weiterhin ist die Lösung bei $t = 0$ stetig, jedoch nicht differenzierbar. Sicherlich wird sich der Leser an unsere Diskussion der $(1/\sqrt{t})$-Singularität im Temperaturprofil der Lösung der instantanen ebenen Quelle erinnern. Die Integration über die Zeit, die unsere jetzige Lösung enthält, entfernt diese Singularität. Damit wird noch einmal klar, daß keine unphysikalischen unendlichen Temperaturen auftreten, wenn wir unsere fundamentale Lösung zur Erzeugung von Lösungen für physikalisch realisierbare endliche Quellen verwenden.

Obwohl die Lösung bei $t = 0$ endlich ist, bringt die fehlende Differenzierbarkeit numerische Probleme. Wie wir sehen werden, ist es bei realen Modellen oft notwendig, die Lösungen numerisch zu bestimmen, und die Irregularität am Punkt der Wärmezufuhr bedeutet, daß numerische Standard-Techniken für partielle Differentialgleichungen (die davon ausgehen, daß die Lösungen glatte Funktionen sind), nicht zuverlässig arbeiten. Wie man sieht, ist diese Irregularität eine Grundeigenschaft der Wärmeleitungsgleichung bei abrupten Änderungen der Wärmezufuhr. Wird die Wärmezufuhr allmählich vergrößert, z.B. mit $q(t) = rt$ für $t > 0$, dann verhält sich die Lösung für kleine t wie $rt^{3/2}$ und ist damit regulärer, läßt sich jedoch trotzdem nicht durch glatte Funktionen approximieren. Tritt so etwas auf, dann muß man auf die analytischen Rechnungen zurückgreifen, um zu einem exakten Ergebnis zu gelangen. Dabei können algebraische Programme helfen, Algorithmen zu entwickeln, die diese Schwierigkeiten umgehen. Wir kommen auf diesen Punkt später noch einmal zurück.

Natürlich läßt sich die Verteilung der Temperatur nach einer Reihe von Erwärmungen des obigen Typs durch Addition berechnen. Durch die deutliche und schnelle Temperaturerhöhung bei Wärmezufuhr ist es offensichtlich, daß die lokale Temperatur stärker durch die momentane Erwärmung beeinflußt wird als durch die vergangene und ebenso stärker durch örtliche als durch räumlich entfernte Wärmezufuhr. Dies bestätigt unsere frühere Vermutung, und wir werden das in Aufgabe 7.1 genauer analysieren.

Man beachte, daß das Temperaturprofil für große t (man verwende `asympt`) wie $1/\sqrt{t}$ zerfällt, d.h. langsam!

- Die Wärmeleitungsgleichung ist invariant unter räumlichen Translationen, damit ist $G(x-\zeta,t)$ die Temperaturverteilung nach der Wärmezufuhr einer Energiemenge pro Einheitsfläche bei $x=\zeta$ und $t=0$. Die Freisetzung einer Einheit Wärme $q(\zeta)\mathrm{d}\zeta$ pro Einheitsfläche und pro Einheitslänge zwischen ζ und $\zeta+\mathrm{d}\zeta$ bei $t=0$ führt sofort zu einem Temperaturanstieg $\rho c T(\zeta,0+)\mathrm{d}\zeta = q(\zeta)\mathrm{d}\zeta$. Durch die Identifizierung der räumlichen Wärmezufuhr, die die Temperatur jedes Punktes eines unendlich ausgedehnten Körpers erhöht, bis eine anfängliche Temperaturverteilung $T(x,0+)=T_0(x)$ erreicht ist, erhalten wir für die nachfolgende Temperaturentwicklung

$$\rho c \int_{-\infty}^{\infty} T_0(\zeta)G(x-\zeta,t)\mathrm{d}\zeta. \tag{7.24}$$

- Ist $q(x',t')$ die Rate der externen Wärmezufuhr pro Einheitsvolumen so, daß $q(x',t')\mathrm{d}x'\mathrm{d}t'$ die Wärmezufuhr pro Einheitsfläche im Raum-Zeit-Element $(x',t',\mathrm{d}x',\mathrm{d}t')$ definiert, dann ergibt sich für die Temperaturentwicklung

$$T(x,t) = \int_0^t [\int_{-\infty}^{\infty} q(x',t')G(x-x',t-t')\mathrm{d}x']\mathrm{d}t'. \tag{7.25}$$

Interpretiert man q als *verallgemeinerte Funktion* (siehe dazu Abschnitt 7.7), dann beschreibt diese Gleichung auch die Wärmezufuhr für Flächen innerhalb des Materials.

- Addiert man die Lösungen (7.24) und (7.25), dann erhält man die Lösung des allgemeinen eindimensionalen Wärmeleitungsproblems

$$T_t = \kappa T_{xx} + q/\rho c, \quad -\infty < x < +\infty$$

mit

$$T(x,0) = T_0(x)$$

und

$$T(x,\pm\infty) = 0.$$

- Ist $U(x,t)$ eine beliebige Lösung der Wärmeleitungsgleichung, dann ist es auch $\partial U(x,t)/\partial t$ – man sieht dies durch Anwendung des Operators $\partial/\partial t$ auf die Wärmeleitungsgleichung und Vertauschung der Reihenfolge der Differentiation. Nach dem gleichen Argument sind auch $\partial U(x,t)/\partial x$, $\partial^2 U(x,t)/\partial x^2$ usw. Lösungen; ebenso Ausdrücke der Form $\int_a^x U(x',t)\mathrm{d}x'$. Mit Hilfe der Ähnlichkeitslösung lassen sich so viele nützliche Lösungen konstruieren. Man beachte, daß z.B.

$$\int_0^x t^{-\frac{1}{2}} e^{-u^2/4\kappa t}\mathrm{d}u = 2\sqrt{\kappa}\int_0^{x/2\sqrt{\kappa t}} e^{-\xi^2}\mathrm{d}\xi$$

eine Lösung ist. Nach der Definition der Fehlerfunktion (7.1) ist also

$$T_0 \mathrm{erf}(\frac{x}{\sqrt{4\kappa t}}) \tag{7.26}$$

eine Lösung. Diese Lösung beschreibt die Temperatur in einem unendlichen Halbkörper mit der Anfangstemperatur T_0, wenn die Fläche $x = 0$ für $t > 0$ auf der Temperatur null gehalten wird (man überprüfe die Rand- und Anfangsbedingungen); diese Lösung ist von nicht zu unterschätzender Wichtigkeit.

Die Bedeutung der fundamentalen Lösung der eindimensionalen Wärmeleitungsgleichung ist nun offensichtlich. Die oben zusammengestellten Lösungen sind für unsere weiteren Anwendungen von besonderer Wichtigkeit. Eine umfangreiche Aufzählung von Lösungen, die aus der Lösung für die instantane ebene Quelle konstruiert werden können, findet der Leser in dem Klassiker von Carslaw und Jaeger (1959) über Wärmeleitung.

7.5 Andere fundamentale Lösungen

Man nennt die Lösung für die ebene Quelle *fundamental*, da man fast alle Lösungen der eindimensionalen Wärmeleitungsgleichung für unendliche Gebiete aus ihr konstruieren kann. Die Dimensionsanalyse erlaubt es nun, die Ähnlichkeitslösung für die Freisetzung einer Wärmemenge $\mathcal{Q}$ zur Zeit $t = 0$ in einem Punkt eines dreidimensionalen Raumes zu berechnen. Diese *Punktquellen*-Lösung lautet

$$T(x,y,z,t) = \frac{\mathcal{Q}}{8\rho c(\pi\kappa t)^{3/2}} e^{-r^2/(4\kappa t)} \tag{7.27}$$

mit

$$r^2 = x^2 + y^2 + z^2.$$

Damit lassen sich die Temperaturverteilungen für beliebige Wärmequellen in einem unendlichen dreidimensionalen Raum mit beliebiger Anfangstemperatur bestimmen, damit ist diese Lösung *fundamental*. Summiert man speziell alle konstanten Punktlösungen über die ($x = 0$)-Ebene auf, dann erhalten wir die Lösung für die ebene instantane Quelle. Wir werden die Lösung für die Punktquelle in Aufgabe 7.7 ableiten und einige Anwendungen betrachten. In Carslaw und Jaeger (1959) findet man wieder eine große Reihe von expliziten Lösungen.

Die fundamentalen Lösungen für die Ebene und den Punkt sind *spezielle Lösungen* der inhomogenen Wärmeleitungsgleichung für externe Wärmepulse. In der Notation der *verallgemeinerten Funktionen* erfüllt die Lösung der ebenen Quelle die inhomogene Wärmeleitungsgleichung

$$T_t - \kappa T_{xx} = Q'\delta(t)\delta(x), \quad -\infty < x < \infty, \quad t \geq 0$$

mit den Rand- und Anfangsbedingungen

$$T(x,0) = 0$$

und

$$\lim_{x \to \pm\infty} T(x,t) = 0.$$

Nebenbemerkung: Die *Diracsche Deltafunktion* $\delta(t)\delta(x)$ soll hier anzeigen, daß die Wärme bei $x = 0$ und $t = 0$ zugeführt wurde. Wir hatten sie bereits beim unterstützten Stab verwendet und werden sie im letzten Abschnitt dieses Kapitels genauer diskutieren.

Im folgenden wollen wir die *speziellen Lösungen* um Lösungen der homogenen Wärmeleitungsgleichung (d.h. *komplementäre Funktionen*) erweitern und so andere Lösungen der obigen inhomogenen Wärmeleitungsgleichgung für die gleiche Quelle, jedoch mit anderen Nebenbedingungen, konstruieren. Ein solcher Zugang ermöglicht die Erzeugung von Lösungen, die für gewisse, für unsere Modelle wichtige unendliche und endliche Regionen *fundamental* sind.

Die Methode der Spiegelbilder

Wir wollen nun die sehr einfache und intuitive **Methode der Spiegelbilder** vorstellen, die fundamentale Lösungen für unendliche und endliche (Halb)-Gebiete erzeugt, die durch Ebenen, Kugeln oder Zylinder begrenzt werden.

Der unendliche Halbkörper

Die fundamentale eindimensionale Temperaturverteilung $G(x,t)$ (7.21) ist um $x = 0$ symmetrisch, daraus folgt automatisch die (physikalisch einzusehende) Bedingung, daß der Wärmefluß bei $x = 0$ gleich null sein muß. Man beachte, daß die Wärme, die bei $x = 0$ in einem unendlichen Leiter freigesetzt wird, entweder in die positive oder in die negative x-Richtung fließen kann. Damit ist $2G(x,t)$ die Temperaturverteilung in einem isolierten *Halbraum* $x > 0$ für einen Wärmestrom pro Einheitsfläche in diese Ebene bei $t = 0$. Die Tatsache, daß wir die Lösung des Problems für eine unendliche Halbebene aus dem äquivalenten Problem der unendlichen Ebene gewonnen haben, mag vielleicht stören. Man bedenke jedoch, daß dieser Ausdruck die Wärmeleitungsgleichung in der Region $x > 0$ mit dem richtigen Wärmezufluß bei $x = 0$ erfüllt; damit ist er per Definition eine Lösung. Das Eindeutigkeitstheorem sagt aus, daß es nur eine solche Lösung gibt, damit ist es *die* Lösung. Für später geben wir die Oberflächentemperatur an:

$$T(0,t) = \frac{F_0(t)}{\sqrt{\pi \rho c k}} \quad \text{mit} \quad F_0(t) = \frac{1}{\sqrt{t}}. \tag{7.28}$$

Das gleiche Argument ergibt die Temperatur an der Oberfläche eines unendlichen Halbkörpers für den Wärmezufluß $q(t)$ pro Einheitsfläche (siehe (7.23))

$$T(0,t) = 2\mu \int_0^t \frac{q(t')}{\sqrt{t-t'}} \mathrm{d}t' \equiv \frac{1}{\sqrt{\pi \rho c k}} \int_0^t \frac{q(t')}{\sqrt{t-t'}} \mathrm{d}t', \qquad (7.29)$$

wir werden dieses Ergebnis später noch benötigen.

Die Lösung (7.28) entspricht der Situation zweier instantaner Quellen in einer unendlichen Region mit der gleichen Quellstärke pro Einheitsfläche; eine befindet sich direkt auf der Ebene (bei $x = 0+$), die andere (das Spiegelbild in der x-Ebene) unter der Ebene (bei $x = 0-$). Die Einführung von Bildquellen* in einer unendlichen Region, die Material der gleichen Leitfähigkeit enthält, sichert, daß kein Fluß durch die Fläche dringt, und man erzeugt so andere fundamentale Lösungen für den isolierten unendlichen Halbkörper. Damit ist

$$\mathcal{Q}[G(x-x', t-t') + G(x+x', t-t')]$$

die Temperaturverteilung in einem isolierten Körper $x > 0$ nach der Freisetzung einer Wärmemenge $\mathcal{Q}$ pro Einheitsoberfläche am Ort x' zur Zeit t'. Daraus lassen sich Lösungen für beliebige Wärmezuflüsse eines isolierten Halbraumes konstruieren. Wir werden später zeigen, wie wichtig diese Ergebnisse für reale Modellierungen sind.

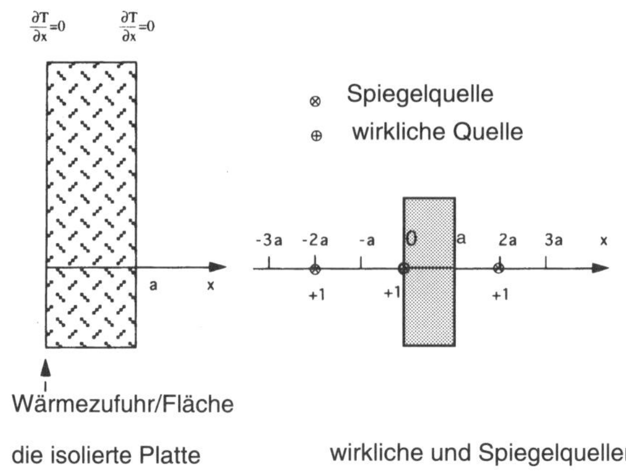

Abb. 7.5 Die fundamentale Lösung für die isolierte Platte.

Verwendet man Bildsenken, dann lassen sich antisymmetrische Lösungen der Wärmeleitungsgleichung erzeugen, so daß die Bedingung für Temperatur null auf

*Im weiteren wird *image source* meist mit Spiegelquelle übersetzt, um die Analogie zur Begriffsbildung in der Elektrostatik zu betonen. (Anm. d. Übers.)

der Ebene $x = 0$ gewährleistet ist. Damit stellt

$$\mathcal{Q}[G(x - x', t - t') - G(x + x', t - t')]$$

die Temperaturverteilung eines unendlichen Halbkörpers $x > 0$ dar, dessen Oberfläche auf der Temperatur null gehalten wird und die der instantanen Freisetzung einer Wärmemenge $\mathcal{Q}$ pro Einheitsfläche am Ort x' zur Zeit t' entspricht.

Das Problem der endlichen Platte

Man betrachte nun das Problem der Berechnung der Temperaturverteilung in einer Platte ($0 < x < a$), deren Ränder isoliert sind und die einer Erwärmung zur Zeit $t = 0$ am Rand $x = 0$ ausgesetzt ist (siehe Abb. 7.5). Wir beginnen mit der Lösung $2G(x, t)$ für die unendliche Halbregion $x > 0$ (siehe (7.21)). Diese Lösung befriedigt alle Nebenbedingungen, außer daß der Wärmefluß bei $x = a$ durch $-2kG_x(a, t)$ gegeben ist; er sollte nun jedoch gleich null sein. Um sicherzugehen, daß der Wärmefluß null ist, müssen wir zu der obigen Lösung G eine andere Lösung der Wärmeleitungsgleichung hinzuaddieren, die diesen Fluß gerade aufhebt. Wir wissen bereits, wie diese zusätzliche Lösung aussehen muß; eine identische Lösung bei $(x, t) = (2a, 0)$, die von dem gleichen wärmeleitenden Material umgeben ist. Wieder ist es nicht nötig, daß tatsächlich Material mit der gleichen Leitfähigkeit in der Region $x > a$ vorhanden sein muß, es kann sich auch um anderes Material handeln. Gehen wir davon aus, daß es sich dort befindet, dann erfüllt unser Ergebnis im Bereich $0 < x < a$ sowohl die Wärmeleitungsgleichung als auch die Forderung nach verschwindendem Fluß bei $x = a$. Die Lösung lautet so

$$T(x, t) = 2[G(x, t) + G(x - 2a, t)],$$

da G eine gerade Funktion in x ist, erfüllt sie die Bedingung, daß bei $x = a$ der Fluß verschwindet. Die Lösung ist bezüglich der Ebene $x = 0$ nicht symmetrisch (die zusätzliche Quelle zerstört die Symmetrie), damit kommt es zu einem von null verschiedenen Fluß durch diese Ebene, der durch eine weitere Spiegelquelle bei $x = -2a$ ausgeglichen werden kann; dies führt zu einer nächsten zusätzlichen Quelle usw. Wir erhalten so die Funktion

$$2[G(x, t) + \sum_{n=1}^{\infty}\{G(x - 2na, t) + G(x + 2na, t)\}]$$

oder explizit

$$\frac{2\mu}{\sqrt{t}}\left[e^{-x^2/(4\kappa t)} + \sum_{n=1}^{\infty}\left(e^{-(x-2na)^2/(4\kappa t)} + e^{-(x+2na^2/(4\kappa t)}\right)\right].$$

Wir müssen uns also mit unendlichen Reihen beschäftigen. Man beachte besonders, daß alle Spiegelquellen außerhalb des Bereiches $0 < x < a$ liegen, damit sind die Ausdrücke für diese Quellen Lösungen der homogenen Wärmeleitungsgleichung in diesem Gebiet.

Da sich die Summanden der Reihe für große n wie e^{-n^2} verhalten, konvergieren diese Reihe und alle Reihen, die man durch mehrfache Ableitung nach den Variablen erhält, für alle endlichen $t > 0$. Daraus folgt, daß die Differentiation erlaubt ist und damit können wir den Ableitungsoperator der Wärmeleitungsgleichung auf die Reihe anwenden. Abgesehen vom ersten Term, der der ursprünglichen Quelle entspricht, erfüllen alle anderen Terme die homogene Wärmeleitungsgleichung und damit erfüllt die gesamte Reihe die inhomogene Wärmeleitungsgleichung mit der ursprünglichen Quelle. Die Rand- und Anfangsbedingungen sind ebenfalls erfüllt; damit ist die Reihe *die* gesuchte eindeutige Lösung. Die Oberflächentemperatur ergibt sich zu

$$T(0,t) = \left[\frac{1}{\sqrt{\pi \rho c k}}\right] F(t) \tag{7.30}$$

mit

$$F(t) = \frac{1}{\sqrt{t}}\left[1 + 2\sum_{n=1}^{\infty} e^{-n^2 a^2/(\kappa t)}\right], \tag{7.31}$$

nachdem wir μ substituiert haben (siehe (7.22)). Für $a \to \infty$ gilt $f(t) \to F_0(t)$ (siehe (7.28)), wir gelangen so zur Lösung für die unendliche Halbregion.

Wichtiger Kommentar: Nützlichkeit und Konvergenz. Zwischen den Zielen und Herangehensweisen von reinen Mathematikern und Modellierern gibt es deutliche Unterschiede, die sich an diesem Beispiel gut illustrieren lassen. Die obigen Reihen konvergieren für jeden endlichen Wert von t und sind damit in einem *realen* Sinn *die* Lösung unseres Problems – damit ist für den reinen Mathematiker das Problem gelöst. Der Modellierer jedoch benötigt einen *nützlichen* Ausdruck für weitere Rechnungen. Obwohl ein Modellierer Konvergenz begrüßt (da sie eine gewisse Sicherheit gibt), ist sie nicht notwendig – viele Lösungsentwicklungen für praktische Zwecke konvergieren nicht (sie sind asymptotischer Natur). Genauer gesagt, die obige Reihe ist eine akzeptable Lösung, wenn die gewünschte Genauigkeit für $T(x,t)$ mit wenigen Summanden erreicht wird. Dazu müssen wir so lange Terme hinzuaddieren, bis der Rest, der normalerweise durch die Größe des letzten Terms bestimmt wird, klein genug ist. Nun werden die Terme sehr schnell klein, wenn $a^2/(\kappa t)$ nicht klein ist, damit erhalten wir eine exzellente Reihenentwicklung, wenn die Zeit relativ zur Skale a^2/κ nicht zu groß wird. Für große t benötigt man jedoch $\sqrt{\kappa t}/a$ Terme, damit die Genauigkeit der Lösung befriedigend ist. Physikalisch bedeutet dies, daß für wachsende Zeiten mehr und mehr Quellen zum Verhalten der Lösung beitragen. Wir sehen also, daß die Methode der Spiegelquellen für kleine und mittlere Zeiten sehr gut funktioniert (und meist die *einzige* Möglichkeit ist, die nichtregulären Lösungen für kleine Zeiten zu beschreiben, siehe Beispiel 7.4.1); für große Zeiten ist sie jedoch unpraktisch. Im nächsten Kapitel werden wir eine Technik vorstellen, die das Langzeitverhalten der Lösung erfaßt.

Nebenbemerkung: Das Verhalten für große Zeiten kann oft aus anderen Betrachtungen rekonstruiert werden. In unserem speziellen Fall kann die bei $t = 0$ eingebrachte Wärme die Platte nicht verlassen, da die Ränder isoliert sind. Außerdem wird jeder Temperaturunterschied durch Diffusion ausgeglichen, so daß wir zu einem Gleichgewichtszustand mit gleichförmiger Temperatur gelangen. Damit diese Gleichgewichtstemperatur in Übereinstimmung mit der bekannten zugeführten Wärmemenge ist, muß der Temperaturanstieg gleich $1/[\rho c a]$ sein. Es ist nun tatsächlich möglich, dieses Verhalten für sehr große Zeiten aus der Spiegelquellenlösung zu berechnen, dazu ist jedoch eine sehr komplizierte Mathematik notwendig. Wir werden im nächsten Kapitel sehen, daß es deutlich effektivere mathematische Mittel gibt, mit denen die Situationen für große Zeiten zu behandeln sind.

Kommentar: Erweiterungen. Die Methoden der fundamentalen Lösungen und der Spiegelquellen stellen eine anschauliche Anwendung von intuitiven physikalischen Ideen und Beobachtungen aus früheren Zeiten dar, die so nützlich sind, daß sie zum Standardrepertoir der Modellierer gehören. Ihre Anwendung ist nicht auf Wärmeleitungsprobleme beschränkt, sie spielen eine wichtige Rolle in Theorie und Praxis für die Lösung *jeder* linearen partiellen Differentialgleichung.

7.6 Randintegralmethoden

Die Spiegelquellenmethode funktioniert für „Standard"-Randbedingungen an Wärmeflüsse oder Temperaturen und die fundamentalen Lösungen entsprechen Punkten, Linien, Ebenen; Gleichgewicht, instantane periodische und bewegliche Quellen bei einfacher Geometrie sind klassische Lösungen, die man in Carslaw und Jaeger (1959) finden kann. Dort findet man auch viele Lösungen, die daraus konstruiert wurden und für Modellierer unverzichtbar sind. Wir wollen uns nun jedoch Methoden zur Behandlung von „Nichtstandard"-Randbedingungen zuwenden, bei denen die obigen einfachen Überlegungen nicht funktionieren und exakte Lösungen nicht berechnet werden können; damit sind wir auf effektive Näherungsverfahren (oft numerischer Natur) angewiesen.Wir wollen dazu ein später für uns wichtiges Nicht-Standard-Problem analysieren: die Newtonsche Oberflächenerwärmung oder -kühlung eines unendlichen Halbkörpers.

Die Geschwindigkeit der Wärmeaufnahme oder des -verlustes pro Einheitsfläche hängt normalerweise stark vom Temperaturunterschied zwischen der Oberfläche und der Umgebung ab. Die lineare Newtonsche Beziehung

$$q(t) = -kT_x(0,t) = \beta(T_0 - T(0,t)) \tag{7.32}$$

stellt ein gutes Modell dieses Prozesses dar. Hier ist $q(t)$ der Wärmefluß in die Oberfläche, T_0 die Temperatur der Umgebung und $T(0,t)$ die Temperatur der Oberfläche eines Festkörpers mit $x > 0$. Eine andere Form der Newtonschen Beziehung lautet

$$T_x(0,t) = -\alpha(T_0 - T(0,t)), \quad \alpha = \beta/k. \tag{7.33}$$

Daraus folgt, daß $1/\alpha$ die Dimension einer Länge trägt und damit die Skale der Eindringtiefe der Wärme über ein Einheitszeitintervall darstellt (wobei das Zeitintervall durch β und die Flußskale mit (7.32) definiert wird).

Betrachten wir nun den Fall eines unendlichen Halbkörpers mit der Temperatur null, der nach dem Newtonschen Gesetz Wärme von der Umgebung (mit der

Temperatur T_0) aufnimmt (oder an diese abgibt) (siehe Abb. 7.6). Es erfolgt ein Wärmefluß in das leitende Material hinein, bis die Oberflächentemperatur gleich T_0 ist. Interessant ist nun, wie die physikalischen Parameter diese Zeitspanne determinieren.

Wir wissen bereits von früher, daß die Oberflächentemperatur eines leitenden unendlichen Halbkörpers $T_s(t) \equiv T(0,t)$ für einen Wärmezufluß $q(t)$ pro Einheitsfläche gleich (siehe (7.29))

$$T_s(t) = 2\mu \int_0^t \frac{q(t')}{\sqrt{t-t'}} \mathrm{d}t'$$

ist. Obwohl der tatsächliche Wärmefluß durch das Problem nicht vorgegeben ist, folgt aus der obigen Newtonschen Randbedingung (7.32) die Konsistenzbedingung

$$T_s(t) = 2\mu\beta \int_0^t \frac{T_0 - T_s(t')}{\sqrt{t-t'}} \mathrm{d}t', \tag{7.34}$$

die die Oberflächentemperatur $T_s(t)$ erfüllen muß.

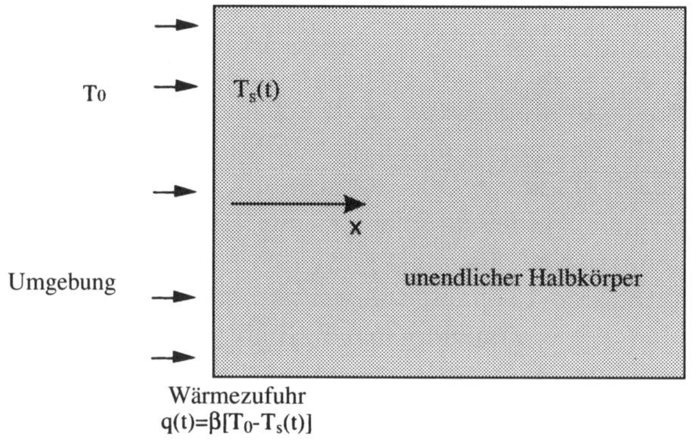

Abb. 7.6 Newtonsche Erwärmung eines unendlichen Halbkörpers.

Diese Gleichung umfaßt die gesamte Physik des Systems, denn ein $T_s(t)$, welches diese Gleichung erfüllt, erfüllt die Wärmeleitungsgleichung im Material $x > 0$ und die Newtonsche Bedingung auf dem Rand. Daraus läßt sich natürlich die Temperaturverteilung $T(x,t)$ im Inneren aus der Wärmezufuhr durch direkte Integration berechnen, obwohl dieses Wissen meist nicht von Interesse ist. Da die unbekannte Funktion unter dem Integral erscheint, nennt man solche Gleichungen *Integralgleichungen*; in unserem speziellen Fall haben wir es mit einer Volterra-Gleichung zu tun. Man könnte nun versuchen, durch Differentiation nach t zu einer Differentialgleichung zu gelangen; dies ist häufig möglich, in unserem Falle funktioniert es jedoch nicht. Tatsächlich ist es deutlich schwieriger, exakte Lösungen für Integralgleichungen zu finden als für entsprechende Differentialgleichungen, dafür sind erstere für numerische Berechnungen vorteilhafter, vor allem, da die numerische Integration einfacher als die Differentiation ist.

Wir sollten uns nicht zu sehr daran stören, daß wir an diesem Punkt auf Schwierigkeiten stoßen; es gibt viele bekannte Näherungsverfahren für solche Fälle und es kommt nun darauf an, diese richtig anzuwenden. Damit wir ein Gefühl für das Problem bekommen, wollen wir uns überlegen, wie man es numerisch lösen könnte. Ein vernünftiger Ansatz wäre sicherlich das Ersetzen des Integrals durch eine äquivalente Summe. Das diskrete Problem besteht dann in der Lösung eines Systems von linearen algebraischen Gleichungen für die unbekannten Werte von T. Man kann sich so davon überzeugen, daß unsere Fragestellung vernünftig ist und eine eindeutige Lösung besitzt (siehe Aufgabe 7.17). Der strenge Beweis ist jedoch alles andere als trivial. Es existiert allerdings ein Existenz-/Eindeutigkeitssatz für Volterra-Integralgleichungen, so daß wir sicher sein können, daß die Gleichungen eine Funktion T_s eindeutig bestimmen. Das Theorem über Kontraktionsabbildungen liefert die Möglichkeit eines Beweises aus grundlegenden Annahmen heraus.

Kommentar: Alternative Techniken. Bevor wir fortfahren, wollen wir die Formulierung des Problems mit Hilfe einer Integralgleichung mit anderen Formulierungen vergleichen. Eine konventionelle numerische Integration der definierenden partiellen Differentialgleichung beinhaltet die Berechnung von T an jedem Ort eines zweidimensionalen Bereiches, der unsere begrenzte Region (x, t) überdeckt. Die numerische Lösung der Integralgleichung erfordert dagegen nur die Berechnung von $T_s(t)$ für den eindimensionalen Parameterbereich von t; dies bedeutet eine wesentliche Reduzierung des rechnerischen Aufwandes. Er ist deutlich geringer, als man naiverweise denken könnte – aus technischen (Stabilitäts-)Gründen muß der Abstand der diskreten t-Werte bei der Berechnung von partiellen Differentialgleichungen sehr klein sein, damit der Algorithmus stabil läuft und die gewünschte Genauigkeit erreicht werden kann. So benötigt man ein Feld von $10^2 \times 10^4$ Punkten, um mit dem *Differenzenschema* eine einprozentige Genauigkeit zu gewährleisten. (Beim Differenzenschema werden die Ableitungen durch genäherte Quotienten ersetzt und man löst dann das System algebraischer Gleichungen für die unbekannten Werte der Temperatur T auf dem (x, t)-Gitter.) Eine numerische Integration der Integralgleichung benötigt dagegen für 1 % Genauigkeit nur etwa 10 Punkte; selbst wenn kein optimales Integrationsschema verwendet wird (siehe Aufgabe 7.17). Natürlich existieren eine Reihe von anderen Standardverfahren zur numerischen Behandlung von partiellen Differentialgleichungen, die effektiver als das Differenzenverfahren sind, keines von ihnen ist jedoch nur annähernd so effizient wie die numerische Integration einer Integralgleichung. Dazu kommt, daß keine von ihnen in der Lage ist, die Irregularitäten für kleine t aufgrund der abrupten Wärmezufuhr (siehe unser Beispiel in Abschnitt 7.4) zu behandeln. Da sowohl der Rechenaufwand mit der Zahl der Raumdimensionen wächst als auch die Genauigkeit und Glaubwürdigkeit sinkt, spielen die obigen Überlegungen eine große Rolle, wenn sich die Dimension des Problems reduzieren läßt und eine integrierte Form der definierenden Gleichung zur Verfügung steht. So lassen sich z.B. dreidimensionale Probleme im Normalfall nur behandeln, wenn die obigen Reduktionsmethoden angewandt werden. Man nennt die Technik, die von der Berechnung von $T(x,t)$ im (x,t) Raum zur Berechnung von T auf dem Rand des (x,t) Bereiches führt, die **Randintegralmethode**, deren Bedeutung nicht unterschätzt werden darf. Ist es möglich, analytische Rechnungen durchzuführen, ohne auf numerische Methoden zurückgreifen zu müssen, dann allerdings lassen sich die Einsichten noch vertiefen.

Unabhängig davon, ob man die Aufgabe numerisch oder analytisch lösen will, ist die erste Aufgabe immer die Skalierung des Problems. Eine passende Temperaturskale ist natürlich T_0. Ist auf der anderen Seite t_0 die Zeitskale, dann lautet der multiplikative Faktor auf der rechten Seite der Integralgleichung (7.34) nach der Skalierung $2\mu\beta\sqrt{t_0}$. Setzt man dies gleich eins, dann verschwinden alle Parameter aus dem Problem und man erhält als Zeitskale $1/(\beta\mu)^2$ oder anders $\pi/\alpha^2\kappa$ (siehe (7.22),(7.23)). Damit besitzen wir eine grobe Abschätzung für den Zeitraum, den der Körper benötigt, bis er sich an die Umgebung angepaßt hat. Die Variablensubstitution

$$\mathcal{T} = \frac{T_s}{T_0} \quad \text{und} \quad t = \frac{\pi}{\alpha^2\kappa}\tau \tag{7.35}$$

führt damit zu der Integralgleichung

$$\mathcal{T}(\tau) = \int_0^\tau \frac{1-\mathcal{T}(\tau')}{\sqrt{\tau-\tau'}}\mathrm{d}\tau'. \tag{7.36}$$

Für später wollen wir noch den Integrationsbereich auf der rechten Seite auf eins reduzieren. Dies erreichen wir mit $\tau' = \xi\tau$ und erhalten

$$\mathcal{T}(\tau) = \sqrt{\tau}\int_0^1 \frac{1-\mathcal{T}(\xi\tau)}{\sqrt{1-\xi}}\mathrm{d}\xi. \tag{7.37}$$

7.6.1 Verhalten für mittlere Zeiten

Für kleine skalierte Zeiten wird sich die Temperatur der Oberfläche kaum geändert haben, so daß $\mathcal{T}$ klein ist im Vergleich zu eins. Damit gilt zumindest für frühe Zeiten (vergleiche (7.37))

$$\mathcal{T}_1(\tau) = \gamma_1\sqrt{\tau} \quad \text{mit} \quad \gamma_1 = \int_0^1 \frac{1}{\sqrt{1-\xi}}\mathrm{d}\xi,$$

und wir erhalten so eine vernünftige Näherung für die Integralgleichung und damit für $\mathcal{T}(\tau)$. Mit einem Iterationsschema läßt sich dieses Ergebnis noch verbessern.

$$\mathcal{T}_{n+1}(\tau) = -\sqrt{\tau}\int_0^1 \frac{\mathcal{T}_x(\xi\tau)}{\sqrt{1-\xi}}\mathrm{d}\xi, \quad n \geq 1 \tag{7.38}$$

mit

$$\mathcal{T} = \sum_{n=1}^\infty \mathcal{T}_n(\tau)$$

liegt auf der Hand, zumindest für kleine Zeiten. Jede Iteration fügt einen Faktor $\sqrt{\tau}$ hinzu, so daß wir die Lösung in der Form

$$\mathcal{T} = \sum_{n=1}^\infty \gamma_n\tau^{n/2} \tag{7.39}$$

schreiben können mit

$$\gamma_{n+1} = -\gamma_n \int_0^1 \xi^{n/2}/\sqrt{1-\xi}\mathrm{d}\xi. \tag{7.40}$$

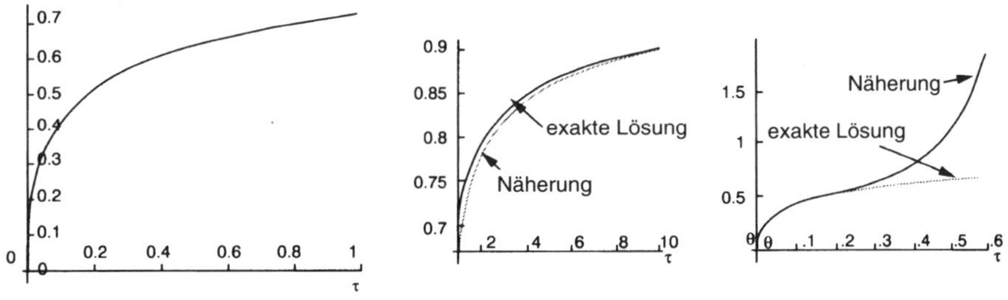

Abb. 7.7 Newtonsche Erwärmung eines unendlichen Halbkörpers: exakte Lösung und Näherungen.

Für iterativen Rechnungen dieser Art eignen sich algebraische Programme vorzüglich und Maple löst das Problem *fast*. Der Befehl

```
int((sqrt(xi)/sqrt(1-xi)),xi=0..1);
```

liefert $-\frac{\pi}{2}$; der Betrag ist richtig, das Vorzeichen jedoch falsch. Man muß besonders bei der Verwendung von mehrdeutigen Funktionen vorsichtig sein! Nach der Korrektur solcher Problemstellen liefert Maple Ergebnisse in beliebiger Ordnung. Damit die Näherung einen Sinn hat, sollten die Terme für wachsendes n schnell kleiner werden, was für kleine τ auch der Fall ist. Man erhält für τ bis zu 0,3 gute Ergebnisse mit relativ wenigen Schritten, wie man in den graphischen Darstellungen in Abb. 7.7 sieht. Wird die skalierte Zeit jedoch größer, dann wächst die Zahl der Ordnungen, die wir für vernünftige Ergebnisse benötigen, dramatisch an und die Rechenzeit wird eine bestimmende Größe. Man kann deshalb sagen, daß das Iterationsschema nur für $\tau < 0{,}3$ sinnvoll ist, damit kann man nichts über einen eventuellen Endzustand und die Zeit, die das System bis dahin benötigt, aussagen. Damit benötigen wir eine andere Methode, die uns das Verhalten für große Zeiten liefert.

Nebenbemerkung: Obwohl der obige Ausdruck (7.39) für $\mathcal{T}(\tau)$ für große τ nutzlos ist, enthält er trotzdem Informationen über das Langzeitverhalten. Mit etwas Glück können wir die Funktion erkennen, deren Reihenentwicklung die Form (7.39) ist. Man erkennt sofort, daß der Ausdruck $\sum_{n=1}^{\infty}(-1)^n x^{2n+1}/(2n+1)!$ eine konvergente, jedoch völlig nutzlose Darstellung einer Funktion für andere als kleine x-Werte ist. Jeder Mathematikstudent weiß jedoch, daß die dazu gehörige Funktion $\sin x - x$ ist. Letzterer Ausdruck ist zwar theoretisch äquivalent, jedoch eine viel nützlichere Darstellung der Funktion für den gesamten x-Bereich. Damit man die Summe erkennen und damit aufsummieren kann, muß man deshalb die vollständige Entwicklung kennen. Beim Modellieren kommt man jedoch meist über die ersten Terme nicht hinaus, so daß der Versuch einer Aufsummierung meist schnell scheitert. Durch die Rekurrenz-Relation besitzen wir in unserem Fall die komplette Entwicklung, so daß eine Summation möglich ist. Diese Methode führte, obwohl ihre praktische Anwendbarkeit begrenzt ist, in vielen Fällen jedoch zu wichtigen Ergebnissen. Die folgenden Beobachtungen erlauben es, die Entwicklung der Lösung zu summieren.

Erfahrene Mathematiker erkennen, daß sich die Integrale (7.40) alle als Funktionen von Standardfunktionen ausdrücken lassen, die in Anwendungen sehr häufig auftreten; als Beta- oder Gammafunktionen (siehe (7.6)). Die Rekurrenzrelationen für diese Funktionen erlauben uns, die folgenden Beziehungen zwischen den geraden und ungeraden Koeffizienten γ_n unserer Entwicklung anzugeben:

$$\gamma_{2n}/\gamma_{2(n-1)} = \pi/n \quad \text{und} \quad \gamma_{2n+1}/\gamma_{2n-1} = \pi/(n+1/2).$$

Für die Anfangswerte erhalten wir damit $\gamma_1 = 2$ und $\gamma_2 = -\pi$. Die Summe der geraden Terme steht so mit der Taylorentwicklung der Exponentialfunktion in Beziehung und es folgt:

$$\sum_1^\infty \gamma_{2n}\tau^n = -\sum_1^\infty (\pi\tau)^n/n! = 1 - e^{\pi\tau}.$$

Für die Summation der ungeraden Koeffizienten ist allerdings mehr Aufwand nötig. Diese definieren eine Funktion

$$H(\tau) = \sum_{n=0}^\infty \gamma_{2n+1}\tau^{n+1/2},$$

deren Wert bei $\tau = 0$ gleich null ist. Die Ableitung besitzt die Form

$$\begin{aligned} H'(\tau) &= \gamma_1\tau^{-1/2}/2 + \sum_{n=1}^\infty (n+1/2)\gamma_{2n+1}\tau^{n-1/2} \\ &= \tau^{-1/2} + \pi\sum_{n=1}^\infty \gamma_{2n-1}\tau^{n-1/2} \\ &= \tau^{-1/2} + \pi\sum_{n=0}^\infty \gamma_{2n+1}\tau^{n+1/2} \\ &= \tau^{-1/2} + \pi H(\tau). \end{aligned}$$

Man erhält so eine Differentialgleichung für H, deren Lösung für die Anfangsbedingung $H(0) = 0$ (die von der Definition von H gefordert wird)

$$H(\tau) = e^{\pi\tau}\int_0^\tau s^{-1/2}e^{-\pi s}\mathrm{d}s = \frac{2}{\sqrt{\pi}}\int_0^{\sqrt{\pi\tau}} e^{-u^2}e^{\pi\tau}\mathrm{d}u = e^{\pi\tau}\mathrm{erf}(\sqrt{\pi\tau}) \qquad (7.41)$$

lautet, wobei wir von der Transformation $\pi s = u^2$ Gebrauch gemacht haben. Kombinieren wir die Summationen für gerade und ungerade γ, dann erhalten wir als Lösung für $\mathcal{T}$:

$$\mathcal{T} = 1 - e^{\pi\tau}\operatorname{erfc}(\sqrt{\pi\tau}); \tag{7.42}$$

eine exakte geschlossene Lösung, deren Richtigkeit man durch Einsetzen in die Integralgleichung direkt überprüfen kann.

Wir wollen noch einmal betonen, daß die obige *Summation* spezielle Ergebnisse voraussetzt und damit nicht allgemein anwendbar ist.

7.6.2 Das asymptotische Verhalten

Die Reihenentwicklung (7.39) für $\mathcal{T}$ ist nur für mittlere Werte von τ sinnvoll, deshalb benötigen wir ein anderes Schema, um das asymptotische Zeitverhalten zu bestimmen.

Es gibt nun starke physikalische Argumente, daß die Oberflächentemperatur des Körpers monoton wächst und dem Gleichgewichtszustand $\mathcal{T} = 1$ entgegenstrebt. Da wir weiter wissen, daß die Wärme im Laufe der Zeit tiefer und tiefer in den Körper eindringt, dabei die strömende Wärmemenge jedoch immer mehr abnimmt, sollte man erwarten, daß das Gleichgewicht nur sehr langsam erreicht wird. Wie langsam aber? Da wir an der Differenz zwischen der skalierten Temperatur und der Endtemperatur eins interessiert sind, ist es sinnvoll, mit dieser Differenz zu arbeiten:

$$U(\tau) = 1 - \mathcal{T}(\tau),$$

dabei soll U für große Zeiten klein sein. Die Integralgleichung (7.37) lautet für U dann

$$1 - U(\tau) = \sqrt{\tau}\int_0^1 \frac{U(\xi\tau)}{\sqrt{1-\xi}}\mathrm{d}\xi. \tag{7.43}$$

Da U klein sein soll, ist

$$1 = \sqrt{\tau}\int_1^0 \frac{U_1(\xi\tau)}{\sqrt{1-\xi}}\mathrm{d}\xi \tag{7.44}$$

eine gute erste Näherung für diese Gleichung, mit deren Hilfe wir eine erste Näherung $U_1(\tau)$ für $U(\tau)$ berechnen wollen. Für große τ kann diese durch die Gleichung beschriebene Balance nur dann realisiert werden, wenn $\int_0^1 U_1(\xi\tau)/\sqrt{1-\xi}\mathrm{d}\xi$ von der Ordnung $1/\sqrt{\tau}$ ist. Damit muß $U_1(\xi\tau)$ im Integral von der Ordnung $1/\sqrt{\tau}$ sein, da $1/\sqrt{1-\xi}$ integrabel ist; dabei ist das Integral ebenso wie der Integrationsbereich gleich eins. Damit läßt sich die Funktion U_1 für große τ durch

$$U_1(\tau) = \delta\tau^{-1/2} + u(\tau)$$

approximieren, wobei δ eine zu bestimmende Konstante und der Rest $u(\tau)$ relativ klein für große τ ist, d.h. $o(1/\sqrt{\tau})$. Die Bestimmung von δ muß so erfolgen, daß wir für die Integralgleichung nach Einsetzen des Ausdrucks von U_1 den Ausdruck

$$1 = \delta\int_0^1 \frac{\mathrm{d}\xi}{\sqrt{1-\xi}}$$

erhalten. Maple liefert für das Integral exakt π, daraus folgt $\delta = 1/\pi$ und wir erhalten für das Verhalten der Oberflächentemperatur für große Zeiten

$$\mathcal{T}_s = 1 - 1/[\pi\sqrt{\tau}] + o(\tau^{-1/2}). \tag{7.45}$$

Können wir diese Abschätzung noch verbessern? Wir können wie üblich eine Iteration durchführen. Man beachte jedoch, daß der zusätzliche Term, der auf der linken Seite der Integralgleichung (7.43) steht, von der Ordnung $\tau^{-1/2}$ ist. Wir wissen nun aus dem Beispiel 7.4.1, daß die frühen Heizprozesse ebenfalls Einfluß auf die Temperatur nehmen, die für große τ wie $\tau^{-1/2}$ abnehmen, damit ist es nicht möglich, weitere Informationen über das Langzeitverhalten zu erhalten, ohne über genaue Kenntnisse über die Lösung während der *gesamten* Zeit zu verfügen. Dazu muß man jedoch globale Lösungen abschätzen. In Aufgabe 7.17 werden wir dazu ein numerisches Schema vorstellen, welches die analytischen Ergebnisse für das Verhalten bei kleinen und großen Zeiten verwendet.

7.6.3 Interpretation

In Abb. 7.7 findet man die exakte Lösung zusammen mit der Reihenentwicklung und dem asymptotischen Verhalten. Wie man sieht, kommt es nach einem starken Temperaturanstieg mit dem erwarteten ($\tau^{1/2}$)-Verhalten aufgrund der abrupten Veränderung der Wärmezufuhr zu einer dramatischen Verlangsamung des Anstiegs der Temperatur. Obwohl die Oberflächentemperatur den Wert 0,8 beim Zeitwert $\tau = 2{,}24$ und 0,9 bei $\tau = 9{,}82$ erreicht, benötigt das System für den Wert 0,99 die Zeit $\tau = 1013$! In diesem Sinne ist unsere Zeitskale τ ein schlechtes Maß für die Zeit bis zum Erreichen des „Gleichgewichts“.

7.6.4 Allgemeine Kommentare

Es ist nützlich, an dieser Stelle die Schritte zur Lösung des Problems noch einmal darzustellen, da sie für solche Situationen typisch sind.

- Da die Gleichungen, die die zugrundeliegende Physik ergeben (die Wärmeleitungsgleichung und Randbedingungen), für direkte Rechnungen ungeeignet sind, müssen wir einige vorbereitenden Transformationen durchführen (die zu unserer Integralgleichung führen).
- Nach der Bestimmung der Skale für den Prozeß (speziell der Zeitskale für die Einstellung des Gleichgewichts) liegt der Hauptaugenmerk auf speziellen unabhängigen Parameterbereichen (in unserem Fall große und kleine Zeiten).
- Um zu relevanten Informationen über das Verhalten des Systems in diesen Parameterbereichen zu gelangen, greift man zu physikalischen/mathematischen Argumenten, die die dominierenden Terme der definierenden Gleichung bestimmen und so zu einfacheren Gleichungen führen. Dann wendet man iterative Mechanismen an, um die Ergebnisse zu verbessern und den Bereich der Anwendbarkeit der lokalen Entwicklung zu überprüfen. Viele dieser Schritte kann man Maple überlassen.

- Zur Vervollständigung der Rechnungen ist meist eine numerische Analyse notwendig. In unserem Falle waren wir zu exakten Ergebnissen gelangt, wir beschreiben in Aufgabe 7.17 ein passendes numerisches Schema für unser Problem.

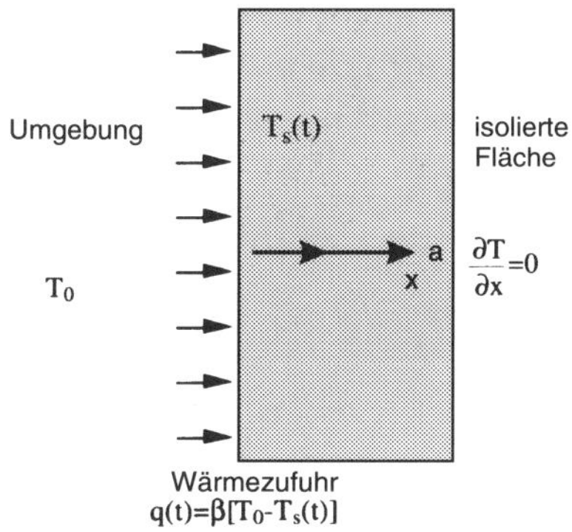

Abb. 7.8 Newtonsche Erwärmung einer Platte.

7.6.5 Das Plattenproblem

Man kann die oben beschriebene Lösungsmethode leicht auf komplexere Probleme übertragen; man muß lediglich die entsprechende fundamentale Lösung verwenden. Man betrachte als Beispiel die Newtonsche Erwärmung (oder Abkühlung) einer endlichen Platte aus einem Material mit der Dicke a, wobei ein Rand ($x = a$) thermisch isoliert sei, während die andere Seite $x = 0$ mit der Umgebung Wärme austauscht (siehe Abb. 7.8). Die Platte besitze anfänglich die Temperatur null und erhält Wärme aus einer Umgebung mit der Temperatur T_0. Man sollte erwarten, daß sich das Gleichgewicht für dünnere Platten schneller einstellt; wir wollen deshalb den relevanten dimensionslosen Parameter und die Abhängigkeit der Erwärmungszeit von diesem Parameter bestimmen. Die relevanten Längenskalen sind a und $1/\alpha$, die aus der Newtonschen Bedingung (7.33) folgen. Ist der dimensionslose Parameter $a\alpha$ groß, dann ist die Platte „thermisch dick", für kleine Werte ist sie „thermisch dünn".

Wie wir wissen, ist die fundamentale Lösung für eine isolierte Platte durch den Ausdruck

$$T_s(t) = \frac{2\mu Q}{\sqrt{\tau}}[1 + 2\sum_{n=1}^{\infty} e^{-n^2a^2/(\kappa t)}]$$

gegeben (siehe (7.22), (7.30)). Dabei ist Q die zugeführte Wärmemenge pro Einheitsfläche für die Oberfläche $x = 0$. Wir können so analog zur halb-unendlichen

Platte die Oberflächentemperatur für eine bekannte Wärmezufuhr $q(t)$ pro Einheitsfläche durch Integration bestimmen. Fordert man, daß diese Wärmezufuhr mit der von der Newtonschen Bedingung geforderten übereinstimmt, dann gelangt man für die Oberflächentemperatur zu folgender Konsistenzbedingung in Form einer Integralgleichung:

$$T_s(t) = 2\mu\beta \int_0^t \frac{T_0 - T_s(t')}{\sqrt{t-t'}}[1 + 2\sum_{n=1}^{\infty} e^{-n^2a^2/\{\kappa(t-t')\}}]\mathrm{d}t'.$$

Wählen wir die gleichen Skalen $(\pi/\alpha^2\kappa, T_0)$ für Zeit und Temperatur wie für den unendlichen Halbkörper, dann vereinfacht sich der Ausdruck zu

$$\mathcal{T}(\tau) = \int_0^\tau \frac{1 - \mathcal{T}(\tau')}{\sqrt{\tau - \tau'}}[1 + 2\sum_{n=1}^{\infty} e^{-\nu n^2/(\tau-\tau')}]\mathrm{d}\tau' \tag{7.46}$$

mit

$$\nu = a^2\alpha^2/\pi.$$

Man sollte dies mit der Lösung (7.42) der Gleichung (7.36) für den unendlichen Halbkörper vergleichen. Die dimensionslose Kombination ν charakterisiert den Effekt der Plattendicke auf die Wärmeleitung. Denkt man etwas über die Wirkung des zusätzlichen Terms für die endliche Platte oben nach, dann erkennt man schnell, daß sich die Platte schneller an die Umgebungstemperatur anpaßt, wenn die Platte dünner ist – ein offensichtlich vernünftiges Ergebnis. Die zusätzlichen Terme werden (aufgrund ihrer exponentiellen Form) rasch groß für $\tau \to \nu$; die Dicke der Platte beginnt damit eine Rolle zu spielen, wenn die skalierte Zeit τ von der Ordnung ν ist; d.h. für die unskalierten Größen, wenn t von der Ordnung a^2/κ ist. (Man hätte dieses Ergebnis auch mit einfachen dimensionellen Argumenten begründen können.) Wie gelangen wir nun zu exakten Lösungen? Ist ν groß, dann ist die Platte thermisch dick und sie wird sich für mittlere skalierte Zeiten wie ein unendlicher Halbkörper aufheizen. Unter diesen Umständen läßt sich die Integralgleichung durch die $(\nu = \infty)$-Lösung (7.42) für die Halbebene approximieren, und ein Iterationsmechanismus ergibt eine nützliche Lösung für skalierte Zeiten der Ordnung ν. Für größere Zeiten wachsen die Korrekturen jedoch unakzeptabel stark an, wie man an der Integralgleichung sehen kann, und der Mechanismus versagt.

Für kleine ν stehen wir vor einem Problem, denn für skalierte Zeiten der *Ordnung eins* müssen wir viele Terme berechnen, um zu einem vernünftigen Ergebnis zu gelangen. Damit ergibt unsere Lösung *nur* für kleine Zeiten einen Sinn.

In beiden Fällen versagt die Lösung für Zeiten, die etwas größer sind als die Zeit, die die Wärme benötigt, um die Dicke der Platte zu durchdringen; damit ist sie nicht besonders nützlich für die Beschreibung des Wärmetransportes in einer endlichen Platte. Der Hauptgrund dafür ist die Verwendung der Lösung für die fundamentale Spiegelquelle für den Fall, daß viele Quellen zur Lösung beitragen; für dünne Platten ist dies jedoch bereits nach kurzer Zeit der Fall. Deshalb müssen wir nach einer anderen fundamentalen Lösung suchen, die zur Beschreibung des

Langzeitverhaltens besser geeignet ist. Im nächsten Kapitel werden wir uns diesem Problem zuwenden.

Bisher haben wir die thermische Entwicklung einer endlichen Platte untersucht, deren von der Quelle abgewandte Seite isoliert ist. Wir weisen den Leser darauf hin, daß die obige Lösung aus Symmetriegründen auch den Temperaturausgleich einer Platte der Dicke $2a$ beschreibt, wenn *beide* Seiten der gleichen Umgebung ausgesetzt sind. Ebenso leicht lassen sich Fälle behandeln, in denen eine oder beide Seiten der Platte zusätzlich mit Wärme von einer äußeren Quelle (z.B. der Sonne) bestrahlt werden. Solche für thermische Isolation wichtigen Fälle werden wir in den Aufgaben besprechen.

7.7 Verallgemeinerte Funktionen

Bei der Besprechung der Lösung für die instantane ebene Quelle haben wir es vermieden, die Quellenverteilung, die die Ähnlichkeitslösung erzeugt, genauer zu spezifizieren. Die Quelle ist keine Funktion im herkömmlichen Sinn. Die Notation $\delta(t)\delta(x)$ ist eine konventionelle Darstellung der *verallgemeinerten Funktionen*, die die (Einheits-)Quelle beschreiben. Die *Diracsche Deltafunktion* $\delta(x)$ wird dabei durch die folgenden Regeln definiert:

$$\delta(x) = 0 \quad \text{für} \quad x \neq 0, \tag{7.47}$$

$$\int_{-0}^{+0} \delta(x)\mathrm{d}x = 1, \tag{7.48}$$

dabei soll die letzte Zeile bedeuten, daß eine Integration über den Ursprung gleich eins ist. Dieser Ausdruck ist stark singulär! Mit dieser Notation läßt sich die Gleichung für den Wärmepuls in der Form

$$\begin{aligned} T_t = \kappa T_{xx} + \mathcal{Q}'\delta(t)\delta(x), &\qquad -\infty < x < \infty <, \quad t \geq 0 \\ T(x,0) &= 0 \\ \lim_{x\to\pm\infty} T(x,t) &= 0 \end{aligned}$$

schreiben mit $\mathcal{Q}' = \mathcal{Q}/\rho c$. Formal kann man mit den obigen Regeln für die Deltafunktion zeigen, daß die Wärmezufuhr die Forderungen erfüllt (keine Wärmezufuhr, außer für $t = 0$ und $x = 0$ mit dem totalen Wärmestrom $\mathcal{Q}$ pro Einheitsfläche). Man findet in der Beschreibung keine Zeit- und Längenskalen – dies ist für die Anwendung der Ähnlichkeitsargumente wesentlich! Man sollte jedoch bei der Verwendung solcher formalen Regeln vorsichtig sein. Zur Manipulation dieser *verallgemeinerten Funktionen* ist deshalb eine Relation zu herkömmlichen Funktionen notwendig. Die Funktion

$$g(x,\epsilon) = \frac{1}{\epsilon\sqrt{\pi}} e^{-(x/\epsilon)^2}$$

ergibt, integriert von $-\infty$ bis $+\infty$, die Eins (man rechne mit Maple nach) für *alle* Werte von ϵ. Wie man in Abb. 7.9 sieht, ist sie um $x = 0$ zentriert, besitzt die

Breite ϵ und eine Höhe der Ordnung $1/\epsilon$. Wird ϵ immer kleiner, so wird das Profil der Funktion immer schärfer um $x = 0$ konzentriert. Damit verschwindet sie für $\epsilon \to 0$ überall außer bei $x = 0$. Obwohl ihr Wert bei $x = 0$ unendlich ist, bleibt das Integral über die Null doch gleich eins; der Limes dieser Funktion beschreibt damit genau unsere gesuchte Funktion und man kann ihn als *die* Deltafunktion ansehen. Im Kontext unseres Wärmeleitungsproblems sind alle diese Argumente physikalisch sinnvoll. Der Term $\mathcal{Q}g(x, \epsilon_1)g(t, \epsilon_2)$ beschreibt eine Wärmequelle, die eine Wärmemenge $\mathcal{Q}$ pro Einheitsfläche in ein endliches leitendes Volumen über ein Raumintervall $(x - \epsilon_1, x + \epsilon_1)$ und ein Zeitintervall $(0 - \epsilon_2, 0 + \epsilon_2)$ abgibt. Für ϵ_1, ϵ_2 gegen null muß die Wärmezufuhr so ansteigen, daß die geforderte Wärmemenge übertragen werden kann. Man erreicht die mathematische Einfachheit einer Punktquelle nur durch Akzeptanz eines unendlich großen Wärmeflusses, der natürlich mit einer unendlichen Temperatur verbunden ist. Die *gesamte* Wärmezufuhr pro Einheitsfläche ist jedoch endlich und Inkaufnahme des physikalischen Problems zahlt sich aus, da wir so zu einer einfachen mathematischen Darstellung gelangen.

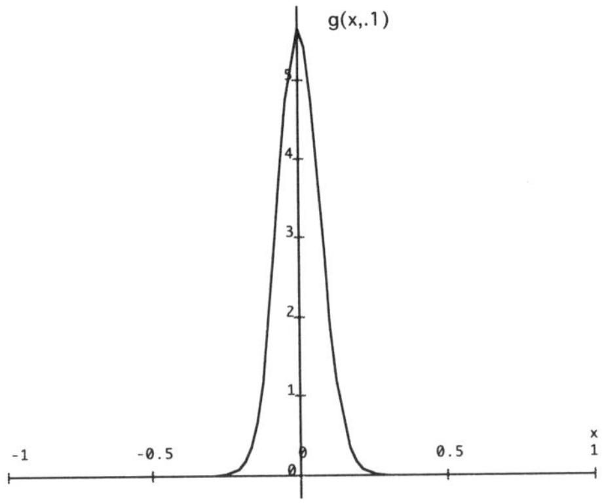

Abb. 7.9 Die Deltafunktion: eine spezielle Darstellung.

Kommentar: Die Ähnlichkeitsargumente aus Abschnitt 7.3 funktionieren nur, wenn durch die Rand- und Anfangswertbedingungen keine zusätzlichen Parameter eingebracht werden. Da nur für $\epsilon_i \to 0$, $i = 1, 2$ die Skalen aus den Quellen verschwinden, ist es für die Verwendung der Ähnlichkeitsargumente *wesentlich*, verallgemeinerte Funktionen zu verwenden.

Natürlich gibt es noch eine Vielzahl von anderen Beschreibungen für die Deltafunktion, die zu dem gleichen Ergebnis führen und für die Anwendung bequemer sein können; z.B.

$$\lim_{\beta \to 0} \frac{\beta}{\pi(x^2 + \beta^2)}$$

oder der Ausdruck $\lim_{\epsilon\to 0} f(x,\epsilon)$ mit

$$\begin{aligned} f(x,\epsilon) &= 1/\epsilon \text{ für } |x| < \epsilon, \\ f(x,\epsilon) &= 0 \text{ für } |x| > \epsilon. \end{aligned} \tag{7.49}$$

Versucht man, die Wirkung verschiedener Operationen auf die Deltafunktion zu bestimmen, so muß man mit einer der obigen gut definierten gewöhnlichen Funktionen arbeiten und mit dem Grenzübergang warten, bis alle Schritte durchgeführt worden sind; man kann Integration, Differentiation (in üblicher Notation $\delta'(x)$) und ähnliches so definieren, daß sie mit der normalen Differential- und Integralrechnung übereinstimmen, und man braucht gewöhnlich nicht zwischen normalen und verallgemeinerten Funktionen zu unterscheiden, wenn man *entsprechend sorgfältig vorgeht.* Aus den obigen Definitionen über Grenzwerte folgt z.B. $\int_a^b \delta(x-\xi)\mathrm{d}x = 1$, wenn das Intervall (a,b) den Punkt $x=\xi$ enthält; im anderen Fall ist das Integral gleich null. Ist jedoch $\xi = a$ oder b, dann scheinen $0, 1$ oder $1/2$ *alles vernünftige Ergebnisse* zu sein. Für die richtige Antwort muß man die zugrundeliegende Physik analysieren. In unserem Fall eines Wärmeimpulses muß gewährleistet sein, daß eine bestimmte Wärmemenge pro Einheitsfläche auf den Körper übertragen wird; mit anderen Worten gilt $\int_0^\infty \delta(t)\mathrm{d}t = 1$. Damit scheint die Deltafunktion um 0+ zentriert zu sein und nicht um $t=0$. Ignoriert man solche Endpunktprobleme jedoch, dann kann man für Deltafunktionen einfache Regeln aufstellen, die den Prozeß des Grenzübergangs ersparen. Es gilt z.B. $\int_a^b g(x)\delta(x)\mathrm{d}x = g(0)$, wenn das Integrationsintervall den Ursprung enthält; das Integral „isoliert" somit den Wert der Funktion $g(x)$ bei $x = 0$ – die Operatorinterpretation der Deltafunkion ist häufig sehr nützlich.

Andere verallgemeinerte Funktionen treten ebenso natürlich auf. Die *Heavisidesche Stufenfunktion* wird durch

$$\begin{aligned} H(x) &= 0 \quad \text{für} \quad x < 0 \\ H(x) &= 1 \quad \text{für} \quad x > 0 \end{aligned}$$

definiert; sie ist oft ein Modell für abrupte Veränderungen. Man kann sie sich als Limes einer Reihe von wohldefinierten Funktionen, z.B. $\lim_{\epsilon\to 0} \operatorname{erf}(x/\epsilon)$, vorstellen. Aus der Definition der Deltafunktion folgt natürlich sofort $H'(x) = \delta(x)$; man kann dieses Ergebnis auch streng als Grenzübergang erhalten.

Eine partielle Integration liefert

$$\int_a^b g'(x,\epsilon)f(x)\mathrm{d}x = g(x,\epsilon)f(x)|_{x=a}^{x=b} - \int_a^b f'(x)g(x,\epsilon)\mathrm{d}x$$

für jede Sequenz von Funktionen $g(x,\epsilon)$, die die Deltafunktion definieren, und jede vernünftige Funktion $f(x)$. Daraus folgt eine nützliche (formale) Definition von $\delta'(x)$:

$$\int_a^b f(x)\delta'(x)\mathrm{d}x = -f'(0),$$

wenn das Intervall (a, b) die Null enthält. Man kann so eine ganze Hierarchie von verallgemeinerten Funktionen erzeugen, die zur Deltafunktion in Beziehung stehen, und Regeln generieren, die es ermöglichen, mit den verallgemeinerten Funktionen zu arbeiten, ohne auf die Definitionen über Grenzwertbildung zurückgreifen zu müssen. Im Zweifelsfalle kann man diese Definitionen immer verwenden, um sich von der Gültigkeit einer mathematischen Manipulation zu überzeugen, die normalen mathematischen Prozeduren funktionieren jedoch fast immer, wenn es sich um eine sinnvolle physikalische Situation handelt. Verallgemeinerte Funktionen (oder *Distributionen*) sind so wichtig, daß eine formale Theorie entwickelt wurde, die die Grundlage für die Notation und die mathematischen Operationen mathematisch exakt legt; man nennt sie **Distributionstheorie** oder **Theorie der verallgemeinerten Funktionen** (siehe Lighthill (1959)). Trotz der Existenz dieser Theorie verwenden Modellierer meist einfach die Notation und im Zweifelsfalle die Beschreibung der Distributionen durch physikalisch motivierte Grenzwerte. Die Ideen der Distributionstheorie dürften den meisten von ihnen bekannt sein, die Notation womöglich nicht – Punktmassen und Ladungen in der Elektrodynamik sind einfache Beispiele dafür. Durch einige Übungen möge sich der Leser mit ihnen etwas vertraut machen.

7.8 Zusammenfassung

Die Lösung der Wärmeleitungsgleichung für eine instantane Punktquelle ist fundamental; da sowohl in direktem Sinne (Summation oder Integration) als auch indirekt (mit dem Ergebnis einer Integralgleichung) Lösungen für alle Probleme der Wärmeleitung aus ihnen konstruiert werden können. Die Lösungen, die man durch die Verwendung unendlich vieler Spiegelquellen erhält, liefern ein gutes Verständnis für mittlere Zeiten, versagt jedoch bei der Berechnung des Langzeitverhaltens, obwohl die Lösungen sehr oft in dem mathematischen Sinne exakt sind, daß die entsprechenden Reihen konvergieren.

Die Gestalt der Ränder und die Natur der Randbedingungen spielen bei der Bestimmung einer entsprechenden fundamentalen Lösung für eine spezielle Anwendung eine wichtige Rolle. Die Anwendung der Quellenlösungen auf Nicht-Standard-Probleme führt zu Randintegralen, die sich besonders für numerische Rechnungen eignen.

7.9 Aufgaben

Aufgabe 7.1 *Verhalten der Ähnlichkeitslösung*

Mit Hilfe von Maple ist es recht einfach, die verschiedenen Eigenschaften der Lösung für die ebene Quelle

$$\frac{1}{\sqrt{t}} e^{-x^2/t}$$

zu untersuchen, wenn man passende Skalen einführt.

(a) Man zeichne die Lösung als Funktion von x für verschiedene Zeiten, untersuche die Lösung besonders für kleine t und kommentiere die Ergebnisse.

(b) Man untersuche die Temperaturveränderungen im Laufe der Zeit für Orte mit verschiedenem Abstand von der Quelle. Man zeichne entsprechende Kurven und kommentiere die Temperaturanstiege und -abnahmen. Man gebe einen expliziten Ausdruck für die maximale Temperatur an verschiedenen Stellen an sowie die Zeitspanne, die benötigt wird, den Maximalwert zu erreichen.

(c) Obwohl die relative Effektivität der in Raum und Zeit getrennten Quellen bezüglich der Temperaturniveaus auf einer bestimmten Fläche aus der Form der Lösung bestimmt werden kann, ist es nützlich (und mit Maple ziemlich einfach), einige Situationen zu untersuchen, damit man ein Gefühl für die Ergebnisse bekommt. Man zeichne die räumliche Temperaturverteilung für verschiedene Zeiten für zwei Wärmequellen der gleichen Quellstärke, die sich an verschiedenen Raum-Zeit-Punkten befinden. Man wähle repräsentative Beispiele aus.

Aufgabe 7.2 *Asymptotische Ausdrücke für Integrale*

Zur Abschätzung des asymptotischen Verhaltens von Integralen bietet sich oft partielle Integration an. In Abschnitt 7.3 hatten wir die Technik der Ordnungsreduzierung zur Berechnung einer zweiten reellen Lösung der Ähnlichkeitslösung verwendet. Das Ergebnis lautete (siehe (7.17))

$$U_2(\xi) = e^{-\xi^2/4}\mathcal{I}$$

mit

$$\mathcal{I} = \int_0^\xi e^{y^2/4}\mathrm{d}y.$$

Dabei war es sehr wichtig zu wissen, ob U_2 integrabel ist. Das Integral $\mathcal{I}$ ist offensichtlich exponentiell groß, der Faktor, mit dem das Integral multipliziert wird, ist jedoch exponentiell klein und es ist nicht offensichtlich, wie sich das Produkt verhält.

Der Trick ist nun eine partielle Integration, so daß das neue Integral für große ξ kleiner als das ursprüngliche ist. Man beachte dabei, daß der Integrand von der Ordnung eins ist, wenn y ebenfalls von dieser Größenordnung ist. Damit ist auch das Integral über eine Einheitslänge von dieser Ordnung und trägt damit für große ξ nicht wesentlich zu U_2 bei.

(a) Man integriere partiell unter Beachtung der Beziehung

$$\int^\xi e^{y^2/4}\mathrm{d}y = \int^\xi \frac{\mathrm{d}}{\mathrm{d}y}[e^{y^2/4}]\frac{2}{y}\mathrm{d}y$$

und zeige, daß das Ergebnis die Form

$$[\frac{2}{y}e^{y^2/4}]^{y=\xi} + \int^\xi e^{y^2/4}\frac{2}{y}\mathrm{d}y.$$

besitzt.

(b) Man beachte die Schwierigkeit bei $y = 0$, spalte $\mathcal{I}$ in einen endlichen und einen unendlichen Teil auf und zeige

$$\mathcal{I} = e^{+\xi^2/4}[\frac{2}{\xi} + o(\frac{1}{\xi})]$$

für $\xi \to \infty$.

(c) * Man führe eine zweite partielle Integration durch und zeige, daß sich die Lösung U_2 wie

$$\frac{2}{\xi} + (\frac{2}{\xi})^2 + o(\frac{2}{\xi})^2$$

verhält für $\xi \to \infty$. Damit ist die Lösung bei ∞ nicht integrabel.

(d) Das ursprüngliche Integral $\mathcal{I}$ ist ein akzeptabler Ausdruck für numerische Berechnungen für Werte von ξ der Größenordnung eins, und man erhält mit Maple richtige Ergebnisse in diesem Bereich. Für große ξ kann man das Integral jedoch nicht direkt numerisch berechnen und muß auf den asymptotischen Ausdruck oben zurückgreifen. Man lasse Maple die Lösung U_2 über den Bereich $0 < \xi < 10$ unter Verwendung der Lösung und der asymptotischen Näherung zeichnen.

Kommentar: Die oben beschriebene Technik ermöglicht es häufig, asymptotische Ausdrücke für Funktionen zu erzeugen, die durch Integrale definiert werden. Da solche Funktionen oft in Lösungen während des Lösungsprozesses auftreten, ist diese elementare Technik von Bedeutung. Die asymptotischen Näherungen, die man in Büchern über *spezielle Funktionen* findet, erhält man mit dieser Methode und *komplexer Funktionentheorie*. Man hofft, daß die algebraischen Rechnerprogramme eines Tages genügend leistungsfähig sein werden, um asymptotische Näherungen für die meisten Funktionen berechnen zu können.

Aufgabe 7.3 *Ein Ähnlichkeitsproblem*

Die Verwendung linearer Operatoren ermöglichte uns die Berechnung der Temperaturverteilung in einem unendlichen Halbkörper mit der Anfangstemperatur T_0, dessen Oberfläche auf eine andere Temperatur gebracht (und gehalten) wurde für $t > 0$ (siehe (7.26)). Wir wollen diese Lösung nun mit Ähnlichkeitsargumenten herleiten.

Man beachte an dieser Stelle, daß die Situation für die Ähnlichkeitsmethode geeignet ist: der Raumbereich ist halbunendlich und die Rand- und Anfangswertbedingungen führen keine neuen Skalen ein (abgesehen von einer Temperaturveränderung bei $x = 0$ für $t > 0$).

(a) Man schreibe die Gleichungen auf, die das Problem eindeutig beschreiben, und überzeuge sich davon, daß sie die Forderungen des Eindeutigkeitstheorems erfüllen.

(b) Man bestimme die Skalen für die relevanten Größen, die die Zahl der Parameter minimieren.

(c) Man zeige, daß das Temperaturfeld durch eine Funktion $f(\eta)$ beschrieben werden kann, die die gewöhnliche Differentialgleichung

$$f''(\eta) = -\eta f'(\eta)/2$$

erfüllt. Dabei ist η eine passend gewählte Ähnlichkeitsvariable.

(d) Man zeige, daß die Rand- und Anfangswertbedingungen nun die Form

$$f(0) = 0, \quad f(\infty) = 1$$

besitzen.

(e) Man bestimme mit Maple die Temperaturverteilung im Körper und zeichne Lösungskurven. Man berechne den Wärmefluß bei $x = 0$ und interpretiere die Ergebnisse.

Aufgabe 7.4 *Nichtlineares Diffusionsproblem*

** Wir hatten bereits im Text darauf hingewiesen, daß sich Ähnlichkeitslösungen zur Bestimmung von speziellen Lösungen von nichtlinearen partiellen Differentialgleichungen verwenden lassen und man mit dieser Methode große Fortschritte im physikalischen Verständnis gemacht hat. Im Bereich der Diffusion ist der Fluß von Wasser durch den Erdboden ein Beispiel, bei dem nichtlineare Leitungseffekte das Flußverhalten stark beeinflussen. Es zeigt sich, daß bei Behandlung von nichtlinearen Leitungsproblemen die Verwendung der Enthalpie (siehe (6.2), (6.14)) günstiger ist.

Ein unendlicher Halbkörper, dessen Wärmeleitfähigkeit stark mit der Temperatur schwankt, befinde sich anfänglich auf der Temperatur T_0. Die Oberflächentemperatur wird plötzlich auf eine Temperatur T_1 angehoben. Die Enthalpie, eine streng monoton wachsende Funktion von T, erfüllt die partielle Differentialgleichung

$$\frac{\partial \mathcal{H}}{\partial t} = \frac{\partial}{\partial x}\left[\kappa(\mathcal{H})\frac{\partial \mathcal{H}}{\partial x}\right].$$

Wir wollen im weiteren davon ausgehen, daß die Situation so gestaltet ist, daß die Existenz von Ähnlichkeitslösungen erwartet werden kann.

(a) Man zeige, daß die durch die Ähnlichkeitsvariable

$$\zeta = x/\sqrt{t}$$

induzierten Skalen zu einer nichtlinearen gewöhnlichen Differentialgleichung für die Enthalpie führen.

(b) Man bestimme die zugehörigen Randbedingungen für diese gewöhnliche Differentialgleichung.

(c) Für $x \to \infty$ gilt $T \to T_0$. Man verwende dieses Ergebnis zur Ableitung einer ersten Abschätzung für die Lösung für große ζ und konstruiere ein iteratives Schema zur Bestimmung des asymptotischen Verhaltens der Lösung. Man beachte, daß eine beliebige Konstante auftritt, die man durch Anpassung der Lösung an die numerisch berechnete Lösung für mittlere ζ bestimmen muß.

(d) ** Man wähle eine bestimmte Funktion $\mathcal{H}(T)$ (dabei ist jede Funktion erlaubt, die sich im Temperaturintervall signifikant ändert), und berechne mit Hilfe eines Numerikprogramms den Effekt einer veränderlichen Wärmeleitfähigkeit für die Wärmeverteilung.

Aufgabe 7.5 *Wie warm ist es?*

Manche Körper fühlen sich wärmer an als andere, obwohl sie sich in der gleichen Umgebung befinden und man annehmen sollte, daß sie die gleiche Temperatur besitzen. Dies gilt z.B. für Körper, die man der Sonnenstrahlung ausgesetzt hat. Warum ist dies so? Nehmen wir an, die Ursache ist physikalischen (und nicht physiologischen oder psychologischen) Ursprungs, dann kann der Wahrnehmungsunterschied von einem echten Temperaturunterschied herrühren, oder der Wärmekontakt erzeugt einen falschen Eindruck von der Temperatur des Objekts. In der Aufgabe 7.9 werden wir die erste Annahme untersuchen, an dieser Stelle wenden wir uns dem Kontaktproblem zu. Beide Fragestellungen sind von beträchtlichem Interesse, wir wollen wie immer das einfachste relevante Problem dazu untersuchen.

Zwei unendlich ausgedehnte Halbkörper mit den thermischen Eigenschaften (k_1, ρ_1, c_1) und (k_2, ρ_2, c_2) befinden sich anfänglich auf den Temperaturen T_1 und T_2 und werden zur Zeit $t = 0$ miteinander in Kontakt gebracht. Wir wollen untersuchen, wie die Parameter die Kontakttemperatur und den Wärmeaustausch beeinflussen.

(a) Man schreibe die definierenden Gleichungen für die Temperatur $T(x,t)$ in der Region $x < 0$ (Material 1) und $x > 0$ (Material 2) auf.

(b) Energieerhaltung fordert, daß der Wärmefluß aus dem Körper 1 gleich dem Fluß in den Körper 2 ist für jeden beliebigen Zeitpunkt. Man drücke diesen Sachverhalt mathematisch aus.

(c) Es ist nicht offensichtlich, wie viele zusätzliche Bedingungen bei $x = 0$ benötigt werden. Da die Feldgleichungen jedoch von zweiter Ordnung in x sind (in beiden Bereichen $x > 0$ und $x < 0$), kann man erwarten, daß wir zwei unabhängige Lösungen für $x > 0$ und zwei für $x < 0$ erhalten werden. Damit erhalten wir insgesamt vier Konstanten für die Lösungen in den beiden Gebieten. Bisher haben wir nur zwei Randbedingungen bei $\pm\infty$ und eine bei $x = 0$; wir benötigen also noch eine zusätzliche Bedingung. Vernünftig erscheint die Forderung, daß T bei $x = 0$ stetig ist. Wir haben es hier mit einem Problem zu tun, bei dem ein eindeutiges Ergebnis wichtig (und berechenbar) ist.

(d) Man zeige mit Hilfe von Dimensionsargumenten, daß die gemeinsame Kontakttemperatur T_c nicht zeitlich variiert – ein wahrhaft überraschendes Ergebnis.

(e) Man berechne mit der Lösung (7.26)

$$T_c = \frac{T_1\zeta_1 + T_2\zeta_2}{\zeta_1 + \zeta_2}$$

mit

$$\zeta_1 = \sqrt{k_1\rho_1c_1} \quad \text{und} \quad \zeta_2 = \sqrt{k_2\rho_2c_2}.$$

Man bestimme den Wärmefluß und untersuche einige Spezialfälle.

(f) Nehmen wir an, daß die Wärmeleitfähigkeit bei verschiedenen Materialien deutlich stärker variiert als die Dichte oder die spezifische Wärmekapazität. Man erkläre, warum sich Metalle deutlich kälter oder wärmer anfühlen als Nichtmetalle. Dabei ist die Wärmeleitfähigkeit der Hand etwa so groß wie die von Wasser.

(g) Warum ist es vernünftig, die Hand in unserer Situation als unendlichen Halbkörper zu betrachten?

Aufgabe 7.6 *Entzündung*

Welche thermischen und chemischen Eigenschaften bestimmen die Brennbarkeit eines Materials und welche Art der Wärmezufuhr führt am sichersten zu einer Entzündung des Stoffes? Es kommt zur Entzündung eines Materials, wenn die *Entzündungstemperatur* T_{ign} erreicht wird; damit besteht unsere Aufgabe in der Berechnung der maximalen Temperatur für verschiedene Erwärmungsmechanismen.

Sei H eine bestimmte Wärmemenge pro Einheitsfläche, die auf die Oberfläche eines Körpers in einem Zeitintervall Δ übertragen wird.

(a) Wir gehen davon aus, daß die Wärmezufuhr im Intervall Δ konstant ist. Man zeige mit Hilfe der Lösung (7.29), daß die maximale Temperatur auf der Oberfläche am Ende der Heizperiode erreicht wird. Man bestimme diesen Maximalwert als Funktion von Δ, H und den Materialeigenschaften.

(b) Man berechne mit Maple die maximale Temperatur als Funktion von n, wenn die Wärmezufuhr ein Vielfaches von t^n ist für $n = -1/2, 1, 2, 3$. Man vergleiche die Ergebnisse mit dem für die gleichmäßige Wärmezufuhr und dem Fall, daß die gesamte Wärme instantan zugeführt wird. Man interpretiere das Ergebnis.

(c) Geht man davon aus, daß die Wärmezufuhr gut über das Zeitintervall verteilt ist, welchen Temperaturanstieg kann man erwarten? Man schätze ab, wieviel Wärme notwendig ist, um eine Reaktion zu starten in Abhängigkeit von der Entzündungstemperatur T_{ign}, den Materialeigenschaften und Δ. Daraus läßt sich leicht ermitteln, welche Materialeigenschaften für Verbrennung und Entzündung wesentlich sind.

(d) Welcher Weg ist damit der effektivste, wenn man ein Feuer mit einem brennbaren Material entzünden will?

Aufgabe 7.7 *Die fundamentale Lösung für die Punktquelle*

Betrachtet man die instantane Freisetzung einer Wärmemenge H an einem Punkt in einem unendlichen Körper, dann läßt sich daraus eine fundamentale Lösung der dreidimensionalen Wärmeleitungsgleichung berechnen.

(a) Die Lösung muß die Form $T = T(r, t, H, \rho, c, k)$ besitzen, wobei für den Abstand von der Punktquelle $r = \sqrt{x^2 + y^2 + z^2}$ gilt. Warum?

(b) Die sphärisch-symmetrische Form des Laplace-Operators lautet

$$\nabla^2 T = T_{rr} + \frac{2}{r} T_r.$$

Man schreibe

(i) die Wärmeleitungsgleichung,

(ii) die Anfangsbedingungen und

(iii) eine Integralbedingung für den gesamten Wärmeinhalt auf.

(c) Man bestimme die Form der Ähnlichkeitslösung.

(d) Man rechne mit Maple nach, daß die Funktion

$$T(r, t) = He^{-r^2/(4\kappa t)}/[8(\pi\kappa t)^{3/2}] \tag{7.50}$$

alle Forderungen erfüllt. (Man kann diese Lösung auch direkt berechnen, indem man zuerst die Ähnlichkeitsgleichung bestimmt und mit Maple dann die Lösung berechnet.)

Aufgabe 7.8 *Gleichgewichtsprobleme*

Wir hatten bereits im Text darauf hingewiesen, daß man mit der instantanen dreidimensionalen Punktlösung die Lösungen für im Prinzip alle Wärmeleitungsprobleme erzeugen kann. Die Gleichgewichtswärmeleitungsprobleme sind dabei besonders wichtig, da sie zu den Lösungen von $(1/r^2)$-Gesetzen (Gravitation, Elektrostatik) in Beziehung stehen. Wir wollen deshalb an dieser Stelle die Gleichgewichtstemperatur nach der Freisetzung einer Wärmemenge q an einem Punkt im dreidimensionalen Raum bestimmen und damit die *Poissonsche Gleichung* lösen.

(a) Wird Wärme an einem festen Punkt mit einer konstanten Geschwindigkeit über einen unendlich langen Zeitraum abgegeben, dann wird dadurch eine Gleichgewichtstemperatur erzeugt. Die Lösung für die instantane Punktquelle (7.50) erzeugt eine Integraldarstellung der Temperaturverteilung für die Wärmezufuhr q von $t = -\infty$ bis $t = 0$. Man zeige, daß die Gleichgewichtslösung die Form

$$T(r) = \frac{q}{k}\frac{1}{4\pi r}$$

besitzt.

Hinweis: Obwohl Maple das Integral nicht direkt bearbeiten kann, ist es doch in der Lage, das verwandte Integral

$$\int_0^\infty e^{-a^2/\sigma} \mathrm{d}\sigma / \sigma^{3/2}$$

zu behandeln. Man zeige, daß unter Gleichgewichtsbedingungen der gesamte Wärmefluß pro Zeiteinheit aus einer Kugel mit dem Radius R hinaus entgegengesetzt gleich dem Fluß pro Zeiteinheit aus der Quelle ist. Warum sollte dies so sein?

(b) Mit den obigen Ergebnissen zeige man, daß eine spezielle Lösung der Gleichgewichtswärmeleitungsgleichung

$$k\nabla^2 T = q(\mathbf{x}) \quad \text{in} \quad \mathcal{D}$$

gleich

$$\frac{1}{4\pi k}\int_{\mathcal{D}} \frac{q(\mathbf{x}'}{|\mathbf{x}-\mathbf{x}'|}\mathrm{d}V_{x'}$$

ist. Die obige Gleichung ist die *Poissonsche Gleichung.* Physikstudenten sollten in der Lösung (nach geeigneter Skalierung) das Gravitationspotential bezüglich einer Materieverteilung erkennen. Solche Verbindungen zu anderen Bereichen der Physik sind häufig und sehr wichtig.

Aufgabe 7.9 *Bestrahlte Körper I*

Während des Tages wird ein Teil der Sonnenstrahlung reflektiert und der Rest im Material von Objekten auf der Erdoberfläche absorbiert; meist in dünnen Oberflächenschichten. Wärmeleitungsprozesse verteilen die Wärme dann im Objekt und ein Teil davon wird an die Umgebung (meist durch Konvektion) über die Oberfläche abgegeben. Wir wollen dabei vom Newtonschen Abkühlungsgesetz (7.32) ausgehen. Nach genügend langer Zeit wird sich ein Gleichgewichtszustand einstellen, wenn Verluste und Wärmezufuhr sich gerade ausgleichen. Grob geschätzt sollte die Zeitskale bis zum Erreichen des Gleichgewichtes von der Ordnung L^2/κ sein (mit einer passenden Längenskale L) (man berechne diese für Körper aus Eisen, Holz, Blättern usw. mit den Werten in Tabelle 6.1). Dabei darf jedoch nicht vergessen werden, daß Wärmeleitungsparameter der Oberfläche ebenfalls eine wichtige Rolle spielen können. Damit man die Temperatur eines Körpers in der Sonne bestimmen kann, müssen wir die Sonnenstrahlung quantifizieren. Wir werden eine solche Situation in dieser und in Aufgabe 7.11 untersuchen; sie ist auch von Bedeutung, wenn man die Zeit bestimmen will, die für das

Kochen eines Huhnes in einem Ofen benötigt wird oder für die Berechnung der Zündtemperatur eines brennbaren Stoffes.

Die Strahlungsintensität E ist der Energiefluß durch eine Einheitsfläche, die rechtwinklig zur Flußrichtung ausgerichtet ist. Experimente zeigen, daß sich die Intensität eines Parallelstrahles in einem absorbierenden Medium durch die Differentialgleichung

$$E'(x) = -\mu E(x)$$

ausdrücken läßt. Dabei ist x die Weglänge entlang des Strahles und μ der Absorptionskoeffizient des Materials, durch den der Strahl geschickt wird.

(a) Gehen wir davon aus, daß μ konstant ist. Man berechne die Variation der Intensität mit der Eindringtiefe des Strahles, dessen Intensität bei $x = 0$ gleich E_0 sei. (Für nichtdurchsichtige Körper ist die Längenskale μ^{-1}oft so klein, daß wir davon ausgehen können, daß die gesamte Strahlung *auf* der Oberfläche absorbiert wird.)

(b) Nehmen wir an, die absorbierte Wärme wird an der Stelle der Absorption vollständig in Wärme umgewandelt. Man berechne die Wärmemenge pro Einheitsvolumen pro Zeiteinheit als Funktion von x, die durch die Absorption der Strahlung in den Körper übergeht, und leite daraus die Gleichung

$$T_t = \kappa T_{xx} + [\mu E_0/(\rho c)]e^{-\mu x}, \quad x > 0$$

her, die die Temperaturverteilung in einem unendlichen Halbkörper beschreibt.

(c) * Trifft der Strahl *genügend lange* auf den Körper, dann wächst der Wärmeverlust von der Oberfläche (durch Konvektion) an, bis eventuell ein Gleichgewichtszustand erreicht wird, in dem die Temperatur nur noch vom Abstand von der Oberfläche abhängt. Man nehme unter diesen Bedingungen an, daß für $x \to \infty$ kein Wärmefluß existiert. Welche Bedingungen gelten dann für den Wärmefluß an der Oberfläche $x = 0+$ des Körpers? Mit dieser Bedingung und der Tatsache, daß bei $x = \infty$ keine Wärme zugeführt wird, zeige man, daß die Temperaturdifferenz zwischen der Oberfläche und dem Material tief im Körper im Gleichgewicht gleich $E_0/k\mu$ ist.

Hinweis: Man integriere die Wärmeleitungsgleichung über den gesamten Lösungsbereich.

Man weise nach, daß das Vorzeichen des Ergebnisses sinnvoll ist bezüglich der Flußrichtung der Wärme. Es ist interessant, daß die Temperaturdifferenz unabhängig vom Wärmeverlustmechanismus an der Oberfläche ist. Warum sollte dies so sein?

(d) Aus dem obigen Ergebnis könnte man den Schluß ziehen, daß Körper mit geringer Wärmeleitfähigkeit eine höhere Temperatur erreichen als Körper mit großer Leitfähigkeit, wenn man sie der Sonnenstrahlung aussetzt. Stimmt das mit der Erfahrung überein? Man erkläre dies.

(e) Die Sonnenstrahlung besteht aus Komponenten mit verschiedenen Wellenlängen und verschiedener Intensität. Die Intensität im Wellenlängenbereich $[\lambda, \lambda+\delta\lambda]$ sei $E_0(\lambda)\delta\lambda$ und der Absorptionskoeffizient $\mu(\lambda)$. Man zeige, daß die Temperaturdifferenz zwischen der Oberfläche und dem Materialinneren im Gleichgewicht durch den Ausdruck

$$\int_0^\infty \frac{E_0(\lambda)}{k\mu(\lambda)} \mathrm{d}\lambda$$

gegeben ist.

Hinweis: Man verwende die Linearität des Problems.

Aufgabe 7.10 *Gewässerverschmutzung*

Kehren wir zum Problem der Phosphate aus Kapitel 6 zurück (siehe Aufgabe 6.4). Das Phosphat wird von den Feldern zur Zeit $t = 0$ in die oberen Schichten der Dicke h des Sees gespült und diffundiert dann nach unten. Zu späteren Zeitpunkten wird kein weiteres Phosphat in den See gespült. Der Massenfluß pro Einheitsfläche, der durch turbulente Diffusion nach unten gelangt, wird durch $m = -\kappa \partial c(z,t)/\partial z$ bestimmt; dabei ist $c(z,t)$ die Konzentration in der Tiefe z zur Zeit t. Man sieht, daß das Problem durch eine Diffusionsgleichung beschrieben wird.

(a) Man erkläre, warum bei fehlender Phosphatablagerung am Boden des Sees die Bedingung

$$\int_0^h c(z,t)\mathrm{d}z = M$$

vernünftig ist, wobei M die Masse an Phosphat ist, die zur Zeit $t = 0$ pro Einheitsfläche in den See gespült wurde.

(b) Man sollte für kleine Zeiten erwarten, daß die fundamentale Lösung für die eindimensionale Quelle die Situation korrekt beschreibt. Man ermittle diese Lösung und bestimme die Gleichung, die sie erfüllt.

(c) Über welchen Zeitraum wird die obige Ähnlichkeitslösung die Konzentration $c(z,t)$ richtig beschreiben?

(d) Man addiere zu der obigen Lösung einen Beitrag entsprechend einer zweiten Quelle und gebe eine Beschreibung an, die für einen größeren Zeitraum gültig ist. Man bestimme diesen Gültigkeitszeitraum. Man gehe dabei davon aus, daß keine Ablagerung des Phosphates am Boden des Sees stattfindet.

(e) * Man verbessere die Lösung weiter und zeichne aufeinanderfolgende Näherungen.

(f) Welche Form besitzt die Konzentration für große Zeiten, wenn keine Ablagerung stattfindet?

(g) ** Man berücksichtige nun Ablagerungen auf dem Seeboden, die proportional zur Konzentration dort ist. Man gebe eine Integralgleichung für die Ablagerungsgeschwindigkeit an und schlage eine vernünftige erste Näherung für kleine Zeiten vor.

Hinweis: Man führe eine zusätzliche Senke mit unbekannter Stärke am Seeboden ein und sichere, daß bei $z = 0$ kein zusätzlicher Fluß auftritt.

Aufgabe 7.11 *Bestrahlte Körper II*

** Abschätzungen der Zeitskalen, die Wärme benötigt, um durch Körper aus Holz o.ä. (mit geringer Wärmeleitfähigkeit) zu fließen, wenn dieser in der Sonne liegt, werden den Leser davon überzeugen, daß Gleichgewichtszustände sicher nicht erreicht werden. Die Ergebnisse von Ausgabe 7.9 sind somit etwas irreführend; die dort berechneten Temperaturanstiege stellen obere Grenzen dar, die in der Realität sicher nicht erreicht werden; weder in der Sonne noch im Ofen. Wir müssen daher das Nichtgleichgewichtsproblem untersuchen; werden uns dabei aber auf den unendlichen Halbkörper beschränken.

Die uns interessierende Temperaturverteilung im Körper entsteht durch den additiven Einfluß von Strahlungswärmequellen bekannter Stärke sowie einem unbekannten Wärmeverlust über die Oberfläche durch Newtonsche Abkühlung. Man kann entweder wie bisher mit einem unendlichen Halbbereich arbeiten und sichern, daß die konduktiv übertragene Wärme den Wärmeverlust gerade ausgleicht, oder mit einem unendlichen Bereich arbeiten und Spiegelquellen betrachten. Letztere Methode ist hier vorzuziehen. Erweitert man die Lösung auf die Region $x < -\infty$, dann erhält man für die Wärmeleitungsgleichung die Form

$$T_t - \kappa T_{xx} = 2(G - L)/\rho c \quad \text{für} \quad -\infty < x < \infty.$$

Hier ist G die Wärmezufuhr pro Einheitsvolumen durch Absorption und L der Verlust nach dem Newtonschen Abkühlungsgesetz. Man erinnere sich, daß bei der Einführung von Spiegelquellen die Wärmezufuhr (und -abfuhr) verdoppelt werden muß. Verwendet man verallgemeinerte Funktionen, so gilt $L = q(t)\delta(x)$ mit der Unbekannten $q(t)$, dem Wärmeverlust über die Oberfläche.

(a) Man bestimme $G(x)$ explizit mit Hilfe der Ergebnisse der Aufgabe 7.9. Man berechne $q(t)$ in Abhängigkeit von der Oberflächentemperatur $T_s(t)$ über die Newtonsche Abkühlbedingung (7.32).

(b) ** Man gebe eine Integraldarstellung für die Verteilung der Temperatur im Körper als Funktion von $G(x)$ und $q(t)$ an (und verwende dabei entweder den Ansatz einer unendlichen oder einer unendlichen Halbregion), und berechne daraus die Oberflächentemperatur $T_s(t)$. Daraus bestimme man $q(t)$ sowie eine Integralgleichung für $T_s(t)$. Man gebe passende Temperatur-, Längen- und Zeitskalen an.

Hinweis: Man folge den Rechnungen in Abschnitt 7.6.

(c) Welche Terme der Integralgleichung sollten für kleine bis mittlere skalierte Zeiten dominieren? Man schätze $T_s(t)$ für kleine t ab. Man untersuche das Verhalten der Lösung für $t \to 0$. Ist dies ein erwartetes Ergebnis?

(d) Man gebe ein iteratives Schema zur Verbesserung der Lösung an.

(e) * Welche Terme der Integralgleichung werden für große t dominant sein? Man gebe eine erste Abschätzung für das Langzeitverhalten an.

(f) Man stelle die oben gefundenen Lösungsabschätzungen graphisch dar.

Kommentar: Da Maple die in dieser Aufgabe auftretenden Integrale nicht richtig behandeln kann, ist es ziemlich mühsam, Abschätzungen höherer Ordnung zu berechnen. Die Prozedur ist jedoch geradlinig und das Problem im Grunde gelöst. Man kann mit der gleichen Methode auch nichtlineare Abkühlmechanismen behandeln, es ist jedoch unwahrscheinlich, daß man die entstehenden nichtlinearen Integralgleichungen analytisch abschätzen kann. Für die dann nötige numerische Integration siehe die Aufgabe 7.17. Treten starke Temperaturschwankungen auf (z.B. bei Entzündungsvorgängen), dann muß man auf nichtlineare Modelle zurückgreifen; desgleichen, wenn sich die Wärmeleitfähigkeit aufgrund einer Zustandsänderung (z.B. beim Kochen) ändert.

Aufgabe 7.12 *Zubereitung von Hühnchen*

* Eine typische Kochanleitung: Zum Grillen eines Hühnchens lege man es für 30 Minuten pro Kilogramm in einen Ofen bei 180 Grad. Man vergesse nicht, das Hühnchen zu begießen! In den letzten 10 Minuten erhöhe man die Temperatur, damit die Haut gut bräunen kann.

Zum Kochen eines Hühnchens lege man es für 15 Minuten pro Kilogramm in schwach kochendes Wasser (bei mindestens 100 Grad).

Man erkläre das Paradoxon: Warum benötigt das Hühnchen im Ofen länger zum Garen als im Topf, obwohl die Temperatur im Ofen deutlich höher ist als die des Wassers?

Hinweis: Was meint man mit Ofentemperatur? Was bestimmt die Wärmeübertragung auf das Hühnchen?

Für die faszinierende Anwendung auf die Wissenschaft vom Essen und vom Kochen verweisen wir den Leser auf McGee (1984).

Aufgabe 7.13 *Thermische Isolierung*

* Kehren wir noch einmal zu Aufgabe 6.5 in Kapitel 6 zurück. Dort bestimmten wir die Wärmemenge als Funktion der Außentemperatur und für verschiedene Wandtypen (mit unterschiedlichen thermischen Eigenschaften), die eine Klimaanlage aus einem Raum entfernen muß, damit sich eine gewünschte Raumtemperatur einstellt. Dabei wurde ein einfaches Gleichgewichtsmodell verwendet. Für große klimatisierte Gebäude können die Kosten erheblich gesenkt werden, wenn man das Wandmaterial und die Wärmetauscher optimiert, um die Kosten über die Lebensdauer des Hauses zu minimieren. Dabei ist eine effiziente Methode zur

Berechnung der Wärmeentwicklung in den Wänden das Herzstück solcher Optimierungen. Das gleiche gilt natürlich auch für die Entwicklung von Kühlschränken usw. Deshalb wollen wir in dieser Aufgabe die Wärmeentwicklung in einer Platte der Dicke a untersuchen, deren eine Seite ($x = a$) auf der Temperatur 0 gehalten wird (durch die Klimaanlage), während auf der anderen Seite ($x = 0$) Wärme zugeführt wird (z.B. durch Sonnenstrahlung) oder Wärme verlorengeht (siehe Abb. 7.10).

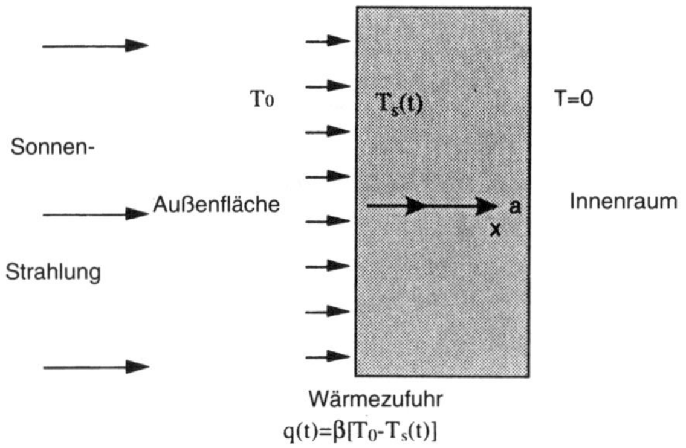

Abb. 7.10 Thermische Isolierung.

Zuerst wollen wir die fundamentale Lösung für die gegebenen Randbedingungen finden. Daraus lassen sich die Lösungen für jede beliebige Wärmezufuhr erzeugen. Wir müssen also die Temperaturverteilung in einer Platte der Dicke a für eine instantane Wärmefreisetzung $\mathcal{Q}$ pro Einheitsoberfläche auf der Fläche $x = 0$ bestimmen, wobei die Temperatur auf der Fläche $x = a$ festgehalten wird.

(a) Wir wenden die Methode der Spiegelquellen an.

(i) Man gebe zuerst die Lösung für eine Quelle der Stärke $2\mathcal{Q}$ bei $x = 0$, die ihre Wärme in die erweiterte Region abgibt, an. Woher kommt der Faktor 2?

(ii) Da diese Lösung die Bedingung, daß bei $x = a$ die Temperatur 0 herrscht, nicht erfüllt, führe man eine entsprechende Senke ein, die die Effekte der zusätzlichen Quelle gerade aufhebt. Man zeige, daß das Temperaturfeld für die beiden Quellen die Gestalt

$$T(x,t) = 2\mathcal{Q}[G(x,t) - G(x-2a,t)]$$

besitzt; dabei haben wir die Notation der im Text angepaßt.

(iii) Diese Lösung erfüllt die Bedingung, daß bei $x = 0$ der Fluß gleich null ist, nicht. Man führe eine weitere Quelle ein usw. und zeige, daß

$$2Q[G(x,t) + \sum_{n=1}^{\infty}(-1)^n\{G(x-2na,t) - G(x+2na,t)\}]$$

die gesuchte fundamentale Lösung ist.

(b) ** Der Oberfläche $x = 0$ wird eine bekannte Wärmemenge r pro Einheitsfläche durch die Sonne zugeführt und die Wärmeabgabe an die Umgebung erfolgt nach dem Newtonschen Gesetz $\beta(T_s(t) - T_0)$ pro Einheitsfläche; hier ist $T_s(t)$ die Oberflächentemperatur und T_0 die Temperatur der Umgebung. Nehmen wir an, die Wärmestrahlung von der Sonne wird auf der Oberfläche $x = 0$ absorbiert. Man gebe einen Integralausdruck für die Temperaturverteilung und damit eine Integralgleichung für die Oberflächentemperatur $T_s(t)$ an. Diese Gleichung stellt eine effektive mathematische Beschreibung des Problems dar. Wir wollen einige Voruntersuchungen zu dieser Gleichung anstellen.

(i) Man skaliere die Gleichung und bestimme die dimensionslose Gruppe, die die relative Dicke der Platte bestimmt. Unter welchen Bedingungen kann man diese als „thermisch dick" betrachten? Man erläutere die Bedeutung dieser Aussage. Man ermittle eine erste genäherte Lösung für diesen Fall und konstruiere ein vernünftiges iteratives Schema zur Untersuchung des Einflusses der endlichen Dicke der Platte auf den Wärmetransport.

(ii) Selbst für „thermisch sehr dicke" Platten kann die Oberflächentemperatur (und die Isolierfähigkeit) durch die Kühlung an der Oberfläche $x = a$ beeinflußt werden. Man schätze ab, für welche Zeiträume die endliche Dicke beginnt, eine Rolle zu spielen.

Kommentar: Ökonomische Erwägungen fordern, daß die Platte gerade dick *genug* ist, um den Raum ausreichend zu isolieren. Damit ist klar, daß die obige Lösung nicht den gesamten Zeitraum, der dafür wichtig ist, umfaßt. Wir werden im nächsten Kapitel zu diesem Problem zurückkehren und uns dort mit der Entwicklung von effektiveren Lösungstechniken zur Untersuchung des Langzeitverhaltens beschäftigen.

Aufgabe 7.14 *Ein nuklearer Unfall*

Diese und die folgende Aufgabe beschäftigen sich mit den Schritten, die zur Modellierung des Fallout nach einem nuklearen Unfall nötig sind. Die Aufgabe besteht in der Berechnung der Konzentrationen in der Atmosphäre und der Bestimmung der Mengen des radioaktiven Niederschlages in Abhängigkeit vom Ort. Im Normalfall kennt man die Menge an freigesetztem Material nicht und ist deshalb auf Messungen der Konzentration der radioaktiven Stoffe angewiesen. In dieser Aufgabe untersuchen wir ein grobes Modell der Verteilung in der Atmosphäre, welches den

Niederschlag nicht berücksichtigt; das Modell der Aufgabe 7.15 ist realistischer und bezieht den Fallout mit ein.

Der Transport von feinem radiaoktiven Staub, der in die Atmosphäre gelangt, wird im wesentlichen durch Windbewegungen verursacht, die wir als konstante Bewegung (mit effektivem Fluß) betrachten können, die mit Turbulenzen (ohne effektiven Fluß) überlagert ist. Der effektive Fluß transportiert das Material, während die Turbulenzen die Stoffe verteilen und mischen. Man kann theoretisch und experimentell zeigen, daß der Betrag und die Richtung der Durchmischung durch turbulente Fluktuationen vom Gradienten der Konzentration abhängen; die Situation ist damit analog zur Wärmeverteilung mit einem Massenfluß pro Einheitsfläche $m = -\kappa \nabla c$, wobei c die Konzentration des Materials ist und der *Dispersionskoeffizient* κ von der Stärke der Fluktuationen abhängt (und experimentell bestimmbar ist).

Die Flußgeschwindigkeit und der Dispersionskoeffizient seien fest, und wir verwenden ein Koordinatensystem, welches sich mit dem Fluß mitbewegt. Eine Masse M an radioaktivem Material werde zur Zeit $t = 0$ am Punkt $(x, y, z) = (0, 0, 0)$ freigesetzt, wobei $0 < z < h$ gilt und h die effektive Höhe der Atmosphäre ist. Nach der Freisetzung werde die Havarie sofort behoben und es trete kein weiteres Material aus.

Am Anfang wird der Verteilungsprozeß sehr kompliziert verlaufen und von den Details des Unfalls abhängen. Nach einer Zeit von etwa h^2/κ sollte sich jedoch das Konzentrationsprofil in der Vertikalen eingestellt haben; wir nehmen der Einfachheit halber an, die Konzentration sei unabhängig von der Höhe, d.h $c(x, y, z, t) \equiv c(x, y, t)$ und der Fallout ist vernachlässigbar.

Unter den beschriebenen Umständen gilt $c(x, y, t) \equiv c(r, t)$ mit $r = \sqrt{x^2 + y^2}$ (warum?) und es empfiehlt sich, in Zylinderkoordinaten zu arbeiten. Die Dispersion wird dann durch die Gleichung

$$\frac{\partial c}{\partial t} = \kappa \left(\frac{\partial^2 c}{\partial r^2} + \frac{1}{r} \frac{\partial c}{\partial r} \right)$$

beschrieben.

(a) Man zeige durch Skalierung, daß die Ähnlichkeitslösung die Form

$$c(r, t) = \frac{M}{\kappa h t} \mathcal{C}(\xi)$$

besitzt mit $\xi = r^2/\kappa t$ und bestimme die Gleichung für $\mathcal{C}$.

(b) Man berechne die Ähnlichkeitslösung explizit mit Maple.

(c) Man zeichne $\mathcal{C}(\xi)$ und kommentiere das Lösungsverhalten.

(d) Man zeichne $c(r_0, t)$ für verschiedene Abstände r_0 vom Ursprung des bewegten Bezugssystems (d.h. der effektiven Quellenlage) und erläutere das Ergebnis.

(e) Man zeichne die Niveaus der maximalen (skalierten) Konzentration für verschiedene Abstände r_0 von der effektiven Quellenlage und bestimme die Zeit für Konzentrationsspitzen. Ein typischer Wert von κ ist $5 \cdot 10^4$ cm^2/s für Windgeschwindigkeiten von 15 m/s.

(f) Obwohl die obigen graphischen Darstellungen für den Wissenschaftler von größtem Interesse sind, gilt das Interesse der Öffentlichkeit doch eher den Konzentrationsschwankungen für feste Punkte auf der Erdoberfläche. Man zeichne skalierte Konzentrationsniveaus für verschiedene skalierte Orte im Windbereich des Unfalls als Funktion der skalierten Zeit.

Aufgabe 7.15 *Nuklearer Regen*

** In dieser Aufgabe werden einige Eigenschaften untersucht, die in Aufgabe 7.14 ignoriert wurden.

Bei der Beschreibung der Verteilung von radioaktiver Materie in der Atmosphäre kommt es zu Komplikationen, da vertikale Luftbewegungen deutlich schächer sind als die Bewegungen in horizontaler Richtung und die Veränderung der Windrichtung führt zu quantitativ anderen Verteilungen als die durch variable Windgeschwindigkeiten verursachten Veränderungen. Man kann diese verschiedenen Richtungsabhängigkeiten durch Verwendung von verschiedenen Dispersionskoeffizienten in den drei Richtungen Rechnung tragen. Man erhält so ein einfaches Modell des Transportprozesses

$$c_t = \kappa(\alpha_1 c_{xx} + \alpha_2 c_{yy} + \alpha_3 c_{zz})$$

relativ zum Materialfluß, dabei müssen κ und die α_i aus atmosphärischen Daten gewonnen werden. Eine andere ernste Grenze unseres letzten Modells war die Vernachlässigung des Fallout. Wir wollen nun diese Frage untersuchen.

(a) Nach einer Zeitspanne $h^2/(\alpha_3\kappa)$ sollte sich das vertikale Konzentrationsprofil wieder eingestellt haben, man kann jedoch kein gleichförmiges Profil erwarten. Statt dessen hat man es mit einer speziellen Gestalt $Z(z)$ zu tun, die verschiedene Effekte, wie z.B. Dichteänderungen in der Atmosphäre mit der Höhe, beschreibt; dabei gelte nach Skalierung $\int_0^h Z(z)\mathrm{d}z = 1$. Damit ist es vernünftig, eine Lösung der Gestalt $c = C(x, y, t)Z(z)$ zu suchen. Man setze dies in die Gleichung für c ein und zeige durch Integration über die Atmosphäre, daß C der Gleichung

$$C_t - \kappa(\alpha_1 C_{xx} + \alpha_2 C_{yy}) = -F$$

genügt. Dabei sind wir davon ausgegangen, daß kein Material an der Obergrenze der Atmosphäre verlorengeht, und F ist der Massenfluß, der auf dem Erdboden abgelagert wird.

(b) Man zeige durch genäherte Skalierung der räumlichen Variablen (x, y), daß die Gleichung sich auf die normale zweidimensionale Diffusionsgleichung

$$C_t - \kappa(C_{x'x'} + C_{y'y'}) = -F$$

reduziert. Mathematisch gesprochen bedeutet dies, daß die Nicht-Isotropie der Relation zwischen Fluß und Konzentrationsgradient nicht zu bedeutenden Komplikationen führt, und das Ergebnis aus Aufgabe 7.14 für $F = 0$ kann sofort übertragen werden.

(c) *** Man nehme an, die Ablagerungsrate auf der Erdoberfläche sei proportional zur lokalen Konzentration $C(x, y, t)Z(0)$. Man leite eine Integralgleichung für die Konzentration $C(x, y, t)$ ab. Ist die Ablagerungsrate klein, dann sollte ein iteratives Schema für die ($F = 0$)-Ähnlichkeitslösung aus Aufgabe 7.14 erfolgreich sein. Der interessierte Leser möge die Rechnungen noch weiter verfeinern.

Kommentar: Die größte Schwierigkeit des Modells ist die Tatsache, daß Regen viel mehr radioaktives Material auf die Erdoberfläche bringt als die diffusive Ablagerung. Wie kann man das berücksichtigen, wenn man die Regenentwicklung eines Gebietes kennt? Dazu kommt, daß die mittlere Windstärke über die relevanten Zeiträume und Abstände sowie mit der Höhe stärker variiert. Dadurch kann die Dispersion stark beeinflußt werden – das Material wird im wesentlichen in die oberen Schichten transportiert und diffundiert dann in benachbarte Bereiche. Alle diese Effekte machen es schwierig, genaue Vorhersagen zu treffen und es kann geschehen, daß die Verteilung des Materials stärker ist als naiverweise erwartet werden würde.

Aufgabe 7.16 *Anwendung verallgemeinerter Funktionen*

Als Beispiel der Anwendung verallgemeinerter Funktionen bestimmen wir die Gleichgewichtstemperaturverteilung in einem Stab $0 < x < L$ mit Einheitsquerschnitt für eine Punktquelle bei $x = a$ mit $0 < a < L$. Wir berechnen daraus die Gleichgewichtstemperatur für eine beliebige Wärmequelle $f(x)$ pro Einheitslänge entlang des Stabes. Dabei gehen wir davon aus, daß die beiden Enden des Stabes auf der Temperatur 0 gehalten werden.

(a) Man zeige, daß die definierende Gleichung unter Gleichgewichtsbedingungen in der Notation der verallgemeinerten Funktionen die Gestalt

$$k\frac{\mathrm{d}^2T(x)}{\mathrm{d}x^2} + q\delta(x-a) = 0, \quad 0 < x < L$$

besitzt mit

$$T(0) = T(L) = 0.$$

Man überprüfe anhand der Definition der Deltafunktion, daß die Wärmezufuhr richtig beschrieben wird.

(b) Man bestimme unter Beachtung von $\delta(x - a) = 0$ für $x \neq a$ die Lösung im Bereich $0 < x < a$ für die Randbedingung bei $x = 0$. Man berechne ebenso die Lösung für $a < x < L$. Man beachte, daß hierbei zwei beliebige Konstanten auftreten, die bestimmt werden müssen.

(c) Die Quelle setzt bei $x = a$ Wärme frei, deshalb sollte man einen Anstieg der Temperatur bei $x = a$ erwarten. Man integriere die Wärmeleitungsgleichung über die Quelle. Das Ergebnis lautet

$$k\left[\frac{\mathrm{d}T(a+)}{\mathrm{d}x} - \frac{\mathrm{d}T(a-)}{\mathrm{d}x}\right] + q = 0.$$

Ist dieses Resultat physikalisch sinnvoll? Man zeige, daß eine zweite Integration über $x = a$ zu dem Ergebnis führt, daß T an der Stelle $x = a$ stetig ist.

(d) Man zeige damit, daß die Lösung der Punktquelle gleich $qG(x, a)$ ist mit

$$G(x, a) = \begin{cases} \frac{1}{kL}[(L-a)x] & \text{für} \quad x < a, \\ \frac{1}{kL}[a(L-x)] & \text{für} \quad a < x < L, \end{cases}$$

der *Greenschen Funktion.*

(e) Man addiere die Beiträge der Quellen entlang des Stabes auf (wie in Abschnitt 7.4) und zeige, daß die Temperaturverteilung für eine Wärmezufuhr $f(x)$ pro Einheitslänge durch

$$\int_0^L f(a)G(x, a)\mathrm{d}a$$

gegeben ist.

Kommentar: Man kann leicht zeigen, daß dieses Ergebnis identisch ist mit dem, welches man bei Verwendung der Methode der Variation der Parameter erhält (der normalen Methode bei der Lösung gewöhnlicher Differentialgleichungen). Die Prozedur der Greenschen Funktion läßt sich auf partielle Differentialgleichungen erweitern, während dies für die Variationsmethode nicht möglich ist; sie ist der stärkere Zugang zu diesen Problemen.

(f) Man berechne die Temperaturverteilung im Gleichgewichtszustand im Stab für eine Punktquelle bei $x = a$, wenn das Ende $x = 0$ isoliert und das andere Ende auf $T = 0$ gehalten wird.

Kommentar: Man kann dieses Problem direkt durch Aneinanderfügen der Lösungen der Bereiche $0 \leq x < a$ und $a < x \leq L$ an der Stelle $x = a$ lösen oder durch Spiegeltechniken. Für die letztere Methode erweitere man den Lösungsbereich auf $-L$ und führe bei $-a$ eine Spiegelquelle ein. Dann läßt sich mit Hilfe der Ergebnisse aus (d) die Aufgabe lösen.

Sehr oft geschieht es bei der Verwendung von Spiegelquellen in komplexen Situationen, daß man nicht weiß, welche Stärke diese besitzen müssen. Für das Problem der unendlichen Halbregion z.B., die wir in Abschnitt 7.5.1 untersucht haben, ist es nicht von vornherein klar, ob der Faktor bei Erweiterung auf die gesamte Ebene gleich 1 oder 2 sein muß. In diesen Fällen ist es günstig, an einfachen Beispielen die Richtigkeit der Ansätze zu überprüfen.

Aufgabe 7.17 *Integralgleichungen: Ein numerischer Algorithmus*

Zur numerischen Berechnung der Integralgleichung (7.36), die im Zusammenhang mit der Randintegralmethode in Abschnitt 7.6 auftrat, kann man Standardprogramme für numerische Rechnungen verwenden, wenn die auftretenden Probleme für große und kleine Zeiten gelöst wurden.

(a) Ganz wie im Fall von gewöhnlichen Differentialgleichungen besteht das Ziel in der fortschreitenden Berechnung der Lösung für kleine Zeitintervalle mit einem passenden Iterationsverfahren. Man bestimme, ausgehend von der definierenden Gleichung (7.36), einen exakten Ausdruck für die Temperaturveränderung über ein kleines Zeitintervall $(t, t+\Delta)$ der Form

$$T(t+\Delta) - T(t) = I_1 + I_2,$$

wobei I_1 ein Integral über den Bereich $(0, t)$ und I_2 ein Integral über das Zeitintervall $(t, t+\Delta t)$ darstellt.

(b) Man ersetze I_1 durch Diskretisierung des Zeitintervalles (man schreibe $t = n\Delta$)) durch eine Summe (man verwende die Trapezformel oder die Simpsonsche Regel), und nähere I_2 durch die Taylorentwicklung. Damit leite man den Ausdruck für $T_n \equiv T(n\Delta)$

$$T_{n+1} = T_n + \Delta \sum_{j=0}^{j=n} \gamma_j T_j + O(\Delta^2) \quad \text{für} \quad n > 0$$

ab. Dieses Schema ermöglicht es, von jedem Anfangswert t aus einen Zeitschritt nach vorn zu gehen, *außer* für $t = 0$. Die γ_i werden für $t = 0$ unendlich, da dieser Punkt für das System singulär ist. An dieser Stelle treten ernste physikalische Schwierigkeiten auf, da die Lösung, wie wir in Beispiel 7.4.1 gesehen haben, hier nicht regulär ist. Ein Ausweg besteht in der Verwendung der analytischen Ausdrücke, die im Text abgeleitet wurden. Wir greifen auf die Reihenentwicklung zurück, um den Problempunkt $t = 0$ zu überwinden und verwenden dann das obige Schema für die weitere Rechnung.

Ein anderes numerisches Problem besteht darin, daß wir nicht unendlich weit in der Zeit integrieren können, da sich die Fehler eventuell aufsummieren und über die Lösung dominieren können. Deshalb empfiehlt es sich, für die Untersuchung des Langzeitverhaltens die Methode der asymptotischen Entwicklung zu verwenden.

Kommentar: Die obige Situation zeigt deutlich das typische Zusammenspiel von analytischen und numerischen Methoden, die man zur Beantwortung der Fragen heranzieht. Die Wahl der Schemen trifft die Notwendigkeit und weniger die Vorlieben des Modellierers.

Literatur

Carslaw, H. S., Jaeger, J. C., *Conduction of Heat in Solids*, Clarendon Press, Oxford, 1959.

Kamke, E., *Differentialgleichungen: Lösungsmethoden und Lösungen*, Chelsea Publishing Co., 1948.

Lighthill, M. J., *Introduction to Fourier Analysis and Generalised Funktions*, Cambridge University Press, 1959.

McGee, H., *On Food and Cooking*, Charles Scribner & Sons, New York, 1984.

8 Fouriermethoden

Konvergenzprobleme
Newtonsche Erwärmung von Platten
Zusammengesetzte fundamentale Lösungen

8.1 Einführung

Wie wir gesehen haben, funktionieren die im letzten Kapitel entwickelten Techniken bei Randwertproblemen für mittlere Zeiten, sie versagen jedoch bei der Beschreibung des Langzeitverhaltens der Systeme. Wir wollen in diesem Kapitel zeigen, wie man mit der von Fourier entwickelten Methode nützliche Lösungen für große Zeiten erhalten kann. Diese Methode wurde ursprünglich zur Lösung von Anfangswertaufgaben entwickelt und war zu ihrer Entstehungszeit stark umstritten; viele der damals führenden Mathematiker erkannten sie nicht als gültige Methode an. Im Laufe der Zeit wurde sie jedoch weiterentwickelt und ist nun ein allgemein akzeptiertes mathematisches Werkzeug, welches die mathematische Forschung stark angeregt hat. Die *Fourier-* oder *Harmonische Analyse* steht immer noch im Mittelpunkt mathematischer Forschungen, obwohl diese für Modellierer nicht von Interesse ist. Obwohl man in der Lage ist, für eine große Klasse von Anfangswertaufgaben mathematische Lösungen zu erzeugen, sind diese für Modellierer meist nicht von Bedeutung. Wir wollen in diesem Kapitel jedoch zeigen, daß man auf diese Weise fundamentale Lösungen generieren kann, die zusammen mit der Randintegralmethode ein gutes Werkzeug für das Modellieren darstellen. Zur Illustration dieses Sachverhaltes werden wir das Problem der Newtonschen Erwärmung der Platte aus Kapitel 7, Abschnitt 7.6.5, noch einmal untersuchen.

Abgesehen von der Behandlung von partiellen Differentialgleichungen erstreckt sich die Anwendung der Fouriertheorie auf viele Probleme der praktischen Wissenschaften. Sie reicht von digitalen Tonaufnahmen über jegliche Art von Bildbearbeitung bis zur Analyse von statistischen Daten. Wir werden diese Anwendungen hier jedoch nicht besprechen.

8.2 Vorbemerkungen

In Abschnitt 6.3.2 hatten wir zur Lösung der Wärmeleitungsgleichung die Methode der *Separation der Variablen* eingeführt. Eine günstige Wahl der *Separations-*

konstante führte zur Erzeugung einer großen Zahl von Lösungen der Form (wir lassen die Striche an den Variablen nun weg)

$$\sin(n\pi x)/e^{-(n\pi)^2 t}, \quad 0 < x < 1 \quad \text{für} \quad n = 0, 1, \ldots,$$

die die Wärmeleitungsgleichung mit der Randbedingung, daß die Temperatur bei $x = 0,1$ gleich null ist, erfüllen. Diese Lösungen waren für die Beschreibung des Wärmeflusses in einem Stab von Bedeutung, eine Linearkombination solcher Lösungen ergibt die vollständige Lösung des Problems, wenn die Koeffizienten A_n so gewählt werden, daß die Anfangsbedingung

$$\theta(x, 0) = f(x) = \sum A_n \sin n\pi x \tag{8.1}$$

erfüllt werden kann (siehe (6.23), (6.24)). Für spezielle $f(x)$, die durch Addition einer endlichen Anzahl von solchen ($\sin n\pi x$)-Termen dargestellt werden können, ist dies trivial und der entsprechende Ausdruck für $\theta(x,t)$ löst das Problem. Für andere $f(x)$ reicht eine endliche Summe jedoch nicht aus und zwei Fragen stehen dann im Mittelpunkt:

- Wie sollte man die Wahl der Koeffizienten treffen?
- Ist es möglich, $f(x)$ exakt zu bestimmen und damit exakte Lösungen der Wärmeleitungsgleichung für beliebige Randbedingungen zu erzeugen?

Die erste Frage ist eine Frage der besten Approximation, und Fragen nach der Nützlichkeit von Näherungsverfahren sind keine mathematischen Fragen, sondern hängen von der konkreten Anwendung ab. Erscheinen z.B. die ($\sin n\pi x$)-Funktionen in einem Kontext passend und zeigt es sich, daß nur eine kleine Anzahl von Termen für die Rechnung wesentlich ist, so kann man zur Minimierung der Fehler eine Mittelung über den Bereich vornehmen usw. – es gibt viele Möglichkeiten, die *mathematisch vernünftig erscheinen*, und die dazu benötigte Mathematik (für eine gegebenes $f(x)$) kann *theoretisch* geradlinig angewendet werden. Geht man jedoch von den Anwendungen aus, dann bestimmt der physikalische Kontext die relevanten Fragen: Welche der erhaltenen Größen (Energie, Masse, Impuls) soll am strengsten erhalten sein – eine wesentlich andere Betrachtungsweise. Hat man den entsprechenden Einfluß des Fehlers gefunden und muß N Koeffizienten bestimmen, so kann man den Ausdruck für den entsprechenden Fehler als Funktion von N Koeffizienten minimieren und erhält so (meist nichtlineare) Gleichungen für die N Koeffizienten. Jeder, der einmal versucht hat, zwei nichtlineare Gleichungen in zwei Unbekannten zu lösen, weiß, daß dies ein theoretisch einfaches, praktisch jedoch undurchführbares Vorhaben ist. Legt man auf die Verbesserung der Genauigkeit Wert, dann muß die gleiche Rechnung mit zusätzlichen Termen noch einmal durchgeführt werden. Fourier erkannte als erster, daß für einen Fehler der Form

$$\mathcal{E} = \int_{\mathcal{D}} (\text{Fehler})(x))^2 \mathrm{d}x \tag{8.2}$$

die Berechnung der Koeffizienten trivial ist, wenn Fehler(x) eine lokale Fehlerfunktion und $\mathcal{D}$ der Lösungsbereich ist. Man nennt $\mathcal{E}$ das *Fehlerquadrat.* In unserem speziellen Fall erhalten wir für den *lokalen Fehler*

$$\text{Fehler}(x) = [f(x) - \sum_{n=1}^{N} A_n \sin n\pi x],$$

wenn gerade N Terme einbezogen werden. Zur Minimierung des Fehlerquadrates $\mathcal{E}_N$ müssen wir nun den obigen Ausdruck nach den Koeffizienten $A_j, 1 \leq j \leq N$ differenzieren und das Ergebnis gleich null setzen. Dies ergibt

$$\int_0^1 [f(x) - \sum_{n=1}^{N} A_n \sin n\pi x] \cdot \sin j\pi x \mathrm{d}x = 0 \quad \text{für} \quad j = 1, 2, \ldots, N,$$

ein Gleichungssystem mit N Gleichungen für die N Unbekannten A_j. Es gilt jedoch

$$\int_0^1 \sin n\pi x \sin j\pi x \mathrm{d}x = \begin{cases} 0 & \text{für} \quad j \neq n \\ \frac{1}{2} & \text{für} \quad j = n. \end{cases}$$

Damit verschwinden aufgrund dieser *Orthogonalitätsrelation* fast alle Terme in den obigen Gleichungen und wir erhalten das **bemerkenswerte Ergebnis**

$$A_j = 2 \int_0^1 f(x) \sin j\pi x \mathrm{d}x \quad \text{für} \quad j = 1, 2, \ldots, N.$$

Vielleicht war es nur Glück, daß wir zu einem so einfachen Ergebnis gelangten? Wir besitzen nun einen *expliziten* Ausdruck für alle Koeffizienten für *jedes* $f(x)$, der sich *einfach* berechnen läßt. Außerdem lassen sich Koeffizienten aller Ordnungen berechnen, ohne daß man dabei auf niedere Ordnungen zurückgreifen muß und ohne Bezug auf die Zahl N der Näherungsterme. Daraus lassen sich folgende Schlußfolgerungen ziehen:

- Man kann ohne Bezug auf Näherungsordnungen über *die* Fourierkomponenten einer Funktion sprechen.
- Die Berechnung aller früheren Koeffizienten, die normalerweise bei der Verbesserung der Genauigkeit eines Resultates erwartet wird, ist nicht nötig; man addiert solange Terme hinzu, bis die gewünschte Genauigkeit erreicht ist.
- Man kann sowohl die Funktion aus den Fourierkoeffizienten rekonstruieren (diese sind im wesentlichen Zahlen und lassen sich gut mit Rechnern verarbeiten und speichern) als auch ungewünschte Komponenten einer Funktion „herausfiltern“(man entfernt so oft das „Rauschen“ von einer Funktion). Es ist auch möglich, sich auf eine bestimmte Frequenz oder einen Frequenzbereich zu beschränken (dies ist bei der Untersuchung von Resonanzen wichtig, siehe Kapitel 12).

Zusätzlich zu Computer-Algorithmen gibt es mechanische und elektrische Geräte, die die Fourierzerlegung durchführen können, da die oszillierenden Funktionen für lineare Systeme so wesentlich sind. Gerade deshalb spielt die Fourieranalysis bei der Bildverarbeitung, bei Tonaufnahmen und der Datenverarbeitung eine so wichtige Rolle.

Man sollte jedoch daran denken, daß *der Hauptgrund der Anwendung der Fourieranalyse die einfache rechnerische Beherrschung ist, und dieser Grund überwiegt alle physikalischen Argumente.* Obwohl es physikalische Situationen gibt, in denen der Fourierfehler der Energiedifferenz entspricht (so daß eine Minimierung desselben die Annäherung an den wichtigsten Erhaltungssatz der Physik im Laufe der Näherungsprozedur bedeutet), ist dies normalerweise nicht der Fall und man sollte hinter dem Zugang von Fourier keine *physikalische Magie* erwarten. Mit der heutigen Rechentechnik sind physikalisch vernünftigere Approximationsverfahren anwendbar, die vom Gesichtspunkt der Anwendungen her passender scheinen. Wir werden in Kapitel 12 allerdings sehen, daß im Bereich der Schwingungen und Wellen die Fourierzerlegung besonders geeignet ist.

8.2.1 Sturm-Liouville-Theorie

Die der Fourierzerlegung in Reihen zugrundeliegende Orthogonalitätsrelation ist kein Glücksfall, der sich auf die ($\sin n\pi x$)-Funktionen beschränkt. Sie ist eine Charakteristik der *Sturm-Liouville-Probleme*, die immer dann auftreten, wenn man partielle Differentialgleichungen durch Separation der Variablen löst. Ein *Sturm-Liouville-System* besteht aus einer (adjungiert genannten) homogenen linearen Differentialgleichung zweiter Ordnung der Form

$$(p(x)y'(x))' + (q(x) + \lambda r(x))y(x) = 0 \quad \text{für} \quad a < x < b \tag{8.3}$$

mit den homogenen Zwei-Punkt-Randbedingungen in der *separierten Form*

$$c_1 y(a) + c_2 y'(a) = 0, \quad c_3 y(b) + c_4 y'(b) = 0 \tag{8.4}$$

für entsprechende Funktionen $p(x), q(x), r(x)$ von x. Diese Systeme besitzen nur für bestimmte Werte von λ (nennen wir sie λ_n) Lösungen, man bezeichnet diese als *Eigenwerte* mit den entsprechenden *Eigenfunktionen* $\phi_n(x)$. Wie bereits gesagt, treten solche Systeme natürlicherweise bei der Separation der Variablen auf; die ($\sin n\pi x$)-Funktionen traten auf, da wir die Lösungen der harmonischen Gleichung für homogene Randbedingungen gesucht hatten. Die Funktionen p, q, r in einem allgemeinen Sturm-Liouville-System müssen so gestaltet sein, daß die Differentialgleichung ein oszillatorisches Verhalten zeigt und damit die homogenen Randbedingungen erfüllbar sind ($r(x)$ darf nur ein Vorzeichen und keine Singularitäten besitzen). Für solche Systeme existiert eine abzählbare Menge von Eigenwerten λ_n mit Eigenfunktionen ϕ_n, für die die Orthogonalitätsrelation gilt:

Theorem 8.1 (Sturm-Liouville-Theorem)
Die Eigenfunktionen eines Sturm-Liouville-Systems sind zueinander orthogonal in dem Sinne, daß für alle m, n

$$\int_a^b r(x)\phi_n(x)\phi_m(x)\,dx = 0 \tag{8.5}$$

gilt für $m \neq n$.

Man beachte, daß die hier auftretende *Gewichtsfunktion* der Koeffizient $r(x)$ ist, der in der definierenden Gleichung (8.3) mit der Separationskonstante λ multipliziert wird. Mit dieser Orthogonalitätsrelation lassen sich nun leicht die Koeffizienten der Reihenentwicklung einer Funktion in Eigenfunktionen

$$f(x) = \sum A_n \phi_n(x)$$

bestimmen. Multipliziert man diesen Ausdruck mit $r(x)\phi_i(x)$ und integriert über den Wertebereich, dann erhält man sofort A_i. Die Reihenentwicklung ist optimal in dem Sinne, daß das durch

$$\mathcal{E} = \int_a^b r(x)[\mathrm{Fehler}(x)]^2 \mathrm{d}x$$

definierte Fehlerquadrat minimiert wird. In Ince (1956) findet man eine vollständige Diskussion dieser Sachverhalte.

Zusammenfassend kann man sagen, daß die Separation der Variablen zu Eigenfunktionen führt, die in einem gewissen Sinne orthogonal zueinander sind und die man als Basis für die Entwicklung einer beliebigen Funktion von x im allgemeinen, und der Lösungen von partiellen Differentialgleichungen im besonderen verwenden kann.

Kommentar: Es existiert ein unausgesprochenes (da unbeweisbares) „Theorem" der angewandten Mathematik, mit dem alle Mathematiker arbeiten und das besagt, daß jedes vernünftige Ergebnis richtig ist. Im obigen Kontext z.B. bleibt die Orthogonalitätsrelation erhalten, wenn die Funktionen p, q, r so gewählt werden, daß die Differentialgleichung singulär wird (und so unbeschränkte Lösungen besitzen kann), vorausgesetzt, sie besitzt Lösungen, die die Randbedingungen erfüllen, und das Orthogonalitätsintegral ergibt Sinn. Wir haben dieses Theorem im Verlaufe des Buches oft angewendet (z.B. bei der Anwendung der Delta-Funktion). Euler (komplexe Zahlen), Archimedes und Newton (Differential- und Integralrechnung) haben sich darauf gestützt. Natürlich sollte man versuchen, die Gültigkeit der Resultate dieses Theorems zu überprüfen.

8.2.2 Fourierreihen

Nach dem oben Gesagten ist klar, daß endliche Fouriersummen im Sinne eines Fehlerquadrates zur Darstellung einer Funktion in einem Bereich recht gut geeignet sind. Vom theoretischen Standpunkt aus gesehen interessiert man sich natürlich für die lokale Konvergenz der *gesamten* Reihe (und damit für die Darstellung der Funktion an einem Punkt), und praktisch ist die Frage nach der Schnelligkeit der Konvergenz von Bedeutung. Diese Fragen sind jedoch im Rahmen der Newtonschen Dynamik technisch schwierig zu beweisen und die Beweise nicht sehr erhellend. Wir wollen im folgenden einen Überblick über die Eigenschaften der Fourierreihen geben, die die Grundlage der meisten Anwendungen darstellen. Man wird mit diesen Ergebnissen am besten durch Übungsaufgaben vertraut. Wir geben diese Ergebnisse für die „normalen“ Fourierreihen ($\sin 2n\pi x, \cos 2n\pi x$) an, sie lassen sich aber auf alle orthogonalen Funktionen-Systeme erweitern, die im Rahmen von Sturm-Liouville-Systemen auftreten. Für detaillierte (aber schwierige) Einzelheiten empfehlen wir Titchmarsh (1939).

1. Man betrachte eine Funktion f, die auf einem Intervall $[0, 1]$ definiert sei. Mit dieser Funktion ist eine Menge von Fourierkoeffizienten $\{A_n, n = 0, \ldots, \infty\}$ und $\{B_n, n = 1, \ldots, \infty\}$ verbunden, die durch

$$A_n = \epsilon_n \int_0^1 f(x) \cos(2n\pi x) \mathrm{d}x, \tag{8.6}$$

$$B_n = \epsilon_n \int_0^1 f(x) \sin(2n\pi x) \mathrm{d}x \tag{8.7}$$

definiert sind mit

$$\epsilon_n = \begin{cases} 1 & \text{für } n = 0 \\ 2 & \text{für alle anderen } n. \end{cases} \tag{8.8}$$

Die Form folgt aus der Orthogonalitätsrelation. Aus dieser Menge von Fourierkoeffizienten kann eine Funktion F für *alle* x durch den Ausdruck

$$F(x) = \sum_{n=0}^{\infty} A_n \cos(2n\pi x) + \sum_{n=1}^{\infty} B_n \sin(2n\pi x) \tag{8.9}$$

erzeugt werden, wenn die unendlichen Reihen einen mathematischen Sinn besitzen. Normalerweise fordert man, daß die Reihen konvergieren. Natürlich besteht die Hoffnung darin, daß $F(x) \equiv f(x)$ für $0 \leq x \leq 1$ gilt. Da die oszillierenden Funktionen die Periode 1 besitzen, ist $F(x+1) = F(x)$, und die Funktion „wiederholt“ sich in diesem Sinne außerhalb des Bereiches $0 \leq x \leq 1$. Man kann sich $F(x)$ als die Fourierdarstellung der Funktion $f(x)$, die im Bereich $0 \leq x < 1$ definiert ist, für den unendlichen Bereich vorstellen. Dabei tritt die durch $f(x+1) = f(x)$ gegebene *periodische Erweiterung* für den Bereich außerhalb des Einheitsintervalls auf.

2. **Theorem 8.2** *Ist die Reihe (8.9) gleichmäßig konvergent, dann gilt* $F = f$.

Man kann dieses Theorem auch unter weniger strengen Bedingungen beweisen, das Ergebnis ist jedoch *deutlich besser*, als jedes Theorem es aussagen kann. Selbst wenn die Reihe (8.9) *divergiert* und damit der Ausdruck $F(x)$ im Sinne normaler Funktionen sinnlos ist, kann man oft $f(x)$ aus den Fourierkoeffizienten rekonstruieren. Dabei greift man in ganz natürlicher Weise auf verallgemeinerte Funktionen zurück. Die wesentliche Eigenschaft ist die Eindeutigkeit der Zuordnung $f(x) \rightleftharpoons (A_n, B_n)$.

3. **Theorem 8.3 (Riemann-Lebesgue-Theorem)** *Ist die Funktion* f *absolut integrabel, dann gilt*

$$\lim_{n\to\infty} A_n = \lim_{n\to\infty} B_n = 0. \tag{8.10}$$

Dieses Ergebnis erlaubt die Untersuchung des Verhaltens der Fourierkoeffizienten für große n und ermöglicht dadurch den Beweis der Konvergenz, der für die Verwendung von Theorem 8.2 so wichtig ist; es ist außerdem für die Anwendbarkeit der Fourierentwicklung wesentlich.

Zur Untersuchung der Konvergenzeigenschaften bietet es sich an, die Diskussion der sin- und cos-Terme durch die Verwendung komplexer Fourierkoeffizienten

$$C_n = \epsilon_n \int_0^1 f(x) e^{2in\pi x} \mathrm{d}x \tag{8.11}$$

zu kombinieren. Damit gilt

$$A_n = \mathrm{Re} C_n \quad \text{und} \quad B_n = \mathrm{Im} C_n$$

als Umrechnungsvorschrift zu den reellen Koeffizienten. Nehmen wir für den Moment an, unsere Funktion $f(x)$ sei mindestens zweimal auf dem Intervall differenzierbar. Partielle Integration ergibt dann

$$\begin{aligned} C_n/\epsilon_n &= \int_0^1 f(x) \frac{\mathrm{d}}{\mathrm{d}x} [e^{2in\pi x}/(2in\pi)] \mathrm{d}x \\ &= [f(x) e^{2in\pi x}/(2in\pi)]_0^1 - \int_0^1 f'(x) e^{2in\pi x} \mathrm{d}x/(2inn\pi) \\ &= [f(1) - f(0)]/(2in\pi) - \int_0^1 f'(x) e^{2in\pi x} \mathrm{d}x/(2inn\pi), \end{aligned}$$

und eine zweite partielle Integration liefert

$$C_n/\epsilon_n = [f(1) - f(0)]/(2in\pi) - [f'(1) - f'(0)]/(2in\pi)^2 + R_2 \tag{8.12}$$

mit

$$R_2 = \int_0^1 f''(x) e^{2inn\pi x} \mathrm{d}x/(2in\pi)^2.$$

Da nun f'' endlich ist, ist es absolut integrabel und das Riemann-Lebesgue-Theorem sagt aus, daß R_2 kleiner in der Ordnung als $(1/n^2)$ ist und damit für große n kleiner als die vorhergehenden Terme, wenn diese nicht identisch verschwinden. Ist also $f(0) = f(1)$, dann sind die Fourierkoeffizienten von der Ordnung $(1/n^2)$ oder kleiner und die Reihe konvergiert absolut und gleichmäßig. Theorem 8.2 bedeutet in diesem Falle $f(x) \equiv F(x)$. Dieses Ergebnis ist sehr schön, *die erste Forderung ist jedoch sehr unschön*! Wir wollen uns sicherlich nicht auf Funktionen beschränken, die an den Endpunkten des Intervalls den gleichen Wert annehmen! Die Bedingung erscheint etwas überraschend; man muß natürlich damit rechnen, daß das Ergebnis von der Glattheit von $f(x)$ abhängt und die Konvergenz schlechter wird, je schlechter sich die Funktion $f(x)$ verhält, daß das Ergebnis von den Randwerten von f abhängt, ist aber alles andere als offensichtlich. Gilt $f(1) \neq f(0)$, dann ist C_n **tatsächlich von der Ordnung** $1/n$, da der erste Term von (8.12) von dieser Ordnung ist, und die anderen Terme sind zu klein, um das asymptotische Verhalten beeinflussen zu können. Der Ausdruck konvergiert in diesem Falle gegen die Funktion $f(x)$ an allen Punkten, ausgenommen die Endpunkte des Intervalls. Die Konvergenz ist jedoch nicht gleichmäßig und in jedem Fall so langsam, daß die Reihen für praktische Rechnungen nicht immer nutzbar sind. Es kann vorkommen, daß man für eine Genauigkeit von 1% bis zu 100 Terme benötigt!

Die obigen Argumente gelten auch, wenn f im Intervall $0 < x < 1$ Unstetigkeiten besitzt, so daß hier die gleichen Konvergenzprobleme auftreten, obwohl sie nicht so unerwartet kommen. Geht man mittels periodischer Erweiterungen zum unendlichen Gebiet über, dann sind die Ergebnisse besser begründbar und verständlich (siehe Aufgabe 8.2): Besitzen $f(x)$ und seine periodischen Erweiterungen Unstetigkeiten, dann ist C_n von der Ordnung $O(1/n)$. Sind f und seine Erweiterungen stetig, jedoch mit unstetigen ersten Ableitungen, dann gilt $C_n = O(1/n^2)$ usw. Das ganze Problem ist, daß es nicht davon abhängt, wie gut sich $f(x)$ verhält; die Fourierreihen konvergieren schlecht, wenn $f(1) \neq f(0)$ ist. Unter Umständen ist es möglich, die Mathematik so zu arrangieren, daß die Periodizität an den Randpunkten gegeben ist. Wir werden dies in Aufgabe 8.2 zeigen und im nächsten Abschnitt noch einmal darauf zurückkommen.

4. Sind die Funktion f und ihre periodischen Erweiterungen an einem Punkte $x = \xi$ nicht stetig, dann konvergieren die Reihen für F gegen $[f(\xi+) + f(\xi-)]/2$; dabei zeigen $+$ und $-$ an, von welcher Seite der Limes an der Stelle $x = \xi$ gebildet wird.

5. Man kann alle obigen Aussagen auf den Fall von unendlichen Bereichen oder Halbbereichen, auf denen $f(x)$ definiert ist, erweitern. In diesen Situationen werden aus den Summen Integrale und man spricht von *Fouriertransformationen.*

Wir wollen die Fouriersche Methode auf das Problem der Erwärmung einer Platte anwenden.

8.3 Newtonsche Erwärmung einer Platte

Man erinnere sich an die Situation in Abschnitt 7.6.5 (siehe auch Abb. 8.1). Die Platte besitzt eine Dicke a, ein Rand $x = a$ ist isoliert, während der andere Wärme mit der Umgebung austauscht. Die anfängliche Temperatur der Platte sei gleich null und die der Umgebung T_0. Wir verwenden natürlich a und a^2/κ als Längen- und Zeitskalen sowie T_0 als Temperaturskale. Wir erhalten so für die skalierte Wärmeleitungsgleichung den Ausdruck

$$T_t = T_{xx} \quad \text{für} \quad 0 < x < 1$$

mit den Randbedingungen

$$T_x(1,t) = 0 \quad \text{und} \quad T_x(0,t) = \alpha a(T(0,t) - 1) \tag{8.13}$$

(siehe (7.33)) sowie den Anfangsbedingungen

$$T(x,0) = 0 \quad \text{für} \quad 0 < x < 1.$$

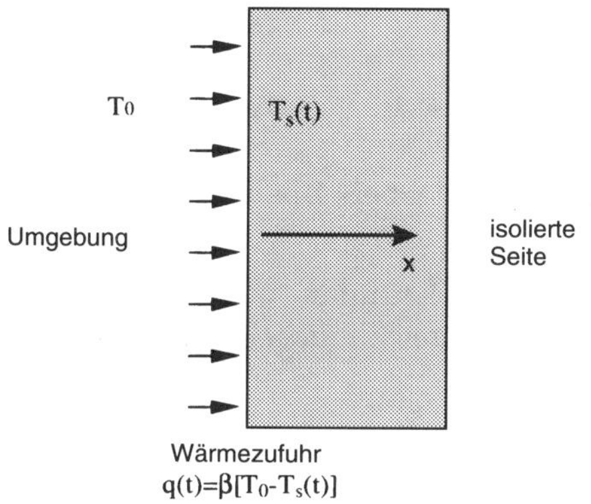

Abb. 8.1 Newtonsche Erwärmung einer Platte.

Die Fouriersche Methode ist rechenaufwendig, jedoch geradlinig in der Anwendung. Wir skizzieren für spätere Zwecke die Arbeitsschritte:

- **Man sorge dafür, daß die Randbedingungen homogen sind.**

  Aufgrund der im letzten Abschnitt diskutierten Konvergenzprobleme kann die Fourierentwicklung nicht direkt auf Fälle mit inhomogenen Randbedingungen angewendet werden. Tatsächlich muß auch die Wärmeleitungsgleichung homogen sein, obwohl es recht einfach ist, diese Schwierigkeit zu beseitigen (siehe Aufgabe 8.6). In unserem Fall ist die Newtonsche Randbedingung (8.13) bei $x = 1$ nicht homogen. Oft kann man das Problem jedoch so umformulieren, daß homogene Randbedingungen auftreten. Wir schreiben deshalb:

  $$T(x,t) = \bar{T}(x) - T'(x,t)$$

  und wählen $\bar{T}(x)$ so, daß $T'(x,t)$ die homogenen Randbedingungen erfüllt. Damit ist das Problem gelöst. Wie man leicht sieht, erfüllt $\bar{T} = 1$ unsere Bedingungen; die Randbedingungen von T' sind nun homogen, dazu kommt, daß T' die *homogene* Wärmeleitungsgleichung erfüllt.

  Kommentar: Die Trennung der konstanten Lösung von der dynamischen Lösung ist physikalisch ganz natürlich; wie wir bereits öfters gesehen haben, führen physikalische Betrachtungen häufig zu mathematisch vernünftigen Methoden.

Die transformierte Gleichung für T' lautet nun

$$T'_t = T'_{xx}$$

mit den Randbedingungen

$$T'_x(1,t) = 0 \quad \text{und} \quad T'_x(0,t) = a\alpha T'(0,t) \tag{8.14}$$

(siehe (8.13)) und der Anfangsbedingung

$$T'(x,0) = 1 \quad \text{für} \quad 0 < x < 1. \tag{8.15}$$

- **Bestimmung der separierten Lösungen, die die Randbedingungen erfüllen.**

Die Separation der Variablen führt, wie wir in Abschnitt 6.3.2 gesehen haben, zu zwei gekoppelten gewöhnlichen Differentialgleichungen

$$\mathcal{X}_{xx}(x) - \mu\mathcal{X}(x) = 0 \quad \text{und} \tag{8.16}$$

$$\mathcal{T}_t(t) = \mu\mathcal{T}(t) \tag{8.17}$$

für die separierte Lösung $\mathcal{X}(x)\mathcal{T}(t)$ der Wärmeleitungsgleichung. Das entsprechende Sturm-Liouville-System besteht aus der gewöhnlichen Differentialgleichung zweiter Ordnung (8.16) mit den beiden homogenen Randbedingungen

$$\mathcal{X}_x(1) = 0 \quad \text{und} \quad \mathcal{X}_x(0) = a\alpha\mathcal{X}(0), \tag{8.18}$$

(siehe (8.14)). Die Aufgabe besteht nun in der sorgfältigen Untersuchung der möglichen Werte der Separationskonstante μ; es kann leicht geschehen, daß man eine spezielle Separationskonstante übersieht und damit einen *unvollständigen* Satz von Eigenfunktionen und damit ein falsches Ergebnis erhält. Für positive Werte von $\mu = \lambda^2$ besitzt die Gleichung die Lösungen $(\sinh(\lambda x), \cosh(\lambda x))$ (man verwende hier aufgrund der Randbedingungen besser die hyperbolischen Funktionen und nicht die Exponentialfunktion). Die einzige Lösung, die die Randbedingungen erfüllt, ist die triviale Lösung. Für $\mu = 0$ erhalten wir ebenfalls keine nichttrivialen Lösungen. Für negative $\mu = -\lambda^2$ sind die Lösungen oszillierende Funktionen $(\sin(\lambda x), \cos(\lambda x))$, und die die Randbedingung bei $x = 1$ erfüllende Lösung lautet $\cos\lambda(x-1)$. Die andere Randbedingung wird dann nur erfüllt, falls gilt:

$$\lambda \sin\lambda = a\alpha\cos\lambda. \tag{8.19}$$

Diese Gleichung für die Eigenwerte kann nicht exakt gelöst werden; dies ist manchmal unbequem, jedoch nicht weiter wichtig. Das Verhalten der Lösung dieser Gleichung erkennt man am besten beim Betrachten der Schnittpunkte der beiden Kurven $Y(\lambda) = \tan\lambda$ und $Y(\lambda) = a\alpha/\lambda$ (siehe Abb. 8.2). Es existiert eine unendliche Menge solcher Punkte, und für wachsendes λ liegen sie näherungsweise bei $\lambda = N\pi$ für große ganze Zahlen N. Die ersten Punkte bestimmt man mit Maple, für die anderen reicht der asymptotische Wert. Wir wollen die Eigenwerte mit $\lambda_n, n = 0, 1, \ldots$ bezeichnen.

Damit erhalten wir als Lösung der Wärmeleitungsgleichung mit den homogenen Randbedingungen die Funktion (siehe (8.17))

$$\cos[\lambda_n(1-x)]\exp[-\lambda_n^2 t].$$

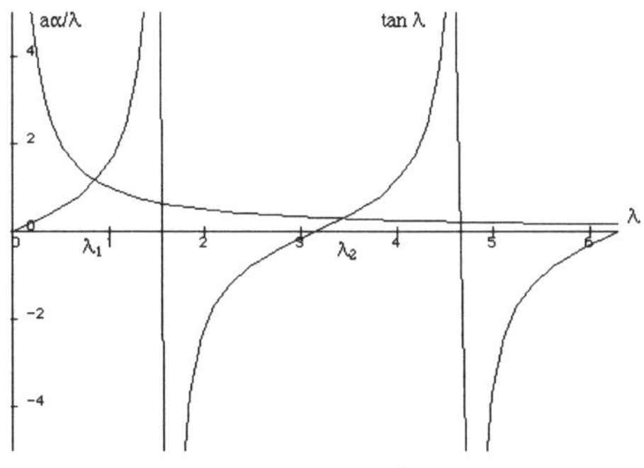

Abb. 8.2 Eigenwerte: Lösungen von $\tan\lambda = a\alpha/\lambda$.

- **Bestimmung der Fourierkoeffizienten**

Mit den separierten Lösungen erzeugen wir eine allgemeine Lösung der Form:

$$T'(x,t) = \sum_{n=1}^{\infty} C_n \cos[\lambda_n(1-x)]\exp[-\lambda_n^2 t],$$

dabei sind die Konstanten C_n so zu bestimmen, daß die Anfangsbedingung (8.15) erfüllt wird, d.h.

$$\sum_{n=1}^{\infty} C_n \cos[\lambda_n(1-x)] = f(x) = 1. \tag{8.20}$$

Dann bedeutet die Sturm-Liouville-Theorie, daß die Eigenfunktionen über dem Bereich $(0, 1)$ orthogonal zueinander sind. Zur Bestimmung von C_j multiplizieren wir deshalb den Ausdruck einfach mit der j-ten Eigenfunktion und integrieren über das Intervall:

$$C_j = \int_0^1 f(x)\cos[\lambda_j(1-x)]\mathrm{d}x \Big/ \int_0^1 \cos^2[\lambda_j(1-x)]\mathrm{d}x.$$

Dies ergibt

$$C_j = \frac{4\sin\lambda_j}{2\lambda_j + \sin(2\lambda_j)}. \tag{8.21}$$

Gehen wir zu den unskalierten Variablen zurück, dann erhalten wir für die Lösung den Ausdruck

$$T(x,t) = T_0\left\{1 - \sum_{n=1}^{\infty} C_n \cos[\lambda_n(a-x)]e^{-\lambda_n^2\kappa t/a^2}\right\}. \tag{8.22}$$

- **Untersuchung der Konvergenzeigenschaften**

Für große n ist C_n nach (8.21) von der Ordnung $1/\lambda_n$, d.h. von der Ordnung $1/n$. Damit konvergiert die Reihe (8.22) (obwohl nicht gleichmäßig konvergent) so langsam, daß sie sich zur Berechnung bei $t = 0$ nicht eignet. (Wie man leicht zeigen kann, benötigt man für eine Genauigkeit von 1 % mehr als 100 Terme und der numerische Fehler macht die Rechnung unglaubwürdig.)

Nebenbemerkung: Wir haben bei der Bestimmung der Konvergenzgeschwindigkeit auf das Riemann-Lebesgue-Theorem aus Abschnitt 8.2.2, Punkt 3 zurückgegriffen. Ordnet man die Reihe wie folgt um:

$$\cos[\mu_n(1-x)] = \cos(\mu_n)\cos(\mu_n x) + \sin(\mu_n)\sin(\mu_n x),$$

dann sieht man, daß unsere Reihe die Form besitzt, die wir mit dem Riemann-Lebesgue-Theorem untersucht haben, und das $O(1/n)$ Verhalten der Koeffizienten ist nicht überraschend, es sei denn, die Funktion $f(x)$ erfüllt $f(0) = f(1)$. Nun ist aber $f(0) - f(1)$ der Temperatursprung in der Platte bei $t = 0$ und dies ist gleich 1; damit ist $C_n = O(1/n)$. Alternativ dazu kann man zeigen, daß die periodischen Erweiterungen unstetig sind (siehe Aufgabe 8.2).

Interessanterweise ist die Reihe (8.22) für die Temperaturverteilung für alle t ungleich null absolut und gleichmäßig stetig, da die Konvergenz durch den Exponentialfaktor $e^{-\lambda_n^2\kappa t/a^2}$ für große n dominiert wird, wenn $t \neq 0$ ist, d.h., die Terme nehmen wie e^{-n^2} ab. Damit konvergiert die Reihe *nur* für $t = 0$ schlecht! Dies ist ein Charakteristikum der Wärmeleitungsgleichung; normalerweise würde man annehmen, daß mathematische Schwierigkeiten durch genäherte Anfangsbedingungen entstehen könnten. Die Konvergenz ist in der Tat für $t > 0$ so stark, daß es reicht, den Ausdruck $\lambda_1^2\kappa t/a^2$ groß genug zu machen, damit nur der erste Term der unendlichen Reihe von Bedeutung ist. Damit ist diese Methode der Spiegelquellentechnik *weit überlegen*, wenn es darum geht, das Langzeitverhalten der Lösung für die Platte zu untersuchen. (Man erinnere sich, daß wir nicht in der Lage waren, die Zeit zu bestimmen, die die Platte benötigt, um in den Gleichgewichtszustand überzugehen.) Aus der obigen Gleichung kann man sehen, daß das Gleichgewicht (mit 1% Genauigkeit) erreicht wird, wenn das Argument der Exponentialfunktion etwa 5 ist; d.h. für $t = t_{eql} = 5a^2/(\lambda_1^2\kappa)$. Damit läßt sich die Abhängigkeit dieser Zeitspanne von den Eigenschaften der Platte und dem Abkühlungskoeffizienten β untersuchen (siehe Aufgabe 8.4).

Kommentar: Eine vollständige Lösung. Ist der Ausdruck $\kappa t/a^2$ klein, dann ist die Lösung in Fourierkoeffizienten für praktische Rechnungen nicht sehr gut geeignet. Für diesen Zeitbereich funktioniert die Spiegelquellenlösung aus Kapitel 7 jedoch ausgezeichnet, so daß man durch Verwendung beider Lösungen den gesamten t-Bereich abdeckt.

Durch Verwendung der Gleichgewichtslösung sind wir nun in der Lage, einige mit der Fourierreihe verbundene technische Konvergenzprobleme zu überwinden und das Problem der Platte zu lösen. Wir wollen die Lösung jedoch für allgemeinere Umstände finden, z.B. für veränderliche Umgebungstemperatur oder externe Wärmequellen. Die Fouriersche Methode ist nicht ganz einfach auf solche Fälle anzuwenden, und wir benötigen eine *fundamentale Lösung für die Quelle*, die (im Gegensatz zur fundamentalen Spiegelquellenlösung) für alle Zeiten gültig ist. Im nächsten Abschnitt wollen wir diese Lösung mit der Fouriertechnik suchen und anschließend die Anwendbarkeit dieser fundamentalen Lösung zum Modellieren diskutieren.

8.4 Eine zweite fundamentale Lösung für die Platte

Wie wir aus Kapitel 7 wissen, ist die fundamentale Lösung die Lösung, die einer instantanen Wärmezufuhr auf die Oberfläche der Platte entspricht. Die fundamentale Lösung muß, genauer gesagt, die folgenden Eigenschaften erfüllen:

- die homogene Wärmeleitungsgleichung,
- der Fluß bei $x = a$ muß gleich null sein,
- der Fluß bei $x = 0$ muß für $t \geq 0$ gleich null sein,
- die Anfangsbedingung, daß die Temperatur außer in einer Umgebung von $x = 0$ gleich null sein muß. Dazu muß

  $$\lim_{t\to 0} \int_0^{0+} T(x,t)\mathrm{d}x = \mathcal{Q}' \equiv \mathcal{Q}/\rho c$$

  im Sinne der verallgemeinerten Funktionen gelten. Bezeichnen wir die Anfangstemperaturverteilung $T(x, 0)$ mit $f(x)$, dann gilt in der Notation der verallgemeinerten Funktionen

  $$f(x) = \mathcal{Q}'\delta(x), \tag{8.23}$$

  mit der Deltafunktion $\delta(x)$ (siehe Abschnitt 7.7).

Alle diese Eigenschaften lassen sich in die Fouriersche Methode gut einfügen. Wie man leicht zeigen kann, existiert für negative Werte der Separationskonstante keine Lösung. Ist sie gleich null, dann erhalten wir die Lösung $T = 1$, alle anderen Lösungen sind von der Form

$$\cos \mu_n x e^{-\mu_n^2 \kappa t}.$$

Dabei müssen die μ_n die Gleichung

$$\mu_n \sin \mu_n a = 0$$

erfüllen. Wir besitzen damit eine Menge von Eigenwerten $\mu_n = n\pi/a$ für alle ganzen Zahlen $n \geq 0$. Die Koeffizienten C_n der Reihe müssen nun so gewählt werden, daß die Anfangsbedingung erfüllt ist. Dies geschieht durch die Forderung

$$C_n \int_0^a \cos^2(\mu_n x)\mathrm{d}x = \int_0^a f(x)\cos(\mu_n x)\mathrm{d}x \quad \text{für} \quad n = 0, 1, 2, \ldots, \tag{8.24}$$

wobei wir den $(n = 0)$-Koeffizienten mit eingeschlossen haben. Durch die Gestalt der Funktion f ist der Integrand auf der rechten Seite um $x = 0$ konzentriert. Dort gilt $\cos(\mu_n x) = 1$, und wir erhalten $1 \cdot \int_0^a f(x)\mathrm{d}x = \mathcal{Q}'$ nach der Definition der Deltafunktion (Abschnitt 7.7). Damit erhält die fundamentale Lösung die Gestalt

$$T(x,t) = \frac{\mathcal{Q}'}{a}[1 + 2\sum_{n=1}^{\infty} \cos(n\pi x/a)e^{-n^2\pi^2\kappa t/a^2}]. \tag{8.25}$$

Man kann mit Hilfe der *Theorie der verallgemeinerten Funktionen* zeigen, daß dieses intuitive Ergebnis korrekt ist.

Damit sind wir im Besitz von zwei verschiedenen Reihendarstellungen für die fundamentale Lösung der isolierten Platte; die im letzten Kapitel abgeleitete Spiegelquellenlösung (7.30) und die obige Lösung. Obwohl beide *theoretisch äquivalente* Lösungen sind (in dem Sinne, daß sie die gleiche Funktion darstellen), sind sie praktisch gesehen *nicht* äquivalent. Welche sollte man wählen? (Wenn wir z.B. die Oberflächentemperatur für eine veränderliche Aufheizgeschwindigkeit in Verbindung mit Newtonscher Abkühlung bestimmen wollen?)

Wir wollen beide Lösungen am Punkt $x = 0$ vergleichen. Für das Ergebnis des 7. Kapitels erhalten wir nach einer Umstellung

$$\frac{\mathcal{Q}'}{a}[1 + 2\sum_{n=1}^{\infty} e^{-n^2[a^2/(\kappa t)]}]\sqrt{a^2/(\pi\kappa t)}.$$

Für $t = a^2/(\kappa\pi)$ sind beide Reihen identisch. Für größere Werte von t werden die Terme in der Lösung dieses Kapitels schneller kleiner, während für kleinere Werte von t die Spiegelquellenlösung diese gewünschte Eigenschaft besitzt. Wir werden deshalb aus praktischen Gründen mit der fundamentalen Lösung $\mathcal{Q}'\mathcal{F}(\tau)/a$ arbeiten; dabei ist $\mathcal{F}$ wie folgt definiert:

$$\mathcal{F}(\tau) = \begin{cases} [1 + 2\sum_{n=1}^{\infty} e^{-n^2/\tau}]/\sqrt{\pi\tau} & \text{für} \quad \tau < 1/\pi \\ 1 + 2\sum_{n=1}^{\infty} e^{-n^2\pi^2\tau} & \text{für} \quad \tau > 1/\pi, \end{cases} \tag{8.26}$$

τ ist die skalierte Zeit $\tau = (\kappa/a^2)t$, die von der Plattendicke abhängt. Man beachte, daß für beide Bereiche die schnellste Konvergenz durch den größten Exponentialterm, d.h. $\exp[-n^2\pi^2]$, gegeben ist. Für $n = 1$ ergibt dies $3 \cdot 10^{-6}$; das bedeutet, daß man nur den $(n = 1)$-Term benötigt, wenn man nicht eine extreme Genauigkeit anstrebt! (Dies ist meist aufgrund der experimentellen Unsicherheiten nicht notwendig.) Selbst wenn man den ($n = 1$)-Term wegläßt, erhält man einen Fehler von etwa 4 %, der häufig akzeptabel ist.

Wir wollen unser Ergebnis nun auf ein typisches Problem anwenden. Es soll eine Wärmemenge $q_0 h(t)$ pro Einheitsfläche auf die Oberfläche einer Platte übertragen werden (q_0 sei die Wärmeflußskale) und der Wärmeverlust in die Umgebung mit der Temperatur T_0 soll nach der Newtonschen Abkühlungsbeziehung vor sich gehen. Die effektive Wärmefreisetzung pro Einheitsfläche über ein Zeitintervall $(t, t + \mathrm{d}t)$ sei

$$[q_0 h(t) - \beta(T_s(t) - T_0)]\mathrm{d}t$$

mit $T_s(t) = T(0, t)$. Die skalierte Oberflächentemperatur $\mathcal{T} = T_s/T_0$ erfüllt die Gleichung

$$\mathcal{T}(\tau) = \frac{q_0 a}{k T_0} \int_0^{\tau} [h(\tau') - \frac{\beta T_0}{q_0}(\mathcal{T}(\tau') - 1)]\mathcal{F}(\tau - \tau')\mathrm{d}\tau'. \qquad (8.27)$$

Diese Integralgleichung ist eine näherungsweise vorläufige Darstellung der Physik des Stabproblems. Sie ist eine Erweiterung des Ergebnisses (7.46), wobei eine etwas andere Skalierung gewählt wurde. An dieser Stelle (und nicht vorher) kann der Modellierer mit seiner Arbeit zufrieden sein. Das Problem ist im Grunde gelöst, der Rest der Rechnung kann einer Maschine überlassen werden.

Für $0 < t < a^2/(\pi\kappa)$ benötigt man nur die Funktion $\mathcal{F}$ für die Spiegelquellen. In diesem Bereich unterscheidet sich $\mathcal{F}$ nur um etwa 4% von $1/\sqrt{\pi\tau}$, dem fundamentalen Ergebnis für die unendliche Halbregion (siehe (7.28)); dieses Ergebnis ist normalerweise ausreichend. Ist es doch einmal nicht genau genug, dann kann man leicht iterativ Korrekturen, die auf der Differenz $(\mathcal{F} - 1/\sqrt{\pi t})$ beruhen, berechnen.

Für größere Zeiten ist es effektiver, direkt numerische Methoden zur Bestimmung der Lösung anzuwenden, da es unwahrscheinlich ist, eine nützliche analytische Lösung zu finden. In Aufgabe 7.17 findet man die technischen Details einer solchen Rechnung.

8.5 Zusammenfassung

Wie wir gesehen haben, führt die Technik der Fourierschen Methode, vorausgesetzt, man kann die Probleme mit der Konvergenz der Fourierreihen überwinden, zu besonders effektiven Lösungen für das Langzeitverhalten der Lösungen der Wärmeleitungsgleichung. Kombiniert man die Quellentechnik aus Kapitel 7 und die Fouriertechnik, dann erhält man nützliche Lösungen für den gesamten Zeitbereich für Situationen mit einfachen (Standard-)Randbedingungen. Durch Mischung der beiden Methoden lassen sich fundamentale Lösungen konstruieren, die für alle t zu vernünftigen Aussagen führen; nimmt man die Randintegralmethode dazu, ist man im Besitz einer Lösungstechnik für viele Modellsituationen. Illustriert wurde die Fouriersche Methode am Problem der Erwärmung der endlichen Platte; dies ist ein besonders interessanter Fall, wie wir bei der Modellierung des „Kochens“ in den nächsten drei Kapiteln sehen werden.

8.6 Aufgaben

Aufgabe 8.1 *Beispiel für ein Sturm-Liouville-System*

Die homogene gewöhnliche Differentialgleichung

$$u_{xx}(x) + \lambda^2 u(x) = 0$$

mit einem Parameter λ und den homogenen Randbedingungen

$$U_x(0) = 0, \quad u(1) = 0$$

ist ein Sturm-Liouville-System. Die Eigenschaften, die ein solches System von anderen gewöhnlichen Differentialgleichungen unterscheiden und grundlegend für seine Wichtigkeit sind, wollen wir an diesem speziellen Beispiel aufzeigen. Dabei verwenden wir die Sprache der linearen Algebra.

(a) Nichttriviale Lösungen für das System (die *Eigenlösungen*) existieren nur für spezielle Werte (den *Eigenwerten*) des Parameters λ. Man zeige, daß für

$$\lambda_n = \frac{(2n+1)\pi}{2}, \quad n = 0, 1, \ldots$$

die Lösungen die Gestalt

$$u_n = \cos \frac{(2n+1)\pi x}{2}$$

besitzen.

(b) Man zeige, daß die Lösungen zueinander orthogonal bezüglich des *inneren Produktes*

$$\langle u_n . u_m \rangle = \int_0^1 u_n(x) u_m(x) \mathrm{d}x = 0, \quad \text{für} \quad n \neq m$$

sind. Diese Eigenlösungen sind eine geeignete Basis für die Darstellung von Funktionen $f(x)$. Man zeige, daß für den Ansatz

$$f(x) = \sum_{n=0}^{\infty} a_n u_n(x)$$

mit Hilfe der Orthogonalitätsrelation die Koeffizienten durch den Ausdruck

$$a_n = \frac{\langle f . u_n \rangle}{\langle u_n . u_n \rangle}$$

gegeben sind. Die entsprechende Entwicklung nennt man die Fourierreihe von $f(x)$. (Es gibt noch andere mögliche Formen für die Koeffizienten; man nennt die entsprechenden Reihen *nicht* Fourierentwicklung.)

(c) Wir definieren den Fehler in unserer Darstellung von f für N Terme in der Entwicklungsreihe (den *mittleren quadratischen Fehler*) wie folgt:

$$\mathcal{E}_N(a_0, a_1, \ldots, a_n) = \left\langle (f - \sum_{n=0}^{N} a_n u_n) \cdot (f - \sum_{n=0}^{N} a_n u_n) \right\rangle .$$

Man zeige, daß dieser Fehler für die obige Wahl der Koeffizienten minimal ist. Damit ist die Fourierentwicklung im Sinne der Minimierung von

$$\int_0^1 \text{Fehler}^2(x)\mathrm{d}x$$

optimal. Man kann zeigen, daß die Entwicklung im Sinne eines mittleren Fehlerquadrates gegen $f(x)$ konvergiert, wenn das Integral $\int_0^1 f^2 \mathrm{d}x$ existiert (siehe Titchmarsh (1939)). Versuchen Sie nicht, den Beweis durchzuführen.

Aufgabe 8.2 *Konvergenz von Fourierreihen*

(a) Man zeige mit Hilfe der Eigenfunktionen des Sturm-Liouville-Systems

$$u_{xx} + \lambda^2 u = 0 \quad \text{für} \quad 0 < x < 1 \quad \text{mit} \quad u(0) = u(1) = 0,$$

daß die Fourierreihenentwicklung für $f(x)$ durch den Ausdruck

$$2 \sum_{1}^{\infty} \frac{(-1)^{n+1}}{n\pi} \sin n\pi x \tag{8.28}$$

gegeben ist. Man untersuche die Konvergenzeigenschaften der Fourierreihe. Wie viele Terme benötigt man ungefähr, um $f(x)$ über den angegebenen Bereich mit 1% Genauigkeit darzustellen?

(b) Mit Maple (man verwende `sum`) zeichne man $f(x)$ und $S_N(x)$ für $N = 1, \ldots, 4$ über den Bereich $0 \leq x \leq 1$. Dabei ist S_N die Summe von N Termen der obigen Fourierreihe für f. Man diskutiere andere signifikante Eigenschaften der Entwicklung.

(c) Man zeichne S_4 über den größeren Bereich $-1 < x < 3$. Man erhält die *periodischen Erweiterungen* von $f(x)$ durch Fortsetzung in den Bereich außerhalb von $0 \leq x < 1$ in Verbindung mit den Periodizitätseigenschaften der Eigenfunktionen. Sie sind wichtig, da die Konvergenzeigenschaften von den Stetigkeitseigenschaften der Funktion *und* ihren periodischen Erweiterungen abhängen (siehe Punkt 3 in Abschnitt 8.2.2). Man beachte, daß die Eigenfunktionen die Periode 2 besitzen und skizziere die periodischen Erweiterungen $f_{ext}(x)$ von $f(x)$ und zeige speziell, daß sie Unstetigkeiten bei $x = -3, -1, 1, 3$ usw. besitzen. Man erkläre damit die schlechten Konvergenzeigenschaften der Fourierreihe.

(d) * Es ist möglich, die Konvergenz zu verbessern, indem man die Quelle der Konvergenzprobleme untersucht.

(i) Man verwende die gleichen Eigenfunktionen wie oben und berechne die Fourierentwicklung der Funktion $g(x) = e^x - 1$ im Bereich $0 < x < 1$ und zeichne die Summe von 4 Termen über den Bereich $-1 < x < 3$. Man skizziere die periodische Erweiterung von $g(x)$. Man zeige außerdem, daß für große n die Koeffizienten b_n der Entwicklung ein Verhalten der Form

$$b_n = (e-1)\left[2\frac{(-1)^{n+1}}{n\pi}\right] + O(1/n^2)$$

aufweisen. Man erkläre die schlechte Konvergenz.

(ii) Da die periodische Erweiterung bei $x = 1$ unstetig ist, geht die Konvergenz der Reihe wie $1/n$. Man zeige durch Verwendung des Ergebnisses (8.28), daß die Entwicklung von $g(x)$ in der Gestalt $g(x) = (e-1)x + h(x)$ geschrieben werden kann; die Entwicklung von $h(x)$ konvergiert dabei wie $1/n^2$. Man kommentiere und erkläre das Ergebnis. Man verwendet diese Methode der *Isolierung der Unstetigkeit* häufig zur Verbesserung der Konvergenz einer Reihenentwicklung.

Aufgabe 8.3 *Stabproblem: offene Enden*

(a) Man verwende die Ergebnisse aus dem Text und aus Aufgabe 8.2 zur Vervollständigung des Stabproblems. Man bestimme dazu die Temperaturverteilung in einem Stab der Länge L mit der anfänglichen Temperatur T_0, dessen eines Ende auf eine Temperatur T_1 gebracht und auf dieser gehalten wird, während das andere Ende auf dem Niveau T_0 verbleiben soll. Man zeichne die Lösung für verschiedene Zeiten.

(b) Die Fourierlösung ist für kleine skalierte Zeiten unbefriedigend. Man verwende die Fehlerfunktionslösung für den unendlichen Halbstab (siehe (7.26)) mit zusätzlichen Spiegelquellen und bestimme daraus eine verwendbare Lösung für kleine Zeiten. Man gebe die Zeitspanne an, für die die Lösung zufriedenstellend funktioniert.

Aufgabe 8.4 *Newtonsche Erwärmung einer Platte: offene Enden*

Die Eigenwerte für das Problem der erwärmten Platte aus dem Text sind die Wurzeln der transzendentalen Gleichung $\tan\lambda_n = a\alpha/\lambda_n$.

(a) Der erste Eigenwert λ_1 ist für die Bestimmung der Zeit, die die Platte benötigt, den Gleichgewichtszustand zu erreichen, besonders wichtig. Man zeichne mit Maple (oder anderer Software) die Beziehung $\lambda_1(a\alpha)$. Für die Zeit bis zum Gleichgewicht hatten wir im Text die Näherung $t_{eql} = a^2/(\kappa\lambda_1^2)$ angegeben. Man zeichne bei Verwendung geeigneter skalierter Koordinaten die Abhängigkeit von t_{eql} von den Parametern der Platte und den Koeffizienten des Wärmetransportes. Man kommentiere besonders die Situation für thermisch dicke und dünne Platten.

(b) Die höheren Wurzeln liegen etwa bei $\lambda = N\pi$. Man schreibe $\lambda_N = N\pi + \epsilon_N$ für $\epsilon_N \ll 1$ und erzeuge einen asymptotischen Ausdruck für diese Wurzeln.

Aufgabe 8.5 *Problem der Platte im Gleichgewicht*

In Aufgabe 6.1 sahen wir, daß Linearität und Symmetrie die Gleichgewichtstemperatur in der Mitte einer quadratischen Platte, deren eine Ecke eine andere Temperatur besitzt als die restlichen Ecken, vollständig bestimmen. Wir wollen nun die Temperaturverteilung in der Platte im Gleichgewicht mit der Fourierschen Methode berechnen. Die Gleichungen, die die Temperaturverteilung $T(x,y)$ in der Platte beschreiben, lauten

$$\begin{aligned} T_{xx} + T_{yy} &= 0 \quad \text{für} \quad 0 < x, y < l & (8.29)\\ \text{mit} \quad T(0,y) &= T(l,y) = 0 & (8.30)\\ \text{und} \quad T(x,0) &= 0, \quad T(x,l) = T_0. & (8.31)\end{aligned}$$

(a) (i) Man zeige, daß die separierten Lösungen $X(x)Y(y)$ von (8.29) die Gleichung

$$\frac{X_{xx}(x)}{X(x)} = -\frac{Y_{yy}(y)}{Y(y)} = -\mu$$

erfüllen müssen. Weiter zeige man, daß dann die Ausdrücke

$$\phi_n = A_n \sin\frac{n\pi x}{l} \sinh\frac{n\pi y}{l}$$

die obigen Gleichungen (8.29)-(8.31) erfüllen mit $T(x,0) = 0$. Damit ist $\sum_{n=1}^{\infty} \phi_n$ eine Lösung, die die partielle Differentialgleichung und die homogenen Randbedingungen erfüllt.

(ii) Man bestimme die Koeffizienten A_n so, daß $\sum_{n=1}^{\infty} \phi_n$ die verbleibende Randbedingung (8.31) erfüllt.

(iii) Man zeichne $T(x, l/2), T(l/2, y)$.

Kommentar: An den beiden Ecken $(0,l)$ und (l,l) der Platte treten Konvergenzschwierigkeiten der Lösungen auf, und es ist nicht klar, ob diese Probleme physikalisch real (d.h., die Randbedingungen sind praktisch nicht erfüllbar an diesen Stellen) oder einfach technischen Ursprungs sind in dem Sinne, daß die Form der Lösung für die Darstellung des Verhaltens nicht geeignet ist. Versucht man die Konvergenz zu verbessern, dann sieht man, daß $T(x,y) = T_0(2\theta/\pi)$ in der Nähe von $(0,l)$ gilt, wobei θ der Winkelabstand von der Ecke bei $T = 0$ ist; die Schwierigkeiten sind also rein technischer Natur.

(b) Man bestimme mit Hilfe von Linearitätsargumenten die Lösung der Wärmeleitungsgleichung für den Gleichgewichtsfall (8.29) mit den Randbedingungen

$$\begin{aligned} T(x,0) = T_1, \quad T(x,l) &= T_3 \quad \text{für} \quad 0 < x < l\\ T(0,y) = T_4, \quad T(l,y) &= T_2 \quad \text{für} \quad 0 < y < l. \end{aligned}$$

Aufgabe 8.6 *Von außen erwärmter Stab*

Ein Stab mit einer Querschnittsfläche a, der Länge L, der sich anfänglich auf der Temperatur 0 befindet, wird einer Wärmequelle der Stärke $q = q_0 f(x/L)$ pro Einheitslänge ausgesetzt, dabei ist f dimensionslos und von der Ordnung eins. Eines der Enden des Stabes ($x = 0$) wird isoliert, während das andere Ende ($x = L$) auf Temperatur 0 gehalten wird. Die Separation der Variablen funktioniert für die inhomogene Wärmeleitungsgleichung im Normalfall nicht, die folgenden elementaren Betrachtungen können jedoch in diesem Fall weiterhelfen.

(a) Man beschreibe kurz das zu erwartende entstehende Temperaturprofil. Man skaliere die Gleichungen und schätze die maximale Temperatur im Stab sowie die Zeit bis zum Erreichen des Gleichgewichts ab.

Man suche eine exakte Lösung und gehe dabei wie folgt vor:

(i) Man errate die entsprechende Lösungsform für den Spezialfall

$$f(\frac{x}{L}) = \gamma \cos \frac{\pi x}{2L}, \quad 0 \leq x \leq L$$

und löse somit das Problem für diese Form der Wärmezufuhr. Man überzeuge sich davon, daß die Rand- und Anfangsbedingungen erfüllt werden. Man beachte, daß die speziell gewählte Wärmefunktion die Randbedingungen des Stabes erfüllt. Dies sichert, daß eine Lösung leicht gefunden werden kann.

(ii) Man bestimme die Lösungen für die Fälle

$$f(\frac{x}{L}) = \gamma_n \cos \frac{(2n+1)\pi x}{2L}, \quad 0 \leq x \leq L$$

mit $n = 0, 1, 2, \ldots$.

(iii) Man bestimme aus

$$f(\frac{x}{L}) = \sum_{n=0}^{\infty} \gamma_n \cos \frac{(2n+1)\pi x}{2L}$$

die γ_n und gebe so eine Lösung für den allgemeinen Fall an. Man erkläre, warum diese Methode funktioniert.

(iv) Man berechne die Entwicklungskoeffizienten γ_n explizit für den Spezialfall $f(\frac{x}{L}) = 1$ und schätze ab, wieviele Terme man für ein $T(x,t)$ mit 1% Genauigkeit benötigt.

Kommentar: Ein anderer Zugang besteht in der Berechnung der Gleichgewichtslösung und anschließend der dynamischen Fluktuationen mit der Standardmethode. Man beachte jedoch, daß die Abtrennung des Gleichgewichtszustandes bei zeitabhängigen Heizraten $g(x,t)$ nicht funktioniert, während sich die obige Methode ganz einfach auf diesen Fall verallgemeinern läßt.

(b) Man löse mit Hilfe des obigen Ergebnisses die Gleichung

$$\frac{\partial T}{\partial t} = \kappa \frac{\partial^2 T}{\partial x^2} + h(x) \quad \text{für} \quad 0 < x < L$$

mit

$$\frac{\partial T}{\partial x}(0,t) = T(L,t) = 0$$

und

$$T(x,0) = g(x) \quad \text{für} \quad 0 < x < L.$$

Hinweis: Man spalte das Problem durch ein Linearitätsargument in zwei einfachere Aufgaben.

Aufgabe 8.7 *Thermische Isolierung II*

Kehren wir noch einmal zum Problem der thermischen Isolierung aus Aufgabe 7.13 zurück. Eine Mauer aus einem Baumaterial der Dicke a besitze eine durch eine Klimaanlage auf Temperatur null gehaltene Innenseite $x = a$ sowie eine Außenseite, auf die eine Wärmemenge r durch Sonnenstrahlung pro Einheitsfläche übertragen wird und die durch Newtonsche Kühlung eine Wärmemenge $\beta(T(a,t) - T_0)$ pro Einheitsfläche an die Umgebung abgibt (dabei ist T_0 die Umgebungstemperatur). Die Anfangstemperatur der Mauer betrage null Grad. Wir interessieren uns insbesondere für die Zeit, bis sich der Gleichgewichtszustand eingestellt hat.

(a) Man gebe die definierenden Gleichungen an, bestimme die Temperaturverteilung im Gleichgewicht und diskutiere die Abhängigkeit von den Systemparametern.

(b) Man bestimme mit der Fourierschen Methode den dynamischen Anteil und schätze die Größe der Eigenwerte ab.

(c) Man gebe einen exakten Ausdruck als Funktion der Systemparameter für die Zeit an, die bis zur Einstellung des Gleichgewichtes vergeht.

Literatur

Ince, E. L., *Ordinary Differential Equations*, Dover, New York, 1956.

Titchmarsh, E. C., *The Theory of Funktions*, Oxford, 1939.

9 Die Kunst des Kochens

Inverse Probleme
Variationstechniken
Rayleigh-Ritz-Näherungen
Finite-Elemente-Methode

9.1 Einführung

Kochen ist ein Prozeß, bei dem einem Material Wärme zugeführt wird, um eine gewünschte chemische oder physikalische Veränderung herbeizuführen. Die Steuerung des Kochprozesses verlangt ein genaues Verständnis der ablaufenden chemischen Prozesse sowie die Fähigkeit, die erforderlichen Temperaturveränderungen in dem Körper hervorrufen zu können. Dies ist nicht ganz einfach, da Wärmezufuhr und Wärmeverlust normalerweise über die Oberfläche ablaufen. Bisher kennt man die im Inneren der Körper ablaufenden Prozesse für realistische Situationen noch nicht genau genug. Wir beschränken uns in diesem Kapitel deshalb auf einige grundlegende Fragen, wie die Temperaturveränderungen in den Stoffen hervorgerufen werden können.

Ein Koch legt beim Braten natürlich großen Wert auf eine anfänglich hohe Oberflächentemperatur, damit die Bräunungsreaktionen, die den charakteristischen Bratengeruch erzeugen, stattfinden können (Karamelisierung und Maillard-Bräunung laufen bei etwa 154 Grad ab), sie darf jedoch nicht zu hoch sein, um eine Verkohlung zu vermeiden. Später wird die Temperatur reduziert, um das Innere der Nahrungsmittel zu garen. Damit liegt eine wichtige Frage auf der Hand: Welche Art der Wärmezufuhr erzeugt die jeweils gewünschte Oberflächentemperatur? Wir werden diese Frage in Abschnitt 9.2 untersuchen. Im darauffolgenden Abschnitt widmen wir uns dem Problem der Bestimmung der Heizrate für eine wohldefinierte Temperatur in dem Körper. Wir werden dabei immer davon ausgehen, daß sich die Körper wie normale Leiter verhalten; eine etwas dubiose Annahme, da Lebensmittel Wasser enthalten und ein Teil davon während des Kochprozesses verdunstet. Abgesehen von der Tatsache, daß ein Teil der Wärme durch die Verdunstung verlorengeht, liegt die Temperatur im Körper aufgrund dieses Phasenüberganges meist um die 100 °C (dem Siedepunkt des Wassers). Moderne Modelle berücksichtigen solche Effekte durch Verwendung von empirisch bestimmten, temperaturabhängigen Leitfähigkeiten und es zeigt sich, daß diese die Realität erfolgreich zu beschreiben wissen.

Die beschriebenen Erwärmungsprozesse sind nicht nur wichtig für die Zubereitung von Speisen, sie spielen auch bei der Herstellung von Metallegierungen eine große Rolle. Gußeisen z.B. ist ein grobkörniger Werkstoff mit geringer Festigkeit und eignet sich schlecht zur maschinellen Bearbeitung. Wärmezufuhr führt zum Aufbrechen der Kornstruktur und zur Verfeinerung der Körnung. Erwärmt man Eisen über eine kritische Temperatur (sie liegt etwa zwischen 725 und 825 °C, dann erfolgt ein Phasenübergang in der Kristallstruktur; von Perlit zu Austenit. Kühlt man diesen Stoff langsam ab, so erhält man einen formbaren Werkstoff, der sich in vielen Bereichen des Maschinenbaus einsetzen läßt. Den Prozeß nennt man Tempern oder Ausglühen. Wird der Austenit dagegen sehr schnell abgekühlt, entsteht ein harter, aber spröder Werkstoff mit dem Namen Martensit. Dieser gehärtete Stahl kann aufgrund seiner Sprödigkeit für praktische Zwecke kaum verwendet werden, eine anschließende Temperung läßt ihn seine Härte behalten, die Sprödigkeit geht jedoch verloren. Man kann damit durch Kombination von Erwärmungs- und Abkühlprozessen eine gewünschte Härte und Zähigkeit erreichen. In Jastrzebski (1959) findet der Leser weitere Details dazu.

In den Kapiteln 7 und 8 waren wir bereits auf Lösungen sehr ähnlicher Probleme gestoßen. Wir berechneten dort die Temperaturverteilung in einer endlichen Platte, die durch eine bekannte Wärmequelle sowie einen Newtonschen Wärmeaustauschprozeß an der Oberfläche hervorgerufen wird. Hier interessieren wir uns für das *inverse* Problem – die Berechnung der Wärmezufuhr für eine bestimmte Temperatur im Körper. Die inversen Problem sind gerade für die Bergbauindustrie von großer Bedeutung und stellen ein aktives Forschungsgebiet dar. Die Bergbaufirmen wollen aus elektrischen, magnetischen oder gravitativen Signalen an der Erdoberfläche die Gestalt, Größe und den genauen Ort einer Erzansammlung berechnen. Da inverse Probleme häufig mathematisch oder physikalisch schlecht definiert sind, treten im Gegensatz zu den „Vorwärtsproblemen" mathematische Schwierigkeiten auf. Obwohl es überraschen sollte, daß ein bestimmtes physikalisches System auf eine Anregung (z.B. auf ein elektrisches Feld) eine nichteindeutige Antwort gibt, kann es durchaus geschehen, daß viele verschiedene Systeme sehr ähnliche Antworten auf eine bestimmte Anregung geben. In solchen Fällen ist jeder endliche mathematische Lösungsprozeß, der sich nicht auf ein schmales Gebiet von Möglichkeiten beschränkt, unterbestimmt und damit schlecht definiert. Numerische Prozesse sind solche endlichen Schemen. Wir werden uns im Laufe dieses Kapitels weiter mit diesem Problem beschäftigen.

9.2 Steuerung der Oberflächentemperatur

Wir beginnen ganz einfach und bauen Schritt für Schritt die Lösung für das Problem der endlichen Platte auf; ähnlich dem Vorgehen in Kapitel 7. Deshalb wenden wir uns zuerst dem Problem des unendlichen Halbkörpers zu und vernachlässigen Wärmeverluste an der Oberfläche.

Wird ein unendlicher Halbkörper durch einen Wärmefluß $q(t)$ an seiner Oberfläche erwärmt, dann folgt für die Temperaturveränderung $T(t)$ an der Oberfläche (siehe (7.29), Abschnitt 7.5.1):

$$T(t) = \frac{1}{\sqrt{\pi \rho c k}} \int_0^t \frac{q(s)\mathrm{d}s}{\sqrt{t-s}}. \tag{9.1}$$

Wir interessieren uns für das inverse Problem der Bestimmung der Wärmemenge $q(t)$ für eine vorgegebene Temperaturentwicklung $T(t)$. Die obige Gleichung interpretieren wir damit als Integralgleichung für $q(t)$. Durch den Übergang zu komplexen Variablen läßt sich eine exakte Lösung berechnen, eine andere Möglichkeit ist jedoch die Verwendung der Lösung des Vorwärtsproblems zur Konstruktion der Lösung des inversen Problems, der wir uns nun zuwenden wollen.

1. Welcher Wärmefluß $q_\Delta(t)$ muß auf die Oberfläche einwirken, damit es zu einer Veränderung der Oberflächentemperatur um den Betrag Δ kommt? Da das Problem keine Längen- oder Zeitskale setzt, kann man erwarten, daß eine Ähnlichkeitslösung für $T(x,t)$ der Form $T = \Delta F(\zeta)$ existiert mit $\zeta = x/\sqrt{\kappa t}$. In Aufgabe 7.3 fanden wir tatsächlich die Lösung $F = \mathrm{erfc}(\zeta/2)$ (siehe auch (7.26)).

Der Wärmefluß an der Oberfläche $x = 0$ ergibt sich zu $-kT_x(0,t)$ und wir erhalten damit

$$q_\Delta = \sqrt{\rho c k}[\Delta/\sqrt{\pi t}],$$

wie man leicht aus der Definition der Fehlerfunktion und des Komplementes (7.2) sehen kann. Aufgrund der $1/\sqrt{t}$-Singularität läßt sich die geforderte Wärmerate praktisch nicht realisieren, die gesamte Wärmemenge, die zur Erhöhung der Temperatur benötigt wird, ist jedoch endlich und die ideale Lösung läßt sich approximieren. Durch die fehlende Realisierbarkeit der Ideallösung muß man auf Experimente zurückgreifen, die wir in Aufgabe 7.6 bei der Besprechung des thermischen Entzündens von Körpern bereits besprochen haben. Dort waren wir zu dem Ergebnis gelangt, daß die Wärmezufuhr zur Erwärmung einer Oberfläche auf eine bestimmte Temperatur stark von der Zeitspanne der Wärmezufuhr und nur recht schwach von anderen Parametern abhängt. Will man die Oberflächentemperatur schnell erhöhen, ist somit ein kurzer, starker Wärmeimpuls notwendig (d.h., die Wärme muß so schnell wie möglich auf die Oberfläche übertragen werden). Dies spielt beim Kochen sicher keine so große Rolle, ist jedoch für das Entzünden und für Brennvorgänge wesentlich.

Aus der Lösung können wir weiter entnehmen, daß die benötigte Wärmezufuhr, die man zur Aufrechterhaltung von Δ auf der Oberfläche benötigt, mit $1/\sqrt{t}$ abfällt, wenn sich das Innere des Körpers erwärmt; ein physikalisch durchaus sinnvolles Ergebnis.

2. Im allgemeinen Fall $T(t)$ beachte man, daß die Temperatur zu einer beliebigen Zeit t als Summe aller Temperaturanstiege $\mathrm{d}T = (\mathrm{d}T(s)/\mathrm{d}s)\mathrm{d}s$ für alle Zeitintervalle $\mathrm{d}s$ vom Zeitursprung aus interpretiert werden kann. Fordern wir einen anfänglichen Temperatursprung Δ und eine anschließende Temperaturentwicklung $T(t)$, dann erhalten wir für den dazu nötigen Wärmefluß

$$q(t) = \sqrt{\rho c k}\left[\Delta/\sqrt{\pi t} + \int_0^t \frac{T'(s)\mathrm{d}s}{\sqrt{\pi(t-s)}}\right], \tag{9.2}$$

wobei der Strich die Ableitung nach s bedeutet.

Nebenbemerkung: Obwohl es nicht notwendig ist, den anfänglichen Temperatursprung so zu isolieren, legt man beim Kochen doch auf einen anfänglichen starken Temperaturanstieg Wert und die Separation ist numerisch befriedigender. (Unter diesen Umständen ist die Beschreibung des Sachverhaltes mit verallgemeinerten Funktionen im mathematischen Sinn sehr natürlich.)

Der obige Ausdruck ist die gesuchte Lösung der Integralgleichung (9.1), wovon man sich durch Einsetzen und Vertauschen der Integrationsreihenfolge direkt überzeugen kann.

Kommentar: Der obige Lösungsprozeß stellt ein interessantes Beispiel für eine formale mathematische Lösung dar, die auf einer physikalischen Interpretation der Mathematik beruht. Ignoriert man die Physik, so arbeitet man mit gebundenen Händen!

3. Wir betrachten nun eine Platte der Dicke $2a$, deren Oberfläche durch eine externe Strahlungsquelle erwärmt wird und deren beide Seiten mit der Umgebung Wärme (nach der Newtonschen Beziehung) austauschen. Die Integralrelation für diesen Fall lautet

$$T(t) = \frac{1}{\sqrt{\pi \rho c k}} \int_0^t q(s) F(t-s) \mathrm{d}s. \tag{9.3}$$

Den *Kern* $F(t)$ haben wir bereits in Kapitel 7 (7.30) berechnet und $q(s)$ ist die *Nettowärmezufuhr* pro Einheitsfläche nach der externen Erwärmung und der Newtonschen Abkühlung. (Für sehr dünne Platten muß man das Ergebnis (8.26) verwenden.) Ist die Lösung $q(t)$ der Gleichung (9.3) einmal gefunden, dann läßt sich aus der Newtonschen Bedingung leicht die benötigte Strahlungsleistung oder die Temperaturveränderung der Umgebung, die den gesuchten Temperaturverlauf $T(t)$ erzeugt, berechnen.

Wir wissen nun aus einer früheren Analyse, daß die Oberflächentemperatur durch die momentane Erwärmung deutlich stärker beeinflußt wird als durch die in der Vergangenheit stattgefundene Wärmeübertragung oder die Erwärmung anderer Stellen des Körpers; damit sollte der Fall des unendlichen Halbkörpers $a = \infty$ mit dem Kern $F_0(t-s) = 1/\sqrt{t-s}$ ein exzellenter Startpunkt für eine Näherungsprozedur sein. Wir schreiben dazu die Integralgleichung für die gesuchte Wärmezufuhr in der algebraisch äquivalenten Form

$$T(t) = \frac{1}{\sqrt{\pi \rho c k}} \{ \int_0^t q(s)[F(t-s) - F_0(t-s)] \mathrm{d}s + \int_0^t q(s) F_0(t-s) \mathrm{d}s \},$$

dies ergibt nach einer Umordnung und der Substitution für F_0

$$\frac{1}{\sqrt{\pi \rho c k}} \int_0^t \frac{q(s)\mathrm{d}s}{\sqrt{t-s}} = T(t) - \frac{1}{\sqrt{\pi \rho c k}} \int_0^t q(s)[F(t-s) - F_0(t-s)] \mathrm{d}s. \tag{9.4}$$

Gehen wir davon aus, daß der Term auf der rechten Seite bekannt ist, dann stellt der obige Ausdruck eine Integralgleichung für $q(t)$ der Form (9.1) dar, deren Lösung wir kennen. Wir erhalten so die Lösung

$$q(t) = \sqrt{\rho c k} \left[\Delta / \sqrt{\pi t} + \int_0^t T'(s) \frac{\mathrm{d}s}{\sqrt{\pi (t-s)}} - \int_0^t \mathcal{O}(q)(s) \frac{\mathrm{d}s}{\sqrt{\pi (t-s)}} \right]$$

mit dem Operator

$$\mathcal{O}(q)(s) = \frac{\mathrm{d}}{\mathrm{d}s}\int_0^s q(s')[F(s-s') - F_0(s-s')]\mathrm{d}s'.$$

Da wir die rechte Seite dieser Gleichung nicht a priori kennen, ist dies keine explizite Lösung für $q(t)$; es handelt sich um eine weitere Integralgleichung für $q(t)$, die wir numerisch oder iterativ lösen müssen. Zusätzlich dazu ist es ein fürchterlicher Ausdruck! Da $\mathcal{O}(q)(s)$ klein ist, weil $F - F_0$ klein ist, ist dies dennoch eine vernünftige Darstellung und die Inversion der Integralgleichung ist einfach sowohl bei Verwendung eines iterativen Schemas zur Verbesserung des Resultates (9.2), als auch beim Ersetzen von $q(t)$ durch diskrete Werte und der anschließenden Invertierung der Matrixgleichung mit Hilfe eines Computerprogramms. Die originale Integralgleichung (9.3) besitzt keine solche vorteilhafte Form, da der Integrand eine Wurzelsingularität besitzt; der Effekt der obigen Manipulation ist die Abtrennung dieser Singulatität, die einen nichtsingulären Integranden erzeugt und damit numerisch mit Standardalgorithmen behandelt werden kann. Da die Wurzelsingularität das Verhalten des ursprünglichen Integranden dominiert, liefert die Abtrennung eine exzellente erste Näherung (9.2) für die Lösung.

Nebenbemerkung: Paradoxerweise bevorzugen angewandte Mathematiker die Arbeit mit singulären Gleichungen, da sie erkannt haben, daß für diese Gleichungen sehr gute analytische Näherungsverfahren existieren (je singulärer, umso besser!). Die Situation ist analog der Berechnung eines gewöhnlichen singulären Integrals. Will man z.B. das Integral

$$I = \int_0^1 e^x \sin x / x^{3/2}\mathrm{d}x$$

berechnen, so schreibe man es in der Form

$$I = \int_0^1 1/\sqrt{x}\mathrm{d}x + J = 2 + J,$$

wobei das Integral J nichtsingulär ist und damit leicht numerisch berechnet werden kann.

Kommentar: Die obige Art der Vorbereitung der Rechnung ist besonders bei Echtzeitsteuerung wichtig. Die Ergebnisse von Untersuchungen, wie wir sie oben durchgeführt haben, werden in der Praxis oft zur Steuerung von Fabriken verwendet. In diesen Fällen benötigt man effiziente numerische Verfahren, die mit den Produktionsprozessen Schritt halten. Unsere obigen Vorarbeiten waren algebraisch nicht sehr aufwendig. Es kann jedoch vorkommen, daß solche algebraischen Umformungen zwar geradlinig, jedoch sehr zeitaufwendig sind, wenn keine Computerprogramme genutzt werden. Letztere können die Ergebnisse der Umformungen in Fortran- oder Pascal-Code ausgeben, damit sind diese für die numerische Arbeit direkt verwendbar.

Wir sind damit am Ende unserer Analyse der Oberflächentemperatursteuerung angelangt und wollen uns dem komplizierteren Problem der Temperaturverteilung zuwenden.

9.3 Steuerung der Temperaturverteilung

Die Erzeugung eines bestimmten Temperaturprofils in einem Körper ist eine sehr häufig auftretende Aufgabe. Wir wollen an dieser Stelle, bevor wir uns den Rechnungen zuwenden, auf einige Merkmale dieses Problems eingehen. Zur Erhöhung der Temperatur in einem Körper stehen grundsätzlich zwei unterschiedliche Strategien zur Verfügung; man kann entweder die Oberflächentemperatur stark erhöhen und hoffen, daß ein Temperaturausgleich mit dem Inneren dessen Temperatur erhöht, oder man hält die Oberflächentemperatur auf einem mittleren Wert und wartet eine sehr lange Zeit, bis Wärmeleitungsprozesse die Wärme im ganzen Körper verteilt haben. Da Diffusion ein stetiger Prozeß ist, tendieren alle Temperaturverteilungen im Verlauf der Zeit gegen jene, die den den Randbedingungen entsprechenden Wärmeinhalt besitzt. Die fundamentale Lösung der ebenen Quelle aus Abschnitt 7.3.3 beschreibt asymptotisch die Temperaturverteilung für fast jede Anfangsbedingung mit einer einheitlichen Wärmezufuhr. Deshalb ist der Versuch der Berechnung einer eindeutig definierten Wärmezufuhr für eine gegebene Temperaturverteilung im wesentlichen sinnlos, da alle Arten der Wärmezufuhr asymptotisch zur gleichen Temperaturverteilung führen. Man sollte deshalb auch nicht versuchen, eine Integralgleichung für den Wärmefluß aufzustellen, die die Temperatur im Körper beschreiben soll, da die entsprechende Gleichung sicher unterbestimmt ist. Praktischer ist die Suche nach speziellen Wärmeflüssen, die zu leicht berechenbaren Temperaturverteilungen führen, und diese dann so zu kombinieren, daß sie die gewünschte Temperaturverteilung annähernd beschreiben. Dies ist ein Weg (allerdings nicht der einzige), das erforderliche Temperaturprofil im Körper zu erzeugen.

Man beachte, daß sich unsere jetzige Aufgabe *stark* vom Oberflächentemperaturproblem unterscheidet, da die Oberflächentemperatur deutlich stärker von momentanen Wärmeübertragungen auf die Oberfläche abhängt als von Wärmefreisetzungen an anderen Stellen oder zu anderen Zeiten. Deshalb ist die Formulierung einer Integralgleichung sinnvoll und führt zu einer wohldefinierten mathematischen Aufgabe. Wir müssen an dieser Stelle hervorheben, daß die Entscheidung für die korrekte Lösungsmethode für diese Problemstellung auf gesundem Menschenverstand und physikalischen Einsichten beruhten. Die jetzigen mathematischen Gleichungen erlauben solche Einsichten jedoch nicht. Wir hatten bereits in Abschnitt 4.4.3 bemerkt, daß es sehr schwer zu entscheiden ist, ob eine bestimmte Integralgleichung eine eindeutige Lösung besitzt. Die Lösungen von sehr ähnlich aussehenden Integralgleichungen können sehr verschieden voneinander sein.

Kommentar: Man sollte hinzufügen, daß die die Eindeutigkeit betreffenden Aussagen zwar vernünftig erscheinen, jedoch alles andere als überzeugend sind. Bedenkt man die Subtilität des Problems sowie die praktische Relevanz, dann wäre ein Beweis der Eindeutigkeit (oder der Nichteindeutigkeit) ein äußerst lohnendes Unterfangen. Wie kann man ohne einen solchen Beweis sicher sein, daß man nicht eine eindeutige Lösung (numerisch) sucht, die gar nicht existiert?

Kehren wir nun aber zu unserem Problem zurück. Wir suchen einfache Lösungen der Wärmeleitungsgleichung, die durch Kombination eine Reihe von praktisch nutzbaren Beschreibungsmöglichkeiten für die Erwärmung von Oberflächen liefern. Im Laufe der letzten drei Kapitel haben wir mit Hilfe von Ähnlichkeitsargumenten bereits eine größere Anzahl einfacher Lösungen gefunden. Diese ähneln sich in der Form, da sie alle die dimensionslose Kombination $\zeta = x/\sqrt{\kappa t}$ enthalten; sie unterscheiden sich jedoch in den Temperaturskalen. Damit kann man hoffen, die Zahl der Lösungen durch Suche nach Lösungen der Form $t^m F(\zeta)$ zu vergrößern. Diese Ausdrücke erfüllen die Wärmeleitungsgleichung, falls für sie gilt:

$$F'' = mF - \zeta F'/2.$$

Man erhält diese Gleichung durch Einsetzen des Ansatzes in die Wärmeleitungsgleichung. Die Lösungen für $m = 0$ haben wir bereits gefunden, es handelt sich dabei um die erf-Funktionslösung (siehe oben). Der $(m = -\frac{1}{2})$-Fall ergibt die fundamentale Lösung für die ebene Quelle (7.14). Durch weitere Differentiation erhalten wir die Gleichung

$$F''' = (m - 1/2)F' - \zeta F''/2.$$

Dies ist die gleiche Differentialgleichung, wenn man F durch F' und m durch $m - 1/2$ ersetzt. Ist damit $F_{m-1/2}$ die Lösung der Differentialgleichung, die bei ∞ verschwindet, dann erhalten wir eine andere m-Lösung

$$F_m = C_m \int_\zeta^\infty F_{m-1/2}(u) \mathrm{d}u$$

mit einer Konstante C_n. Damit können wir durch einfache Integration aus der $(m = 0)$-Lösung andere m-Lösungen erzeugen. Wir erhalten so Lösungen, bei denen die Temperatur bei $x = 0$ mit t^m ansteigt für $m = 0, 1/2, 1, 3/2, \ldots$ Der entsprechende Wärmefluß an der Stelle $x = 0$ variiert mit $t^{m-1/2}$; dies ergibt die Möglichkeit der Anpassung von genäherten Lösungen für verschiedene zeitliche Flußveränderungen. Maple führt die Integrationen problemlos aus (man stößt hier auf `infinity`), wir haben die Ergebnisse in Abb. 9.1 dargestellt. Dabei haben wir eine Normierung gewählt, derzufoge $F_m(0) = 1$ gilt. Man erkennt sofort die Ähnlichkeit der Gestalt der Lösungen für mittlere bis große ζ. Da die Veränderung des Wärmeflusses mit der Zeit beträchtlich ist, sieht man, daß das ζ-Profil von der Wärmezufuhr recht unabhängig ist; damit führt eine Veränderung der Wärmezufuhr nur zu geringen Änderungen des ζ-Profils. Zur Abflachung des Temperaturprofils mit der Dicke x (dem eigentlichen Ziel beim Kochen) muß man die Wärmezufuhr verlangsamen, da durch großes κt die Fluktuationen abgeschwächt werden. *Einfach gesagt, ein gleichmäßiger Kochvorgang benötigt eine schwache Wärmezufuhr.* Eine andere Möglichkeit besteht in der Aufheizung der Oberfläche und der anschließenden Unterbrechung der Wärmezufuhr, damit sich die Wärme im Inneren ausbreiten kann; anschließend wird wieder Wärme zugeführt usw., bis sich die gewünschte Temperaturverteilung eingestellt hat. Diese Methode hat den zusätzlichen Vorteil, hohe Oberflächentemperaturen, die durch eine ständige Wärmezufuhr erzeugt werden, zu vermeiden. Unsere mathematischen Werkzeuge erlauben die Berechnung der Temperaturverteilung am Ende des Erwärmungsprozesses; wir wollen jedoch den Effekt der Ein/Aus-Kochprozesse simulieren und müssen daher in der Lage sein, die Temperaturveränderungen im Körper zu bestimmen, wenn keine Wärme von außen zugeführt wird. Wir kehren im nächsten Kapitel zu dieser fundamentalen Frage zurück.

Nebenbemerkung: Beide obigen Mechanismen für gleichförmiges Kochen benötigen lange Heizzeiten und sind daher für metallurgische Prozesse ungeeignet. Untersucht man das Problem in einem weiteren Kontext, dann lassen sich vielleicht noch andere akzeptable Lösungen oder Kompromisse finden. Eine nicht gleichmäßige Härte/Zähigkeitsstruktur von Eisen (etwa durch ungleichmäßiges Erwärmen, wie z.B. beim Abschrecken) kann unter Umständen gewollt sein. So legt man bei Strukturen, die starken Biegemomenten ausgesetzt sind, großen Wert auf eine harte und zähe Oberfläche; ein gutes Beispiel ist die Fahnenstange aus Kapitel 2.

9.4 Abhängigkeiten von Gestalt und Größe

Bisher haben wir uns auf den Fall beschränkt, daß der Wärmefluß in einer Dimension stattfand. Da wir selten ebene Scheiben kochen, ist diese dimensionelle Beschränkung nicht aufrechtzuerhalten.

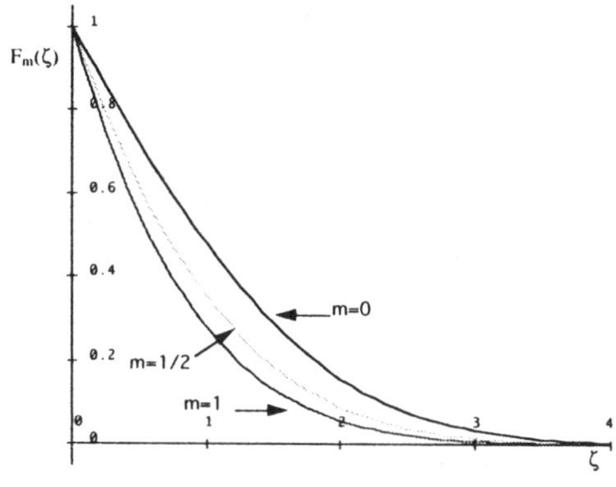

Abb. 9.1 Ähnlichkeitslösungen der eindimensionalen Wärmeleitungsgleichung.

Interessiert man sich nur für die Steuerung der Oberflächentemperatur, dann kann man die eindimensionalen Ergebnisse ohne oder mit kleinen Modifikationen übernehmen (z.B. für Ecken, die besondere Betrachtungen nötig machen), da die lokalen Erwärmungen die lokalen Oberflächentemperaturen im wesentlichen bestimmen. Die Temperaturverteilung im Inneren wird jedoch sicher durch Gestalt und Größe beeinflußt. Wir wollen deshalb einige einfache Beispiel behandeln, bei denen geometrische Effekte wichtig werden. Der Einfachheit halber wenden wir uns dem Fall zu, daß Lebensmittel in einem Ofen mit feststehender Temperatur gekocht werden. Dies ist eine Idealisierung des Konvektionsofens, wie er häufig für industrielle Zwecke oder in Großküchen eingesetzt wird. In der Praxis ist es nicht möglich, die Umgebungstemperatur konstant zu halten, da ja der Körper durch Wärmeaustausch mit dieser Umgebung erwärmt werden soll. In einem Konvektionsofen wird das Gas um den Körper sehr schnell durch anderes, wieder aufgeheiztes Gas ersetzt. Dadurch kann die Effektivität der Wärmeübertragung erhöht werden und die Umgebungstemperatur ist fast konstant. Natürlich dauert es einige Zeit, bis das Gas ausgetauscht und aufgeheizt ist; damit ist das Modell nur sinnvoll, wenn diese Zeitspanne klein im Vergleich zu der Zeit ist, die benötigt wird, um eine Wärmeeinheit auf den Körper zu übertragen (und damit die Wärmezufuhr nicht beeinflußt). Die Temperatur des Ofens sei T_1, die des Fleischstückes vor dem Kochen T_0. Wir wollen davon ausgehen, daß alle Körper die gleiche typische Längenausdehnung d besitzen.

Nebenbemerkung: In einem normalen Küchenofen ist die Hauptwärmequelle Strahlung (von der Heizwendel direkt und indirekt von den Wänden), Wärmekonvektion kann allerdings auch eine Rolle bei der Zuführung (oder der Wegnahme) von Wärme auf die Oberfläche des Körpers spielen. Wir haben beide Effekte für die endliche Platte bereits modelliert. Obwohl es recht einfach ist, die Lösungen auf andere Geometrien zu erweitern, wollen wir diese zusätzlichen Komplikationen an dieser Stelle vermeiden.

9.4.1 Spezielle Formen

Es gibt eine Reihe von speziellen Körperformen, für die sich die Fouriersche Methode erweitern läßt. Voraussetzung dafür ist die Existenz eines Koordinatensystems (α, β, γ) mit den folgenden Eigenschaften:

1. Die Oberfläche des Körpers befindet sich bei einem konstanten Wert einer der drei Koordinaten.

2. Die Wärmeleitungsgleichung gestattet die Existenz einer Lösung der Form $(A(\alpha)B(\beta)C(\gamma)U(t))$ mit passenden Koordinaten α, β und γ.

Zu diesen Körpern gehören Kugeln, Zylinder, Ellipsoide und Quader. In Morse und Feshbach (1953) sind solche Körper zusammengestellt. Die entsprechenden gewöhnlichen Differentialgleichungen für die Funktionen A, B und C wurden sorgfältig untersucht, und die Eigenschaften der Lösungen (man nennt sie *spezielle Funktionen*) findet man in mathematischen Handbüchern (z.B. Abramowitz und Stegun (1970)). Auch Maple kennt einen Teil dieser Funktionen. Die Differentialgleichungen lassen sich in Sturm-Liouville-Systeme einfügen, damit kann man auf die entsprechenden Orthogonalitätsbeziehungen und die Fourierreihen zurückgreifen. Obwohl die Arbeit mit speziellen Funktionen aufwendig und am Anfang ein wenig abschreckend ist, ist die Erweiterung einfach und es treten keine neuen mathematischen Ideen auf. Für die uns interessierenden Fälle werden wir auf keine neuen Funktionen zurückgreifen.

Die Kugel

Für eine Kugel mit dem Radius d (siehe Abb. 9.2) ist die Temperaturverteilung nur eine Funktion vom Abstand rd vom Mittelpunkt der Kugel sowie von der Zeit $\kappa t/d^2$, seit welcher der Körper im Ofen ist. Wir erhalten für die Wärmeleitungsgleichung für die skalierte Temperatur, die so definiert ist, daß $T_0 + (T_1 - T_0)T$ die tatsächliche Temperatur ist, den Ausdruck (in skalierten Variablen)

$$T_t = T_{rr} + 2T_r/r \tag{9.5}$$

mit der Randbedingung

$$T(1,t) = 1 \tag{9.6}$$

und dem Anfangswert

$$T(r,0) = 0.$$

Da die Randbedingungen (9.6) nicht homogen sind, können wir die Fouriermethode nicht direkt anwenden; schreibt man jedoch $T = 1 - \mathcal{T}$ (d.h., man trennt die Gleichgewichtslösung $T = 1$ ab), dann erhalten wir eine homogene Wärmeleitungsgleichung mit homogenen Randbedingungen, wie wir sie für die Fourieranalyse benötigen. Die Anfangsbedingung für den dynamischen Anteil lautet

$$\mathcal{T} = 1. \tag{9.7}$$

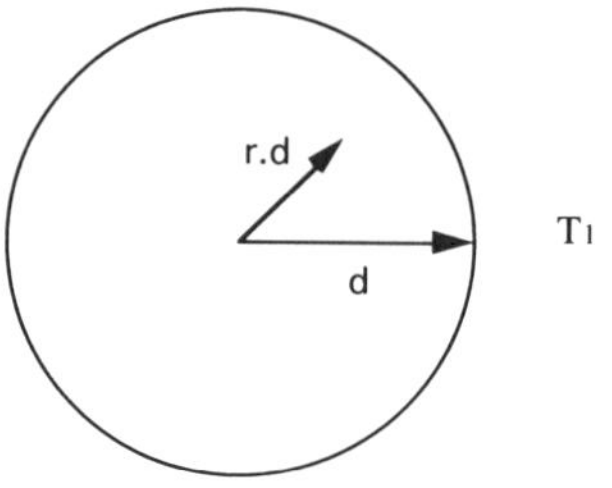

Abb. 9.2 Die erwärmte Kugel.

Da die Gleichung für $R(r)$, die aus der Separation der Lösung $\mathcal{T} = R(r)S(t)$ folgt, nicht vom gewöhnlichen harmonischen Typ ist, ist es nicht so offensichtlich, welches Vorzeichen die Separationskonstante besitzen muß, damit es zu dem gewünschten oszillatorischen Verhalten in der r-Richtung kommt. Da wir jedoch wissen, daß alle physikalischen Lösungen mit der Zeit abnehmen müssen, folgt für die separierten Gleichungen mit der richtigen Konstante:

$$S' = -\lambda^2 S, \quad \text{so daß gilt:} \quad S = e^{-\lambda^2 t}$$

und

$$R'' + 2R'/r + \lambda^2 R = 0. \tag{9.8}$$

Die Lösung von (9.8) mit Maple ergibt die beiden unabhängigen Lösungen $\sin(\lambda r)/r$ und $\cos(\lambda r)/r$. Die zweite Lösung ist physikalisch sinnlos, da sie bei $r = 0$ unbeschränkt ist.

Die Randbedingungen auf der Oberfläche, $\mathcal{T} = 0$, erfordern $\sin\lambda = 0$, damit erhalten wir die Eigenwerte $\lambda_m = m\pi$ mit einer positiven ganzen Zahl m. Die Anfangsbedingung (9.7) erfordert

$$1 = \sum_{m=1}^{\infty} C_m \phi_m(r) \quad \text{mit} \quad \phi_m = \sin(m\pi r)/r \tag{9.9}$$

für geeignete Konstanten C_m. Wir schreiben die definierende Gleichung (9.8) in der *adjungierten* Sturm-Liouville-Form (8.3), damit wir die Orthogonalitätsrelation und damit die *Gewichtsfunktionen* identifizieren können. Die Standardform von (9.8) von $R(r)$ lautet

$$(r^2 R'(r))' + \lambda^2 r^2 R(r) = 0,$$

wie man durch den direkten Vergleich der beiden Gleichungen sehen kann. Die Gewichtsfunktion (siehe (8.5)) ist damit r^2 und die Orthogonalitätsrelation lautet:

$$\int_0^1 r^2 \phi_n \phi_m \mathrm{d}r = 0 \quad \text{für} \quad n \neq m.$$

Wir multiplizieren nun (9.9) mit $r^2\phi_n$ und integrieren über den Bereich. Mit dem bekannten Zusammenhang (der zum Teil aus der Sturm-Liouville-Theorie folgt)

$$\int_0^1 \sin(m\pi r)\sin(n\pi r)\mathrm{d}r = \begin{cases} 0 & \text{für } n \neq m \\ 1/2 & \text{für } n = m \end{cases}$$

erhalten wir so für die Koeffizienten C_m

$$C_n = 2\int_0^1 r\sin(n\pi r)\mathrm{d}r = (-1)^{n-1} 2/(n\pi).$$

Damit lautet die Lösung als Fourierreihe

$$T(r,t) = 1 - 2\sum_{m=1}^{\infty} (-1)^{m-1} \sin(m\pi r) e^{-m^2\pi^2 t}/(m\pi r).$$

Die größten Terme sind

$$T(r,t) = 1 - 2\sin(\pi r) e^{-\pi^2 t}/(\pi r).$$

Da die folgenden Terme für mittleres bis großes t vernachlässigbar klein sind, ist dies unsere gesuchte Lösung. Wir erhalten somit für die Temperatur im Mittelpunkt die Lösung

$$T(0,t) = 1 - 2e^{-\pi^2 t},$$

damit ergibt sich für die unskalierte Zeit bis zur Erwärmung des Mittelpunktes $\gamma d^2/[\kappa\pi^2]$, wobei der Faktor γ davon abhängt, wie wir den Begriff „nahe genug" definieren. Ist 1% relative Abweichung bezüglich der Ofentemperatur ausreichend genau, dann ist $\gamma = 4{,}61$.

Ein Quader

Hier wählen wir die Länge der Raumdiagonale als unsere Längenskale d (siehe Abb. 9.3) und als Zeitskale κ/d^2. Die Längen der Quaderseiten seien ab, bd und cd. Die Ecken besitzen die kartesischen Koordinaten xd, yd und zd, wobei die Quaderecken mit den Koordinatenachsen zusammenfallen.

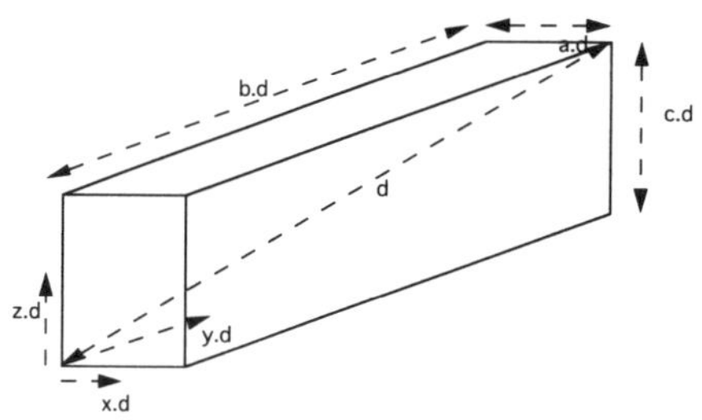

Abb. 9.3 Der erwärmte Quader.

Wir berechnen den dynamischen Anteil wieder mit der Fourierschen Methode. Wir suchen danach Lösungen der Form $X(x)Y(y)Z(z)U(t)$. Diese Kombination erfüllt die skalierte Wärmeleitungsgleichung, falls gilt:

$$X''(x)/X(x) + Y''(y)/Y(y) + Z''(z)/Z(z) = U'(t)/U(t).$$

Jeder Summand in dieser Gleichung muß nun konstant sein. Denn verändern wir z.B. x und lassen die anderen Variablen fest, dann kann sich X''/X nicht ändern und muß daher konstant sein. Wir suchen die Lösung der gewöhnlichen Differentialgleichung zweiter Ordnung für $X(x)$, die bei $x = 0$ und $x = a$ verschwindet. Die nichttrivialen Lösungen lauten $\sin(l\pi x/a)$ mit einer positiven ganzen Zahl l. Mit den gleichen Argumenten erhalten wir als Lösung den Ausdruck

$$\sin(l\pi x/a)\sin(m\pi y/b)\sin(n\pi z/c)e^{-\lambda_{lmn}^2 t}$$

mit

$$\lambda_{lmn}^2 = [(l\pi/a)^2 + (m\pi/b)^2 + (n\pi/c)^2] \tag{9.10}$$

und den positiven natürlichen Zahlen l, m und n. Diese Lösung erfüllt die Wärmeleitungsgleichung und alle Randbedingungen. Wir suchen damit eine Menge von

Konstanten C_{lmn}, so daß

$$\sum_{l=1}^{\infty}\sum_{m=1}^{\infty}\sum_{n=1}^{\infty} C_{lmn}\sin(l\pi x/a)\sin(m\pi y/b)\sin(n\pi z/c)e^{-\lambda_{lmn}^2 t}$$

die Anfangsbedingung $\mathcal{T}(x,y,z,0)=1$ erfüllt.

Multiplizieren wir die Gleichung

$$\sum_{l=1}^{\infty}\sum_{m=1}^{\infty}\sum_{n=1}^{\infty} C_{lmn}\sin(l\pi x/a)\sin(m\pi y/b)\sin(n\pi z/c)=1$$

mit $\sin(j\pi x/a)$ und integrieren über x von 0 bis a, dann erhalten wir

$$\begin{aligned}\sum_{m=1}^{\infty}\sum_{n=1}^{\infty} C_{jmn}(a/2)\sin(m\pi y/b)\sin(n\pi z/c) &= \int_0^a \sin(j\pi x/a)\mathrm{d}x\\ &= a[1-(-1)^j]/(j\pi).\end{aligned}$$

Damit tragen nur Koeffizienten mit ungeradem j zu einer von null verschiedenen Lösung bei und wir drücken dies durch

$$l=2l'+1$$

aus, wobei nun l nur Werte annehmen kann für alle ganzen Zahlen l'. Die Behandlung der y und z Abhängigkeit ist völlig analog und führt zu

$$C_{imn}=64/[\pi^3 lmn] \quad \text{mit} \quad m=2m'+1, \quad n=2n'+1 \quad \text{für} \quad m',n'=1,2,\ldots.$$

Die vollständige Lösung lautet damit

$$1-\frac{64}{\pi^3}\sum_{l'=0}^{\infty}\sum_{m'=0}^{\infty}\sum_{n'=0}^{\infty} S_{lmn}(x,y,z)e^{-\lambda_{lmn}^2 t},$$

mit den Gestaltfunktionen

$$S_{lmn}(x,y,z)=\frac{\sin(l\pi x/a)\sin(m\pi y/b)\sin(n\pi z/c)}{lmn}.$$

Die größten Terme sind

$$1-\frac{64}{\pi^3}\sin(l\pi x/a)\sin(m\pi y/b)\sin(n\pi z/c)e^{-\lambda_{111}^2 t},$$

für mittlere Zeiten sind die anderen Terme vernachlässigbar. Damit ist eine recht genaue Abschätzung der (unskalierten) Zeit, bis der Gleichgewichtszustand erreicht ist,

$$t_h=\gamma d^2/[\pi^2\kappa(1/a^2+1/b^2+^/ c^2)] \tag{9.11}$$

mit $\gamma \approx 4{,}6$. Ist eine Seite (z.B. a) des Quaders deutlich schmaler als die anderen beiden, dann lautet eine gute Näherung $t_h \approx \gamma(ad/\pi)^2$. Da ad die tatsächliche Länge der schmalen Seite ist, sieht man, daß die Zeitskale die gleiche für einen Wärmetransport nur in x-Richtung ist; ein für Modellierer sehr wichtiges Ergebnis. Damit folgt z.B. für die Erwärmungsdauer einer Schale (ein Stück Steingut) der gleiche Ausdruck wie für die ebene Platte mit der gleichen Dicke. In Aufgabe 9.4 untersuchen wir die Abhängigkeit der Abkühlzeit von der Gestalt noch etwas detaillierter.

9.4.2 Allgemeine Formen: Motorblöcke

Während die Fouriersche Methode für gewisse Formen verallgemeinert werden kann und wir mit ihrer Hilfe nützliche Lösungen erzeugen und den Einfluß der Geometrie auf den Wärmefluß untersuchen können, ist sie für allgemeinere Formen, dem das Interesse der Modellierer in der Realität gilt, zu restriktiv. Zur Optimierung der Herstellungszeit durch eine verbesserte Qualität möchte ein Hersteller von Motorblöcken wissen, wie lange es dauert, bis sich die Metallstücke verschiedenster Form auf eine bestimmte Temperatur erwärmt haben. Dabei benötigt man ein recht allgemeines theoretisches Ergebnis, da eine große Klasse von Körpern behandelt werden muß. Die Geometrie eines Motorblocks ist extrem kompliziert; man hat ausgebohrte Zylinder für die Kolben und andere komplexe Formen. Die Metallurgen verwenden oft eine „Daumenregel", die besagt, daß die Zeit t_0 bis zur gleichmäßigen Erwärmung gleich $\gamma d^2/\kappa$ ist mit d der „maximalen Dicke" des Körpers, γ ist eine experimentell zu bestimmende Größe. d berechnet man wie folgt: Man berechne für jeden Punkt den geringsten Abstand zu allen Punkten auf der Oberfläche – das Doppelte des größten dieser Abstände ist die maximale Dicke. Aus dem Beispiel des Quaders wissen wir, daß diese Daumenregel gut für Körper funktioniert, die eine Schalengestalt besitzen (so daß der Wärmefluß im wesentlichen eindimensional ist); der Koeffizient γ ist damit eine Funktion der Temperaturdifferenz zwischen Körper und Umgebung. Für dickere Körper ist der Wärmefluß nicht eindimensional und die Gestalt spielt eine wesentliche Rolle bei der Bestimmung von t_0. Können wir mit den von uns bisher abgeleiteten Beziehungen diese Daumenregel für dicke Körper verbessern? (Für schalenartige Objekte führt ein auf dem eindimensionalen Wärmefluß beruhendes iteratives Schema am effektivsten zu einer Verbesserung des Ergebnisses für den eindimensionalen Fluß.)

Allgemein gilt, daß wir mit der Fourierschen Methode Lösungen der skalierten Wärmeleitungsgleichung der Form $U(\mathbf{x})e^{-\lambda^2 t}$ gefunden haben, die die homogene Randbedingung $U = 0$ erfüllen. Summieren wir solche Eigenlösungen für die möglichen Eigenwerte λ auf, dann können wir eine exakte Lösung des untersuchten Anfangswertproblems erzeugen. Die Eigenfunktionen $U(\mathbf{x}, \lambda)$ erfüllen die Gleichungen

$$\nabla^2 U = -\lambda^2 U \quad \text{in} \quad \mathcal{D} \quad \text{mit} \tag{9.12}$$

$$U = 0 \quad \text{auf} \quad \partial\mathcal{D}, \tag{9.13}$$

(man überzeuge sich davon durch Einsetzen von U), mit dem Bereich $\mathcal{D}$, der durch den Körper und seinen Rand definiert wird. Für spezielle Formen wurden die U berechnet und man ist so in der Lage, die exakten Eigenfunktionen und Eigenwerte anzugeben. Allgemein ist dies jedoch nicht möglich (exakte Lösungen sind nicht bekannt), kann man aber näherungsweise Eigenwerte und Eigenlösungen für die obigen Gleichungen bestimmen, dann haben wir das Problem gelöst. Die Berechnung der Lösungen ist eine sehr umfangreiche Arbeit, wir haben jedoch gesehen, daß meist der kleinste Eigenwert der einzig numerisch relevante Term ist, wenn wir die Erwärmungszeit angeben wollen. Damit besteht unsere Aufgabe in der Abschätzung des kleinsten Eigenwertes der Gleichungen (9.12), (9.13). Dazu benötigen wir einige allgemeine Variationsergebnisse aus der Theorie der partiellen Differentialgleichungen. Wie bereits in Kapitel 4 erwähnt, sind Variationstechniken und Newtonsche Mechanik physikalisch äquivalent und der Wechsel von einer Beschreibung zur anderen ist häufig vorteilhaft. Die Variationsmethoden sind für numerische Rechnungen besonders geeignet.

Multiplizieren wir die partielle Differentialgleichung (9.12) mit U und integrieren über $\mathcal{D}$, so erhalten wir

$$\begin{aligned} -\int_{\mathcal{D}} \lambda^2 U^2 \mathrm{d}V_{\mathbf{x}} &= \int_{\mathcal{D}} U\nabla^2 U \mathrm{d}V_{\mathbf{x}} \\ &= \int_{\mathcal{D}} [\boldsymbol{\nabla}\cdot(U\boldsymbol{\nabla}U) - (\boldsymbol{\nabla}U)^2]\mathrm{d}V_{\mathbf{x}} \\ &= \int_{\partial\mathcal{D}} U(\boldsymbol{\nabla}U)\cdot\mathbf{n}\mathrm{d}S_{\mathbf{x}} - \int_{\mathcal{D}} (\boldsymbol{\nabla}U)^2 \mathrm{d}V_{\mathbf{x}} \\ &= -\int_{\mathcal{D}} (\boldsymbol{\nabla}U)^2 \mathrm{d}V_{\mathbf{x}} \end{aligned}$$

bei der Verwendung des Gaußschen Theorems 6.1 und der Randbedingung (9.13). Daraus folgt

$$\lambda^2 = \frac{\int_{\mathcal{D}}(\boldsymbol{\nabla}U)^2 \mathrm{d}V_{\mathbf{x}}}{\int_{\mathcal{D}} U^2 \mathrm{d}V_{\mathbf{x}}}, \tag{9.14}$$

ein interessantes, jedoch nicht sehr nützliches Ergebnis für Rechnungen (da wir U nicht kennen). Wir werden diesen speziellen Zusammenhang zwischen den Eigenwerten und Eigenfunktionen genauer untersuchen.

Man betrachte das Funktional $\mathcal{E}(\phi)$ für eine beliebige glatte Funktion $\phi(\mathbf{x})$, die auf dem Bereich $\mathcal{D}$ definiert ist und die Randbedingung $\phi = 0$ auf $\partial\mathcal{D}$ erfüllt:

$$\mathcal{E}(\phi) = \int_{\mathcal{D}} [(\boldsymbol{\nabla}\phi)^2 - \lambda^2\phi^2]\mathrm{d}V_{\mathbf{x}}$$

mit einem Parameter λ. Wir werden zeigen, daß die unser Randwertproblem (9.12), (9.13) erfüllende Kombination (U, λ) einem Sattelpunkt dieses Funktionals entspricht – ein sehr nützliches Ergebnis! Dazu gehen wir wie in Abschnitt 4.3 vor und untersuchen kleine Variationen ϵv (mit $\epsilon \ll 1$ und $v = 0$ auf $\partial\mathcal{D}$) um die gesuchte Lösung (U, λ). Wir erhalten

$$\begin{aligned} \delta\mathcal{E} &= \mathcal{E}(U+\epsilon v) - \mathcal{E}(U) \\ &= 2\epsilon\int_{\mathcal{D}} [\boldsymbol{\nabla}U\cdot\boldsymbol{\nabla}v - \lambda^2 Uv]\mathrm{d}V_{\mathbf{x}} + O(\epsilon^2) \\ &= 2\epsilon\int_{\mathcal{D}} [\boldsymbol{\nabla}\cdot(v\boldsymbol{\nabla}U) - v\nabla^2 U - \lambda^2 Uv]\mathrm{d}V_{\mathbf{x}} + O(\epsilon^2) \\ &= 2\epsilon\left[\int_{\partial\mathcal{D}} v[\mathbf{n}\cdot\boldsymbol{\nabla}U]\mathrm{d}S_{\mathbf{x}} - \int_{\mathcal{D}} v[\nabla^2 U + \lambda^2 U]\mathrm{d}V_{\mathbf{x}}\right] + O(\epsilon^2) \\ &= 2\epsilon\left[-\int_{\mathcal{D}} v[\nabla^2 U + \lambda^2 U]\mathrm{d}V_{\mathbf{x}}\right] + O(\epsilon^2), \end{aligned}$$

da auf dem Rand $v = 0$ gilt. Dieses Ergebnis ist von der Ordnung ϵ^2, wenn (U, λ) das obige Randwertproblem lösen. Damit ist die Lösung der Randwertaufgabe und die Suche nach dem Sattelpunkt des Funktionals äquivalent, letztere Formulierung ist jedoch für Rechnungen meist vorzuziehen.

Es gibt noch eine weitere nützliche Darstellung des Ergebnisses. Man betrachte das Problem der Bestimmung der Sattelpunkte (Minima) des Funktionals

$$\mathcal{J}(\phi) = \int_{\mathcal{D}} (\boldsymbol{\nabla}\phi)^2 \mathrm{d}V_{\mathbf{x}} \tag{9.15}$$

unter den Funktionen ϕ, die die Randbedingung $\phi = 0$ sowie die zusätzliche Zwangsbedingung

$$\mathcal{I} = \int_{\mathcal{D}} \phi^2 \mathrm{d}V_{\mathbf{x}} = 1 \tag{9.16}$$

erfüllen. Oft behandelt man solche Extremalwertprobleme mit zusätzlichen Zwangsbedingungen mit der Methode der Lagrangeschen Multiplikatoren. In unserem Falle betrachtet man die Variation von

$$\int_{\mathcal{D}} [(\boldsymbol{\nabla}\phi)^2 - \mu\phi^2] \mathrm{d}V_{\mathbf{x}}$$

mit dem Multiplikator μ. Eine Wiederholung der Rechnung des letzten Abschnittes und einer etwas anderen Interpretation zeigt, daß der stationäre Wert für jede Zwangsbedingung durch eine Funktion Φ realisiert wird, die die partielle Differentialgleichung

$$\nabla^2\Phi = -\mu\Phi$$

und die Randbedingung $\Phi = 0$ erfüllt. Lösungen existieren nur für $\mu = \lambda^2$. Damit ist jeder stationären Lösung ein Eigenwert der ursprünglichen partiellen Differentialgleichung und deren Lösung zugeordnet. Der kleinste Wert des Verhältnisses $\frac{\mathcal{J}}{\mathcal{I}}$ ist natürlich der kleinste Eigenwert, und wir erhalten

$$\lambda_1^2 = \min_{\phi} \frac{\int_{\mathcal{D}} (\boldsymbol{\nabla}\phi)^2 \mathrm{d}V_{\mathbf{x}}}{\int_{\mathcal{D}} \phi^2 \mathrm{d}V_{\mathbf{x}}} \tag{9.17}$$

für alle Funktionen, die die Randbedingung $\phi = 0$ erfüllen. Untersucht man alle erlaubten ϕ, dann kann man die Stationarität des Funktionals dazu verwenden, die Eigenwerte und Eigenlösungen und damit das Erwärmungsproblem zu lösen.

Nebenbemerkung: Man kann mit dieser Methode auch höhere Eigenwerte und Eigenlösungen berechnen.

Natürlich ist es praktisch unmöglich, alle erlaubten Funktionen zu untersuchen und damit λ_1 zu bestimmen; man kann jedoch davon ausgehen, daß die Untersuchung einer Unterklasse von *Testfunktionen* eine gute Näherung von λ_1 ergibt, wenn letztere die richtige Gestalt besitzen. Dazu erhält man eine gute Näherung für die Eigenfunktionen. Man nennt diese Vorgehensweise die **Rayleigh-Ritz-Methode**. Dazu benötigt man natürlich eine Vorstellung von einer geeigneten Klasse (Gestalt) der Testfunktionen. Unsere Erfahrungen mit Eigenfunktionen sagen uns, daß die erste Eigenfunktion einen „Huckel" besitzt, und moderne Funktionalanalysis bestätigt dies. Man kann explizit zeigen, daß der minimale Wert durch eine Funktion realisiert wird, die in $\mathcal{D}$ nur ein Vorzeichen besitzt. Es stellt sich heraus, daß das Rayleigh-Ritz-Verfahren zur Bestimmung von Eigenwerten deutlich besser geeignet ist, als man eigentlich erwarten sollte, denn selbst Funktionsformen, die den Eigenfunktionen nur schwach ähneln, ergeben exzellente Näherungen für λ_1 und (bei genügender Vorsicht) für größere Eigenwerte. Wir wollen dies an einem Beispiel illustrieren, für welches wir die exakten Antworten bereits kennen.

Betrachten wir den Würfel mit der Seitenlänge 1. Verwenden wir den multiplikativen Term $f = x(1-x)y(1-y)z(1-z)$, dann ist so gesichert, daß alle Testfunktionen auf dem Rand verschwinden. Damit lassen sich Funktionen erzeugen, die alle die Randbedingungen erfüllen:

$$\phi = f[1 + a(x+y+z) + b(x^2+y^2+z^2)],$$

wobei die Parameter a und b beliebig sind und wir für x, y und z symmetrische Bedingungen angenommen haben, um die Zahl der Parameter zu reduzieren (d.h., es erscheinen keine xy-, yz- oder zx-Terme). Damit besitzen wir eine zweiparametrige Schar von Testfunktionen. Der einzige Grund für die Verwendung von Polynomen ist, daß es sich mit ihnen leicht rechnen läßt, Sinus-Funktionen wären ebenfalls eine Möglichkeit gewesen. Die Klasse der Testfunktionen läßt sich durch Hinzunahme von höheren Polynomen natürlich beliebig vergrößern, und Maple ist ein ideales Werkzeug für diese Rechnungen.

Lassen wir nun Maple die beiden Integrale

$$\begin{aligned} A &= \int_{\mathcal{D}} (\nabla\phi)^2 \mathrm{d}V_{\mathbf{x}} \\ B &= \int_{\mathcal{D}} \phi^2 \mathrm{d}V_{\mathbf{x}} \end{aligned}$$

berechnen. Die Kombination A/B nimmt ihr Minimum für Werte von a und b an, die das Paar von Gleichungen

$$A_a B - A B_a = 0 \quad \text{und} \quad A_b B - A B_b = 0$$

erfüllen. Die Vorgehensweise ist wie folgt:

1. Man löst die erste Gleichung für a als Funktion von b.
2. Man setzt diesen Wert $a(b)$ in die zweite Gleichung ein und löst diese für b.
3. Daraus berechnet man den Wert von a aus $a(b)$.
4. Mit beiden Werten bestimmt man das Verhältnis A/B.

Die folgenden Maple-Befehle erzeugen uns den gewünschten Wert:

```
f:=x*(1-x)*y*(1-y)*z*(1-z):
g:=1+a*(x+y+z)+b*(x*x+y*y+z*z):
phi:=expand(f*g):
with(linalg,grad);
```

```
v:=grad(phi,[x,y,z]):
with(linalg,dotprod);
V:=dotprod(v,v):
int(expand(V),x=0..1):
int(",y=0..1):
A:=int(",z=0..1);
int(expand(phi*phi),x=0..1):
int(",y=0..1);
B:=int(",z=0..1);
eq1:=diff(A,a)*B-A*diff(B,a):
eq2:=diff(A,b)*B-A*diff(B,b):
s:=solve(eq1,a):
s1:=s[1]:
subs(a=s1,eq2):
b1:=fsolve(",b);
a1:=subs(b=b1,s1);
evalf(subs(a=a1,b=b1,A)/subs(a=a1,b=b1,b));
```

Man erhält $\lambda_1^2 = 19{,}609$ und vergleiche dies mit dem exakten Wert von $3\pi^2 = 29{,}610$ – die Übereinstimmung ist überzeugend! Das Beispiel ist allerdings etwas irreführend, da die Modellierung einer unsymmetrischen Situation nicht so gute Ergebnisse liefert, die Übereinstimmung ist jedoch trotzdem bemerkenswert. Da wir in der obigen Rechnung auch (a, b) bestimmt haben, können wir die Eigenlösungen näherungsweise angeben. Ganz allgemein ergibt das Rayleigh-Ritzsche Verfahren auffallend gute Näherungen für den kleinsten Eigenwert, man sollte jedoch darauf hinweisen, daß die Testfunktion, die das Minimum des Funktionals realisiert, nicht notwendig eine gute Näherung für $U(\mathbf{x})$ ist. *Für eine gute Näherung muß man die Gestalt der Funktionen abändern.* Durch Untersuchung von einfachen Beispielen, deren Ergebnisse man kennt, lassen sich rasch wertvolle Erfahrungen sammeln, siehe dazu Carrier und Pearson (1968) und (1976).

Da der kleinste Eigenwert die Zeitspanne bis zum Erreichen des Gleichgewichtes im wesentlichen bestimmt, ist diese Methode für die Berechnung der Zeit, bis eine gleichförmige Temperatur in einem gewissen Sinne in allen Teilen des Körpers erreicht ist, von großem Wert (siehe Aufgabe 9.5). Sie eignet sich besonders für Echtzeitberechnungen, wenn äußere Bedingungen die zur Verfügung stehende Rechenzeit einschränken.

Wichtiger Kommentar: Zur Berechnung von Schwingungsmoden in der Quantenmechanik sowie bei anderen Wellenproblemen ist die Bestimmung der Eigenwerte von großer Bedeutung und das Rayleigh-Ritzsche Verfahren unersetzlich. Die meisten Gleichungen der mathematischen Physik (und andere) lassen sich als Variationsproblem formulieren und sind damit der obigen Methode zugänglich, vor allem für die näherungsweise Berechnung von Eigenfunktionen und -werten.

9.4.3 Die Finite-Elemente-Methode

Diese Methode ist sicherlich die nützlichste (und meistangewendete) Methode zur numerischen Lösung von Randwertaufgaben. Sie zeichnet sich durch besondere

Flexibilität und Robustheit aus und es lassen sich mit ihr komplizierte Situationen mühelos meistern. Wir hatten sie bei der Berechnung der Verformung der Tischplatte unter einer Last in Kapitel 4 bereits kurz erwähnt. Die Finite-Elemente-Methode ist ein Standardwerkzeug in den Ingenieurwissenschaften und für fast alle PC existieren inzwischen Computerprogramme dazu.

Die Technik verwendet Ideen aus der Variationsrechnung und ist tatsächlich ein Spezialfall der Rayleigh-Ritz-Methode. Der Nachteil der letzteren Technik besteht darin, daß es unter Umständen sehr schwierig sein kann, die analytischen Ausdrücke zu konstruieren, die die richtige Form besitzen und die Randbedingungen erfüllen; vor allem bei sehr kompliziert geformten Körpern. Die in Abb. 9.4 dargestellte zweidimensionale Fläche ist ein Beispiel dafür. Im Zusammenhang mit der Wärmeleitungsgleichung benötigen wir Testfunktionen, die auf dem Rand verschwinden. Der elementare Zugang besteht in der Konstruktion von Funktionen $f \cdot g(a, b, \cdots)$, wobei f auf dem Rand null ist und g die Fitfunktion darstellt – doch wie findet man f? Für komplizierte dreidimensionale Körper, wie z.B. Motorblöcke, ist dies unmöglich. Die Methode der finiten Elemente kommt mit diesem Problem leicht zurecht. Sie ist in der Lage, viel kompliziertere Situationen zu bewältigen – verschiedene Materialien und verschiedene Formen, die zu einem Körper zusammengesetzt sind.

Der Ansatz ist einfach: Man unterteilt den Körper in einfache Teilgebiete (Elemente) und verwendet einfache Näherungsfunktionen in jedem Element. Als Beispiel betrachte man die Aufwärmzeit für den Zylinder mit einem Hohlraum in Abb. 9.4. Wir benötigen dazu lediglich den kleinsten Eigenwert λ_1, und die Minimierung (9.17) bestimmt ihn eindeutig, wenn wir einmal gute Näherungsfunktionen ϕ, die auf dem Rand verschwinden, gefunden haben (wir wollen diese $f(x, y)$ nennen). Die Verwendung von Dreiecken scheint an dieser Stelle vorteilhaft, wir unterteilen D so wie gezeigt und numerieren die Knoten beliebig.

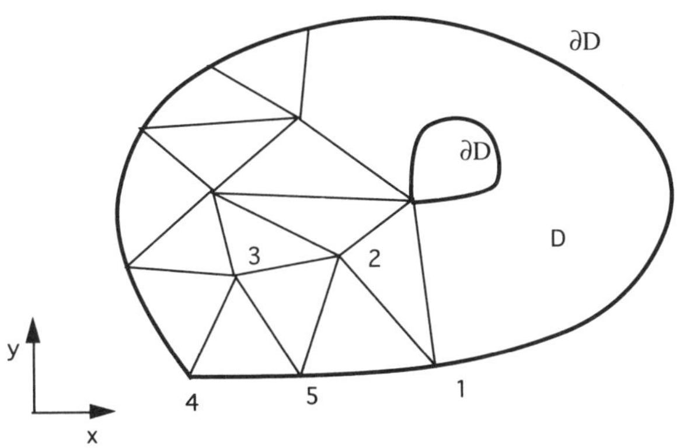

Abb. 9.4 Finite Elemente: ein zweidimensionaler Bereich.

Sei $\psi(x,y)$ die genäherte Lösung und ψ_j der Wert der Funktion am Knoten j. In den Teilregionen verwenden wir der Einfachheit halber lineare Funktionen, d.h. $\psi = ax + by + c$ im Bereich zwischen den Knoten #1,#2 und #5. So lassen sich die Koeffizienten a, b, c durch den Wert von ψ an den Knoten ausdrücken. Damit liefern die Gleichungen

$$\begin{aligned} ax_1 + by_1 + c &= \psi_1 \\ ax_2 + by_2 + c &= \psi_2 \\ ax_5 + by_5 + c &= \psi_5 \end{aligned}$$

(mit (x_i, y_i) den kartesischen Koordinaten am Knoten i) eindeutig (a, b, c) als Funktion der Werte (ψ_1, ψ_2, ψ_5) an den Knoten. Diese Identifizierung der Koeffizienten ist besonders komfortabel, da die so konstruierten ψ automatisch an den Rändern der Dreiecke stetig sind, unabhängig von den Werten der ψ_j. Für Punkte auf dem Rand (z.B. #1 und #5 in Abb. 9.4) sind die Werte von ψ vorgeschrieben ($\psi = 0$ in unserem Problem). Die restlichen Werte von ψ (z.B. ψ_2) müssen nun so bestimmt werden, daß das Integral $\mathcal{J}$ minimal ist bei Beachtung der Zwangsbedingung $\mathcal{I} = 1$ (siehe (9.15), (9.16)). Die Werte von ψ_x und ψ_y sind in jeder Teilregion konstant und die Integrale sind (nach Summation über alle Dreiecke) einfach quadratische Funktionen der unbekannten ψ_j. Durch Verwendung eines Lagrangeschen Multiplikators μ und dem Nullsetzen der Ableitungen nach ψ_j erhalten wir genügend lineare Gleichungen, aus denen wir die ψ als Funktionen von μ berechnen können. Zusammen mit der Zwangsbedingung $\mathcal{I} = 1$ repräsentieren sie unser System vollständig. Die Koeffizientenmatrix der linearen Gleichungen ist zwar groß, jedoch nur schwach besetzt und leicht berechenbar. In den Übungen werden wir einige einfache Beispiele angeben. Es ist recht wahrscheinlich, daß der Leser Zugang zu Programmen hat, mit denen sich Finite-Elemente-Rechnungen durchführen lassen – wir empfehlen ihm dringend, sich mit diesen vertraut zu machen, da die Finite-Elemente-Methode für jeden Modellierer wesentlich ist. Mit den meisten Programmen lassen sich die Elemente selbst definieren und verändern. Für eine verständliche Einführung in dieses Gebiet empfehlen wir Strang (1986).

Natürlich stellt sich die Frage, warum man sich mit komplizierten analytischen Rechnungen beschäftigen soll, wenn Computerprogramme die numerischen Rechnungen so gut beherrschen. Die Antwort lautet, daß numerische Rechnungen in Situationen, die zum ersten Mal auftreten, nicht möglich sind. Als Modellierer erreichen uns solche Aufgaben jedoch nicht – normalerweise sind numerische Rechnungen bereits durchgeführt worden, bevor das Problem zum Modellierer gelangt. Will man den Einfluß verschiedener Parameter auf das berechnete Ergebnis untersuchen (und dies ist die Standardaufgabe des Modellierens), dann ist das *Verstehen* des Problems notwendig – numerische Prozeduren *erzeugen jedoch nur Zahlen.* Wirkliche Einsichten verlangen, daß man die Wirkung der verschiedenen dimensionslosen Parameter auf das Ergebnis kennt und Zahlen helfen da wenig. Als Beispiel für die Vorteile der analytischen Arbeit vor numerischen Rechnungen bedenke man, daß wir durch eine einfache Rechnung sehr genaue Informationen über die Erwärmung von Quadern *jeder Größe* bekamen. Die Finite-Elemente-Methode erlaubt wenig Einsicht in das allgemeine Problem und liefert nur genaue Ergebnisse für spezielle Fälle. Auf der anderen Seite ist sie für die Modellierung der Erwärmung eines Motorblockes die einzige Möglichkeit. Deshalb bedeutet die Verwendung von algebraischen Programmen in Verbindung mit Methoden wie dem Rayleigh-Ritz-Verfahren einen wirklichen Fortschritt, denn gerade die Rayleigh-Ritz-Methode erzeugt ***semi-analytische*** Ergebnisse, d.h., die Lösung besitzt eine analytische Form, wenn einige Koeffizienten numerisch bestimmt werden. An diesen Ergebnissen kann man die Wirkung der dimensionlosen Gruppen genau erkennen! Die extreme Zunahme der Komplexität der Rechnung, wenn man genauere Näherungen bestimmen will, führte früher zu der Annahme, daß die Rayleigh-Ritz-Methode keine praktische Bedeutung besitzt. Inzwischen hat sich diese Meinung durch die Existenz von Formelmanipulationsprogrammen geändert – vielleicht findet man in der Zukunft die beste Mischung aus analytischer und numerischer Rechnung!

Kommentar: Erfahrungen in der numerischen Berechnung von Aufgaben können bei der analytischen Lösung durchaus helfen. So können Erfahrungen mit der Finite-Elemente-Methode bei der Bestimmung der Aufwärmzeit für Schalen mit verschiedener Gestalt zu der (richtigen) Annahme führen, daß die Dicke der bestimmende Parameter ist und man dazu übergeht, quasi eindimensionale Wärmeausbreitung zu untersuchen. Besonders bei der Behandlung von komplizierten hydrodynamischen Problemen erweist sich die Erfahrung mit numerischen Prozeduren als extrem hilfreich, da diese den Forschern Hinweise geben, welche Aspekte des Problems besonders wichtig sind.

9.5 Zusammenfassung

Wir untersuchten in diesem Kapitel Probleme, die mit dem Kochen zu tun haben. Eine besondere Schwierigkeit ist bei diesen **inversen** Problemen, daß sie häufig nicht wohldefiniert sind und es nicht so einfach ist zu erkennen, ob ein spezielles Problem vernünftig definiert ist. In einem der untersuchten Fälle (dem Problem der Oberflächentemperatur) existierte eine eindeutige Lösung, die sich aus der Lösung für das Vorwärtsproblem konstruieren läßt. Die andere Situation (das Problem der Temperaturverteilung) war nicht wohldefiniert und wir stellten einen Zugang vor, dessen Inhalt die Zusammenfügung einer Klasse von speziellen Lösungen ist und der die Erzeugung einer der möglichen Lösungen gestattet.

Für Probleme mit einfachen Geometrien half die Fouriermethode bei der Lösung, und die Wichtigkeit des ersten Eigenwertes für die Zeitspanne bis zum Erreichen des Gleichgewichtes wurde herausgestellt. Diese Beobachtung ermöglicht es in Verbindung mit einer Variationsformulierung, auch sehr komplizierte Geometrien näherungsweise zu behandeln.

9.6 Aufgaben

Aufgabe 9.1 *Braten*

Eine derzeit anerkannte Art des Bratens von Roastbeef beginnt mit einer schnellen Erhöhung der Oberflächentemperatur des Fleischstückes von T_0 auf ein hohes Niveau T_h, nach etwa der Zeit $0{,}1t_0$ (wobei t_0 die gesamte Bratzeit ist) wird die Temperatur auf ein mittleres Niveau T_1 reduziert und bleibt für etwa $0{,}8t_0$ auf dieser Höhe. Im letzten Abschnitt des Kochvorganges wird die Temperatur wieder auf T_h erhöht, um die Oberfläche gut zu bräunen.

(a) Man modelliere die oben beschriebenen Temperaturveränderungen, skaliere und bestimme mit (9.2) und Maple numerisch die dazu benötigte Wärmezufuhr für einen unendlichen Halbkörper. Man zeichne die Ergebnisse und überprüfe, ob die Lösung für q wirklich die gewünschte Temperatur erzeugt.

(b) Die obige Lösung für $q(t)$ ist nur dann verwendbar, wenn sie robust ist, d.h., nur wenn die unvermeidlichen kleinen Fluktuationen des Wärmestroms keinen großen Einfluß auf den Endzustand, in unserem Fall die Oberflächentemperatur, besitzen. Zur Untersuchung der Robustheit einer Lösung fügt man normalerweise eine Fluktuation (z.B. $\epsilon \sin \omega t$ mit kleinem ϵ) hinzu und untersucht den numerischen Einfluß auf das Ergebnis. Man füge deshalb dem obigen Ergebnis solche Fluktuationen für verschiedene ω hinzu, untersuche den Einfluß auf das Temperaturprofil und kommentiere das Ergebnis. Warum sind für Wärmeleitungsprobleme dieser Art Schwierigkeiten mit der Robustheit der Lösung aus physikalischen Gründen nicht zu erwarten?

Nebenbemerkung: Aufgrund falscher Modellierung in den frühen Tagen der Wissenschaft vom Kochen verloren in den 30er Jahren in den USA traditionelle Brattechniken schnell an Einfluß (siehe McGee (1984)). Die Chefköche lehnten die neuen Theorien jedoch bald ab.

Aufgabe 9.2 *Effektivität des Kochers*

Ist ein Konvektionsofen nicht sehr effektiv oder befinden sich zu viele Fleischstücke im Ofen, dann ist eine konstante Ofentemperatur als Randbedingung nicht mehr gegeben und die Garzeit wird zunehmen. Der Produktionszuwachs durch das Vollstopfen des Ofens wird die Verluste durch die Kochzeitverlängerung jedoch vielleicht ausgleichen. Zur Untersuchung des Einflusses der verringerten Wärmeübertragung auf die Kochzeit wollen wir von kugelförmigen Hähnchen mit dem Radius a und einer Newtonschen Randbedingung

$$-kT_r(a,t) = \beta(T(a,t) - T_0)$$

ausgehen. Dabei ist T_0 die (feste) Ofentemperatur und $T(a,t)$ die Oberflächentemperatur des Hähnchens. Der Koeffizient der Wärmeübertragung β hängt von der Zahl der Fleischstücke und den Eigenschaften des Ofens (Umluftgeschwindigkeit, Aufheizrate usw.) ab. Da der Zusammenhang sehr kompliziert ist, muß er wahrscheinlich experimentell bestimmt werden.

(a) Man skaliere die Gleichungen für die Temperaturveränderungen in einem typischen Hähnchen und suche nach separierten Lösungen dieser Gleichungen der Form $e^{-\lambda^2 t}R(r)$.

(b) Man zeige, daß die Kochzeit durch die kleinste Wurzel der Gleichung

$$\lambda \cot \lambda = 1 - \mu,$$

mit $\mu = a\beta/k$, bestimmt wird. Man zeichne die Lösungen und diskutiere sie.

Aufgabe 9.3 *Sturm-Liouville-Probleme*

Das Sturm-Liouville-Problem, das aus der Fouriermethode folgt, kann als Variationsproblem formuliert werden – für Näherungsrechnungen ist dies eine sehr gut geeignete Form.

(a) * Man zeige, daß für Funktionen $\phi(x)$ mit $\phi(a) = \phi(b) = 0$ und der Zwangsbedingung

$$\mathcal{I} = \int_a^b r(x)\phi^2(x)\mathrm{d}x = 1$$

für das Funktional

$$\mathcal{J}(\phi(x)) = \int_a^b [p(x)(\phi'(x))^2 - q(x)\phi^2(x)]\mathrm{d}x$$

stationäre Lösungen durch die Lösung $y(x, \lambda)$ des Sturm-Liouville-Systems

$$(p(x)y'(x))' + (q(x) + \lambda r(x))y(x) = 0 \quad \text{für} \quad a < x < b$$

realisiert werden. Dabei gilt weiter $y(a) = y(b) = 0$ und das Minimum von $\mathcal{J}$ ist gleich dem kleinsten Eigenwert λ_1 des Sturm-Liouville-Systems.

(b) Die obige Formulierung von Sturm-Liouville-Systemen als Variationsproblem ist recht nützlich, da sie es gestattet, die Eigenwerte und Eigenlösungen approximativ zu bestimmen, wenn exakte Lösungen nicht zu erlangen sind.

(i) Man bestimme den ersten Eigenwert und die Eigenlösung näherungsweise für den einfachen Fall von Oszillatoren mit $p = q = r = 1$ und $a = 0, b = 1$ bei Verwendung geeigneter Testfunktionen. Man vergleiche mit den exakten Lösungen.

Hinweis: Man nutze die Symmetrie der Lösung.

(ii) Man bestimme eine Näherung für den ersten Eigenwert für den Fall $r(x) = 1 + x$ (hier existiert keine exakte endliche Lösung).

Aufgabe 9.4 *Lose Enden: Gestalteffekte*

Die Annahme liegt nahe, daß die Wärmeaustauschgeschwindigkeit eines Körpers mit einem bestimmten Volumen mit der Umgebung ungefähr proportional zu seiner Oberfläche ist. Daraus folgt natürlich, daß die Abkühlzeit indirekt proportional zur Oberfläche sein sollte.

(a) Man verwende das Ergebnis (9.11) für die Abkühlzeit eines Quaders mit den Seiten (a, a, b) (d.h. mit einem quadratischen Querschnitt) zur Berechnung der Abhängigkeit der Abkühlzeit vom Formfaktor $\alpha = a/b$ für Quader mit gleichem Volumen. Man zeichne mit Maple die Abkühlzeit als Funktion der Oberfläche für diese Quader und erläutere das Ergebnis.

Hinweis: Viele natürliche Objekte sind von der Natur so geschaffen worden, daß sie bestimmte chemische Stoffe effektiv absorbieren können. Die Wurzeln der Pflanzen sind für die Aufnahme von Nitraten aus dem Erdboden optimiert und Blutzellen für die Absorption von Sauerstoff. Daher sind die obigen Betrachtungen von allgemeinem Interesse. Das von der Natur schließlich gewählte Design ist meist ein Kompromiß, da andere Eigenschaften (z.B. Stärke) den Bau ebenfalls bestimmen.

Aufgabe 9.5 *Ellipsenförmige Hähnchen*

Ein kugelförmiges Hähnchen wird zum Kochen länger benötigen als ein Hähnchen in der Realität, da es weniger Oberfläche pro Einheitsvolumen für den Wärmeaustausch besitzt. Damit man einem Überblick über den Einfluß der Gestalt auf die Kochzeit bekommt, wollen wir einen ellipsoiden Körper untersuchen.

Wir verwenden dabei die Tatsache, daß der kleinste Eigenwert λ des Systems (9.12), (9.13) die Kochzeit bestimmt und daß das Rayleigh-Ritzsche Verfahren (9.17) die genaue Berechnung dieses Wertes gestattet. Da viele Probleme auftreten werden, wollen wir den Zugang zuerst für den Fall der Kugel überprüfen.

(a) Wir verwenden ein sphärisches Koordinatensystem sowie einfache Testfunktionen. Letztere sollen die Form

$$f(r) = A + B - (Ar^2 + Br^4) \quad \text{für} \quad 0 \leq r \leq 1$$

besitzen. Ist die Integralbedingung für f^2 erfüllt, verbleibt ein freier Parameter. Man berechne den kleinsten Eigenwert für den Kugelfall und vergleich ihn mit dem exakten Wert. Man vergleiche außerdem die exakten Eigenfunktionen mit den Näherungen.

Hinweis: Die Gleichungen für (A, B) sind nichtlinear, man achte deshalb auf Schnitte im Wertebereich. Man überzeuge sich davon, daß man wirklich den kleinsten Eigenwert berechnet hat.

(b) ** Wir wollen nun den elliptischen Fall untersuchen.

Man formuliere das Problem der Berechnung der Erwärmungszeit für ein Ellipsoid, dessen Oberfläche durch die Rotation der Ellipse

$$(x, y) = (a \cos\theta, b \sin\theta), \quad 0 \leq \theta \leq 2\pi$$

um die x-Achse erzeugt wird. Man verwende ähnliche Testfunktionen wie im sphärischen Fall.

Hinweis: Die Oberfläche in der (x, y)-Ebene mit dem obigen Rand läßt sich wie folgt parametrisieren:

$$(x/a, y/b) = (r\cos\theta, r\sin\theta), \quad 0 \leq r \leq 1, \ 0 \leq \theta \leq 2\pi.$$

Man benötigt Ausdrücke für Oberflächenelemente, Volumenelemente und Gradienten in allgemeinen krummlinigen Koordinaten. Man findet diese Information in jedem Buch über Vektorrechnung, siehe z.B. Kreyszig (1983).

(c) ** Man berechne mit Hilfe von Integrationssoftware die Eigenwerte für verschiedene Ellipsen mit dem Volumen 1 und vergleiche die Ergebnisse.

Aufgabe 9.6 *Rohrisolation*

Oft müssen heiße Flüssigkeiten durch Rohre transportiert werden, entweder, weil sie am Zielort hohe Temperaturen besitzen müssen oder weil es bei tieferen Temperaturen zu unakzeptablen physikalischen oder chemischen Veränderungen kommt. So besitzt Öl bei hohen Temperaturen eine geringe Viskosität, während diese bei Temperaturabfall zunimmt und es zur Verfestigung kommen kann, die einen Transport unmöglich macht. Damit am Zielort die richtige Temperatur herrscht, kann man die Flußgeschwindigkeit erhöhen, so daß die Transportzeit und damit die Abkühlung abnimmt; oder man verbessert die Isolation der Rohre. Das Ziel besteht im allgemeinen in der Bestimmung der kostengünstigsten Kombination der beiden Verfahren.

(a) Zuerst wollen wir den radialen Wärmetransport im Rohr mit dem äußeren Radius r_1, welches mit einem Isolationsmaterial der Dicke d und der Wärmeleitfähigkeit k umgeben ist, untersuchen. Die Flüssigkeit im Rohr sei gut vermischt und die Temperatur des Rohres sei gleich der der Flüssigkeit T_1, da die Rohre meist aus gut leitendem Material bestehen. Die Umgebung halte die äußere Oberfläche des Rohres auf der Temperatur T_2 (nicht so gut, eine Newtonsche Beziehung wäre besser).

Man gebe die Gleichungen an, die den radialen Gleichgewichtswärmetransport in den Isolator bestimmen. In Zylinderkoordinaten gilt

$$\nabla^2 T(r) = T_{rr}(r) + \frac{1}{r} T_r(r).$$

Man zeige, daß die Gleichgewichtslösung die Form

$$T = \frac{T_1 \log(\frac{r_2}{r}) + T_2 \log(\frac{r}{r_1})}{\log \frac{r_2}{r_1}}$$

besitzt mit $r_2 = r_1 + d$. Man zeige weiter, daß die Wärmeverlustrate pro Einheitslänge des Rohres gleich

$$\mathcal{L} = -2\pi r_2 k T_r(r_2) = \gamma(T_1 - T_2),$$

d.h. durch eine Newtonsche Abkühlungsbeziehung, gegeben ist. Man bestimme γ und zeichne $\mathcal{L}(d/r_1)$. Man kommentiere die Ergebnisse.

(b) Wir wollen die obigen Ergebnisse zur Konstruktion eines globalen Wärmeverlustmodells verwenden. Die Idee ist einfach: an jedem Punkt des Rohres x gibt der obige Ausdruck eine richtige Beschreibung des Wärmeverlustes, wenn $T_1(x)$ die ***lokale*** Temperatur der Flüssigkeit ist. Zur Berechnung der Temperatur der Flüssigkeit an jedem Punkt x des Rohres müssen nur die Wärmeverluste von der Quelle bis zum Punkt x aufaddiert werden. Man zeige, daß aus der Energieerhaltung

$$\rho_f c_f Q \frac{\mathrm{d}T_1}{\mathrm{d}x} = -\mathcal{L}$$

folgt. Hier ist Q die Volumenflußrate im Rohr und ρ_f, c_f sind die Dichte und die Wärmekapazität der Flüssigkeit. Man löse die entstehenden Gleichungen und identifiziere die Parameterkombination, die die Längenskale für signifikante Temperaturänderungen der Transportflüssigkeit bestimmt. Man erläutere die erhaltenen Ergebnisse.

Aufgabe 9.7 *Finite Elemente 1*

Wir wollen in dieser Aufgabe untersuchen, wie die Größe der Intervalle die Genauigkeit der Näherungsrechnung mit der Finite-Elemente-Methode für ein Testsystem beeinflußt. Die Näherungsfunktionen seien stückweise linear (wie im Text), damit unterscheiden sich die Näherungen nur durch die Anzahl der Elemente. Unser Testsystem ist

$$y'' + \gamma^2 y = 1 \quad \text{für} \quad 0 < x < 1$$

mit

$$y(0) = y(1) = 0.$$

Zuerst wollen wir den Fall $\gamma = 1$ untersuchen. Man gehe wie folgt vor:

(a) Man löse das System mit Maple exakt.

(b) Man zeige, daß das zur obigen Differentialgleichung gehörige Funktional die Form

$$\int_0^1 [\phi'^2 - \phi^2 + 2\phi]\mathrm{d}x$$

besitzt. Man gebe das entsprechende Variationsproblem explizit an.

(c) Durch die Symmetrie des Problems ist die einfachste Finite-Elemente-Näherung die Teilung des Bereiches in zwei gleichgroße Intervalle. Mit Maple oder per Hand berechne man die entsprechende Finite-Elemente-Näherung und vergleiche die Lösungen.

(d) Man verdopple die Zahl der Elemente und vergleiche die Lösungen.

(e) * Man zeichne mit Maple die exakte Lösung für $\gamma = 10$. Wie viele Elemente sind nötig, um in diesem Fall ein gutes Näherungsergebnis zu erhalten?

Hinweis: Wie viele Oszillationen besitzt die Lösung?

(f) ** Wie viele Elemente sind für $\gamma = \pi$ notwendig?

Hinweis: Man gehe sorgfältig vor!

Aufgabe 9.8 *Finite Elemente 2*

Zum Test der Effektivität der Finite-Elemente-Methode bei der Berechnung von Näherungslösungen untersuchen wir nun die Gleichgewichtstemperaturverteilung in einer quadratischen Platte, wenn eine Ecke auf der Temperatur 1 gehalten wird, während die anderen Ecken die Temperatur 0 besitzen (siehe Abb. 9.5). Wir haben dieses Problem bereits in Aufgabe 6.1 besprochen. Dort halfen Linearität und Symmetrie bei der Berechnung des Wertes 1/4 für den Mittelpunkt der Platte. In Aufgabe 8.5 wurde dann mittels der Fouriertechnik die Temperaturverteilung auf der gesamten Platte bestimmt.

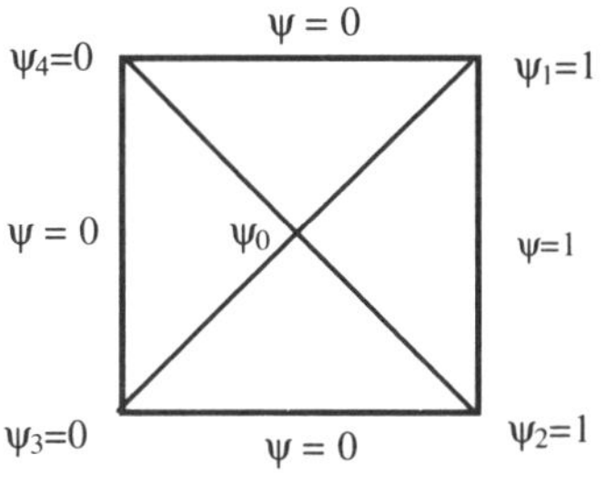

Abb. 9.5 Gleichgewichtstemperatur in einer Platte: ein Schema für die Finite-Elemente-Methode.

(a) Man zeige, daß

$$\int_0^1 \int_0^1 [\phi_x^2 + \phi_y^2] \mathrm{d}x\mathrm{d}y$$

das dem Problem entsprechende Funktional ist.

(b) Man berechne die Finite-Elemente-Näherung für $\phi(0,0)$ für die in Abb. 9.5 dargestellte Situation.

Kommentar: Das Ergebnis ist exzellent, dies ist jedoch kein überzeugender Test. Man beachte, daß die Näherung außerhalb des Mittelpunktes ziemlich schlecht ist. Man benötigt für eine Verbesserung des Testes deutlich mehr Elemente. Außerdem zeigt es sich, daß an Stellen mit Unstetigkeiten in den

Randbedingungen Unstetigkeiten in den Näherungslösungen auftreten (z.B. an den ($\psi = 1$)-Vertices in unserem Fall).

Kommentar: Ein Variationsansatz für dieses Problem erzeugt eine Lösung, die im Mittel nicht schlecht ist, für bestimmte Punkte im Lösungsbereich kann sie jedoch sehr ungenau sein. Will man z.B. das lokale Verhalten der Lösung in der Nähe einer Unstetigkeit der Randbedingungen untersuchen, dann liefert der Variationsansatz keine vernünftigen Antworten. Hier zeigt sich, daß eine lokale Reihenentwicklung günstiger ist.

(b) ** Dieses Problem ist unkompliziert, jedoch handelt es sich mehr um ein Projekt als eine Aufgabe. Man finde mit Maple einen analytischen Ausdruck für die lineare Approximation für die (beliebigen) Werte ψ_1, ψ_2, ψ_3 an den Knoten der Dreieckselemente. Daraus bestimme man eine Prozedur zur Berechnung des Funktionals über diesem Element. Damit kann nun jedes zweidimensionale Gleichgewichtswärmeleitungsproblem bearbeitet werden – man muß lediglich die Knoten spezifizieren und das lineare Gleichungssystem lösen, welches bei der Addition aller Beiträge auftritt, sowie das Funktional optimieren.

(d) *** Man definiere eine raffiniertere Aufteilung der Platte, erzeuge Lösungen und vergleiche diese mit oben. Man achte darauf, daß man alle zur Verfügung stehenden Lösungssymmetrien wirklich nutzt. Mit diesen Werkzeugen läßt sich nun die Temperaturverteilung in einer Platte mit einem quadratischen Loch bestimmen, für die beliebige Randbedingungen vorgegeben werden.

Literatur

Abramowitz, M., Stegun, I., *Handbook of Mathematical Functions*, Dover Publications, New York, 1970.

Carrier, G. F., Pearson, C. E., *Ordinary Differential Equations*, S. 125, Blaisdell Waltham, Massachusetts, 1968.

Carrier, G. F., Pearson, C. E., *Partial Differential Equations*, Academic Press, New York, 1976.

Jastrzebski, Z. D., *Engineering Materials*, Wiley International Edition, 1959.

Kreyszig, E., *Advanced Engineering Mathematics*, 5. Auflage, John Wiley, 1983.

McGee, H., *On Food and Cooking*, Charles Scribner & Sons, New York, 1984.

Morse, P. M., Feshbach, H., *Methods of Theoretical Physics, Teil I*, S. 520, McGraw-Hill Book Company, New York, 1953.

Strang, G., *Introduction to Applied Mathematics*, Wellesley-Cambridge Press, Mass., 1986.

10 Aspekte des Treibhauseffektes

10.1 Einführung

Es ist nicht einfach zu entscheiden, wie man die Modellierung des so komplexen und subtilen Problems des Treibhauseffektes beginnt. Wir wollen in diesem Kapitel einen solchen Zugang vorstellen, der sich mit einem Teil der Probleme beschäftigt. Die Fragen, die hier gestellt werden, sind an sich von Interesse und treten bei vielen Anwendungen auf. Einige von ihnen werden wir im Text besprechen, andere in den Aufgaben kurz behandeln.

Bevor man sich über die Veränderungen Gedanken macht, die durch die Treibhausgase ausgelöst werden, ist es unerläßlich zu verstehen, wie die normalen Temperaturschwankungen auf der Erde zustandekommen. Die einfallende Sonnenstrahlung wird zum Teil von den Wolken (30%) reflektiert und 25% werden in der Atmosphäre absorbiert. Der Rest (45%) wird vom Boden, der Vegetation oder den Ozeanen reflektiert oder absorbiert. In allen diesen Medien bewirkt der Einfall der Sonnenstrahlung Temperaturveränderungen, die zu Abstrahlung von Wärme von diesen Medien in die Umgebung führen. Da die verschiedenen Komponenten auf die Strahlung verschieden reagieren, kommt es zusätzlich zu internen (konvektiven oder konduktiven) Wärmeflüssen zwischen der Atmosphäre, dem Boden mit der Vegetation und den Weltmeeren sowie zu Wärmeaustauschprozessen zwischen den Polargebieten und den Tropen. Alle Wärmeflüsse, Wärmeverluste und Wärmeaustauschprozesse variieren mit dem Ort, der Tageszeit und der Jahreszeit. Bei dieser Komplexität kann man schnell die Übersicht und damit die wesentlichen Prozesse aus dem Auge verlieren: Grob gesagt benötigen wir das Wissen, wie groß der Anteil der Erde und der Atmosphäre ist, der in relevante Wärmeaustauschprozesse mit der Sonne verwickelt ist. Ist die „effektive thermische Masse“ der Erde und der Atmosphäre im störungstheoretischen Sinne klein, dann werden kleine Veränderungen der Wärmebalance (z.B. durch zusätzliches Kohlendioxid in der Luft) große Veränderungen der Oberflächentemperatur hervorrufen und die Reaktionszeit wird kurz sein. Für eine große thermische Masse sind die Veränderungen klein und das Verhalten langsam. Natürlich sind ein großer Teil der Atmosphäre, der Oberflächenschichten der Ozeane und der Vegetation in die täglichen und jährlichen Temperaturschwankungen einbezogen (welche die Strömungen in der

Atmosphäre und in den Ozeanen erzeugen), wie groß ist jedoch der Anteil der Erdkugel bei diesen Prozessen? Gerade diesem Problem werden wir uns in diesem Kapitel hauptsächlich zuwenden. In Aufgabe 10.2 findet man ein einfaches Beispiel für den Wäremaustausch der Sonne mit den Ozeanen und der Atmosphäre.

Nun wissen wir, daß die Zeitskale für die thermische Anpassung an die Umgebung für einen wärmeleitenden Körper mit dem Radius R der Erde gleich R^2/κ ist mit der Wärmeleitfähigkeit κ. Dies ergibt $94 \cdot 10^6$ Jahre, wenn man die Leitfähigkeit von Granit verwendet. Diese Rechnung ignoriert jedoch sämtliche Wärmeaustauschprozesse und ist somit nicht sehr aussagekräftig, man sieht jedoch, daß die Erdkugel durch die Veränderungen am Tag, im Jahr und über 50 Jahre (der Zeitspanne für den Treibhauseffekt) hinweg kaum beeinflußt wird. Man sollte die Frage umdrehen und sich für die Eindringtiefe der Wärmeänderungen in die Erde interessieren. Wir erwarten, daß das Ergebnis von der Ordnung $\sqrt{\kappa t}$ ist, die Wärmeleitfähigkeit von Granit ergibt wieder eine Eindringtiefe von 41,5 Metern in 50 Jahren; damit ist klar, daß nur eine äußere Schale dieser Dicke für unser Problem relevant ist. Diese Abschätzung vernachlässigt jedoch die wichtige Tatsache, daß an allen Punkten der Erdoberfläche ein Großteil der täglich aufgenommenen Wärme in der Nacht wieder an die Umgebung abgegeben wird; wäre dies nicht der Fall, würden sich die täglichen Temperaturschwankungen nicht so ähnlich sein. Deshalb dürfte aufgrund dieser Absorption/Desorption die Eindringtiefe (und damit die effektive thermische Masse) etwas kleiner als unsere obige Abschätzung sein. In Abschnitt 10.2 wollen wir den Effekt der Veränderung der Wärmezufuhr untersuchen; in Abschnitt 10.3 wenden wir uns dann den Auswirkungen von räumlichen Veränderungen auf die Eindringtiefe zu.

Ein grobes globales Gleichgewichtsmodell stellen wir in Abschnitt 10.4 vor und bestimmen die Temperaturveränderung als Folge einer Zunahme der Treibhausgase, wobei wir von einer „effektiven" Oberflächentemperatur ausgehen wollen. Dieser Ansatz ist unvollständig, da wir äußere Informationen zur Berechnung der effektiven Oberflächentemperatur benötigen.

Wie bereits früher bemerkt, verursachen verschiedene Erwärmungen der Ozeane und der Atmosphäre Strömungen, die den Wärmeaustauschprozeß zwischen den Komponenten wesentlich bestimmen. Zur Berechnung dieser Prozesse benötigt man ozeanographische und meteorologische Kenntnisse, die weit jenseits der Intentionen dieses Buches liegen. Die Effektivität der Austauschprozesse bestimmt teilweise die effektive Strahlungstemperatur der Erde und beeinflußt damit das globale thermische Gleichgewicht.

Treibhausgase absorbieren einen Teil der von der Erde abgegebenen Strahlung und verändern damit das oben beschriebene Gleichgewicht. Die Wirkung dieser Treibhausgase ist im Vergleich zu den oben beschriebenen Effekten sehr klein, wie wir aber wissen, reichen manchmal kleine Temperaturänderungen aus, um Leben auf der Erde zu zerstören. Das Treibhausproblem beinhaltet damit die Untersuchung von relativ kleinen und subtilen Effekten. Wir werden in Abschnitt 10.4 auf einige der Probleme, die daraus folgen, eingehen.

10.2 Zeitliche Fluktuationen

Wir vernachlässigen alle räumlichen Variationen der Wärmezufuhr und bestimmen zuerst den Einfluß der zeitlichen Fluktuationen der Wärmezufuhr auf die Temperaturverteilung im Festkörper Erde. Wir beschreiben die Aufheizgeschwindigkeit durch eine Fourierreihe, deren wesentliche Komponenten der täglichen und der jährlichen Periode entsprechen. Da die Wärmeleitungsgleichung linear ist, kann man beide Komponenten getrennt voneinander behandeln. Wir gehen deshalb von einer rein sinusförmigen Wärmezufuhr $q \cos \omega t$ für die Oberfläche eines unendlichen Halbkörper aus (siehe Abb. 10.1). Natürlich ist die Erde seit Milliarden von Jahren einer zyklischen Erwärmung ausgesetzt, deshalb sind alle Informationen über den anfänglichen Zustand inzwischen verloren gegangen. Es hat so keinen Sinn, das Anfangswertproblem (wie bisher) zu untersuchen. Man sollte weiter erwarten, daß die Reaktion auf eine periodische Anregung ebenfalls periodisch ist (mit der gleichen Periode), so daß wir nach Lösungen der Wärmeleitungsgleichung mit der gleichen Frequenz ω suchen müssen. Unter diesen Umständen stellt sich die Frage: Wie groß sind die Fluktuationen in der Oberflächentemperatur und wie variiert die Temperatur mit der Tiefe?

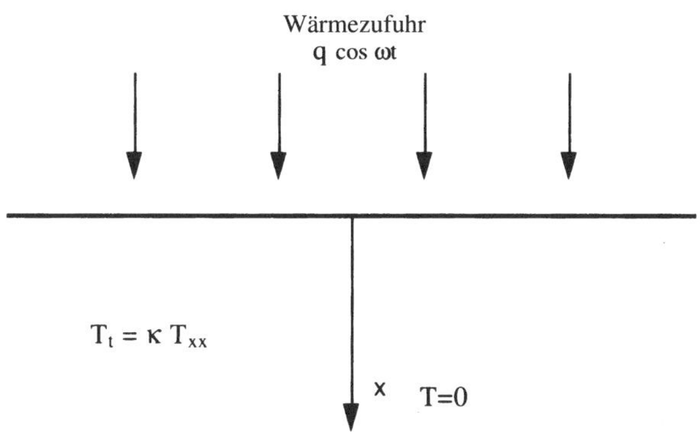

Abb. 10.1 Periodische Erwärmung einer Oberfläche.

Da die Wärme einige Zeit benötigt, bis sie in eine bestimmte Tiefe vorgedrungen ist, kann man nicht erwarten, daß die maximale Temperatur für alle Tiefen zur gleichen Zeit auftritt. Deshalb müssen wir damit rechnen, daß für verschiedene Tiefen unterschiedliche Phasen auftreten. Bei der Behandlung von sinusförmigen Fluktuationen in linearen Systemen ist es algebraisch einfacher, mit der komplexen Darstellung der trigonometrischen Funktionen zu arbeiten. Wir sind ganz sicher, daß dem Leser diese bei der Lösung von gewöhnlichen Differentialgleichungen bereits begegnet sind. Unsere Wärmezufuhr besitzt nun die Form $qe^{i\omega t}$ und wir suchen eine Lösung der Gestalt:

$$T(x,t) = F(x)e^{i\omega t}$$

wobei F komplexe Werte annehmen kann. Zur reellen Lösung $q\cos\omega t$ kommen wir zurück, indem wir den Realteil der komplexen Lösung $T(x,t)$ bilden.

Setzt man die geratene Lösung in die Wärmeleitungsgleichung ein, dann ergibt sich nach dem Herauskürzen eines gemeinsamen Exponentialfaktors

$$i\omega F = \kappa F'', \tag{10.1}$$

und wie erhalten für die Randbedingungen an der Oberfläche

$$-kF'(0)e^{i\omega t} = qe^{i\omega t}. \tag{10.2}$$

Da wir unsere Aufmerksamkeit auf die *erzwungene* Reaktion (d.h. spezielle Lösung) auf die Erwärmung gerichtet haben (indem wir nur nach der Lösung für eine bestimmte Frequenz gesucht haben), ist die normale Anfangsbedingung nicht mehr relevant. Damit verbleibt nur die andere Bedingung, daß tief im Erdboden die Temperatur einen bestimmten Wert annehmen muß, den wir als Ursprung unserer Temperaturskale verwenden wollen.

Nebenbemerkung: Es ist möglich, die transiente (d.h. komplementäre) Funktion mit Fouriermethoden zu bestimmen, dazu werden allerdings Fourierintegrale benötigt, da das Gebiet unendlich ist.

Nebenbemerkung: Zur Bestimmung der Temperatur tief in der Erde sind andere Betrachtungen zu verwenden. Eine Möglichkeit ist das Gleichgewicht zwischen der Erwärmung der Erdkruste durch radioaktive Materialien und dem Wärmegleichgewicht, welches sich als Ergebnis der täglichen Wärmezufuhr und den Wärmeverlusten an der Oberfläche einstellt.

Zwei linear unabhängige Lösungen der gewöhnlichen Differentialgleichung (10.1) sind die Ausdrücke $e^{\pm(1+i)\sqrt{\omega/(2\kappa)}x}$, nur das negative Vorzeichen führt allerdings zu einer Lösung, die nicht für $x \to \infty$ unbeschränkt wächst. Damit erhalten wir als Lösung mit dem gewünschten Verhalten in der Tiefe, die die Randbedingung (10.2) an der Oberfläche erfüllt:

$$T(x,t) = \frac{q}{(k\sqrt{\omega/\kappa}} e^{-(1+i)\sqrt{\omega/(2\kappa)}x} e^{i(\omega t - \pi/4)} \tag{10.3}$$

mit $\kappa = k/\rho c$. Die Oberflächentemperatur ergibt sich damit zu

$$T(0,t) = q/\sqrt{\omega k \rho c} e^{i(\omega t - \pi/4)}, \tag{10.4}$$

und die Amplitude der Fluktuationen der Oberflächentemperatur ist

$$\text{amp}[T(0,t)] = \frac{q}{\sqrt{\omega k \rho c}}. \tag{10.5}$$

Eigenschaften der Lösung

Wie man an (10.3) erkennt, verschwinden sowohl das zeitliche Mittel der Temperatur als auch des Temperaturgradienten an allen Orten x, so daß kein Netto-Wärmetransport auftritt. Insbesondere kommt es zu keinem Netto-Wärmeaustausch mit dem Inneren der Erde aufgrund der Fluktuationen der Sonnenstrahlung! Zur Überprüfung sollte man den transienten Anteil des Prozesses untersuchen, und es kann natürlich geschehen, daß von uns nicht berücksichtigte subtilere Effekte dieses Bild verändern.

Man beachte, daß nach Gleichung (10.4) die Oberflächentemperatur um ein Achtel der Periode gegenüber der Heizrate verschoben ist. Damit tritt die maximale Oberflächentemperatur drei Stunden nach dem Sonnenhöchststand um 12 Uhr mittags auf. Dies stimmt mit Beobachtungen an Orten, die nicht durch Seewinde oder Wetterfronten beeinflußt werden, überein. Der Verzug in den jährlichen Fluktuationen liegt bei etwa 7 bis 8 Wochen; eine ebenfalls experimentell überprüfbare Aussage. Damit können wir hoffen, daß unser Modell der Absorption und Desorption von Sonnenwärme durch die Erdoberfläche die komplexe Realität recht gut widerspiegelt.

Gleichung (10.5) sagt aus, daß die Fluktuationen in der Oberflächentemperatur um so kleiner sind, je schneller die Fluktuationen in der Wärmerate sind (d.h. je größer ω ist). *Die langsamen Fluktuationen besitzen den größten Effekt!* Das Frequenzverhältnis zwischen den beiden Fourierkomponenten beträgt $\omega_{Tag}/\omega_{Jahr} = 365$, so daß der Betrag der Amplitude der täglichen Fluktuation $\sqrt{365} \approx 20$ mal größer sein muß als der der jährlichen Komponente, damit ein vergleichbarer Effekt hervorgerufen wird. In hohen geographischen Breiten sind die jährlichen Schwankungen beträchtlich, sie nehmen bei Annäherung an den Äquator ab. Im Äquatorbereich selber tritt eine jährliche Klimaveränderung nicht auf. Deshalb sind die täglichen Fluktuationen, abgesehen von Gebieten in der Nähe der Pole, im Vergleich zu den jährlichen Veränderungen, vernachlässigbar klein. Man kommt so zu dem der Intuition vielleicht widersprechenden Ergebnis, daß es möglich ist, die täglichen Fluktuationen bei der Modellierung der globalen Klimaerwärmung zu vernachlässigen.

Zur Untersuchung der Temperaturveränderungen mit der Tiefe ist es günstig, das Ergebnis (10.3) in der Form

$$\text{amp} \cdot e^{-\sqrt{\omega/(2\kappa)}x} e^{i(\omega t-\sqrt{\omega/(2\kappa)}x-\pi/4}$$

zu schreiben. Der reelle, von x abhängige Faktor zeigt, daß die Amplitude der Fluktuationen exponentiell mit der Tiefe abnimmt; die Eindringtiefe liegt bei etwa $l_\omega = 5\sqrt{2\kappa/\omega}$. Der imaginäre Anteil des Ausdrucks bedeutet, daß die Fluktuation eine Wellenform in x-Richtung besitzt, deren Wellenkämme auf den Linien

$$\omega t - \pi/4 - \sqrt{\omega/(2\kappa)}x = \text{konstant}$$

liegen. Ein Beobachter in der Erde sieht damit eine Wärmewelle mit der Geschwindigkeit $\sqrt{2\kappa\omega}$ an sich vorbeibewegen.

Die Wärmeleitfähigkeit der Stoffe, aus denen die Erdkruste besteht, ist sehr unterschiedlich, nehmen wir jedoch wieder den Wert von Granit ($\kappa = 10^{-6}\text{m}^2/\text{s}$), dann reichen die täglichen Fluktuationen etwa 0,8 m tief. Für die jährlichen Fluktutionen erhalten wir $20 \cdot 0{,}8 = 16$ m. Damit spielt nur eine sehr dünne Oberflächenschicht der Erde von etwa 16 m für die periodische Aufheizung durch die Sonne eine Rolle. Die gleiche Rechnung für die Ozeane ergibt eine Tiefe von 1,8 m über ein Jahr; wir werden im Abschnitt 10.4 sehen, daß hier jedoch Diffusionsprozesse eine wichtige Rolle spielen.

Die Amplituden der Fluktuationen der Oberflächentemperatur werden, wie wir gesehen haben, um den Faktor $1/\sqrt{\omega}$ unterdrückt; dazu kommt, daß die höherfrequenten Anteile beim Eindringen in die Erde stärker gedämpft werden. Damit stellt die Erde ein natürliches Filter dar, das die höherfrequenten Anteile der Wärmezufuhr auf die obersten Schichten beschränkt. Mißt man die Temperatur tief im Inneren der Erde, so kann man damit die niederfrequenten Strahlungsanteile der Sonne untersuchen, z.B. die periodische Sonnenaktivität, die mit den Eruptionen auf der Sonne verbunden ist und eine Periode von 11 bis 14 Jahren besitzt.

Kommentar: Andere Anwendungen. Die obigen Überlegungen lassen sich zur Untersuchung vieler Probleme anwenden. So kann man mit ihnen die Frage beantworten, wie dick die thermische Isolierung eines Hauses sein muß. Normalerweise ist man an der Kompensation der täglichen Temperaturschwankungen interessiert und man benötigt eine Dicke von $\gamma\sqrt{2\kappa/\omega_{\text{Tag}}}$ mit $\gamma \approx 4$. Die meisten Isolierstoffe bestehen hauptsächlich aus Luft (einem schlechten Wärmeleiter) in Verbindung mit einem Fasermaterial (zur Verhinderung von Konvektion und zur Bildung von thermischer Masse). Damit ist die Wärmeleitfähigkeit die von Luft, während die Wärmekapazität und die Dichte durch das Fasermaterial und seine Verdichtungsrate bestimmt werden. Mit Hilfe dieses einfachen Modells und Tabellenwerten (oder experimentellen Daten, wenn sie dem Leser zur Verfügung stehen) kann der Leser nun die Dicke für das Isolationsmaterial abschätzen.

10.3 Räumliche Fluktuationen

Zur Berechnung der Auswirkungen der unterschiedlichen Erwärmung verschiedener Punkte auf der Erde betrachten wir eine Wärmezufuhr der Gestalt $\sin \mu y e^{i\omega t}$. Dabei wird y entlang der Erdoberfläche gemessen. Das Temperaturfeld soll diese Abhängigkeit vom Ort widerspiegeln, wir schreiben damit

$$T(x, y, t) = \mathcal{T}(x) \sin \mu y e^{i\omega t}$$

als die zu erwartende Form der Lösung. Setzt man diesen Ausdruck in die Wärmeleitungsgleichung ein, so folgt daraus die gewöhnliche Differentialgleichung

$$\mathcal{T}'' - [\mu^2 + \frac{i\omega}{\kappa}]\mathcal{T} = 0.$$

Diese Gleichung läßt sich recht einfach lösen, es ist jedoch für das Verständnis besser, die Einflüsse der verschiedenen Terme einzeln zu untersuchen. Der Term ω/κ ist im wesentlichen das Inverse des Quadrates der Eindringtiefe l_ω der fluktuierenden Temperatur, der Term μ^2 das Inverse des Quadrates der Längenskale

l_h, über der die Wärmezufuhr sich verändert. Da die Eindringtiefe mit etwa 16 m viel kleiner ist als die Skale, über der die Wärmezufuhr fluktuiert (größer 500 km), interessieren wir uns für den Parameterbereich, in welchem der μ^2-Term in der gewöhnlichen Differentialgleichung gegenüber dem ω/κ-Term vernachlässigbar ist. Daraus folgt nun, daß das eindimensionale Modell des vorigen Abschnitts (siehe (10.4)) das Temperaturfeld auf der Erdoberfläche recht gut beschreibt, wenn man den ***lokalen*** Wert der Wärmezufuhr verwendet. Die Temperaturvariation mit der Tiefe wird ebenfalls durch ein eindimensionales Modell beschrieben. Man kann mit Hilfe eines iterativen Schemas diese mathematisch intuitiven Näherungen rechtfertigen, aufgrund von Erfahrungen sollte daran kein Zweifel bestehen. Ohne Wärmetransport durch die Atmosphäre wird die ***lokale*** Oberflächentemperatur nur durch die Wärmestrahlung drei Stunden früher bestimmt.

Kommentar: Gestalteffekte. Da $l_\omega \ll l_h$ gilt, d.h., da die Erde nach Abb. 10.2 thermisch dick ist, können wir die räumlichen Veränderungen bei der Bestimmung der lokalen Temperaturveränderungen ignorieren. Die gleichen Argumente gelten für Veränderungen durch topographische Unterschiede, durch Erdkrümmung oder Veränderungen der Wärmeleitfähigkeit. Ist l_ω deutlich kleiner als die anderen relevanten Längenskalen, dann bestimmt das eindimensionale Ergebnis die lokalen Temperaturschwankungen. Durch den kleinen Wert von l_ω ist dies im Falle der Erde immer so. Der gleiche Sachverhalt tritt in vielen Situationen auf und erlaubt die Vernachlässigung von Gestalteffekten; dies ist eine bedeutende Vereinfachung der meisten Probleme. (Man erinnere sich an die Komplikationen, die bei der Modellierung von Effekten beim Kochen für nicht ebene Geometrien auftraten.) In anderen Fällen ist die Größe der zu erwärmenden Objekte kleiner als die Diffusionslängenskale, d.h $l_\omega \gg l_h$. Dann folgt aus (10.3), daß die Temperaturschwankungen in den Körpern relativ klein sind, und man kann davon ausgehen, daß alle Objekte durch die Strahlung gleichmäßig erwärmt werden – eine ebenfalls wesentliche Vereinfachung. Sind die Längenskalen jedoch vergleichbar groß, dann tritt keine Vereinfachung auf; die Schwierigkeiten sind real, da hier geometrische und diffusive Effekte für die Bestimmung der thermischen Reaktion wichtig sind.

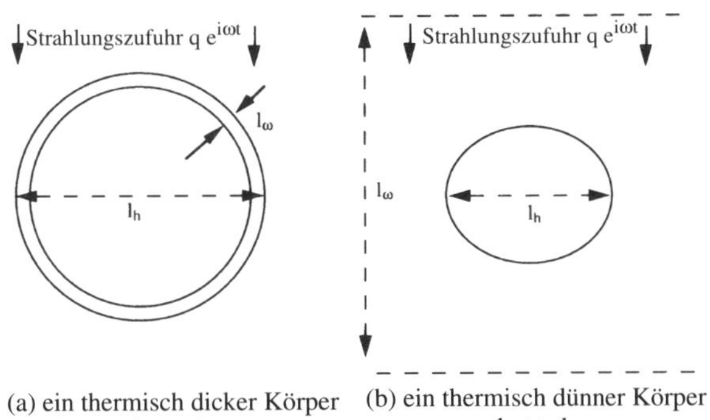

Abb. 10.2 Thermisch dicke und dünne Körper.

10.4 Die Annäherung an ein neues thermisches Gleichgewicht

Nach der Untersuchung der Reaktion der Erde auf periodische Wärmezufuhr wenden wir uns nun dem Problem zu, wie die Veränderung der mittleren Wärmezufuhr durch Treibhausgase die Oberflächentemperatur auf der Erde beeinflußt. Wir wollen weniger ein vollständiges Modell (eine schwierige Aufgabe) konstruieren, sondern überprüfen, ob die Zahlen vernünftig sind. Solche „Überschlagsrechnungen" sind für Modellierer sehr wichtig, bevor viel Zeit in große Rechnungen investiert wird, die vielleicht konzeptuell fehlerhaft sind. Wir untersuchen im folgenden den Fall, daß die Wärmemenge Q auf den Wert $Q + q$ ansteigt und sich damit die Temperatur eines unendlichen leitenden Halbkörpers verändert, der nach dem Strahlungsgesetz von Stefan und Boltzmann bestrahlt wird. Wir vermeiden so Komplikationen, die durch periodische Wärmezufuhr und verschiedene Körperformen hervorgerufen werden. Zusätzlich dazu nehmen wir an, daß wir mit *einer* Oberflächentemperatur (d.h. einem geeigneten Mittel) arbeiten können. Die Veränderung der Wärmezufuhr durch die Treibhausgase erfolge abrupt. Natürlich lassen sich die unserem Modell zugrundeliegenden Annahmen besser der Realität anpassen, unser Modell sollte trotzdem ein ungefähres Ergebnis für die Temperaturveränderung liefern und Aussagen über die Reaktionszeit der Erde auf diese Veränderungen ermöglichen. Der problematischste Aspekt unserer Annahmen ist die Erde als leitender Festkörper. Statt dessen wäre es vielleicht angebracht, die Oberfläche der Erde als gut gemischte Flüssigkeitsschicht zu behandeln, um so die Atmosphäre und die Ozeane realistischer zu modellieren (siehe Aufgabe 10.2).

Am Anfang besteht zwischen der Wärmezufuhr und dem Wärmeverlust durch Abstrahlung von der Oberfläche ein Gleichgewicht. Die Oberflächentemperatur betrage T_0 (in Kelvin). Dann gilt (nach dem Stefan-Boltzmann-Gesetz)

$$Q = \sigma T_0^4. \tag{10.6}$$

Nach der Erhöhung der Wärmezufuhr tritt ein Ungleichgewicht an der Oberfläche auf, und ein Teil der zusätzlichen Wärme wird von der Oberfläche weg in den Körper hineindiffundieren. Die Erhaltung der Energie fordert nun

$$-kT_x(0,t) = Q + q - \sigma[T_0 + T(0,t)]^4,$$

wobei $T(x,t)$ die Temperaturerhöhung beschreibt. Beim Treibhauseffekt sind die relativen Veränderungen in der Wärmezufuhr q/Q sehr klein und damit auch die proportionalen Veränderungen T/T_0 in der Oberflächentemperatur. *Linearisieren* wir das Problem (d.h., wir vernachlässigen Terme der Ordnung $(T/T_0)^2$), dann erhalten wir mit (10.6) für die Oberflächenbedingung

$$-kT_x(0,t) = Q[q/Q - 4T(0,t)/T_0].$$

Dies ist der Form nach ein Newtonsches Abkühlungsgesetz

$$-kT_x(0,t) = \beta(T_{eql} - T(0,t)]$$

mit

$$\beta = \frac{4Q}{T_0} \quad \text{und} \quad T_{eql} = \frac{T_0}{4}\frac{q}{Q}. \tag{10.7}$$

Wir haben dieses Abkühlungsproblem bereits in Abschnitt 7.6 behandelt. Die Wärme, die in das Material diffundiert, erhöht die Temperatur des Körpers und damit die Abstrahlungsverluste. Nach einer Zeit der Ordnung

$$t_d = \frac{\pi}{\kappa}\left(\frac{k}{\beta}\right)^2$$

erreicht die Oberflächentemperatur ihren neuen Gleichgewichtswert $T_0 + T_{eql}$ (siehe (7.32)-(7.35)).

Für $T_0 \approx 290$ Kelvin folgt aus (10.7), daß eine Erhöhung der Wärmerückhaltung von 4% zu einer Erhöhung der Oberflächentemperatur von etwa 2,9 Kelvin führt. Man kann dieses Bild anhand der experimentellen Daten überprüfen, und es ergibt sich eine ungefähre Übereinstimmung. Bezieht man die Wolken ein, dann beträgt die Wärmezufuhr für das Erdsystem gemittelt etwa 0,34 kW/m^2/s. Mit der obigen Zeitskale ergibt sich für eine granitene Oberfläche eine Reaktionszeit von 11 Tagen, bis sich das neue Gleichgewicht eingestellt hat. Man beachte jedoch, daß aufgrund unserer Ergebnisse in Abschnitt 7.6.3 und Abb. 7.6 die Annäherung an das Gleichgewicht deutlich langsamer vonstatten geht (um den Faktor 1000), als diese Zeitskale glauben macht. Man sollte deshalb dieses Modell nicht zu ernst nehmen, da sich gewisse Unsicherheiten bei der Bestimmung der Reaktionszeit ergeben. Ähnliche Abschätzungen für die Atmosphäre (als gut gemischte Flüssigkeit) ergeben etwa 1 Jahr für die Anpassung an den neuen Gleichgewichtswert. Die Wärmetransportprozesse im Ozean sind dagegen recht komplex und werden im nächsten Abschnitt gesondert untersucht.

Kommentar: Die oben berechnete Reaktionszeit läßt vermuten, daß die thermische Anpassung der Erde im Vergleich zu den 50 Jahren, die wir für die Akkumulation der Treibhausgase in der Atmosphäre angenommen haben, ziemlich klein ist. In diesem Fall reagiert die Erde sofort auf Veränderungen in der Konzentration der Treibhausgase und die Temperaturentwicklung spiegelt diesen Prozeß deutlich wieder. Geht man jedoch davon aus, daß die thermische Anpassung sehr langsam geschieht (und es gibt Anzeichen, daß *dies* der Fall ist, siehe nächster Abschnitt), dann macht sich die Konzentrationserhöhung der Treibhausgase nicht sofort bemerkbar – eine gefährliche Situation, da Umweltkatastrophen unvermeidlich sein könnten. Da die Reaktionszeit der Umwelt auf Eingriffe des Menschen meist größer ist als die Lebensdauer einer Regierung oder einer Generation, sind viele Wissenschaftler in bezug auf die Rettung unseres Planeten recht pessimistisch.

Kommentare zum Treibhauseffekt

Wir haben uns in diesem Kapitel auf einige wesentliche Aspekte des Treibhauseffektes beschränkt. Dieses Wissen ist notwendig, um realistischere Modelle konstruieren zu können. Die internen Wärmeflüsse zwischen Land, Ozean und Atmosphäre bringen größere Komplikationen mit sich, als wir bisher behandelt haben. Einige wollen wir kurz erläutern.

- Eine komplizierte Rolle spielen in diesen Modellen die Wolken. Während des Tages reflektieren sie einen Teil des Sonnenlichtes; diese Strahlung spielt im Wärmegleichgewicht der Erde keine Rolle. In der Nacht sind sie eine Reflexionsbarriere für die Infrarotstrahlung von der Erdoberfläche; deshalb ist in klaren Nächten die Wahrscheinlichkeit für Fröste größer. Da der Anteil der reflektierten Strahlung zur Zeit bei etwa 30% liegt, ist klar, daß jede Veränderung der mittleren Wolkendichte auf die Entwicklung des Systems einen großen Einfluß ausübt. Wird die Atmosphäre durch zusätzliches Kohlendioxid erwärmt und bilden sich daher aufgrund größerer Verdunstung mehr Wolken, dann erreicht die Erdoberfläche aufgrund der Reflexion weniger Sonnenstrahlung als erwartet. Damit könnten die Wolken als eine Art Puffer wirken und den Erwärmungseffekt reduzieren. Die Vorhersage der Wolkenbildung ist jedoch eine große Kunst.

- Ein zweiter wichtiger Faktor, der bei der Unsicherheit der Wärmeabsorption eine große Rolle spielt, ist das Verhalten der Ozeane und der Eiskappen über den Polen. Die Weltmeere bedecken 70% der Erdoberfläche und stellen eine gewaltige Senke für Wärme dar, so daß eine kleine Veränderung im thermischen Zustand der Ozeane wichtige Auswirkungen auf den Treibhauseffekt haben kann. Die Wärmezufuhr erhöht die Temperatur der Ozeane, verursacht zusätzliche Verdunstung sowie die Abschmelzung der Eiskappen. Dazu kommt, daß sich dadurch die Bewegungen im Ozean und in der Atmosphäre verstärken. Wir wollen nun einige dieser Probleme diskutieren. Ein typisches Temperaturprofil als Funktion der Meerestiefe findet man in Abb. 10.3. Man erkennt verschiedene Schichten. In der obersten Schicht (25 m) treten jahreszeitlich bedingte Temperaturschwankungen auf, damit ist diese Schicht zumindest am Wärmeaustausch mit der Umgebung beteiligt. Die Reaktionszeit der Schicht auf Veränderungen der Umgebungstemperatur ist etwa 4 Jahre (siehe Aufgabe 10.2). Unterhalb dieser Schicht findet man einen Bereich (200 bis 400 m stark) mit einer relativ konstanten Temperatur überall auf der Welt, die Tiefe variiert jedoch mit dem Ort. Danach kommt eine als Thermokline bezeichnete Schicht, die sich durch starken Temperaturabfall und eine Zunahme des Salzgehaltes auszeichnet. Beide Faktoren verhindern vertikale Wasserströmungen. Dadurch stehen die oberhalb und unterhalb der Thermokline befindlichen Wassermassen kaum in Verbindung miteinander und die unteren Wasserschichten spielen somit für uns keine wesentliche Rolle. Windbewegungen an der Oberfläche treiben die großen ozeanischen Ströme, die für die Gestaltung des Erdklimas so wichtig sind. Mit diesen Strömungen sind kleine vertikale Wasserbewegungen (2m pro Jahr) verbunden, die warmes Wasser in die Thermokline und kaltes Wasser von dort an die Oberfläche bringen. Die Orte, an denen dies geschieht, werden durch die Landmasen und durch Rotationseffekte bestimmt. Dadurch wird auch die Tiefe der Thermokline beeinflußt. Jede Veränderung der Wärmezufuhr verändert sofort und wesentlich die Windbewegungen und damit nachhaltig den Wasseraustausch mit der Thermokline. Während diese Effekte kaum kurzzeitige Wirkungen zeigen, können sie doch die Tiefe der Thermokline verändern und dies ist äußerst wichtig! Die Ozeanographie ist eine sehr komplizierte und komplexe Wissenschaft. Die störende Eigenschaft dieses Phänomens ist, daß die kleinen Effekte von den numerischen Verfahren zur Berechnung der Parameter von einfachen Ozeanmodellen übersehen werden, wenn diese nicht direkt dafür entworfen wurden. Das obige Phänomen ist recht gut bekannt, man fragt sich allerdings, ob sich dahinter nicht andere, noch nicht ausreichend untersuchte Effekte verbergen. Diese Raffinessen lassen sich gut modellieren, und sie werden daher ein Hauptbestandteil der zukünftigen Untersuchungen sein.

Die heutigen Modelle sind aufgrund der zur Verfügung stehenden Computer nur in der Lage, grobe Abschätzungen der Einflüsse von Wolken, Ozeanen und der atmosphärischen Effekte zu liefern.

- Wir haben bisher noch nichts über die Gase gesagt, die für den Treibhauseffekt verantwortlich gemacht werden. Damit man zuverlässige Aussagen über die Konzentrationsänderungen der Gase in der Atmosphäre machen kann, muß der zugrundeliegende Kohlenstoffzyklus gut verstanden und modelliert werden. Die Meinungen gehen auch hier auseinander, die Forschung scheint jedoch geradliniger zu verlaufen. Man geht davon aus, daß sich die Konzentration der Treibhausgase in den nächsten 50 bis 70 Jahren verdoppeln wird. Für weitere Informationen verweisen wir auf die Sonderausgabe des Scientific American „Managing Planet Earth" (1989), die noch andere relevante Artikel enthält (siehe auch die deutsche Ausgabe: *Spektrum der Wissenschaft* **11**, 1989).

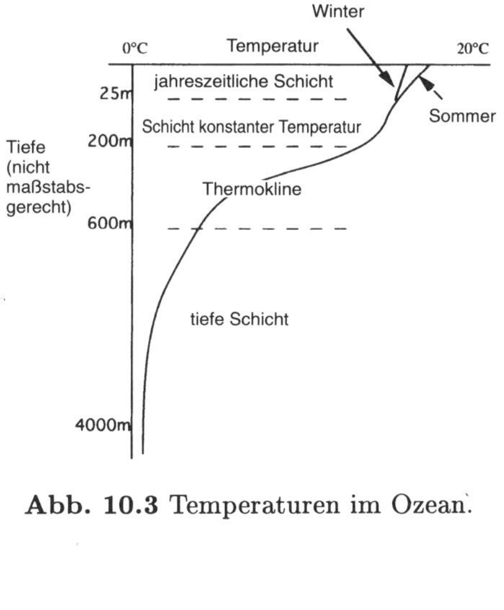

Abb. 10.3 Temperaturen im Ozean.

Die heute existierenden Computermodelle setzen den Einsatz sämtlicher Rechnerressourcen voraus und sind doch im wesentlichen keine Beschreibungen der Realität. Trotzdem müssen von Seiten der Regierungen Entscheidungen über die Verminderung der Treibhausgase getroffen werden, auch wenn es noch keine adäquaten Modelle gibt. Die verschiedenen Modelle ergeben verschiedene Temperaturerhöhungen, und keiner der Modellierer erhebt den Anspruch auf ein richtiges Ergebnis. Die Werte schwanken zwischen 1,5 und 5,5 Grad bei der Verdopplung der Treibhausgaskonzentration in den nächsten 50 bis 70 Jahren. Die Veränderung der mittleren Temperatur um wenige Grad hat bereits gravierende Auswirkungen auf die Lebensformen auf der Erde – damit sind auf alle Fälle Schwierigkeiten zu erwarten. Weitere Einzelheiten über den hydrologischen Kreislauf bringen Eagleson (1970) und Bras (1990). Alle Aspekte des Treibhausproblems (inklusive einiger Modelle) findet man in Bolin, Warrick, Döös und Jager (Hrsg.) *Der Treibhauseffekt* (1986).

10.5 Zusammenfassung

Wir haben in diesem Kapitel nur die Oberfläche des Problems streifen können. Wir hoffen, daß der Leser trotzdem einen Eindruck von der Komplexität des Problems und den Schwierigkeiten, Vorhersagen zu treffen, bekommen hat. Vielleicht waren auch einige Anregungen dabei, wie man sich komplexen Modellsituationen nähern kann.

10.6 Aufgaben

Aufgabe 10.1 *Thermische Fluktuationen auf der Erdoberfläche*

An den meisten Stellen auf der Erde variiert die mittlere Temperatur über eine Jahresperiode (Frequenz ω_1), die von täglichen Schwankungen (Frequenz ω_2) überlagert wird, deren Amplitude mit der jährlichen Periode variiert. Mit einem Modell der Oberflächentemperatur der Form

$$T(0,t) = 1 \cos\omega_1 t + [b + c\cos\omega t] \cos\omega_2 t$$

kann man nützliche Aussagen über die Wärmezufuhr von der Sonne und das Eindringen der Wärme in die Erde treffen. Der Nullpunkt der Temperaturskale wurde dabei so gewählt, daß die mittlere Temperatur gleich null und die Amplitude der jahreszeitlichen Variationen gleich eins ist.

(a) Man wähle eine passende Zeitskale sowie die Koeffizienten (b, c) so, daß das Modell die jahreszeitlichen und täglichen Temperaturschwankungen am Ort des Lesers beschreibt. Man skizziere das Temperaturprofil (ohne Maple). Aufgrund der großen Verschiedenheit der beiden Zeitskalen ist die Darstellung von $T(0,t)$ schwierig. Häufig umgeht man dieses Problem, indem man nur die oberen und unteren Einhüllenden zeichnet; man ersetze dazu den hochfrequenten Anteil durch ± 1. Nun zeichne man die Einhüllenden.

(b) Mit den Ergebnissen (10.3), (10.4) und Linearitätsargumenten charakterisiere man den Fluß (d.h. die Amplituden der Fourierkomponenten), der zur Erzeugung der obigen Veränderungen der Temperatur im Falle $c = 0$ notwendig ist. Man zeichne die Einhüllende des Flusses. Man bestimme und zeichne die Einhüllende der Temperatur für relevante Abstände von der Erdoberfläche (nach unten). Dazu verwende man die Längenskale $\sqrt{2\kappa/\omega_1}$.

(c) * Man führe die gleiche Rechnung für $c \neq 0$ durch.

Hinweis: Ein Weg der Behandlung des Produktterms oben ist die Umwandlung in eine Summe von oszillierenden Termen. Dann läßt sich die normale Fouriermethode mit komplexen Exponentialfunktionen anwenden.

Aufgabe 10.2 *Erwärmung von Ozean und Atmosphäre*

Wie im Text erwähnt, treten jahreszeitliche Temperaturschwankungen in den obersten 25 m der Ozeane auf. Gehen wir davon aus, daß nur diese Schicht in den Wärmeaustausch einbezogen ist und für den Treibhauseffekt eine Rolle spielt, dann können wir die Zeit, die diese Schicht an die Anpassung an die neue Temperatur benötigt, abschätzen. Dazu führen wir eine zusätzliche Wärmequelle q pro Einheitsfläche ein und berücksichtigen die Strahlungsverluste. Nehmen wir weiter an, die Schicht sei gut vermischt und besitze die Temperatur $T(t)$.

(a) (i) Man gehe von den Grundlagen aus und zeige bei Verwendung der Notation im Text, daß die Energieerhaltung

$$\rho_w c_w \frac{\mathrm{d}T(t)}{\mathrm{d}t} = [Q + q(t)] - \sigma_w [T_0 + T(t)]^4$$

fordert. Dabei ist d die Tiefe, bis zu der thermische Einflüsse im Wasser bemerkbar sind.

(ii) Man approximiere den Strahlungsterm und zeige

$$\rho_w c_w \frac{\mathrm{d}T(t)}{\mathrm{d}t} \approx q - \frac{4Q}{T_0} T(t).$$

(iii) Man schätze die Anpassungszeit ab.

(b) * Man bestimme unter den gleichen Bedingungen die Anpassungszeit der Atmosphäre an veränderte Bedingungen. Welche der drei Komponenten (Erde, Ozean, Atmosphäre) reagiert am schnellsten auf die Wärmezufuhr von außen? Was bedeutet dies für die niederfrequenten Austauschprozesse zwischen diesen Komponenten?

Aufgabe 10.3 *Motorblöcke*

Das folgende Problem wurde auf der MISG-Tagung (Studiengruppe der Industriemathematiker) im Februar 1991 an der Universität von Südaustralien diskutiert.

Aluminiummotoren sind deutlich leichter als Motoren aus Gußeisen, so daß die Verwendung von Aluminiummotoren billiger und effektiver wäre. Leider nutzt sich Aluminium leicht ab; ein möglicher Kompromiß ist ein Motorblock mit dünnen Zylinderlaufbuchsen aus Stahl in jeder Zylinderbohrung. Es läßt sich nun nicht vermeiden, daß zwischen beiden Stoffen ein Spalt von etwa 10 μm Breite existiert, der bei den hohen Arbeitstemperaturen noch breiter wird. Solche Spalte verhindern den Wärmeaustausch zwischen dem Zylinder und dem Kühlwasser und beeinflussen somit die Effektivität des Motors. Während eines Verbrennungszyklus treten im Zylinder große Temperaturschwankungen auf, deshalb ist es wichtig zu wissen, ob signifikante Temperaturvariationen am Spalt zu beobachten sind.

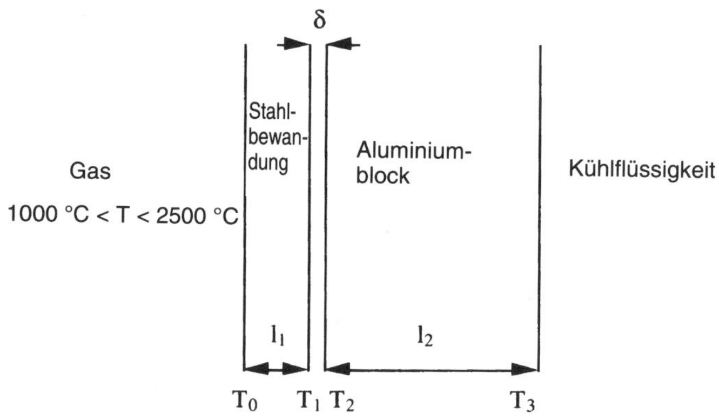

Abb. 10.4 Schnitt durch die Wand eines Zylinders mit einer Zylinderlaufbuchse aus Stahl.

(a) Die normalen Motoren laufen etwa mit 50 Verbrennungszyklen pro Sekunde. Man zeige, daß die Eindringtiefe der Temperaturveränderungen etwa 0,7 mm beträgt und damit vernachlässigt werden kann, man verwende dabei die tabellierten Werte für die physikalischen Eigenschaften (Tab. 6.1). Daraus folgt, daß man für die Berechnung der Erwärmungseffekte die Gleichgewichtsanalysis mit gemittelten Größen verwenden kann.

(b) Typische Dimensionen der Teile des Motorblockes sind: Radius der Zylinderlaufbuchse $r = 40$ mm, Dicke der Stahlwand $l_1 = 3$ mm, Abstand zwischen der Zylinderwand und dem Kühlmittel $l_2 = 7$ mm, Breite des makroskopischen Spaltes zwischen Zylinder und Laufbuchse $\delta = 0{,}4\mu$m bis $0{,}6\mu$m (siehe Abb. 10.4). Man untersuche den Einfluß der Spaltbreite auf den Wärmefluß für einige Spezialfälle. Sei der Spalt mit Luft gefüllt. Man zeichne die Temperaturverteilung. Dabei sei die mittlere Oberflächentemperatur der Innenseite der Laufbuchse $T_0 = 200$ Grad und $T_3 = 80$ Grad die Temperatur des Kühlmittels.

Kommentar: Der Spalt zwischen der Zylinderlaufbuchse und dem Motorblock wird nicht gleichmäßig sein. An manchen Stellen werden sich die Materialien berühren, und die Leitfähigkeit des Spaltes wird durch diese Kontaktstellen determiniert sein, da Metalle eine bedeutend größere Wärmeleitfähigkeit als Luft besitzen. Sich berührende Oberflächen besitzen nur an sehr wenigen Stellen wirklich Kontakt, die Kontaktfläche wird durch die Normalkraft zwischen beiden Oberflächen bestimmt. Damit hängt der Widerstand des Spaltes gegen den Wärmefluß von der Stärke der Kraft ab, mit der die Laufbuchse an ihrem Ort gehalten wird. Weitere Einzelheiten zu diesen Problemen findet man im MISG-Report, Barton (1991).

Literatur

Barton, N. G., *Proceedings of the Mathematics-in-Industry Study Group*, CSIRO, Australia, 1991.

Bolin, B., Warrick, R., Döös, B., Jäger, J. (Hrsg.), *The Greenhouse Effekt, Climatic Change, and Ecosystems*, John Wiley and Sons, Chichester, 1986.

Bras, R. L., *Hydrology*, Addison-Wesley Publishing Co. Reading, Mass., 1990.

Eagleson. P. S., *Dynamic Hydrology*, McGraw-Hill Book Company, New York, 1970.

Schneider, S. H., *The Changing Climate*, Scientific American, September 1989.

11 Zur Herstellung von Stahlblechen

Untersuchung der Durchführbarkeit von Konstruktionen
Bewegte Ränder
Behandlung großer Parameter
Dünne geometrische Objekte

11.1 Einführung

Wir wollen in diesem Kapitel einige Rechnungen vorstellen, die sich mit der Möglichkeit der Herstellung gegossener Stahlbleche beschäftigen.

Normalerweise wird zur Herstellung von Stahlblechen geschmolzenes Eisen in große Blöcke gegossen (etwa 20 cm dick) und nach dem Abkühlen in ein Walzwerk gebracht. Dort wird der Eisenblock wieder **erwärmt** und anschließend auf die gewünschte Dicke gewalzt (1 cm oder weniger). Offensichtlich ließe sich viel Geld sparen, wenn man die Herstellung der Bleche in einem Arbeitsschritt durchführen könnte. Ein möglicher Weg ist das Einbringen des geschmolzenen Eisens in eine große, rotierende Kupfertrommel, die mit Wasser gekühlt wird (siehe Abb. 11.1). Die Durchführbarkeit einer solchen Prozedur wurde bei der durch das CSIRO Australien an der Universität von Westaustralien veranstaltete Treffen von Industriemathematikern 1989 untersucht. Ein Teil der auftretenden Fragen lauten:

- Wie groß sollte die Trommel sein? Da der Stahl erst aus der Trommel entfernt werden kann, wenn er fest geworden ist, sind große Trommeln schwer zu handhaben (und außerdem schwer zu bauen).

- Kann man die Kupfertrommel so kühlen, daß sie nicht zu warm wird? Die durch die Trommel aufgenommene Wärme wird durch das Wasser abgeführt. Ist es nicht möglich, die gesamte pro Umlauf der Trommel aufgenommene Wärme während dieser Zeit aus der Trommel abzuführen, kommt es zu einer Aufheizung des gesamten Gerätes.

- Gibt es kleinere Modifikationen (die das Prinzip nicht in Frage stellen), die das Projekt ökonomischer machen oder den Konstruktionsaufwand verringern?

Im Gespräch waren Trommeln mit einigen Metern Durchmesser, die Stahlbleche der Dicke 1-10 mm herstellen sollen bei einer Arbeitsgeschwindigkeit von etwa 1m/s.

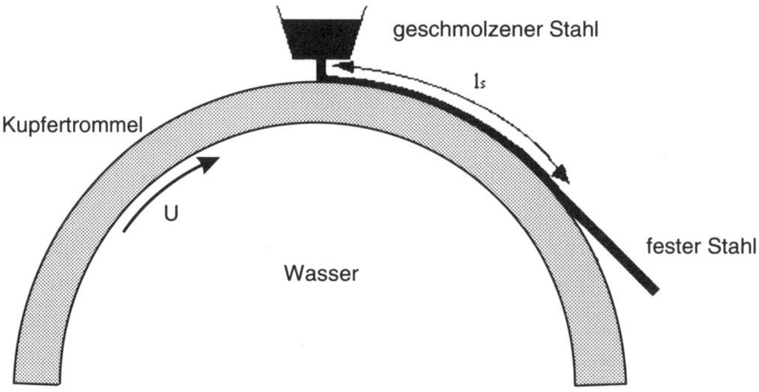

Abb. 11.1 Ein Vorschlag zur kontinuierlichen Produktion von Stahlblechen.

Daß die Trommel aus Kupfer sein sollte, liegt an der sehr guten Wärmeleitfähigkeit dieses Metalls; es ist jedoch sehr teuer. Die Wasserkühlung arbeitet nur dann effektiv, wenn das Wasser zirkulieren kann – die Wirksamkeit, jedoch auch der Preis, steigen mit der Zirkulationsgeschwindigkeit. Stellt sich heraus, daß das Vorhaben durchführbar ist, dann müssen durch detaillierte Untersuchungen die Komponenten und ihre Arbeitsweise (Trommelradius und Dicke, Rotationsgeschwindigkeit, Pumprate usw.) optimiert werden.

Nebenbemerkung: Alternativen? Warum ist es sinnvoll, eine Kupfertrommel zum Abführen der Wärme zu verwenden? Warum sprüht man nicht einfach kaltes Wasser auf die Stahlblechoberfläche? Abgesehen von technischen Schwierigkeiten, die hierbei auftreten könnten, sind wir in der Lage, diese Frage zu untersuchen. Wir wissen, daß für eine Kupfertrommel die Wärme in den Kontaktzonen zum Blech *sofort* abgeführt wird und die Temperatur der Blechaußenfläche sofort abnimmt. Damit setzt die Verfestigung des Stahls sofort ein. Verwendet man das Wasser direkt (durch Aufsprühen etwa), dann kommt es nicht zu einem solchen sofortigen Temperaturabfall und der Abkühlvorgang verläuft langsamer. Nach einer gewissen Zeit führt die direkte Wasserkühlung jedoch auch zu niedrigeren Oberflächentemperaturen, und das Langzeitverhalten ließe sich durch diese Art der direkten Kühlung vielleicht wirklich besser steuern. Abschätzungen (siehe den Anhang zu diesem Kapitel) zeigen jedoch, daß die Kupfertrommel das deutlich bessere System ist.

Durch einige offensichtliche Eigenschaften des Systems treten beträchtliche Vereinfachungen auf:

- Kupfer und Wasser sind für den Wärmeentzug aus guten Leitern (wie z.B. Stahl) bessere Kühlmittel als Luft. Deshalb ist der Wärmeverlust an der oberen Oberfläche des Bleches nur ein Bruchteil der Wärme, die der Stahl an die Kupfertrommel abgibt. Damit können wir diese Wärmeflüsse vernachlässigen, und es gilt die Bedingung, daß an der der Luft ausgesetzten Oberfläche der Wärmefluß verschwindet. Die Wärmeverluste an den Seiten der Trommel werden ebenfalls recht klein und damit vernachlässigbar sein. Unsere Modellierung wird durch diese Vereinfachungen zwar eine etwas zu große Trommel ergeben, diese Fehler sind jedoch kalkulierbar. Zeigt es sich, daß die Idee an sich realisierbar ist, dann kann man durch iterative Rechnungen die einzelnen Ergebnisse noch verbessern.

- Die Wärme fließt zuerst in das Kupfer und wird dann in das Wasser übertragen. Rechnungen bestätigen die Annahme, daß *während der Kontaktzeit des Stahls mit der Trommel* mehr Wärme in die Kupferteile fließt als von dort in das Kühlwasser. Wir können deshalb für diesen Zeitraum in einer ersten Näherung den Wärmefluß in das Wasser vernachlässigen. Man gelangt hier ebenfalls zu einer eher konservativen Abschätzung für die Größe der Trommel, die natürlich iterativ verbessert werden kann.

Damit zerfällt das Problem in zwei Teile:

1. Die Ableitung der Wärme aus dem Stahl.

2. Die Ableitung der Wärme aus der Trommel.

11.2 Verfestigung des Stahls

Betrachten wir zuerst die Abkühlung des Stahls während des Kontaktes mit der Kupfertrommel. Wir gehen davon aus, daß der Teil der Trommel, der mit dem geschmolzenen Stahl in Berührung kommt, die niedrige, konstante Temperatur T_c besitzt. Des weiteren sei die Kontaktzone so klein, daß wir sie durch eine Ebene approximieren können. Im gegenteiligen Fall würden im Stahlblech unakzeptable Spannungen aufgrund der Verbiegung auftreten. Die Geschwindigkeit der Tromeloberfläche sei U und wir nehmen an, daß der Stahl so eingegossen werden kann, daß er sich mit der gleichen Geschwindigkeit wie die Trommel bewegt; es also zu keinen Relativbewegungen zwischen Stahl und Trommel kommt. Wäre dies nicht der Fall, würden auf der Oberfläche des Stahls Wellen auftreten, die wir unbedingt vermeiden wollen. Im Falle der Durchführbarkeit der Konstruktion und des Kühlprozesses müssen dann diese Probleme genauer untersucht werden.

11.2.1 Wärmeausbreitung in einem flachen, bewegten Medium

Die Wärmeleitungsgleichung lautet für das Stahlblech in einem mit der Trommel mitbewegten Koordinatensystem (x', z')

$$T_t = \kappa_s[T_{x'x'} + T_{z'z'}]$$

sowohl für flüssigen als auch für festen Stahl. Im raumfesten System (x, z)

$$x = x' + Ut, \quad z = z',$$

erhalten wir statt dessen

$$T_t + UT_x = \kappa_s[T_{xx} + T_{zz}]. \tag{11.1}$$

Nach einer anfänglichen Ausgleichszeit beobachten wir ein statisches Temperaturfeld relativ zu einem festen Beobachter. Wir wollen genau diesen stationären Zustand untersuchen und vernachlässigen dazu T_t. Zur Vereinfachung der Darstellung sei die Wärmeleitfähigkeit für flüssiges und festes Eisen gleich.

Sind nun h_s die Dicke des Stahlbleches und l_s die Länge der Zone, in der sich geschmolzener Stahl befindet, dann gilt sicher $h_s/l_s \ll 1$. Damit gilt $T_{xx}/T_{zz} \approx (h_s/l_s)^2 \ll 1$, und wir erhalten als gute Näherung für die Wärmeleitungsgleichung

$$UT_x = \kappa_s T_{zz}. \tag{11.2}$$

Zwischen beiden Termen herrscht ein Gleichgewicht, falls die Längenskale in x-Richtung von der Ordnung Uh_s^2/κ_s ist. Daraus erhalten wir eine Abschätzung für l_s, und zwar Uh_s^2/κ_s. Mit $\kappa_s = 5 \cdot 10^{-6}$ m^2/s und $U = 1$ m/s, $h = 0{,}01$ m ergibt dies $l_s \approx 20$ m. Damit ist T_{xx}/T_{zz} etwa $2{,}2 \cdot 10^{-5}$ und unsere Vereinfachung der Wärmeleitungsgleichung erscheint gerechtfertigt – zumindest ist unser Ergebnis konsistent.

Nebenbemerkung: Physikalisch bedeutet die obige Gleichung einfach eine Balance (unter Gleichgewichtsbedingungen) zwischen dem longitudinalen Wärmetransport (durch Konvektion) in ein im Raum festes Volumenelement $(\mathrm{d}x, \mathrm{d}z)$ und dem Wärmeverlust durch Wärmeleitung (durch die Oberfläche $\mathrm{d}x$).

Wie man sieht, haben wir es mit der normalen Wärmeleitungsgleichung zu tun, bei der t durch x/U ersetzt wird. Damit können wir unsere Ergebnisse für den eindimensionalen Wärmefluß direkt verwenden. In der Kupfertrommel gelten genau die gleichen Gleichungen, nur daß κ_s durch den Wert für Kupfer ersetzt wird.

11.2.2 Erstarrung

Der erstarrende Stahl setzt latente Wärme frei, die auf den Prozeß einen deutlichen Einfluß ausübt; durch die Temperaturerhöhung wird die weitere Erstarrung verzögert. Wir wollen von der durch Beobachtungen gestützten Annahme ausgehen, daß eine feste Erstarrungstemperatur T_m existiert, die mit der Schmelztemperatur übereinstimmt. Unter diesen Umständen tritt eine wohldefinierte Oberfläche auf, die den flüssigen Stahl von der festen Phase trennt. Dies ist nicht immer der Fall, man denke an den Matsch beim Schmelzen von Eis oder Schnee.

Die Oberfläche, die die beiden Phasen trennt, liege bei $z = Z(x)$ (siehe Abb. 11.2). Zur Beschreibung der Erstarrung ist es notwendig, ein bewegtes Volumenelement im Stahl zu beobachten. Im Laufe des Zeitintervalls bewegt sich dieses Element von der Position x nach $x + U\delta t$. Die Veränderung der Dicke des erstarrten Stahls während dieser Zeit ist damit $Z(x + U\delta t) - Z(x)$, wir erhalten so für die freigesetzte latente Wärme in diesem Volumenelement pro Einheitsdicke und Länge des Bleches

$$\rho_s L U \frac{\mathrm{d}Z}{\mathrm{d}x},$$

mit L der latenten Wärme (J/kg) von Eisen (siehe Abschnitt 6.6). Diese Wärme wird an der Oberfläche zwischen den beiden Phasen freigesetzt (man nennt dieses Gebiet allgemein die Erstarrungszone); somit erfordert die Energieerhaltung einen Fluß durch diese Oberfläche mit der Form

$$k_s[T_z(x, Z(x)_-) - T_z(x, Z(x)_+)] = \rho_s L U \frac{\mathrm{d}Z}{\mathrm{d}x}. \tag{11.3}$$

Die Indices $\pm$ bezeichnen die Seite der Oberfläche, auf welcher die Ableitung nach z gebildet wird. Die zweite Forderung lautet, daß die Temperatur auf der Oberfläche gleich der Schmelz-/Erstarrungstemperatur des Materials ist, d.h.

$$T(x, Z(x)) = T_m. \tag{11.4}$$

11.2.3 Die Gleichungen

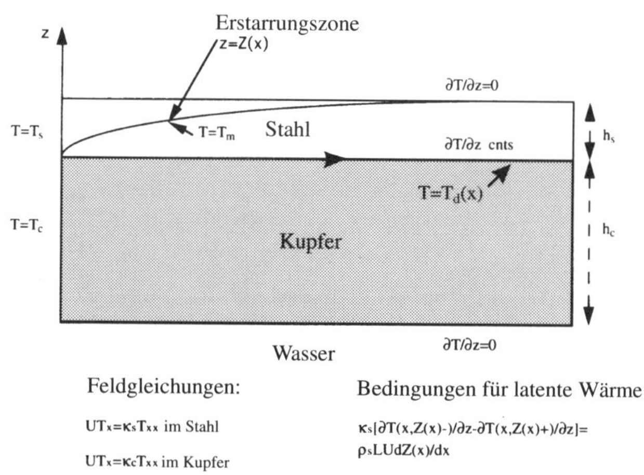

Abb. 11.2 Die definierenden Gleichungen.

Wir sind nun in der Lage, das Problem mathematisch vollständig zu beschreiben. In Abb. 11.2 findet man die von uns gewählte Anordnung. Die genäherten Feldgleichungen lauten

$$UT_x = \kappa_s T_{zz} \quad \text{für} \quad h_s > z > 0 \tag{11.5}$$

für den geschmolzenen als auch für den festen Stahl, h_s bezeichnet die Dicke der Stahlzone. Für die Kupfertrommel gilt analog

$$UT_x = \kappa_c T_{zz} \quad \text{für} \quad 0 > z > -h_c \tag{11.6}$$

mit der Dicke der Trommel h_c.

Die äußeren Zwangsbedingungen an das Stahl-Trommel-System bedeuten, daß auf der äußeren Oberfläche der Stahlbleche und auf der inneren Oberfläche der Kupfertrommel keine Wärme abgegeben wird. Das bedeutet

$$T_z(x, h_s) = 0 \quad \text{und} \quad T_z(x, -h_c) = 0. \tag{11.7}$$

Die Temperaturverteilung ist auf allen inneren Oberflächen stetig. Die Oberflächentemperatur der Trommel sei $T_d(x)$, die der Phasengrenze zwischen festem und flüssigem Stahl ist gleich der Schmelztemperatur T_m, d.h.

$$T(x, Z(x)) = T_m. \tag{11.8}$$

Für die Anfangsbedingungen, die für den Stahl und die Kupfertrommel gelten, erhalten wir

$$T(0, z) = T_s \quad \text{für} \quad 0 < z < h_s \tag{11.9}$$

$$T(0, z) = T_c \quad \text{für} \quad -h_c < z < 0. \tag{11.10}$$

Die Energieerhaltung fordert, daß der Wärmefluß vom Stahlblech in die Oberfläche der Kupfertrommel gleich der Wärme ist, die von dort ins Innere der Trommel geleitet wird. Mathematisch bedeutet dies

$$k_s T_z(x, 0+) = k_c T_z(x, 0-). \tag{11.11}$$

Ähnliches gilt für die Erstarrungszone (siehe (11.3))

$$k_s[T_z(x, Z(x)_-) - T_z(x, Z(x)_+)] = \rho_s L U \frac{\mathrm{d}Z}{\mathrm{d}x}. \tag{11.12}$$

Unsere Erfahrung mit der Wärmeleitungsgleichung sagt, daß das obige System vollständig beschrieben ist und wir eine eindeutige Lösung erwarten können. Ein direkter Lösungsversuch würde an dieser Stelle jedoch vermutlich ein Fehler sein, denn es existieren eine Reihe von Schwierigkeiten, die wir nun diskutieren wollen.

- Wir kennen den Ort der Erstarrungszone nicht explizit; im Gegenteil, die Berechnung der Lage dieser Fläche ist das primäre Ziel. Die recht unschuldig aussehende Erstarrungsgleichung (11.8), (11.12) ist mathematisch kompliziert, denn das System ist aufgrund der Oberflächenbedingung nicht länger linear und das Superpositionsprinzip zur Erzeugung von Lösungen durch Addition fundamentaler Lösungen funktioniert nicht. Damit lassen sich die Standardmethoden (z.B. die Fourieranalyse) nicht direkt anwenden. Numerische Verfahren zur Berechnung der Oberfläche funktionieren ebenfalls nicht zuverlässig. Bei allen Phasenübergängen (chemischer oder physikalischer Natur) treten diese *bewegten oder freien Randbedingungen* auf; sie sind in vielen Situationen äußerst wichtig. Deshalb wurden spezielle Methoden, die meisten numerischer Art, zur Behandlung dieser Probleme entwickelt. Sie beruhen oftmals auf Variationsmethoden (siehe Crank (1984)).

- Die Länge des Bereiches, in dem sich der geschmolzene Stahl befindet, hängt von vielen physikalischen Parametern ab und die dimensionslosen Gruppen variieren erheblich in der Größe. Wir wollen einige von ihnen untersuchen. Die Erstarrungszone ist etwa 20 m lang und 0,01 m dick, wobei es bezüglich der Länge zu langsamen Temperaturänderungen kommt, während die Änderungen bezüglich der Dicke sehr stark sind. Bestimmt man die longitudinalen Veränderungen jedoch nicht genau, dann ist die Berechnung der Länge des Stahlbleches ungenau; damit ist der relativ kleine longitudinale Temperaturgradient enorm wichtig. Zusätzlich dazu sind die thermischen Eigenschaften von Stahl und Kupfer sehr verschieden ($k_c/k_s = 20$), und die Gleichungen enthalten große und kleine Terme, die wichtig sind, von den gewählten Methoden aber vielleicht ignoriert werden. Eine numerische Behandlung wäre sehr aufwendig (kleine Raumabstände bei der Diskretisierung, kleine Rundungsfehler usw.), damit nicht wichtige physikalische Effekte verloren gehen; selbst dann wären die Ergebnisse nicht sehr vertrauenswürdig und die physikalische Einsicht nicht groß.

  Kommentar: Diese Schwierigkeit ist für „dünne Geometrien" typisch. Nur eine sorgfältige Analyse liefert wirklich nutzbare definierende Gleichungen. Solche Probleme treten sehr häufig auf und sind für einen Modellierer eine echte Herausforderung. Ozeane und die Erdatmosphäre sind dünne Flüssigkeitsschichten auf der Erdoberfläche, damit haben die Meteorologen und die Ozeanographen immer mit Bewegungen in dünnen Schichten zu tun. Alle diese Probleme sind einer direkten numerischen Behandlung nicht zugänglich, da scheinbar kleine Terme eine wichtige Rolle bei der Bestimmung der Lösung spielen.

Wie wir gesehen haben, hilft eine geeignete Skalierung bei der Überwindung einiger Schwierigkeiten, reduziert die Zahl der Parameter so weit wie möglich und führt zu wesentlichen Vereinfachungen. Natürlich ist die sorgfältige Wahl der Skalen dabei wesentlich. So reicht die Temperatur vom niedrigen Wert der Anfangstemperatur der Kupfertrommel T_c bis zu der hohen Schmelztemperatur des Eisens T_s. Eine vernünftige Skale für die Temperatur ist somit

$$T = T_c + (T_s - T_c)\mathcal{T}.$$

Der skalierte Wert für den Schmelzpunkt des Eisens $\mathcal{T}_m$ (ein wichtiger Parameter für die Erstarrungszone) ist dann $\mathcal{T}_m = (T_m - T_c)/(T_s - T_c)$. Für die transversale Längenskale wählen wir natürlich die Dicke des Bleches h_s und für die longitudinale Skale, die auf den thermischen Eigenschaften des Stahls beruht, Uh_s^2/κ_s. Man erkennt darin unsere frühere Skale l_s. Man beachte, daß am Anfang der Erstarrung weder die Dicke des Stahlbleches noch der Kupfertrommel beim Erstarrungsprozeß eine Rolle spielen, die relevanten Parameter sind sind die thermischen Eigenschaften von Stahl und Kupfer sowie die Anfangstemperaturen. Sobald die Wärme die Körper durchdrungen hat, spielen die Dicken h_s und h_c natürlich eine wesentliche Rolle. Da wir uns in erster Linie für die Länge des Eisenbleches interessieren, richten wir unsere Aufmerksamkeit auf die anfänglichen Erstarrungsprozesse und wählen dementsprechend unsere Skalen. Dies liefert zumindest Informationen darüber, wie die thermischen Parameter (einzeln) die Erstarrung beeinflussen.

Nebenbemerkung: Eine der interessantesten Eigenschaften der Modellierung ist die Abhängigkeit der Lösungssuche von den gestellten Fragen. In unserem obigen Problem führen verschiedene Skalen zu verschiedenen Näherungen und damit zu unterschiedlichen Lösungen für die verschiedenen Fragestellungen. Würden wir uns z.B. für das Langzeitverhalten der Abkühlprozesse des Stahlbleches interessieren, dann wären h_s oder h_c geeignete transversale Längenskalen und es würden „fourierartige" Methoden zur Anwendung kommen, im Gegensatz zu den „reihenartigen" Techniken, die wir im folgenden benutzen wollen.

11.2.4 Die Ähnlichkeitslösung

In Verbindung mit den obigen Argumenten untersuchen wir nun die Situation, in der die Stahl- und Kupferkörper unendliche Halbregionen darstellen. Damit verschwinden die mit ihnen verbundenen Randbedingungen (bei $z = h_s, -h_c$).

Welche transversale Längenskale können wir nun verwenden, wenn die Dicke des Bleches und der Trommel keine Rolle mehr spielen? Diese Situation kennen wir bereits. Die einzigen Längenskalen werden durch die Variablen x und z erzeugt und Dimensionsargumente bedeuten, daß eine Ähnlichkeitslösung $\mathcal{T}(\eta)$ existiert, die von der dimensionslosen Kombination der Parameter

$$\eta = z/d_s(x) \;\; mboxmit \;\; d_s = \sqrt{\frac{\kappa_s x}{U}} \tag{11.13}$$

abhängt. Wir können uns $(x, d_s(x))$ als die entsprechenden longitudinalen und transversalen Längenskalen für den Ort x vorstellen.

Nebenbemerkung: Die Entdeckung der Ähnlichkeitseigenschaft der Lösung transformiert unser Problem von einer analytisch nicht behandelbaren, numerisch schwierig zu lösenden Aufgabe in ein einfaches Problem, für welches exakte Lösungen bekannt sind. Die Ähnlichkeitstechniken eignen sich, wie wir bereits mehrfach ausführten, besonders zur Lösung von nichtlinearen Problemen, deshalb sind Modellierer immer auf der Suche nach Möglichkeiten, diese Technik anzuwenden.

Die Tatsache, daß die explizite Abhängigkeit von x aus dem formalen Problem entfernt werden kann, bedeutet auch, daß der Ausdruck der Lage der Erstarrungszone als Funktion von η die Variable x nicht enthalten darf; damit kann sie in der Form $\eta_m = A$ geschrieben werden, mit A als Konstante. Die Gestalt der Erstarrungszone läßt sich so durch den Ausdruck

$$Z(x) = Ad_s(x) = A\sqrt{\frac{\kappa_s x}{U}} \tag{11.14}$$

beschreiben. Zusätzlich darf die Oberflächentemperatur der Trommel $\mathcal{T}_d(x)$ nicht von x abhängen, da es keine andere Längenskale gibt, die einen dimensionell vernünftigen Ausdruck für $\mathcal{T}_d(x)$ erzeugt. Wir erhalten so das etwas überraschende

Ergebnis, daß die Temperatur der Trommel während des Erstarrungsprozesses konstant sein muß:

$$\mathcal{T}(\eta = 0) = \mathcal{T}_d = \text{konstant}. \tag{11.15}$$

Nebenbemerkung: Für genügend große x macht sich natürlich die Dicke des Bleches bemerkbar, und die Ähnlichkeitsargumente sind nicht mehr anwendbar, so daß dann die Trommeltemperatur nicht konstant sein muß (siehe Abschnitt 11.2.5).

Wir erhalten für die Ähnlichkeitsvariable als Wärmeleitungsgleichung für die skalierte Temperatur $\mathcal{T}$

$$T = T_c + [T_s - T_c]\mathcal{T} \tag{11.16}$$

die Gleichungen

$$\mathcal{T}'' = -\frac{1}{2}\eta\mathcal{T}' \quad \text{für} \quad \eta > 0$$

für die Bereiche mit flüssigem oder festem Stahl und

$$\mathcal{T}'' = -\frac{1}{2}\lambda\eta\mathcal{T}' \quad \text{für} \quad \eta < 0$$

im Kupfer mit

$$\lambda = \kappa_s/\kappa_c. \tag{11.17}$$

Als Randbedingungen erhalten wir (siehe (11.9), (11.10))

$$\begin{aligned} \mathcal{T} &\to 1 \quad \text{für} \quad \eta \to \infty, \\ \mathcal{T} &\to 0 \quad \text{für} \quad \eta \to -\infty. \end{aligned}$$

Aus der Stetigkeitsbedingung für die Temperatur und Gleichung (11.8) folgt weiter

$$\mathcal{T}(\eta) = \begin{cases} \mathcal{T}_d & \text{für } \eta = 0 \quad \text{der Trommeloberfläche} \\ \mathcal{T}_m & \text{für } \eta = A \quad \text{der Erstarrungszone} \end{cases}$$

mit (siehe (11.16))

$$\mathcal{T}_m = \frac{T_m - T_c}{T_s - T_c}. \tag{11.18}$$

In jedem Bereich besteht die Lösung aus Linearkombinationen von Fehlerfunktionen und der konstanten Lösung.

Nebenbemerkung: Man beachte, daß die erf- und erfc-Funktionen positiver und negativer Argumente sich nur durch einen multiplikativen Faktor oder eine Konstante unterscheiden (siehe (7.1)). Damit ist man bei der Formulierung der Lösung recht flexibel. Allgemein gesagt ist es nicht wichtig, welche der Funktionen (erf oder erfc) man verwendet, der Ausdruck kann sich jedoch bei einer günstigen Wahl deutlich vereinfachen. In unendlichen Halbgebieten zieht man meist die erfc-Funktion vor, da die Lösung bei ∞ verschwinden muß; zur Anpassung verschiedener Bedingungen in endlichen Gebieten ist die erf-Funktion besser geeignet.

Die Lösungen lauten:

- In der Zone mit geschmolzenem Stahl $\eta > A$:

$$\mathcal{T} = 1 - (1 - \mathcal{T}_m)\mathrm{erfc}(\eta/2)/\mathrm{erfc}(A/2). \tag{11.19}$$

- In der Zone mit erstarrtem Stahl $A > \eta > 0$:

$$\mathcal{T} = \mathcal{T}_d + (\mathcal{T}_m - \mathcal{T}_d)\mathrm{erf}(\eta/2)/\mathrm{erf}(A/2). \tag{11.20}$$

- In der Zone mit Kupfer $\eta < 0$:

$$\mathcal{T} = \mathcal{T}_d[1 + \mathrm{erf}(\sqrt{\lambda}\eta/2] \equiv \mathcal{T}_d\mathrm{erfc}(-\sqrt{\lambda}\eta/2). \tag{11.21}$$

Wir müssen damit die zwei Unbekannten $\mathcal{T}_d$ und A so bestimmen, daß die verbliebenen (Fluß-)Bedingungen erfüllt werden. Diese lauten in der Ähnlichkeitsvariable für die Oberfläche der Trommel (siehe (11.11), (11.12)):

$$\mathcal{T}_\eta(0+) = \mu\mathcal{T}_\eta(0-) \tag{11.22}$$

mit

$$\mu = k_c/k_s, \tag{11.23}$$

die Flußbedingung in der Erstarrungszone lautet

$$A = 2\nu[\mathcal{T}_\eta/A-) - \mathcal{T}_\eta(A+)] \tag{11.24}$$

mit (11.14) und $\kappa_s = k_s/(\rho_s c_s)$

$$\nu = c_s[T_s - T_c]/L. \tag{11.25}$$

Setzt man dies in die Lösungen ein, ergibt die erste der Bedingungen (nach einigen Umformungen)

$$\mathcal{T}_d = \mathcal{T}_m/[1 + \mu\sqrt{\lambda}\mathrm{erf}(A/2)], \tag{11.26}$$

aus der zweiten folgt

$$A = \nu\left[\frac{\mathcal{T}_m - \mathcal{T}_d}{\mathrm{erf}(A/2)} - \frac{1 - \mathcal{T}_m}{\mathrm{erfc}(A/2)}\right]\mathrm{erf}'(A/2).$$

Eliminiert man $\mathcal{T}_d$ durch A, dann erhält man den Ausdruck

$$A = \nu\left[\frac{\gamma\mathcal{T}_m}{1 + \gamma\mathrm{erf}(A/2)} - \frac{1 - \mathcal{T}_m}{\mathrm{erfc}(A/2)}\right]\mathrm{erf}'(A/2) \tag{11.27}$$

mit

$$\gamma = \mu\sqrt{\lambda}. \tag{11.28}$$

Wie man sieht, beeinflussen die thermischen Parameter der Materialien den Ort der Erstarrungszone und die Trommeltemperatur nur durch die Kombination $\gamma = \mu\sqrt{\lambda}$. Dieses Ergebnis folgt aus der mathematischen Struktur und läßt sich mit einfachen physikalischen Argumenten nicht ableiten. Die gleiche Kombination bestimmt die Oberflächentemperatur zweier einander berührender Körper (siehe Aufgabe 7.5), damit war ein solches Ergebnis zu erwarten gewesen (wenn man diesen Zusammenhang erkannt hätte).

Die Gleichung für A muß numerisch für einen gewissen Bereich der dimensionslosen Parameter berechnet werden:

- $\mathcal{T}_m$ (siehe (11.18)), er mißt dem Abstand zwischen der Anfangstemperatur und der Erstarrungstemperatur des Stahls.
- γ (siehe (11.17), (11.23), (11.28)), er mißt die thermische Effektivität des Trommelmaterials bei der Entfernung der Wärme aus dem Stahl.
- ν (siehe (11.25)), er mißt das relative Verhältnis von Wärmemenge, die aus dem geschmolzenen Stahl entfernt werden muß, zur latenten Wärme.

Hat man A bestimmt, dann folgt die Lage der Erstarrungszone aus (11.14). Nach unserem Modell erreicht die Erstarrungszone die Stahlblechoberfläche am Ort $Z(x) = h_s$, und wir erhalten für die Länge l_s des Bleches

$$x = l_s = \frac{Uh_s^2}{A^2 \kappa_s}. \tag{11.29}$$

Wir besitzen nun eine erste Abschätzung für die Länge des Stahlkörpers. Ohne Untersuchung des Fehlers sollte man das Ergebnis sorgfältig prüfen, wir wollen trotzdem einigen Folgerungen ziehen.

Die Ergebnisse

Hier sind die numerischen Werte für unsere benötigten Parameter:

Eingangsdaten	
$T_c = 150°\text{C}$	$T_m = 1400°\text{C}$
$k_c = 400\ \text{W}/(\text{m}°\text{C})$	$k_s = 20\ \text{W}/(\text{m}°\text{C})$
$\kappa_c = 10^{-4}\ \text{m}^2/\text{s}$	$\kappa_s = 5 \cdot 10^{-6}\ \text{m}^2/\text{s}$
$c_c = 400\ \text{J}/(\text{kg}°\text{C})$	$c_s = 600\ \text{J}/(\text{kg}°\text{C})$
$\rho_c = 8{,}9 \cdot 10^3\ \text{kg/m}^3$	$\rho_s = 7{,}6 \cdot 10^3\ \text{kg/m}^3$
$L = 2{,}7 \cdot 10^5\ \text{J/kg}$	$T_s = 1400$ bis $1600°\text{C}$
skalierte Werte	
$\lambda = 0{,}04$	$\nu = 2{,}7$
$\gamma = 4$	$\mathcal{T}_m = 0{,}95$ bis 1

Die folgenden Maple-Befehle erzeugen die Lösung für A:

```
Afn:=proc(nu,gamma,Tm)        %die rechte Seite von Gl. (11.26)
local c;                      %c=A/2
  1/2*nu*(tm*gamma/(1+gamma*erf(c))-(1-Tm)/
erfc(c))*diff(erf(c),c);
  fsolve("-c,c);
  2*";
end;
```

Man erhält die Lösung durch Einsetzen von expliziten Werten für die Parameter in die Prozedur Afn. Damit lassen sich die Einflüsse der verschiedenen Parameter auf die Lösung untersuchen. Dabei ist γ fest und ν läßt sich nur wenig variieren (und die Wirkung ist gering), damit spielt nur die Temperatur des geschmolzenen Stahls (bei fester Dicke des Bleches und einer konstanten Produktionsrate) eine wesentliche Rolle bei der Optimierung der Herstellung der Stahlbleche. Die vorhergesagten Effekte reichen von 60°C oberhalb der Schmelztemperatur (mit $\mathcal{T}_m = 0{,}95$) bis 0°C über dem Schmelzpunkt ($\mathcal{T}_m = 1$), man findet die Ergebnisse für die Blechlänge in Tab. 11.1.

Tab. 11.1 Abhängigkeit der Lösung von $\mathcal{T}_m$.

$\mathcal{T}_m$	1	0,995	0,99	0,98	0,97	0,95
A	1,61	1,59	1,57	1,55	1,52	1,47
l_s	7,47 m	7,89 m	8,11 m	8,31 m	8,60 m	9,25 m

Es ist offensichtlich, daß man die Länge des Bleches deutlich reduzieren kann, wenn es gelingt, den Stahl mit einer Temperatur in die Trommel zu geben, die nur wenig über dem Erstarrungspunkt liegt. Er muß jedoch noch flüssig genug sein, sonst ist es schwierig, ihn in der Trommel zu verteilen. Der Wert 0,995 für $\mathcal{T}_m$ bedeutet, daß die Temperatur des Stahls nur 6 K über dem Schmelzpunkt liegt, wenn er in die Trommel gefüllt wird – eine sehr riskante Situation. Sollte sich der Stahl verfestigen, bevor er in die Trommel gegossen wurde, dann wäre eine sehr teure Reparatur der Anlage die Folge. Die Ingenieure im Stahlwerk waren der Meinung, daß 20 K ein guter Abstand vom Erstarrungspunkt sind; dem entspricht $\mathcal{T}_m = 0{,}98$. Wir werden uns in späteren Rechnungen deshalb auf diesen Wert berufen.

Kommen wir zu einigen zusätzlichen Bemerkungen:

- Der Wert $l_s = 7{,}74$ m für die Länge des Stahlbleches bei Einfülltemperaturen um den Erstarrungspunkt ist aus technischen Gründen zu groß, da die entsprechende Kupfertrommel viel zu groß sein müßte; wir wollen versuchen, ob sich dieser Wert nicht reduzieren läßt. Wie man aus (11.29) sieht, gilt $l_s \propto U$, damit könnte man kleinere Trommeln verwenden, wenn man die Produktionsrate verkleinert.

- Es gilt ebenfalls $l_s \propto h_s^2$, damit führt eine Halbierung der Blechdicke zu einem Faktor 4 bei der Reduzierung der Länge des Bleches – dies wäre in der Tat eine effektive Möglichkeit. Man kann diese *Halbierung* der Blechdicke tatsächlich erreichen, indem man zwei Trommeln verwendet (siehe Abb. 11.3). Diese Anordnung besitzt noch weitere Vorteile. So wird die geschmolzene Oberfläche des Stahls sofort erstarren und dies reduziert die Störungen, die zu unregelmäßigen Oberflächen führen können. Man kann außerdem die eingefrorenen Spannungen vermindern.

- Da Kupfer sehr teuer ist, könnte man versuchen, die Trommel aus Stahl zu bauen (unter der Voraussetzung, daß diese nicht schmilzt). Für $\mathcal{T}_m = 0{,}98$ und $\gamma = 1$ erhalten wir $A = 1{,}19$, $l_s = 14{,}1$ m! Dies ist deutlich mehr, als die 8,3 m für die Kupfertrommel und damit sicher nicht akzeptabel.

Die Ähnlichkeitslösung ist nicht exakt, da sie die endliche Dicke der Trommel und des Bleches nicht berücksichtigt. Da der Stahl bereits nahe der Erstarrung ist und beim Erreichen der Erstarrungszone latente Wärme freigesetzt wird, kann man davon ausgehen, daß die Temperaturänderungen im geschmolzenen Stahl gering sein werden. Die Untersuchung der Lösung (11.19) bestätigt diese Beobachtung. Unter diesen Umständen kann man jedoch erwarten, daß der Fehler, der durch die Vernachlässigung der endlichen Dicke des Stahlbleches entsteht, ignoriert werden kann. Bei der Kupfertrommel ist dies allerdings nicht so einfach. Aus ökonomischen Gründen wird die Trommel gerade so dick sein, daß sie die Wärme aus dem Stahl abführen kann; darum muß die endliche Dicke der Trommel berücksichtigt werden.

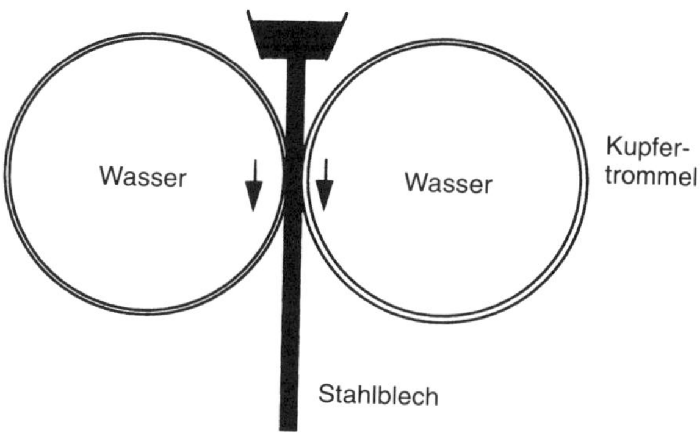

Abb. 11.3 Eine alternative Anordnung der Trommeln.

Betrachtet man nur die Verfestigung des Eisens, dann sollte die Trommel so dick sein, daß sie die gesamte Wärme aufnehmen kann, die der Stahl abgeben muß, bis er vollständig erstarrt ist, da Wasser bei weitem nicht so effektiv kühlt wie Kupfer. Zeichnet man das Temperaturprofil als Funktion der Tiefe am Punkt $x = l_s$ (basierend auf dem Modell des unendlichen Halbkörpers), dann läßt sich abschätzen, wie dick die Kupfertrommel ungefähr sein muß. Man findet in Abb. 11.4 einen solchen Graphen für einen Temperaturunterschied zwischen dem Stahl und dem Erstarrungspunkt von 20 K. Die Einheiten sind °C und Zentimeter, damit man sich eine Vorstellung von den Größenordnungen machen kann. Man findet (mit (11.26)) für die Oberflächentemperatur der Trommel $T_d = 462$ °C. Durch die größere Wärmeleitfähigkeit dringt die Wärme in das Kupfer tiefer ein als in den Stahl! Nach (11.21) beträgt die Eindringtiefe etwa $1/\sqrt{\lambda}$ (= 5 mal der Wert für Stahl) deshalb sollte die Trommel etwa 5 mal dicker sein als das Stahlblech (d.h. 5 cm), damit sie die gesamte Wärme des Stahls aufnehmen kann. Eine Dicke von 10 cm wäre inadäquat, während 2 cm nicht ausreichen und zu einer deutlichen Verlängerung des Stahlbleches führen. Bevor man jedoch eine wirkliche

Entscheidung über die Dicke der Trommel trifft, muß die Rechnung noch deutlich verbessert werden, dies wird im nächsten Kapitel geschehen.

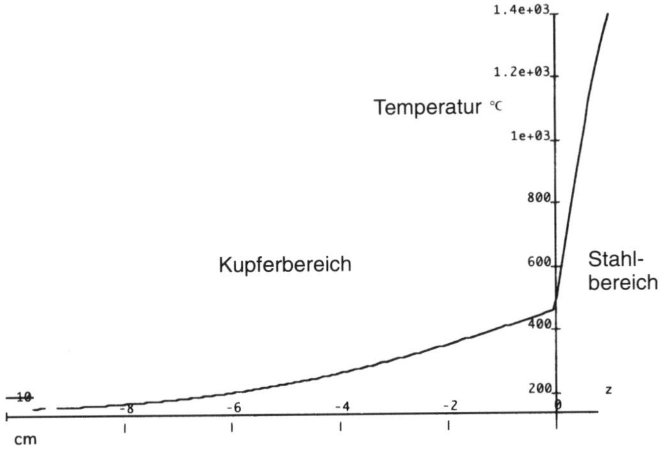

Abb. 11.4 Temperaturverteilung im Stahl und in der Kupfertrommel nach der Erstarrung des Eisens.

11.2.5 * Effektive Dicke der Trommel

Unser Ergebnis lautete (siehe (11.13), (11.20), (11.21))

$$\mathcal{T}^{(0)} = \begin{cases} \mathcal{T}_d + (\mathcal{T}_m - \mathcal{T}_d)[\mathrm{erf}(\frac{z}{2d_s(x)})/\mathrm{erf}(A/2)] & \text{für} \quad z > 0 \\ \mathcal{T}_d \mathrm{erfc}(-\frac{\sqrt{\lambda}z}{2d_s(x)}) & \text{für} \quad -h_c < z < 0 \end{cases} \tag{11.30}$$

mit

$$d_s = \sqrt{\frac{\kappa_s x}{U}}$$

für die Stahl- bzw. die Kupferzone. Wir interpretieren nun $\mathcal{T}^{(0)}$ als ersten Term in einer Näherungsreihe, die die explizite (x,z)-Abhängigkeit darstellt.

Da der Fluß an der inneren Oberfläche $z = -h_c$ der Kupfertrommel nicht wirklich gleich null ist, ist die obige Lösung für die Kupferzone nicht exakt richtig. Eine symmetrisch bezüglich dieser Quelle angebrachte Spiegelquelle erzeugt eine Spiegellösung $\mathcal{T}_d \mathrm{erfc}(\sqrt{\lambda}[z+2h_c]/2d_s)$, die den Fluß der primären Lösung gerade kompensiert. (Man beachte, daß die definierende Gleichung (11.1) invariant unter Vorzeichenumkehr von z ist.) Der Korrekturterm erzeugt jedoch eine höhere Temperatur sowie einen zusätzlichen Wärmefluß bei $z = 0$, und man muß weitere Spiegelquellen einführen, um diese Effekte zu kompensieren. Wäre das Material für $z > 0$ ebenfalls Kupfer, dann hebt eine zweite Spiegelquelle im Bereich $z > 0$ bei $z = +2h_c$ sowohl die Temperaturerhöhung als auch den zusätzlichen Fluß auf. Wir haben jedoch bei $z > 0$ Stahl, so daß die Kompensation nicht vollständig ist und wir müssen zwei zusätzliche Korrekturterme einführen; in jeder Zone einen. Wir erhalten dann als Gesamtergebnis dieser Spiegelquellen

$$\mathcal{T}^{(1)} = \begin{cases} M\mathrm{erfc}[z + 2\sqrt{\lambda}h_c]/2d_s) & \text{für} \quad z > 0 \\ \mathcal{T}_d\mathrm{erfc}(\sqrt{\lambda}[z + 2h_c]/2d_s) + N\mathrm{erfc}(\sqrt{\lambda}[2h_c - z)]/2d_s) & \text{für} \quad z < 0 \end{cases}$$

mit den beiden Konstanten M und N, die so gewählt werden müssen, daß Temperatur und Fluß bei $x = 0$ stetig sind. Motiviert wird diese Wahl dadurch, daß diese Form der Lösung mit den Spiegelquellen

- die gewünschten Feldgleichungen erfüllt,
- die Variationen der Form $\mathrm{erfc}(\sqrt{\lambda}h_c/d_s)$ (der Spiegelquellenlösung) gerade aufhebt,
- sichert, daß die Randbedingungen bei $x = +\infty$ erfüllt werden.

Diese Korrekturen erfordern die Einführung einer Spiegelquelle bei $z = -2\sqrt{\lambda}h_c$ für die Stahlzone und von zwei Spiegelquellen bei $\pm 2h_c$ für den Kupferbereich. Die Forderung nach Stetigkeit der Temperatur bei $z = 0$ ergibt

$$M = \mathcal{T}_d + N,$$

für die Flußbedingung (11.11) folgt (siehe (11.23), (11.28))

$$M = \gamma[\mathcal{T}_d - N].$$

Wir erhalten daraus die Gleichungen

$$M = \mathcal{T}_d 2\gamma/(\gamma + 1) \quad \text{und} \quad N = -\mathcal{T}_d(\gamma - 1)/(\gamma + 1).$$

Mit diesen Korrekturen besitzt unsere Lösung die Form $\mathcal{T}^{(0)} + \mathcal{T}^{(1)}$ mit $\mathcal{T}^{(1)}$ gleich:

$$\begin{cases} \mathcal{T}_d\{\frac{2\gamma}{1+\gamma}\mathrm{erfc}([z + 2\sqrt{\lambda}h_c]/2d_s)\} & \text{für} \quad z > 0 \\ \mathcal{T}_d\{\mathrm{erfc}(\sqrt{\lambda}[z + 2h_c]/2d_s) - \frac{\gamma-1}{\gamma+1}\mathrm{erfc}(\sqrt{\lambda}[2h_c - z]/2d_s)\} & \text{für} \quad z < 0. \end{cases} \tag{11.31}$$

Zur Befriedigung der Stetigkeitsbedingung bei $z = 0$ mußten wir jedoch einen Term (den N-Term) einführen, der einen Fluß bei $z = -h_c$ erzeugt. Wir kennen diese Situation bei Spiegelquellen bereits; wir müssen weitere Quellen einführen. Der wichtige Punkt dabei ist, daß die Einführung von $\mathcal{T}^{(1)}$ unser Ergebnis verbessert hat – der Term, der den ungewünschten Fluß bei $-h_c$ erzeugt, wurde um den Faktor

$$-\left[\frac{\gamma - 1}{1 + \gamma}\right] \frac{\mathrm{erfc}(\sqrt{\lambda}3h_c/2d_s)}{\mathrm{erfc}(\sqrt{\lambda}h_s/2d_s)}$$

reduziert. Dieser Ausdruck ist mit Sicherheit kleiner als eins, wichtiger jedoch ist (da die erfc-Funktion für mittlere Argumente schnell kleiner wird), daß er für mittlere Werte von $3\sqrt{\lambda}h_c/2d_s$ klein ist. Wiederholt man diesen Korrekturprozeß, dann läßt sich die Abweichung bei $-h_c$ auf einen Term der Größenordnung $\text{erfc}(n\sqrt{\lambda}h_c/2d_s)/\text{erfc}(\sqrt{\lambda}h_s/2d_s)$ reduzieren für $n = 5, 7, \ldots$. Ist also h_s *nicht zu groß*, dann reichen bereits wenige Terme, um eine sehr gute Näherung zu erhalten. Wir wollen hier die Folgen des ersten Korrekturterms untersuchen

Die Ergebnisse

Wie sich der Leser erinnern wird, war unsere Ähnlichkeitslösung ein konstantes $\mathcal{T}_d$ auf der äußeren Trommeloberfläche $z = 0$. Der Korrekturterm $\mathcal{T}^{(1)}(x,0)$ ist auf dieser Fläche nicht konstant, die entsprechenden Temperaturschwankungen sind ein guter Indikator für den Einfluß der Dicke der Trommel auf den Wärmeleitungsprozeß. Für die Temperaturvariationen erhalten wir nach (11.30), (11.31) explizit

$$\mathcal{T}(x,0) = \mathcal{T}_d \left[1 + \frac{2\gamma}{1+\gamma} \text{erfc}(\sqrt{\lambda}h_c/d_s) \right].$$

Für wachsendes x nimmt die Dicke der thermischen Schicht $d_s = \sqrt{\kappa_s x/U}$ zu, die erfc-Funktion wächst und damit auch der Einfluß der Trommel. Uns interessiert jedoch nur der Bereich vor der Erstarrungszone $x < l_s$, damit genügt uns die Spiegelquellenlösung. Unsere Aufmerksamkeit gilt besonders der Abhängigkeit der Prozesse bei $x = l_s$ von der Trommeldicke. Nun gilt dort $d_s = h_s/A$ (siehe (11.14)) und wir erhalten für die Temperaturveränderung an der äußeren Trommeloberfläche durch den Korrekturterm:

$$\mathcal{T}^{(1)}/\mathcal{T}_d = \frac{2\gamma}{1+\gamma} \text{erfc}(\sqrt{\lambda}Ah_c/h_s).$$

Dieser Zusammenhang ist in Abb. 11.5 als Funktion der Trommeldicke graphisch dargestellt. Im gleichen Bild kann man die durch die Trommeldicke induzierte Temperaturveränderung an den Rändern der Erstarrungszone (gegeben durch $[2\gamma/(1+\gamma)]\text{erfc}(A/2 + \sqrt{\lambda}Ah_c/h_s)$) ablesen. Der Wert wurde wieder für einen gewissen Dickenbereich der Trommel berechnet.

Nach Abb. 11.4 waren wir zu dem Ergebnis gelangt, daß die Trommel etwa 5 cm dick sein muß, um die Wärme aufnehmen zu können; nun zeigt sich jedoch, daß Effekte, die durch die endliche Dicke der Trommel hervorgerufen werden, nur für $h_c < 2$ cm eine wesentliche Rolle spielen und die tatsächliche Erstarrungszone kleiner als angenommen ist. *Damit kann man eine deutlich dünnere Kupfertrommel verwenden.* Die starke Abhängigkeit von h_c folgt aus der großen Variation der erfc-Funktion für mittlere Argumente. Daraus folgt:

- Für der Erstarrungsprozeß ist eine Dicke der Kupfertrommel von 1 bis 2 cm ausreichend.

- Für Trommeln dieser Dicke sind unsere Ergebnisse für die Länge der Stahlbleche weiterhin gültig.

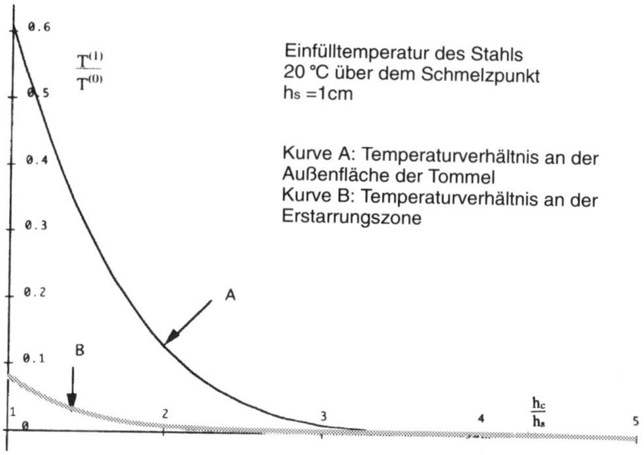

Abb. 11.5 Die Einflüsse der Trommeldicke.

Nebenbemerkung: Wir hatten bereits darauf hingewiesen, daß das obige auf Ähnlichkeitslösungen mit Spiegelquellen beruhende Näherungsschema für Trommeln mit einer Dicke von mehr als einem Zentimeter funktioniert. Je dünner die Trommel ist, umso mehr Spiegelquellen müssen eingeführt werden. Aus den Erfahrungen mit dem Problem der Erwärmung einer endlich großen Platte in Abschnitt 7.6.5 wissen wir, daß die Rechnung für sehr dünne Trommeln nicht sinnvoll ist. In diesem Fall sollte man auf Fouriertechniken zur Modellierung von Fluktuationen um stationäre Zustände zurückgreifen.

Nebenbemerkung: Die zur Korrektur der endlichen Dicke der Trommel eingeführte Spiegelquelle erzeugt natürlich Wärme, insbesondere im Stahlblech in der Erstarrungszone und verändert so den Ort, an dem sich das Eisen zu einem bestimmten Zeitpunkt verfestigt. Zum Ausgleich kann man zusätzliche Quellen einführen und durch eine Störungsrechnung die Position der Erstarrungszone genau berechnen. Da $\mathcal{T}^{(1)}$ hier sehr klein ist, sind solche Rechnungen, besonders bei ersten Voruntersuchungen, meist nicht notwendig.

11.3 Die rotierende Trommel

Das Problem erfordert eine Kühlung der inneren Oberfläche der Kupfertrommel, am einfachsten mit zirkulierndem Wasser. Wir nehmen an, die Wärmeübertragung pro Einheitsoberfläche der Trommel ist gleich βT, mit T der Temperaturdifferenz zwischen der inneren Oberfläche der Trommel und der Temperatur des Kühlwassers (diese sei fest). β ist ein bekannter Konstruktionsparameter. Nach Inbetriebnahme des Systems sollte sich nach einiger Zeit ein Gleichgewichtszustand einstellen, auf den wir uns hier konzentrieren wollen. Wir gehen zu raumfesten zylindrischen Polarkoordinaten (r, θ) über, deren Ursprung im Mittelpunkt der Trommel sei (siehe Abb. 11.6). Die Wärmeleitungsgleichung für den Gleichgewichtsfall lautet:

$$\Omega T_\theta = \kappa_c[T_{rr} + (1/r)T_r + /1/r^2)T_{\theta\theta}], \tag{11.32}$$

dabei ist Ω die Winkelgeschwindigkeit der Trommelrotation und $T(r, \theta)$ die Trommeltemperatur relativ zu der des Wassers. Die Rechnung ist analog zu Abschnitt 11.2.1. R sei der innere und $R+h_c$ der äußere Trommelradius und es gilt $h_c/R \ll 1$. Damit können wir diese kleine Kombination als Störungsparameter verwenden. Wir führen dazu eine skalierte radiale Koordinate y ein, für die gilt

$$r = R + h_c y,$$

und vernachlässigen Terme der Ordnung h_c/R und kleiner. Damit erhalten wir die eindimensionale Wärmeleitungsgleichung

$$T_\theta = \mathcal{P} T_{yy}, \tag{11.33}$$

wobei hier θ eine „zeitartige" Rolle spielt. Die dimensionslose Gruppe besitzt die Form

$$\mathcal{P} = \kappa_c/(h_c^2 \Omega) \tag{11.34}$$

und mißt das Verhältnis der Zeitspanne für die Wärme zur Durchdringung der Trommel zu einer Rotation der Trommel. Der uns interessierende Wertebereich für $\mathcal{P}$ liegt bei eins. (Ist $\mathcal{P}$ klein, dann erwärmt sich die Trommel stark, für großes $\mathcal{P}$ ist die Trommel unsinnig groß.)

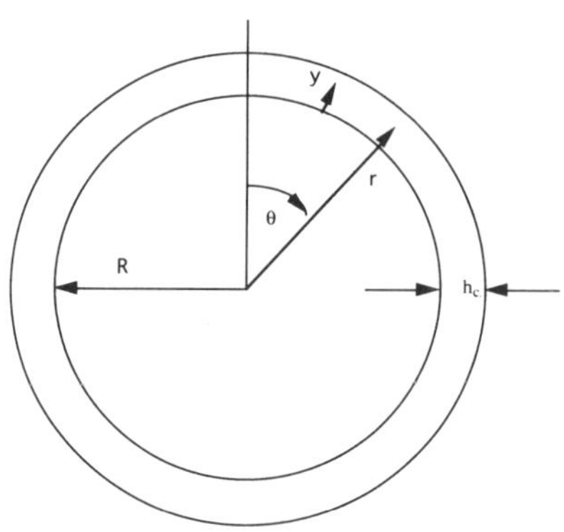

Abb. 11.6 Die Geometrie der Trommel.

Die Wärmeabgabe an das Kühlwasser ist während des Kontaktes der Trommel mit dem Stahl relativ klein. Damit erscheint die folgende Anfangsbedingung für unser Problem sinnvoll:

$$T(y, 0) = f(y), \tag{11.35}$$

wobei f der Temperaturanstieg im Kupfer in dem Moment ist, in dem der Kontakt zwischen Kupfer und Stahl beendet ist (siehe (11.30), (11.31)), d.h. $\mathcal{T}^{(0)} + \mathcal{T}^{(1)}$; am Ort $x = l_s$ nach einer geeigneten Anpassung der Variablen. Man beachte, daß wir eine Randbedingung für $\theta = 0$ gewählt haben und nicht für den kleinen Winkel, der dem Ende des Kontaktes entspricht.

Wir müssen zusätzlich dazu noch dafür sorgen, daß nach der Trennung von Kupfer und Stahl keine Wärme an der äußeren Oberfläche verlorengeht und der Wärmeverlust an das Kühlwasser die geforderte Form besitzt:

$$T_y(1, \theta) = 0 \quad \text{und} \quad T_y(0, \theta) = \mathcal{B}T \tag{11.36}$$

mit

$$\mathcal{B} = h_c \beta / k_c.$$

Der Parameter $\mathcal{B}$ ist das Verhältnis der Dicke der Trommel zur thermischen Dicke k_c/β des Kühlsystems.

Die obigen Rand- und Anfangsbedingungen sind typisch für Systeme, bei denen die Zeit durch eine „zeitartige“ Variable θ ersetzt wird. Man weiß aus Erfahrung (und aus Eindeutigkeitstheoremen), daß unsere Gleichung mit diesen Bedingungen eine eindeutige Lösung *für alle* $\theta > 0$ besitzt. Eine ungewöhnliche Eigenschaft unseres Problems erfordert jedoch noch eine genauere Untersuchung. Unsere Zeitvariable θ ist auf das Intervall $[0, 2\pi)$ beschränkt. Wie man sehen kann, paßt die Lösung für $\theta \to 2\pi$ jedoch nicht an die Lösung bei $\theta = 0$! Wir müssen deshalb die physikalischen und mathematischen Grundlagen unserer Rechnung noch einmal durchdenken.

Wir beschränken uns für einen Moment auf ein sehr kleines Segment der Trommel. Jedesmal, wenn dieses Segment mit dem Stahl in Berührung kommt, erhält es einen Wärmepuls auf die äußere Oberfläche und die Wärme diffundiert anschließend ins Innere der Trommel. Die Temperatur der Trommel wird durch die Summe dieser Pulse und die anschließende Verteilung bestimmt. Da unser System zum Glück linear ist, können wir die Wirkungen einfach addieren. Zur Berechnung der Temperaturverteilung müssen wir daher zuerst die Wirkung eines Wärmepulses bei $t \equiv \theta = 0$ bestimmen und *dazu von einem unendlichen Halbbereich ausgehen.* Anschließend summiert man die Beiträge von unendlich vielen solchen periodischen Pulsen und bestimmt daraus einen (möglichen) Gleichgewichtszustand. Mit dieser Einsicht wollen wir nochmals zur obigen Diskussion zurückkehren. Es ist ganz offensichtlich, daß die Annahme, unsere Gleichgewichtslösung erfülle $T(0, y) = f(y)$, mit der Temperaturverteilung f, die durch einen einmaligen Kontakt mit dem Stahl hervorgerufen wird, nicht korrekt sein kann: Der Gleichgewichtszustand bei $\theta = 0$ wird durch die Summe aller Kontakte bestimmt und wir müssen deshalb alle solche Wärmeimpulse aufaddieren. Die Lösung für $\theta \to 2\pi-$ erhalten wir ebenfalls durch Summation. Beim Überqueren von $\theta = 2\pi-, 0+$ tritt eine Unstetigkeit auf, die wir akzeptieren müssen, sie ist eine Folge der Näherungsannahmen in unserer Analyse:

- Wir sind davon ausgegangen, daß die gesamte Wärmezufuhr bei $\theta = 0$ stattfindet; in Wirklichkeit geschieht dies über dem ganzen θ-Bereich. Wir haben es hier mit einer typischen Näherung durch Punktquellen zu tun; damit ist das Auftreten von Unstetigkeiten zu erwarten.

- Durch das Entfernen des $T_{\theta\theta}$-Terms aus der Wärmeleitungsgleichung haben wir die Möglichkeit der Wärmeleitung in die θ-Richtung unterdrückt. Diese Form der Diffusion würde alle Unstetigkeiten in dieser Richtung der Temperaturverteilung glätten. Damit ist der scheinbar kleine $T_{\theta\theta}$-Term in der Nähe von $\theta = 0, 2\pi$ wichtig.

Kommentar: Gleichgewichtsnäherungen. Zur Lösung des obigen Problems mußten wir untersuchen, wie sich der Gleichgewichtszustand formiert. Dieser ist jedoch ein Idealzustand, der aus mathematischen Gründen eingeführt wird. Meist führt diese Vereinfachung zu keinen weiteren Problemen, es kann allerdings in manchen Fällen nötig sein, den transienten Anteil ebenfalls zu untersuchen, um Widersprüche auflösen zu können.

Nebenbemerkung: Die Bereiche $\theta = 2\pi-$ und $\theta = 0+$ werden durch eine dünne Zone der Dicke $\delta\theta = \kappa_c / R^2 \Omega$ verbunden. Solche *Randschichten* genannte Bereiche sind in vielen Situationen von Bedeutung. Da die Untersuchungen solcher Schichten nicht im Mittelpunkt dieses Buches stehen, wollen wir hier nicht weiter darauf eingehen.

Die Lösung für einen Wärmepuls

Die Lösungen der Wärmeleitungsgleichung und der homogenen Randbedingungen bei $y = 1$ besitzen die Form

$$T(\theta, y) = E^{-\mathcal{P} p_n^2 \theta} \cos p_n (1-y), \tag{11.37}$$

und die Randbedingungen bei $y = 0$ werden erfüllt, falls gilt:

$$p_n \sin p_n = \mathcal{B} \cos p_n.$$

Wir erhalten damit eine unendliche Menge von Eigenwerten und Eigenlösungen. Sei $f(y)$ die Temperaturverteilung, die durch einen Wärmepuls in der Kontaktzone erzeugt wird. Wir erhalten dann für die resultierende Temperaturverteilung den Ausdruck

$$T(\theta, y) = \sum_1^\infty f_n E^{-\mathcal{P} p_n^2 \theta} \cos p_n (1-y)$$

mit

$$f_n = \int_0^1 f(y) \cos p_n (1-y) \mathrm{d}y \Big/ \int_0^1 \cos^2 p_n (1-y) \mathrm{d}y.$$

Der Gleichgewichtszustand

Den Beitrag aller vorangegangenen Wärmepulse erhalten wir durch Ersetzen von θ durch $\theta + 2m\pi$ und der anschließenden Summation über m von 1 bis ∞. Da die Abhängigkeit von y immer die gleiche Form besitzt, erhalten wir eine geometrische

Reihe für jede Fourierkomponente, und die Summation kann exakt ausgeführt werden:

$$T(\theta, y) = \sum_{1}^{\infty} f_n \frac{e^{-\mathcal{P}p_n^2\theta}}{1 - e^{-2\pi\mathcal{P}p_n^2}} \cos p_n(1-y).$$

Dies ist unsere gesuchte Lösung für den Gleichgewichtszustand.

Wir interessieren uns nun insbesondere für die Temperatur der Oberfläche der Kupfertrommel im Moment des Kontaktes mit dem geschmolzenenen Stahl. Wir erhalten diese durch Substitution von $(y, \theta) = (1, 2\pi)$ in die obige Gleichung:

$$T(1, 2\pi) \equiv T_c - T_0 = \sum_{1}^{\infty} f_n \frac{e^{-2\mathcal{P}p_n^2\pi}}{1 - e^{-2\pi\mathcal{P}p_n^2}}$$

ist die Temperaturdifferenz zwischen der äußeren Oberfläche der Trommel und dem Wasser (T_0). Da die Eigenwerte voneinander verschieden sind, liegt es nahe (und dies läßt sich auch durch explizite Rechnungen bestätigen), daß nur der erste Term der Summe signifikant ist. Damit erhält man als Endergebnis

$$T_c + T_0 \approx f_1 \frac{e^{-2\pi\mathcal{P}p_1^2}}{1 - e^{-2\pi\mathcal{P}p_1^2}} \cos p_1(1-y). \tag{11.38}$$

Interpretation

Die Temperatur nimmt mit θ von einem effektiven Wert $f_1 \cos p_1(1-y)$ kurz nach dem Einfüllzeitpunkt des geschmolzenen Stahls $\theta = 0$ auf den Wert kurz davor, der durch (11.38) gegeben wird, ab. Damit kann man durch geeignete Wahl der Parameter erreichen, daß die Trommel nach einem Umlauf wieder die ursprüngliche Temperatur angenommen hat; das Argument der Exponentialfunktion muß dazu größer als vier sein. Daraus folgt:

$$2\pi\kappa_c p_1^2/(h_c^2\Omega) \approx 4. \tag{11.39}$$

Zuerst sollte man jedoch untersuchen, ob es vernünftige Parameterkombinationen gibt, die diese Bedingung erfüllen. Oft gelangt man durch „offensichtliche" Fehler zu erstaunlich kleinen oder großen Zahlen, z.B. für die Trommelgröße, die keinen Sinn ergeben. Man kann jedoch an dieser Stelle sagen, daß durch den großen Wertebereich unserer Parameter, die wir in unsere obige Formel einsetzten, es unwahrscheinlich ist, daß wir ein korrektes Ergebnis für die Größe der Trommel erhalten, wenn unser Modell nicht *irgendwie* sinnvoll ist. Nach Angaben von Ingenieuren liegt die erreichbare Abkühlgeschwindigkeit für zirkulierende Wasserkühlungen bei etwa $\beta = 10$ kW/(m^{2}s). Damit erhalten wir für $\mathcal{B}$ den Wert 0,5 (bei Verwendung der tabellierten Parameterwerte, siehe oben) bei einer Trommeldicke von $h_c = 2$ cm. Der erste Eigenwert lautet dann nach (11.38) $p_1 = 0{,}65$, und wir erhalten für die Umlauffrequenz mit (11.39) $\Omega = 0{,}16$ rad/s. Unter der Annahme einer radialen Geschwindigkeit von etwa 1 m/s kann die erforderliche Kühlleistung erbracht werden, wenn die Trommel einen Radius von $1/\Omega = 6$ m oder mehr besitzt. Mit diesem Ergebnis befindet man sich in Übereinstimmung mit der Erfahrung von Ingenieuren mit Kühlsystemen im allgemeinen.

Die vorausgesagte Trommelgröße ist recht groß; damit ist klar, daß die Kühlung der Trommel ein wesentlicher Effekt sein muß. Nach den obigen groben Abschätzungen müssen wir dafür sorgen, daß die Trommel groß genug ist, um im Laufe einer Umdrehung auf Wassertemperatur gekühlt werden zu können. Natürlich kann man auch mit einer höheren Anfangstemperatur T_c arbeiten und mit einem weniger effektiven Verfestigungsprozeß zufrieden sein; in diesem Fall muß die Wasserkühlung nicht so effektiv arbeiten. Dies läßt sich durch unser quantitatives Modell recht gut einschätzen; die Kosteneinsparungen durch die Verkleinerung der Trommel können recht beachtlich sein.

11.4 Anpassung der Lösung

Nach einer passenden Variablentransformation drücken die Gleichungen (11.30), (11.31) und (11.38) die Temperaturdifferenz $T_c - T_0$ als Funktion der anderen relevanten Parameter aus. Damit haben wir die Verbindung zwischen der Kühlung und dem Verfestigungsprozeß gefunden. Alle Gleichungen müssen nun simultan gelöst werden. Wie sich zeigt, gibt es viele Möglichkeiten, die Erstarrung des Stahls zu erreichen, die optimale ist auch die kostengünstigste. Die Parameter h_c, β und der Trommelradius R sind die Parameter, mit denen wir das System anpassen können, es ist jedoch nicht ausgeschlossen, daß es auch noch andere Justierungsmöglichkeiten gibt. Der Wertebereich des Parameters h_c ist streng begrenzt, er muß so groß sein, daß die Kühlung durch die Kupfertrommel gewährleistet wird, andererseits darf er nicht zu groß werden, damit die Trommel bezahlbar bleibt. Wählt man den Kühlungsparameter β klein, dann werden die laufenden Kosten reduziert. Wir haben es also mit einem Optimierungsproblem zu tun, welches nur gelöst werden kann, wenn alle Kosten bekannt sind. Auch andere, nicht so einfach quantisierbare Einflüsse können dabei eine Rolle spielen. In diesem Fall empfiehlt sich die Optimierung durch Tabellierung der Optionen übersichtlicher zu gestalten – ein in der Praxis oft angewandtes Verfahren.

11.5 Zusammenfassung und Schlußfolgerungen

Unsere Untersuchungen hatten im wesentlichen einen erklärenden Charakter und sollten die Frage beantworten, wie groß die Trommel (Radius und Dicke) sein muß, um kontinuierlich Stahlbleche produzieren zu können.

Da die Parameter in Bereichen variierten, die mehrere Größenordnungen überstreichen, war eine sorgfältige Untersuchung der Wichtigkeit der einzelnen Terme notwendig. Die Umstände gestatteten es, das Kühlungsproblem und die Modellierung des Verfestigungsprozesses des Stahls getrennt zu untersuchen und die Lösungen am Schluß aneinander anzupassen. Dies erleichterte die Analyse wesentlich. Das an sich schwierige Problem der Erstarrung des Eisens konnte durch Anwendung von Ähnlichkeitsargumenten gelöst werden.

Aus den obigen Ergebnissen folgt nun:

- Ausgehend von einer Abschätzung der Blechlänge sollte die Trommel einen

Durchmesser von etwa 8 m besitzen, damit sich bei einer Produktionsrate von 1 m/s ein Stahlblech von 1 cm Dicke herstellen läßt.

- Eine Trommeldicke von 2 cm ist ausreichend, um die Wärme aus dem Erstarrungsprozeß aufnehmen zu können.
- Zur Kühlung der Trommel mit Wasser sollte diese einen Durchmesser von etwas weniger als 6 m besitzen.
- Da die Trommelgröße zur Verfestigung des Stahls wie Uh_s^2 variiert, läßt sich die Ausdehnung der Trommel *wesentlich reduzieren*, wenn man dünnere Bleche gießen will. Zusätzlich dazu läßt sich die Trommelgröße weiter reduzieren, wenn man die Produktionsrate verkleinert.
- Verwendet man im Vergleich zu unserer Anordnung eine Konstruktion aus zwei Trommeln, dann benötigt man nur ein *Viertel* der Trommeldurchmesser. Die Wasserkühlung wird ebenfalls vereinfacht und Oberflächeninstabilitäten während des Erstarrungsprozesses werden besser gedämpft.
- Da sowohl die Kühlung als auch die Verfestigung des Stahls etwa gleiche Trommelgrößen verlangen, scheint es, als ob sich eine optimale Balance zwischen diesen beiden Hauptforderungen finden läßt, die zu einer wesentlichen Einsparung von Ressourcen führen kann.

Weitere Details findet der Leser bei Barton und Gray (1985).

11.6 Anhang: Ein alternatives Kühlsystem

In Abschnitt 11.1 hatten wir die Idee, den Stahl durch Aufsprühen von Wasser oder die Verwendung einer sehr dünnen Trommel direkt zu kühlen, nicht weiter verfolgt. Wir wollen an dieser Stelle einige Abschätzungen in diesem Zusammenhang präsentieren.

Verwenden wir die Kupfertrommel, dann sinkt die Temperatur an der Oberfläche auf den Wert

$$T_i = [T_s - T_c]/[1 + \gamma],$$

dabei sind T_s und T_c die Anfangstemperaturen des geschmolzenen Stahls und des Kupfers, der dimensionslose Parameter γ hängt vom Verhältnis der thermischen Eigenschaften der beiden Materialien ab (siehe Aufgabe 7.5). Für unsere Stoffe ist γ etwa gleich vier, damit wird die Stahloberfläche sofort stark unter den Schmelzpunkt des Eisens abgekühlt und die Verfestigung setzt augenblicklich ein. Dieser Temperatursprung bestimmt die Situation wesentlich, bis sich die endliche Dicke des Bleches und der Kupfertrommel bemerkbar machen. Wie wir aus der gleichen Aufgabe wissen, beträgt der Temperatursprung im Stahl $[T_s - T_i]\mathrm{erfc}(x/\sqrt{4\kappa_s t})$. Damit dauert es eine Zeit t, bis sich der Stahl in einer Tiefe h auf den Schmelzpunkt T_m abgekühlt hat, die implizit durch den Ausdruck

$$\frac{T_s - T_m}{T_s - T_c} = \mathrm{erfc}(h/[4\kappa_s t])$$

gegeben ist. Setzt man gängige Werte für die Parameter ein, dann ergibt sich etwa 0,05 für die linke Seite und damit $0{,}72h^2/4\kappa_s$, d.h. 3,25 Sekunden für die Abkühlzeit.

Wird die Wärme durch den direkten Kontakt mit Wasser abgeführt, dann erhält man für die Oberflächentemperatur eine Integralgleichung (siehe Abschnitt 7.6). Wir können die Lösung dieser Gleichung dazu verwenden, die Zeit zu berechnen, die benötigt wird, die Stahloberfläche auf den Schmelzpunkt abzukühlen (bei Verwendung der Kupfertrommel geschieht dies sofort!). Bis diese Temperatur erreicht ist, ist die Wasserkühlung weniger effektiv als der Kontakt mit einer Kupfertrommel. Da die Oberflächentemperatur des Kupfers 80% der gesamten Temperaturdifferenz darstellt, können wir die Zeit bis zur Reduzierung auf diese Temperatur mit der asymptotischen Lösung der Integralgleichung abschätzen. Wir erhalten für die Zeitskale τ

$$1 - \sqrt{\tau}/\pi = 0{,}8,$$

dem entspricht die wirkliche Zeit $0{,}04\pi^3 k_s \rho_s c_s/\gamma^2$, und der Wärmeübertragungskoeffizient γ hängt von der Effektivität der Wasserkühlung ab. Diese wird aber durch die Strömungsgeschwindigkeit der Kühlflüssigkeit in der Kontaktzone mit dem Stahl bestimmt. Die Leistung, die zur Überwindung des Strömungswiderstandes der Flüssigkeit aufgebracht werden muß, ist proportional zur dritten Potenz der Strömungsgeschwindigkeit und damit proportional zu γ. Damit erhält man für die Unterhaltungskosten der Wasserkühlung eine Proportionalität zu γ^3; wie man sieht, sind effektive Kühlsysteme sehr teuer. Dazu kommen zusätzliche praktische Beschränkungen der Strömungsgeschwindigkeiten, da bei zu schnell fließendem Wasser der thermische Kontakt zur Oberfläche des Stahls verlorengeht. Obere Werte für γ liegen zur Zeit bei etwa 10 bis 20 kW/(°C m^{2}s) unter optimalen Umständen. Für den kleinsten Wert dauert es etwa eine Sekunde, bis sich die Oberfläche auf den Erstarrungspunkt abgekühlt hat, während die Kühlung mit Kupfer diesen Zustand sofort erreicht. Während dieser Zeit muß das Wasser eine Wärmemenge von 10 kW/(°C m^2) aufnehmen, während die übertragene Wärme an das Kupfer 20 kW/(°C m^2) beträgt. Damit ist der Wärmefluß ins Innere des Stahls doppelt so groß. Nach dieser Zeitspanne ist die Kühlung mit Wasser effektiver. Die Situation ist somit nicht eindeutig. Aus diesen oder anderen Gründen sind die Ingenieure in den Stahlwerken jedoch der Meinung, daß eine teure Kupfertrommel mit einem preiswerteren Wasserkühlsystem der direkten Wasserkühlung vorzuziehen ist.

Literatur

Crank, J., *Free and Moving Boundary Problems*, Oxford at the Clarendon Press, 1984.

Barton, N. G., Gray, J. D., *Proceedings of the Mathematics-in-Industry Study Group*, CSIRO Division of Mathematics and Statistics, 1985.

Teil III

Schwingungen und Wellen

Autos, Eisenbahnen und anderes

Einführung

In der Region Pilbarra in Australien verwendet man zum Transport von Eisenerz über große Strecken sehr lange Züge mit 20 bis 300 Waggons und bis zu vier Lokomotiven. Ökonomische Gründe fordern, daß die Strecke eingleisig verläuft und an vielen Stellen Ausweichmöglichkeiten aufweist. Versagen die Kupplungen zwischen den Waggons, dann kommt es zu großen zeitlichen Verzögerungen auf der Strecke, der prophylaktische Austausch der Kupplungen, lange bevor diese ihre normale Lebensdauer erreicht haben, ist auf der anderen Seite sehr teuer. Obwohl die Kupplungen in diesem Fall bereits deutlich schwerer sind als normale Zugkupplungen, treten doch zu häufig Probleme auf, und man ist bestrebt, die Situation grundlegend zu verändern. Dazu muß entweder der Fahrstil der Züge oder die Konstruktion der Kupplungen verändert werden. In beiden Fällen ist es jedoch Voraussetzung, daß man die Faktoren kennt, die die Kräfte an den Kupplungen bestimmen, damit Strategien entwickelt werden können, wie diese zu reduzieren sind. Dies ist nur eine der in letzter Zeit aufgetretenen Problemstellungen, die mit Schwingungen und Wellen bei Zügen zu tun haben. Die obige Situation wurde bisher nur wenig erforscht, ist aber von enormem Interesse; leider können wir den Hintergrund an Spezialwissen, der zur Behandlung nötig wäre, hier nicht liefern. Die in den nächsten Kapiteln besprochenen Probleme sind damit jedoch verwandt und geben uns so die Möglichkeit, neue relevante Techniken einzuführen.

Man muß nur einmal das Rangieren eines Zuges gehört haben, um zu erkennen, welche Kräfte bei Bewegungsveränderung auf eine Kupplung wirken, die sich den ganzen Zug entlang fortpflanzen. Die Geräusche, die beim Rangieren entstehen, gehen auf die Kräfte an den Kupplungen zurück. Die Tatsache, daß die Situation bei zunehmender Zuglänge kritisch wird, zeigt, daß trotz Verwendung von stoßdämpfenden Konstruktionen etwas geschieht, wodurch die Stöße an den Kupplungen zunehmen. Die Kupplungen lassen sich durch (hochgradig nichtlineare und gedämpfte) Federn modellieren. Sie versagen, weil eine inakzeptabel große Energiemenge aus der Translationsbewegung in Schwingungen transformiert wird. Die Zunahme der Stöße legt nahe, daß eine wellenförmige Veränderung der Auslenkung stattfindet, deren Amplitude mit der Zeit anwächst.

Schwingungen in einem System wachsen stark an, wenn entweder die wirkende Kraft groß oder klein, aber auf das System *abgestimmt* ist. In Kapitel 12 entwickeln wir fundamentale Methoden zur Untersuchung der Wirkung einer Kraft auf eine massive Feder – das typische Grundproblem. Dann wenden wir uns in Kapitel 13 Anwendungen zu, die die Kraftübertragung in Autos beschreiben. In Kapitel 14 werfen wir einen kurzen Blick auf das faszinierende Gebiet der Wellenphänomene und untersuchen dabei speziell den Verkehrsfluß. Da wir alle im täglichen Leben mit diesem Problem zu tun haben, steht die Wichtigkeit wohl ohne Frage fest. Die Modellgleichungen besitzen eine einfache Form und eine äußerst vielfältige Phänomenologie. Die anwachsenden Amplitude, die im Zusammenhang mit den Zügen beschrieben wurde, scheint ein Analogon im täglichen Feierabendverkehr zu besitzen.

12 Schwingungen

Resonanz
Dämpfung
Nichtlineare Anregung

12.1 Gleichgewicht und Schwingungen

Wird eine Masse sorgfältig an einer Feder befestigt (siehe Abb 12.1), dann dehnt sich die Feder so lange, bis die Spannung in der Feder ausreicht, die Masse zu kompensieren. Das System bleibt in einem Gleichgewichtszustand, solange es nicht gestört wird. Eine kurzzeitige Störung wird die Masse in oszillierende Bewegungen um die Gleichgewichtslage versetzen, deren Frequenz die *Eigenfrequenz* des Federsystems ist. Die Schwingungen werden solange beibehalten, bis ein *Dämpfungsmechanismus* (z.B. Luftdruck oder eine Hysterese) die Energie der Störung in Wärme umgewandelt hat und das System wieder im Gleichgewichtspunkt ruht. Bei anhaltender Störung wird sich das System auf komplizierte Art und Weise verhalten, die sowohl durch die wirkende Kraft als auch durch die Eigenschwingungen des System bestimmt wird. Das so unscheinbar und einfach wirkende System einer Masse an einer Feder ist wichtiger und interessanter, als man allgemein denken könnte. (Das Verständnis dieses Systems ist für alle Untersuchungen von Wellen- und Schwingungsphänomenen wesentlich.) Die meisten Festkörper-Systeme werden bei einer Störung in Schwingungen versetzt, deren Frequenz von der *Steifheit und der Masse* der Komponenten sowie den Kopplungen zwischen ihnen abhängen. Man kann die Reaktion dieser Systeme meist durch einfache Federmodelle mit einer effektiven Masse und einer durch die Steifheit bestimmten Federkonstante beschreiben. Für kompliziertere Fälle läßt sich dieser Modelltyp leicht erweitern. Da nach dem Erhaltungssatz für den Drehimpuls rotierende Körper in ihrer Bewegung fortzufahren versuchen, führen Störungen hier zu Schwingungsbewegungen um die Drehachse. Die Kardanwelle eines Autos ist ein solcher Fall. Die Beschreibung von Schwingungen eignet sich auch zur Modellierung von Stromkreisen; die Analogie zur Mechanik ist hier sehr befruchtend. Deshalb denken viele Wissenschaftler an mechanische Modelle, wenn sie mit elektrischen Systemen experimentieren und sie erzeugen damit quantitative Ergebnisse durch analytische und numerische Rechnungen mit den definierenden Gleichungen – die Beschränkung auf den spezifischen Kontext eines Problems ist meist ein Fehler.

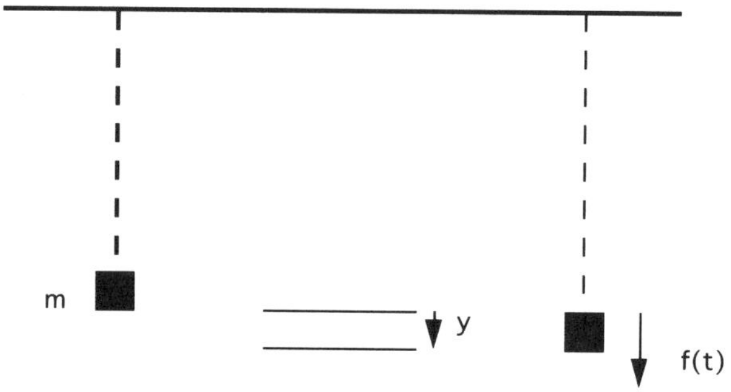

Abb. 12.1 Ein Feder-Masse-System.

In den oben beschriebenen Situationen liegt die Berechnung der Auslenkung als Funktion der Zeit für eine ganz bestimmte Kraft meist nicht im Mittelpunkt des Interesses. Wichtig ist häufig die Größe und Frequenz der Antwort des Systems. Praktisch ist wichtig, daß die Beträge der Reaktionen nicht zu groß werden (und damit Schaden anrichten); manchmal ist jedoch eine starke Antwort *erforderlich*; z.B. beim Nachweis von Erdbebenwellen durch Seismographen, von Gravitationswellen mit großen Metallkörpern oder beim Feineinstellen des Radioempfangs.

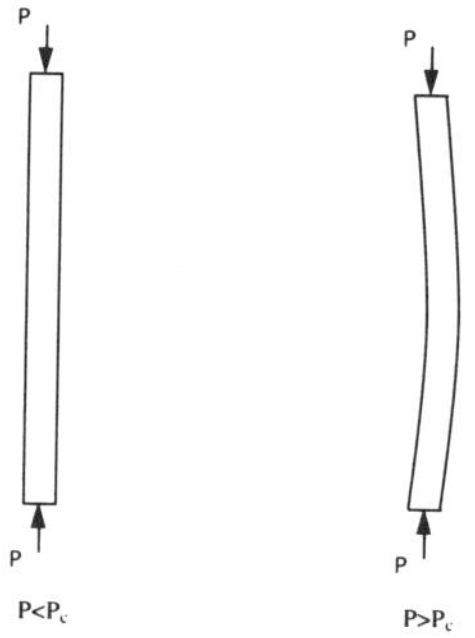

Abb. 12.2 Verbiegen eines Stabes.

Vor der Wirkung der äußeren Kraft befindet sich das System meist in einem ***stabilen*** Zustand in dem Sinne, daß die inneren Kräfte versuchen, entgegen der

Störung von außen den Anfangszustand wieder herzustellen (etwa die rücktreibenden Kräfte einer Feder). Diese Kräfte neigen dazu, die Störung zu überkompensieren und versetzen damit das System in Schwingungen. In anderen Fällen entfernt die Störung das System vom Gleichgewichtspunkt; man sagt, das Gleichgewicht war *instabil.* Obwohl es somit möglich ist, ein Lineal auf der Nase zu balancieren, ist doch der Fußboden der bevorzugte stabile Lagepunkt für das Lineal. Diese spezielle Situation besitzt jedoch nicht so große Bedeutung. Wichtiger ist hier das Verhalten des Lineals bei Einwirkung einer vertikalen Kraft (siehe Abb. 12.2). Die Länge des Lineals wird verkürzt, bis die Last einen kritischen Wert P_c erreicht, danach verbiegt es sich deutlich. Wir haben es hier mit einem Übergang von einer Situation, bei der die Form des Lineals eine stabile Konfiguration darstellt, in einen Zustand zu tun, in dem die verbogene Form stabil und das gerade Lineal instabil ist. Wichtig ist hier besonders die Bestimmung der *kritischen Bedingungen* für diesen Übergang. Der Wechsel von einer stabilen Lösung in eine andere als Ausdruck einer physikalischen Veränderung (ausgedrückt durch eine entsprechende dimensionslose Gruppe) tritt in vielen wichtigen Fällen auf. Eines der meistbehandelten und wichtigsten Gebiete ist der Übergang einer Flüssigkeit in den turbulenten Strömungszustand. Bisher hat man nur ein begrenztes Verständnis für das Problem. In Abschnitt 12.3 wollen wir die Übergänge in einem System von nichtlinearen Oszillatoren untersuchen, wenn die Anregungsfrequenz die Resonanz überstreicht – dies ist ein typisches, jedoch einfacheres Problem als die Turbulenz.

12.2 Der lineare Oszillator

Sei y der Abstand der Masse m, die an einer Feder hängt, vom Gleichgewichtspunkt (siehe Abb. 12.1) und k die Federkonstante (damit ist die rücktreibende Kraft gleich $-ky$). Die Dämpfungskraft wird durch den Ausdruck $-i\dot{y}(t)$ modelliert (i ist der Dämpfungskoeffizient), die von außen angreifende Kraft $f(t)$ wirke auf das System. Dann erhalten wir für die Beschreibung der Bewegung

$$\ddot{y}(t) + \mu\dot{y}(t) + \omega_0^2 y(t) = f(t)/m \tag{12.1}$$

mit

$$\omega_0^2 = k/m \quad \text{und} \quad \mu = i/m.$$

Bei Abwesenheit der Dämpfung wäre ω_0 die Eigenfrequenz der Bewegung, sie wird größer bei stärkeren Federn (großes k) und kleinen Massen.

Zur Berechnung der Lösungen von linearen Differentialgleichungen mit konstanten Koeffizienten verwendet man zuerst einen oszillierenden Term für die äußere Kraft und untersucht den entsprechenden komplexen Oszillator

$$\mathcal{L}[x] \equiv \ddot{x} + \mu\dot{x} + \omega_0^2 x = ae^{i\omega t}, \tag{12.2}$$

wobei $\mathcal{L}$ einen *linearen* Operator kennzeichnet. Mit $a = \alpha e^{i\phi}$ ergibt der Realteil der Lösung $x(t)$ die Lösung $y(t)$, die durch den Kraftterm $\alpha\cos(\omega t+\phi)$ mit *Amplitude α, Phase ϕ und Erregungsfrequenz ω* erzeugt wird (d.h. $y(t) = \Re x(t)$). Stellt man $f(t)$ als Fourierreihe dar, dann ergibt eine Superposition die Lösung für den Fall einer allgemeinen Kraft. Diese Prozedur ist recht nützlich, da sie die algebraischen Umformungen reduziert (dies ist bei Verwendung von Computern nicht so wesentlich); außerdem gilt $\Re\{\mathcal{L}[x(t)]\} = \mathcal{L}\{\Re[x(t)]\}$. Dafür ist die Linearität des Operators jedoch unabdingbar.

12.2.1 Die erzwungene ungedämpfte lineare Schwingung

Die allgemeine Lösung der obigen Differentialgleichung (12.2) im ungedämpften Fall $\mu = 0$ lautet

$$x = Ce^{i\omega_0 t} + De^{-i\omega_0 t} + \frac{a}{\omega_0^2 - \omega^2}e^{i\omega t} \tag{12.3}$$

mit der entsprechenden Lösung für $y(t)$

$$y(t) = A\cos(\omega_0 t + \psi_0) + \frac{\alpha}{\omega_0^2 - \omega^2}\cos(\omega t + \phi). \tag{12.4}$$

Die Konstanten (C, D) oder (A, ψ_0) müssen noch aus den Anfangsbedingungen bestimmt werden. Wir wollen das Ergebnis kurz analysieren:

- Wird das System bei Abwesenheit der äußeren Kraft ($a = 0$) durch einen Impuls in Bewegung versetzt, dann kommt es zu Schwingungen um den Gleichgewichtspunkt $y = 0$ mit der *Eigenfrequenz* ω_0, die Amplitude A wird durch die Energie bestimmt, die der Impuls auf das System übertragen hat.

- Wird das System mit einer Kraft der Frequenz $\omega \neq \omega_0$ gestört, dann besteht die Antwort aus zwei Teilen: einer *erzwungenen* Schwingung mit der Frequenz ω und einer Amplitude, die durch Amplitude und Frequenz der Störkraft bestimmt wird (und *nicht* durch die Anfangsbedingungen) sowie einer Reaktion in Form einer *Eigenschwingung* mit der *Eigenfrequenz* des Systems, dessen Amplitude durch die Anfangsbedingung festgelegt wird. Das entsprechende Bild der graphischen Darstellung müßte dem Leser bekannt sein (siehe Abb. 12.3). Aus der Tatsache, daß die Lösung einfach die Überlagerung zweier ungedämpfter Schwingungen ist, folgt natürlich, daß die mittlere Energie des Systems für große Zeiträume sich nicht verändert. Geht man davon aus, daß die äußere Kraft am System Arbeit verrichtet, dann ist dies ein keineswegs triviales Ergebnis. Die bis zum Zeitpunkt t geleistete Arbeit beträgt $\int_0^t f(t)\dot{y}(t)\mathrm{d}t$, man kann sie leicht mit Hilfe der Lösung oder der definierenden Gleichung berechnen. Man kann dadurch bestätigen, daß die äußere Kraft während einer Phase des Zyklusses dem System Energie zuführt, während in der restlichen Zeit des Zyklusses dem System Energie entzogen wird (siehe Aufgabe 12.1). Die Amplitude läßt sich als Funktion der Frequenz leichter ausdrücken als als Zeitfunktion und wir erhalten:

$$\text{amp} = \begin{cases} \alpha/(\omega_0^2 - \omega^2) & \text{für } \omega \\ A & \text{für } \omega_0 \\ 0 & \text{sonst} \end{cases} .$$

Es zeigt sich, daß die Darstellung der Amplitude als Funktion der Frequenz die beste Beschreibung von Schwingungs- und Wellenvorgängen ist. Man beachte, daß die erzwungene Schwingung eine Funktion von ω ist und für $\omega \to \omega_0$ sehr groß wird. Deshalb sollte das Federsystem so konstruiert werden, daß die Eigenfrequenz weitab der Frequenz der Störung liegt, wenn man große Amplituden vermeiden möchte. Bei Detektoren ist der umgekehrte Fall wichtig, Eigenfrequenz und Erregungsfrequenz sollten sich überdecken, damit die beobachtbaren Amplituden groß werden. Die Auslenkung durch eine Kraft der allgemeinen Form $\sum_{i=1}^{n} a_i e^{i\omega_i t}$ ist gleich (nach Superposition):

$$x = Ce^{i\omega_o t} + De^{-i\omega_0 t} + \sum_{i=1}^{n} \frac{a_i}{\omega_0^2 - \omega_i^2} e^{-\omega_i t}.$$

Die Auslenkung ist als Funktion der Zeit kompliziert, als Funktion der Frequenz jedoch recht einfach. Da verschiedene Frequenzen um verschiedene Beträge verstärkt werden, besitzt die Antwort des Oszillators im Zeitbereich die gleiche Gestalt wie die Anregungsfunktion *nur* im Fall einer reinen sinusförmigen Anregung. Damit sind sinusförmige Anregungen *etwas Besonderes* und man kann verstehen, warum Theoretiker und Experimentatoren oszillierende Kräfte bevorzugen. Bei Detektoren sucht man die Reaktion nur für einen bestimmten Frequenzbereich und filtert andere Informationen aus; deshalb sind hier nichtgleichförmige Reaktionen wesentlich.

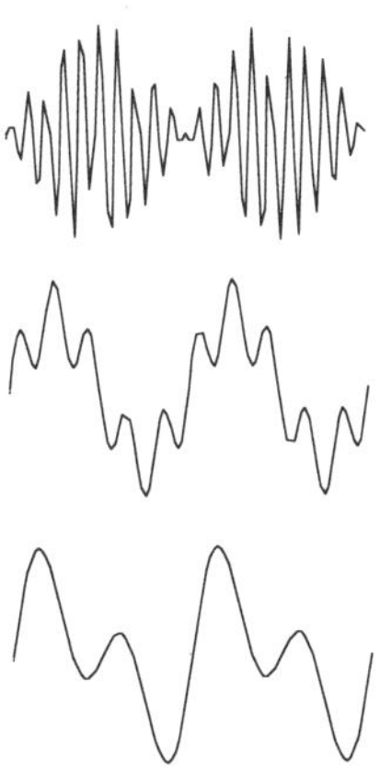

Abb. 12.3 Überlagerte Schwingungen.

- Die obige Lösung ist für den Spezialfall $\omega_0 = \omega$ (d.h. bei Übereinstimmung der Eigenfrequenz und der Anregungsfrequenz) nicht definiert, und wir benötigen einen anderen Ausdruck für die spezielle Lösung. Sie hat die Form $[-ai/(2\omega)]te^{i\omega t}$ und heißt *Resonanzreaktion* des Systems. In diesem speziellen Fall wächst die Amplitude unbegrenzt mit der Zeit. Man sagt, der Oszillator ist mit der Erregerkraft *in Phase*, diese pumpt ständig Energie in das System, wie man durch Untersuchung des obigen Integrals zeigen kann. Ist ω nahe bei ω_0, dann wird die Amplitude ebenfalls sehr groß, bleibt jedoch für alle Zeiten endlich; es kann zum Verlust der *Phasenkohärenz* kommen und dem System wird dann Energie entzogen (siehe Aufgabe 12.1). Man nennt einen Vorgang resonant, wenn die Amplitude deutlich größer als die der erregenden Kraft ist und die Erregerfrequenz in der Nähe der Eigenfrequenz liegt. Die Breite des Frequenzbereiches, für den es zu resonanter Reaktion kommt, nennt man die *Resonanzbreite*; wir werden unser Augenmerk besonders auf diesen Bereich lenken.

- In der Praxis nimmt die Amplitude nicht unbeschränkt zu, die formale mathematische Lösung der linearen gewöhnlichen Differentialgleichung im Resonanzfall ist nur ein Modell der Realität für ein beschränktes Zeitintervall; für größere Zeiten werden in diesem einfachen Modell nicht berücksichtigte Eigenschaften wichtig. Neben dem unvermeidlichen *Dämpfungsmechanismus* (Luftwiderstand oder Hystere), der dem System Energie entziehen kann, läßt sich die Übereinstimmung der Frequenzen zur kontiniuerlichen Energiezufuhr in das System praktisch nicht realisieren. Man kennt zwei solche Prozesse, die die Abstimmung der Frequenzen im Bereich der Resonanzbreite verhindern und damit die Amplitude der Reaktion festlegen:

  1. Die weitab von der Resonanz kaum in Erscheinung tretenden Nichtlinearitäten spielen im Resonanzbereich bei großen Amplituden eine wichtige Rolle und verhindern die Feinabstimmung.
  2. Die Erzeugung einer wirklich rein sinusförmigen Erregerkraft ist praktisch extrem schwierig und damit natürlich auch die Realisierung einer perfekten Resonanz. Oft bewegt sich die Erregerfrequenz in einem Frequenzbereich zufallsartig hin und her. Auch die Oszillatorfrequenz kann sich ändern. Unter diesen Umständen hängt die Amplitude von den statistischen Eigenschaften der Frequenzfluktuationen ab. Eine Variation der Parameter erlaubt die Erzeugung von Lösungen für ein spezielles $f(t)$ (d.h. $f(\Omega, t)$), und die statistischen Eigenschaften des Ergebnisses erhält man durch eine Mittelung über den Variationsraum Ω. In die Analyse können oft die nichtlinearen Effekte mit einbezogen werden, die wir nun kurz besprechen wollen. Für Einzelheiten konsultiere man das Buch von Dincă und Teodosiu (1973).

12.2.2 Der gedämpfte lineare Oszillator

Alle in der Natur vorkommenden Oszillatoren besitzen dissipative Mechanismen, die dazu führen, daß die Schwingungen im Laufe der Zeit abnehmen, und außerdem das Auftreten der Resonanzbreite verursachen. Die lineare Gleichung (12.2) stellt ein analytisch lösbares dissipatives Modell dar, welches gedämpfte Oszillatoren adäquat beschreiben kann. Die Fälle für relativ große Amplituden durch das Auftreten von Resonanzeffekten sind nur für kleine Dämpfungen beobachtbar.

Der eigendynamische Anteil

Die Lösungen der homogenen Gleichung besitzen die Form

$$e^{-\mu t/2 \pm i\sqrt{(\omega_0^2-\mu^2/4}}.$$

Für den uns interessierenden Fall kleiner Dämpfungen ist folgendes zu beachten:

- Die Eigenfrequenz des Systems wird durch die Dämpfung geringfügig geändert:
$$\omega_0 \to \omega_0\sqrt{1-(\mu/2\omega_0)^2}.$$
- Die Amplitude des freien Oszillators nimmt mit $e^{-\mu t/2}$ auf null ab; nach einer Zeitspanne der Ordnung $1/\mu$ verschwindet jede Oszillation des Systems, die durch die Anfangsbedingungen gegeben war. Man nennt diese Schwingungen (Eigenschwingungen) des freien Oszillators deshalb *flüchtig*, und sie werden bei der Behandlung von erzwungenen Schwingungen meist vernachlässigt. Auch wir werden im Laufe dieses Kapitels nicht noch einmal darauf zurückkommen.

Da man die Dämpfungsmechanismen natürlicher Oszillatoren meist nicht kennt, wählt man μ so, daß die Lebensdauer der Eigenschwingungen mit der Beobachtung übereinstimmt. Man kann davon ausgehen, daß unser obiges grobes lineares Modell (welches den Energieaustausch im Modell richtig beschreibt) die Realität adäquat beschreibt, wenn der Dämpfungsmechanismus nicht mit der Reaktion auf äußere Kräfte verbunden ist.

Der erzwungene Anteil

Man erhält die spezielle Lösung für die erzwungene Schwingung des Oszillators (12.2) durch den Ansatz $Xe^{i\omega t}$. Setzt man dies in die Differentialgleichung ein, so erhält man eine Gleichung für X. Das ergibt

$$x = \frac{a}{\omega_0^2 + i\omega\mu - \omega^2} e^{i\omega t}. \tag{12.5}$$

Offensichtlich entspricht dieser Lösung eine kontinuierliche Reaktion auf die äußere Kraft, wobei die Amplitude gerade so groß ist, daß die in das System gepumpte Energie die dissipativen Verluste in einer Periode ausgleicht. Der Koeffizient $e^{i\omega t}$ ist komplex, damit tritt zwischen der Erregerkraft $\alpha e^{i\omega t+\phi}$ und der Antwort eine Phasendifferenz auf (man beachte $a = \alpha e^{i\phi}$). Explizit erhalten wir

$$x = Ae^{i(\omega t+\phi+\theta)}$$

mit

$$A = \frac{\alpha^2/\omega_0^2}{\sqrt{[1-\sigma]^2+\nu^2\sigma^2}}, \quad \tan\theta = \frac{-\nu\sigma}{1-\sigma^2}$$

und

$$\sigma = \frac{\omega}{\omega_0} \quad \text{und} \quad \nu = \frac{\mu}{\omega_0}, \tag{12.6}$$

den beiden dimensionslosen Frequenz- und Dämpfungsparametern. Sowohl die Amplitude als auch die Phase hängen stark von der Frequenz ab. Man beachte:

- Das System schwingt mit der Erregerfrequenz, wenn die Dämpfung ν klein ist und die Erregerfrequenz nahe an der Eigenfrequenz des Systems liegt (d.h. $\sigma \approx 1$). Unter anderen Umständen sind die Amplituden moderat (sie sind von der Ordnung α/ω^2 oder α/ω_0^2). Es tritt für keine Erregerfrequenz eine unbegrenzte Bewegung auf. In den unskalierten Größen ist die Größenordnung der Amplitude etwa $\alpha/(\omega_0\mu)$, wenn die Erregerfrequenz in einem Bereich $\omega - \omega_0$ liegt, der von der Ordnung μ ist. Je schwächer die Dämpfung, umso stärker ist die Antwort auf die Erregung, umso schmaler ist aber auch die Resonanzbreite. In Abb. 12.4 findet man die Darstellung einiger typischer Beispiele.

- Für kleine σ sind die Erregerkraft und die Reaktion fast in Phase. Die Schwingungen des Oszillators sind gegenüber der äußeren Kraft verzögert. Diese Verzögerung wächst stark, wenn σ größer wird. Im Resonanzpunkt erreicht sie $\pi/2$ und strebt dann asymptotisch gegen π für $\sigma - 1$ von der Ordnung ν. Ein Beobachter würde dann die paradoxe Beobachtung machen, daß die Reaktion des Oszillators entgegengesetzt zur Erregerkraft gerichtet ist, wenn die Resonanzfrequenz gerade überschritten wurde (siehe die Aufgaben 12.2 und 12.4).

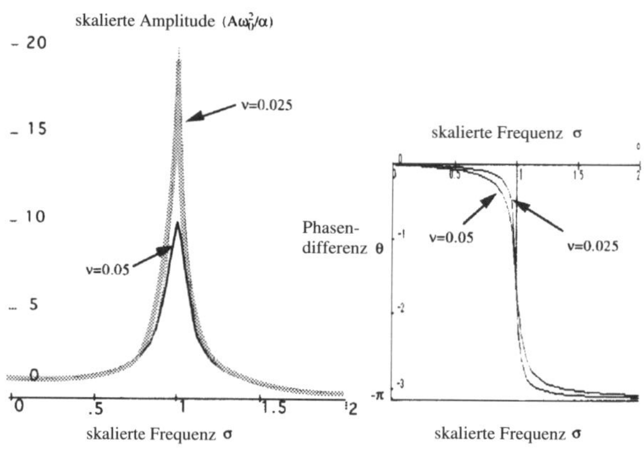

Abb. 12.4 Reaktion gedämpfter linearer Oszillatoren.

12.3 Schwache nichtlineare Resonanz

Zur Untersuchung der Auswirkungen von Nichtlinearitäten im Resonanzbereich verwenden wir die skalierten Variablen der nichtresoanten Beschreibung des linearen Systems (12.2). Das heißt, wir verwenden die Größen τ und η:

$$y = (\alpha(\omega_0^2))\eta \quad \text{und} \quad \tau = \omega_0 t. \tag{12.7}$$

Damit erhalten wir für die Gleichung des Oszillators den Ausdruck

$$\eta''(\tau) + \eta(\tau) + \nu\eta'(\tau) + \epsilon f(\eta(\tau)) = \cos(\sigma\tau + \phi). \tag{12.8}$$

Dabei sind σ und ν wieder die dimensionslosen Frequenz- und Dämpfungsparameter (siehe (12.6)), und ϵ skaliert den nichtlinearen Term ϵf. Wir haben eine Phase ϕ eingeführt, damit wir beliebige Anfangsbedingungen behandeln können. Wir wollen eine kubische Nichtlinearität behandeln, damit gilt

$$f = \eta^3.$$

Kommentar: Der kubische Term kann als erster Term einer Taylorentwicklung einer ungeraden (glatten) Funktion f der Auslenkung y verstanden werden. (Ein quadratisches Glied entspricht einer Verschiebung der Antwort des Oszillators und tritt wesentlich seltener auf als der kubische Fall.) Der Koeffizient 1 vor diesem Term stellt keinen Verlust der Allgemeinheit dar, da jeder von eins verschiedene Koeffizient in die Definition von ϵ absorbiert werden kann. Damit ist die obige Gleichung recht allgemein. Zur Vereinfachung der Darstellung sei ϵ im weiteren positiv.

Wir gehen bei unserer Betrachtung davon aus, daß Dämpfung und Nichtlinearitäten im nichtresonanten Bereich und damit die dimensionslosen Parameter ϵ und ν klein sind. Unser primäres Ziel ist die Berechnung der Amplitude des Oszillators als Funktion von (ϵ, ν, σ) für Frequenzen σ, die nahe bei eins liegen.

Unter diesen Umständen liegt die dominante Reaktion des Oszillators bei der Frequenz σ, und die Nichtlinearitäten führen zu Korrekturen. Wir erhalten somit für die Form der Differentialgleichung

$$\eta''(\tau) + \eta(\tau) - \cos(\sigma\tau + \phi) = -(\nu\eta'(\tau) + \epsilon\eta^3) \tag{12.9}$$

und suchen eine dominante Lösung der Gestalt

$$\eta = C\cos(\sigma\tau + \psi). \tag{12.10}$$

Es ist vorteilhafter, zuerst den ungedämpften Fall $\nu = 0$ zu untersuchen.

12.3.1 Der ungedämpfte nichtlineare Oszillator

Wir erhalten mit $\nu = 0$ die Gleichung

$$\eta''(\tau) + \eta(\tau) = \cos(\sigma\tau + \phi) - \epsilon\eta^3. \tag{12.11}$$

Leider ist aufgrund der Nichtlinearität die Verwendung eines komplexen Oszillators zur Lösung der Gleichung nicht möglich, und viele algebraische und intuitive Vorteile der komplexen Analysis stehen nicht mehr zur Verfügung. Trotzdem ist es hier von Vorteil, die komplexe Darstellung der Lösung zu verwenden. Die dominante Lösung können wir so in der Form

$$\eta = Ae^{i\sigma\tau} + A_* e^{-i\sigma\tau}$$

schreiben, dabei ist $A \equiv Ce^{i\psi}/2$ eine zu bestimmende komplexe Zahl, und der Suffix * bezeichnet die komplexe Konjugation der Größen.

Nebenbemerkung: Die Verwendung der Sinus- und Kosinusfunktionen führt bei Nichtlinearitäten unvermeidlich zum Auftreten komplizierter Funktionen der Argumente

$$2\cos\alpha\cos\beta = \cos(\alpha+\beta) + \cdots .$$

Diese Komplikationen sind rein algebraischer Natur, man könnte also denken, daß sie, gerade bei Verwendung von algebraischen Computerprogrammen, ein nicht so wichtiges Problem darstellen. Es zeigt sich jedoch, daß der Rechenumfang in diesen Fällen sogar die Fähigkeit von Computern übersteigen kann, deshalb empfiehlt sich die Verwendung der einfacheren Exponentialfunktionen.

Setzen wir den Ausdruck für η in die Korrekturterme ein, dann erhalten wir

$$\epsilon f = \epsilon[A^3 e^{3i\sigma\tau} + 3A^2 A_* e^{i\sigma\tau} + 3AA_*^2 e^{-i\sigma\tau} + A_*^3 e^{-3i\sigma\tau}].$$

Es sieht so aus, als ob die Verwendung der komplexen Lösungen keine Vorteile gebracht hätte. Man beachte jedoch, daß die Exponentialfunktionen mit negativem Exponenten aus denen mit positivem Exponenten durch Konjugation hervorgehen. Wir brauchen deshalb nicht alle Terme extra zu berechnen – außerdem muß unsere Lösung reell sein. Damit läßt sich die Korrektur in der Form

$$\epsilon f = \epsilon[A^3 e^{3i\sigma\tau} + 3A^2 A_* e^{i\sigma\tau} + *]$$

darstellen; * bezeichnet das komplex Konjugierte des expliziten Ausdruckes vor dem Stern in der Klammer. Die Nichtlinearität führt also zum Auftreten der dritten Harmonischen $e^{3i\sigma\tau}$, gewichtet mit ϵ. Damit erwarten wir für die gesamte Lösung die Form

$$\eta = Ae^{i\sigma\tau} + \epsilon Be^{3i\sigma\tau} + *.$$

Eingesetzt in die definierende Gleichung (12.11) ergibt dies

$$\{A[1-\sigma^2] + 3\epsilon A^2 A_* - e^{i\phi}/2\}e^{i\sigma\tau} + \{B[1-(3\sigma)^2] + \epsilon A^3\}e^{3i\sigma\tau} + O(\epsilon^2) + * = 0.$$

Durch Koeffizientenvergleich der beiden Schwingungen erhalten wir für die Koeffizienten A und B

$$A[1-\sigma^2] + 3\epsilon A^2 A_* = e^{i\phi}/2 \tag{12.12}$$

und

$$B[1-(3\sigma)^2] + \epsilon A^3 = 0. \tag{12.13}$$

Die erste der Gleichungen bestimmt die Amplitude des dominanten Anteils der Schwingung und ist damit besonders wichtig. Die Bestimmungsgleichungen für die anderen beiden Koeffizienten A_* und B_* erhält man einfach durch Konjugieren der obigen Gleichungen.

Nebenbemerkung: Der hier beschriebene Zugang ist eine leichte Modifikation der bereits früher diskutierten Störungsrechnungen und iterativen Methoden. Man konzentriert sich hier auf die Schwingungsmoden, die nach unseren bisherigen Erfahrungen mit dem linearen Fall physikalisch (und damit mathematisch) relevant sind. Die Anwendung der früheren Zugänge hätte, nach einigen Umwegen, zu den gleichen Ergebnissen geführt. Oft lassen sich durch leichte Veränderungen einer Methode deutliche Vereinfachungen erzielen, deshalb sollte sich der Leser mit den verschiedenen Alternativen vertraut machen, um zu erkennen, an welcher Stelle die Vereinfachung zutage tritt.

Kommentar: Eine physikalische Erklärung. Obwohl das oben vorgestellte mathematische Schema eine vernünftige Antwort auf unsere Fragen gibt, ist es doch nicht offensichtlich, warum es funktioniert und welche physikalischen Hintergründe es besitzt. Als Modellierer muß man dies aber unbedingt wissen – jedes Kochrezept findet man in einem Handbuch. Wir stellen deshalb einen Weg vor, wie man eine Interpretation des obigen Ergebnisses finden kann. Der nichtlineare Term wird als eine zusätzliche äußere Kraft auf den linearen Oszillator angesehen, deren Größe näherungsweise durch $\epsilon\eta_0$ gegeben ist. Dabei ist η_0 eine erste Abschätzung für η. Verwenden wir die reelle Lösung (12.10), dann sollte $-\epsilon C^3 \cos^3(\sigma\tau + \psi)$ eine erste Näherung für die Kraft sein, die durch die Nichtlinearität beschrieben wird (siehe (12.11)). Regeln der elementaren Trigonometrie ergeben

$$\cos^3(\sigma\tau + \psi) = \frac{1}{4}[\cos 3(\sigma\tau + \psi) + 3\cos(\sigma\tau + \psi)],$$

in dieser Form sieht man die Wirkung der Nichtlinearität besser. Von den beiden schwingenden Komponenten von η_0^3 kann nur der Term mit der Frequenz σ (da er nahe der Resonanz liegt) den linearen Oszillator stark beeinflussen. Ist die Größe dieser Komponente (bestimmt durch C oder A) ausreichend, die Wirkung der äußeren realen Kraft $\cos(\sigma\tau + \phi)$ gerade aufzuheben, dann ist der Energietransfer auf den linearen Oszillator durch die beiden Kräfte (eine reale und eine induzierte) gerade null und es stellt sich der Gleichgewichtszustand ein. Die Gleichung (12.12) für A drückt diese physikalische Forderung aus und bestimmt damit A. Konzentriert man sich auf die resonanten Komponenten und wählt A entsprechend, dann läßt sich ein physikalisch sinnvoller Zustand realisieren.

Die Lösung

Die Gleichungen für A und B sind nur schwach gekoppelt; d.h., wir brauchen nicht beide Gleichungen simultan zu lösen. Lösen wir deshalb zuerst die Gleichung (12.12) für A, dann folgt aus (12.13) die Lösung für B. Außer für $1 - \sigma^2 \approx 1$ ist der nichtlineare Term relativ klein (von der Ordnung ϵ), und wir erhalten als erste Näherung für die Lösung

$$A \approx \frac{1}{2(1-\sigma^2)} e^{i\phi} \quad \text{für} \quad \sigma \not\approx 1.$$

Mit Hilfe eines Iterationsschemas können wir das Ergebnis überprüfen, unsere Erfahrungen auf anderen Gebieten sollten uns jedoch Sicherheit bei diesen

Abschätzungen geben. Wie man sieht, kommt es im nichtresonanten Fall lediglich zu einer geringen Modifikation der Amplitude der primären Schwingungsmode.

Nebenbemerkung: Unter nichtresonanten Bedingungen führt das Auftreten von Nichtlinearitäten zum Erscheinen höherer Harmonischer, die das Aussehen der Antwort des Systems verändern und (was wichtiger ist) Energie auf andere Moden verteilen. Tritt der Fall in, daß diese höheren Moden resonant sind für Oszillatoren, die in unser System integriert sind, dann ist dieser Effekt höchst wirkungsvoll. Die Aufteilung der Energie in Harmonische und manchmal *Subharmonische* ist charakteristisch für Schwingungen und Wellen, und viele Unfälle traten auf, weil sehr langsam die Energie von der Fundamentalmode in andere resonante Moden gewandert ist und zur Zerstörung des Systems führte. Ein Beispiel ist der Einsturz der Tacoma-Brücke im Staat Washington in den 50er Jahren (siehe auch Aufgabe 12.3).

Für σ nahe bei eins ist der lineare Term in Gleichung (12.12) fast null, und der nichtlineare Term kann nicht länger vernachlässigt werden. Mit $A = \mathcal{A}e^{i\alpha}$ erhalten wir dann

$$\{\mathcal{A}[1-\sigma^2] + 3\epsilon\mathcal{A}^3\}e^{i\alpha} = e^{i\phi}/2.$$

Betrag und Phase stimmen auf beiden Seiten überein, wenn

$$\alpha = \phi \quad \text{und} \quad \mathcal{A}[1-\sigma^2] + 3\epsilon\mathcal{A}^3 = 1/2 \tag{12.14}$$

gilt. Damit ist (bis zur Ordnung ϵ) der Oszillator in Phase mit der Erregerkraft, und die Amplitude wird durch einen kubischen Term beschrieben. Bei Resonanz $\sigma = 1$ besitzt die Lösung die Gestalt $(1/6)^{1/3}\epsilon^{-1/3}$ und wir haben eine große, jedoch *endliche* Reaktion des Oszillators bei resonanter Anregung. Zur weiteren Untersuchung müssen wir den kubischen Term im Detail untersuchen. Wir erhalten die folgende Gleichung für die skalierte Energie $\mathcal{E} = \mathcal{A}^2$ durch Quadrieren der Amplitude für die dominante Mode

$$\mathcal{E}[1-\sigma^2 + 3\epsilon\mathcal{E}]^2 = 1/4, \tag{12.15}$$

einen Ausdruck, mit dem es sich bequemer rechnen läßt. Man erhält diese Gleichung ebenfalls durch Multiplikation von (12.12) mit seinem konjugiert Komplexen. Die Anwesenheit eines kleinen Parameters zeigt, daß wir mit unserer Untersuchung noch fortfahren müssen, denn numerische Auswertungen würden den ϵ-Term nicht korrekt behandeln – wir wissen aber, daß die Wirkungen dieses (scheinbar kleinen) nichtlinearen Terms hier das Wesentliche sind.

Für $\sigma < 1$ ist die linke Seite der Gleichung für $\mathcal{E}$ monoton in $\mathcal{E}$, so daß nur eine Lösung auftreten kann, die in der Nähe des linearen Oszillators liegen wird. Die wichtige Frage lautet hier: Wie klein darf der Ausdruck $(\sigma^2 - 1)$ werden, bis der nichtlineare Term wichtig wird? Für die Bestimmung dieser *kritischen* Frequenzzone gibt es eine bemerkenswert einfache Methode, die wir nun beschreiben wollen. Die lineare Näherung vernachlässigt einen Term der Größe $\epsilon\mathcal{E}$ im $[\cdot]$-Teil der Gleichung (12.15). Außerhalb der kritischen Zone wird $\mathcal{E}$ durch $1/(4[1-\sigma^2]^2)$ gut beschrieben, damit ist die Größe des vernachlässigten Terms gleich $\epsilon/[1-\sigma^2]^2$. Dies ist jedoch nur dann korrekt, wenn er im Vergleich zum anderen Term $[1-\sigma^2]^2$

klein ist, d.h. $[1-\sigma^2]^3 < \epsilon$. Das bedeutet aber $(1-\sigma)(1+\sigma) < \epsilon^{1/3}$. Für $\sigma \approx 1$ versagt die Näherung damit, wenn σ von der Ordnung $\epsilon^{1/3}$ ist. Die nichtlinearen Resonanzeffekte spielen so eine Rolle, wenn die Frequenz im Bereich $\epsilon^{1/3}$ um $\sigma = 1$ liegt, in diesem Bereich ist $\mathcal{E}$ von der Ordnung $\epsilon^{-2/3}$. Das Argument scheint ad hoc und ziemlich grob, es funktioniert jedoch gut.

Nebenbemerkung: Man findet diese Argumente in Büchern oder Artikeln meistens nicht, da solche intuitiven Zugänge unmathematisch erscheinen. Denn die einzige Begründung dafür ist, daß sie funktionieren. Sie eignen sich besonders zur Feststellung der Parameterbereiche, in denen interessante Effekte zu erwarten sind – besonders bei Problemen, in denen mehrere kleine Größen auftreten, wie wir später sehen werden.

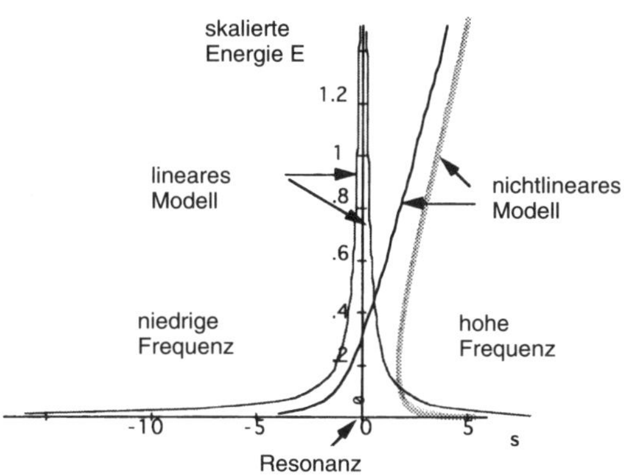

Abb. 12.5 Die erzwungene nichtlineare Schwingung.

Mit Hinblick auf die obigen Abschätzungen skalieren wir unsere Variablen wie folgt:

$$\sigma^2 - 1 = s\epsilon^{1/3} \quad \text{und} \quad \mathcal{E} = E\epsilon^{-2/3},$$

und die Gleichung (12.15) lautet nun

$$E(-s+3E)^2 = 1/4. \tag{12.16}$$

Da alle Koeffizienten die Ordnung eins besitzen, können wir diese algebraische Gleichung leicht numerisch lösen. Die Berechnung von $E(s)$ ist für Maple nicht so einfach, bei $s(E)$ gibt es jedoch keine Schwierigkeiten. Man findet in Abb. 12.5 die Darstellung der Energie als Funktion der Frequenz, wie sie Maple erzeugt hat.

Amplitude der erzwungenen Schwingung. Wächst die Erregerfrequenz von relativ kleinen Werten $\sigma = 0+$ (dem entspricht $s = -1+$) durch den Punkt $\sigma = 1$ $(s = 0)$ bis zu relativ großen Werten $\sigma \gg 1$ $(s \gg)$, dann besagt die von uns entwickelte Theorie:

- Für Frequenzen unterhalb der Resonanz existiert genau eine Lösung mit wachsender Amplitude, die signifikant von der linearen Lösung im Frequenzband $\epsilon^{1/3}$ um die Resonanzfrequenz abhängt. Die Theorie sagt eine endliche (große) Amplitude am Resonanzpunkt des linearen Oszillators voraus, deren Größe von der Ordnung $\epsilon^{-1/3}$ ist. Damit *verstimmt* die Nichtlinearität den Oszillator und beschränkt die Amplitude auf Größen der Ordnung $\epsilon^{-1/3}$ in Abhängigkeit von der Stärke der Nichtlinearität.

- Für Frequenzen oberhalb der Resonanz gibt es drei Lösungszweige, siehe Abb. 12.5. Es gibt für jeden Wert von σ drei mögliche Werte von E. Zwei der drei Zweige besitzen unbeschränkte Energieniveaus für $\sigma \to \infty$. Die beiden unbeschränkten Lösungen sehen etwas verdächtig aus, man beachte aber, daß eine von ihnen glatt in die akzeptierte Lösung bei $\sigma < 1$ übergeht – das Leben ist so einfach nicht! Offensichtlich sind bei diesen nichtlinearen Modellen noch einige Fragen offen. Da Dämpfungseffekte Unendlichkeiten vermeiden helfen, müssen wir nun den gedämpften nichtlinearen Oszillator (12.9) untersuchen.

12.3.2 Der gedämpfte nichtlineare Oszillator

Die Gleichung für den skalierten Oszillator lautete

$$\eta''(\tau) + \eta(\tau) - \cos(\sigma\tau + \phi) = -(\nu\eta'(\tau) + \epsilon\eta^3).$$

Die Skalen für Zeit und Auslenkung wurden dabei so gewählt, daß sie Ähnlichkeiten mit der Reaktion des linearen Oszillators außerhalb des Resonanzbereiches aufwiesen. Ist die Dämpfung nun recht stark, dann wird die Amplitude der erzwungenen Schwingung nicht groß genug sein, damit nichtlineare Effekte eine Rolle spielen könnten, und die Lösung für den gedämpften linearen Oszillator ist eine gute Näherung. Damit interessiert uns hier nur der Parameterbereich, in dem *beide* Effekte, Dämpfung und Nichtlinearität, die Amplitude der erzwungenen Schwingung begrenzen. Die Erfahrung mit dem ungedämpften Fall besagt, daß die Skale von η im Resonanzband von der Ordnung $\epsilon^{-1/3}$ sein sollte; damit liegt die Vermutung nahe, daß die Größe des Dämpfungsterms $\nu\eta'$ in diesem Bereich von der Ordnung $\nu\epsilon^{-1/3}$ ist. Die Nichtlinearität besitzt die Form $\epsilon\eta^3$, ist also damit von erster Ordnung. Sind dic Termc in dcr obigcn Glcichung von gleicher Größenordnung, dann sollten die Dämpfungs- und Nichtlinearitätseffekte etwa gleich groß sein. Dies ist der Fall, wenn ν von der Ordnung $\epsilon^{1/3}$ ist. Wir schreiben damit

$$\nu = v\epsilon^{1/3}$$

und raten für die Skale der Lösung im Resonanzbereich den Ausdruck

$$\eta = \epsilon^{-1/3}\bar{\eta}. \tag{12.17}$$

Die Gleichung besitzt in diesen Variablen die Form

$$\bar{\eta}'' + \bar{\eta} + \epsilon^{1/3}(v\bar{\eta}' + \bar{\eta}^3) = \epsilon^{1/3}\cos(\sigma\tau + \phi). \tag{12.18}$$

Wir folgen den Argumenten im ungedämpften Fall, suchen eine Lösung der Gestalt

$$\bar{\eta} = \bar{A}e^{i\sigma\tau} + \epsilon\bar{B}e^{1i\sigma\tau} + *$$

und enden bei der entsprechenden Gleichung (siehe (12.12)):

$$\bar{A}[1-\sigma^2] + \epsilon^{1/3}(vi\sigma\bar{A} + 3\bar{A}^2\bar{A}_*) = \epsilon^{1/3}e^{i\phi}/2$$

mit $\bar{A} \equiv \epsilon^{-1/3}A$.

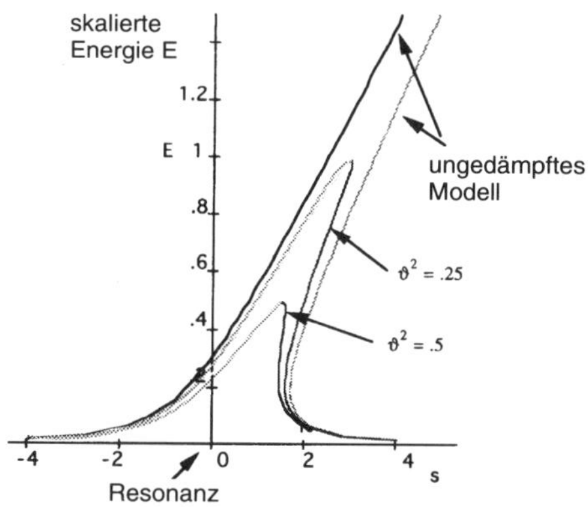

Abb.12.6 Die erzwungene nichtlineare gedämpfte Schwingung.

Kommentar: Die Rechnungen sind manchmal etwas umfangreich und sicher langweilig. Deshalb empfiehlt sich gerade hier der Einsatz von Computeralgebra. Ein Vorteil des vorgeschlagenen Zugangs ist die Möglichkeit, einfach beliebige Terme hinzuzufügen, wenn man einmal eine vernünftige Methode besitzt, oder die Rechnungen auf höhere Ordnungen auszudehnen. So kann man leicht die Gültigkeiten der ersten Näherungen überprüfen, sie verbessern oder (noch wichtiger) nach anderen Effekten suchen, die nicht so offensichtlich sind. Man findet in Aufgabe 12.4 eine solche Erweiterung.

Wir konzentrieren uns wieder auf das Resonanzband und schreiben

$$\sigma^2 - 1 = \epsilon^{1/3}s,$$

sowie $\bar{A} = \bar{\mathcal{A}}e^{i\alpha}$ und setzen die Amplituden der beiden Seiten der Gleichung für $\bar{A}$ gleich. Dann erhalten wir die folgende Gleichung für die skalierte Energie $E = \bar{A}^2$ für die dominante Mode:

$$E[(-s+3E)^2 + v^2(1-\epsilon^{1/3}s)] \approx E[(-s+3E)^2 + v^2] = 1/4. \tag{12.19}$$

Man sollte dieses Ergebnis mit dem entsprechenden Ausdruck für den ungedämpften Fall (12.16) vergleichen. In Abb. 12.6 sind einige Lösungen $E(s)$ für gewisse Werte von v mit Maple gezeichnet.

Verhalten der Lösung

Wie man an der Abbildung sieht, ist der Hauptbeitrag des Dämpfungsterms in der Energiegleichung die Verbindung der beiden ins Unendliche gehenden Lösungszweige. Daraus folgt natürlich, daß Dämpfung und Nichtlinearität die Amplituden des erregten Oszillators begrenzen. Trotzdem gibt es jedoch drei verschiedene Lösungen im Frequenzbereich oberhalb der Resonanz. Welchen soll man in der Praxis wählen? Dies ist eine Frage der *Stabilität*, die wir kurz in Abschnitt 12.1 diskutierten (man erinnere sich an das balancierte Lineal). Obwohl alle drei Lösungen völlig legitime Gleichgewichtslösungen sind, wird nur die beobachtet werden, die *stabil* unter den unvermeidlichen Störungen der realen Welt ist. Mathematisch untersucht man solche Stabilitätsfragen durch die Addition eines kleinen Störterms und untersucht, ob der Störeffekt mit der Zeit abklingt (stabiler Fall) oder die Lösung vom Stabilitätspunkt entfernt (instabiler Fall); man simuliert also die Störeinflüsse. In speziellen Systemen (z.B. einfachen freien Systemen) erlauben einfache elementare mathematische Techniken (wie Phasenbilder oder graphische Methoden) oder einfache physikalische Argumente die Bestimmung der Gleichgewichtslage und -art, im allgemeinen ist diese Frage jedoch schwer zu beantworten.

In unserem Fall ergibt die Analyse, daß der obere und der untere Lösungszweig stabil sind, der dazwischen liegende jedoch instabil ist und damit nicht beobachtet wird. Damit verfügen wir über zwei mögliche stabile Lösungen im gesamten Frequenzbereich. Beide Wege können eingeschlagen werden, welche spezielle Lösung vom System gewählt wird, hängt von der Vorgeschichte ab. Man betrachte dazu Abb. 12.7. Wird die Frequenz der Erregung allmählich erhöht, dann folgt die Reaktion dem Weg ABC durch die Resonanz, bis im Punkt C eine vertikale Tangente erreicht wird. Anschließend springt die Lösung auf den zweiten stabilen Zweig DE. Verringert man die Frequenz und geht wieder durch den Resonanzpunkt, folgt das System dem Weg EDF, bis die vertikale Tangente bei F erreicht wird und die Lösung auf den Zweig GBA springt. Zur Bestimmung des realisierten Zustandes ist unter gewissen Umständen die Verfolgung der zeitlichen Entwicklung des Systems notwendig. Im nächsten Kapitel werden wir die dafür notwendigen Methoden entwickeln. Allgemein kann man sagen, daß die instabilen Lösungen die für den transienten Teil anziehenden Bereiche trennen. Liegt der ursprüngliche Zustand des Oszillators beispielsweise im Bereich BGCF, dann wendet sich das System zur oberen Lösungskurve BGC usw.

Die obige Situation einer nicht eindeutigen Gleichgewichtslösung entsprechend einer speziellen Parameterkombination ist ein Beispiel für das Auftreten einer *Hysterese*.

Gestalt der Amplitude

Bisher haben wir uns der Analyse der Gestalt und der Phase der dominanten Mode gewidmet und die Veränderungen der gesamten Gestalt von $\eta(t)$ ignoriert. Diese Informationen findet man in den höheren Harmonischen. Besonders (12.13) liefert explizite Angaben über die dritte Oberschwingung im ungedämpften Fall.

In Abb. 12.8 findet man die Gestalt dieser Schwingung für einige ϵ-Werte im Resonanzbereich. Mit einem iterativen Schema läßt sich die Näherung beliebig verbessern (etwa durch Einbeziehung der fünften Harmonischen), deren Amplitude mit wachsendem ϵ oder A zunehmen wird. Die Energiezufuhr durch die erregende Kraft in das Schwingungssystem wird so auf mehr und mehr Moden verteilt und die Reaktion des Oszillators wird immer komplexer. Dadurch wird natürlich die Näherungstechnik immer umfangreicher und letztlich immer zweifelhafter; wir benötigen also für diese Fälle eine andere Lösungstechnik. Niemand weiß bisher, wie man mit diesen Situationen effektiv umgehen soll. Häufig erhält man Gleichgewichtslösungen, denen zufällige (*chaotische*) zeitabhängige Fluktuationen überlagert sind. Numerische Rechnungen sind zwar recht interessant, jedoch nicht sehr aussagekräftig. Man benötigt eine andere Art der Beschreibung der Reaktion des Systems, so wäre eine Beziehung zwischen Energie und Frequenz für praktische Zwecke sehr nützlich.

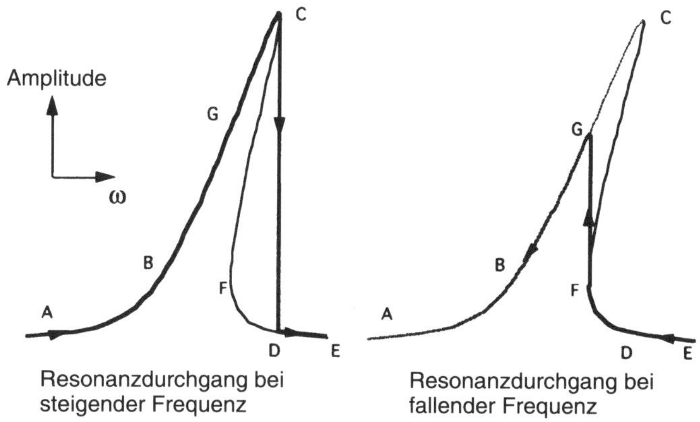

Abb. 12.7 Hystere einer erzwungenen nichtlinearen Gleichung.

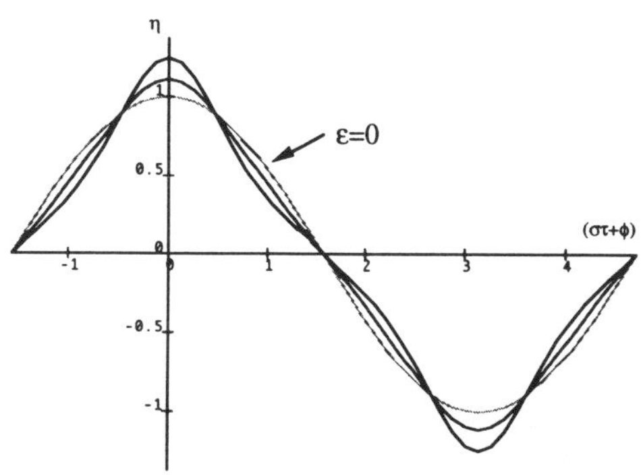

Abb. 12.8 Gestaltveränderungen durch Nichtlinearitäten.

12.3.3 * Dissipative Modelle

Die obigen Ideen geben einen Eindruck von den grundlegenden Aufgaben, die bei der Analyse einer Resonanzsituation auftreten, man sollte jedoch nicht vergessen, daß die Prozesse der realen Welt deutlich komplizierter sind. Im besonderen ist die obige Behandlung der Dissipation für *Resonanzfälle* nicht ausreichend. Wir wollen hier kurz beschreiben, wie man diese Probleme behandeln kann.

Unter nichtresonanten Umständen sollte ein lineares, gedämpftes Modell ausreichen, das Verhalten der Lösung zu beschreiben; in der Nähe der Resonanz ist die Dissipation jedoch eine wichtige Eigenschaft des Systems, denn das Verhältnis zwischen Energiezufuhr und Verluste durch Dissipation bestimmt letztendlich die Gleichgewichtsamplitude. Die am häufigsten in der Natur auftretenden Dissipationsmechanismen (Luftwiderstand und Reibungswiderstand von Festkörpern) sind nichtlinear und aufgrund ihrer komplizierten Form sehr schwer analytisch zu behandeln. Diese Mechanismen verstimmen das System *und* entfernen aus ihm mechanische Energie.

Wir wollen den Fall eines Körpers betrachten, der an einer linearen Feder aufgehängt ist und durch eine sinusförmige, fast resonante Kraft erregt wird. Die Dämpfung soll in erster Linie durch Luftwiderstand hervorgerufen werden; diese ist proportional zum Quadrat der Geschwindigkeit und wirkt entgegen der Bewegungsrichtung. Die entsprechende Bewegungsgleichung um den Gleichgewichtspunkt lautet

$$m\ddot{x} = -kx - \alpha\dot{x}^2\text{sign}(\dot{x}) + f\cos\omega t.$$

Nach der üblichen Skalierung der Variablen

$$x = \frac{f}{m\omega^2}X, \quad \tau = \omega t$$

erhalten wir für die definierende Gleichung

$$X'' + (1+\delta)X = \cos\tau - iX'^2\text{sign}(X') \tag{12.20}$$

mit

$$i = \frac{\alpha f}{m\omega^2}, \quad 1+\delta = (\frac{\omega_0}{\omega})^2.$$

Dabei ist $\omega_0 = k/m$ die Eigenfrequenz des Systems. Der Strich bezeichnet die Ableitung nach τ. Der dimensionslose Parameter δ definiert, wie nahe die Erregungsfrequenz an der skalierten Resonanzfrequenz ($\sqrt{1+\delta}$) liegt; i ist ein relatives Maß für die Stärke des Luftwiderstandes im Verhältnis zu den Rückstellkräften der Feder. Für kleine δ und i wird die Reaktion des Systems groß sein – dies ist der uns interessierende Fall. Wir wissen von früher bereits, wonach wir suchen müssen: Die Lösung sollte die Form $A\cos(\tau+\phi)$ besitzen, wobei A und ϕ so bestimmt werden, daß zwischen dem Dämpfungs- und dem Erregungsterm ein Gleichgewicht im Punkt der Resonanzfrequenz besteht. Dabei soll δ so groß sein, daß der Verstimmungsterm ebenfalls diese Größe besitzt. Wir erhalten durch diesen Ansatz die Form des Widerstandsterm zu $\pm iA^2\sin^2(\tau+\phi)$ oder $\pm(1/2)iA^2(1-\cos 2(\tau+\phi))$; das positive Vorzeichen gilt für $\sin(\tau+\phi)$ positiv und entsprechendes für $\sin(\tau+\phi)$

kleiner null. Der Widerstand ist damit eine periodische Funktion mit der Periode 2π. Er ist ebenfalls eine ungerade Funktion von τ und besitzt damit die Fourierreihe

$$(1/2)iA^2 \sum_{m=1}^{\infty} R_m \sin(m\tau).$$

Für die Koeffizienten erhalten wir

$$R_m = \frac{2}{\pi} \int_0^{\pi} (1 - \cos 2\tau') \sin m\tau' \mathrm{d}\tau'.$$

Die geraden Koeffizienten verschwinden, und der erste ungerade Koeffizient lautet $R_1 = 16/3\pi$. Der Beitrag des Widerstandsterms bei der Erregungsfrequenz ist damit $(R_1/2)[iA^2 \sin(\tau + \phi)]$. Wir erhalten so für den dominanten Beitrag in (12.20) den Ausdruck

$$A\delta \cos(\tau + \phi) = \cos\tau - \frac{R_1}{2} iA^2 \sin(\tau + \phi),$$

und die Balance zwischen den Termen tritt auf, wenn die Amplituden A von der Ordnung $1/\sqrt{i}$ (dies erlaubt uns eine Abschätzung der Amplitude der erzwungenen Schwingung im Punkt der Resonanzfrequenz) und δ von der Ordnung $\sqrt{i}$ sind (damit erhalten wir die Breite des Resonanzbereiches). Mit

$$A = \bar{A}/\sqrt{i} \quad \text{und} \quad \delta = d\sqrt{i}$$

ergibt dies

$$\bar{A}d \cos(\tau + \phi) = \cos\tau - \frac{R_1}{2} \bar{A}^2 \sin(\tau + \phi).$$

Zur Lösung dieser Gleichung entwickeln wir $\sin(\tau + \phi)$ als Funktion von $\sin\tau$ und vergleichen die Koeffizienten von $\sin\tau$ und $\cos\tau$ auf beiden Seiten der Gleichung. Wir erhalten dann die Gleichungen

$$\begin{aligned} \bar{A}d \cos\phi &= 1 - \frac{R_1}{2} \bar{A}^2 \sin\phi, \\ -\bar{A}d \sin\phi &= -\frac{R_1}{2} \bar{A}^2 \cos\phi. \end{aligned}$$

Diese Gleichungen lassen sich lösen, indem man sie als System linearer Gleichungen für $\cos\phi$ und $\sin\phi$ betrachtet und berücksichtigt, daß die Summe der Quadrate gleich eins ist. Man bestimmt so die Amplitude der erzwungenen Schwingung; am besten mit Maple. Für $d = 0$ ist die Lösung $\phi = \pi/2$ mit $\bar{A} = \sqrt{2/R_1}$.

Gleitreibung. Die Gleitreibung zwischen Festkörpern ist schwieriger zu behandeln. Man stelle sich eine Masse an einer Feder vor, die eine senkrechte Wand berührt und an ihr auf und ab gleitet. Während der Phase des Erregungszyklusses, in der die Kräfte (äußere und elastische) nicht ausreichen, die Reibungskraft zu überwinden, bleibt der Oszillator einfach stehen, bis die äußeren Kräfte groß genug sind, eine Bewegung zu verursachen. Im Rest des Zyklusses sind die Reibungskräfte von der Form $-F_0 \mathrm{sign}(\dot{x})$. Obwohl die numerische Integration der definierenden Gleichung über einige Zyklen einfach ist, ist die Bestimmung der Resonanzamplitude (d.h. die Amplitude nach vielen Oszillationen) äußerst kompliziert. Zum Studium weiterer Einzelheiten über diese Probleme und Schwingungen im allgemeinen empfehlen wir dem Leser Dincă und Teodosiu (1973).

12.4 Zusammenfassung

Wird ein System von einer äußeren Kraft zu Schwingungen angeregt, dann ist die Amplitude dieser Schwingungen sehr groß, wenn die Erregerfrequenz im oder in der Nähe des Resonanzpunktes liegt. Dämpfung und nichtlineare Effekte begrenzen in diesen Fällen die Amplitude und bestimmen daher die Stärke der Reaktion und die Resonanzbreite. Lineare Dämpfungseffekte entziehen dem System einfach mechanische Energie, damit ist die Gleichgewichtsamplitude durch die Balance zwischen der Energiedissipation und der Arbeit, die die äußere Kraft leistet, gegeben. Die Gestalt der erzwungenen Schwingung wird nicht wesentlich verändert. Nichtlinearitäten verstimmen das System und reduzieren damit die Antwort des Systems auf die Erregung, sowohl in der Amplitude als auch in der Gestalt.

12.5 Aufgaben

Aufgabe 12.1 *Schwingungen*

Das Ziel dieser Übung ist das Verständnis der Art der Auslenkung als Funktion der Zeit für die externe Anregung eines linearen Oszillators.

(a) Man berechne mit Maple die Lösung der Gleichung des Oszillators

$$\ddot{x} + x = \sin \tilde{\omega} t \quad \text{mit} \quad x(0) = \dot{x}(0) = 0.$$

Man zeichne die Auslenkung über ein entsprechendes Zeitintervall für $\tilde{\omega} = 0{,}2; 1; 1{,}1; 2{,}8$. Man erläutere das Verhalten in der Nähe der Resonanz.

(b) Die Arbeit, die die äußere Kraft bis zum Zeitpunkt t am Oszillator verrichtet, ist durch

$$\mathcal{W}(t) = \int_0^t \sin(\tilde{\omega} t')\dot{x}(t')\mathrm{d}t'$$

definiert. Man zeichne $\mathcal{W}(t)$ für $\tilde{\omega} = 2; 1{,}1; 1$ und kommentiere die Beobachtungen, besonders in der Nähe der Resonanz sowie im Resonanzpunkt.

(c) Man führe eine kleine Dämpfung in das System ein und zeichne die Auslenkung und die Arbeit, die am Oszillator geleistet wird, für einen Wert von $\tilde{\omega}$.

Aufgabe 12.2 *Resonanz*

Man lasse Maple die Amplitude und Phase der erzwungenen Schwingung eines linearen gedämpften Oszillators als Funktion der Frequenz für verschieden starke Dämpfungen zeichnen. Man verwende passende Skalen und konzentriere sich auf das resonante Verhalten.

Hinweis: Man sei bei der Darstellung der Phasenkurve besonders sorgfältig.

Aufgabe 12.3 *Rüttelnde Autos*

* Eine oszillierende Kraft (oder Spannung), die auf einen Teil eines mechanischen (oder elektrischen) Systems wirkt, führt zu Schwingungen (oder Spannungsoszillationen) in den anderen Komponenten des Systems, die mit dem angeregten Teil gekoppelt sind. Oft ist die Kopplung schwach (und unerwartet), und es ist offensichtlich wichtig zu wissen, wie schnell Energie durch die Kopplung übertragen werden kann und wie stark die induzierten Schwingungen unter diesen Umständen sind. Große Amplituden sind zu erwarten, wenn die Frequenz der Erregung in der Nähe der Eigenfrequenz einer Komponente liegt, deshalb ist diese Situation besonders interessant, vor allem für die Hersteller von Automobilen und Flugzeugen.

Ein Oszillator mit der Eigenfrequenz ω ist an einen Oszillator mit der Eigenfrequenz $\omega_0 \neq \omega$ schwach gekoppelt, auf den eine äußere Kraft mit der Frequenz ω wirkt (d.h. mit der Eigenfrequenz des ersten Oszillators). Die Modellgleichungen lauten

$$\begin{aligned} \ddot{X} + \omega_0^2 X &= \epsilon(X - x) + e^{i\omega t} \\ \ddot{x} + \omega^2 x + \nu \dot{x} &= -\epsilon(X - x) \end{aligned}$$

Dabei seien $\nu, \epsilon \ll 1$; die anfängliche Auslenkung sei null. Mit Maple kann man diese Gleichungen exakt lösen, die Lösungen sind jedoch unhandlich und die Rechnung mit kleinen Parametern mit der Hand ist hier vorzuziehen. Dem Leser seien beide Möglichkeiten erlaubt.

(a) Wie lautet die Zeitskale für die Energieübertragung auf den Oszillator, der durch die Auslenkung x beschrieben wird? Man erläutere den Zusammenhang des Ergebnisses mit der Stärke der Kopplung ϵ.

(b) Man berechne die Amplitude der Schwingung des Oszillators x, identifiziere die Parameterkombinationen, die die Stärke der erzwungenen Schwingung wesentlich bestimmen und schätze das Verhalten näherungsweise ab.

Hinweis: Wir empfehlen hier wieder einen Störungsansatz, er ergibt handlichere Ergebnisse als die exakte Rechnung.

(c) ** Wenn man davon ausgeht, daß trotz schwacher Kopplung die erzwungene Schwingung groß sein kann, sollte das System so konstruiert werden, daß die Eigenfrequenzen jenseits aller möglichen Erregerfrequenzen sowie deren durch Nichtlinearitäten erzeugten Harmonischen liegen. Deshalb ist die Bestimmung der Eigenfrequenzen solcher Systeme von großer Bedeutung. Im Fall des Autos werden die wichtigsten äußeren Schwingungen vom Motor, der Kraftübertragung und der Bewegung auf der Straßenoberfläche erzeugt. Diese externen Kräfte erzeugen Schwingungen in der Fahrzeugkarosserie sowie den *anhängenden Teilen.*

Die Eigenschwingungen des Systems *als Gesamtheit* sind hier wichtig und nicht die der isolierten Komponenten. Man nehme an, die Dämpfung ist recht klein, und bestimme die charakteristischen Gleichungen des Systems und daraus die Eigenfrequenz der Schwingungsmode, die in der Nähe der Eigenfrequenz der Komponente x liegt. Man diskutiere den Effekt der Kopplung; vermeide dabei jedoch wieder, wenn möglich, algebraischen Aufwand.

Aufgabe 12.4 Computeralgebra

Wie wir in diesem Kapitel gesehen haben, kann die Algebra bei der Behandlung nichtlinearer Effekte bei Schwingungen recht umfangreich werden, so daß Computeralgebra zu einem wichtigen Hilfsmittel wird, wenn man Probleme der realen Welt unteruchen möchte. Abgesehen vom Ansatz für die Lösungsform ist die Berechnung der Amplituden und Phasen mechanisch und damit für die Anwendung von Computeralgebra ideal. Die heute verfügbaren Programme sind jedoch noch recht unflexibel, und Maple ist (zum Zeitpunkt des Schreibens dieses Buches) nicht in der Lage, Probleme dieser Art zuverlässig zu behandeln. Aufgrund dieser Beschränkungen verwenden wir für die Rechnungen trigonometrische Funktionen und keine Exponentialfunktionen. Wir wollen mit Maple die Gleichung für die Amplituden und Phasen für die größte Schwingungsmode im Falle des kubischen Oszillators noch einmal ableiten (siehe Abschnitt 12.3.1). Wir suchen so nach Lösungen der Form

$$A \cos \sigma t + B \sin \sigma t + C \cos 3\sigma t + D \sin 3\sigma t$$

und wollen A, B, C, D so bestimmen, daß die resonanten $\sin \sigma t$- und $\cos \sigma t$-Terme in der definierenden Gleichung verschwinden.

(a) Man verwende die folgenden Maple-Befehle zur Berechnung der Gleichungen und Lösungen (siehe (12.11)) (wir betrachten den Fall $\phi = 0$):

```
eqnexp:=diff(eta(t),t,t)+eta(t)+ep*(eta(t))^3-cos(sigma*t);
soln:=A*cos(sigma*t)+B*sin(sigma*t)+
C*ep*cos(3*sigma*t)+D*ep*sin(3*sigma*t):
```

Mit `subs` setze man den Lösungsansatz in die Gleichung ein.

(b) Die Koeffizienten A, B, C, D müssen so gewählt werden, daß die $\sin \sigma t$-Terme in diesem Ausdruck verschwinden. Auch die $\cos \sigma t$-Terme müssen verschwinden. Man verwende die Orthogonalität der Fourierkomponenten im Bereich $(0, 2\pi/\sigma)$ zur Berechnung der Koeffizienten der $\sin \sigma t$- und $\cos \sigma t$-Terme.

(c) Die entstehenden Gleichungen sind fürchterlich. Damit sie handhabbar werden, verwende man `simplify` und untersuche den größten Term (der Ordnung ϵ) mit `collect`. Man überprüfe, ob das Ergebnis zu den Resultaten im Text paßt (siehe dazu (12.12), (12.13)).

(d) * Man erweitere die Analyse auf den Fall des gedämpften Oszillators.

Aufgabe 12.5 Verbogene Stäbe

Das plötzliche Verbiegen eines Lineals beim Überschreiten eines kritischen Wertes der longitudinalen Kräfte ist ein interessantes Beispiel für einen „Sprung" in der Lösungsmenge, der bei nichtlinearen Oszillatoren häufig zu beobachten ist (man kann sagen, er ist die grundlegende Erscheinung in solchen Situationen). In Dym (1974) findet man mehr zu diesem Thema.

Die Gleichungen, die die *kleine* seitliche Auslenkung eines Stabes der Länge L durch eine longitudinale Kraft P pro Einheitsquerschnitt (siehe Abb. 12.2) beschreiben, lauten

$$\begin{aligned} y'''' + \frac{P}{EI}y'' &= 0 \quad \text{mit} \qquad (12.21) \\ y(0) = y''(0) = y(L) &= y''(L) = 0 \end{aligned}$$

für den Fall, daß der Stab an beiden Enden befestigt ist. Dabei sind E das Youngsche Modul und I das zweite Flächenträgheitsmoment bezüglich der Achse der Verbiegung.

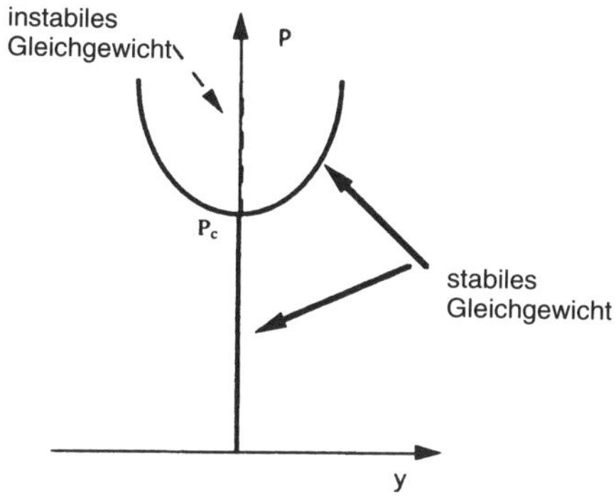

Abb. 12.9 Lösungen für verbogene Stäbe.

(a) Man zeige, daß das obige (Eigenwert-)Problem nur die triviale Lösung $y = 0$ besitzt außer für $P = p_n = n^2 P_c$ mit $n = 1, 2, \ldots$ und $P_c = \pi^2 EI/L^2$. Man zeige für diesen Fall, daß
$$A_n \sin \frac{n\pi x}{L}$$
die gesuchte Lösung mit beliebigem A_n ist.

Nach dem obigen Ergebnis und dem Wissen über das Verhalten des zusammengedrückten Lineals sollte man annehmen, daß P_c die Biegekraft ist, und die Lösung für das gerade Lineal (Auslenkung null) ist die einzig mögliche

Lösung für $P < P_c$. Dies ist auch tatsächlich der Fall. Für $P = P_c$ beschreibt die obige Lösung die Gestalt $\sin \pi x/L$ (die fundamentale Mode, die man normalerweise bei verbogenen Stäben beobachtet), jedoch nicht die Größe A_1 der Amplitude. Die in der genäherten Gleichung (12.21) nicht berücksichtigten Nichtlinearitäten gestatten jedoch die Berechnung der Amplitude. Dabei verwendet man den gleichen Algorithmus für die Berechnung von A_1 im Bereich $P_1 < P < P_2$ wie für den Oszillator. Das Gleichgewichtsdiagramm (siehe Abb. 12.9) besitzt die gleiche Form wie das des Oszillators; man findet zwei stabile Lösungen (die symmetrischen gebogenen Linien) und eine instabile Lösung (gestrichelt dargestellt). Man beachte, daß die Kurven für die stabilen Lösungen die P-Achse rechtwinklig treffen, dies bedeutet eine abrupte Änderung der Auslenkung für $P = P_c$.

Aufgabe 12.6 *Pendelschwingungen*

Die erzwungenen Schwingungen eines einfachen Pendels werden durch die Differentialgleichung

$$\theta'' + (l/g)\sin\theta = a\cos\omega t$$

beschrieben. Für $\omega = \sqrt{l/g}$ sind damit große Amplituden zu erwarten.

(a) Sei a genügend klein, so daß der Winkel der Pendelauslenkung klein bleibt, auch wenn die Erregerfrequenz nahe der Resonanz liegt. Man bestimme die Skale der Winkelauslenkung θ für Kräfte in der Nähe des Resonanzpunktes und berechne die entsprechende Resonanzbreite.

Hinweis: Man vernachlässige am Anfang die Terme höherer als dritter Ordnung in der Taylorentwicklung von $\sin\theta$ und überprüfe später, daß die vernachlässigten Terme einen sehr kleinen Effekt verursachen.

Aufgabe 12.7 *Quadratische Nichtlinearität*

** Man betrachte ein System, das durch die schwach nichtlineare gewöhnliche Differentialgleichung

$$x'' + (1+\delta)x + \epsilon x^2 = \cos t$$

beschrieben wird. Die beiden Parameter ϵ und δ seien klein, damit ist eine starke Reaktion zu erwarten. Wir wollen die Größe der erzwungenen Schwingungen und die Resonanzbreite bestimmen. Man gehe dazu wie im Fall der kubischen Nichtlinearität vor.

(a) Man zeige, daß für den Ansatz $Ae^{it} + *$ für die dominante Mode die Form der Lösung zur Behandlung der quadratischen Korrekturen durch

$$x = Ae^{it} + \epsilon[Be^{2it} + C] + *$$

gegeben ist. War die Verschiebung der Auslenkung durch den von null verschiedenen Wert der Konstante aus physikalischen Gründen zu erwarten?

(b) ** Man setze diese Form der Lösung in die Gleichung ein und bestimme die Koeffizienten von $(e^{it}, e^{2it}, 1)$, gebe drei Gleichungen für A, B, C an und zeige, daß die Resonanzbreite von der Ordnung $\epsilon^{2/3}$ ist. Weiter zeige man, daß die Reaktion in der Nähe der Resonanz von der Ordnung $\epsilon^{-2/3}$ und die Amplitude ein kubischer Ausdruck ist. Man verwende dabei nach Belieben Maple.

Hinweis: Man wird die Gleichungen für A, B, C nähern müssen. Die Skale für δ kennen wir nicht a priori und wissen damit nicht, ob $\delta \ll \epsilon^2$ ist. Wir wissen jedoch $\delta\epsilon \ll \delta$ usw.; durch Anwendung dieser Beziehungen über die Größen kann man die Gleichungen wesentlich vereinfachen.

(c) ** Man untersuche den kubischen Ausdruck, zeichne die Amplitude als Funktion der Frequenz und diskutiere die Stabilität der verschiedenen Lösungszweige.

Literatur

Dym, C. L., *Stability Theory and its Application to Structural Mechanics*, Leyden, Noordhoff International Publishing, 1974.

Dincă, F., Teodosiu, C., *Nonlinear and Random Vibrations*, Academic Press Inc., London, 1973.

13 Wellenschaukeln?

mit David Gates
CSIRO Division of Maths and Stats

Mittelung
Multiskalierung

13.1 Einführung

Ein Auto ist eine Konstruktion mit vielen Kompromissen. Ein leichtes Auto mit einer straffen Federung wird auf jede Bodenwelle stark reagieren, während ein schweres Auto mit einer weichen Federung über die Bodenwellen weich gleiten wird – ein komfortableres aber auch weniger sicheres Reisen. Unsere Erfahrungen mit Massen an Federn bestätigen dieses Verhalten; zur Untersuchung solcher Probleme können wir ein Auto als ein kompliziertes Massensystem mit vielen Federn interpretieren. In Aufgabe 13.1 findet man ein einfaches Beispiel dazu. Nun wissen wir aus dem vorigen Kapitel, daß wir bei der Konstruktion eines Systems, welches auf äußere Kräfte reagieren soll, automatisch Resonanzphänomene mit einschließen – so ist das Leben! Ein interessantes Beispiel ist die Fortbewegung auf australischen Feldstraßen, wo es zu Straßenwellen kommt, deren Wellenlänge derart ist, daß jedes Auto „in Stücke geschüttelt" wird (siehe Aufgabe 13.1). Dämpfungsmechanismen können die Dynamik natürlich glätten und reduzieren im Normalfall die Amplitude der Schwingungen, bei dauerhafter Belastung ist es jedoch besser, das Fahrzeug so zu konstruieren, daß die Eigenfrequenzen (möglichst) weit von den Erregerfrequenzen entfernt liegen. Die wichtigsten Quellen von äußeren Kräften auf die Karosserie des Autos sind die Bewegung auf der Straßenoberfläche und die Schwingungen des Motors. Durch Nichtlinearitäten werden zusätzlich Oberschwingungen erzeugt und Kopplungen zwischen den Komponenten verursachen (unbeabsichtigt) Schwingungen, die das Fahrzeug zerstören können oder vom Menschen als unangenehm empfunden werden (Seekrankheit). Wie man sieht, handelt es sich um ein äußerst komplexes Problem, welches man durch Wissenschaft und langjährige Erfahrungen zu lösen versucht. Oft beauftragt man Modellierer mit der Suche nach den Ursachen unerwarteter Schwingungen. Die Aufgabe in diesem Kapitel ist ein Beispiel dafür. Es wurde bei der Mathematics-in-Industry Study Group Tagung in Monash 1989 präsentiert und speziell von David Gates vom CSIRO Australien behandelt. Unsere Darstellung lehnt sich eng an die damalige Darstellung auf der Tagung an und gestattet so einen interessanten Einblick in die Herangehensweise der Wissenschaftler an dieses schwierige Problem. Eine vollständige Beschreibung findet der Leser in den Proceedings der Tagung, siehe Barton und Ha (1989).

13.2 Die Situation

Autos mit Hinterradantrieb besitzen eine Antriebswelle, die die Rotation vom Motor auf das Differential und von hier auf die Räder überträgt. Die meisten modernen Autos besitzen eine zweiteilige Antriebswelle, während früher die Wellen meistens aus einem Teil bestanden. In Abb. 13.1 sieht man eine Skizze der Konstruktion. Man findet diese Konstruktion bei Holdon, Nissan und vielen europäischen Autos. Die zweiteilige Welle benötigt weniger Abstand vom Unterboden und damit einen kleineren Kardantunnel. Die bei hohen Geschwindigkeiten auftretenden Vibrationen können so ebenfalls reduziert werden.

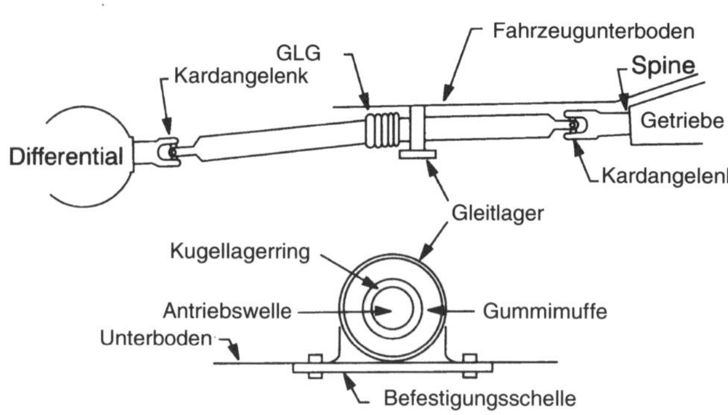

Abb. 13.1 Die Antriebswelle.

Die zweiteilige Welle ist jedoch empfindlich gegenüber Vibrationen bei niedrigen Geschwindigkeiten mit hohen Momenten, die die Welle mit wachsender Amplitude zum Trudeln bringen, bis die Gummimuffe in der Führung vollständig zusammengedrückt wird, was einen dumpfen Ton erzeugt, der sehr störend wirkt. Die Vibration baut sich periodisch auf und erzeugt so eine regelmäßige Reihe von dumpfen Tönen mit einer Frequenz von etwa 5 Tönen pro Sekunde.

Der Effekt hängt sehr von den Eigenschaften der Gummimuffe und ihrer Temperatur ab. Die Hersteller verwenden verschiedene Konstruktionen der Muffen, um die störenden Schwingungen sowie andere den Autoboden belastende Vibrationen zu minimieren. GMH verwendet ein spezielles Design, welches nicht verändert werden soll, damit Kosten für neue Maschinen und Werkzeuge nicht entstehen.

Veränderbar sind allerdings die Eigenschaften des Gummis für die Muffen. Durch Versuch und Irrtum hat man Muffen konstruiert, die die Vibrationen unter normalen Bedingungen unter Kontrolle halten. Die Anfrage an die Modellierer lautete, ob *sich theoretische Richtlinien für die Optimierung der Gummimuffen finden lassen.*

Man wollte bei GMH auch das Schwingungsphänomen besser verstehen und suchte deshalb nach einer mathematischen Beschreibung des Effektes als Voraussetzung für die Bestimmung optimaler Gummieigenschaften. Hat man das Problem einmal verstanden, hilft es auch bei der Konstruktion neuer oder modifizierter Antriebswellen. Man hofft so, die teure Versuch-und-Irrtum-Strategie bei der Entwicklung neuer Automodelle vermeiden zu können.

Das dumpfe Geräusch war bei ungefähr 40 und 80 km/h zu beobachten, obwohl die Amplituden verschieden groß waren. Das 2:1-Verhältnis läßt vermuten, daß wir es mit einer fundamentalen Resonanz und der ersten Oberschwingung zu tun haben. Diese multiplen Resonanzen sind für nichtlineare Oszillatorsysteme typisch, deshalb wandte man sich den nichtlinearen Modellen zu.

Mögliche Mechanismen

Dazu benötigen wir genauere Kenntnisse der Konstruktion der Antriebswelle. Da das Getriebe und das Differential nicht direkt miteinander verbunden sind (die Welle ist unterbrochen), benötigt man drei Punkte, an denen die Welle gelagert ist (siehe Abb. 13.1). Bei GMH entschied man sich für zwei Kardangelenke zur Verbindung mit dem Getriebe und dem Differential, während ein Gleichlaufgelenk (GLG) die beiden Wellenteile verbindet. Die Kardangelenke sind die gewöhnlich zur Verbindung von zwei Wellen verwendeten Gelenke, sie sehen aus wie zwei ineinandergreifende Klammern. Die Aufgabe aller Gelenke ist die Übertragung von Drehmomenten und Rotationsbewegungen um einen Winkel. Einer vollen Umdrehung der Getriebewelle muß natürlich eine volle Umdrehung der Antriebswelle entsprechen, die Winkelauslenkung (und -geschwindigkeit) der beiden Wellen wird natürlich nicht immer übereinstimmen – im Mittel müssen sie jedoch gleich sein. Für ein Kardangelenk hängt das Verhältnis der Winkelauslenkungen vom Winkel zwischen den Wellen ab, mit wachsendem Winkel wächst auch die Differenz der Auslenkung. In Abb. 13.2 stellen wir die Differenz der Winkelauslenkungen der Wellen $(\beta - \phi) - \Psi$ als Funktion der Winkelauslenkung der Getriebewelle für verschiedene Winkel θ zwischen den Wellen dar (zur Geometrie siehe Abb. 13.3). Das GLG ist ein Meisterstück der Ingenieurtechnik, welches eine Winkelauslenkung (und damit Winkelgeschwindigkeit) ohne Änderung überträgt, unabhängig vom Winkel zwischen den rotierenden Wellen, wenn dieser nicht zu groß ist. Damit läßt sich an diesem Punkt das Drehmoment unter allen Umständen stetig übertragen, auch wenn sich die Wellenenden bewegen. Dies ist gerade für die Steuerung eines Systems wesentlich. Die GLG werden selten eingesetzt, da sie teuer und starkem Verschleiß ausgesetzt sind. Wir werden hier nicht versuchen, die komplizierte Konstruktion von Kugellagern zu beschreiben, die diese fast unmöglich erscheinende Aufgabe lösen. Für eine einfache Erklärung der Theorie und ihrer praktischen Anwendung lese man McGraw Hill (1992), in dem man auch umfangreiche Literaturangaben zur Automobildynamik findet. Da die Kardangelenke mit variierender Winkelgeschwindigkeit rotieren, wirken natürlich oszillierende Momente auf den Wellen, damit sind diese Gelenke gute Kandidaten zur Erzeugung von Schwingungen im System. Man sieht in Abb. 13.2 in der Tat, daß die Kardangelenke Schwingungen mit der doppelten Drehfrequenz an das Fahrzeug abgeben.

Nebenbemerkung: Die durch ein Kardangelenk erzeugten Momente führen auch zu elastischen Torsionsschwingungen in Antriebswellen aus einem Stück, die bei hohen Geschwindigkeiten und Frequenzen auftreten (siehe Zahradka (1973)). Für unterbrochene Wellen stellen diese elastischen Oszillationen jedoch kein Problem dar.

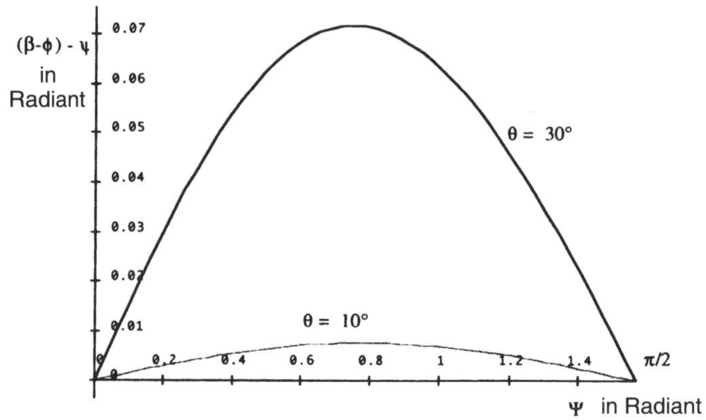

Abb. 13.2 Relative Winkelauslenkungen entlang eines Kardangelenkes.

In unserem Fall kann sich die Antriebswelle in der lagernden Gummimuffe bewegen (eine unbewegliche Lagerung würde natürlich sofort zum Bruch der Welle führen), damit sind die Eigenschwingungen, die mit dieser Lagerung verbunden sind, extrem wichtig. Die Kardanwelle besitzt eine Eigenfrequenz in der Gummimuffe bei etwa 40 Umdrehungen pro Sekunde, man erhält dieses Ergebnis einfach durch Auslenkung der Welle und Messung der Schwingungen nach dem Loslassen. Da der Motor Drehgeschwindigkeiten zwischen 0 und 120 Umdrehungen pro Sekunde erzeugt, haben wir einen Mechanismus gefunden, der für die Schwingungen des Systems verantwortlich sein kann.

Die Teilnehmer der Studiengruppe bauten ein kleines Modell mit Lego-Technik, um zu sehen, ob die Schwingungen durch die Kardangelenke erzeugt werden und ob sich andere Mechanismen ausschließen lassen. Die Konstruktion ähnelt der in Abb. 13.1, jedoch wurden für *alle* Verbindungen Kardangelenke verwendet und zur Simulierung der Gummimuffen wurden Gummibänder eingesetzt. Der Antrieb der Welle erfolgte durch einen Elektromotor. Die Eigenfrequenz des Gummiband-Welle-Systems lag bei etwa 20 Umdrehungen pro Sekunde. Durch

Feineinstellung der Motorgeschwindigkeit konnte die Resonanz des Systems angeregt werden. Befanden sich die beiden Wellen in einer Linie, dann trat die Resonanz nicht auf. Man sah an diesem einfachen Experiment, daß die Kardangelenke zwischen den Wellenenden eine Ursache für Instabilitäten in einem realen System sein können, deshalb wurde die Dynamik des Systems genau untersucht. Zur Befriedigung der Teilnehmer der Studie konnten alle anderen diskutierten Mechanismen zur Erzeugung von Schwingungen ausgeschlossen werden.

13.3 Ein vereinfachtes mathematisches Modell

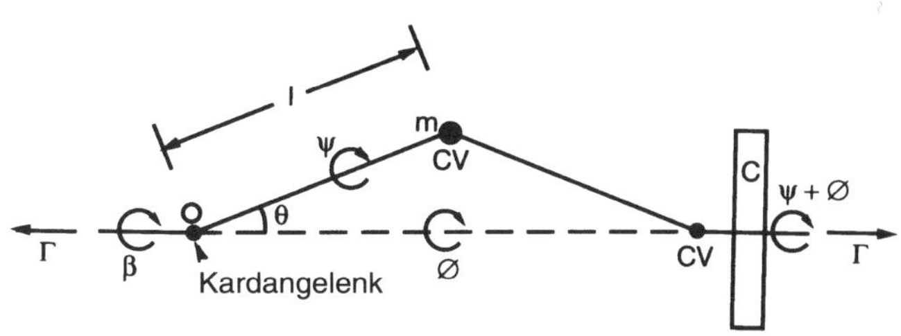

Abb. 13.3 Das Modell.

In der Konstruktion von GMH verläuft eine Hälfte der Welle annähernd parallel zur Getriebewelle; damit verhält sich das vordere Kardangelenk wie ein GLG und kann als solches modelliert werden. (Der Winkel ist an dieser Stelle nie größer als 1 Grad, während die Winkel an den anderen Gelenken um den Wert von 4 Grad lagen und somit diese Näherung gerechtfertigt erscheint.) Wir erhalten damit die Situation aus Abb. 13.3. Ein einziges Kardangelenk überträgt über den Winkel θ das Drehmoment. Die anderen Gelenke sind GLG und übertragen die Winkelgeschwindigkeit ohne Modulation. Zur Modellierung der Getriebewelle wurde eine einzige Punktmasse mit dem GLG verbunden – eine recht grobe Modellierung, da die Wellen in der Realität Trägheitsmomente besitzen und gyroskopische Eigenschaften zeigen. Die Einführung solcher Effekte ist nicht kompliziert, man wollte sich jedoch auf die wesentlichen Resonanzphänomene konzentrieren und das Einbeziehen von zusätzlichen, jedoch unwesentlichen Effekten erschwert die Sicht auf die Ursachen. Der Gummimuffe wurde die Masse m zugewiesen. Die Winkel θ, ϕ und ψ sind die Eulerwinkel des Stabes Om (spezifiziert durch O und den Ort der Masse m) relativ zu einem festen Bezugssystem durch O. Damit mißt ψ den Rotationswinkel der Welle Om um seine Achse (und $\dot{\psi}$ ist die entsprechende Winkelgeschwindigkeit) und ϕ und θ geben die Orientierung der Achse der Welle im Raum an. θ mißt die Winkelauslenkung der Welle relativ zur Richtung der Getriebewelle, wie in Abb. 13.3 gezeigt ist; ϕ gibt die Winkelauslenkung der Ebene der Wellen bezüglich der Vertikalen an, d.h., er zeigt aus der Zeichenebene heraus. Unter statischen Bedingungen ist $\phi = 0$, und eine Veränderung tritt nur auf, wenn sich das GLG in der Gummimuffe bewegt; diese sehr kleine Bewegung (mm) ist es, die uns hier interessiert. Aus Experimenten weiß man, daß der Winkel θ fixiert werden kann. In der Abbildung ist ein Rad mit dem Trägheitsmoment C zu sehen. Es soll die Trägheit aller Komponenten, die mit den Welle verbunden sind, simulieren. Damit umschließt C die rotierenden Teile des Motors, des Getriebes, des Differentials, der Achsen und Räder usw. Der tatsächliche Wert von C ist schwierig zu bestimmen, da nicht von vornherein klar ist, welche Komponenten zum Trägheitsmoment des Systems beitragen; zum Glück ist der genaue Wert nicht so wichtig.

Die vom Motor ausgehenden Drehmomente bringen das Auto in Bewegung, so daß die dadurch geleistete Arbeit die kinetische Energie des Autos erhöht oder einfach die Reibungsverluste kompensiert. Natürlich sollte man, wenn es geht, solche globalen Aspekte vernachlässigen, auch wenn man weiß, daß durch diese Dynamik die Instabilitäten ausgelöst und weiter beeinflußt werden. Oft sieht man nicht, wie man einen Teilaspekt aus einer Gesamtsituation optimal entkoppelt und dabei die wesentlichen Eigenschaften erhält. Die Instabilitäten der Welle werden, wie wir wissen, durch sporadische Störungen verursacht, die zu Belastungen der Wellen führen, deshalb entschied sich die Gruppe, eine Situation zu analysieren, bei der (bekannte) gleiche und entgegengesetzte Momente auf die beiden Enden der rotierenden Welle wirken (siehe Abb. 13.3). Damit vermeidet man die Einbeziehung globaler Einflüsse des obigen Typs. Man verzichtete ebenfalls auf die Einführung von Dämpfungskräften, da sie die Stabilität nicht wesentlich beeinflussen. In späteren Modellen hofft man, die Einflüsse des Motors, der Straße und der Reaktionen des Fahrers durch spezielle $\Gamma(t)$ einbeziehen zu können.

Zusammen mit den Γs ist unser System ein selbsterklärendes System, und die Energie wird zwischen der Masse m, dem Rad C, dem Drehmoment und der Gummimuffe ausgetauscht. Unsere zu untersuchende Vibrationsbewegung der Welle entspricht einer kleinen Oszillation in ϕ, die durch die Kopplungen im System induziert wird. Die interessante Frage ist nun: Kann ein Großteil der Energie in diese Rotation der Wellenenden geleitet werden? Ist dies möglich, dann wird ein solcher Energietransport auch unter realistischen Umständen zu beobachten sein.

Im Kapitel 4 hatten wir gelernt, daß zur Formulierung eines komplexen Problems der Lagrangeformalismus besonders gut geeignet ist; besonders, wenn man sich nicht speziell für die Kräfte interessiert und verallgemeinerte Koordinaten verwendet werden. Da die Berechnung der Kräfte und Momente an den Enden der Gelenke in unserem Fall ein fast unlösbares Problem darstellt, ist der Übergang zur Lagrangeschen Formulierung hier sehr hilfreich.

Wir müssen nur die Kräfte und Momente betrachten, die am System Arbeit verrichten; dies sind die Γs und die Kräfte der Gummimuffe auf die Wellen. Das System besitzt lediglich zwei Freiheitsgrade, die durch die verallgemeinerten Koordinaten ϕ und ψ beschrieben werden. Die Lagrange-Gleichungen lauten für die Antriebswelle und die Muffe (ein Punkt bedeutet die Ableitung nach der Zeit)

$$\frac{\mathrm{d}}{\mathrm{d}t}\left(\frac{\partial T}{\partial \dot{\phi}}\right) - \left(\frac{\partial T}{\partial \phi}\right) = -\frac{\partial V}{\partial \phi}$$

$$\frac{\mathrm{d}}{\mathrm{d}t}\left(\frac{\partial T}{\partial \dot{\psi}}\right) - \left(\frac{\partial T}{\partial \psi}\right) = -\frac{\partial V}{\partial \psi} \tag{13.1}$$

Dabei sind T die kinetische Energie und V die potentielle Energie des Systems (siehe (4.20) in Kapitel 4). Das Rad C besitzt die Winkelgeschwindigkeit $\dot{\psi}+\dot{\phi}$, wie man leicht aus Abb. 13.1 ersehen kann, die Masse m die lineare Geschwindigkeit $\dot{\phi} l \sin\theta$ mit dem Abstand l von O zu m. Damit erhalten wir

$$T = \frac{1}{2}m(\dot{\phi} l \sin\theta)^2 + \frac{1}{2}C(\dot{\psi} + \dot{\phi})^2. \tag{13.2}$$

Der Einfachheit halber sei die Gummimuffe ideal elastisch und übe eine Kraft ks aus; mit der Federkonstante k und $s = \phi l \sin\theta$ als der Auslenkung der Masse m auf ihrer Kreisbahn. Die in der Muffe gespeicherte potentielle Energie ist somit gleich $\frac{1}{2}ks^2$ (siehe (4.16)). Die potentielle Energie für die Momente ist gleich der negativen Arbeit der Momente, die zur Herstellung des beschriebenen Zustandes geleistet werden muß. Da die effektive Winkeldrehung der Antriebswelle gleich $\psi + \phi - \beta$ ist (β ist die Winkeldrehung der Welle am hinteren Ende der Welle vor dem Differential), erhalten wir

$$V = \frac{1}{2}k(\phi l \sin\theta)^2 + \Gamma(\psi + \phi - \beta), \tag{13.3}$$

wobei wir kleine Korrekturen aufgrund des Gravitationspotentials ignoriert haben.

Eine Standardbeziehung zwischen den Winkelauslenkungen $\beta - \phi$ und ψ auf den beiden Seiten des Kardangelenkes besitzt die Form

$$\beta = \phi + \arcsin\left[\frac{\sin\psi}{(1 - \sin^2\theta\cos^2\psi)^{1/2}}\right] \tag{13.4}$$

(siehe Wagner und Cooney (1979)).

Nebenbemerkung: Man kann nicht davon ausgehen, daß der Modellierer über so detailliertes Fachwissen verfügt. Das Modellieren ist der Versuch der Zusammenfügung der Fähigkeiten der Modellierers mit den Erfahrungen und dem Wissen des Anwenders.

Die obigen Gleichungen bestimmen das Modell vollständig und wir sind im Besitz der richtigen Anzahl von Gleichungen zur Berechnung der Unbekannten; die Form der Gleichungen ist jedoch ungewöhnlich und wir müssen sie weiter bearbeiten, bevor wir versuchen können, sie zu lösen. Jeder Versuch, sie im Moment numerisch zu lösen, wäre sinnlos. Die Chance, die Instabilität einzufangen, ist fast gleich null, fände man sie durch Zufall, welchen Nutzen hätte man von ihr? Maple könnte helfen, die Ausdrücke zu vereinfachen, manchmal ist das Rechnen mit der Hand jedoch vorzuziehen; algebraische Programme sind zwar exakt, jedoch sehr schwerfällig. Obwohl es sicherlich schön ist zu sehen, wie sich eine Situation vereinfacht, stört die Rechnung das Lesen des Textes und wir haben sie deshalb in den Anhang zu diesem Kapitel verwiesen. Abgesehen von kleinen Veränderungen besteht die Vereinfachung in der Annahme, daß θ klein und das Trägheitsmoment des Rades C deutlich größer ist als das der Antriebswelle bezüglich der Drehachse (d.h. $C \gg ml^2 \sin^2 \theta$). Man gelangt so zu der einfacheren Gleichung (siehe (13.43))

$$y'' + y = \alpha \cos(y - \eta t) \tag{13.5}$$

für die Vibration der Welle. Dabei ist $y = 2\phi$, und wir sind zu einer an die Eigenfrequenz der Verbindung zwischen Welle und Muffe angepaßten Zeitskale übergegangen. Explizit gilt

$$y = 2\phi, \quad t' = \omega t \quad \text{mit} \quad \omega = \sqrt{k/m},$$

der Strich bedeutet die Ableitung nach t'. Nach der Transformation wurden die Striche an der Variablen t wieder weggelassen. Die dimensionslosen Gruppen besitzen die Form

$$\eta = 2N \quad \text{mit} \quad N = \dot{\psi}(0)/\omega \quad \text{und} \quad \alpha = -\Gamma/(kl^2). \tag{13.6}$$

Der Tuningparameter $N \equiv \eta/2$ ist das Verhältnis der anfänglichen Rotationsfrequenz der Welle zur Eigenfrequenz des Systems Muffe/Welle, von dem wir annehmen, daß er der kritische Parameter des Problems ist. Der „Kopplungsparameter“ α hängt vom Moment Γ und der Kopplung zwischen Muffe und Welle ab. Experimentell erhält man für VN Commodores $\alpha \approx 0{,}7 \cdot 10^{-4}$ – ein bemerkenswert kleiner Wert. Die physikalische Interpretation der obigen Gleichung lautet wie folgt: Bei Abwesenheit eines angreifenden Momentes führt die seitliche Auslenkung der Welle in der Muffe einfach zu einer Schwingung um die Gleichgewichtslage mit der Eigenfrequenz des Muffe/Welle-Systems (die in unserer Skalierung gleich 1 ist). Unter realen Bedingungen ist Γ ungleich null und das Moment beeinflußt die Schwingungen von Welle und Muffe auf komplizierte Art und Weise, die durch den Kopplungsterm bestimmt wird. Wir wollen die Bedingungen bestimmen, unter denen eine kleine anfängliche Auslenkung der Welle

$$y'(0) = 0, \quad y(0) = Y_0$$

durch die Kopplung verstärkt wird. Dies ist ihrem Wesen nach eine *Stabilitätsfrage.*

Die mathematische Struktur des Problems erkennt man an der definierenden Gleichung (13.5). Da α klein ist, lautet die rechte Seite der Gleichung für kleine Y_0 näherungsweise $\alpha \cos \eta t$, damit ist die äußere Kraft klein und erzeugt eine kleine erzwungene Schwingung (der Ordnung α) *außer* für $\eta \approx 1$; in diesem Fall ist die Störung resonant. Dann kann man erwarten, daß die Amplitude größer wird, bis die Kosinus-Nichtlinearität den Oszillator verstimmt und die Größe der Amplitude begrenzt. Diese Phänomene sind uns bereits im letzten Kapitel begegnet und entsprechen unseren Erfahrungen mit nichtlinearen Schwingungen. Natürlich müssen wir diese Aussagen begründen und quantitativ fassen; dies erfordert im

Vorfeld einige numerische Experimente.

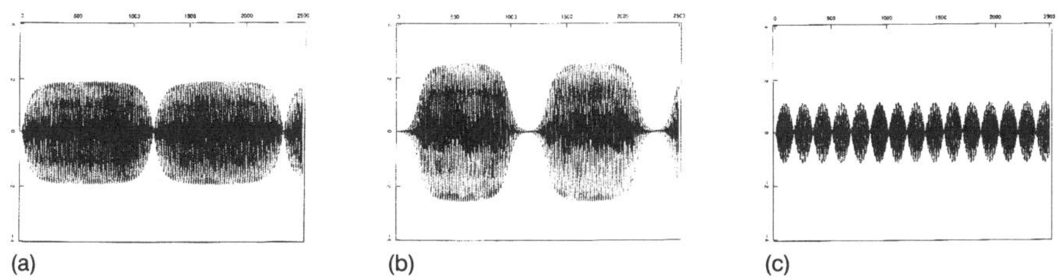

Abb. 13.4 Resonante und fast resonante Oszillationen. Fall (a) ist die fundamentale Resonanz mit $\eta = 1$. Fall (b) ist der erste Oberton mit $\eta = 2$. In Fall (c) ist $\eta = 0{,}98$, d.h. knapp unterhalb der Resonanz.

13.4 Resonanzverhalten

Durch numerische Integration kann man sich leicht einen teilweisen Überblick über das Verhalten der Lösungen verschaffen. In Abb. 13.4 findet man mehrere Lösungen für verschiedene Werte für η bei $y(0) = 0$, die wir durch die IMSL-Routine IVPRK erzeugt haben. Die Lösungen bestehen aus amplitudenmodulierten Schwingungen; die Modulation verläuft dabei recht langsam.

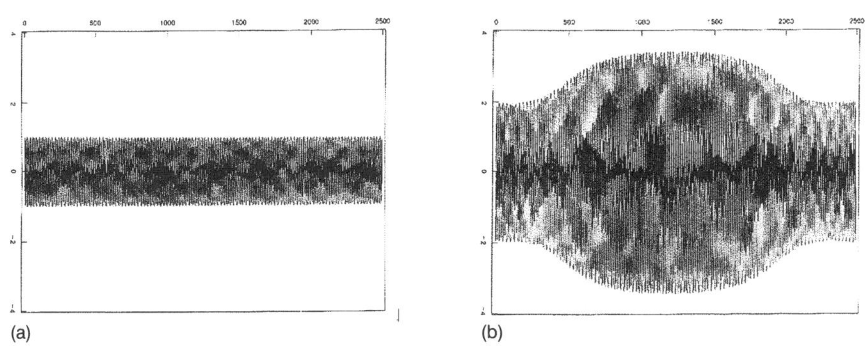

Abb. 13.5 Fundamentale resonante Oszillationen ($\eta = 1$) für verschiedene Werte von $y(0)$.

Wir haben dabei den Wert $\alpha = 0{,}025$ verwendet (der also etwas größer als in der Realität ist), damit die einzelnen Schwingungen gut zu sehen sind. Wie erwartet, tritt bei $\eta = 1$ Resonanz auf. Bei $\eta = 1/2$ und $\eta = 2$ treten ebenfalls große Amplituden auf (Fall (b)). In allen Beispielen sind die Amplituden nicht beständig, sondern wachsen und vergehen periodisch. Entfernt sich der Wert für η von der Resonanz, dann nimmt die Periode der *Einhüllenden* rasch mit der Amplitude ab (siehe Fall (c)). In Abb. 13.5 erkennt man, daß die Veränderung der Anfangsbedingung die Gestalt der Einhüllenden ebenfalls stark verändert. Die Periode der Einhüllenden scheint mit der von GMH beschriebenen Periode der dumpfen Geräusche recht gut übereinzustimmen. Die Spitzen der Amplitudeneinhüllenden sind potentielle dumpfe Töne, da sie bei Frequenzen deutlich unterhalb von η auftreten.

Wichtiger Hinweis: Obwohl diese numerischen Ergebnisse ermutigend sind, sollte man ihnen nicht allzuviel Vertrauen schenken. Zur Darstellung der Modulation der Amplitude muß man die Differentialgleichung über sehr viele Perioden integrieren. Mit jedem kleinen Rundungsfehler bei kleinen Zeitschritten summiert sich die Abweichung vom exakten Wert, die andere Effekte verdecken kann, die uns vielleicht interessieren. ***Es liegt in der Natur der resonanten Phänomene, daß eine sehr kleine Verschiebung der Phase oder der Frequenz das Ergebnis drastisch verändern kann!*** Deshalb müssen wir die analytische Untersuchung unbedingt fortsetzen.

13.4.1 Einleitende Untersuchungen

Ermutigt durch die obigen numerischen Resultate wollen wir die analytische Rechnung fortsetzen. Der Unterschied zu den im vorigen Kapitel behandelten Problemen haben wir es mit einer Situation zu tun, in der die Amplituden nicht beständig sind. Wir interessieren uns besonders für die langsame Veränderung der Amplitude und wollen wissen, wie diese durch die Systemparameter beeinflußt wird. Der Zugang ist im Prinzip jedoch der gleiche: Wir müssen Phase und Amplitude trennen, damit die resonanten Terme in der definierenden Gleichung im Gleichgewicht sind. Es gibt im wesentlichen zwei Methoden, die zur Lösung dieser Art von Problemen entwickelt wurden; **Mittelungstechniken**, die den Methoden im letzten Kapitel recht nahe kommen und **Multiskalierung** (oder **Zwei-Zeit-Techniken**). In den Fällen, in denen beide Techniken anwendbar sind, scheinen sie stets äquivalente Ergebnisse zu liefern. Es empfiehlt sich jedoch, vorerst mit der normalen Störungsrechnung fortzufahren. Man kann damit die Instabilitätsbereiche identifizieren und eine Lösungsform finden, die die langsame Variation der Amplituden beschreibt. Für $\alpha \ll 1$ und kleines Y_0 erhalten wir eine Lösung $y(t)$ der Gleichung (13.5) als Potenzreihe in α durch das Rekursionsschema

$$\begin{aligned} y_0'' + y_0 &= 0 \\ y_{j+1}'' + y_{j+1} &= \alpha \cos(y_j - \eta t) \end{aligned} \tag{13.7}$$

für $j = 0, 1, 2, \ldots$ mit

$$y_j(0) = Y_0 \quad \text{und} \quad y_j'(0) = 0.$$

Damit gilt

$$y_0 = Y_0 \cos t.$$

Vernachlässigen wir Terme der Ordnung (αY_0) im Vergleich zu Termen der Ordnung α, dann besitzt die Gleichung für y_1 die Gestalt

$$y_1'' + y_1 = \alpha \cos(\eta t) \tag{13.8}$$

mit der Lösung

$$y_1 = \frac{\alpha}{1-\eta^2}[\cos(\eta t) - cost] + Y_0 \cos t. \tag{13.9}$$

Nebenbemerkung: Vernachlässigt man die Terme mit (αY_0) nicht, so wird die Rechnung komplizierter, die Folgerungen ändern sich jedoch nicht.

Damit haben wir das früher vermutete Verhalten mathematisch erfaßt. Für η nicht in der Nähe von eins ist die Amplitude der Vibration der Welle etwa Y_0 und die Nichtlinearität modifiziert das Ergebnis ein wenig (von der Ordnung α). Gilt jedoch $\eta \approx 1$, dann tritt die vermutete *fundamentale* Resonanz auf und y_0 ist nicht länger eine gute Abschätzung für das Verhalten der Lösung.

Was geschieht nun für $\eta \approx 1$? Die Tatsache, daß das rekursive Schema versagt, bedeutet, daß die erste Näherung y_0 keine gute Näherung ist. Wichtiger jedoch ist die Tatsache, daß nun die Reaktion des Systems größer als durch y_0 beschrieben ist. Wie soll man an dieser Stelle fortfahren?

Man kann die im letzten Kapitel vorgestellte ad hoc Prozedur zur Berechnung der Instabilitätsbereiche der nichtlinearen Oszillatoren erweitern. Dazu bestimmt man die Bedingungen, unter denen die normale Störungstheorie versagt. Wir müssen uns damit auf den Fall $\eta = 1$ konzentrieren. Die Lösung der genäherten Gleichung (13.8) für $\eta = 1$ lautet

$$y_1 = Y_0 \cos t + \alpha \frac{1}{2} t \sin t,$$

wie man sieht, kann der Term $Y_0 \cos t$ (der von nullter Ordnung ist) die Lösung für Werte von t von der Ordnung $1/\alpha$ nicht adäquat beschreiben. Trotz des Versagens der Entwicklung bei t in diesem Bereich legt es dieses Ergebnis nahe, daß die Amplitude der resonanten Mode im Verlaufe einer Zeit der Ordnung $1/\alpha$ anwächst. Diese einfache Tatsache wird uns später zur richtigen Form der Näherungslösung führen.

* Oberton- und Untertonresonanzen

Bisher haben wir gesehen, daß die Beschreibung der fundamentalen Resonanzmode problematisch ist und wir das Anwachsen der Amplitude im Verlauf einer bestimmten Zeitskale erwarten können. Man erkennt jedoch keine großen Schwingungen in anderen Frequenzbereichen. Die numerischen Experimente sagen jedoch bei $\eta = 1/2, 2$ starke Anregungen voraus. Zur Behandlung dieser Fälle müssen wir die Stufe $j = 2$ in die Rechnung einbeziehen. Die Rechnungen sind recht umfangreich und die Ergebnisse lang, es empfiehlt sich die Verwendung von Maple. Man erhält eine Gleichung der Form

$$y_2'' + y_2 = \{\alpha^2 \sin(2\eta t), \alpha^2 \sin(\eta - 1)t, \alpha \cos(\eta t), \cdot\},$$

wir haben hier die funktionale Abhängigkeit von t und die Größe der relevanten Terme (als Funktion von α) dargestellt, der Punkt bezeichnet nichtresonante Terme, die keine Rolle spielen. Die dargestellten Terme besitzen die Frequenz 1 für

$$\eta = 1, \quad 2\eta = 1 \quad \text{und} \quad \eta - 1 = 1$$

und erzeugen so unbeschränkte Lösungen für y_2. Damit treten (abgesehen von der bereits behandelten Situation $\eta = 1$) große Amplituden für y_2 bei $\eta = 2, 1/2$ auf. Dies bestätigt die numerischen Ergebnisse. $\eta = 2$ ist der erste Oberton und $\eta = 1/2$ der erste Unterton der fundamentalen Resonanz.

In beiden Fällen erscheint auf der rechten Seite der Gleichung für y_2 ein Term der Form $\alpha^2 \sin t$, und die entsprechende spezielle Lösung zu diesem Kraftterm lautet $-\alpha^2(1/2)t\cos t$. Die Lösung für y_2 enthält damit Terme der Form $\alpha^2 t \cos t$. Damit ist die zeitliche Veränderung der Amplitude bei den Ober- und Untertonfrequenzen von der Ordnung $1/\alpha^2$; auch dies stimmt mit den numerischen Aussagen überein (siehe Abb. 13.4(b)). All dies erscheint vielleicht unerlaubt spekulativ – die Übereinstimmung mit der Erfahrung ist jedoch überwältigend gut!

Zusammenfassung. Die obige Analyse gibt zu erkennen, daß bei $\eta = 1/2, 1, 2$ große erzwungene Schwingungen auftreten können. Damit liegt die Vermutung nahe, daß die fundamentale Mode ($\eta = 1$) und der erste Oberton ($\eta = 2$) dem Dröhnen bei 40 bzw. 80 km/h entsprechen. Zur Überprüfung dieser mathematischen Spekulationen benötigen wir eine gültige Lösung für Frequenzen im Resonanzbereich, die wir nun ableiten wollen.

13.4.2 Mittelung

Wir beschränken uns hier auf die Instabilitäten im ($\eta = 1$)-Bereich, die anderen Resonanzbereiche lassen sich völlig analog behandeln. Wir erwarten, daß die dominante Mode die Form

$$y_0 = A(t)\cos[\eta t + \Theta(t)] \tag{13.10}$$

besitzt, wobei die Amplitude A und die Phase Θ im Verlauf einer Zeitspanne der Ordnung $1/\alpha$ signifikant variieren. Unter diesen Umständen sind $\frac{\mathrm{d}A}{\mathrm{d}t}$ und $\frac{\mathrm{d}\Theta}{\mathrm{d}t}$ von der Ordnung α, $\frac{\mathrm{d}^2A}{\mathrm{d}t^2}$ und $\frac{\mathrm{d}^2\Theta}{\mathrm{d}t^2}$ von der Ordnung α^2, damit gilt $\frac{\mathrm{d}^2A}{\mathrm{d}t^2} \ll \frac{\mathrm{d}A}{\mathrm{d}t} \ll 1$ usw. Setzen wir die dominante Mode in die definierende Gleichung (13.5) ein und vernachlässigen die Terme proportional zu α^2, so erhalten wir

$$\{A(1-\eta^2) - 2A\eta\Theta'\}\cos[\cdot] - \{2\eta A'\}\sin[\cdot] = \alpha\cos(A\cos[\cdot] - \eta t), \tag{13.11}$$

und

$$[\cdot] \equiv [\eta t + \Theta] \tag{13.12}$$

bezeichnet die Phase der dominanten Schwingung. Damit man der Richtigkeit der Rechnung gewiß sein kann, sollte man Maple verwenden. Die Amplitude A und die Phase Θ können wir genau wie in Kapitel 12 beim nichtlinearen Oszillator so wählen, daß die dominanten Terme in der Gleichung im Gleichgewicht stehen. Der Term auf der rechten Seite sieht jedoch schlimmer aus, als wir es aus Kapitel 12 gewöhnt sind. In den Aufgaben des letzten Kapitels sonderten wir die Fourierkomponenten, die auf die Eigenfrequenz „abgestimmt " waren, ab. In unserem Fall hier ist der nichtlineare Term keine periodische Funktion (der Periode $2\pi/\eta$), da A und Θ nicht konstant sind. Damit können wir diesen Term streng gesprochen nicht als Fourierreihe entwickeln. Für kleine α verändern sich A und Θ jedoch so wenig im Verlauf einer Periode $2\pi/\eta$, daß wir diese Variation vernachlässigen und A und Θ sowie ihre Ableitungen als Konstanten betrachten können. Die Fourierdarstellung dieser Größen sollte dann eine genaue Abschätzung für die dominanten Kraftkomponenten der Nichtlinearitäten erlauben. Jeder so eingeführte Fehler kann hoffentlich durch einen weiteren Entwicklungsterm berücksichtigt werden. Dies ist die dieser Methode zugrundeliegende Annahme.

Der Kern der obigen Diskussion ist der Versuch der Isolierung des sin[·]-Terms in (13.11). Wir multiplizieren dazu die Gleichung mit sin[·] und integrieren über eine Periode der Variablen [·], wobei A, A' und Θ, Θ' konstant sein sollen. Dadurch filtern wir die entsprechenden Fourierkomponenten aus. Auf die gleiche Art und Weise läßt sich der cos[·]-Term behandeln. Die hier vorgestellte Methode geht auf grundlegende physikalische Einsichten zurück und eignet sich besonders zur Behandlung von *singulären* Störungsproblemen in vielen Bereichen. Man nennt sie aus naheliegenden Gründen die Methode der Mittelung. Wir erhalten so die beiden Gleichungen

$$-2\eta A' = \alpha \mathcal{I}_s \quad \text{die sin[·]-Terme,} \tag{13.13}$$

$$A(1-\eta^2) - 2A\eta\Theta' = \alpha \mathcal{I}_c \quad \text{die cos[·]-Terme} \tag{13.14}$$

mit

$$\mathcal{I}_s(A,\Theta) = \int_0^{2\pi} \{\cos(A\cos[\cdot] - \eta t)\} \cdot \sin[\cdot]\mathrm{d}[\cdot] \tag{13.15}$$

und

$$\mathcal{I}_c(A,\Theta) = \int_0^{2\pi} \{\cos(A\cos[\cdot] - \eta t)\} \cdot \cos[\cdot]\mathrm{d}[\cdot], \tag{13.16}$$

den gesuchten Fourierkomponenten der nichtlinearen Terme. Sehen wir im Moment einmal von den Schwierigkeiten bei der Berechnung der Integrale ab, dann erkennen wir in den obigen Gleichungen zwei gewöhnliche Differentialgleichungen für Amplitude und Phase der dominanten Mode. Die Balance der beiden Terme wird über einen Zeitraum der Ordnung $1/\alpha$ und eine Frequenzbreite von $(1-\eta)$ der Ordnung α gewährleistet sein. Mit

$$\tau = \alpha t, \quad (1-\eta) = \alpha\sigma \tag{13.17}$$

erhalten wir für die Gleichungen (in erster Ordnung in α)

$$-2A_\tau = \mathcal{I}_s \tag{13.18}$$

$$2A\sigma - 2A\Theta_\tau = \mathcal{I}_c. \tag{13.19}$$

Diese beiden Gleichungen bestimmen die Amplituden- und Phasenmodulation. Bevor wir in unserer Untersuchung weitergehen, wollen wir einen alternativen

Zugang zu solchen Problemen vorstellen, so daß wir später Vergleiche anstellen können. *Beide* Methoden sind für Modellierer unverzichtbar. Zum Studium einer ausführlichen Darstellung der Mittelungstechniken verweisen wir auf Bogolyubov und Mitropolsky (1955), den Erfindern dieser Technik, oder Nayfeh (1973).

* Multiskalierung

Obwohl die Mittelungstechniken physikalisch vernünftig erscheinen und sehr erfolgreich sind, sind sie doch mathematisch etwas unbefriedigend – das Konstantsetzen von $A(t)$ für einen Rechenschritt (bei der Integration über eine Periode) erscheint ad hoc, während man zu einem anderen Zeitpunkt der Rechnung die Veränderlichkeit in Betracht zieht (beim Lösen der Gleichungen für Phase und Amplitude). An der Richtigkeit der Ergebnisse ist in vielen Fällen kein Zweifel; man erzeugt so tadellose Ergebnisse. Man hat deshalb oft versucht, eine theoretische Begründung für diese Methode zu finden, und es kam zur Entwicklung verschiedener Varianten der Methode, die mathematisch besser fundiert erscheinen oder einem speziellen Problem besser angepaßt sind. Wir wollen an dieser Stelle die Technik der Multiskalierung, die mathematisch befriedigender ist, beschreiben. Als umfassende Beschreibung dieses Zuganges empfehlen wir Cole (1968). Zur Vereinfachung der Darstellung wollen wir uns auf die Berechnung der Reaktion des Systems bei einer resonanten Anregung bei $\eta = 1$ beschränken (d.h., wir betrachten nur die fundamentale Mode). Für die Beschreibung des Systems bei η im Frequenzband um 1 sind dann nur leichte Modifikationen notwendig.

Die Idee der Multiskalierung ist einfach und sehr schön. Wie wir gesehen haben, treten zwei *fast* unabhängige Prozesse auf: eine Oszillation (mit einer Zeitskale von etwa 1) sowie ein Vorgang, der die Variation der Amplitude beschreibt (mit der großen Zeitskale $1/\alpha$). Deshalb erscheint es an dieser Stelle vernünftig, zwei Zeitskalen und damit zwei Zeitvariablen einzuführen: die Oszillationsvariable t und die langsame Variable $\tau = \alpha t$. Mathematisch ist es erlaubt, so viele zeitartige Variablen einzuführen, wie man möchte, obwohl man natürlich mit Komplikationen rechnen muß. Warum sollte man jedoch eine gewöhnliche Differentialgleichung in t in eine partielle Differentialgleichung in t und τ umwandeln – partielle Differentialgleichungen sind normalerweise *viel* schwerer zu lösen! Der Grund ist, daß wir so die beiden Prozesse voneinander isolieren können. Wir führen beide Variablen ein und vergessen einen Moment, daß sie zueinander in Beziehung stehen. Später müssen wir dies natürlich berücksichtigen. Die Lösung $y(t)$ ist nun nicht länger eine Funktion nur von t, sondern eine Funktion beider Variablen $y(t, \tau)$. Wir schreiben deshalb $y(t, \alpha) \equiv Y(t, \tau, \alpha)$. Für die Ableitung erhalten wir

$$\frac{\mathrm{d}y(t)}{\mathrm{d}t}) = Y_t(t, \tau, \alpha) + \alpha Y_\tau(t, \tau, \alpha),$$

die zweite Ableitung ergibt

$$\frac{\mathrm{d}^2 y(t)}{\mathrm{d}t^2} = Y_{tt}(t, \tau, \alpha) + 2\alpha Y_{t\tau}(t, \tau, \alpha) + \alpha^2 Y_{\tau\tau}(t, \tau, \alpha).$$

Damit lautet die Differentialgleichung für die beiden Variablen für $y(t, \alpha)$

$$Y_{tt} + Y = \alpha\{\cos[Y - t] - 2Y_{t\tau}\} - \alpha^2 Y_{\tau\tau}. \tag{13.20}$$

Die Störungsentwicklung

$$Y(t, \tau, \alpha) = Y^0(t, \tau) + \alpha Y^1(t, \alpha) + \cdots \tag{13.21}$$

versteht sich von selbst. Dann erhalten wir die Gleichungen

$$\begin{aligned} Y^0_{tt} + Y^0 &= 0 \\ Y^1_{tt} + Y^1 &= -2Y^0_{t\tau} + \cos[Y^0 - t], \\ \cdots &= \cdots. \end{aligned} \tag{13.22}$$

Die erste Gleichung ist effektiv eine gewöhnliche Differentialgleichung in t mit dem Parameter τ, deshalb ergibt die Integration

$$Y^0 = A(\tau)\cos[t + \Theta(\tau)], \tag{13.23}$$

wobei die *beliebigen* Amplituden- und Phasenfunktionen $A(\tau)$ und $\Theta(\tau)$ als Funktionen von τ ganz natürlich auftreten. Der Zusammenhang mit der ersten Methode ist nun offensichtlich. Wir wählen wieder die Bezeichung $[\cdot]$ für das Argument $[t + \Theta]$ der dominanten Mode (siehe (13.12))(im Moment haben wir $\eta = 1$). In nächster Ordnung erhalten wir

$$Y^1_{tt} + Y^1 = -2\{-A_\tau \sin[\cdot] - A\Theta_\tau \cos[\cdot]\} + \cos(A(\tau)\cos[\cdot] - t). \tag{13.24}$$

Man beachte wieder die Übereinstimmung mit den Ergebnissen der ersten Methode. Wir haben es jetzt mit einer inhomogenen gewöhnlichen Differentialgleichung in t zu tun und wir können spezielle Lösungen sofort angeben. Die spezielle Lösung, die den resonanten $\cos[\cdot]$- und $\sin[\cdot]$-Termen entsprechen, sind von der Form $t\sin[\cdot]$ und $t\cos[\cdot]$; dies führt dazu, daß die Entwicklung von $Y^0 + Y^1$ für αt von der Ordnung eins nutzlos wird – der Störungsterm αY^1 ist nämlich nicht klein im Vergleich zum ersten Term der Entwicklung Y^0 für solche Zeiten t. Werden die (bisher beliebigen) Funktionen $A(\tau)$ und $\Theta(\tau)$ so gewählt, daß die resonanten Terme auf der rechten Seite eliminiert werden, dann ist αY^1 tatsächlich von der Ordnung α und damit immer klein im Vergleich zu Y^0. Verwenden wir wie zuvor die Orthogonalität der Fouriermoden, dann sehen wir, daß für die Beseitigung der resonanten $\cos[\cdot]$- und $\sin[\cdot]$-Terme die Forderungen

$$\begin{aligned} \int_0^{2\pi} \mathcal{RHS} \cdot \cos[\cdot] \mathrm{d}[\cdot] &= 0, \\ \int_0^{2\pi} \mathcal{RHS} \cdot \sin[\cdot] \mathrm{d}[\cdot] &= 0 \end{aligned} \tag{13.25}$$

lauten, dabei ist $\mathcal{RHS}$ die rechte Seite der Gleichung (13.24). Die entstandenen gewöhnlichen Differentialgleichungen für $A(\tau)$ und $\Theta(\tau)$ stimmen mit den durch Mittelung ermittelten überein.

Dieser Zugang ist sicherlich befriedigender als die ad hoc-Mittelungsprozedur, letztere sind jedoch manchmal einfacher anzuwenden. Die Berechnung der Beiträge der höheren Ordnungen kann mit beiden Methoden durchgeführt werden, ohne algebraische Programme ist die Rechnung jedoch aufwendig und unübersichtlich.

13.4.3 Die Funktionen für Amplitude und Phase

Ohne detaillierte Informationen über die Integrale $\mathcal{I}_s$ und $\mathcal{I}_c$ ist es schwierig fortzufahren. Da Maple die Integrale nicht kennt, müssen wir sie in Integraltafeln suchen. Standardliteratur hierfür sind z.B. Prudnikov, Brychkov und Mariechev (1986) oder Gradsteyn und Ryszhik (1965). Man findet, daß diese Integrale eng mit Standardintegralen verbunden sind, die zu Besselfunktionen führen.

Nebenbemerkung: Besselfunktionen treten auf, wenn man durch einen Separationsansatz die Wellengleichung oder die Wärmeleitungsgleichung bei zylindrischer Geometrie löst. Man findet sie in jedem Nachschlagewerk.

Explizit erhalten wir aus einer der Integraltafeln:

$$\int_0^{2\pi} \mathrm{d}x \left.\begin{matrix}\sin(z\cos x)\\ \cos(z\cos x)\end{matrix}\right\}\sin(nz) = 0 \tag{13.26}$$

und

$$\frac{1}{2\pi}\int_0^{2\pi} \mathrm{d}x \left.\begin{matrix}\sin(z\cos x)\\ \cos(z\cos x)\end{matrix}\right\}\cos(nx) = \left.\begin{matrix}\sin(n\pi/2)\\ \cos(n\pi/2)\end{matrix}\right\} J_n(x) \tag{13.27}$$

für alle ganzen Zahlen n mit den Besselfunktionen J_n. Durch Entwicklung der trigonometrischen Funktionen sollte es nun möglich sein, die Integrale $\mathcal{I}_s$ und $\mathcal{I}_c$ so zu manipulieren, daß Kombinationen der obigen Ausdrücke auftreten, die wir so berechnen können (siehe (13.15), (13.16)). Natürlich kann uns Maple hier helfen. Die folgenden Befehle ergeben die gewünschten Ausdrücke:

```
%Im folgenden bezieht sich Icexp auf den Integrand von I_s,
Icexp:=(cos(y0-etat))*sin(brak);
expand('');
subs(etat=brak-theta,'');
expand('');
subs((cos(brak))^2=(1+cos(2*brak))/2,''); %Wechsel zum Doppelwinkel
subs(sin(brak))=sin(2*(brak)))/(2 cos(brak),'');Wechsel zum
Doppelwinkel
```

Damit ist der Integrand in der Form, die eine Identifikation mit den obigen Ergebnissen gestattet. Das gleiche läßt sich natürlich für $\mathcal{I}_c$ durchführen. Wir erhalten

$$\mathcal{I}_s = \pi[J_0(A) + J_2(A)]\sin\Theta \equiv 2\pi[J_1(A)/A]\sin\Theta \tag{13.28}$$

$$\mathcal{I}_c = \pi[J_0(A) - J_2(A)]\cos\Theta \equiv 2\pi[J_1'(A)]\cos\Theta, \tag{13.29}$$

wobei wir die Beziehungen

$$\begin{aligned} J_0(A) - 2J_2(A) &= 2J_1'(A), \\ J_0(A) + J_2(A) &= 2J_1(A)/A \end{aligned} \tag{13.30}$$

verwendet haben (siehe Abramowitz und Stegun (1965)).

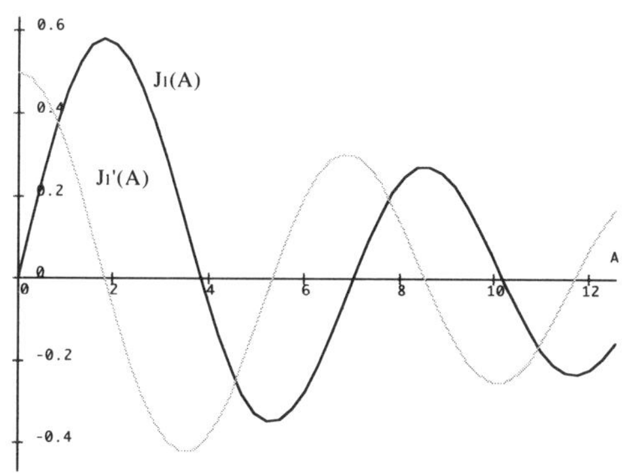

Abb. 13.6 Die Besselfunktionen $J_1(A), J_1'(A)$.

Nach dieser vielleicht etwas irritierenden Abschweifung (Mathematik ist nicht immer Spaß) erhalten wir mit (13.15), (13.16) die folgenden Gleichungen für Amplitude und Phase der Schwingung:

$$\begin{aligned} \frac{\mathrm{d}A}{\mathrm{d}\tau} &= -\pi[J_1(A)/A]\sin\Theta, \\ \frac{\mathrm{d}\Theta}{\mathrm{d}\tau} &= \sigma - \pi[J_1'(A)/A]\cos\Theta \end{aligned} \tag{13.31}$$

mit der langsamen Zeitvariablen $\tau = \alpha t$.

Im gewissen Sinne ist die Aufgabe damit gelöst. Wie wir sehen, taucht der kleine Parameter α, der die Integration der Gleichung (13.5) so erschwerte, nicht mehr auf – damit können wir ein beliebiges numerisches Verfahren zur Berechnung der beiden Funktionen verwenden. Im wesentlichen haben wir durch Integration die schnellen Oszillationen entfernt und damit den feinen Prozeß der Veränderung der Amplitude der Schwingung sichtbar gemacht. Natürlich sollte man jetzt, wenn möglich, überprüfen, ob die Terme höherer Ordnung wirklich klein sind, so daß die Abschätzung damit glaubwürdig erscheint. Dies ist oft sehr schwierig und die Ergebnisse werden meist an der Effektivität der Beschreibung experimenteller Tatsachen gemessen.

Wir wollen zuerst den ($\sigma = 0$)-Fall untersuchen. Die definierenden Gleichungen (13.31) für (A, Θ) sind autonom, so daß eine Phasenebenenmethode ausreicht, das

Verhalten der Lösung zu veranschaulichen. Durch Division der beiden Gleichungen erhalten wir

$$\frac{\mathrm{d}\Theta}{\mathrm{d}A} = \frac{J_1'(A)\cos\Theta}{J_!(A)\sin\Theta}. \tag{13.32}$$

Die Besselfunktionen sind Maple natürlich bekannt (siehe Abb. 13.6). Mit

```
plot({BesselJ(1,A),(BesselJ(0,A)-BesselJ(2,A))/2},A=0..4*Pi);
```

entsteht diese graphische Darstellung des Funktionsverlaufes. Die Trajektorien der Lösung in der (Θ, A)-Ebene können durch:

```
with(ODE);
exp2:=(t,A,theta)-->((BesselJ(0,A)-BesselJ(2,A))/2)*cos(theta);
exp1:=(t,A,theta)-->(BesselJ(1,A)*sin(theta);
phaseplot([exp1,exp2],0..4,-Pi/2..Pi/2);
```

erzeugt werden (siehe Abb. 13.7). Es ist aus diesem Bild nicht zu erkennen, ob die Trajektorien geschlossen sind (in diesem Fall ist die Variation der Amplitude rein periodisch) oder ob die Trajektorien spiralförmig verlaufen (nach innen oder außen). Dies ist natürlich eine sehr wichtige Frage. Zu ihrer Beantwortung müssen wir den Charakter der singulären Punkte bei $J_1'(A) = 0$ und $\sin\Theta = 0$ untersuchen. Es zeigt sich, daß die Trajektorien geschlossen sind, damit zeigen die Lösungen für (A, Θ) rein periodisches Verhalten.

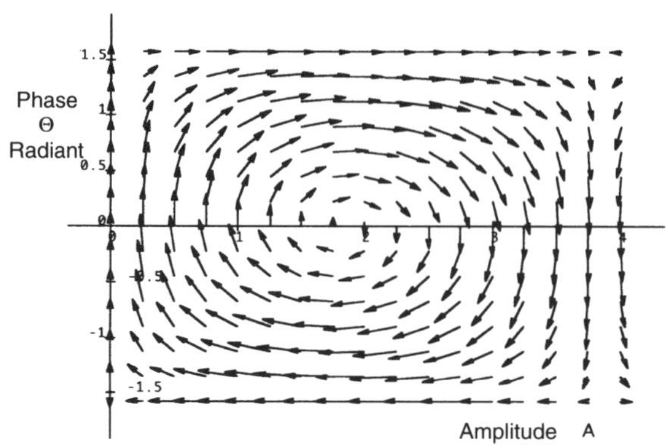

Abb. 13.7 Darstellung der Phasenebene von $\Theta(A)$ $(\sigma = 0)$.

Beachtet man, daß aus der Gleichung (13.31)

$$[J_1(A)\cos\Theta - \frac{1}{2\pi}\sigma A^2]' = 0$$

folgt und damit

$$J_1(A)\cos\Theta - \frac{1}{2\pi}\sigma A^2 = K, \tag{13.33}$$

mit konstantem K, dann kann man die obigen Folgerungen einfacher ableiten. In Abb. 13.8 ist die Familie der Kurven in der (A, Θ)-Ebene für verschiedene K und $\sigma = 0$ dargestellt. Der spezielle zyklische Pfad, den das System einschlägt, hängt von der Wahl von $y(0)$ ab, es gibt mehrere Möglichkeiten dafür, wie man in der Abbildung sieht. Die uns interessierenden Trajektorien starten jedoch bei kleinen Werten für A, die den kleinen anfänglichen Auslenkungen $y(0)$ der Welle in der Gummimuffe entsprechen; damit sind für uns die Mode-1-Trajektorien um $A = 0$ interessant. Die Amplitude $A \equiv 2\phi$ wächst von kleinen Werten bis in die Nähe der Wurzel A_0 der Gleichung $J_1(A_0) = 0$ ($A_0 \approx 3{,}8$), wie man aus Gleichung (13.31) sehen kann und nimmt dann wieder auf null ab. Dieser Vorgang wiederholt sich nun ständig. Der Maximalwert der Amplitude der Schwingung $\phi = A/2$ ist damit etwa 1,9 rad. In Abb. 13.9 ist eine numerische Lösung der Gleichung der Einhüllenden (13.31) mit $A(0) = 0{,}01$ und $\Theta(0) = 0$ für $\sigma = 0$ zu sehen. Die Einhüllende ähnelt der in Abb. 13.4(a) gezeigten Kurve stark, was unser Vertrauen in die numerische Lösung natürlich stärkt. Damit sagt die Theorie, daß die Amplitude der Schwingungen sich aus einem anfänglichen Wert $\phi_0 > 0$ aufbaut, wie *klein dieser auch sei.* Man beachte, daß eine Veränderung im anfänglichen Zustand des Oszillators die Trajektorie im Phasenraum verändert; die Simulationen in Abb. 13.5 sind damit sinnvoll.

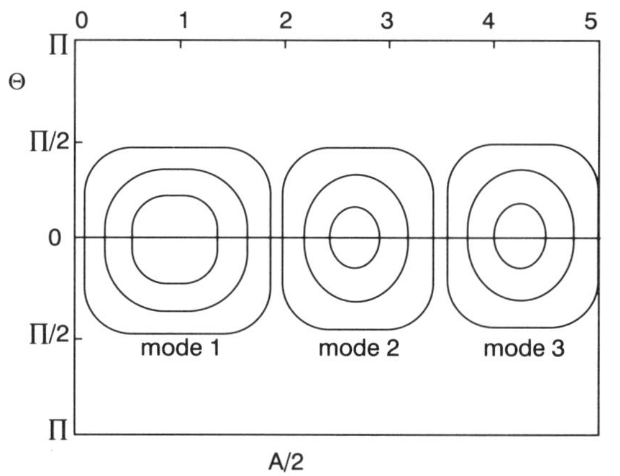

Abb. 13.8 Eine genaue Darstellung der Phasenebene.

Interpretation

Unser Modell zeigt, daß die Kardangelenke Oszillationen in ϕ der Antriebswelle verursachen können, die im Bereich der Eigenfrequenz des Systems Muffe/Welle liegen. Die Amplitude kann sich aus einer sehr kleinen anfänglichen Störung aufbauen. Das gleiche gilt für die Unter- und Obertöne. Erreichen die Amplituden der Schwingung mittlere Werte, dann sind die Aussagen unserer Rechnung jedoch nicht mehr zuverlässig, da die angenommenen linearen elastischen Eigenschaften nicht mehr gelten und die Amplituden durch die Größe des Gehäuses um die Muffe begrenzt werden. Man kann davon ausgehen, daß die Amplitude während einer Zeitspanne der Ordnung $1/\alpha$ wächst, bis das GLG das Gehäuse berührt; der dadurch auftretende Energieverlust reduziert die Amplitude; der gleiche Mechanismus führt wieder zum Anwachsen der Amplitude usw. Es scheint wenig Sinn zu haben, die Dynamik der dumpfen Geräusche zu untersuchen, da unser Ziel die Vermeidung dieser Schwingungen ist. Das entscheidende Merkmal ist, daß der in unserer Modellrechnung untersuchte Mechanismus eine wachsende Amplitude erzeugen kann, die durch beliebig kleine Störungen am Anfang verursacht wird; damit besteht Übereinstimmung zwischen der Beobachtung der periodischen dumpfen Geräusche und unseren Modellergebnissen. Eine Reihe von Fragen kann nun weiter untersucht werden:

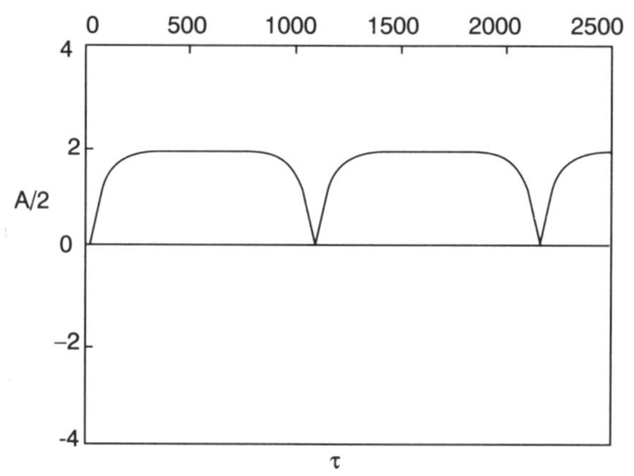

Abb. 13.9 Veränderungen der Amplitude.

- Rotierende Körper widerstehen (aufgrund ihres Drehimpulses) der Veränderung der Lage der Drehachse, damit könnte die Drehbewegung der Welle die Schwingungen stabilisieren (wir benötigen dazu einen besseren Ausdruck für die kinetische Energie (siehe (13.2))).
- Die geometrischen Effekte, die mit der Welle verbunden sind, sind recht klein ($\frac{\partial\beta}{\partial\psi}\sin^2\theta$ mit kleinem θ, siehe (13.35)), damit können unbalancierte Drehmomente, die durch die globale Bewegung des Autos erzeugt werden (und die wir in unserem Modell ignoriert haben), das Verhalten der Instabilität beeinflussen.

Trotz der obigen Einschränkungen (und anderen Näherungen) scheint das Modell die Beobachtungen recht gut beschreiben zu können. Die dumpfen Töne bei

40 und 80 km/h entprechen den beiden größten Resonanzen; der fundamentalen Mode und dem ersten Oberton. Wir wollen kurz einige Folgerungen aus diesem Ergebnis ziehen.

Die Eigenschaften der Muffe werden durch die lineare elastische Steifheit k des Gummis beschrieben. Die Geschwindigkeit der resonanten Drehung der Getriebewelle $\frac{1}{4}\omega$, $\frac{1}{2}\omega$ und ω (Radiant pro Sekunde) hängt durch $\omega = (k/m)^{1/2}$ von k ab. Die Vergrößerung der Steifheit setzt diese Resonanzgeschwindigkeiten nach oben. Die Frequenz der Einhüllenden ist proportional zu $1/\alpha$ und damit zu Γ/k. Die Erhöhung der Steifheit der Muffe senkt also die Frequenz des Auftretens der dumpfen Töne. Da die Resonanzbreite in unserem Modell gleich α ist, ist die Situation sehr empfindlich abhängig vom Abstand zu den Resonanzfrequenzen. Die numerischen Rechnungen (siehe Abb. 13.4(c)) zeigen diese starke Abhängigkeit deutlich. Man kann sie durch Analyse der Gleichung (13.33) direkt bestätigen.

13.5 Zusammenfassung

Das in diesem Kapitel untersuchte Problem ist typisch für die in der Realität auftretenden Schwingungsprobleme. Das Auftreten einer großen Schwingung läßt fast unvermeidlich auf die Existenz einer Eigenschwingungsmode schließen, die mit der Erregerkraft in Resonanz ist. Die Aufgabe besteht in der Suche nach dieser Eigenschwingung. Wie wir gesehen haben, ist es häufig schwierig, den Erregungsmechanismus sowie den Prozeß, der das System verstimmt und die Amplitude begrenzt, zu modellieren. Dies ist jedoch im allgemeinen kein Grund zur Besorgnis. Nachdem wir im Besitz vernünftiger Gleichungen, die das Verhalten beschreiben, waren, untersuchten wir die Veränderungen der kleinen Amplituden und die Umstände, unter denen große erzwungene Schwingungen erzeugt werden können. Damit konnten wir die Resonanzbereiche bestimmen. Mittelungs- und Multiskalierungstechniken wurden am Schluß angewendet, um die Amplitudenvariationen, die durch den nichtlinearen Verstimmungseffekt auftraten, zu untersuchen.

13.6 Aufgaben

Aufgabe 13.1 *Radaufhängungen*

Abb. 13.10 zeigt ein einfaches Modell einer Radaufhängung an einem Auto, welches zur Untersuchung der Effekte verschiedener Federungen auf die Bewegung des Autos verwendet werden kann. Die Federung werde durch eine Feder mit einer veränderlichen Federkonstante k modelliert, die Dämpfung erfolgt durch einen Stoßdämpfer mit dem Dämpfungskoeffizienten ν. Damit gilt

$$F_s = -k\delta l \quad \text{und} \quad F_d = -\nu\dot{\delta l}$$

für die auf das Rad wirkenden Kräfte. Dabei ist δl die Zunahme der Länge der Feder. Die Räder seien starre Körper.

(a) Man gebe die Bewegungsgleichung für das Auto (mit der Masse M) an und bestimme die Gleichung, die die vertikale Bewegung des Autos beschreibt, indem man Federkonstante und Dämpfung als Funktion der Lage $x(t)$ des Autos berechnet.

(b) Die Straße sei eben und liege horizontal. Man bestimme die Auslenkung x_0 des Autos im Gleichgewichtsfall sowie die Gleichung, die die Bewegung $x(t) - x_0$ bezüglich dieses Ruhepunktes beschreibt.

Die Wirkung eines Schlagloches in der Oberfläche der Straße kann durch eine instantane Änderung (h) in x beschrieben werden. Man bestimme die auf das Schlagloch folgende Bewegung des Autos. Man diskutiere den Einfluß von M, k, ν auf die Bewegung. Wie sollte eine Federung konstruiert werden, damit die Bewegung weicher erfolgen kann?

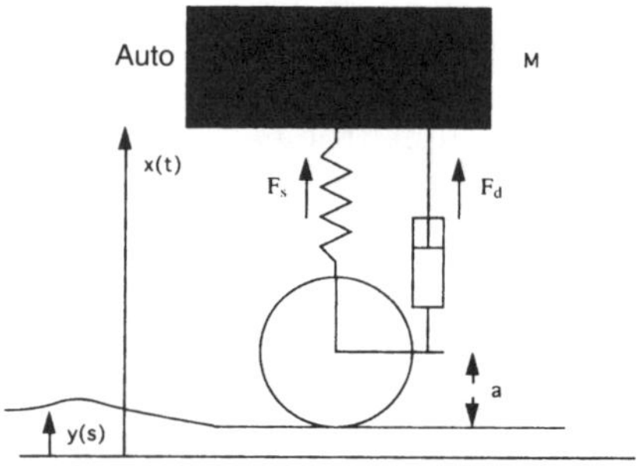

Abb. 13.10 Radaufhängung.

Eine Fahrt mit dem Auto ist sehr unbequem, wenn man regelmäßig durch Schlaglöcher fährt. Dies gilt besonders für den Fall, wenn der mittlere Abstand zwischen den Löchern l_0 mit der Bewegung des Autos „übereinstimmt". Bei welchem Abstand l_0 erwartet man eine besonders unruhige Fahrt des Autos bei einer Geschwindigkeit V. Woher kommt es, daß auf Feldwegen nach einem Jahr die Löcher genau in diesem Abstand zu finden sind?

(c) * Eine vollständigere Beschreibung der Bewegung des Autos erhält man, wenn man die Höhe der Straßenoberfläche über einem gewählten Nullpunkt als Funktion der zurückgelegten Weglänge beschreibt. Man kann alternativ dazu die vertikale Auslenkung des Kontaktpunktes von Rad und Straße als Funktion der Zeit formulieren. Für unser obiges Modell erhält man einen guten Überblick über die Reaktionen des Autos auf verschiedene Staßeneigenschaften durch die Untersuchung der Auslenkung $x(t)$ für $y(t) = \sin \omega t$ für allgemeines ω. Warum? Man skaliere die entsprechenden Gleichungen und verwende Maple zur Bestimmung der Lösung und zeichne Kurven, die eine Interpretation des Verhaltens des Modells zulassen.

Aufgabe 13.2 *Freie Enden*

(a) Man reproduziere mit Maple oder anderen Programmen die graphische Beziehung zwischen Amplitude und Phase für die Amplitude der Schwingung der Antriebswelle im Fall $\sigma = 0$ (siehe (13.32)).

(b) Man untersuche die Trajektorien in der Nähe der relevanten singulären Punkte und überzeuge sich davon, daß die Trajektorien (wie in Abb. 13.8 gezeigt) tatsächlich geschlossen sind.

(c) * Man untersuche die Trajektorien im Phasenraum im Fall $\sigma \neq 0$ und berechne daraus die Bandbreite der Instabilität.

(d) ** Zur bestmöglichen Vereinfachung der definierenden Gleichungen verwendeten wir die Näherung $A/B = 1$ (siehe (13.38)) (dies ist *nicht* das obige A). Man führe die Analyse für $A \neq B$ durch und gebe Ergebnisse an. Geschieht in diesem Fall etwas Interessantes?

Aufgabe 13.3 *Zwei Zeiten*

** Man betrachte den freien und gedämpften Oszillator

$$v''(t,\epsilon) + \epsilon(v'(t,\epsilon))^3 + v(t,\epsilon) = 0$$

für $0 < t < \infty$ und $\epsilon \ll 1$. Die Anfangsbedingungen lauten

$$v(0,\epsilon) = 1, \quad v'(0,\epsilon) = 0.$$

Gesucht ist die Beschreibung das Langzeitverhalten des Oszillators.

(a) Man bestimme die ersten beiden Terme der normalen Störungsentwicklung

$$v = v_0(t) + \epsilon v_1(t) + \cdots$$

und gebe damit einen nützlichen Ausdruck an, der die Langzeitschwingungen (Einhüllende) beschreibt.

(b) Mit Hilfe der Multiskalierung zeige man, daß eine erste Näherung für das Langzeitverhalten des Systems durch den Ausdruck

$$v(t,\epsilon) = A_0(\tau)\cos t + B_0(\tau)\sin t$$

gegeben ist mit $\tau = \epsilon t$. Dabei erfüllen A_0 und B_0 die Gleichungen

$$B_0' + \frac{3}{8}B_0(B_0^2 + A_0^2) = 0$$

und

$$A_0' + \frac{3}{8}A_0(B_0^2 + A_0^2) = 0.$$

(c) Man zeige, daß

$$A_0 = 0, \quad B_0 = (1 + 3/4\tau)^{-1/2}$$

gilt.

Aufgabe 13.4 *Der kubische Oszillator*

*** Mit Multiskalierung oder Mittelungstechniken bestimme man genäherte Gleichungen, die das Langzeitverhalten der Amplitude und der Phase des ungedämpften, schwachen kubischen Oszillators (siehe Abschnitt 12.3.1) beschreiben. Man diskutiere die Lösung, deren Anfangswerte gleich null sind.

Hinweis: Man untersuche die Gleichungen im Phasenraum und erinnere sich an (12.12), die die Gleichgewichtsamplitude des Systems beschreibt.

13.7 Anhang: Die Gleichungen für die Antriebswelle

Wir wollen hier vorführen, wie sich die Gleichungen (13.1), (13.4), (13.2) und (13.3), die die Dynamik der Antriebswelle beschreiben, vereinfachen lassen.

Zuerst benötigen wir ein Verständnis der geometrischen Beziehung (13.4) (die sich durch elementare Vektormethoden ableiten läßt). Ist $\phi = 0$, dann unterscheiden sich die Winkelauslenkungen an beiden Seiten des Kardangelenkes, d.h. β und ψ, um einen Betrag, der von der Geometrie der Antriebswelle abhängt und durch θ ***sowie die spezielle Auslenkung*** ψ beschrieben wird. Ist $\phi \neq 0$, so daß sich m bewegt, dann bewegt sich der Anfangspunkt von β nach $\beta - \phi$. Die Winkelgeschwindigkeiten der Wellenenden $\dot{\psi}, \dot{\beta}$ und $\dot{\psi} + \dot{\beta}$ sind groß und ***fast*** gleich. Die kleine Differenz ist natürlich entscheidend, da die Vibration des Wellenendes mit dieser Differenz (beschrieben durch $\dot{\phi}$) verknüpft ist.

Untersucht man die Geometrie genauer, dann sieht man, daß $\beta - \phi = \psi$ gilt für $\psi = \pi/2, 3\pi/2, \cdots$ und in der Tat ist $(\beta - \phi) - \psi$ eine periodische Funktion von ψ mit der halben Periode von ψ. Diese Abhängigkeit ist in Abb. 13.2 für eine Reihe von θ-Werten dargestellt. Nun ist θ in unserem Fall relativ klein (etwa 4 Grad), damit ist $\sin\theta$ klein und wir können die Beziehung $\beta(\psi, \phi)$ dadurch vereinfachen. Die Maple-Befehle

```
simplify(taylor(beta,st=0,3));
```

mit `st` $= \sin t$ ergibt dann

$$\beta - \phi \approx \psi + \frac{\sin^2\theta}{4}\sin 2\psi \tag{13.34}$$

und damit

$$\frac{\partial\beta}{\partial\psi} \approx 1 + \frac{\sin^2\theta}{2}\cos 2\psi. \tag{13.35}$$

In dieser Form erkennt man die Störung der Übertragung der Rotation durch das Kardangelenk deutlicher.

Setzen wir (13.2), (13.3) und (13.35) in (13.1) ein, so erhalten wir

$$\begin{aligned}(ml^2\sin^2\theta)\ddot{\theta} + C(\ddot{\psi} + \ddot{\phi}) &= -(kl^2\sin^2\theta)\phi \\ C(\ddot{\psi} + \ddot{\phi}) &= \left[\frac{\sin^2\theta}{2}\cos 2\psi\right]\Gamma \end{aligned} \tag{13.36}$$

Kombiniert man diese Gleichungen, dann lautet das Ergebnis

$$\begin{aligned} \omega^{-2}\ddot{\phi} &= -\phi - A\cos(2\psi) \\ \omega^{-2}\ddot{\psi} &= \phi + B\cos(2\psi) \end{aligned} \tag{13.37}$$

mit $\omega = (k/m)^{1/2}$ der *Eigenfrequenz* des Muffe/Welle-Systems und

$$\begin{aligned} A &= \Gamma/(2kl^2) \\ B &= A(1 + ml^2\sin^2\theta/C) \end{aligned} \tag{13.38}$$

Die dimensionslosen Konstanten A und B beschreiben das physikalische Umfeld, welches uns interessiert. Für VN-Commodores gilt

$$\begin{aligned} k &\approx 10^6\text{N/m} \\ \Gamma &\approx 290\text{Nm} \\ l &\approx 1\text{m}, \end{aligned}$$

und damit ergibt sich der *sehr kleine Wert*

$$A \approx 1{,}5 \cdot 10^{-4}.$$

Der Ausdruck B/A gibt das Verhältnis zwischen dem Trägheitsmoment des Rades C plus m und dem des Rades C allein an. Da C viele träge Massen enthält, erwartet man $C \gg ml^2\theta^2$ und somit

$$A \approx B.$$

Mit dieser Näherung und einer Zeitskale, die auf der Eigenfrequenz des Muffe/Welle-Systems beruht:

$$T = \omega t,$$

erhalten die Gleichungen (13.37) die Form

$$\begin{aligned} \phi'' &= -\phi - A\cos(2\psi) \\ \psi'' &= \phi + A\cos(2\psi). \end{aligned} \tag{13.39}$$

Der Strich bedeutet die Ableitung nach T. Die obigen Gleichungen tragen die Dynamik der Welle, auf die ein Moment Γ wirkt, in sich. Geben wir passende Anfangsbedingungen an, können wir die Lösungen bestimmen.

Offensichtlich benötigen wir die Angaben $\phi(0), \phi'(0), \psi(0), \psi'(0)$, damit die Lösungen eindeutig bestimmt sind. Es liegt nahe, daß die skalierte anfängliche Winkelgeschwindigkeit

$$N = \psi'(0) \equiv \dot{\psi}/\omega, \tag{13.40}$$

d.h. das Verhältnis zwischen der anfänglichen Winkelgeschwindigkeit der Welle und der Eigenfrequenz von Muffe/Welle, der kritische Parameter des Problems ist. Der Wert wird natürlich von der Geschwindigkeit des Autos abhängen, und wir müssen einen gewissen Bereich von Werten für N betrachten. Die zusätzlichen Anfangsbedingungen

$$\psi(0) = 0, \quad \phi'(0) = 0 \quad \phi(0) = \phi_0 \tag{13.41}$$

sollten genügend Flexibilität bieten, den Einfluß verschiedener Störungen auf das System zu untersuchen. Man erinnere sich, daß wir uns für die Dynamik des Systems interessieren, wenn eine kleine Störung ϕ_0 mit der Zeit stark anwächst. Wir wollen mit anderen Worten die Umstände (genauer gesagt die Parameterbereiche) bestimmen, unter denen das System *instabil* ist. Vorher untersuchen wir die Gleichungen jedoch etwas weiter.

Addieren wir die Gleichungen (13.39), dann erhalten wir

$$\phi'' + \psi'' = 0$$

und nach Integration

$$\phi + \psi = Nt'$$

mit

$$t' = T + \phi_0/N,$$

nachdem wir die vorgegebenen Anfangsbedingungen eingesetzt haben. Damit sieht man, daß eine Änderung der Anfangsbedigungen für ϕ durch Umdefinition des Zeitnullpunktes ausgeglichen werden kann. Eliminieren wir ψ durch ϕ in (13.39) und transformieren in die Zeitvariable t', so erhalten wir

$$\frac{\mathrm{d}^2\phi}{\mathrm{d}t'^2} = -\phi - A\cos(2Nt' - 2\phi). \tag{13.42}$$

Beseitigen wir den Faktor 2 und gehen zu der (skalierten und verschobenen) Zeitvariable t' über, dann gilt mit

$$t' \to t, \quad y = 2\phi, \quad \eta = 2N, \quad \alpha = -2A$$

die Gleichung

$$y'' + y = \alpha\cos(y - \eta t), \tag{13.43}$$

die wir für die weitete Analyse im Text verwenden können.

Literatur

Abramowitz, M., Stegun, I. A., *Handbook of Mathematical Functions*, 5. Auflage, New York, Dover, 1965.

Barton, N. G., Ha, J., *Proceedings of the 1989 Mathematics-in-Industry Study Group*, CSIRO Australien, 1989.

Bogolyubov, N. N., Mitropolsky, Iu. A., *Asymptotic Methods in the Theory of Non-linear Oscillations*, Gordon und Breach, New York, 1955.

Cole, J. D., *Perturbation Methods in Applied Mathematics*, Ginn und Company,

Boston, 1968.

Gradsteyn, I. S., Ryzhik, I. M., *Tables of Integrals, Series and Products*, S. 400, Academic Press, New York, 1965.

McGraw Hill Encyclopedia of Science and Technology, Band 19, S. 63, New York, 1992.

Nayfeh, A. H., *Perturbations*, John Wiley and Sons, Inc, New York, 1973.

Prudnikov, A. P., Brychkov, Yu. A., Marichev, O. I., *Integrals and Series*, Band I, Gordon and Breach, New York, 1986.

Wagner, E. R., Cooney, C. E., *Cardan and Hooke universal joint*, Abschnitt 3.1.1, S.39, in: Universal Joint and Driveshaft Design Manual, Advances in Engineering, Reihe 7, Society of Automotive Engineers, New York, 1979.

14 Verkehrsfluß

Signalgeschwindigkeit
Schockwellen

14.1 Einführung

Eine hohe Verkehrsdichte ist einer der weniger angenehmen Aspekte des modernen städtischen Lebens. Jeder Autofahrer ist bestrebt, das Optimum zwischen der Reduzierung der Fahrzeit und der Vermeidung von Unfällen zu finden. Es ist nicht klar, welchen Regeln Polizeifahrzeuge folgen, damit der Verkehr flüssig bleibt und die Unfallzahlen so gering wie möglich gehalten werden. Der einzelne Autofahrer ist jedoch nicht in Lage, sich intuitiv so zu verhalten, daß der Verkehr glatt und effektiv für die anderen Autofahrer, aber auch für ihn verläuft. Deshalb fragt man Ingenieure, wie das Straßensystem konstruiert, gesteuert und verwaltet werden muß, um die obigen Ziele zu erreichen. Um solche komplexen Situationen verstehen zu lernen, ist die Modellierung des Verkehrsflusses hervorragend geeignet.

14.1.1 Besonders interessante Situationen

Zur Zeit des Feierabendverkehrs reduziert sich die Geschwindigkeit der Autos auf einer großen Straße, die aus einer großen Stadt herausführt, in dem Maße, in dem die Fahrzeugdichte wächst. Man sollte deshalb annehmen, daß es eine Beziehung zwischen der Zahl der Autos und der Reisegeschwindigkeit gibt. Was kann man über diese Wechselwirkung erfahren? Bei sehr dichtem Verkehr können kurze Stockungen zu großen Staus führen, die auch nach der Auflösung der Stockung weiterbestehen und den Verkehr weit entfernt von der Ursache beeinflussen. Warum ist dies so umd wie kann man die Situation verbessern? Wir behandeln in diesem Kapitel ein einfaches Modell nach Lighthill und Whitham, welches diese Phänomene und viele andere Situationen bei starkem Verkehr erklärt. Es stellt eine ebenfalls recht nützliche Komponente eines Verkehrskontroll- und Unfallvermeidungsmodells dar. Eine detaillierte Beschreibung findet sich bei Lighthill und Whitham (1955).

Die Ideen, die im Zusammenhang mit dem Verkehrsproblem entwickelt wurden, sind breit anwendbar. Die Gleichungen, die den Verkehr modellieren, beschreiben so beispielsweise auch die Bewegung einer Verschmutzung in einem

Strömungsfeld. Die Ausbreitung eines Staus verhält sich analog zur Bewegung von Schockwellen, die zu Lärmbelästigungen in der Nähe von Flughäfen führen, zur Fortpflanzung von Explosions- und Feuerfronten bei Explosionen und Buschbränden sowie zur Ausbreitung des Wassers im Boden nach Regenfällen. Das Bewegen der Waggons beim Rangieren ist ein ebensolches Phänomen. Einige dieser Probleme wollen wir in den Aufgaben untersuchen.

In Abschnitt 14.2 befassen wir uns mit Gleichgewichtsströmungen, während wir uns dann im darauffolgenden Abschnitt nichtstationären Situationen zuwenden wollen.

14.2 Gleichmäßiger Verkehrsfluß

Da das menschliche Verhalten variabel ist, sollte klar sein, daß es keine einzelne exakte Beschreibung des Fahrverhaltens der Menschen insgesamt gibt. Das Verhalten eines einzelnen Fahrers kann die Verkehrssituation in starkem Maße beeinflussen. So bestimmt auf einer einspurigen Fahrbahn ohne Überholmöglichkeit der langsamste Fahrer das mittlere Tempo der Autos hinter ihm. Deshalb kann ein Verkehrsmodell im besten Fall beschreiben, was etwa im Durchschnitt geschieht, oder Wahrscheinlichkeiten angeben für verschiedene Alternativen. Ist die Verkehrsdichte sehr hoch, dann ist die Variabilität des einzelnen Fahrers stark reduziert und die Verwendung einer Mittelung ist sinnvoll; deshalb beschränken wir uns im weiteren auf ein solches Modell. Die Techniker und Ingenieure interessieren in der Tat die Phänomene bei starkem Verkehr am meisten. Diese Modelle eignen sich besonders für die Beschreibung von mehrspurigen Straßen, da hier das langsame Auto überholt werden kann und so den Verkehrsfluß nur begrenzt beeinflußt.

14.2.1 Variablen

Wir konzentrieren uns hier im wesentlichen auf Phänomene, die mit Verkehrsströmen und weniger mit der Bewegung einzelner Fahrzeuge verbunden sind. Dann ist es günstig, die Verkehrssituation durch einen Beobachter beschreiben zu lassen, der am Straßenrand steht. Man nennt diesen Modus die *Euler-Beschreibung* im Gegensatz zur *Lagrange-Beschreibung*, welche die Bewegung der einzelnen Autos erfaßt. Man verwendet die Lagrange-(teilchenartige)Methode vor allem in der Mechanik, während die Beschreibung von Flüssigkeiten meist im Euler-Schema erfolgt.

Die Variablen werden wir zuerst für den gleichförmigen, stationären, einspurigen Verkehrsfluß definieren. Alle Autos sollen die gleiche Größe besitzen und sich mit der gleichen Geschwindigkeit fortbewegen. Solche Umstände sind natürlich unrealistisch, die Definitionen lassen sich aber in einer gewissen Mittelung weiter ausdehnen. Unsere Variablen sind:

- Die Verkehrsgeschwindigkeit V: Einheit km/h,
  sie entspricht einfach der Geschwindigkeit eines Autos.

- Die Verkehrsdichte N: Einheit Autos/km,
  sie wird durch die Zahl der Autos pro Einheitslänge der Straße definiert. Der Abstand zwischen den Autos ist für den individuellen Fahrer natürlich wichtiger. Ist l die Länge eines Autos, dann beträgt der Abstand von Stoßstange zu Stoßstange $(1 - Nl)/(N - 1)$.

- Der Verkehrsfluß oder die Verkehrsrate F: Einheit Autos/h,
  ist die Anzahl der Autos, die einen gegebenen Punkt der Straße im Laufe einer Stunde passieren. Man beschreibt die Leistungsfähigkeit einer Straße auch häufig mit dem Verkehrsfluß „durch" das System.

14.2.2 Die Beziehung zwischen Fluß, Geschwindigkeit und Dichte

Die obigen Variablen sind nicht unabhängig voneinander, sondern erfüllen die Relation

$$F = NV. \tag{14.1}$$

Man sieht das, wenn man folgendes beachtet: Fahren die Autos mit der Geschwindigkeit V, dann wird das am Anfang mit A bezeichnete Auto (siehe Abb. 14.1) nach einer Zeit T die Strecke $AB = VT$ zurückgelegt haben. Während dieser Zeit haben sich die im Abschnitt AB befindlichen Autos $N \cdot VT$ weiterbewegt und die Marke B hinter sich gelassen. Damit ist der Fluß an B vorbei gleich $NVT/T = NV$.

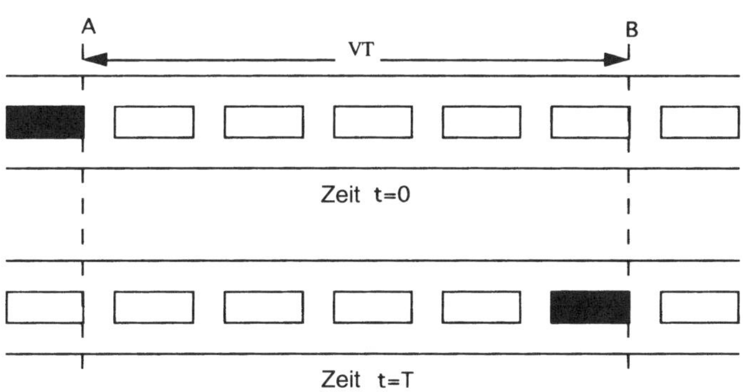

Abb. 14.1 Die Fluß-Geschwindigkeit-Dichte-Relation.

Die Beschränkung auf eine konstante Geschwindigkeit für identische Autos auf einer einspurigen Fahrbahn ist natürlich nicht notwendig; so definiert man die Variablen im Sinne eines zeitlichen Mittels. Denn zur Mittelung muß das Ensemble, über welches man mitteln möchte, sorgfältig ausgewählt werden und in unserem Fall ist dies eine Anzahl von Autos, die die Fluß-Geschwindigkeit-Dichte-Relation erfüllen. Denkt man etwas darüber nach, wird klar, daß Geschwindigkeit und Dichte als Mittel über eine gewisse Weglänge definiert werden sollten; der Fluß kann als Mittel über die Zahl der Autos, die eine bestimmte Stelle im Laufe eines Zeitintervalls passiert haben, aufgefaßt werden. Für diese Festlegungen gilt die Fluß-Geschwindigkeit-Dichte-Beziehung weiterhin, d.h. $F_{av} = N_{av}V_{av}$, siehe Aufgabe 14.1.

14.2.3 Die Beziehung zwischen Fluß und Dichte

Es gibt einige offensichtliche Aussagen über das individuelle Fahrverhalten, die die Beziehung $V = V(N)$ beeinflussen, die die Zahl der Autos auf der Straße mit der Fahrgeschwindigkeit verbindet:

1. Die Klugheit gebietet es und die Beobachtungen bestätigen, daß der Abstand zwischen den Autos mit wachsender Geschwindigkeit zunimmt. Deshalb ist V eine streng monoton fallende Funktion von N. Damit ist die Zahl der Autos auf einem bestimmten Stück der Straße umso kleiner, je größer die Geschwindigkeit der Fahrzeuge ist. Dies bestätigt auch die Erfahrung.

2. Auf einer leeren Straße bewegen sich die Autos mit der erlaubten Höchstgeschwindigkeit V_{max}. Damit gilt

$$V \to V_{max} \quad \text{für} \quad N \to 0. \tag{14.2}$$

3. Wird der Abstand zwischen den Autos immer geringer, dann nimmt die Geschwindigkeit der Fahrzeuge ab, d.h.

$$V \to 0 \quad \text{für} \quad N \to N_{max}. \tag{14.3}$$

Dabei ist N_{max} die maximale Verkehrsdichte.

Man findet so die in Abb. 14.2 dargestellte Beziehung $V(N)$, und der lineare Ausdruck

$$V = V_{max}[1 - \frac{N}{N_{max}}] \tag{14.4}$$

ist eine sehr nützliche Idealisierung der Beziehung, mit der man gut arbeiten kann.

Nebenbemerkung: Einige Verkehrspolitiker plädieren dafür, einen minimalen Sicherheitsabstand zum Auto davor einzuhalten, der sich aus zwei Termen zusammensetzt. Ein Term ist proportional zur Geschwindigkeit und folgt aus der Strecke, die das Auto in der Reaktionszeit des Fahrers (etwa 0,3 Sekunden) zurücklegt. Der zweite Term (der von einer konstanten Verzögerung ausgeht) ist proportional zum Quadrat der Geschwindigkeit und läßt sich aus dem Weg berechnen, den ein Auto noch zurücklegt, nachdem die Bremsen betätigt wurden. Für verschiedene Straßenbedingungen (trocken oder naß) gibt man meist verschiedene

Zahlen an. Obwohl diese Tabellen zum minimalen Bremsweg verdeutlichen, welchen Gefahren man bei höheren Geschwindigkeiten ausgesetzt ist, liefern sie doch kaum ein vernünftiges Modell für das Verhalten des Fahrers.

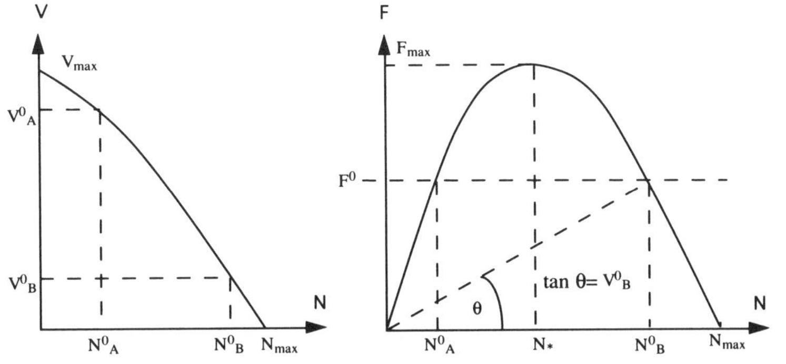

Abb. 14.2 Die Beziehung zwischen Geschwindigkeit und Dichte sowie Fluß und Dichte.

Die Fluß-Dichte-Beziehung

$$F = F(N) = V(N)N \tag{14.5}$$

kann aus dieser Beziehung zwischen Geschwindigkeit und Dichte sowie der Gleichung (14.1) abgeleitet werden. Sie besitzt die in Abb. 14.2 dargestellte Form. Im linearen Fall erhalten wir

$$F(N) = V_{max}N\left[1 - \frac{N}{N_{max}}\right], \tag{14.6}$$

wir werden dieses Modell in Zukunft als das *parabolische Modell* bezeichnen. Es ist im Prinzip möglich, die Fluß-Dichte-Beziehung experimentell zu erfassen, indem man durch Luftaufnahmen die Verkehrsdichte und durch magnetische oder Drucksensoren den Fluß mißt. Man kann diese Beziehung jedoch auch allgemein begründen, wenn man direkt von der Beziehung $V(N)$ ausgeht:

- $F \to 0$ für $N \to N_{max}$ *und* $N \to 0$. Die physikalische Erklärung ist klar: Ist die Autodichte gering, so fahren sie zwar mit hoher Geschwindigkeit, es sind jedoch nur wenige Autos. Bei sehr dichtem Verkehr ist die Zahl der Fahrzeuge zwar groß, diese bewegen sich allerdings sehr langsam und der Fluß ist damit sehr klein.

- Es gibt einen maximalen Fluß F_{max} bei einem bestimmten $N = N_*$. Höhere Flüsse können nicht auftreten. Natürlich wird F_{max} von der Breite der Straße, den Lichtverhältnissen, dem Wetter usw. abhängen.

- Für jeden Fluß $F^0 < F_{max}$ gibt es zwei Möglichkeiten der Realisierung (siehe Abb. 14.2), und zwar eine Lösung mit hoher Geschwindigkeit/niedriger Dichte (V_A^0, N_A^0) und eine Lösung mit geringer Geschwindigkeit/hoher Dichte (V_B^0, N_B^0).

Sowohl die Ingenieure als auch die Autofahrer ziehen bei $F^0 < F_{max}$ sicherlich die Variante mit der hohen Geschwindigkeit vor. Der Fahrer ist froh, wenn die Fahrtzeit minimal ist, und der Ingenieur, wenn *alle* Autofahrer froh sind. Welche Lösung tritt jedoch in der Praxis auf? Dies sagt uns in etwa unsere Erfahrung. Ist der Verkehr gering, dann werden die Fahrzeuge, die auf die Straße kommen, ihre Geschwindigkeit erhöhen. Ist der Verkehr dagegen sehr dicht, dann wird der Autofahrer (wenn nichts Ungewöhnliches passiert) die weniger angenehme Alternative wählen. ***Hier ist die Möglichkeit (z.B. durch Ampeln) für den Ingenieur gegeben, die von den Fahrern gewählte Strategie zu verändern und die Situation zu verbessern.*** Damit wird klar, daß man zum Verbessern der Verkehrssituation in einem Netzwerk von Straßen die Dynamik des Verkehrs verstehen muß.

Nebenbemerkung: Man erinnere sich, daß wir zur Berechnung der Amplitude einer nichtlinearen erzwungenen Schwingung ebenfalls diskutieren mußten, wie die Ozillationen entstanden waren. Dies ist typisch für Nichtlinearitäten; es können mehrere Lösungen existieren, die die physikalischen Erhaltungssätze erfüllen, und man benötigt externe Betrachtungen, um die gewählte Lösung eindeutig identifizieren zu können. Eine Flammenfront kann sich durch explosives Material langsam (ein Großfeuer) oder schnell (eine Detonation) bewegen. Deshalb ist es äußerst wichtig zu wissen, welche der Alternativen das System gewählt hat. Im Falle des Feuers kann ein plötzlicher Druckwechsel die Detonation (Explosion) auslösen, während langsames Erwärmen normalerweise zu einem Großfeuer führt.

Für später wollen wir noch bemerken, daß die Verkehrsgeschwindigkeit für ein gegebenes (F, N) durch den Gradienten der Linie, die den Aufpunkt mit dem Ursprung verbindet, gegeben ist (siehe Abb. 14.2).

14.2.4 Eine explizite Fluß-Dichte-Beziehung

Wir werden im Laufe dieses Abschnitts eine explizite Fluß-Dichte-Beziehung benötigen. Die einfachsten beobachtbaren Parameter sind V_{max} und N_{max}. Gehen wir davon aus, daß unser Ziel im Moment weniger die Verkehrsbeeinflussung als das Verständnis der Prozesse ist, dann ist es sicher vernünftig, die allereinfachste Beziehung, die alle Forderungen erfüllt, zu verwenden. Später können wir das Modell jederzeit verfeinern. Das parabolische Modell

$$F = V_{max}[N(1 - N/N_{max})]$$

besitzt das richtige Verhalten, denn es gilt:

1. $F \to 0$ für $N \to 0$,

2. $F'(N) \to N_{max}$ für $N \to 0$,

3. $F \to 0$ für $N \to N_{max}$,
   und die ebenfalls richtige (konvexe) Form. Es ist jedoch in der Beziehung unbefriedigend, daß es den maximalen Fluß bei $N_{max}/2$ mit der Geschwindigkeit $V_{max}/2$ ergibt. Dies ist natürlich möglich, es ist jedoch sehr unwahrscheinlich, daß die mit dem freien Verkehr (oder mit Tempolimits) verbundenen Bedingungen vom maximalen Fluß über die Straße abhängen. Da es offensichtlich keine Möglichkeit gibt, das Flußverhalten theoretisch unter den Bedingungen des maximalen Flusses herzuleiten, sollte ein Modell gewählt werden, welches mit den Beobachtungen übereinstimmt. Die einfachste Beobachtung ist die Geschwindigkeit, bei der ein maximaler Fluß gewährleistet wird. Wird diese Situation bei $V = V_*$ erreicht, dann ergibt die zusätzliche Forderung

4. $F'(N_*) = 0$ bei $F_{max}/N_* = V_*$, daß der maximale Fluß bei V_* tatsächlich erreicht wird. Dabei ist $F_{max} \equiv F(N_*)$ und N_* sind die unbekannten Bedingungen, unter denen V_* realisiert wird. Wir werden später sehen, daß V_* ein besonders wichtiges Charakteristikum des Verkehrsflusses ist, wenn man die Dynamik betrachtet, deshalb ist die Bestimmung dieser Größe so wichtig. Ein verbessertes Modell würde auch den Wert von F_{max} ergeben – dies liegt jedoch jenseits unseres Buches.

Zur Realisierung der zusätzlichen Bedingungen werden wir ein kubisches $F(N)$ verwenden. Es lautet explizit

$$F(N) = V_{max}N(1 - AN + BN^2)$$

und erfüllt die Bedingungen 1. und 2. Wählen wir die Größen A, B und N_* wie folgt:

$$\begin{aligned} 0 &= V_{max}N_{max}(1 - AN_{max} - BN_{max}^2) \\ 0 &= V_{max}(1 - 2AN_* - 3BN_*^2) \\ V_* &= V_{max}(1 - AN_* - BN_*^2), \end{aligned}$$

dann sind die anderen Forderungen ebenfalls erfüllt. Die Organisation der Lösung dieser Gleichungen für A, B und $N*$ erfordert etwas Sorgfalt. Die Schwierigkeiten entstehen, da die beiden letzten Gleichungen in $N*$ quadratisch sind und die Koeffizienten die Unbekannten enthalten. Die Auflösung einer dieser Gleichungen ergibt Ausdrücke, die Maple nicht verarbeiten kann (in diesem Fall benötigt man dringend die Hilfe algebraischer Programme). Man kann die Ordnung des Systems reduzieren, indem man in den beiden letzten Gleichungen BN_*^2 eliminiert. Die dann linearen Gleichungen können für N_* als Funktion von A gelöst werden. Die erste Gleichung löst man ebenfalls für B als Funktion von A und setzt das Ergebnis in eine der quadratischen Gleichungen für N_* ein. Man erhält damit eine quadratische Gleichung für N_*, deren positive Wurzel die Lösung ist. Bevor man diese Rechnung durchführt, sollte man die Gleichungen durch Skalierung der Variablen vereinfachen. Offensichtlich sind N_{max}, V_{max} und $N_{max}V_{max}$ gute Skalen für N, V und F. Mit

$$n = N/N_{max}, \quad n_* = N_*/N_{max}, \quad a = N_{max}A, \quad b = N_{max}^2 B$$

und

$$f = F/(N_{max}V_{max}), \quad v_* = V_*/V_{max}$$

erhalten wir

$$f = n(1 - an - bn^2),$$

und die Unbekannten a, b, n_* müssen so gewählt werden, daß die Gleichungen

$$0 = 1 - a - b \tag{14.7}$$

$$0 = 1 - 2an_* - 3bn_*^2 \tag{14.8}$$

$$v_* = 1 - an_* - bn_*^2 \tag{14.9}$$

erfüllt sind.

Die Maple-Befehle zur Lösung des Gleichungssystems lauten wie folgt:

```
flux:=n*(1-a*n-b*n*n);
eq1:=1-a-b=0;
eq2:=1-2*a*n-3*b*ns*ns=0;
eq3:=1-a*ns-b*ns*ns=vs;
bv:=solve(eq1, b);  %eine Zwischenberechnung von b
nsv:=solve(eq2-3*eq3,ns); %eine Zwischenberechnung von ns
eq4:=subs(b=bv,ns=nsv,eq2);
av:=solve(eq4,a);  %av=av[2] war eine positive Wurzel
f:=subs(b=bv,a=av[1],flux);
```

Setzt man entsprechende Werte für N_{max}, V_{max}, V_* ein, dann kann f berechnet werden. Beobachtungen der Autoren auf einer zweispurigen Straße in Perth ergaben V_{max} = 65 km/h, V_* = 35 km/h und N_{max} = (1/2,5) Autos/m (dies entspricht einem mittlerem Abstand der Autos von 5 m). Man erhält für f dann den Ausdruck

$$f = n(1 - 0{,}726n - 0{,}274n^2). \tag{14.10}$$

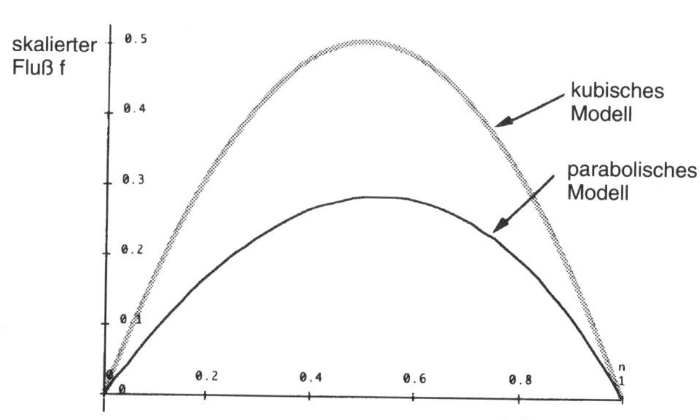

Abb. 14.3 Fluß-Dichte-Modelle.

Das Ergebnis ist in Abb. 14.3 dargestellt, zum Vergleich ist das parabolische Modell ebenfalls eingezeichnet. Der Leser sollte zu Übungszwecken diese Rechnung mit eigenen Beobachtungsdaten wiederholen.

Modelle des obigen Typs können verwendet werden, passende Geschwindigkeitsregelungen für Großstädte zu berechnen, um den Stadtverkehr flüssig zu halten. Ein weiteres Anwendungsgebiet ist die Verkehrsleitung in Tunneln.

Wir haben nun alle Informationen, um eine nicht im Gleichgewicht stehende Verkehrssituation zu untersuchen.

14.3 Modellierung von Nichtgleichgewichtssituationen

Wir wollen im folgenden einen gerichteten Fluß (auf mehr als einer Spur) betrachten, bei dem die Dichte mit dem Ort entlang der Straße variiert. Wie wird sich dieser Fluß mit der Zeit entwickeln? Zuerst müssen wir uns klar machen, wie die Variablen zu definieren und zu messen sind. Ein vernünftiger Vorschlag lautet: Man wähle einige Punkte entlang der Straße sowie eine Zahl aufeinanderfolgender Zeitintervalle und beobachte die Zahl der Autos, die an diesen verschiedenen Punkten zu jeder Zeit gesehen werden. Man kann auf diese Weise einen Fluß und eine Dichte an jedem Punkt (x, t) definieren. Sind die Orts- und Zeitintervalle jedoch zu klein (z.B. Bruchteile von Sekunden), dann ergeben die Mittel keinen Sinn. Sind sie dagegen zu groß (etwa 1 Stunde), dann hat die Mittelbildung zwar Sinn, man verliert allerdings gerade die interessierenden Merkmale des Verkehrsflusses. Wir interessieren uns im Moment nicht für die Bewegungen der einzelnen Autos, sondern für den Verkehrsstrom als solchen, d.h. für eine größere Skale. Es ist vielleicht nicht bequem, jedoch *wesentlich*, das Verhalten individueller Fahrzeuge herauszufiltern, tut man dies nicht, so entsteht ein sehr rechenintensives Modell und die Ergebnisse müssen nicht unbedingt korrekt sein. Intuitiv erwartet man, daß es eine Intervallgröße gibt (vermutliche einige Autos), die zu einer vernünftigen Beschreibung des Verkehrsflusses führt.

Annahme 1: Wir nehmen an, daß man vernünftige Zeit- und Längenskalen zur Definition der Flußgrößen wählen kann.

Man kann durch Computersimulationen die optimale Größe der Intervalle untersuchen, die man für eine reale Datenerfassung benötigt; natürlich wäre eine umfangreichere statistische/dynamische Untersuchung vorzuziehen.

Nebenbemerkung: Die Situation ähnelt der Vorgehensweise bei der Beschreibung der Bewegung von Gasmolekülen. Ist die interessierende Längenskale deutlich größer als der Abstand zwischen den Molekülen (10^{-8}m), dann kann man mit der relativ langsam veränderlichen Geschwindigkeit, die durch den Nettotransport der Materie definiert wird, rechnen (sie liegt in der Größenordnung von m/s). Untersucht man jedoch die Abhängigkeit der Transporteigenschaften von der Temperatur, dann muß die mikroskopische Längenskale der *kinetischen Gastheorie* verwendet werden.

Wir kommen zur zweiten Annahme, die unser Problem deutlich vereinfachen wird.

Annahme 2: Wir gehen davon aus, daß die Fluß-Dichte-Relation des Gleichgewichtsfalles (14.5) weiterhin gilt.

Das bedeutet, daß sich die Autos *ohne Verzögerung* der Verkehrssituation anpassen. Der Vorteil dieser Annahme besteht in der Tatsache, daß man so kleine Fluktuationen, die durch lokale Anpassung an die Situation entstehen, herausfiltert. Dadurch schließen wir natürlich automatisch die Möglichkeit der Beschreibung von Situationen aus, die z.B. beim Lichtwechsel an der Ampel auftreten oder durch Unfälle verursacht werden.

Kommentar: Quasi-statische Modelle. Solche quasi-statischen Modelle verwendet man oft, um die Komplexität zu reduzieren. Dieser Annahme liegt zugrunde, daß die Dynamik, die dadurch vernachlässigt wird, bezüglich des Zieles des Modelles nebensächlich ist. Manchmal kann man zeigen, daß die Gleichungen des quasi-statischen Modells und des allgemeineren Modells asymptotisch gleich sind, weit öfter jedoch ist dies nicht der Fall, aber man fährt mit der Rechnung einfach fort. In unserem Fall liegt intuitiv nahe, daß die Fluktuationen des individuellen Verhaltens, die wir im quasi-statischen Fall vernachlässigen, den globalen Verkehrsfluß unter den *meisten* Umständen nicht beeinflussen. Bei Unfällen muß man diese Annahme jedoch aufgeben und zu einem entsprechenden zeitverzögerten Modell übergehen (siehe Aufgabe 14.9).

Eine weitere Annahme ist nicht absolut notwendig, vereinfacht jedoch die Rechnungen vom mathematischen Standpunkt aus.

Annahme 3: Wir nehmen an, daß eine kontinuierliche Beschreibung möglich ist.

Wie wir wissen, lassen sich kontinuierliche Modelle leichter analytisch lösen als ihre diskreten Gegenstücke. Deshalb versucht man (zumindest am Anfang), ein *kontinuierliches* Modell des Problems zu formulieren. Das Prinzip, den diskreten Variablen eine kontinuierliche Entsprechung zuzuweisen, kennt jeder Student der Differential- und Integralrechnung. Wir weisen so der Flußmessung eines bestimmten Ort-Zeit-Punktes den Mittelpunkt in diesem Zeit-Raum-Intervall zu und interpolieren durch eine glatte Funktion die Meßwerte. Dies funktioniert natürlich nur, wenn die Größen der Intervalle entsprechend gewählt werden und die Physik nicht kleine Effekte verstärkt.

Kommentar: Die von reinen Mathematikern oft eingeführten Annahmen sind meist *rein technisch* in dem Sinne, daß sie eingeführt werden, um (mathematisch) pathologische Situationen zu vermeiden, die die Gültigkeit der theoretischen Aussagen einschränken würden – kein Wunder, daß Mathematiker falsch verstanden werden! Unsere Annahmen sind nicht von diesem Typ, wie wir sehen werden.

14.3.1 Erhaltungssätze für Autos

Kommen in einem Zeitintervall mehr Autos auf eine Straße, auf als von ihr abfahren, dann wird die Zahl der Autos auf dieser Straße ansteigen und das Verständnis der Veränderung der Verkehrssituation erfordert die Formulierung dieses Erhaltungssatzes für Autos. Bezeichne $(F(x,t), N(x,t))$ Fluß und Dichte am Ort x gemessen zur Zeit t, dann ist die Zahl der Autos zwischen $x = a$ und $x = b$ zur

Zeit t durch den Ausdruck (siehe Abb. 14.4)

$$\int_a^b N(x,t)\mathrm{d}x$$

gegeben. Die Veränderung dieser Zahl berechnet sich damit zu

$$\frac{\mathrm{d}}{\mathrm{d}t}\int_a^b N(x,t)\mathrm{d}x = \int_a^b N_t(x,t)\mathrm{d}x.$$

Fahren keine Autos auf die Straße auf oder von ihr ab, dann wird diese Veränderung nur durch den Fluß $F(a,t)$ und $F(b,t)$ an den Enden des Intervalls erzeugt. Die Erhaltung der Autozahl erfordert deshalb

$$\int_a^b N_t(x,t)\mathrm{d}x = F(a,t) - F(b,t) = -\int_a^b F_x(x,t)\mathrm{d}x$$

und damit

$$\int_a^b [N_t(x,t) + F_x(x,t)]\mathrm{d}x = 0.$$

Dies gilt für *jedes* Intervall (a,b), so daß der Integrand identisch verschwinden muß, und wir erhalten

$$N_t(x,t) + F_x(x,t) = 0, \qquad (14.11)$$

vorausgesetzt, die Funktionen sind ausreichend glatt. Wir werden später sehen, daß die Forderung nach Glätte nicht einfach eine mathematisch-technische Aussage ist. Die obigen Gleichungen ergeben einen Zusammenhang zwischen N und F, der die Erhaltung der Autozahl respektiert.

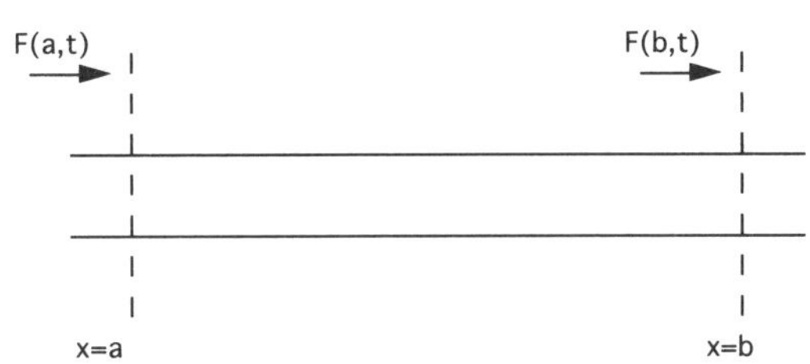

Abb. 14.4 Erhaltung der Autozahl.

Wir besitzen nun zwei Gleichungen (14.5) und (14.11) für die beiden unbekannten N und F. Dann besagt die Mathematik, daß wir (abgesehen von Randbedingungen) keine weiteren Informationen benötigen, um diese zu berechnen.

Wir können die Situation noch vereinfachen, indem wir die oben besprochene Annahme einführen, und zwar gelte

$$F(x,t) = F(N(x,t)).$$

Damit erhalten wir für die sogenannte **Verkehrsgleichung** den Ausdruck

$$N_t + F'(N)N_x = 0, \tag{14.12}$$

dabei bedeutet der Strich die Ableitung nach N. Diese nichtlineare partielle Differentialgleichung erster Ordnung für die Verkehrsdichte enthält sowohl Informationen über das Verhalten der Autofahrer als auch den Erhaltungssatz, der es erlaubt, die Veränderungen der Verkehrsdichte zu berechnen. Wir werden sie die *Verkehrsgleichung* nennen. Kennt man die Dichte, dann kann man mit (14.5) Fluß und Geschwindigkeit eindeutig berechnen. Natürlich müssen wir noch entsprechende Zusatzbedingungen formulieren. Aus physikalischen Gründen sollte bei gegebener Dichte zu einer Anfangszeit das darauffolgende Verkehrsgeschehen (Dichte, Fluß, Geschwindigkeit) eindeutig bestimmt sein. Da die Gleichung in Raum und Zeit von erster Ordnung ist, benötigen wir nur eine Anfangsbedingung; wir müssen allerdings noch den Verkehrszustand an einem Punkt, am besten am Ort der Zufahrt der Autos, vorgeben. Diese Mischung aus mathematischen und physikalischen Argumenten liegt hier nahe und ist beim Modellieren *immer notwendig.*

14.3.2 Konstruktion der Lösung

Die Theorie der Lösung von partiellen Differentialgleichungen erster Ordnung geht auf Cauchy zurück, man findet z.B. in Carrier und Pearson (1976) eine Einführung dazu. Man benötigt jedoch hier nicht die gesamte Theorie, um eine Lösung zu finden. Die folgenden schönen Beobachtungen erlauben ganz einfach die Konstruktion von Lösungen. Jede Funktion G ist auf den Wegen $x = X(t)$ konstant in der (x,t)-Ebene, wenn die totale Zeitableitung nach t verschwindet:

$$\frac{\mathrm{d}}{\mathrm{d}t}[G(X(t),t)] = 0.$$

Beachtet man die expliziten Abhängigkeiten von G von seinen Argumenten x und t, dann erhalten wir nach der Kettenregel

$$G_t + X'(t)G_x = 0.$$

Schreibt man dies in der Form

$$G_t + f(G,x,t)G_x = 0 \tag{14.13}$$

mit

$$X'(t) = f(G,x,t), \tag{14.14}$$

so sieht man, daß die Niveaulinien in der (x,t)-Ebene für die Lösung $G(x,t)$ der partiellen Differentialgleichung erster Ordnung (14.13) durch (14.14) gegeben sind. Diese Kurven heißen **Cauchy-Charakteristiken**. Normalerweise wird

G durch eine Kurve (meist $t = 0$) in der (x,t)-Ebene beschrieben, damit erscheint es vernünftig, die Niveaukurven, die durch diesen Anfangszustand gehen, zu bestimmen und damit die Lösung zu erlangen. Da $G(x,t)$ entlang dieser Kurven konstant und damit orts- und zeitunabhängig ist, wird die Gleichung (14.14) zu einer gewöhnlichen Differentialgleichung für die $X(t)$-Kurven. Der Spezialfall G =konst. in gewissen *Bereichen* (und nicht nur entlang der Kurven) ist besonders wichtig, wie sich später zeigen wird.

In unserem Fall sind die Cauchy-Charakteristiken (siehe (14.12)) Geraden

$$\frac{\mathrm{d}X(t)}{\mathrm{d}t} = F'(N) \tag{14.15}$$

in der (x,t)-Ebene. Mit diesem Wissen kann man im Prinzip $N(x,t)$ leicht berechnen, wenn die anfängliche Verkehrssituation gegeben ist. Man kann die Lösung aber auch graphisch konstruieren, wie wir nun zeigen wollen (siehe Abb. 14.5). Man zeichne von jedem Punkt $x = \xi$ entlang der $(t = 0)$-Achse Geraden L mit dem entsprechenden Anstieg $F'(N(\xi,0))$. Entlang dieser Gerade L besitzt N den Wert $N(\xi,0)$. Eine entsprechende analytische Beschreibung lautet

$$N(x,t) = N(\xi,0) \quad \text{entlang} \quad x - \xi = F'(N(\xi,0))t. \tag{14.16}$$

Diese charakteristische Lösung ist für graphische Darstellungen ideal, wie wir später an Beispielen zeigen werden, für die analytische Arbeit ist sie jedoch nicht geeignet. Dafür würden wir eine explizite Lösungsdarstellung $N = N(x,t)$ der (wenn auch einfachen) obigen indirekten vorziehen. Es wird auch aus der Darstellung (14.16) nicht klar, ob die Lösung eindeutig ist. Unter vielen wichtigen Umständen ist sie es in der Tat nicht. Man kann leicht zeigen, daß die Lösung (14.16) die Verkehrsgleichung (14.12) erfüllt, und unter gewissen Umständen ist sie auch eindeutig. Die Bedingungen für die Eindeutigkeit sind jedoch inakzeptabel restriktiv. Der Grund dafür liegt nicht an der Oberfläche, wie wir bald sehen werden.

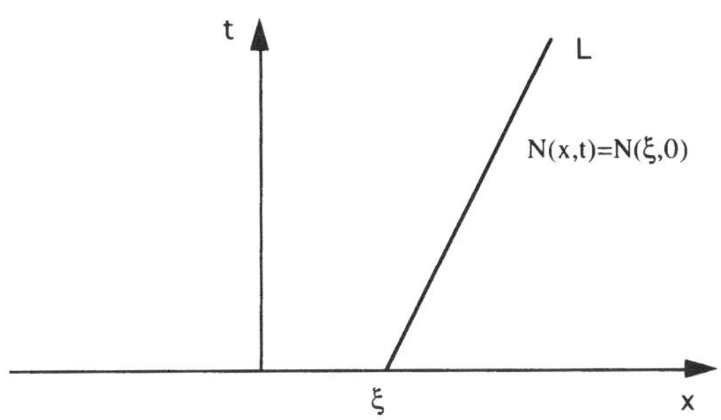

Abb. 14.5 Cauchy-Charakteristiken.

Nebenbemerkung: Die Interpretation mathematischer Vereinfachungen ist oft nützlich, da so entsprechende Situationen identifiziert werden können und die Methoden auch in anderen Zusammenhängen Verwendung finden. Wir wollen deshalb in diesem Abschnitt die physikalische Relevanz der Cauchy-Charakteristiken untersuchen und werden feststellen, daß wir hier vieles lernen können, was später von großem Nutzen sein kann.

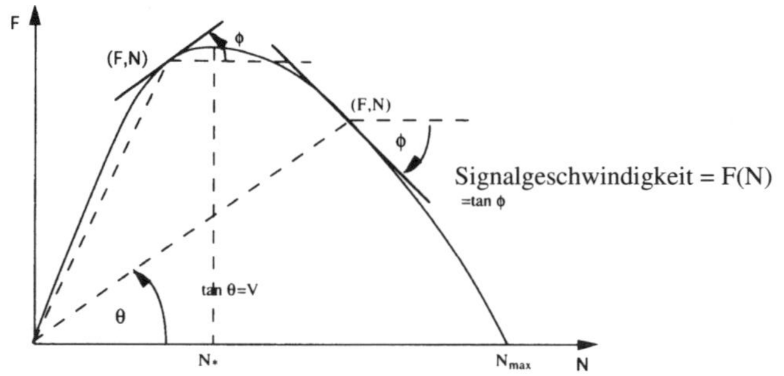

Abb. 14.6 Signalgeschwindigkeit.

Signalgeschwindigkeit

Aus (14.15) und auch aus Dimensionsgründen folgt, daß $F'(N)$ eine Geschwindigkeit sein muß. Die Rolle, die diese Geschwindigkeit im Lösungsprozeß spielt, unterstreicht ihre zentrale Rolle. Wir nennen sie aus gleich zu erhellenden Gründen **Signalgeschwindigkeit**. Die Signalgeschwindigkeit ist durch den Anstieg der Flußkurve $F(N)$ am Punkt N gegeben und stimmt so *nicht* mit der Autogeschwindigkeit überein, die durch den Anstieg des Bandes von $(0,0)$ nach (F,N) in der Flußkurve gegeben ist (siehe Abb. 14.6).

Beispiel 14.3.1 *Ein erstes Beispiel*

Damit wir die Bedeutung der Signalgeschwindigkeit deutlicher erkennen können, wollen wir die Lösung für die in Abb. 14.7 gegebene Anfangsverteilung der Dichte graphisch herleiten. Wie man sieht, bewegen sich die Autos im Bereich $x < X_1$ anfänglich mit der Geschwindigkeit $V(N_1)$ bei konstanter Dichte N_1. Diesen Fahrzeugen voraus bewegt sich ein Verkehrstrom mit einer etwas größeren Geschwindigkeit $V(N_2)$, die der kleineren Dichte N_2 im Bereich $x > X_2$ entspricht. Zwischen beiden Bereichen besteht eine Übergangszone, in der die Fahrzeuge beschleunigen, bis sie die Geschwindigkeit V_2 erreicht haben. Wie wird sich diese Situation zeitlich entwickeln? Der Fall $N_2 < N_1 < N_*$ ist in den Abbildungen dargestellt.

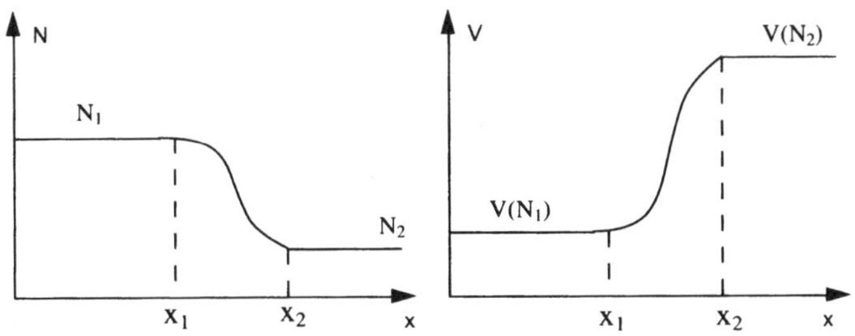

Abb. 14.7 Beispiel 1: Die anfängliche Dichte- und Geschwindigkeitsverteilung.

Am Graphen für die Fluß-Dichte-Beziehung können wir die relevanten Geschwindigkeiten und Flüsse ablesen sowie die Signalgeschwindigkeiten für N_1, N_2 und alle Dichten dazwischen. Die von $x < X_1, t = 0$ ausgehenden Charakteristiken besitzen alle den gleichen Anstieg $F'(N_1)$ und markieren eine Zone in der (x, t)-Ebene mit $N = N_1$. Analog dazu markieren die Charakteristiken rechts von $x = X_2$ eine $(N = N_2)$-Zone. Im Übergangsbereich treten entsprechend den veränderlichen Dichten verschiedene Anstiege auf. Die Signalgeschwindigkeit nimmt monoton mit der wachsenden Verkehrsdichte ab (siehe Abb. 14.6), damit fächern sich die Charakteristiken auf, wie in der Abb. 14.8 gezeigt wird; das Dichteprofil verbreitert sich. Mit diesen Charakteristiken können wir die Verkehrsdichte für jeden zukünftigen Zeitpunkt $t = t_0$ wie gezeigt berechnen. *Die Verkehrsbedingungen an den anfänglichen Orten werden mit dem Verkehrsstrom mit der Geschwindigkeit $F'(N)$ entsprechend der örtlichen Dichte N weitertransportiert.* Das bedeutet *nicht*, daß das Dichteprofil bei t_0 einfach eine Kopie des anfänglichen Profils ist, welches entlang der Straße verschoben wurde; da sich die *lokale* Signalgeschwindigkeit mit der *lokalen* Dichte ändert, entsteht das in der Abbildung gezeigte Muster. Man ist jedoch oft an den Veränderungen in einem gleichmäßigen Verkehrsstrom (der Dichte N_0) interessiert, die durch Störungen verursacht werden. Unter diesen Umständen wird sich (mit sehr großer Genauigkeit) die Veränderung mit konstanter Geschwindigkeit $F'(N_0)$ ausbreiten und das Muster wird sich nicht verändern; in diesem Spezialfall ist die reine Translation also richtig. In anderen Fällen sollte man sich die Veränderungen als reine Translation mit der Geschwindigkeit $F'(N_{av})$ denken, der eine Gestaltänderung entsprechend der Dichtefluktuationen überlagert ist; N_{av} ist die mittlere Dichte. Für spezielle Anfangszustände lassen sich spezielle Lösungen berechnen, wir wollen damit jedoch warten, bis wir die Idee der Signalgeschwindigkeit weiter entwickelt haben. Wie wir sehen werden, hilft der Begriff der Signalgeschwindigkeit bei der Lösungssuche sehr.

Nebenbemerkung: Man bezeichnet die Signalgeschwindigkeit häufig als die Wellengeschwindigkeit des Systems in Analogie zur Ausbreitung von Schallwellen in

Luft oder Schwerewellen auf dem Wasser. Schallwellen sind kleine Veränderungen im Luftdruck, die sich in der Luft mit Schallgeschwindigkeit fortpflanzen und ihre Gestalt nicht ändern. Größere Druckamplituden breiten sich mit Geschwindigkeiten aus, die vom lokalen Luftdruck abhängen; damit verändert sich das Druckprofil – diese Situation ähnelt der von uns behandelten stark.

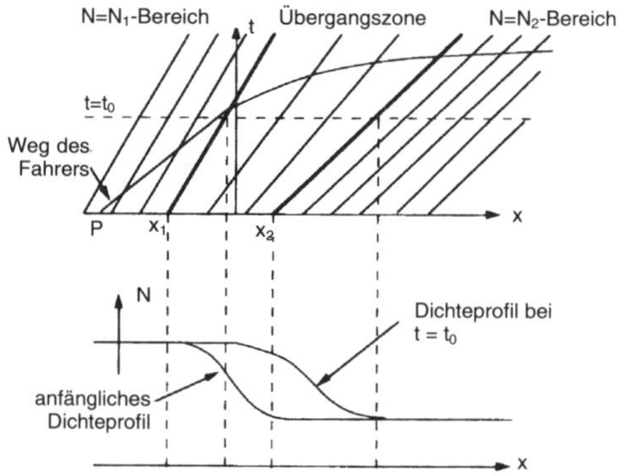

Abb. 14.8 Beispiel 1: Die Charakteristiken.

Wir wollen nun die Situation aus der Sicht des Autofahreres analysieren. Wie man an Abb. 14.6 sieht, ist die Signalgeschwindigkeit aufgrund der Konvexität der Fluß-Dichte-Beziehung immer kleiner als die Autogeschwindigkeit. Daraus folgt, daß Autofahrer die Auswirkungen anderer Fahrzeuge vor sich auf den Verkehrsfluß zu spüren bekommen; dies stimmt natürlich mit unserer Erfahrung überein. In unserem Beispiel ist der Fahrer am Anfang an der Position P mit $x < X_1$, er bewegt sich mit der Geschwindigkeit $V(N_1) > F'(N_1)$, bis er durch die $(N = N_1)$-Zone gelangt ist. Er durchquert die Übergangszone und kommt eventuell in die $(N = N_2)$-Zone mit $V(N_2)$. Sein Weg in der (x,t)-Ebene ist in Abb. 14.8 zu sehen.

Aufgabe 14.3.2 *Ein zweites Beispiel*

Im ersten Beispiel untersuchten wir die Situation, daß ein Autofahrer in einen leereren Straßenabschnitt gelangt. Was passiert, wenn er im Laufe der Zeit in einen Bereich mit größerer Verkehrsdichte gelangt? Die Aussagen über die Signalgeschwindigkeit sind immer noch zutreffend, die Folgerungen sind jedoch deutlich anders. Wie zuvor seien die Bedingungen vor $(x < X_1)$ und hinter $(x > X_2)$ der Übergangszone gleichförmig. In diesem Fall nehmen wir jedoch an, daß $N_1 < N_2$ gilt, d.h. $V(N_1) > V(N_2)$. Die Autos in der Übergangszone müssen also bremsen. Die Charakteristiken in der $(x < X_1)$-Zone besitzen daher einen kleineren Anstieg $(\mathrm{d}t/\mathrm{d}x)$ als die in $x > X_2$, und die Charakteristiken in der Übergangszone besitzen die in Abb. 14.10 gezeigte Form. Sie konvergieren im Gegensatz zur Divergenz im ersten Beispiel, und das Dichteprofil besitzt wie gezeigt eine Stufe.

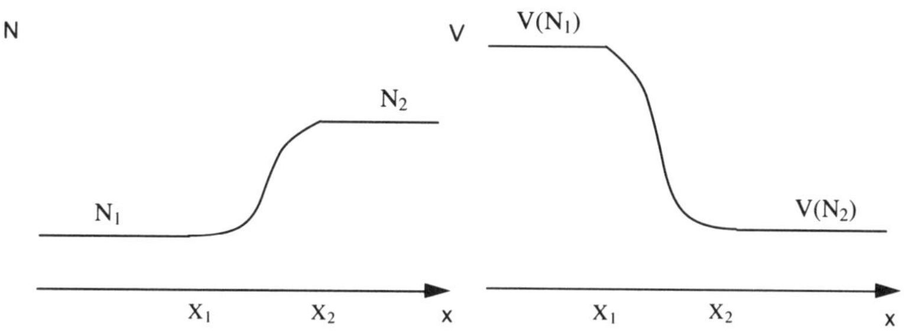

Abb. 14.9 Beispiel 2: Anfangsprofile.

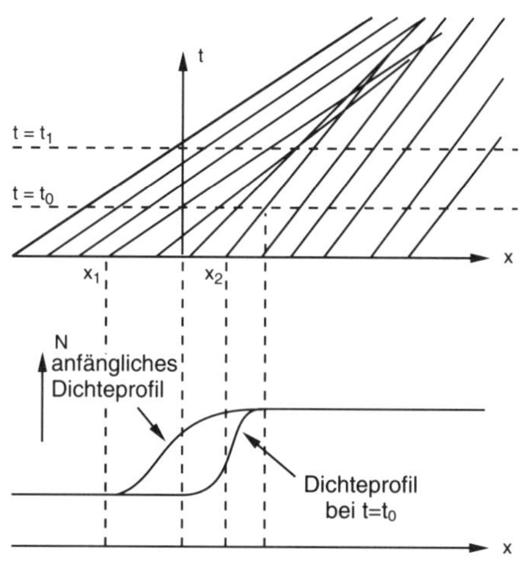

Abb. 14.10 Beispiel 2: Lösung durch Charakteristiken.

Mit den Lösungen der beiden Beispiele können wir uns von den Veränderungen im Dichteprofil in einem System von Straßen ein gutes Bild machen. Sind die Dichteverhältnisse so wie in dem dritten Beispiel in Abb. 14.11 dargestellt, dann sind die folgenden Veränderungen zu erwarten:

- Das gesamte Dichtemuster bewegt sich mit einer mittleren Signalgeschwindigkeit.

- Stellen des Profils, in denen die Autos einen weniger dichten Verkehr antreffen, (z.B. das Gebiet AB in der Abbildung), verbreitern sich.

- In Gebieten mit dichterem Verkehr (z.B. die Region BC) wird das Profil zusammengedrückt.

Das Bild ist kompliziert und läßt sich mit Worten nicht adäquat beschreiben, man kann es durch Charakteristiken jedoch leicht quantifizieren.

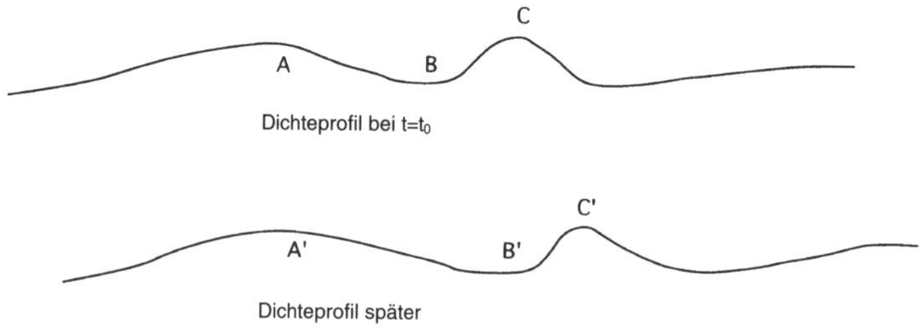

Abb. 14.11 Ein drittes Beispiel.

Ein Merkmal des zweiten Beispiels haben wir allerdings übergangen. Die Charakteristiken sind in diesem Fall konvergierende Geraden, für eine Zeit $t = t_1$ werden sie sich unvermeidlich schneiden und für alle späteren Zeiten $(t > t_1)$ überlappen (siehe Abb. 14.10). Jede der Charakteristiken besitzt eine feste Dichte N und diese sind alle voneinander verschieden. Damit sagt die Theorie *drei* verschiedene Werte für die Dichte in diesen Überlappungsgebieten voraus. Wir haben in Abb. 14.12 die Dichte für $t > t_1$ dargestellt. Physikalisch ist dies jedoch unsinnig. Das hier auftretende, wichtige Problem wurde zuerst im Bereich der Gasdynamik (Schockwellen) untersucht, es tritt jedoch auch bei Wasserwellen (Brechen der Wellenkämme), in der Hydraulik (hydraulisches Bohren) und Verbrennungen (Explosion oder Großfeuer) auf. Die Physik wird in allen diesen Fällen durch nichtlineare *hyperbolische* (Wellen-)Gleichungen beschrieben, deren einfachster Fall unsere Verkehrsgleichung ist. Die Nichtlinearitäten führen zusätzlich zu Verzerrungen der Lösungen unter bestimmten Bedingungen. In diesen Fällen spielen die (aufgrund ihrer Kleinheit) bei der Modellierung vernachlässigten Effekte plötzlich eine wichtige Rolle – dies ist ebenfalls eine *singuläre Störungssituation*. Trotz der Probleme in den ursprünglichen Modellen zeigt es sich, daß durch einfache physikalische Argumente, die keine großen Modelländerungen verlangen, akzeptable Ergebnisse in allen bekannten Fällen erzielt werden können. Da es einfacher ist, das Wesen der obigen Schwierigkeit in einem speziellen Kontext zu verstehen, vertagen wir die Diskussion bis zur Behandlung des Verkehrsstaus später in diesem Kapitel.

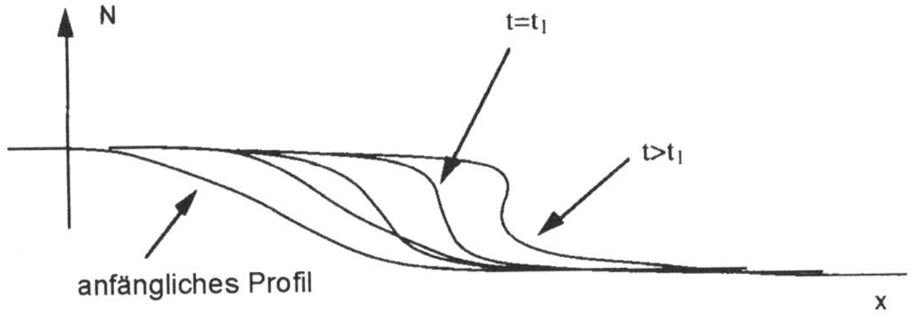

Abb. 14.12 Profilverzerrung.

Bevor wir explizite Lösungen für spezielle Probleme angeben, wollen wir noch einige zusätzliche Beobachtungen diskutieren, die die Variation der Signalgeschwindigkeit mit der Dichte betreffen und aus der Fluß-Dichte-Beziehung (siehe Abb. 14.6) folgen:

- Bei leeren Straßen gilt $N \to 0$ und die Signalgeschwindigkeit $V \to V_{max}$, dann stimmen Fahrzeuggeschwindigkeit und Signalgeschwindigkeit überein. Dadurch werden alle Störungen, die durch Autos verursacht oder von ihnen erfahren werden, aus dem Straßennetz verschwinden und die Autos weiter hinten werden nicht beeinflußt werden.

- Mit steigender Verkehrsdichte reduziert sich der Anstieg von $F(N)$, die Störungen bewegen sich langsamer und verbleiben damit länger im Straßennetz; mehr und mehr Autos werden die Störung zu spüren bekommen.

- Erreicht die Dichte die mit dem Maximalfluß F_{max} verbundenen Wert N_*, dann geht die Signalgeschwindigkeit gegen null. Dadurch bleibt jede Störung am Punkt ihres ersten Auftretens. Dies ist natürlich katastrophal. Man benötigt in solchen Fällen einen Verkehrspolizisten, der die Störung auflöst. Man beachte, daß diese Situation genau bei maximalem Fluß, der ja das Ziel des Ingenieurs sein sollte, auftritt. So ist das Leben!

- Für Dichten größer als N_* wird die Situation noch schlimmer. Die Signalgeschwindigkeit wird negativ, so daß die Information im Verkehrsstrom *rückwärts* läuft. Die Geschwindigkeit der Ausbreitung ist jedoch nicht klein. Das parabolische Modell sagt z.B. $V_{signal} \to V_{max}$ für $N \to N_{max}$ voraus. *Dies erklärt, warum bei starkem Verkehr kleine Störungen große Verkehrsunterbrechungen erzeugen können.* Man nennt diese Situation *Stau.*

Kommentar: Die Charakteristiken spielen bei Wellenausbreitungsphänomenen eine wichtige Rolle. Sie deuten auf die Regionen in Raum und Zeit, die durch die Störungen beeinflußt werden. In Systemen höherer Ordnung ist die Situation komplexer, da mehr als eine Menge von Charakteristiken auftreten (etwa Wellen mit verschiedenen Geschwindigkeiten), die hier entwickelte Idee der Sigalgeschwindigkeit kann aber auch hier verwendet werden, um die konzeptuelle, aber auch die analytische und numerische Arbeit zu erleichtern. Eine allgemeine Eigenschaft des menschlichen Geistes ist es, bei zu komplexen Situationen Methoden oder Konzepte zu entwickeln, die auf weniger komplexe Objekte zurückgreifen und das Verständnis wesentlich erleichtern. Der Rat, es *einfacher zu machen*, ist es wert, im Gedächtnis behalten zu werden, auch wenn man dadurch einen komplexen Prozeß hinter einfachen Worten versteckt.

Der *einzige Weg*, ein Modell zu testen, ist die Anwendung desselben auf spezielle Situationen. Wir werden im folgenden explizite Lösungen konstruieren, die der Leser selbst überprüfen kann, denn Beobachtungen der Verkehrssituation lassen sich leicht von jedem durchführen.

Das Losfahren von einer Ampel

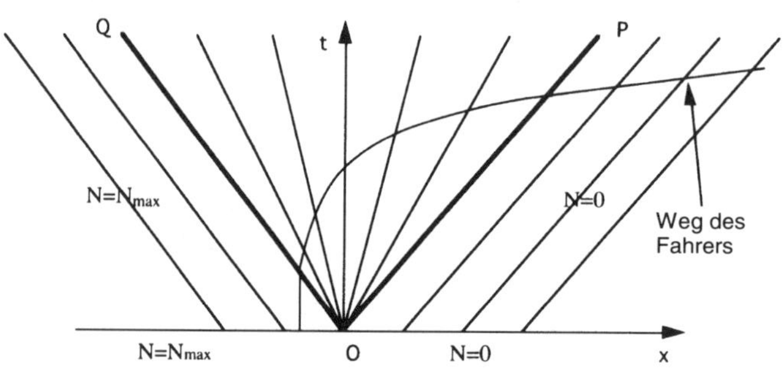

Abb. 14.13 Ampeln.

Betrachten wir Autos, die in einer Reihe vor einer Ampel warten, die Rot zeigte und gerade auf Grün gewechselt hat. Wir wollen untersuchen, ob unser Modell die Merkmale dieser Verkehrssituation, die wir alle kennen, beschreiben kann. Die Straße sei hinter der Ampel leer. Kurz nach dem Lichtwechsel werden die ersten Autos (fast) so schnell, wie es das Auto erlaubt, anfahren. Die Fahrzeuge weiter hinten sehen vielleicht, daß die Ampel nun Grün zeigt, können jedoch noch nicht losfahren, da die Autos vor ihnen den Weg versperren. Dies läßt sich leicht anhand der Signalgeschwindigkeit erklären. Sich in Ruhe befindende Autos in maximaler Verkehrsdichte werden so lange stehen bleiben, bis sie das Systemsignal (welches vom Lichtsignal der Ampel zu unterscheiden ist) erreicht hat und ihnen sagt, daß sie losfahren können. Wie groß ist nun die Signalgeschwindigkeit für diese Autos? Die Fahrzeuge direkt vor der Ampel befinden sich im Zustand höchster Dichte, deshalb ist die Signalgeschwindigkeit $F'(N_{max})$ negativ. Damit bewegt sich das Signal rückwärts entlang der Autoschlange mit einer Geschwindigkeit $|F'(N_{max})|$. Je weiter ein Auto von der Ampel weg ist, umso länger muß der Fahrer warten, bis er losfahren kann. Bei einem Abstand d von der Ampel dauert dies $d/|F'(N_{max})|$ Zeiteinheiten nach dem Umschalten der Ampel.

Konstruieren wir nun die Lösung. Die Ampel befinde sich bei $x = 0$ und bei $t = 0$ schalte die Ampel auf Grün. Damit gilt $N = 0$ für $x > 0$ und $N = N_{max}$ für $x < 0$ in der (x,t)-Ebene zu diesem Zeitpunkt.

Die von diesem Zustand ausgehenden Charakteristiken sind in Abb. 14.13 zu sehen. Im Bereich rechts der Charakteristik OP in der (x,t)-Ebene, die durch $x/t = F'(0) = V_{max}$ gegeben ist (dies entspricht dem Weg des ersten Autos), befinden sich keine Fahrzeuge – das erste Auto in der Schlange (und auch die anderen) können nicht schneller fahren als mit erlaubter Höchstgeschwindigkeit, die durch diese Charakteristik dargestellt wird. Links der Charakteristik OQ, die durch $x/t = F'(N_{max})$ definiert ist, bleiben die Autos stehen. Es bleibt die keilförmige Region QOP, die nicht durch diese Charakteristiken beschrieben wird. Was geschieht dort? Eine Möglichkeit ist, daß sich dort Autos mit allen Geschwindigkeiten zwischen null und V_{max} befinden, da dies allen möglichen Dichten entspricht, damit variieren dort Dichte und Geschwindigkeit. Nun besitzt jede Dichte einen eindeutigen charakteristischen Anstieg, so daß wir die keilförmige Region mit charakteristischen Linien, die vom Ursprung ausgehen, bedecken, wobei jede Linie einer Dichte entspricht. Das entsprechende Bild findet man in Abb. 14.13. Entlang des Strahles $x/t = \alpha$ kann man die Gleichung $\alpha = F'(N)$ lösen und damit den Wert von N für ein gewisses α bestimmen. Dies ergibt für unser parabolisches Fluß-Dichte-Modell (14.6)

$$\text{entlang } x/t = \alpha, \quad N/N_{max} = \frac{1}{2}[1 - \alpha/V_{max}]. \tag{14.17}$$

Man findet in diesem Bereich so alle möglichen Zustände, und das Verhalten an den keilförmigen Grenzen kann an das jenseits der Region angepaßt werden. Die einzige problematische Stelle für die Lösung liegt bei $(x,t) = (0,0)$. Man beachte, daß sich kurz nach $t = 0$ die Lösung vernünftig verhält und alle Flußbedingungen erfüllt, damit ist dieser aus der kontinuierlichen Beschreibung folgende Schwachpunkt des Modells nicht so wichtig.

Auf eine praktische Vorhersage des Modells wollen wir noch hinweisen. Entlang der Charakteristik $x = 0$ (mit $\mathrm{d}x/\mathrm{d}t = 0$) fordert die Bedingung (14.15) $F'(N) = 0$. Dies geschieht aber bei $N = N_*$. Die Position $x = 0$ entspricht nun der Lage der Ampel, damit ist die Dichte an der Ampel für *alle* $t > 0$ fest und gleich N_*. Dies ist nicht nur eine Testmöglichkeit für unser Modell, es gibt dem Ingenieur auch die Möglichkeit, die optimale Geschwindigkeitsbegrenzung hinter der Ampel zu finden, damit der Verkehrsfluß durch das System maximal wird. Die Abschätzung der Autoren für die maximale Geschwindigkeit für den maximalen Fluß im letzten Abschnitt (zur Bestimmung der Fluß-Dichte-Relation) geschah durch die Beobachtung der eigenen mittleren Geschwindigkeit beim Überfahren der Ampelkreuzung (bei Anpassung an den allgemeinen Verkehr). Wir erhielten so den Wert zwischen 30 und 40 km/h. Der Leser sollte bei seiner nächsten Autofahrt an einer Ampel sein Tachometer (unter den obigen Umständen) überprüfen.

Unser Modell besitzt einen offensichtlichen Mangel. Die Straße ist vor dem ersten Auto in der Schlange leer und nach dem Modell müßte es deshalb kurz nach dem Umschalten der Ampel mit der maximalen Geschwindigkeit fahren. Nun kann selbst der aggressivste Autofahrer mit dem stärksten Motor nicht die dazu benötigte Beschleunigung erzeugen. Bisher war dieses Problem für uns weniger wichtig, man sollte solche Grenzen des Modells jedoch niemals vergessen. Die Autos weiter hinten in der Schlange haben die Möglichkeit einer starken Beschleunigung sowieso nicht und das Modell beschreibt ihre Situation recht genau.

Sind die Vorhersagen des Modells zumindest qualitativ korrekt? Ob sie für eine gegebene Fluß-Dichte-Relation quantitativ richtig sind, kann man dadurch überprüfen, daß man bestimmt, wie lange nach dem auf Grün Schalten der Ampel ein Auto weit entfernt von dieser sich zu bewegen beginnt. Auf alle Fälle ist es die Aufgabe des Leser zu überprüfen, ob er ein besseres Verständnis dafür hat, warum sich Autoschlangen so langsam auflösen.

14.3.3 Ein Verkehrsstau

Man betrachte den Verkehrsfluß auf einer zweispurigen Fahrbahn, wobei der Fluß gleich der maximalen Kapazität der Straße ist. Eine hochgestellte 0 bezeichne die Anfangsbedingungen. Nun geschehe ein Unfall, der eine Spur vollständig blockiert, jedoch den Verkehr auf der anderen Spur nicht beeinflußt. Desweiteren seien die Autofahrer so höflich, daß sich alle Fahrzeuge flüssig auf die freie Spur einfädeln können, ohne daß die Kapazität der Spur herabgesetzt wird. Wir suchen die Verkehrsbedingungen nach dem Sperren der einen Spur. Wir verwenden der Einfachheit halber die parabolische Fluß-Dichte-Beziehung (14.6); damit ist der Verkehrsfluß gleich $F^0 = N_{max}V_{max}/4$. Nach dem Unfall ist nur eine Hälfte der Straße benutzbar, damit reduziert sich der Fluß lokal auf die Hälfte $V_{max}N_{max}/8$. Die Randbedingungen sind damit

$$\begin{aligned} F = F^0 = V_{max}N_{max}/4 \quad &\text{bei} \quad t = 0 \\ F = V_{max}N_{max}/8 \quad &\text{bei} \quad x = 0,\ t > 0. \end{aligned}$$

Die Dichten, Geschwindigkeiten und Signalgeschwindigkeiten für die obigen Flüsse erhält man leicht aus der Fluß-Dichte-Relation und der Geschwindigkeit-Dichte-Beziehung (14.6), (14.4); sie sind in Tabelle 14.1 dargestellt. Für jeden Fluß kleiner als F_{max} existieren zwei mögliche Lösungen für Dichte und Geschwindigkeit, die wir mit + und – auseinanderhalten wollen. Jeder Versuch, die Charakteristiken zu zeichnen, scheitert schnell in der Nähe von $x = 0$. Die Bedingungen verlangen für die Charakteristiken auf der ($x = 0$)-Linie $N = N^+$ oder $N = N^-$, dies ist jedoch offensichtlich mit der Bedingung (14.15) nicht zu vereinbaren, die $N = N_{max}/2$ bei $x = 0$ ergibt. Zusätzlich dazu überlappen sich die Charakteristiken in der Nähe von $x = 0$. Die Situation entspricht natürlich der von Beispiel 2; die Autos hinter dem Stau fahren in eine Region mit höherer Verkehrsdichte und damit überlappen sich die Charakteristiken und das Dichteprofil wird wie erwartet verzerrt.

Angesichts dieser Schwierigkeiten kann man entweder unsere Annahmen untersuchen, die zu diesem nicht korrekten Ergebnis führten oder man verwendet spezielles Wissen über die praktischen Umstände, um zu erkennen, wo die Probleme ihren Ursprung haben. Wir wählen die zweite Möglichkeit, zählen aber trotzdem unsere in die Modellierung eingeflossenen Annahmen auf. Man beachte, daß die Schwierigkeiten nicht darin liegen, daß unsere Lösungsmethode der Verkehrsgleichung nicht exakt ist. Die Probleme liegen tiefer bei der Aufstellung der Verkehrsgleichung (14.12). Unsere Annahmen sind:

- die der Kontinuität,
- die der Quasi-Stationarität und
- die der Glattheit der Funktion N.

Man kann nun über die Berechtigung dieser Annahmen spekulieren; wir werden dazu später zurückkehren, wenn wir mehr über das physikalische Wesen der Schwierigkeit wissen.

Tab.14.1 Parameter für den Verkehrsstau.

Fluß	$F^0 = V_{max}N_{max}/4$	$V_{max}N_{max}/8$
Dichte	$N^0 = N_{max}/2$	$N^- = N_{max}(1 + 1/\sqrt{2})/2$ $N^+ = N_{max}(1 - 1/\sqrt{2})/2$
Geschwindigkeit	$V^0 = V_{max}/2$	$V^- = V_{max}(1 - 1/\sqrt{2})/2$ $V^+ = V_{max}(1 - 1/\sqrt{2})/2$
Signalgeschwindigkeit	0	$-V_{max}/\sqrt{2}$ $V_{max}/\sqrt{2}$

Der gesunde Menschenverstand sagt folgendes: Die Wirkung der Absperrung wird eine Autoschlange hinter dem Hindernis sein, welche mit der Zeit immer länger wird. Die Fahrzeuge kurz vor dem Hindernis werden davon nicht beeinflußt und fahren mit der Geschwindigkeit $V_{max}/2$ weiter. Der Fahrer direkt hinter dem Hindernis wird nach dem Vorbeifahren eine fast leere Straßenhälfte vorfinden und so lange beschleunigen, bis er die davor fahrenden Autos erreicht hat. Dann wird er abbremsen müssen. Ist es möglich, eine akzeptable Lösung zu finden, die sich so verhält?

Deshalb erwarten wir eine Geschwindigkeits- und Dichteunstetigkeit bei $x = 0$, wobei die größere Dichte (kleine Geschwindigkeit) für $x < 0$ auftritt. Die Lösungen (N^-, V^-) für $x = 0_-$ und (N^+, V^+) für $x = 0_+$ (beide gehören zu dem vorgegebene Fluß) stellen eine vernünftige lokale Lösung dar. In einem trivialen Sinn ist die Erhaltung der Autozahl bezüglich $x = 0$ (d.h. $F^-(0) = F^+(0)$) gegeben. Auch die zweite Modellforderung, daß die Fluß-Dichte-Beziehung für das

Gleichgewicht gilt, wird erfüllt. Was läuft nun bei unserer Anwendung der Verkehrsgleichung schief? Diese Gleichung wurde unter der Annahme abgeleitet, daß N eine differenzierbare Funktion ist; dies ist bei $x = 0$ sicher nicht der Fall. Die Bedingung $F^-(0) = F^+(0)$ ist der Ersatz für die Erhaltung der Autozahl im Falle dieser Unstetigkeit am Punkt $x = 0$.

Kommentar: Trotz der Tatsache, daß die Verkehrsgleichung bei $x = 0$ versagt, sollte sie doch richtige Ergebnisse liefern, wenn die Differenzierbarkeitsbedingung erfüllt ist; und die tägliche Erfahrung sagt, daß die Verkehrssituationen meist glatt sind.

Die Information, daß es zu einem Stau gekommen ist, bewegt sich rückwärts in Richtung der ankommenden Fahrzeuge mit der Signalgeschwindigkeit $-V_{max}/\sqrt{2}$ entsprechend der N^--Lösung. Da die entsprechenden Charakteristiken von $x = 0_-$ ausgehen und hier $N = N^-$ gilt, fahren hier die Autos mit der Geschwindigkeit V^-. Die Fahrzeuge, die sich weit entfernt vom Stau befinden, wissen natürlich nichts von seiner Existenz und fahren mit der Geschwindigkeit $V_{max}/2$ entsprechend ihrer Charakteristiken, bis das Signal des Staus sie erreicht. Man hat deshalb einen scharfen Schnitt in der (x, t)-Ebene zu erwarten, auf der einen Seite wissen die Fahrer nichts von dem Stau und fahren wie bisher, auf der anderen Seite müssen sie mit der Geschwindigkeit V^- fahren. Die Erfahrung bestätigt diesen abrupten Geschwindigkeitswechsel. Die Frage ist nun, welche Geschwindigkeit im Zwischenbereich gefahren wird. Da die Verkehrsgleichung die Erhaltung der Autozahl ausdrückt, aber wieder nicht anwendbar ist, müssen wir eine alternative Gleichung finden, die den Sachverhalt der Autozahlerhaltung beschreibt und für unstetige Situationen verwendbar ist. Diese Gleichung läßt sich im allgemeinen Fall genauso leicht ableiten wie für den Spezialfall, deshalb werden wir die erstere Möglichkeit wählen.

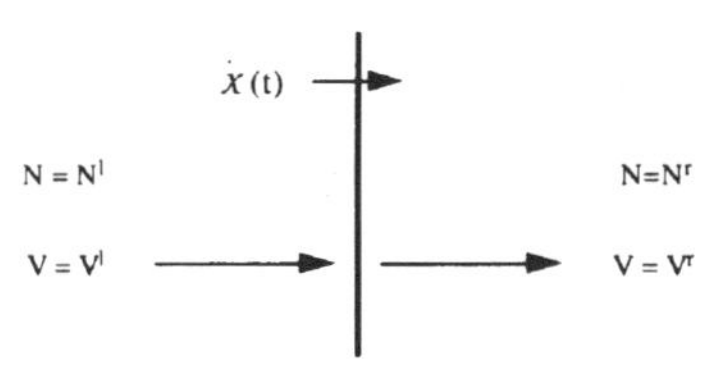

Flußgrößen für eine bewegte Schockwelle

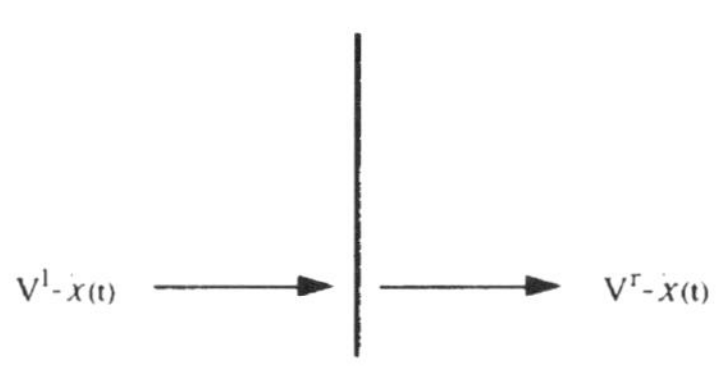

Flußgrößen relativ zur Schockwelle

Abb. 14.14 Schockbedingungen.

Schockbedingungen

Seien (N^l, V^l, F^l) und (N^r, V^r, F^r) die (bekannten) Zustände rechts und links von der Unstetigkeit, die sich mit der (unbekannten) Geschwindigkeit $\dot{\mathcal{X}}(t)$ bewege. Alle Geschwindigkeiten werden in die gleiche Richtung (nach rechts) mit dem Verkehrsfluß gemessen (siehe Abb. 14.14). In Beispiel 2 hatten wir gesehen, daß es zu Verzerrungen nur in dem Fall kommt, wenn die Fahrzeuge in einen Bereich höherer Dichte geraten. Damit können wir diese Unstetigkeit nur erwarten, wenn $N^l < N^r$ gilt; wir nehmen an, dies ist auch der Fall. Relativ zu einem Beobachter, der sich auf der Schnittfläche befindet, kommen die Autos auf der linken Seite mit einer Geschwindigkeit $(V^l - \dot{\mathcal{X}})$, und der Beobachter, der sich mit der Unstetigkeit bewegt, mißt damit $N^l(V^l - \dot{\mathcal{X}})$ Fahrzeuge, die in die Schnittfläche pro Zeiteinheit von links einfahren. Der gleiche Beobachter sieht $N^r(V^r - \dot{\mathcal{X}})$ Autos die Unstetigkeitsstelle pro Zeiteinheit nach rechts verlassen. Die Erhaltung der Autozahl erfordert nun

$$N^l(V^l - \dot{\mathcal{X}}) = N^r(V^r - \dot{\mathcal{X}}), \tag{14.18}$$

dies ergibt für die *Geschwindigkeit der Schockwelle*

$$\dot{\mathcal{X}} = \frac{N^r V^r - N^l V^l}{N^r - N^l} = \frac{F^r - F^l}{N^r - N^l}. \tag{14.19}$$

Die Schockwellengeschwindigkeit ist damit das Verhältnis des Flußsprunges zum Dichtesprung im Bereich der Schockwelle. Man nennt die Schnittfläche in Analogie zur Gasdynamik *Schockwelle* und die obige Bedingung (14.18), die die Schockwellengeschwindigkeit bestimmt, die *Schockbedingung*. In Abb. 14.16 haben wir die Situation im Zustandsdiagramm von $F(N)$ dargestellt. Die Schockgeschwindigkeit ist der Anstieg der Linie, die die Zustände auf den beiden Seiten der Unstetigkeit verbindet. Damit wird klar, daß sich die Schockwelle mit einer Geschwindigkeit ausbreitet, die etwas größer als die Signalgeschwindigkeit in der dichten Zone und etwas kleiner als diese in der weniger dichten Zone ist. Der Weg der Schockwelle in der (x,t)-Ebene schneidet deshalb beide Mengen von Charakteristiken; ein durch die obigen Rechnungen naheliegendes Ergebnis. Aus geometrischen und auch aus analytischen Gründen bewegen sich schwache Schockwellen $(N^l \approx N^r)$ mit Signalgeschwindigkeit. All dies paßt gut zusammen und ist vernünftig!

Setzt man $(F^l, N^l) = (F^0, N^0)$ und $(F^r, N^r) = (F^-, N^-)$ (siehe Tabelle 14.1), dann erhalten wir $\dot{\mathcal{X}} = -V_{max}\sqrt{2}/4$.

Betrachten wir nun die Fahrzeuge, die die Unfallstelle passiert haben. Man erkennt mit den obigen Überlegungen, daß diese Autos mit der Geschwindigkeit V^+ fahren werden, bis sie den Verkehr mit der normalen Geschwindigkeit V^0 eingeholt haben. Dort passieren sie eine weitere Schockwelle und bewegen sich danach mit V^0 weiter. Mit $(F^l, N^l) = (F^+, N^+)$ und $(F^r, N^r) = (F^0, N^0)$ erhalten wir für die Geschwindigkeit der Schockwelle $V_{max}\sqrt{2}/4$.

In Abb. 14.15 findet man eine Darstellung dieser Situationen, wobei zusätzlich der Weg eines einzelnen Fahrzeugs eingezeichnet wurde.

Kommentar: Schockwellen in anderen Bereichen. Eine wesentliche Voraussetzung für das Auftreten von Schockwellen ist die Existenz von mindestens zwei Gleichgewichtslösungen, die die Erhaltungssätze erfüllen. Unter normalen Umständen ergeben Stetigkeitsforderungen die richtige Lösung; ist das dynamische Verhalten jedoch so, daß es zu den obigen Verzerrungen kommt, dann kann es geschehen, daß ein plötzlicher Übergang von einer zur anderen Lösung auftritt. Diese Situation tritt in vielen Bereichen auf und sollte vom Modellierer stets erwartet werden.

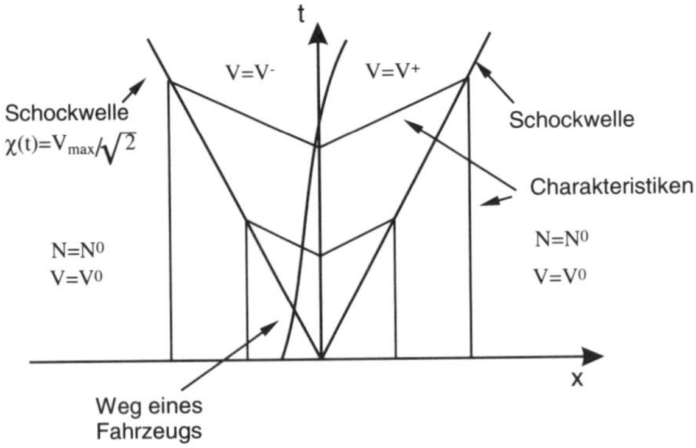

Abb. 14.15 Die Staulösung.

Kommentar: Unser Ergebnis ist in vieler Hinsicht recht interessant. Erstens tritt eine Unstetigkeit auf, die eine mathematische Folge einer inadäquaten Modellierung ist. In der Realität finden Veränderungen der Verkehrssituation in einem kleinen (aber endlichen) Bereich statt. Globale Erhaltungssätze in Verbindung mit dem Prinzip der Signalgeschwindigkeit führten zu einer akzeptablen Lösung einer der grundlegenden Schwierigkeiten des Modells. Genauer gesagt: die Gleichung, die den Verkehr unter glatten Bedingungen beschreibt, ist nicht in der Lage, die Situation bei einer plötzlichen Verkehrsunterbrechung zu behandeln; da Schockwellen aber immer unvermeidlich auftreten, wenn Fahrzeuge in einen Bereich mit größerer Verkehrsdichte einfahren, ist das Problem wesentlich. Mathematisch gesehen kommt der Fehler aus der Forderung nach Glattheit der Dichtefunktion bei der Ableitung der Verkehrsgleichung, die unter diesen Umständen nicht mehr gerechtfertigt ist. Dies gestattet einen (wenn auch nur kleinen) Einblick in den Charakter der Schwierigkeit und sagt uns, wir wir sie behandeln können. Wie wir gesehen haben, führt die Verwendung von Erhaltungssätzen *bezüglich der beiden Seiten der Schockwelle* zu einer eindeutigen Lösung. Dies dürfte den Leser bei genauem Nachdenken doch etwas überraschen. *Ohne Verständnis der wirklichen Situation in der Schockzone können wir eindeutige Aussagen über das Geschehen durch die Schockwelle hindurch treffen.* Dies bedeutet, daß das detaillierte Geschehen in der Schockzone *irrelevant* ist, wenn wir uns für das Verhalten außerhalb interessieren. Damit ist es nicht nötig, nach der richtigen definierenden Gleichung für die Schockzone zu suchen.

Die obige Lösungsprozedur benötigt einige zusätzliche Aussagen, da sie einige wesentliche Punkte verdeckt. Wie lautet die korrekte definierende Gleichung? Warum erzeugt die Verkehrsgleichung zusammen mit der Schockbedingung richtige Ergebnisse? Solche Fragen sind von großem theoretischen Interesse, jedoch auch praktisch relevant. So kommt es in Schockzonen häufig zu Unfällen und man benötigt ein besseres Verständnis dieser Zone, um solche Situationen untersuchen zu können.

Was geschieht nun wirklich, wenn man mit dem Auto in eine Schockzone einfährt? Man kann nicht davon ausgehen, daß die Fahrer sich *unmittelbar* an die lokale Dichte anpassen können. Anfänglich werden sie die Schockwelle an sich herankommen lassen und dann die Bremse betätigen. Die Verschiedenheit der Reaktion der einzelnen Fahrer wird die Situation im Schockbereich sicherlich beeinflussen. Das Geschehen ist ziemlich kompliziert und, obwohl die Einführung von Gleichungen, die diese Situationen beschreiben, recht einfach ist, werden die entprechenden Gleichungssysteme rasch unhandlich. Es ist Ansichtssache, welche Genauigkeit man bei der Modellierung der verschiedenen Aspekte erreichen möchte, vor allem, da zu erwarten ist, daß es schwierig sein wird, die verschiedenen Modelle experimentell zu unterscheiden. *Umfangreicher ist nicht besser, in den meisten Fällen schlechter!* Die Wahl des Modells hängt auch von den interessierenden Umständen ab. So sollte jedes Modell eines Unfalls die Reaktionszeit eines Fahrers einbeziehen, während diese Größe unter anderen Umständen vielleicht nicht beachtenswert ist (wenn es nicht zu einem Unfall kommt). Vernachlässigen wir einmal das Problem der Vorhersage eines Unfalls, dann wird die Reaktion eines Autofahrers durch $F(N, N_x)$ beschrieben. In Aufgabe 14.12 werden wir zeigen, daß ein Modell, welches diese Beziehung erzeugt, automatisch eine Schockbedingung stellt und Lösungen generiert, die asymptotisch mit der einfachen Schockwellenlösung übereinstimmen.

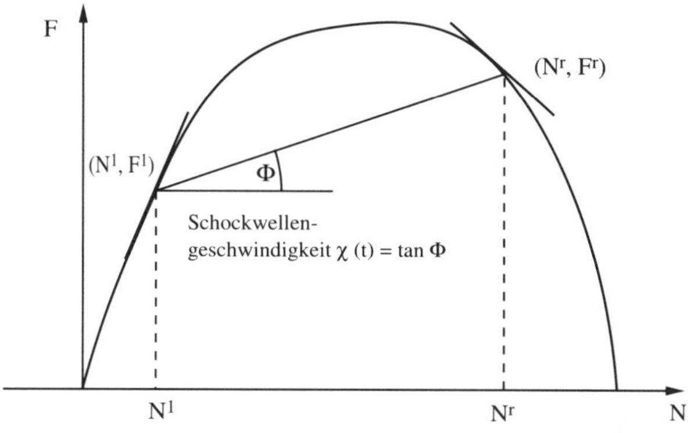

Abb. 14.16 Schockwellengeometrie.

Andere Situationen

Obwohl die Aneinanderfügung von Lösungen für verschiedene Straßen keineswegs leicht ist, sollte die Vorgehensweise doch klar sein. Ausgehend von einem Anfangszustand berechnet man (numerisch) die Menge von Charakteristiken für das Straßennetz. Schneiden sich Charakteristiken, dann müssen Schockwellen eingeführt werden, deren Ausbreitung durch die Beziehung für die Schockwellengeschwindigkeit bestimmt wird. Ein- und Ausfahrten stellen kein weiteres Problem dar. Für eine klare und elementare Einführung in das Gebiet der Modellierung des Verkehrsflusses und anderer Aspekte verweisen wir den Leser auf das Buch von Haberman (1977); Wellenphänomene werden exzellent in Whitham (1974) behandelt.

14.4 Zusammenfassung

Eine recht einfache, auf dem individuellen Verhalten von Autofahrern beruhende Gleichgewichtsfluß-Dichte-Beziehung führte zu zwei möglichen Verkehrszuständen für jeden Fluß kleiner als F_{max}. Der tatsächlich eingenommene Zustand hängt von der Vergangenheit ab, und man muß die Nichtgleichgewichtsverkehrssituation untersuchen. Unter dynamischen Umständen führt die Gleichung für die Erhaltung der Autozahl zur *Verkehrsgleichung*; einer partiellen nichtlinearen Differentialgleichung erster Ordnung, die (zusammen mit gewissen Zusatzbedingungen) die meisten Verkehrszustände gut beschreibt. Diese Gleichung besagt einfach, daß sich die Verkehrsinformation im Verkehrsstrom mit der lokalen *Signalgeschwindigkeit* ausbreitet. Man konstruiert dann mit Hilfe der Charakteristiken in der (x,t)-Ebene exakte Lösungen. Die Verkehrsgleichung ist jedoch nicht verwendbar (da sie mehrfache Lösungen erzeugt), wenn sich Autos in Bereiche mit größerer Verkehrsdichte hineinbewegen. Es treten dann unstetige *Schocklösungen* auf, die durch die Formulierung der richtigen Beziehung für die Autozahlerhaltung auftraten. Die Schockwellenlösungen sind akzeptable Lösungen, wenn man sich nicht näher für die Vorgänge in der Schockzone (z.B. Unfälle) interessiert.

Die in diesem Kapitel dargestellten Ideen und Methoden sind in vielen Bereichen der Naturwissenschaften anwendbar.

14.5 Aufgaben

Aufgabe 14.1 *Freie Enden*

Statistische Schwankungen sind ein Merkmal einer jeden Situation in der realen Welt, so daß man sich auch bei der Interpretation von Daten eines statischen Modells Gedanken machen muß, wie Mittelungen durchzuführen sind. Wie wir im Text bereits ausgeführt haben, sollte die Mittelungsprozedur für (F, N, V) aus physikalischen Gründen so definiert werden, daß die Beziehung $F_{av} = V_{av}N_{av}$ weiterhin gilt. Die Mittelungen über die räumlichen und zeitlichen Komponenten der Meßergebnisse gewährleisten dies. Damit man erkennt, warum das so ist, wollen wir eine Situation betrachten, in der zwei unabhängige Fahrbahnen existieren (die

Autos dürfen die Spuren nicht wechseln), wobei die Fahrzeuge auf beiden Bahnen in die gleiche Richtung, jedoch mit unterschiedlicher Geschwindigkeit und Dichte, fahren. Man zeige, daß dann das Mittel wie oben definiert werden kann und die Beziehung $F_{av} = V_{av} N_{av}$ erfüllt.

Aufgabe 14.2 *Ein Modell mit Sicherheitsabstand*

Ein Auto legt während einer Zeit t_r (die Reaktionszeit $t_r \approx 0{,}3$ s) den Weg $t_r V$ zurück, bevor ein Fahrer die Veränderung der Verkehrssituation wahrgenommen hat und zu bremsen beginnt. Danach fährt das Auto noch $v^2/2b$ Längeneinheiten weiter, bevor es zum Stehen kommt. Damit ist $t_r V + V^2/2b$ ein guter Sicherheitsabstand. (Die Annahmen sind etwas konservativ, da sie davon ausgehen, daß das Fahrzeug davor plötzlich zum Stillstand kommt.)

(a) Mit der Daumenregel „eine Autolänge pro 10 km/h“ (sie gilt nur für den Stadtverkehr) und dem obigen Modell bestimme man einen vernünftigen Wert für b und damit eine Geschwindigkeit-Dichte-Beziehung. Man zeichne sie und überprüfe, ob sie mit den eigenen Verkehrserfahrungen des Lesers übereinstimmt.

(b) Man berechne aus dieser Beziehung die Geschwindigkeit, mit der der Zustand maximaler Dichte erreicht wird. Diese Geschwindigkeit sollte, wenn es nach den Ingenieuren geht, in Tunneln und ähnlichen Objekten vorherrschen, damit der maximale Fluß durch das System erreicht wird. Für viele Fahrer ist diese Geschwindigkeit jedoch unakzeptabel langsam. Es gibt auch noch andere Schwierigkeiten. Die Analyse der Signalgeschwindigkeit zeigt, daß es beim Fahren mit maximalem Fluß zu Instabilitäten kommt; dies ist sowohl durch numerische als auch durch experimentelle Studien bestätigt. Deshalb ist es empfehlenswert, größere Geschwindigkeiten mit kleineren Flüssen zu realisieren.

Aufgabe 14.3 *Freie Enden: Ampeln*

(a) Mit dem Ergebnis (14.17), welches die Verkehrsdichte entlang der Strahlen vom Ursprung beschreibt (siehe Abb. 14.13), bestimme man die Dichte und die Geschwindigkeitsverteilung als Funktion vom Ort für eine gegebene Zeit t_0, nachdem die Ampel auf Grün geschaltet hat, für verschiedene Werte für t_0. (Man verwende passende Skalen.) Man verwende dabei das parabolische Fluß-Dichte-Modell (siehe (14.6)).

(b) * Man wiederhole die obigen Rechnungen mit Maple mit der verbesserten Fluß-Dichte-Relation (14.10) aus Abschnitt 14.2.4 und vergleiche die Ergebnisse.

Hinweis: Man muß dazu N und V als Funktion des Anstieges der Strahlen berechnen lassen.

Aufgabe 14.4 *Ähnlichkeit*

Es gibt eine alternative Lösungsmethode des Ampelproblems, die auf Ähnlichkeitsargumenten basiert. Die normalen Dichte- und Flußskalen sind die maximale Dichte N_{max} und der maximale Fluß F_{max}; wir skalieren deshalb $F = F_{max} f(n)$ mit $N = N_{max} n$.

(a) Man bestimme die Gleichungen für die skalierte Dichte n und den Fluß $f(n)$.

(b) Man zeige mit Hilfe dimensioneller Argumente, daß $n = n(\xi)$ gilt mit $\xi = x/[(F_*/N_{max})]$ und berechne die Gleichung für $n(\xi)$.

(c) Man gebe die Lösung an und stelle Vergleiche mit der früheren Lösung an.

Aufgabe 14.5 *Verschmutzung des Grundwassers I*

Exzessives Algenwachstum in den Flußläufen in Westaustralien führt zu einer Zerstörung der Biotope in den Flußmündungen und hinterläßt einen für die Bewohner unerträglichen Gestank (durch die verrottenden Algen). Die Anziehungskraft der Gegend für Touristen läßt natürlich ebenfalls nach. Das ökologische Gleichgewicht wurde zerstört, weil die Landwirte zur Ertragssteigerung in starkem Maße Dünger eingesetzt hatten. Der Regen wusch das Phosphat ins Grundwasser und von dort gelangte es in die Flußmündungen. Der Phosphatüberschuß erzeugte sehr starkes Algenwachstum. Das Problem ist in erster Linie ein politisch-sozialökonomisches, nämlich wie man die Farmer dazu bringen kann, weniger Dünger zu verwenden, Modellierer können jedoch durch die Bestimmung der Konzentrationsniveaus, der Zeitspannen und der Effektivität der Gegenmaßnahmen auch zur Lösung beitragen.

Hintergrund: Erde besteht aus einer Mischung von Bodenteilchen, Wasser und Luft. Unter Sättigungsbedingungen füllt das Wasser die Hohlräume, die die Bodenteilchen nicht ausfüllen. In Gegenden, in denen das Erdreich auf Felsuntergrund liegt (dies ist in Küstennähe typisch), dringen das Regenwasser und Wasser aus Bewässerungsanlagen durch das Erdreich in die Grundwasserschichten und von dort durch Gravitationskräfte in den Ozean. Die Flußgeschwindigkeit (definiert durch das Volumen des durchfließenden Wassers pro Fläche und Zeiteinheit) ist klein, sie liegt bei einigen Metern pro Monat.

Wir wollen das Problem des Transportes des Grundwassers modellieren. Dazu nehmen wir an:

- der Grundwasserfluß ist eindimensional und gleichförmig,
- das Phosphat wird mit dem Grundwasser transportiert,
- das Erdreich absorbiert kein Phosphat und es tritt keine Diffusion der Phosphatmoleküle im Wasser auf.

Die Phosphatkonzentration $c(x, t)$ wird in $\mathrm{kg/m^3}$ im Grundwasser gemessen. Es wird nun eine bekannte Menge Phosphat pro Einheitsfläche und Zeitintervall Q $\mathrm{kg/(m^3 s)}$ bei $x = 0$ für $t > 0$ ins Grundwasser gegeben (siehe Abb. 14.17).

(a) Man zeige, daß durch die Beziehung

$$c_t(x,t) + uc_x(x,t) = 0; \quad x > 0$$

die Erhaltung der Phosphatkonzentration ausgedrückt wird. Dabei ist u die Geschwindigkeit des Grundwassers, und die Anfangsbedingungen lauten

$$c(0,t) = Q/u, \quad c(x,0) = 0.$$

(b) Man bestimme die Charakteristiken für die Lösung.

(c) Mit $u = 10^{-4}$ m/s (für Sand) berechne man, wie lange es dauert, bis das Phosphat die Grundwasserschicht (in 2 km Entfernung von der Quelle) erreicht hat und welche Konzentrationsniveaus auftreten.

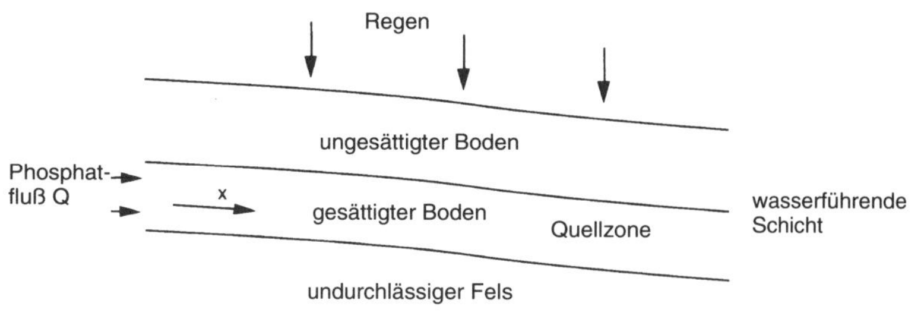

Abb. 14.17: Das Problem der Grundwasserverschmutzung.

Aufgabe 14.6 *Verschmutzung des Grundwassers II*

Verschiedene Diffusionseffekte sollten die Stufenfunktion, die das Konzentrationsprofil beschreibt, glätten. Wir setzen deshalb für das Profil den Ausdruck

$$c(x,t) = \mathcal{C}(\xi,t), \quad \xi = x - ut$$

an, wobei $\mathcal{C}$ der Stufenfunktion recht ähnlich ist. Wir untersuchen nun die Modellgleichung

$$c_t + uc_x = \kappa c_{xx},$$

die einen Diffusionsterm enthält.

(a) Man zeige für den diffusiven Phosphatfluß $-\kappa c_x$, daß die obige Gleichung in der Tat eine gute Beschreibung der Erhaltungsgleichung für das Phosphat liefert. In der Praxis muß man κ experimentell bestimmen und es wird von u abhängen.

Hinweis: Man untersuche ein mit dem Grundwasser mitbewegtes Volumenelement.

(b) Man setze die obige Form in die Modellgleichung ein und zeige, daß eine Lösung der erwarteten Form existiert, wenn $\mathcal{C}$ die Gleichung

$$\mathcal{C}_t = \kappa \mathcal{C}_{\xi\xi}$$

erfüllt.

(c) Welche Anfangsbedingungen für $\mathcal{C}$ sind vernünftig? Man berechne $\mathcal{C}$.

Aufgabe 14.7 *Ausbreitung von Verschmutzungen*

Zusätzlich zu konvektiven und diffusiven Effekten der letzten zwei Übungen spielen chemischer oder biologischer Zerfall sowie Ablagerungen eine Rolle, wenn man das Konzentrationsprofil eines Schadstoffes in der Umgebung bestimmen will. Oft nimmt man an, die Verlustrate ist proportional zur Konzentration. Wir wollen den Fall der Verteilung von Schadstoffen in einem Fluß mit der Geschwindigkeit u untersuchen. Die Verschmutzung sei gleichmäßig bezüglich Tiefe und Breite des Flusses verteilt. Wir werden die Diffusionseffekte in diesem eindimensionalen Modell vernachlässigen.

(a) Man zeige, daß die Erhaltung der Verschmutzungsmenge durch

$$c_t(x,t) + uc_x(x,t) = -\alpha c(x,t)$$

gegeben ist; dabei ist α die Verlustrate pro Einheitsvolumen Wasser und c die Konzentration des Schadstoffes.

1. Der Fluß sei anfänglich sauber und eine gewisse Schadstoffmenge gelange plötzlich bei $t = 0$ über das Intervall $-L < x < L$ in das Wasser, d.h.

$$c(x,0) = f(x) = \begin{cases} c_0 & -L < x < L \\ 0 & x < -L \text{ und } x > L \end{cases}$$

Man bestimme die Lösung mit Hilfe der Charakteristiken im ($\alpha = 0$)-Fall.

(c) Im Fall $\alpha \neq 0$ sollte man für eine lineare Gleichung einen exponentiellen Abfall der Konzentration erwarten; wir machen deshalb den Ansatz

$$e^{-\lambda t} C(x,t).$$

Man wähle λ so, daß der Senkenterm in der Gleichung für C verschwindet und zeige weiter, daß die Lösung für c die Form

$$c(x,t) = f(x - ut)e^{-\alpha t}$$

besitzt. Man erinnere sich daran, daß dies ein Trick ist, mit dem oft gewöhnliche Differentialgleichungen vereinfacht werden. Man interpretiere das Ergebnis.

(d) * Man nehme an, daß die Zugabe von Schadstoffen bei $x = 0$ durch die Funktion

$$R = r(t) = \begin{cases} r_0 & 0 < t < T_0 \\ 0 & t > T_0 \end{cases}$$

gegeben sei. Man bestimme die Konzentrationsniveaus flußabwärts vom Einleitungspunkt. Muß man weit entfernt von der Quelle Konzentrationsniveaus unter 1% der Quelle betrachten?

Hinweis: Man modifiziere den Trick aus (c) zur Berechnung einer Näherungslösung für diese Situation.

Aufgabe 14.8 *Grüne Welle*

Zur Bestimmung der richtigen Zeitlängen für grünes bzw. rotes Licht an der Ampel im Bereich von Innenstädten ist es wichtig, die Länge L der Schlange von Autos zu wissen, die im Laufe eines Zeitintervalls die Ampel hinter sich bringen. Es befinde sich eine Schlange mit unendlich vielen Fahrzeugen (die ruhen sollen) hinter der roten Ampel. Bei $t = 0$ schaltet die Ampel auf grün und bleibt die Zeit T in diesem Zustand. Der Einfachheit halber verwenden wir das parabolische Fluß-Dichte-Modell. Betrachten wir ein Auto, welches sich im Abstand D von der Ampel befindet. Man folge dem hier vorgestellten Rechenweg:

(a) Man berechne, wie lange das Auto nicht fährt.

(b) Man verwende die Lösung aus dem Text (siehe (14.17) und Abb. 14.13)) und bestimme die Dichte in der Fächerregion der Charakteristiken für ein spezielles (x, t) und zeige damit, daß die Geschwindigkeit des Autos der Gleichung

$$\frac{\mathrm{d}X(t)}{\mathrm{d}t} = \frac{V_{max}}{2}\left[1 + \frac{X(t)}{V_{max}t}\right]$$

genügt, dabei ist $X(t)$ der Ort des Autos zur Zeit t.

(c) Wie lauten die entsprechenden Anfangsbedingungen für diese gewöhnliche Differentialgleichung?

(d) Man löse mit Maple die Gleichung für $X(t, D)$ und zeichne den Ort und die Geschwindigkeit für verschiedene Fahrer (die durch ihre D-Werte identifiziert werden) für einige Werte von D.

(e) Man leite eine Bedingung für das Auto ab, die Ampel in der Zeit T zu erreichen, und berechne damit die Länge der Schlange, die die Ampel in dieser Zeit passieren kann. Warum ist diese Abschätzung für die tatsächliche Länge der Schlange zu groß? Wie läßt sich das Ergebnis verbessern?

(f) Der Wert für L läßt sich auch einfacher bestimmen: Wie groß ist der Fluß am Ort der Ampel? Wie viele Fahrzeuge passieren die Ampel im Zeitintervall T? Wie lang ist die Schlange aus genau dieser Zahl von Autos, wenn sie sich nicht bewegen?

Aufgabe 14.9 *Unfälle*

Jedes Modell eines Unfalls muß die Reaktionszeit des Fahrers berücksichtigen. Nehmen wir an, es gäbe eine für den Fahrer optimale Geschwindigkeit U^D und der Fahrer versucht ständig, die Differenz zwischen seiner tatsächlichen Geschwindigkeit und U^D zu minimieren. Es gibt offensichtlich zwei einfache Modelle für diese Situation:

$$\text{Modell A:} \quad \dot{x}_n(t+\tau_a) = U^D(t),$$
$$\text{Modell B:} \quad \ddot{x}_n = \frac{U^D(t) - \dot{x}_n(t)}{\tau_b},$$

dabei beschreibt x_n den Abstand der vorderen Stoßstange des n-ten Autos von einem gewissen Meßpunkt aus (siehe Abb. 14.18). Im ersten Modell korrigiert sich der Fahrer τ_a Sekunden nach der Beobachtung der Geschwindigkeitsdifferenz, während im zweiten Modell die Reaktion sofort erfolgt und der Fahrer eine Beschleunigung proportional zur Geschwindigkeitsdifferenz erzeugt. In beiden Modellen kann die Reaktion zu spät erfolgen, um einen Unfall zu verhindern. Die dazu nötige Geschwindigkeit ist natürlich abstandsabhängig; wir wollen die lineare Beziehung

$$U^D = \lambda[x_{n-1} - x - L]$$

verwenden (L ist die Autolänge). Dies entspricht dem kontinuierlichen linearen Modell (14.4) mit der parabolischen Fluß-Dichte-Beziehung (14.6) aus dem Text.

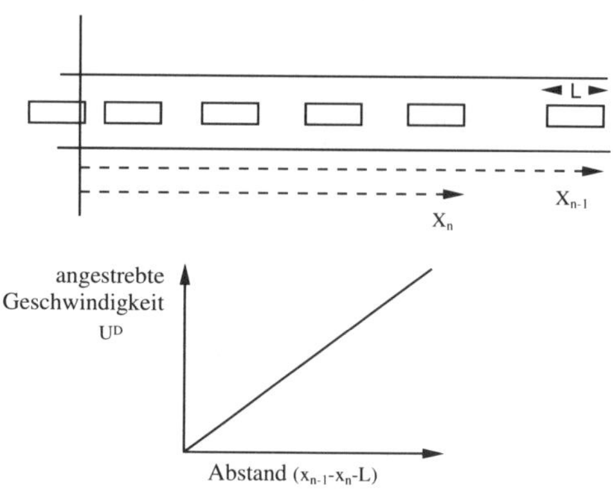

Abb. 14.18 Unfallmodelle.

(a) Man zeige, daß nach geeigneter Skalierung die Modellgleichungen die folgende Form besitzen:

$$\text{Modell A:} \quad x_n'(s+\epsilon_a) + x_n(s) = x_{n-1}(s) - 1$$
$$\text{Modell B:} \quad \epsilon_b x_n''(s) + x_n'(s) + x_n(s) = x_{n-1}(s) - 1.$$

Wir interessieren uns für die Größe der Parameter ϵ_a, ϵ_b, bei denen Unfälle auftreten.

(b) Welche mathematische Aussage bedeutet einen Unfall?

(c) Man kann mit Maple Modell B behandeln. Man betrachte den Fall mit zwei Fahrzeugen und untersuche die Situation, daß beide Autos mit ihrer bevorzugten Geschwindigkeit (bezüglich ihres Abstandes) fahren und das vordere Auto plötzlich (am Ort x_0) stehenbleibt. Man bestimme den Weg $x_1(s)$ für das folgende Fahrzeug für verschiedene Werte von ϵ_b und stelle das Ergebnis graphisch dar. Für welche Werte von ϵ_b muß mit einer Kollision gerechnet werden?

(d) ** Zur Behandlung des Modells A muß man eine Laplacetransformation durchführen oder numerisch arbeiten. Für den Fall, daß der Leser diese Techniken beherrscht, sollte er die Aufgabe lösen.

Aufgabe 14.10 *Wieder Stau*

Die Situation sei die gleiche wie im Text, nur daß sich die Fahrzeuge anfänglich mit $\frac{3}{4}V_{max}$ bewegen. Ein Hindernis zwinge die Fahrer dazu, die Geschwindigkeit auf $\frac{1}{8}V_{max}$ zu reduzieren.

(a) Man berechne die Lösung.

(b) Man bestimme den Weg $X(t)$ für einen einzelnen Fahrer.

(c) Reduziert eine Geschwindigkeitsreduktion an einem Hindernis in jedem Fall den Fluß?

Aufgabe 14.11 *Wasserwellen*

Bei schnell fließenden Flüssen wird oft ein recht bemerkenswertes Phänomen beobachtet. Das nach unten fließende Wasser baut plötzlich einen kleinen Wasserhügel auf, der nicht zerfließt, wie man annehmen sollte, sondern seine Form behält und den Fluß bis zur Mündung abwärts läuft. Ein ähnliches Phänomen tritt in Flußmündungen auf, wenn die Meeresgezeiten Wellen erzeugen, die die Flußläufe hinauf laufen. Unter optimalen Umständen kann dieser Vorgang sehr spektatulär sein. (Jedes Jahr zur richtigen Zeit säumen viele Besucher die Ufer des Severn in England, um die den Fluß hinauflaufenden Wellen zu beobachten.) Wir wollen den Wasserfluß unter den in Abb. 14.19 dargestellten Gleichgewichtsbedingungen untersuchen.

Fließt das Wasser eine (durch $H(x)$ gegebene) Neigung hinab und stößt auf dem Grund auf ein Hindernis, dann türmt sich das Wasser wie gezeigt auf und ein Sprung tritt auf. Das gleiche geschieht, wenn Wasser aus einem Hahn in einen Abfluß fließt. Die Breite des Wasserstromes w sei fest. Die Geschwindigkeit $V(x)$

und die Tiefe $d(x)$ werden sich mit dem Ort ändern, wobei die Erhaltungssätze gelten:

$$\text{Massenerhaltung:} \qquad V(x)wd(x) = Q(\text{konst})$$
$$\text{Impulserhaltung:} \qquad \frac{1}{2}(V^2 - V_0^2) = \gamma g[H(x) - d(x)]$$

mit einem dimensionslosen Parameter γ, den wir zur Beschreibung von Turbulenzverlusten eingeführt haben, und dem Fluß des Wasserstromes Q; V_0 ist die Geschwindigkeit des Wassers für einen bestimmten Wert von H (siehe Abb. 14.19).

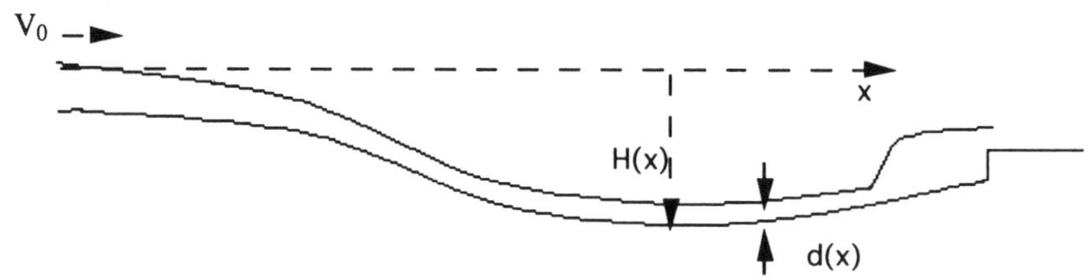

Abb. 14.19 Der Wellensprung.

(a) Man eliminiere $V(x)$ aus den Gleichungen und zeige, daß die Fluß-Dichte-Relation in der Form

$$Q = \sqrt{2\gamma g}[\sqrt{H_0 - d(x)}]d(x)$$

geschrieben werden kann (H_0 muß entsprechend definiert werden). Die Rechnung ist zwar etwas lästig, die Folgerungen jedoch sind sehr interessant.

(b) Man zeige (zeichne), daß für einen bestimmen Fluß Q zwei Werte für $d(x)$ und für die zugehörigen Geschwindigkeiten existieren, die die Erhaltungssätze an jedem Ort erfüllen; eine schnelle („schießende") Lösung für geringe Tiefen und eine langsame („ruhige") Lösung für tiefes Wasser. Die Situation ähnelt der Verkehrssituation und den Schockwellen der Gasdynamik. Der Übergang von einem zum anderen Zustand kann abrupt erfolgen, wenn die Umstände günstig gewählt werden. Im vorliegenden Fall kann das Hindernis am Boden einen Übergang von der schnellen Lösung zum ruhigen Fließen verursachen – dies entspricht unseren Erfahrungen mit dem Straßenverkehr.

Aufgabe 14.12 *Schockstrukturen*

Das Fluß-Dichte-Modell $F = F(N)$ führt bei zunehmender Dichte der Fahrzeuge zu unstetigen Lösungen. Wir suchen deshalb ein besseres Modell für diese Situation. Explizit sind wir auf der Suche nach einer besseren Beschreibung für die Ausbreitung der Schockwelle konstanter Stärke, wie sie im Modell des Verkehrsstaus untersucht wurde (siehe Abschnitt 14.3.4, (14.19)).

Ein Nachteil unseres Fluß-Dichte-Modells ist die Annahme, daß die Fahrer auf *lokale* Dichteänderungen sofort reagieren. Natürlich stellen sich die Fahrer auf die Situation etwas weiter vorn ein; der Dichtegradient ist ein gutes Maß für die Dichteveränderung im Verkehr. Wir untersuchen deshalb das einfache Modell

$$F = F(N, N_x) = F(N) - \gamma N_x.$$

Dabei sei γ eine Konstante.

(a) Die Konstante γ sollte positiv sein. Warum?

(b) Man zeige, daß die Forderung nach Erhaltung der Autozahl zu der modifizierten Verkehrsgleichung

$$N_t + F'(N)N_x = \gamma N_{xx} \tag{14.20}$$

führt. Man beachte, daß die im Text aufgetretenen Effekte, die durch die Nichtlinearität des Terms $F'(N)N_x$ hervorgerufen werden, durch den (glatten) Term γN_{xx} geschwächt werden.

Kommentar: Es kommt häufig vor, daß sich nichtlineare Effekte und glättende Diffusion in physikalischen Systemen gegenüberstehen; darin liegt auch die Bedeutung der **Gleichung von Burger**, wie die obige Gleichung genannt wird.

(c) Da wir die Lösung für das Stauproblem aus Abschnitt 14.3.4 kennen, liegt es nahe, Lösungen mit statischem Profil der Form

$$N = N(\xi) \quad \text{mit} \quad \xi = x - Ut$$

zu suchen, die sich mit der konstanten Geschwindigkeit U bewegen. Man setze diesen Ausdruck in Gleichung (14.20) ein und zeige, daß die Integration der Gleichung die Beziehung

$$F(N) - UN + c = \gamma N_\xi \tag{14.21}$$

mit der Integrationskonstante c ergibt.

(d) Unsere Lösung sollte glatt an die Lösungen für konstante Zustände $N \to N^l$ für $\xi \to -\infty$ und $N \to N^r$ für $\xi \to \infty$ passen. Für dieses klassische Zweipunkt-Randwertproblem existieren nur Lösungen für besondere Umstände. Man untersuche (14.21) (man muß die Gleichung dazu nicht lösen) und zeige, daß die Randbedingungen nur erfüllt werden können, wenn

$$U = \frac{F(N^r) - F(N^l)}{N^r - N^l}$$

gilt. Man beachte, daß dies genau die Schockbedingung für unser einfaches Fluß-Dichte-Modell ist (siehe (14.19))!

(e) Für das parabolische Fluß-Dichte-Modell lassen sich exakte Lösungen für das Dichteprofil angeben. Man zeige, daß nach entsprechender Skalierung die Gleichung (14.21) die Form

$$(n - n^l)(n - n^r) = \nu n_\xi$$

besitzt. Man zeichne mit Maple Lösungen dieser Gleichung für feste n^l, n^r und eine Reihe von kleinen ν-Werten. Man kommentiere den Einfluß von ν auf die Struktur der Schockwelle.

Kommentar: Aus diesen Ergebnissen folgt, daß die Verkehrsgleichung in Verbindung mit den Schockbedingungen das richtige Ergebnis liefert, wenn die Schockzone dünn ist.

Aufgabe 14.13 *Nachmittagsstau*

*** Man stelle sich vor, der Unfall aus Abschnitt 14.3.4 reduziere den Verkehrsfluß für eine Zeit t_1, dann seien beide Spuren wieder ohne Behinderung befahrbar. Wie wird sich die Verkehrssituation entwickeln und wie lange wird es dauern, bis der Normalzustand wieder erreicht wird? Zur Untersuchung dieser Fragen müssen wir zuerst den Verkehrszustand kurz nach der Räumung der zweiten Spur untersuchen.

Entsprechend unseren Erfahrungen für solche Situationen und der im Text entwickelten Ideen sollten wir folgendes erwarten:

- Kurz nach der Räumung wird es ein „teilweises Vakuum“ rechts von $x = 0$ geben und die Situation ähnelt der für den Fall der Ampel. Wir erwarten deshalb einen Fächerbereich für die Charakteristiken, die sich in das Vakuum erstrecken und die Dichte in diesem Bereich langsam erhöhen.
- Der Fächer wird sich auch in das Gebiet $x < 0$ erstrecken und dort die Dichte ebenfalls erhöhen.
- Vielleicht erreicht die Kante des Fächers in das Vakuum den mit normaler Geschwindigkeit fahrenden Verkehr und es kommt zu einer Schockwelle, deren Stärke und Ort so bestimmt sind, daß die Erhaltungsbedingung für die Autozahl (oder Schockbedingung) (14.18) erfüllt ist. Es kann genauso geschehen, daß die Kante des Fächers in die rückwärtige Zone den normalen Verkehr erreicht und auch dort eine Schockwelle auslöst.
- Nach einer gewissen Zeit werden sich die Fahrzeuge mit der normalen Geschwindigkeit bewegen; so daß die Charakteristiken asymptotisch den Ausdruck $\frac{\mathrm{d}x}{\mathrm{d}t} = 0$ annehmen.

Anhand der obigen Überlegungen

(a) skizziere man grob das Netzwerk der Charakteristiken,

(b) bestimme man den Ort in der (x, t)-Ebene, an dem die Kanten des Fächers die Gebiete mit normalem Verkehr schneiden,

(c) bestimme man Differentialgleichungen für den Ort des Schocks unter Verwendung der Schockbedingung und der bekannten Zustände in den Regionen, die an die Schockzone angrenzen, und schlage passende Anfangsbedingungen für diese Gleichungen vor,

(d) löse man die Gleichungen und überprüfe, ob das asymptotische Verhalten richtig ist.

Literatur

Carrier, G. F., Pearson, C. E., *Partial Differential Equations*, Academic Press, New York, 1976.

Cole, J. D., *Perturbation Methods in Applied Mathematics*, Ginn und Company, Boston, 1968.

Haberman, R., *Mathematical Models*, Prentice-Hall, New Jersey, 1977.

Lighthill, M. J., Whitham, G. B., *On Kinematic Waves: I. Flood movement in long rivers; II. Theory of traffic flow on long crowded roads*, Proc. Roy. Soc. **A 229**, S. 281-345, 1955.

Whitham, G. B., *Linear and Nonlinear Waves*, John Wiley und Sons, New York, 1974.

Teil IV

Hinweise und Lösungen

Hinweise und Lösungen

Teil I

Kapitel 2

Aufgabe 2.3

(a) *Hinweis:* Man substituiere $\theta(t) = \alpha\Theta(t')$, $t = Tt'$ und wähle T so, daß die neue Gleichung die Koeffizienten eins besitzt.
$\tau \approx \pi/2\sqrt{l/g}$.
Die Periode ist unabhängig von m.

Aufgabe 2.5

(a) *Hinweis:* Man ersetze $\sin\Theta$ durch die ersten beiden Terme seiner Taylorentwicklung und wende die im Text beschriebene Näherungsprozedur an.
(b) *Hinweis:* Man löse die Gleichung analytisch (mit `dsolve`) und verwende `fsolve` zur numerischen Berechnung der Periode. Man kann `proc` zur Definition von $\tau(\alpha)$ verwenden und `plot` zum Darstellen des Ergebnisses.
(c) *Hinweis:* Man verwende `dsolve,numeric` und trenne die Lösung von der dort definierten Prozedur `F` mittels `op(2,[F(1)])` .

Aufgabe 2.6

(c) Durch Veränderung von S kann der Fallschirmspringer eine Veränderung von $1/\sqrt{S}$ in seiner Endgeschwindigkeit erreichen.

Aufgabe 2.7

(a) A besitzt die Einheit m^{-1}, T die Einheit kg $\mathrm{m/s^2}$, μ die Einheit kg/(ms). Die Zeitskalierung lautet $\sqrt{m/Tl}$.
(c) Man fordere, daß der μ-Term relativ klein verglichen mit den anderen Termen ist. Dies bedeutet $\mu l/\sqrt{mT} \ll 1$.

Aufgabe 2.8

(a) $t_0 = R^2/\kappa$. $t_c = (R^2/\kappa)t_c'(\gamma)$, dabei muß $t_c'(\gamma)$ aus der skalierten Gleichung bestimmt werden.

Man beachte, daß die Abkühlzeit mit dem Quadrat des Kugelradius wächst. Die Abhängigkeit von γ kann ohne Lösung der Gleichungen nicht bestimmt werden, natürlich ist es jedoch die Kombination γ, die die Abkühlung der Oberfläche bestimmt.
(d) Etwa 3 Jahre.

Aufgabe 2.9

(a) $\eta_0 = pl^2/T$. $\mu = \rho\omega^2 l^2/T$.
(b) Das Ergebnis *läßt vermuten*, daß die Amplitude der Bewegung proportional mit der Amplitude der einwirkenden Kraft p wächst und umgekehrt proportional mit der Zugspannung T variiert.
maxamp $= \eta_0 fn(\mu)$.
Hinweis: Für μ gleich null ist die definierende Gleichung eine gewöhnliche Differentialgleichung für η und kann leicht integriert werden. Die auftretende Integrationskonstante ist jedoch immer noch eine Funktion von t'.

Aufgabe 2.11

(a) Gitarristen sind der Meinung, daß die Temperatur und die Luftfeuchtigkeit eine Rolle spielen. Dies ist möglich, da sich die Zugspannung unter dem Einfluß dieser Größen ändert. Die Amplitude der Schwingung kann ebenfalls eine Rolle spielen. Zusätzlich dazu kann der Korpus der Gitarre wichtig sein. Sorgfältige Experimente sind nötig, um die verschiedenen Einflüsse voneinander trennen zu können.
(b) Die Kombinationen in den eckigen Klammern sind dimensionslos.
(c) Die Experimente implizieren, daß die Funktion gn von der Veränderung der Kombination El^2/T unbeeinflußt bleibt, sich jedoch mit σ oder einer anderen physikalischen Größe, die wir bisher nicht erwähnt haben, ändert.

Kapitel 3

Aufgabe 3.1

(a) *Hinweis:* Man beachte, daß abgesehen von der Momentengleichung für die Beine #2 und #4 sowie die Gleichgewichtsbedingung bezüglich Translationen die definierenden Gleichungen unverändert bleiben.
(b) Es kommt nur zum Wackeln, wenn das Bein #2 den Fußboden berührt und eine externe Kraft größer als $4P$ den Tisch veranlaßt, sich um die Diagonale 1–3 zu drehen.

Aufgabe 3.3

Hinweis: Das Youngsche Modul des Fußmaterials sei E_s und (t_i, t_i') seien die durch N_i gestauchten sowie ungestauchten Dicken der Tischbeinfüße. Dann gilt $[(t_i - t_i')/t_i]E_s A = N_i$, wobei A der effektive Querschnitt der Füße ist.

Aufgabe 3.4

(b) $N_i' = N_i + w$.
(d) Die totale Längenänderung des Beines lautet

$$-\int_0^l F(z)/(kl)\mathrm{d}z.$$

(e) Die Längenänderung des Beines ist gleich

$$-[N_i' - w/2]/k.$$

Die Veränderung der Beinlängen durch das Gewicht der Beine ist für alle Beine gleich, so daß der Wert von Δ durch das Gewicht der Beine nicht beeinflußt wird.

Aufgabe 3.5

(a) Die symmetrische Lösung stimmt *nur* für $k\Delta/W \ll 1$. Perfekte Symmetrie ist ein mathematisches Ideal, welches man in der realen Welt selten findet. Häufig funktionieren die Argumente jedoch, wenn die Situation in einem gewissen Sinne (abhängig vom Kontext) *fast* symmetrisch ist. Die in unserem Problem relevante Längenskale ist W/k (und *nicht* l); fast symmetrische Tische existieren also fast nie.
(b) Ist der Tisch ideal starr, dann wackelt er, falls er nicht wirklich perfekt ist, immer. Ist er geometrisch perfekt, wackelt er nicht. Diese Grenzfälle sind jedoch physikalisch nicht relevant. Die Kombination $k\Delta$ bestimmt das Verhalten des Tisches.

Kapitel 4

Aufgabe 4.1

Hinweis: Für die optimale Lösung $T(y)/A(y) = \alpha$ gilt

$$A = \frac{Mg}{\alpha} e^{\left(\frac{\alpha}{\rho g}(l_0 - y)\right)}.$$

Die Querschnittsfläche bei $y = l_0$ muß also groß genug sein, um die Last Mg tragen zu können. Die erforderliche Fläche wächst mit dem Abstand vom Ende der Kette exponentiell mit der Längenskale $\rho g/\alpha$ in Abhängigkeit von der Festigkeit des Materials.

Aufgabe 4.2

Hinweis: Man beachte, daß die Wege anfänglich vertikal verlaufen und dann auf ihrem Weg zum Endpunkt abflachen. Die Wege nähern sich asymptotisch c, so daß wir Lösungen für große b in erster Ordnung der Form $y' = \sqrt{(d-y)/y}$ erwarten.

Aufgabe 4.3

(b) *Hinweis:* Man berechne die Variation in erster Ordnung bis zu einem Integralausdruck (wie er typisch im Problem des Archetyps auftritt) sowie einem Randbeitrag. Warum sollten beide Beiträge unabhängig voneinander verschwinden?
(d) *Hinweis:* Man beachte, daß die Euler-Lagrange-Gleichung bei $y = 0$ singulär ist, so daß der Anstieg hier die erlaubte Grenze α erreicht.

Aufgabe 4.6

(b) *Hinweis:* $T = EA(l - l_0)/l_0$. Man nähere durch eine Taylorentwicklung, ausgehend von dem Ergebnis $\int_0^l \frac{1}{2} u_x^2 \mathrm{d}x \ll (l - l_0)$. Man erinnere sich, daß die Veränderung der elastischen Energie aus der gestauchten Gleichgewichtslage heraus definiert ist.
(d) Die Euler-Lagrange-Gleichung lautet

$$\frac{\partial}{\partial x}[F_{u_x}] + \frac{\partial}{\partial t}[F_{u_t}] = 0.$$

Aufgabe 4.7

Hinweis: Man gehe wie beim Problem des Archetyps vor, führe einen möglichen Kandidaten $U(x,t)$ ein, dessen Variationen $\eta(x,t)$ die geforderten Rand- und Anfangsbedingungen erfüllen. Man integriere partiell so oft, bis man ein zu δJ des Archetypproblems analoges Ergebnis erhält.

Aufgabe 4.10

Hinweis: Als Test des Ergebnisses untersuche man Lösungen, die einer Kugeloberfläche oder einer Ebene entsprechen.

Aufgabe 4.11

Hinweis: In einer Region mit konstantem v erwarten wir eine Gerade als Lösung. Ist v stückweise konstant, so sollte sich die gesuchte Lösung so lange wie möglich in Bereichen mit großem v aufhalten.
Für $v = ax$ können die Gleichungen exakt gelöst werden. In manchen Fällen ist die Analyse der Phasenebene von Nutzen.
(e) Da es anstrengender ist, bergauf zu laufen, hängt die Reisegeschwindigkeit von der Richtung ab. Deshalb muß die skalare Funktion $v(x,y)$ durch eine Vektorfunktion $\mathbf{v}(x,y)$ ersetzt werden.

Teil II

Kapitel 6

Aufgabe 6.1

(a) *Hinweis:* Ist $\phi(x,t)$ eine Lösung von $L(\phi(x,t)) = 0$, mit $\phi(0,t) = \phi(x,0) = 0$ und $\phi(L,t) = 1$, dann erfüllt $\phi_0 = T_0\phi(x,t)$ die gleiche lineare Operatorgleichung. Welche Randbedingungen erfüllt $\phi_0 = T_0\phi(x,t)$? Man setze dies zu möglichen Experimenten mit Stäben in Verbindung.
Besitzt ein Material im Inneren eine „Maserung", dann existiert eine bevorzugte Richtung für den Wärmefluß (entlang der Maserung) und man sollte nichtisotropes Verhalten erwarten (z.B. für Holz). Nichtlineares Verhalten tritt auf, wenn sich der chemische Zustand mit der Temperatur ändert. Materialien, die bei steigender Temperatur austrocknen, zeigen ein solches Verhalten.
(b) $T = T_0 + (T_1 - T_0)/4$.
(c) Nein.

Aufgabe 6.2

(a) Man würde annehmen, die Temperatur des Stabes steigt mit der Zeit, wobei das Maximum der Temperatur in der Mitte des Stabes liegt. Aufgrund der Erwärmung liegt nahe, daß der Wärmeverlust an den Rändern mit der Zeit zunimmt. Vielleicht sind nach einer gewissen Zeit die Raten für Wärmezufuhr und Wärmeverlust gleich. Dann läge ein statisches Problem vor.
(b) $T(L/2,t) = T_0 + [q_0 L^2/(kA)]\mathcal{T}(\kappa t/L^2)$.

Aufgabe 6.5

1. $T_a - T_r = \frac{P}{S}\frac{d}{k}$. Die Temperaturdifferenz wächst mit der Wirksamkeit der Klimaanlage und der Dicke der Wände.
2. $T_a - T_r = \frac{P}{S}[\frac{d_m}{k_m} + \frac{d_i}{k_i}]$.
3. Die dimensionslose Gruppe $\frac{S_g k_g d_i}{S_i k_i d_g}$ bestimmt den Isoliereffekt der Fenster.

Aufgabe 6.7

(c) $U = q/[\rho c(T_{ign} - T_{inf})]$.

Aufgabe 6.10

(a)(i) $\omega = n\pi$. Um die Tonfrequenz zu verdoppeln, muß die Saitenlänge halbiert werden, wobei die Saitenspannung konstant bleibe. Um eine bestimmte Mode zu erzeugen, kann das Profil der anfänglichen Auslenkung wie beschrieben erzeugt werden. In der Praxis bedeutet das Erzeugen einer Nullauslenkung einen Knoten der gewünschten Schwingungsmode, da andere Moden an dieser Stelle ebenfalls Knoten besitzen, kann so kein reiner Ton erzeugt werden.
(ii) Das Muster verändert sich über einen Zeitraum, der durch die fundamentale

($n = 1$)-Mode bestimmt wird.
(b)(i)(ii) $\eta(x,t) = \sin n\pi x[e^{-\gamma t/2}\cos(\sqrt{1-(\gamma/2n\pi)^2}t)]$.
Man beachte, daß die Mode gedämpft ist, die räumliche Gestalt erhalten bleibt und verschiedene Moden (mit verschiedenen n-Werten) mit leicht verschiedenen Frequenzen schwingen.
(c) *Hinweis:* Man setze den Ausdruck direkt in die Gleichung ein und kürze den gemeinsamen Exponentialterm.

Kapitel 7

Aufgabe 7.2

(b) Man beachte, daß $e^{\xi^2/4} \gg e^{a^2/4}$ gilt für endliches a und $\xi \to \infty$.
(d) *Hinweis:* Man schreibe für großes ξ:

$$\mathcal{I} = \int_0^a e^{y^2/4}\mathrm{d}y + [2/\xi - 2/a] + [(2/\xi)^2 - (2/a)^2] + O(2/a)^3$$

und wähle a so, daß der Fehler klein wird.

Aufgabe 7.3

(e) $f = 1 - \mathrm{erf}(x/2\sqrt{\kappa t})$.
Wärmefluß $= -k/\sqrt{\pi\kappa t}$. Der Fluß ist singulär bei $t \to 0$, die auf den Körper pro Einheitsfläche übertragene Wärme ist über ein endliches Zeitintervall endlich.

Aufgabe 7.4

(a-c) *Hinweis:* Man schreibe $\mathcal{H} = \mathcal{H}_0 + [\mathcal{H}_1 - \mathcal{H}_0]H$ und zeige für großes ζ, daß H in erster Ordnung die gleiche Gleichung wie in (7.3) erfüllt, damit ist

$$H \approx A\int_\infty^\zeta e^{-\zeta'^2/[4\kappa(H_0)]}\mathrm{d}\zeta'$$

mit beliebigem A.
(d) Ein Exponential $\kappa(\mathcal{H})$ ist eine gute Wahl. Dann kann leicht die Auswirkung einer Veränderung der κ-Abhängigkeit untersucht werden.

Aufgabe 7.5

(b) $k_1 T_x(0-,t) = k_2 T_2(0+,t)$.
(d) *Hinweis:* Man beachte $T_c = T_c(t, k_1, K_2, \kappa_1, \kappa_2)$ und bestimme die dimensionslosen Gruppen.

Aufgabe 7.6

(a) $T_{max} = 4\mu H/\sqrt{\Delta}$.
(b) Alle Lösungen sind von der Form $f(n)\mu H/\sqrt{\Delta}$, wie man aus Dimensionsgründen erwarten sollte, wobei $f(n)$ um den Faktor 2 variiert. Die erreichte Temperatur hängt stark von Δ ab (man beachte den sofortigen Wärmezufluß) und

schwach von der Gestalt der Funktion der Aufheizgeschwindigkeit.
(c) Für die Verbrennung sind eine geringe Wärmeleitfähigkeit, eine geringe Zündtemperatur und eine große Wärmezufuhr notwendig. Man beachte, daß bei hoher Zündtemperatur der Wärmeverlust groß ist, wenn die Zeit zum Aufheizen nicht kurz ist. Deshalb ist ein so schnell wie mögliches Erhitzen bei Verbrennungen doppelt wichtig.

Aufgabe 7.9

(c) Ein stationärer Zustand wird dann erreicht, wenn die gesamte Wärmestrahlungsleistung auf den Körper pro Zeiteinheit E_0 den Wärmeverlust ausgleicht, der durch Wärmeleitung die Oberfläche pro Zeiteinheit $(kT_x(0))$ verläßt. Nach der Integration dieser Gleichung erhält man:

$$T(x) - T(0) = \frac{E_0}{k\mu}[1 - e^{-\mu x}].$$

Es kommt zu einem effektiven Wärmetransport ins Innere des Körpers, bis die Temperatur innen größer als die Oberflächentemperatur ist. Tritt ein Gleichgewicht zwischen der Wärmezufuhr durch Strahlung und Wärmeabfuhr durch Leitung ein, so kann dabei die Temperatur im Inneren etwas höher sein als die an der Oberfläche.
(d) Materialien mit geringer Leitfähigkeit erreichen (nach genügend langer Zeit) höhere Temperaturen als solche mit großer Leitfähigkeit, die dazu benötigte Zeit ist jedoch groß (von der Ordnung L^2/k), so daß normalerweise bei diesen Stoffen nicht vom Gleichgewicht ausgegangen wird. Man beachte in diesem Zusammenhang die Ergebnisse von Aufgabe 7.5.

Aufgabe 7.10

(b) $c(z,t) = \frac{M}{2\sqrt{\pi\kappa t}} e^{-z^2/(4\kappa t)}$.
Wir werden diese Lösung mit $\mathcal{C}(z,t)$ bezeichnen.
(c) Signifikante Fehler treten auf, wenn $c(h,t)$ von Bedeutung wird, d.h. etwa 2% Fehler bei $h^2/(4\kappa t) \approx 4$, d.h. $t \approx h^2/(16\kappa)$.
(d) $c(z,t) = \mathcal{C}(z,t) + \mathcal{C}(z-2h,t)$. Die Lösung ist nützlich bis etwa $t \approx 4(2h)^2/(16\kappa)$.
(f) $c = M/h$.

Aufgabe 7.11

(b) *Hinweis:* Aufgrund der Linearität können Lösungen hinzuaddiert werden, so daß wir durch Zusammenfügen bereits erhaltener Lösungen die gesuchte Lösung bekommen.

Aufgabe 7.14

(a) Die Ähnlichkeitsgleichung lautet:

$$\mathcal{C}_{\xi\xi}\xi + \mathcal{C}_\xi(1 + \xi) + \mathcal{C} = 0.$$

(b) Die Lösung lautet $Ae^{-\xi}$.
(d) Die Konzentration steigt anfänglich, erreicht nach einer Zeit der Größenordnung $r_0^2/4\kappa$ ein Maximum und fällt dann langsam.

Aufgabe 7.16

(b) Die Lösung ist linear in beiden Bereichen.
(f) *Hinweis:* Die durch die Physik geforderte Randbedingung lautet

$$k\frac{\mathrm{d}T(0)}{\mathrm{d}x} = q.$$

Kapitel 8

Aufgabe 8.1

(c) *Hinweis:* Man beachte

$$\frac{\partial \mathcal{E}}{\partial a_j} = \left\langle 2(f - \sum_{n=0}^{N} a_n u_n) \cdot (u_j) \right\rangle$$

und verwende die Orthogonalitätsrelation.

Aufgabe 8.2

(a) Der Fehler ist von der Ordnung des ersten vernachlässigten Terms; es werden grob geschätzt 200 Terme benötigt.
(b) Die Näherung ist bei $x = 1$ recht armselig. Man beachte, daß bei 1 alle Fourierkoeffizienten verschwinden, so daß uns das Ergebnis nicht überrascht.
(c) Die Funktion $f_{ext}(x)$ ist im Bereich $-1 < x < 1$ linear. Außer an den Stellen $-3, -1, 1, 3$ usw., an denen $f_{ext} = 0$ gilt, wird f_{ext} durch $f_{ext}(x + 2) = f_{ext}$ festgelegt.
(d) (i) Die schlechte Konvergenz ist die Folge der Unstetigkeit der Größe $2(e-1)$ bei $x = 0$ der periodischen Erweiterung.
(ii) Da $h(0) = h(1) = 0$ gilt, ist die periodische Erweiterung stetig. Der Anstieg der periodischen Erweiterung besitzt Sprünge bei -1 und 1, damit ist die Konvergenz von der Ordnung $1/n^2$. Zum Zeichnen der Näherung verwende man entweder das Ergebnis aus (i) oder man bestimme die Erweiterung für $h(x)$ direkt.

Aufgabe 8.4

(a) Man beachte besonders, daß für große $a\alpha$ gilt: $\lambda_1 \to \pi/2$. Die entsprechende dimensionslosen Gruppen sind $t_{ign}\kappa/a^2$ und $a\alpha$.
(b) *Hinweis:* Man ersetzte sin und cos durch die Taylorreihen um die Punkte $N\pi$.

Aufgabe 8.5

(a) (ii)

$$T(x,y) = \frac{4T_0}{\pi} \sum_{n=0}^{\infty} \left[\frac{1}{2n+1}\right] \left[\frac{\sinh(2n+1)\pi(y/l)}{\sinh(2n+1)\pi}\right] \sin\frac{(2n+1)\pi x}{l}.$$

(b) *Hinweis:* Man teile das Problem in vier Teilaufgaben und verwende die Ergebnisse aus (a).

Aufgabe 8.6

(a) (i) Die Gleichgewichtstemperatur von der Ordnung $q_0L^2/(\rho ck)$ wird in der Zeit L^2/κ erreicht.
(ii) Man suche eine Lösung der Form $\mathcal{T}(t)\cos\pi x/2$ in den skalierten Variablen. Die entsprechende Differentialgleichung für $\mathcal{T}$ mit den zugehörigen Rand- und Anfangsbedingungen besitzt die Lösung

$$\mathcal{T} = \frac{4\gamma_0\cos(\pi x/2)}{\pi^2}[1 - e^{-(\pi/2)^2 t}].$$

(iii) Man verwende zur Berechnung von γ_n die Orthogonalitätsrelation. Da die Wärmeleitungsgleichung linear ist, kann man Superpositionen bilden und das Verfahren funktioniert. Nach dem Theorem über Sturm-Liouville-Systeme bilden die Eigenfunktionen ein vollständiges orthogonales System, und man kann sie zur Darstellung jeder beliebigen (vernünftigen) Funktion verwenden. Jeder der einzelnen Terme erfüllt die entsprechenden homogenen Randbedingungen und damit auch die ganze Summe.
(b) Man addiere zur obigen Lösung die Lösung der homogenen Wärmeleitungsgleichung und der Randbedingungen, die diese Anfangsbedingung erfüllt, hinzu.

Aufgabe 8.7

(a) Die Randbedingung bei $x = 0$ lautet

$$-kT_x(0,t) = r + \beta(T_0 - T(0,t)].$$

Die stationäre Lösung lautet

$$T(x,t) = -\frac{r+\beta T_0}{k+a\beta}(x-a).$$

(b) Die Eigenwerte besitzen die Form

$$\tan(\lambda a) = -\frac{\lambda a}{a\alpha} \quad \text{mit} \quad \alpha = \beta/k.$$

(c) Nur die erste Eigenfunktion ist signifikant.

Kapitel 9

Aufgabe 9.1

(a) Eine Möglichkeit für $T(t)$ lautet

$$T(t') - T_0 = \Delta + (T_h - T_l)[-1 + e^{-10t'} + e^{10(t'-1)}]$$

mit $\Delta = T_h - T_0$ und $t' = t/t_0$.
(b) Wie wir gesehen haben, verschmiert die Wärmeleitungsgleichung Fluktuationen, so daß wir davon ausgehen können, daß kleine Änderungen nicht bestehen bleiben.

Aufgabe 9.3

(a) Die Analysis ist die gleiche wie im Text.
(b) Man verwende die Testfunktion $[x(x-1)] \cdot [A + B(x-1/2)^2]$ (wir erwarten Symmetrie bei $x = 1/2$).

Aufgabe 9.4

Wie erwartet, besitzt der Quader die längste Abkühlzeit. Diese sinkt asymptotisch wie $1/S^2$ für große S.

Aufgabe 9.5

(a) *Hinweis:* Das durch $(r, r + \mathrm{d}r)$ definierte Volumenelement der Schale ist gleich $4\pi r^2 \mathrm{d}r$.
$\lambda^2_{approx} = 9{,}875$ im Vergleich zum exakten Wert $\lambda^2 = 9{,}869$.
(b) Die Testfunktion $f = A + B - (Ar^2 + Br^4)$ ist vernünftig.

Aufgabe 9.6

(a) $\gamma = 2\pi k / \log(r_2/r_1)$.
(b) Die Längenskale ist $Q\rho c/\gamma$.

Kapitel 10

Aufgabe 10.1

(a) Mit der Zeitskale 1 Jahr: $\omega_1 = 2\pi$, $\omega_2 = 365 \cdot 2\pi$.
(c) *Hinweis:* Die Oberflächentemperatur besitzt Komponenten mit den Frequenzen $(\omega_1, \omega_2, \omega_2 - \omega_1, \omega_1 + \omega_2)$.

Aufgabe 10.2

(b) Die Atmosphäre erwärmt sich schneller als das Land, dieses schneller als der Ozean (wie in unserem Modell beschrieben).

Teil III

Kapitel 12

Aufgabe 12.1

(a),(b) Man beachte, daß über ein langes Zeitintervall (der Ordnung $1/(1-\tilde{\omega})$) die Lösungen nahe der Resonanz und die Resonanzlösung eng benachbart sind und die äußere Arbeit an den Oszillatoren positive Arbeit verrichtet. Für längere Zeiten gehen die Lösungen dann auseinander.

Aufgabe 12.3

(a) *Hinweis:* Die Gleichungen

$$\begin{aligned} \ddot{X} + \omega_0^2 X &= e^{i\omega t} \\ \ddot{x} + \omega^2 x &= -\epsilon X \end{aligned}$$

sind eine gute Näherung für die anfängliche Energieverteilung.
(b) Die Amplitude der Reaktion ist von der Größe $\epsilon/(\gamma\omega\nu)$ mit $\gamma = \omega_0^2 - \omega^2$. Ist diese Kombination groß, z.B. wenn die Dämpfung im Vergleich zur Kopplung klein ist, dann kann die Amplitude groß werden.

Aufgabe 12.4

(b) *Hinweis:* Verwende `int(eqnexp*sin(sigma*t),t=0..2*Pi/sigma);`.
(c) *Hinweis:* Untersuche die Koeffizienten der Potenzen von ϵ.
Man beachte, daß A aus der Aufgabe und A aus dem Text *nicht* identisch sind.

Aufgabe 12.6

Ist $\alpha = a/\omega^2$ (die Reaktionsskale bei nichtresonanten Frequenzen), dann erhalten wir für die Amplitude bei Resonanz $\alpha^{1/3}$. Obwohl dies im Vergleich zu α groß ist, ist es doch für kleines α klein gegen eins.
Hinweis: Das Verhältnis der vernachlässigten Terme in der Darstellung von $\sin\theta$ zum kubischen Term ist etwa $\theta^2/20$.

Aufgabe 12.7

(b) Die Größe der Rücktreibekraft hängt vom Vorzeichen der Auslenkung von x ab.
(c) Der relevante kubische Term ist

$$A[\delta - \epsilon^2 \frac{10}{3} A^2] = \frac{1}{2},$$

und ein Gleichgewicht zwischen allen drei Termen tritt für die angegebenen Skalen auf.

Kapitel 14

Aufgabe 14.4

(a) Die Gleichungen lauten

$$n_t + \frac{F_{max}}{N_{max}} n_x = 0$$

mit

$$n(x,0) = \begin{cases} 1 & \text{für} \quad x < 0 \\ 0 & \text{für} \quad x > 0. \end{cases}$$

(b) *Hinweis:* Aus den obigen Gleichungen folgt $n = n(x, t, F_*/N_{max})$. Die Gleichung für $n(\xi)$ lautet $n_\xi[\xi + f'(n)] = 0$.

Aufgabe 14.5

(c) 230 Tage.

Aufgabe 14.7

(d) *Hinweis:* Man suche eine Lösung der Form $e^{-\mu x} C(x - ut)$.

Aufgabe 14.8

(c) Das Auto fährt bei $t = t_0$ ab mit $t_0 = D/V_{max}$, damit ist $X(t_0) = -D$ die gesuchte Anfangsbedingung.

Aufgabe 14.9

(b) Ein Unfall geschieht bei $x_{n-1}(s) - x_n(s) - 1 \leq 0$.
(c) Für $\epsilon_b > 1/4$ besitzen die Lösungen oszillierenden Charakter, $x_1 - 1$ kann negativ werden und eine Kollision ist möglich. Man sieht dies auch in graphischen Darstellungen der Lösung. Der Beweis ist nicht so einfach (man benötigt dazu die Lage der Wurzeln einer transzendenten Gleichung).

Aufgabe 14.10

Die Geschwindigkeit der Schockwelle ist $(-1/8, 5/8)V_{max}$ mit den Geschwindigkeiten

$$(3/4, 1/8, 3/8, 3/4)V_{max}$$

in den verschiedenen Zonen (von links nach rechts).

Aufgabe 14.12

(a) Die Fahrer reduzieren aufgrund der ansteigenden Dichte vor sich die Geschwindigkeit. Ein negatives γ entspricht einem negativen Diffusionskoeffizienten und damit instabilem Verhalten.
(d) *Hinweis:* $N_x \to 0$ für $X \to \pm\infty$.
(e) Die Dichte der Schockwelle ist von der Ordnung ν. Da $\nu \propto \gamma$, sagt das Modell einen glatteren Ausgleich des Schocks voraus, wenn die Autofahrer auf die Situation im Verkehrsfluß vor sich vernünftiger reagieren.

Sachverzeichnis

Die Reihe *Texte zur Didaktik der Mathematik*

wendet

sich an Lehramtsstudenten sowie an Lehrende in der schulischen Praxis

widmet

sich grundlegenden didaktischen und methodischen Konzepten (und deren Entstehen) und umfaßt ein weitgespanntes Spektrum psychologischer, pädagogischer und philosophischer Theorien.

wird herausgegeben

von Norbert Knoche (Universität Essen) und Harald Scheid (Bergische Universität Gesamthochschule Wuppertal).

Bis jetzt erschienen:

Baptist, **Die Entwicklung der neueren Dreiecksgeometrie**

Blankenagel, **Numerische Mathematik im Rahmen der Schulmathematik**

M. Borovcnik, **Stochastik im Wechselspiel von Intuitionen und Mathematik**

Fischer/Malle, **Mensch und Mathematik**

Fraedrich, **Die Satzgruppe des Pythagoras**

Hischer/Scheid, **Grundbegriffe der Analysis**

vom Hofe, **Grundvorstellungen mathematischer Inhalte**

Humenberger/Reichel, **Fundamentale Ideen der Angewandten Mathematik**

Knoche, **Modelle der empirischen Pädagogik**

Knoche/Wippermann, **Vorlesungen zur Methodik und Didaktik der Analysis**

Kütting, **Beschreibende Statistik im Schulunterricht**

Kütting, **Didaktik der Stochastik**

Laugwitz, **Zahlen und Kontinuum**

Lind, **Probabilistische Modelle in der empirischen Pädagogik**

Lüneburg, **Kleine Fibel der Arithmetik**

Padberg, **Didaktik der Arithmetik**

Padberg, **Didaktik der Bruchrechnung**

Pfahl, **Numerische Mathematik in der gymnasialen Oberstufe**

Portz, **Galilei und der heutige Mathematikunterricht**

Riede, **Die Einführung des Ableitungsbegriffs**

Riemer, **Stochastische Probleme aus elementarer Sicht**

Scheid, **Stochastik der Kollegstufe**

Scholz (Hrsg.), **Geschichte der Algebra**

Schupp, **Kegelschnitte**

Schupp, **Optimieren**

Schupp/Dabrock, **Höhere Kurven**

Schwartze u. a., **Konstruktive Raumgeometrie**

Struve, **Grundlagen einer Geometriedidaktik**

Szabó, **Entfaltung der griechischen Mathematik**

Vollrath, **Algebra in der Sekundarstufe**

Weigand, **Zur Didaktik des Folgenbegriffs**

Spektrum
AKADEMISCHER VERLAG
Vangerowstr. 20, D-69115 Heidelberg